绿色通风空调设计图集

关文吉　主编
宋孝春　主审

中国建筑工业出版社

图书在版编目（CIP）数据

绿色通风空调设计图集/关文吉主编. —北京：中国建筑工业出版社，2012.11
ISBN 978-7-112-14822-6

Ⅰ. ①绿… Ⅱ. ①关… Ⅲ. ①空调设计-节能设计-图集 Ⅳ. ①TB657.2-64

中国版本图书馆CIP数据核字（2012）第252198号

本书根据“十一五”国家科技支撑计划重点项目“现代建筑设计与施工关键技术研究”的要求，为提高通风空调系统设计水平，减少建筑物通风空调系统能耗，降低大气污染物排放，节约系统投资，降低运行费用，从国内外各大设计单位收集筛选后而编制的。书中包括了多种形式的建筑通风空调系统，基本涵盖了目前常用的绿色通风空调系统类型。本书可为绿色通风空调系统设计及运行管理提供指导；为绿色建筑设计提供依据；提升人居环境舒适性；提升我国建筑业综合用能水平的重要意义，并推动着绿色建筑技术的发展。

* * *

责任编辑：姚荣华 张文胜
责任设计：张 虹
责任校对：姜小莲 王雪竹

绿色通风空调设计图集
关文吉 主编
宋孝春 主审
*
中国建筑工业出版社出版、发行（北京西郊百万庄）
各地新华书店、建筑书店经销
霸州市顺浩图文科技发展有限公司制版
北京建筑工业印刷厂印刷
*
开本：880×1230毫米 1/16 印张：23¼ 字数：720千字
2012年12月第一版 2012年12月第一次印刷
定价：**62.00**元
ISBN 978-7-112-14822-6
（22826）

前　言

能源和环境是一个国家或社会可持续发展的重要支柱，是经济发展、国家安全和人民健康生活的重要保障。能源作为现代工业和现代城市的血液，是推动现代化建设不可缺少的动力，而良好的环境是现代工业发展和现代城市进步的基本保障。所以，迫于当前全球气候变化、生态环境恶化以及资源紧缺等问题，世界各国都大力推广可持续发展战略，正确地调整能源结构，改善生态环境。所谓“可持续发展”不仅要考虑能源、材料和土地的有效使用，还要顾及到建筑工业对健康的影响以及建筑物的使用寿命等。为此，中国政府在“十一五”规划中明确提出：2010 年中国单位 GDP 能耗要比 2005 年降低 20％，因此需要大力提高可再生能源——“绿色能源”（太阳能、风能、生物质能等）在能源消费中所占的比例，使全国可再生能源年利用量达到 3 亿吨标准煤。与此同时，创新、绿色能源技术在中国已具有广大的市场及政策支持，《可再生能源中长期发展规划》中提出到 2010 年使可再生能源消费量达到能源消费总量的 10％，到 2020 年达到 15％的发展目标；要加快推进大型水电站建设，因地制宜开发中小型水电站；推广太阳能热利用、沼气等成熟的技术，并提高市场占有率；积极推进风力发电、生物质能和太阳能发电等利用技术；积极落实可再生能源发展的扶持和配套政策，培育持续稳定增长的可再生能源市场；逐步建立和完善可再生能源产业体系和市场及服务体系，促进可再生能源技术进步和产业发展。

人类从自然界获得的物质原料中有 50％以上用于建筑，而建筑中又消耗了全部能源的一半左右，因此探索建筑的可持续发展模式已经成为当今建筑业发展的迫切要求。我国建筑能耗呈现的特点是总量大、比例高、能效低、污染重，这些已成为制约我国可持续发展的突出问题。自 2005 年 7 月 1 日起实施的《公共建筑节能设计标准》GB 50189—2005，还不能够完全达到发达国家现行节能标准的水平，大致只相当于发达国家 20 世纪 90 年代的标准。建筑物因其类型和舒适度的不同、所在纬度的不同，其能源消耗的结构与比例也有所不同。能源消耗主要是采暖、通风空调、照明、卫生热水和机电设备的动力消耗，其中通风空调系统能耗约占建筑总能耗的 10％～60％，并且随着城市化进程的不断深入，其所占比例将会进一步加大。在商业建筑中，通风空调系统的能耗约占建筑总能耗的 40％～50％，其能耗主要由以下几个方面组成：补偿围护结构传热的能耗占 40％～50％，新风处理能耗占 30％～40％，空气、水输送能耗占 15％～20％。通风空调系统中的能耗设备包括：水泵、风机、空气处理设备、冷水机组及制冷装置（各类窗、柜式分体空调等）、冷却塔、换热设备及热泵等。它们有的是季节性消耗电能，有的是季节性消耗热能。从根本上讲，通风空调系统能耗的影响因素有室外气候条件、室内设计标准、围护结构特性、室内人员、照明设备等的状况以及新风系统的设置等。此外，就通风空调系统而言，系统能耗还与系统的设计、选型、运行和维护管理有关。因此，提高通风空调系统的能源利用率，同时不影响室内的舒适性，一个行之有效的方法是对通风空调系统进行优化设计和有效的运行管理。

随着全球可持续战略的实施，建筑业正向高效生态型模式发展，绿色智能化建筑已成为现代建筑及其设备技术发展的主题。因此，建筑业急需绿色智能化建筑及其设备设计技术的支撑。为建设资源节约型社会，缓解我国能源短缺与社会经济发展的矛盾，在“十一五”期间，把推动建筑节能和绿色建筑的发展作为工作的主要任务，以政府机构节能运行管理和改造为突破口，带动既有公共建筑的节能运行管理和改造；研究技术政策和措施，总结可推广的改造经验和模式，研究制定相关经济政策和法规；建立政府办公建筑为主的能耗统计制度、能效审计和披露制度；逐步建立公共建筑能耗定额管理，超定额加价制度；新建政府办公建筑等大型公共建筑强制性的节能检测和能耗指标标识制度。着重进行低能耗、超低能耗及绿色建筑示范，增强技术储备；进行既有建筑节能改造城市级示范，积极探索，积累经验，逐步推广；进行可再生能源规模化应用于建筑的城市级示范，推进可再生能源与建筑结合配套技术研发、集成和规模化应用以及产业化等工作；在示范城市及示范工程取得经验和成果的基础上，形成国家技术标准、成套技术和配套的政策法规。

《绿色通风空调系统设计图集》是根据“十一五”国家科技支撑计划重点项目“现代建筑设计与施工关键技术研究”课题三“高效能建筑设备系统设计关键技术研究”、“建筑机电设备系统关键技术研究”子课题的要求，为提高通风空调系统设计水平，减少建筑物通风空调系统能耗，降低大气污染物排放，节约系统投资，降低运行费用，从国内外各大设计单位收集筛选后而编制的。《绿色通风空调系统设计图集》的编制具有为绿色通风空调系统设计及运行管理提供指导；为绿色建筑设计提供依据；提升人居环境舒适性；提升我国建筑业综合用能水平的重要意义，并推动着绿色建筑技术的发展。

本图集共4章，包括建筑能源、通风、空调和典型民用空调系统。

由于本图集涉及面广泛，内容要求有一定的深度，而编者的学识和经验有限，因此编写过程中难免出现一些错误、疏漏和不妥之处，敬请读者使用过程中予以指正并反馈给编者，以便使本图集不断得到改进和完善。

本图集主编单位、主要起草人：

主编单位：中国建筑设计研究院

华南理工建筑设计研究院

中国建筑设计研究院深圳华森建筑与工程设计顾问有限公司

上海现代设计集团华东建筑设计研究院有限公司

主要起草人：关文吉、叶大法、宋孝春、孙淑萍、梁琳、何海亮、徐征、金跃、劳逸民、李超英、蔡玲、郇可文、宋玫、韦航、张亚立、刘燕军、金健、李冬冬、王佳、王红朝、吴玲红、王钊、张翔宇、陈卓伦、刘伟。

注：为了便于读者阅读，向读者呈献原汁原味的工程图，本图集中收录的工程图均按照工程技术人员习惯用法排版。

目　录

第1章　建筑能源

1.1　冰蓄冷（市政热源）

1.1.1　工程案例1：黄山玉屏假日酒店①

1. 绿色理念及工程特点

(1) 该建筑热负荷为4049kW，冷负荷为7475kW，单位建筑面积热指标为56.3W/m²，冷指标为102.7W/m²。

(2) 该建筑采用了部分负荷主机上游串联式冰蓄冷系统。消减制冷装机电负荷18.2%，年转移高峰电量393MWh。

(3) 冰蓄冷系统每年节省运行电费33万元，水源热泵每年省电费237万元，即水源热泵＋冰蓄冷系统每年节省电费270万元。

(4) 水源热泵＋冰蓄冷系统设备初投资约1232万元，比常规电制冷＋燃油热水锅炉增加投资约188万元，静态回收年限为0.8年。

(5) 该建筑采用了江水源热泵系统，冬季设计制热综合COP为3.61。

(6) 减少CO_2、SO_2、NO_x排放量，降低能耗。

该建筑全年耗热量为4068435kWh、耗冷量为11436148kWh。

冰蓄冷每年移峰填谷电量可节省152t标准煤，减排CO_2 500t。

水源热泵每年可节省193t标准煤，减排CO_2 635t。

2. 工程概况

黄山玉屏假日酒店是黄山桃花溪旅游房地产开发有限公司建设的五星级酒店，位于黄山市屯溪区新安江南岸，徽州大道北侧，毗邻市中心，北侧为新安江南岸湿地公园，南侧可以远眺柏山（见图1.1-1）。

图1.1-1　酒店效果图

该工程总占地面积36400m²，总建筑面积78911m²，包括新建五星级酒店和高档会所，其中地上建筑面积65585m²，地下建筑面积12516m²。酒店部分建筑面积72769m²。

酒店地下1层、地上12层，建筑高度为54.30m。会所部分为地上3层，建筑高度为13.0m。地下一层为汽车库、机房和夜总会；地上一、二层，以及三～九层的中间部分为酒店公共部分，三～九层的两翼以及十～十二层为客房部分。

① 工程负责人：宋孝春，男，中国建筑设计研究院，教授级高级工程师。

(1) 冷热负荷

夏季空调冷负荷白天为7475kW、夜间为2163kW，冬季空调热负荷为1825kW。夏季设计日总冷量为112128kWh，连续空调总冷量为51074kWh，蓄冷空调总冷量为61076kWh。

冬季空调热负荷4049kW，生活热水热负荷2200kW。

该酒店设计日逐时冷负荷表见表1.1-1，设计日负荷曲线见图1.1-2。

黄山酒店设计日逐时冷负荷　　表1.1-1

时间	总负荷		负荷率	时间	总负荷		负荷率
	kW	UsRT	%		kW	UsRT	%
0:00	1988	565	0.27	12:00	7188	2044	0.96
1:00	2030	577	0.27	13:00	7256	2064	0.97
2:00	1996	568	0.27	14:00	7360	2093	0.98
3:00	1976	562	0.26	15:00	7435	2114	0.99
4:00	1946	553	0.26	16:00	7475	2126	1.00
5:00	1905	542	0.25	17:00	7372	2097	0.99
6:00	3283	934	0.44	18:00	5936	1688	0.79
7:00	4539	1291	0.61	19:00	5695	1620	0.76
8:00	4784	1361	0.64	20:00	3716	1057	0.50
9:00	4987	1418	0.67	21:00	3608	1026	0.48
10:00	6903	1963	0.92	22:00	3547	1009	0.47
11:00	7041	2002	0.94	23:00	2162	615	0.29
				合计	112128	31888	15

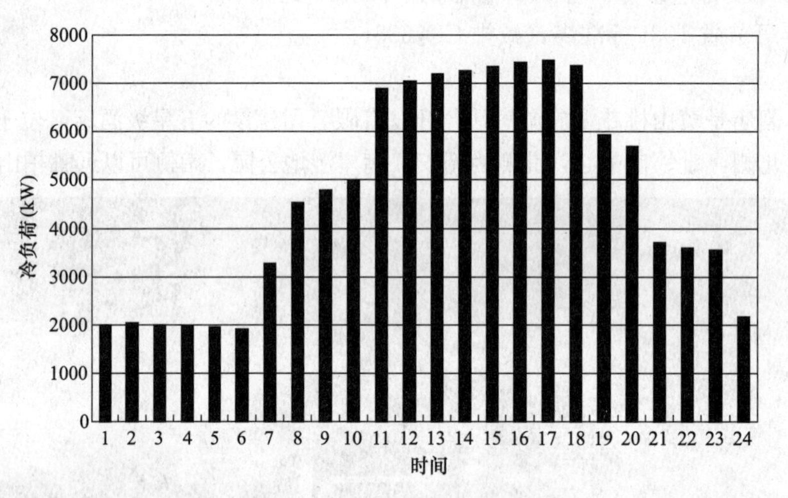

图1.1-2　黄山酒店设计日负荷曲线图

(2) 冷源系统

采用部分负荷冰蓄冷系统，制冷主机和蓄水设备串联，且制冷主机为上游，供应5℃/12℃的大温差低温冷水。

夜间电价低谷时制冰系统蓄冰，白天电价高峰时融冰供冷，融冰量通过改变进入冰盘器的水量来控制，各工况转换通过电动阀门切换。

冬季供冷系统采用免费冷源降温方式，即热泵机组制热同时制冷，蒸发器侧的江水经热泵机组降温后，先经过换热器将空调冷水温度降低的供冷，再排回江中。

项目位于新安江堤岸，夏季制冷机组利用江水冷却，可节水、减排；由于江水温度接近空气湿球温度，比冷却塔冷却水温度低，制冷机效率提高，节约电能。

冰蓄冷系统可实现大温差送水，减少空调冷水输送能耗，降低空调冷水管道投资；可实现低温送风，降低空调风输送能耗，降低空调风管投资。具体设计如下：

设置两台三工况冷水机组，每台制冷量为1966kW，夜间制冰，白天供冷。

1）一台基载冷水机组，制冷量为2180kW，全天供应冷水温度为5℃/12℃。

2）蓄冰设备选用18台TSC－296M型冰盘管，安装在钢筋混凝土蓄冰槽中，总潜热蓄冷量为18738kWh（5328rth），最大融冰供冷负荷为2810kW（799rt），提供3.5℃的低温乙二醇溶液。

3）设2台板式换热器（冷水换热用）及相应的乙二醇泵、空调冷水泵等附属设备。

4）乙二醇泵、冷却泵定流量运行，冷水泵变频运行。

5）乙二醇系统和空调冷热水系统采用补水泵加隔膜式膨胀水罐定压方式。

6）设计日负荷平衡见表1.1-2。

黄山酒店设计日负荷平衡表 **表1.1-2**

时间	总冷负荷	基载制冷	制冷机制冷量(kW)		蓄冰槽(kW)		取冷率
	kW	kW	主机制冰	主机制冷	储冰量	融冰量	%
0:00	1988	1988	2532		5516		
1:00	2030	2030	2461		7970		
2:00	1996	1996	2426		10389		
3:00	1976	1976	2391		12773		
4:00	1946	1946	2356		15121		
5:00	1905	1905	2321		17435		
6:00	3283	2180	196	1103	18733	0	
7:00	4539	2180		1965	18333	393	2.10
8:00	4784	2180		1965	17688	638	3.41
9:00	4987	2180		1965	16839	841	4.49
10:00	6902	2180		3931	16041	792	4.23
11:00	7040	2180		3931	15104	930	4.96
12:00	7187	2180		3931	14020	1077	5.75
13:00	7255	2180		3931	12869	1145	6.11
14:00	7359	2180		3931	11613	1249	6.67
15:00	7434	2180		3931	10282	1324	7.07
16:00	7474	2180		3931	8912	1364	7.28
17:00	7371	2180		3931	7644	1261	6.73
18:00	5936	2180		1965	5847	1790	9.56
19:00	5695	2180		1965	4291	1549	8.27
20:00	3716	2180		492	3240	1044	5.57
21:00	3608	2180		0	1805	1428	7.62
22:00	3547	2180		0	432	1367	7.30
23:00	2162	2162	2567		2991		
合计	112119	51061	17248	12333		12333	97.10

7）冬季供冷设一套换冷机组，冷水泵变频控制。

8）预留一台备用基载热泵机组的位置，便于不同酒店管理公司的需求。

9）江水源：制冷及制热用水源为新安江江底水，水温、水量与取水专业配合确定。

（3）供热系统

根据工程特点、管理使用需要，基本热源为三套系统：空调供热用热泵系统、生活热水用热泵系统、洗衣机房及备用生活热水用蒸汽锅炉供热系统。

1）空调热源热泵系统

① 冬季空调热负荷：4094kW。

② 空调热水供回水温度为45℃/40℃。

③ 将3台夏季空调热泵机组转换成供热工况，单台供热量为1980kW。

④ 首层大堂、大堂吧、游泳馆设地板辐射采暖系统。采用45℃/40℃的低温热水。与空调热水共用

热泵系统。

2）生活热水热源系统

生活热水热负荷为2200kW，选用2台水源热泵机组供热。

（4）冷热源自动控制

采用直接数字式监控系统，它由中央计算机及终端设备加上若干个数字式控制盘组成。控制中心设在制冷机房内。

空调冷热水为变流量系统，冷水泵变频控制，当达到最低频率后转成压差旁通控制，用压差调节器控制供、回水干管上的旁通阀开启程度，保证冷负荷侧压差维持在一定范围。

1）冷水（热泵）机组启停

① 制冷机房内所有设备启停控制［启停顺序为：先开启冷水（乙二醇）电动阀及冷水（乙二醇）泵，再开启冷却水电动阀及冷却水泵，然后开启冷却塔风机，最后开启冷水机组。停机顺序反之］及状态显示、故障报警；

② 冷水（乙二醇）温度、压力、流量、冷量等参数记录、显示；

③ 冷水机组程序启停及分台数控制（按蓄冷系统要求）。

2）冰蓄冷系统

部分负荷蓄冰系统运行工况比较复杂，对控制系统的要求相对较高，除了保证各运行工况间的相互转换及冷水、乙二醇的供回水温度控制外，还应解决主机和蓄冰设备间的供冷负荷分配问题。

该工程采用优化控制（智能控制）系统，根据测定的气象条件及负荷侧回水温度、流量，通过计算预测全天逐时负荷，然后制定主机和蓄冰设备的逐时负荷分配（运行控制）情况，控制主机输出，最大限度地发挥蓄冰设备融冰供冷量，以达到节约电费的目的。

制冷系统主要控制点见冷热源自控系统原理图，同时应能实现以下运行工况的控制：

① 主机蓄冰工况：V1，V3全闭，V2，V4全开，根据蓄冰装置液位（或冰厚）测定蓄冰量，达到设定值时停主机。

② 主机单独供冷工况：V2全闭，V1全开，根据T1恒定来控制主机能量调节。

③ 蓄冷装置单独供冷工况：根据T1恒定，调节V1，V2开度，改变进入蓄冰装置的载冷剂流量。

④ 联合供冷工况：恒定T1，控制主机能量调节及调节V1，V2开度，改变进入冰槽的载冷剂流量。

⑤ 冷水供冷控制：以上②、③、④工况，恒定T2，调节V3，V4开度，改变进入板式换热器的载冷剂流量；恒定负荷侧压差ΔP，改变冷水泵频率，以均衡负荷侧供冷量。

⑥ 基载主机和基载冷水泵全天开启，恒定T3，控制基载主机能量调节；工况①时恒定负荷侧压差，调节V5开度。

3）换冷机组

① 换冷器出水温度控制；

② 水泵变频控制；

③ 运行设备、温度、压力、流量、热量等参数显示、记录。

（5）热泵供热系统

① 水源热泵机组、冷热水泵、水源循环水泵及其相应的电动水阀的连锁启停控制。

② 空调热水系统需根据供冷工况、供热工况对阀门进行切换。

③ 根据冬、夏转换的要求对空调冷、热水供回水的压差进行控制。

④ 室外温度补偿器对空调热水的供水温度进行控制。

⑤ 设备的运行时间、空调系统的冷、热量进行统计。

⑥ 设备运行状态显示及故障报警。

3. 相关图纸

该工程设备材料表如表1.1-3～表1.1-9所示，主要设计图如图1.1-3～图1.1-6所示。

冷水机组性能参数表 **表 1.1-3**

序号	设备编号	设备型式	空调制冷量[kW(RT)] 制冷工况	空调制冷量[kW(RT)] 蓄冰工况	热泵制热量(kW) 制热工况	蒸发器 进/出水温(℃) 制冷工况	蒸发器 进/出水温(℃) 蓄冰工况	蒸发器 进/出水温(℃) 制热工况	蒸发器 水流量(m^3/h) 制冷蓄冰工况	蒸发器 水流量(m^3/h) 制热工况	蒸发器 污垢系数 m^2·K/kW	蒸发器 水侧工作压力 MPa	蒸发器水阻 kPa	冷凝器 进/出水温(℃) 制冷蓄冰工程	冷凝器 进/出水温(℃) 制热工况	冷凝器 水流量(m^3/h) 制冷蓄冰工程	冷凝器 水流量(m^3/h) 制热工况	冷凝器 污垢系数 m^2·K/kW	冷凝器 水侧工作压力 MPa	冷凝器水阻 kPa	电源 容量kW 制冷工况	电源 容量kW 蓄冰工况	电源 容量kW 制热工况	电源 电压 V	使用冷媒	机组最大外形尺寸(长×宽×高) mm	数量 台	备注
1	L-1,2	三工况热泵机组	1967 (559)	1175 (334)	1980	5/10	−5.6/−2.8	10/5	338	268	0.086	1.0	<100	20/30	40/45	199	340	0.086	1.0	<85	353 (COP 5.5)	320 (COP 3.6)	421 (COP 4.7)	380	环保冷媒	4500×2300×2400	2	蓄冰、制冷、制热
2	L-3	双工况热泵机组	2180 (620)	/	2228	5/12	/	10/5	268	298	0.086	1.0	<100	20/30	40/45	220	383	0.086	1.0	<85	370 (COP 5.9)	/	497 (COP 4.4)	380	环保冷媒	4500×2300×2400	1	制冷、制热(预留备用机组相同)

说明：1. 机组要求保温后出厂。
2. 机组配带减震配件。
3. 机组要求配带起动柜，起动方式为固态软启动。
4. 每台机组要求配带水流开关 2 只。
5. 机组要求冷冻水（乙二醇），水源水接管均在同侧。

水泵及热交换器性能参数表 **表 1.1-4**

序号	设备编号	设备名称	设备型式	流量(m^3/h)	扬程(mH_2O)	电源 容量(kW)	电源 电压(V)	转速(r/min)	吸入口压力(MPa)	工作压力(MPa)	设计点效率(%)	介质温度(℃)	数量(台)	安装位置	服务对象
1	B-1,2	冷热水泵	离心端吸泵	345	32	45	380	1450	0.6	1.0	75	12/40	2	B1 制冷机房	空调用冷热水循环
2	B-3,4	基载冷热水泵	离心端吸泵	290	32	37	380	1450	0.6	1.0	75	12/40	1	B1 制冷机房	空调用冷热水循环(B-4 供冷时备用)
3	BY-1～3	乙二醇泵	离心端吸泵	370	30	45	380	1450	0.60	1.0	75	−6	3	B1 制冷机房	两用一备
	GB-1～3	锅炉给水泵	多级离心端吸泵	3	110	3	380	2900	0.1	1.6	60	80	3	B1 锅炉房	蒸汽锅炉给水泵 两用一备
4	HL-1,2	板式换热器(低温)	换热量:3180kW 换热面积:420m^2							1.0			2	B1 制冷机房	一次侧乙二醇温度:3.5/10℃;二次侧冷冻水温度:5/12℃ 夏季空调冷水阻力≤90kPa
5	HJ-1	换热机组(冬季冷)	换热量:1440kW 换热面积:120m^2	水泵:135m^3/h	水泵:30m	水泵:15kW 共2台	380	1450	0.6	1.0	75	130	2	B1 制冷机房	一次热水温度:5/10℃;二次侧冷却水温度:6/13℃ 水阻力≤90kPa 水泵一用一备
6	BD-1～3	水源水泵													由专业取水公司负责设计

锅炉性能参数表 **表 1.1-5**

序号	设备编号	设备名称	额定蒸发量(t/h)	额定蒸汽压力(MPa)	额定给水温度(℃)	燃料种类	柴油耗量(kg/h)	额定热效率	燃烧器耗电量(kW)	电压(V)	数量(台)	安装位置	服务对象	备注
1	G-1～3	燃气蒸汽锅炉	2.0	1.0	20	柴油	136	大于89%	3.0	380	3	B1锅炉房	洗衣机房、空调加湿和备用生活热水加热	G-3为预留备用锅炉位置

定压补水装置性能参数表 **表 1.1-6**

序号	设备编号	设备型式	低限压力(MPa)	高限压力(MPa)	补水泵					外形尺寸(mm)	数量台	设备承压(MPa)	备注
					流量(m^3/h)	扬程(mH_2O)	容量(kW)	电压(V)	转速(r/min)				
1	D-1	空调冷热水补水泵机组	0.54	0.60	10	65	5.5	380	2900	2000×1000×2000	2	1.0	补水泵一用一备
2	D-2	乙二醇水定压机组	0.10	0.20	5	20	1.1	380	2900	2000×1000×2000	2	1.0	补水泵一用一备
3	D-3	冬季空调冷水定压机组	0.54	0.60	5	65	3.0	380	2900	2000×1000×2000	2	1.0	补水泵一用一备
4													

水处理装置及水箱性能参数表 **表 1.1-7**

序号	设备名称	技术参数	台数	外形尺寸(mm)
1	软化水箱	有效容积:5.5m^3/h	2	2400×1800×1500
2	乙二醇储液箱	有效容积:2.3m^3/h	1	1800×1200×1200
3	组合式软水器	RH-1,2 G=10～20t/h,N=0.75kW	2	双罐双阀
4	旋流除砂器	处理量250t/h,效率>90%,进水压力>0.3MPa	4	ϕ1000,H=2000

油箱性能参数表 **表 1.1-8**

序号	设备名称	技术参数	套	外形尺寸(mm)	备注
1	室外地埋式储油罐	容积:15m^3/h,油泵 N=2×1.5kW	1	ϕ1800,L=6300	国标图集02R110 JDXLA-1.8-15
2	室内日用油箱	容积:1m^3/h	1	ϕ1000,h=1300	国标图集02R110

蓄冰装置性能参数表 **表 1.1-9**

序号	设备名称	参考型号	技术参数	进出口温度	台数	外形尺寸(mm)
1	蓄冰盘管	TSC-L296M	蓄冰量:296RTH 水阻力:<10kPa 承压:1.0MPa	蓄冰工况进出水温:−2.8/−5.6℃ 融冰工况进出水温:5.5/3.5℃	18	5508×1619×1643

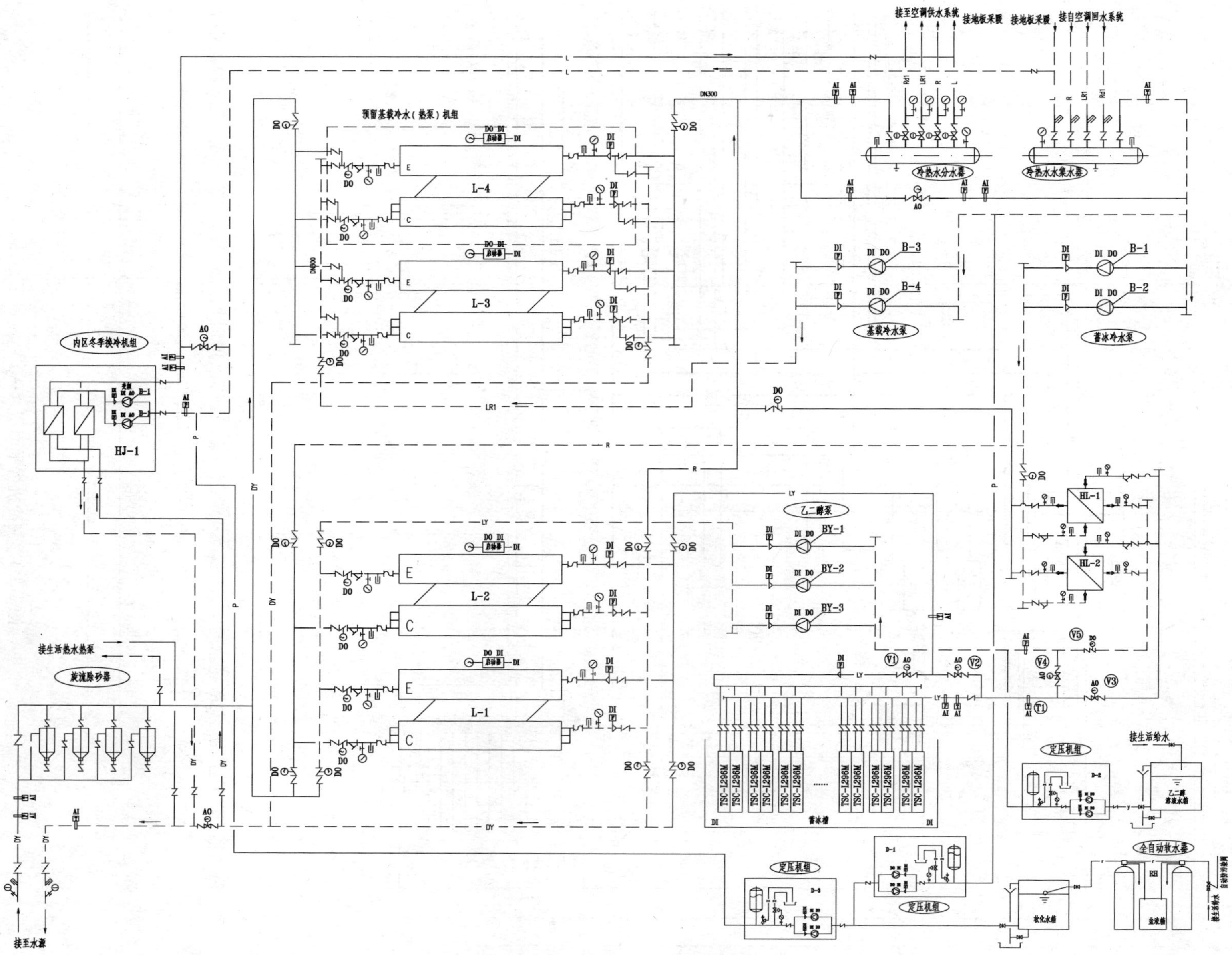

图 1.1-3 冷热源自控系统原理图

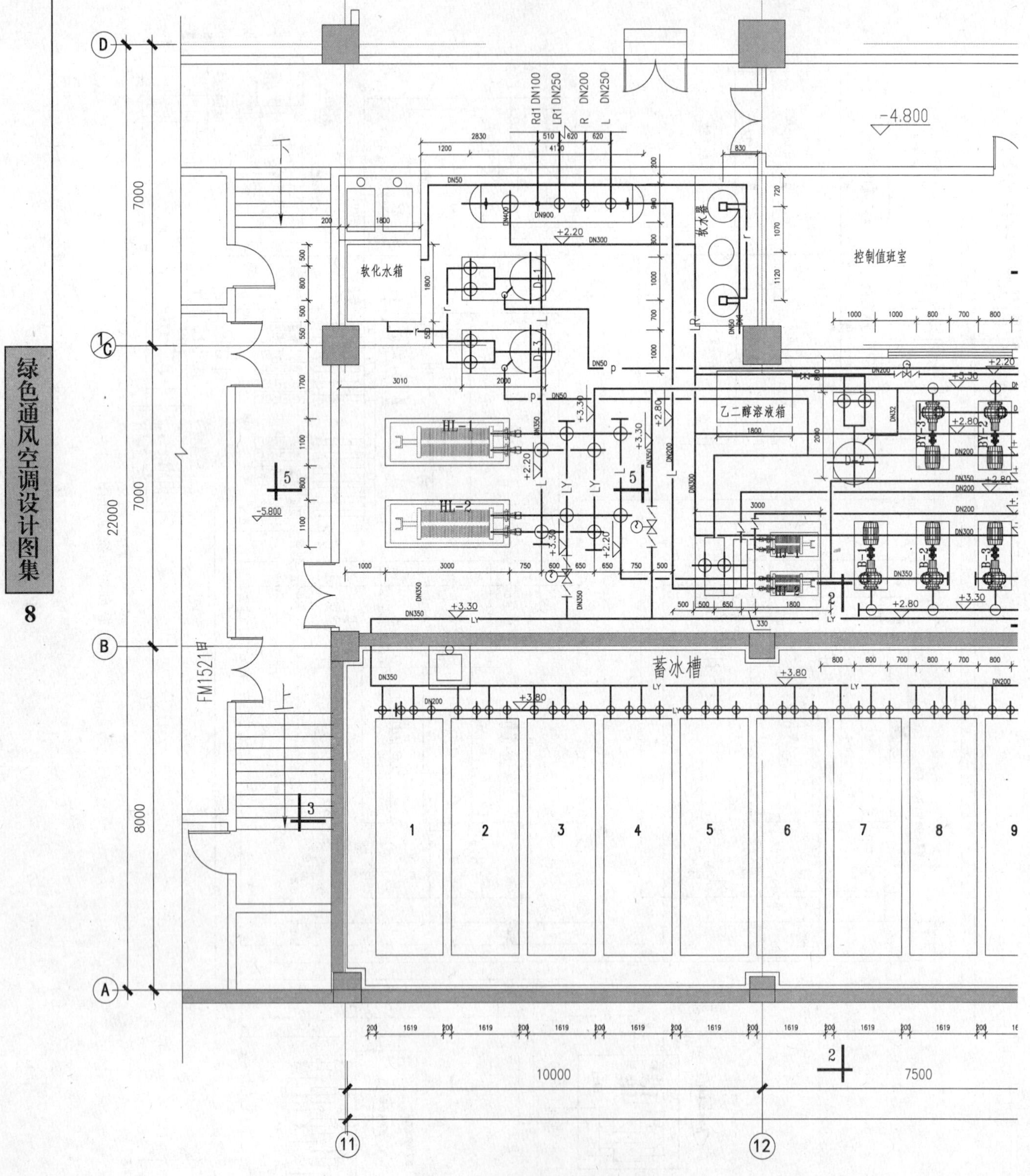

图 1.1-4 制冷机房平面图（一）

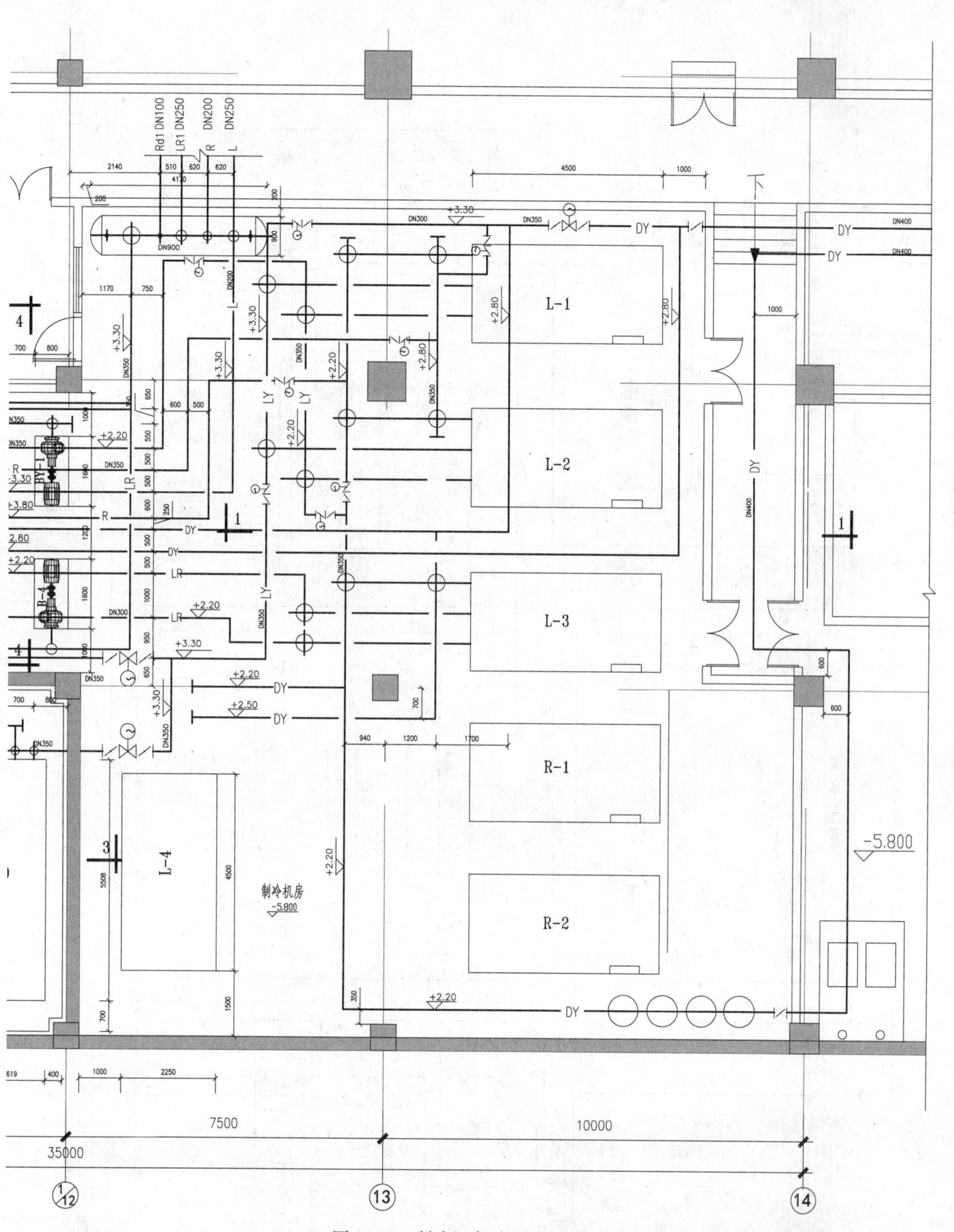

图 1.1-5　制冷机房平面图（二）

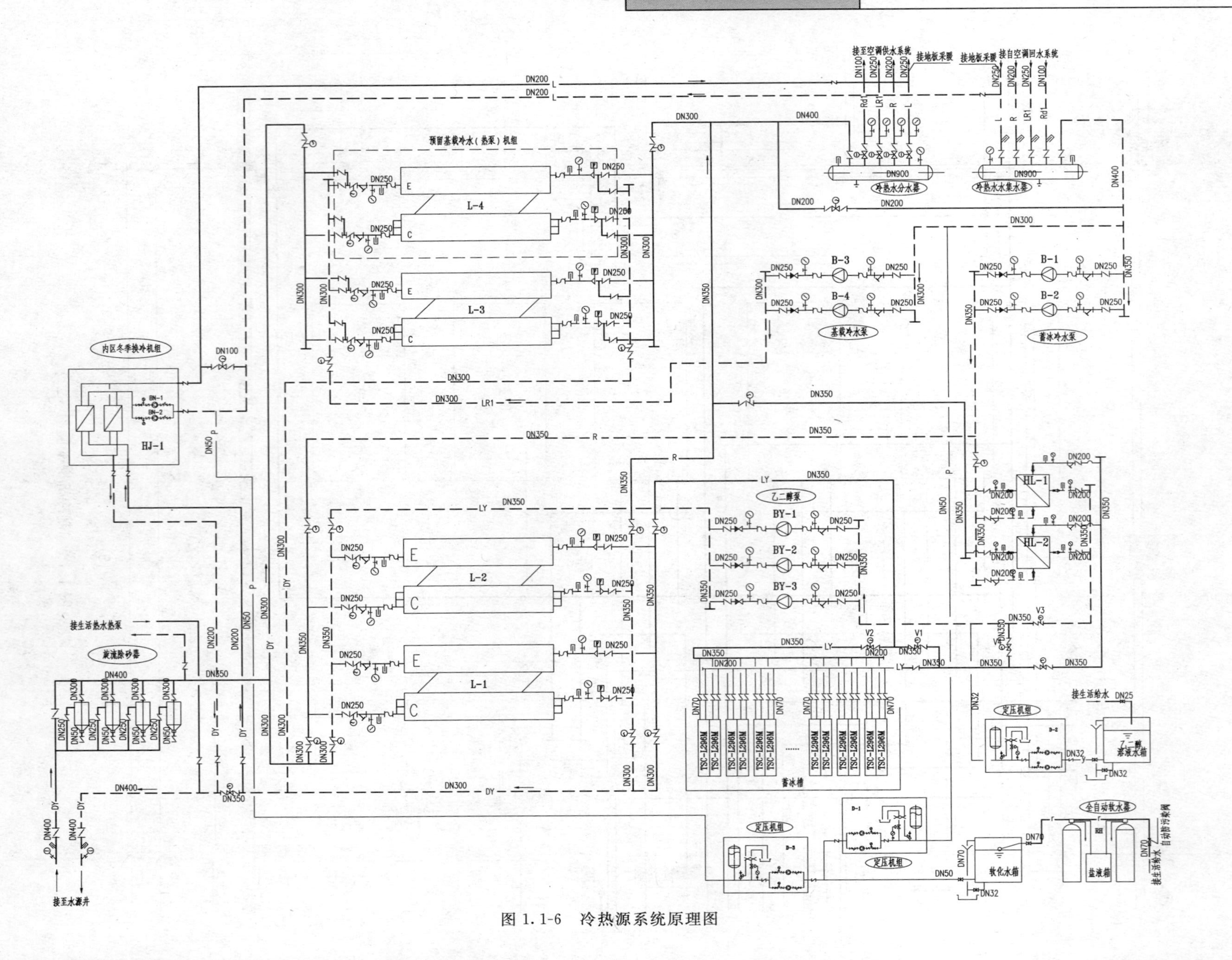

图 1.1-6 冷热源系统原理图

1.1.2 工程案例2：中关村软件园①

1. 绿色理念及工程特点

(1) 该建筑二、三区使用性质为办公，冷源采用动态冰蓄冷片冰机组，动态冰蓄冷片冰机组在有效地发挥“削峰填谷”作用，平衡电网峰谷负荷的同时，省却了机载主机。

(2) 该工程采用两管制变水量大温差系统，其中全空气空调机组和风机盘管为夏季供冷，冬季供热。

(3) 消减制冷装机电负荷32.6%，年转移高峰电量1758MWh。

(4) 初投资为916万元，比常规制冷增加投资226万元；冰蓄冷系统每年节省运行电费59万元，静态回收年限为3.9年。

(5) 该建筑全年耗冷量5002470kWh，每年移峰填谷电量可节省标煤681t，减排CO_2量2238t。

2. 工程概况

该工程为中关村软件园软件出口服务中心，建筑总面积70000m²，分为三个功能区，一区为宿舍，二区为出口加工基地，三区为园中园。宿舍采用分体空调，其他区域采用集中空调。集中空调系统冷源采用动态制冰片冰机/冷水机组。地下二层制冷机房内设有两台制冷量1540kW（438RT）和一台制冷量1301kW（370RT）的片冰机/冷水机组。动态制冰片冰机/冷水机组夏季生产1.5℃/8.5℃的冷冻水，经换热后提供5℃/13℃的冷水。

(1) 设计日冷负荷平衡表（见表1.1-10）

设计日冷负荷平衡表　　表1.1-10

时间	设计日负荷(kWh)	片冰机制冷水冷量(kWh)	融冰冷量(kWh)	每小时制冰冷量(kWh)	蓄冰槽存冰量(kWh)	制冰机冷水机组开机台数(台)
0:00～1:00	565		565	3025	5485	3
1:00～2:00	572		572	3025	7938	3
2:00～3:00	495		495	3025	10468	3
3:00～4:00	456		456	3025	13037	3
4:00～5:00	419		419	3025	15643	3
5:00～6:00	379		379	3025	18289	3
6:00～7:00	508		508	3025	20806	3
7:00～8:00	562		562		20244	
8:00～9:00	3702		3702		16542	
9:00～10:00	3852	2840	1012		15530	2
10:00～11:00	4411	2840	1571		13959	2
11:00～12:00	4635	4380	255		13704	3
12:00～13:00	4729	4380	349		13355	3
13:00～14:00	4821	4380	441		12914	3
14:00～15:00	4284	4380	0		12914	3
15:00～16:00	4342	4380	0		12914	3
16:00～17:00	5005	4380	625		12289	3
17:00～18:00	5034	4380	654		11635	3
18:00～19:00	4985	4380	605		11030	3
19:00～20:00	4900	4380	520		10510	3
20:00～21:00	4798	2840	1958		8552	2
21:00～22:00	4745		4745		3807	
22:00～23:00	1550		1550		2257	
23:00～0:00	1191		1191	3025	1066	3
合　计	70940	47940	23134			
融冰冷量比例			32.6%			

① 工程负责人：何海亮，男，中国建筑设计研究院，高级工程师。

(2) 系统设计

1) 蓄冰供冷方式

该工程采用动态制冰供冷系统，蓄冰方式为部分负荷蓄冰，蓄冰主机为片冰机/冷水机组。夜间低谷电价时段，片冰机/冷水机组以制冰工况运行，在蓄冰槽内蓄冰，供冷一次泵为制冰循环供水，同时将蓄冰槽中冷冻水送至板式换热器承担夜间负荷。白天空调系统运行时，片冰机/冷水机组以制冷工况运行，与蓄冰槽融冰联合供冷。

2) 制冷/制冰设备

选用美国 Paul Mueller 公司的片冰机/冷水机组三台。

IH/C1540-7 两台：制冷冷量为 1544kW（439RT），制冷功率为 315kW；制冰冷量为 1066kW（303RT），制冰功率为 284kW；常规制冷水量为 $266m^3/h$，冷却水量为 $319m^3/h$。

IH/C1300-6 一台：制冷冷量为 1301kW（370RT），制冷功率为 269kW；制冰冷量为 897kW（255RT），制冰功率为 238kW；常规制冷水量为 $224m^3/h$，冷却水量为 $267m^3/h$。

3) 蓄冰设备

蓄冰设备为钢筋混凝土蓄冰槽，设计容积为 $700m^3$，蓄冰槽做内侧防水保温和表面增强处理。

4) 制冷/供冷系统

板式换热器三台：换热量为 1900kW，冷侧进/出水温度为 1.5℃/8.5℃，热侧进/出水温度为 13℃/5℃；

供冷一次水泵四台（三用一备），每台流量为 $280m^3/h$，扬程为 $22mH_2O$；

供冷二次水泵四台（三用一备），每台流量为 $200m^3/h$，扬程为 $32mH_2O$；

冷却水泵四台（三用一备），流量为 $350m^3/h$，扬程为 $32mH_2O$；冷却水泵两台（一用一备）：流量为 $300m^3/h$，扬程为 $32mH_2O$ 两台。

工况转换电动阀两台，规格 *DN*350；

分流电动调节阀一台，规格 *DN*200。

(3) 蓄冰供冷系统运行模式

1) 蓄冰模式

片冰机/冷水机组以蓄冰模式运行，供冷一次泵和冷却水泵运行，供冷二次泵关闭，工况转换电动阀 F3 打开，F2 关闭，分流调节阀 F1 调节。

2) 蓄冰/供冷模式

片冰机/冷水机组以蓄冰模式运行，供冷一次泵和冷却水泵运行，供冷二次泵部分运行，工况转换电动阀 F3 打开，F2 关闭，分流调节阀 F1 调节。

3) 制冷主机与蓄冰槽融冰联合供冷

片冰机/冷水机组以制冷模式运行，供冷一次泵和冷却水泵运行，供冷二次泵运行，工况转换电动阀 F3 关闭，F2 打开，分流调节阀 F1 调节。

4) 蓄冰槽融冰单独供冷

片冰机/冷水机组关闭，冷却水泵及冷却塔关闭，供冷一次泵运行，供冷二次泵运行，工况转换电动阀 F3 关闭，F2 打开，分流调节阀 F1 调节。

(4) 控制系统设计

该工程控制系统采用集散型（DCS）结构，实现集中管理、分散控制的技术目标。系统由中央控制单元和就地控制单元两部分组成。中央控制单元即上位机，采用专用的工业电脑，以图形和菜单的形式提供友好的人机界面，并承担控制模型中较为复杂的计算，以及系统运行数据的管理。就地控制单元即下位机，采用可编程控制器（PLC），除提供底层输入输出操作外，还承担简单的单回路闭环控制。就地控制单元在脱离中央控制单元时能维持空调系统的基本运行，并具备支持这一功能的人机交互手段。

冰蓄冷制冷机房自控系统作为楼宇自控系统（BAS）的一个子系统，为 BAS 提供 Ethernet 网接口，该接口符合 TCP/IP 通讯协议，使 BAS 系统无需附加设备就能接纳本系统。自控系统还维护一个数据共享区，并实时更新共享区中的数据供 BAS 中其他系统读取、调用，以实现信息共享。

自控系统为楼宇消防系统预留一路开关量输入（DI）信号，供消防系统在发生火警时通知自控系统启动紧急停车程序。

各运行模式转换由中央控制单元程序控制，并有人工干预界面。各运行模式下制冰供冷循环泵和控制阀状态如表 1.1-11 所示：

各运行模式下制冰供冷循环泵和控制阀状态表 表 1.1-11

供冷工况	F1	F2	B1	B2	B3
主机单独蓄冰模式	关	开	开	开	开
主机单独供冷模式	调节	调节	开	开	开
蓄冰槽单独供冷模式	调节	调节	关	开	开
主机与蓄冰槽联合供冷模式	调节	调节	开	开	开
夜间边蓄冰边供冷模式	调节	调节	开	开	开

3. 相关图纸

该工程设备材料表如表 1.1-12 所示，主要设计图如图 1.1-7 和图 1.1-8 所示。

主要设备材料表 表 1.1-12

序号	系统编号	设备名称	主 要 性 能	单位	数量	备注
1	R-1,2	片冰机/冷水机组 IH/C1540-7	制冷冷量:1540kW(438RT) 制冰冷量:1301kW(370RT) 制冷功率:315kW 制冰功率:284kW 冷却水:32/37℃,319m^3/h	台	2	
2	R-3	片冰机/冷水机组 IH/C1300-6	制冷冷量:1301kW(370RT) 制冰冷量:897kW(255RT) 制冷功率:269kW 制冰功率:238kW 冷却水:32/37℃,267m^3/h	台	1	
3	B-1～4	供冷一次泵	$Q=280m^3/h, H=22mH_2O, N=30kW$	台	4	
4	B-1～4	供冷二次泵	$Q=200m^3/h, H=32mH_2O, N=30kW$	台	4	
5	b-1～2	冷却水泵	$Q=300m^3/h, H=32mH_2O, N=45kW$	台	2	
6	b-3～4	冷却水泵	$Q=350m^3/h, H=32mH_2O, N=55kW$	台	2	
7	HR-1～3	板式热交换器 AT40MH,B-20	1.5/8.5℃,13/5℃,1900kW	台	3	
8	LT-1,2	冷却塔 LBCM-LN-350	$Q=350m^3/h$,32/37℃	台	2	
9	LT-3	冷却塔 LBCM-LN-300	$Q=300m^3/h$,32/37℃	台	1	
10	FT-1～4	电动调节阀	DN150	台	4	
11	F-1,2	电动阀	DN350	台	2	
12	F3～5	电动阀	DN200	台	3	
13	DC-1,2	电子水处理器	DN350	台	2	
14	DC-3	电子水处理器	DN400	台	1	
15	LL-1～3	流量计	DN350	台	3	
16	PB	自吸排水泵 ZW50-20-1.5	$Q=20m^3/h, H=1.5mH_2O, N=2.2kW$	台	1	

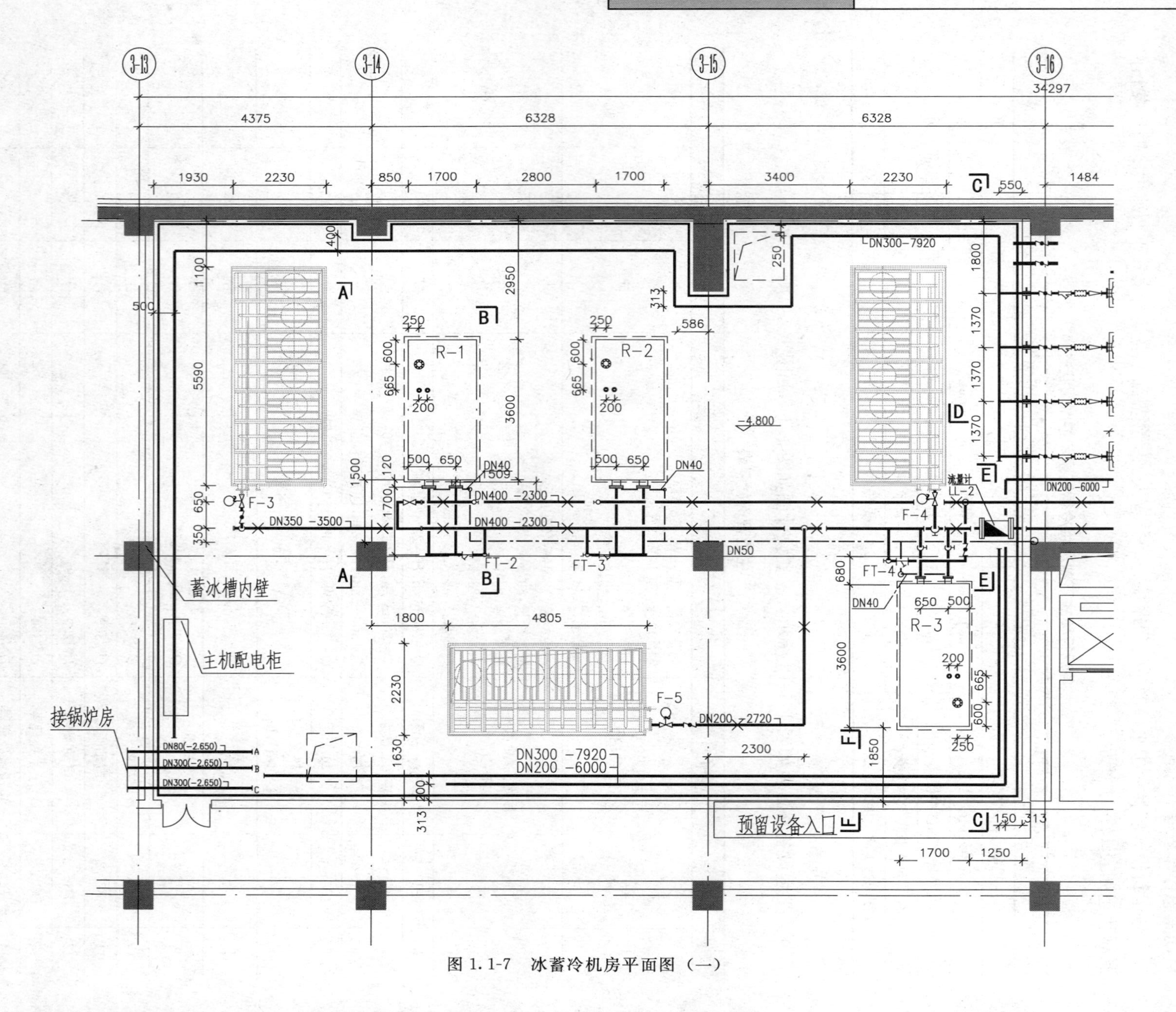

图 1.1-7 冰蓄冷机房平面图（一）

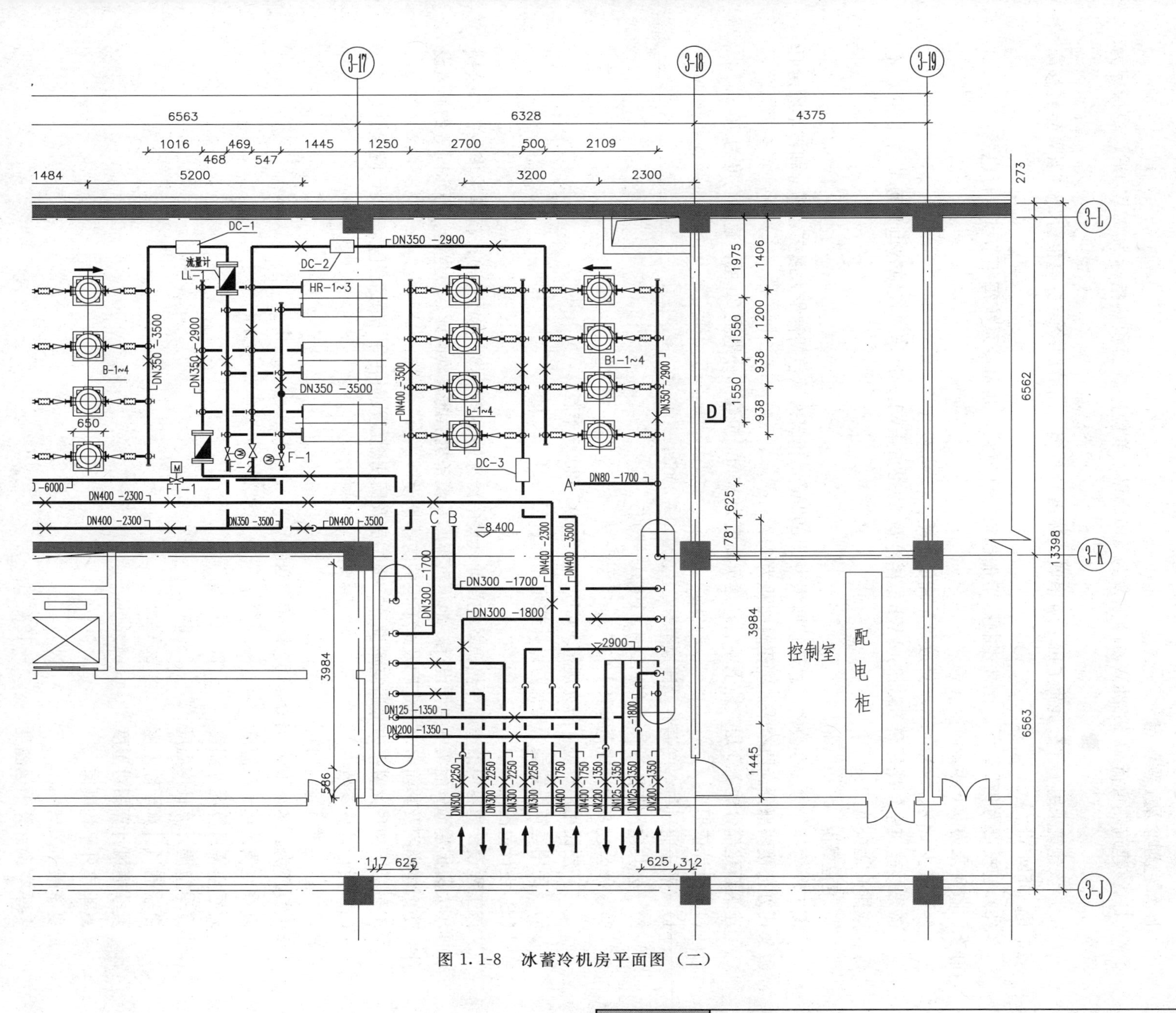

图 1.1-8 冰蓄冷机房平面图（二）

1.2 水源热泵

1.2.1 工程案例1：神华大厦办公楼[1]

1. 绿色理念及工程特点

(1) 该建筑热负荷为4888kW，冷负荷为5101kW，单位建筑面积热指标为92W/m^2，冷指标为96W/m^2。

(2) 该建筑采用了部分负荷主机上游串联式冰蓄冷系统。消减制冷装机电负荷28.3%，年转移高峰电量395MWh。

(3) 初投资为972万元，比常规制冷增加投资290万元；冰蓄冷系统每年节省运行电费52万元，静态回收年限为5.6年。

(4) 减少CO_2、SO_2、NO_x排放量，降低能耗。

(5) 该建筑全年耗热量5635830kWh、耗冷量5732353kWh。每年移峰填谷电量可节省153t标准煤，减排CO_2 489t。

2. 工程概况

该工程为神华大厦办公楼，总建筑面积为31392m^2，建筑面积包括神华大厦扩建部分和神华股份有限公司办公楼两部分。原神华大厦建筑面积为21741m^2。

建筑新建部分地上9层，地下4层，建筑高度为33m；扩建部分地上20层，建筑高度为76m。

(1) 设计依据

1)《采暖通风与空气调节设计规范》GB 50019—2003；

2)《公共建筑节能设计标准》DBJ 01-621—2005；

3)《办公建筑设计规范》JGJ 67-89；

4)《高层民用建筑设计防火规范》GB 50045—95（2005年版）；

5)《民用建筑设置锅炉房消防设计规定》DBJ 01-614—2002。

(2) 设计范围

该工程设计内容包括空调冷热源系统设计（集中冷冻站、集中燃气锅炉房）；新建神华股份办公楼和神华大厦扩建部分的集中空调设计；地下汽车库及设备机房的通风设计；卫生间、开水间等的通风设计；防烟楼梯间及其前室、内走廊及地下层的防排烟设计。

不包括原神华大厦室内暖通空调设计。锅炉房及厨房燃气设计由甲方另委托燃气设计院设计。

(3) 设计计算参数

1) 室外空气计算参数

大气压力：冬季102.04kPa，夏季99.86kPa

夏季空调计算干球温度	33.2℃
夏季空调计算湿球温度	26.4℃
夏季空调计算日均温度	28.6℃
夏季通风计算干球温度	30℃
夏季通风计算相对湿度	64%
夏季室外平均风速	1.9m/s
夏季最多风向	N
冬季空调计算干球温度	−12℃
冬季空调计算相对湿度	45%
冬季通风计算温度	−5℃

[1] 工程负责人：宋孝春，男，中国建筑设计研究院，教授级高级工程师。

冬季采暖计算温度　　　　－9℃
冬季最多风向　　　　　　NNW
冬季室外平均风速　　　　2.8m/s
最大冻土深度　　　　　　85cm
2）室内空气设计参数（见表1.2-1）

室内空气设计参数　　　　**表1.2-1**

房间名称	夏季		冬季		新风量[m³/(h.p)]	排风量(次/h)	室内噪声标准NR
	温度(℃)	相对湿度(%)	温度(℃)	相对湿度(%)			
办公室	25	55	20	≥40	30		35
大会议室	26	60	20	≥40	30		30
中、小会议室	26	55	20	≥40	30		30
休息厅	25	60	20	≥40	25		40
健身房、活动室	25	55	18	≥40	50		40
餐厅	25	60	20	≥40	25		45
多功能厅	25	60	20	≥40	25		40
门　厅	26	60	18	≥40	25		45
职工更衣室	26	60	25				40
卫生间、茶水间	26		18			10	
变配电室	26	60	10			10	
厨房	30		16			45	
制冷机房			10			6	
水泵房			10			6	
地下车库						6	

(4) 空调冷热负荷

空调冷热负荷表见表1.2-2，冷负荷平衡表见表1.2-3。

空调冷热负荷表　　　　**表1.2-2**

建筑名称	建筑面积(m²)	冷负荷(kW)		冷指标(W/m²)		热负荷(kW)	热指标(W/m²)
		夏季	冬季	夏季	冬季		
原神华大厦	21741	2320	/	106.7	/	2230	102.6
扩建	6383	875	227.4	137.1	35.6	802.2	125.7
神华股份	25009	190.6	560	76.2	22.4	1856	74.2
汇总	56958	5101	787.4	96	14.8	4888.2	92

设计日冷负荷平衡表 **表 1.2-3**

时间	总冷负荷(RT)	制冷机制冷量(RT)		蓄冰槽(RT)		取冷率
		主机制冰	主机制冷	储冰量	融冰量	%
0:00	0	690		1600		
1:00	0	680		2278		
2:00	0	670		2946		
3:00	0	660		3604		
4:00	0	650		4252		
5:00	0	640		4890		
6:00	0	430	0	5320		
7:00	359		0	4959	359	6.75
8:00	1035		520	4442	515	9.69
9:00	1136		1040	4343	96	1.81
10:00	1295		1040	4086	255	4.80
11:00	1337		1040	3786	297	5.59
12:00	1328		1040	3497	288	5.41
13:00	1344		1040	3191	304	5.71
14:00	1376		1040	2853	336	6.31
15:00	1428		1040	2463	388	7.30
16:00	1451		1040	2050	411	7.72
17:00	1375		1040	1713	335	6.29
18:00	1140		1030	1601	110	2.07
19:00	412		0	1187	412	7.74
20:00	345		0	840	345	6.49
21:00	312		0	526	312	5.86
22:00	310		0	214	310	5.83
23:00	0	700	0	912		
合计	15984		10910		5074	95.37

(5) 空调冷、热源

1) 空调热源

通过与建设单位协商，将原神华大厦地下二层燃油型直燃机房改造为燃气锅炉房，以满足项目冬季供热需要。

空调总热负荷为4971.2kW，空调用热媒为65℃/55℃的低温热水。

选用4台BOV-1200型燃气真空热水锅炉，单台容量为1400kW。热水循环泵四用一备。

2）空调冷源

该工程空调冷源按冰蓄冷系统设计，采用部分负荷蓄冰系统，制冷主机和蓄冰设备串联方式，且制冷主机为上游设计。

夜间电价低谷时制冰系统将冰蓄满，白天电价高峰时融冰供冷，融冰量通过改变进入冰盘器水量控制，各工况转换通过电动阀门开关切换。

设计日峰值冷负荷为5102kW（1451RT），设计日总冷量为55883kWh（15889RTh）。设计选用2台1820kW（520RT）双工况主机，夜间制冰，白天供冷。

蓄冰设备选用14台TSC－380M型冰盘管，安装在钢筋混凝土蓄冰水槽中，总潜热蓄冰冷量为18705kWh（5320KTh），最大融冰供冷负荷为1870kW（2888RT），提供3.5℃的低温乙二醇溶液。

冷冻水供/回水温度为6℃/12℃，冷却水供/回水温度为32℃/37℃。

乙二醇泵、冷却泵定流量运行，冷冻泵及冬季供冷用冷却泵变频运行。

乙二醇系统和空调冷热水系统采用补水泵加密闭隔膜式膨胀水罐定压方式。

（6）冷却塔供冷系统

为满足该工程空调内区常年供冷需求，利用室外空气换热之天然冷源降温方式，即冷却水通过制冷系统的冷却塔降温，再经过热交换器换热将冷冻水温度降低的供冷方式。系统单设冷却水循环泵及冷冻水循环泵，屋顶冷却塔冬季设防冻保护。

（7）空调水系统

原神华大厦仍为二管制变水量系统，新建神华股份办公楼及神华大厦扩建部分为四管制变水量系统。神华大厦末端管网系统不作改造。

该工程所有空调机组水系统采用二管制空调水系统。制冷机房在集水器每个环路处均设置静态平衡阀，在空调机组（包括新风机组）、风机盘管末端设备处解决系统平衡问题。

空调水系统竖向立管除新风供应水管为异程式布置外，其余均为同程式布置，风机盘管水系统的水平管路以同程式布置为主，部分采用异程式布置。

加湿：冬季全空气系统及新风系统均采用高压喷雾加湿膜组合式加湿器进行加湿。

净化：全空气系统及新风系统空调机送风总管上安装数字安全空气净化器。

（8）采暖系统

采暖系统设置范围：新建股份大厦一层门厅、多功能厅；扩建神华大厦一层门厅。

1）采暖系统形式：低温热水地板辐射采暖系统。

2）采暖系统设计负荷为140kW。

3）采暖系统热源：由空调热水作为一次热源，经板式热交换机组换热为50℃/40℃的热水供地板辐射采暖用。热交换机组配带换热器、热水泵、定压罐、控制等装置。

4）采暖系统管材采用PB管。

5）此采暖系统设计待装修确定后作深化设计。

（9）自动控制

该工程采用直接数字式监控系统（DDC系统），由中央电脑及终端设备加上若干个DDC控制盘组成。在空调控制中心能显示打印出空调、通风、制冷等各系统设备的运行状态及主要运行参数，并进行集中远距离控制和程序控制，且能将给排水和电气设备等一并控制。具体控制内容为：

空调水路为变流量系统，冷水泵变频控制，当达到最低频率后转成压差旁通控制，采用压差调节器控制供、回水干管上的旁通阀开启程度，保证冷负荷侧压差维持在一定范围。

空调机组和新风机组冷水回水管上设动态平衡电动二通阀，通过调节表冷器的过水量以控制室温或新风机组送风温度。风机盘管设三速开关，且由室温控制器控制冷水回水管上的二通阀开关，以通断进入风机盘管的冷（或热）水。空调机组、冷水机组、风机盘管上双通水阀均与风机作连锁控制。同时，冬季空调机组、新风机组停机时，双通水阀应保留5%开度，以防加热器冻裂。

冷热源、空调系统、通风系统采用集散式直接数字控制系统（DDC系统）。微机控制中心设在制冷机房控制室内。具体控制要求如下：

部分负荷蓄冰系统运行工况比较复杂，对控制系统的要求相对较高，除了保证各运行工况间的相互转换及冷冻水、乙二醇的供回水温度控制外，还应解决主机和蓄冰设备间的供冷负荷分配问题。

该工程采用优化控制（智能控制）系统，根据测定的气象条件及负荷侧回水温度、流量，通过计算预测全天逐时负荷，然后制定主机和蓄冰设备的逐时负荷分配（运行控制）情况，控制主机输出，最大限度地发挥蓄冰设备融冰供冷量，以达到节约电费之目的。制冷系统主要控制点请见冷热源自控原理图，同时应能实现以下运行工况的控制：

1）主机蓄冰工况：V1、V3全闭，V2、V4全开，冰槽液位测定蓄冰量，蓄到设定值时停主机。

2）主机单独供冷工况：V2全闭，V1全开，根据T1恒定来控制主机能量调节。

3）蓄冷装置单独供冷工况：根据T1恒定，调节V1、V2开度，改变进入蓄冰装置载冷剂流量。

4）联合供冷工况：恒定T1，控制主机能量调节及调节V1、V2开度，改变进入冰槽载冷剂流量。

5）冷水供冷控制：以上2）、3）、4）工况，恒定T2，调节V3、V4开度，改变进入板式换热器的载冷剂流量；恒定负荷侧压差ΔP改变冷水泵频率，以均衡负荷侧供冷量。

（10）节能与环保

1）建筑节能设计

该工程各项围护结构热工设计执行《公共建筑节能设计标准》DBJ 01-621—2005的相关内容，并尽可能降低。通过对围护结构的节能优化设计，减少建筑物的围护结构耗热；要求如下：

(a) 屋顶传热系数和遮阳系数要求：非透明部分K值小于或等于0.50W/(m^2·K)；透明部分K值小于或等于2.2W/(m^2·k)，遮阳系数SC小于或等于0.5。

(b) 外墙、结构立挺及其他立面非透明体的传热系数K值小于或等于0.5W/(m^2·K)；

(c) 立面透明体（外窗及幕墙）的传热系数K值小于或等于2.2W/(m^2·K)；遮阳系数SC小于或等于0.5。

(d) 底面接触室外空气的楼板或外挑楼板的传热系数K值小于或等于0.5W/(m^2·K)；

(e) 非采暖空调房间与采暖空调房间的隔墙或楼板的传热系数K值小于或等于1.50W/(m^2·K)。

2）新风系统设置排风热回收装置，热回收效率大于或等于60%。

3）合理设计制冷、供暖系统，采用DDC控制系统，实现能量的可调节和计量。

4）最大限度地利用天然冷源，全空气空调系统采用焓值控制技术，可实现全新风运行工况。

5）合理采用变频控制技术，实现空调水系统变流量运行，节省电耗。

6）选择的暖通空调制冷设备为高效、节能产品。

7）合理的空调水系统水利平衡措施。

（11）环保措施

1）空调制冷设备中工质的使用：禁止使用含CFC的制冷剂，减少HCFC制冷工质的使用比例。

2）对餐厅厨房的排风采取净化措施，使其排放浓度达到《餐饮业油烟排放标准》GB 8483—2001的要求。

3）该工程通风空调系统均考虑合理的消声措施，满足室内噪声要求；防止对建筑周围环境的噪声污染。消声器的设置详见相关图纸。

3. 相关图纸

该工程主要设备材料表如表1.2-4～表1.2-8所示，主要设计图如图1.2-1～图1.2-4所示。

冷水机组性能参数表 表 1.2-4

序号	设备编号	设备型式	空调制冷量[kW(RT)]		蒸发器							冷凝器						电源			使用冷媒	机组最大外形尺寸(长×宽×高)(mm)	质量(运行)(kg)	数量台	备注
			制冷工况	蓄冰工况	进/出水温(℃)		水流量(m³/h)		污垢系数	水侧工作压力	蒸发器水阻	进/出水温(℃)		水流量	污垢系数	水侧工作压力	冷凝器水阻	容量(kW)		电压					
					空调工况	蓄冰工况	空调工况	蓄冰工况	$m^2 \cdot K$/kW	MPa	kPa	空调工况	蓄冰工况	m^3/h	$m^2 \cdot K$/kW	MPa	kPa	制冷工况	蓄冰工况	V					
1	L-1,2	双工况螺杆式制冷机	1828(520)	1260(358)	5.5/10.5	−5.6/−2.4	345	345	0.086	1.0	<100	32/37	30/33.4	390	0.086	1.0	<85	378(COP 4.8)	378(COP 3.3)	380	环保冷媒	4320×1900×2300	≤13000	2	双工况机组

说明：1. 机组要求保温后出厂。
2. 机组配带减振基础。
3. 机组要求配带启动柜，启动方式为固态软启动。
4. 每台机组要求配带水流开关二只。
5. 机组要求冷冻水，冷却水接管均在同侧。
6. 空调工况 COP≥5.1。

水泵及热交换器性能参数表 表 1.2-5

序号	设备编号	设备名称	设备型式	流量(m^3/h)	扬程(mH_2O)	电源		转速(r/min)	吸入口压力(MPa)	工作压力(MPa)	设计点效率(%)	介质温度(℃)	数量(台)	设备承压(MPa)	安装位置	服务对象
						容量(kW)	电压(V)									
1	B-1～3	冷冻水泵	离心端吸泵	400	32	55	380	1450	1.0	1.6	70	6	3	1.6	地下二层冷冻机房	空调用冷冻水循环 变频运行 两用一备
2	BY-1～3	乙二醇泵	离心端吸泵	380	25	45	380	1450	0.34	0.6	70	−5.6	3	1.6	地下二层冷冻机房	两用一备
3	b-1～3	冷却水泵	离心端吸泵	430	32	55	380	1450	1.0	1.6	70	37	3	1.6	地下二层冷冻机房	空调用冷却水循环 两用一备,其中一台变频
4	BR-1～5	热水循环水泵	离心端吸泵	130	30	15	380	1450	1.0	1.6	70	65	5	1.6	地下二层冷冻机房	空调用热水循环 四用一备
5	HR-1,2	板式换热器	换热量:3575kW 换热面积:280m²							1.6			2	1.6	地下二层冷冻机房	一次水温:3.5/10.5℃;二次水温:6/12℃ 夏季空调冷水水阻力≤90kPa 水泵变频运行
6	HJ-1	换热机组	换热量:790kW 换热面积:100m²	水泵:125m³/h	水泵:25m	水泵:18.5kW 共2台	380	1450	1.0	1.6	70	12	1	1.6	地下二层冷冻机房	一次水温:5/10℃;二次水温:6/12℃ 冬季空调热水水阻力≤90kPa 水泵一用一备
7	HJ-2	换热机组	换热量:140kW 换热面积:100m²	水泵:15m³/h	水泵:20m	水泵:4.5kW 共2台	380	1450	0.2	0.6	70	50	1	0.6	地下二层锅炉房	一次水温:60/50℃;二次水温:50/40℃ 冬季地板采暖水阻力≤90kPa 水泵一用一备

真空热水锅炉性能参数表 表 1.2-6

序号	设备编号	设备型式	单台供热量(kW)				燃料				电源		机组外形尺寸(mm)	质量	数量	备注
				热水进/出水温(℃)	水流阻力(kPa)	工作压力(MPa)	种类	热值	流量(Nm^3/h)	压力(MPa)	容量(kW)	电压(V)				
1	G-1～4	真空热水锅炉	1400	65/55	<65	1.0	天然气		133.2		5	380	2900×1700		4	

定压补水装置性能参数表 表 1.2-7

序号	设备编号	设备型式	定压值(MPa)	高限压力(MPa)	低限压力(MPa)	定压罐总容积(m^3)	调节容积(m^3)	补水泵					外形尺寸(mm)	质量(kg)	数量(台)	设备承压(MPa)	备注
								流量(m^3/h)	扬程(mH_2O)	容量(kW)	电压(V)	转速(r/min)					
1	D-1	空调冷热水定压	0.82	0.88	0.77	3.46	1.2	10	85	11	380	2900			1	1.0	空调热水补水泵 bR-1～2 一用一备
2	D-2	蓄冰水定压	0.22	0.34	0.10	0.82	0.26	5	25	1.1	380	2900			1	1.0	蓄冰乙二醇补水泵 bY-1～2 一用一备
3	D-3	冬季冷水定压	0.79	0.81	0.77	1.4	0.49	6	85	4	380	2900			1	1.6	空调冷水补水泵 bb-1～2 一用一备
4	D-4	冬季地板辐射采暖水定压	0.27	0.40	0.15	0.82	0.26	5	25	1.1	380	2900			1	1.6	冬季地板辐射补水泵 bR-1～2 一用一备

水处理装置及水箱性能参数表 表 1.2-8

序号	设备编号	设备型式	台数	序号	设备编号	设备型式
1	软化水箱	水箱容箱 $5m^3/h$	2		蓄冰盘管 TSC-380M	总蓄冰量:380RTH 蓄冰工况进出水温:−2.8/−5.6℃ 融冰工况进出水温:5.5/3.5℃ 水阻力:<100kPa 承压:1.0MPa 数量:14 组
2	乙二醇储液箱	水箱容箱 $2.3m^3/h$	1			
3	组合式软水器	G=10～20t/h,N=0.75kW	1			
4	水垢净	SYS-200C1.6,HG/C	3			
5	多相全程处理器	SYS-400B1.6,DJZ-P-F SYS-350B1.6,DJZ-P-F	1			

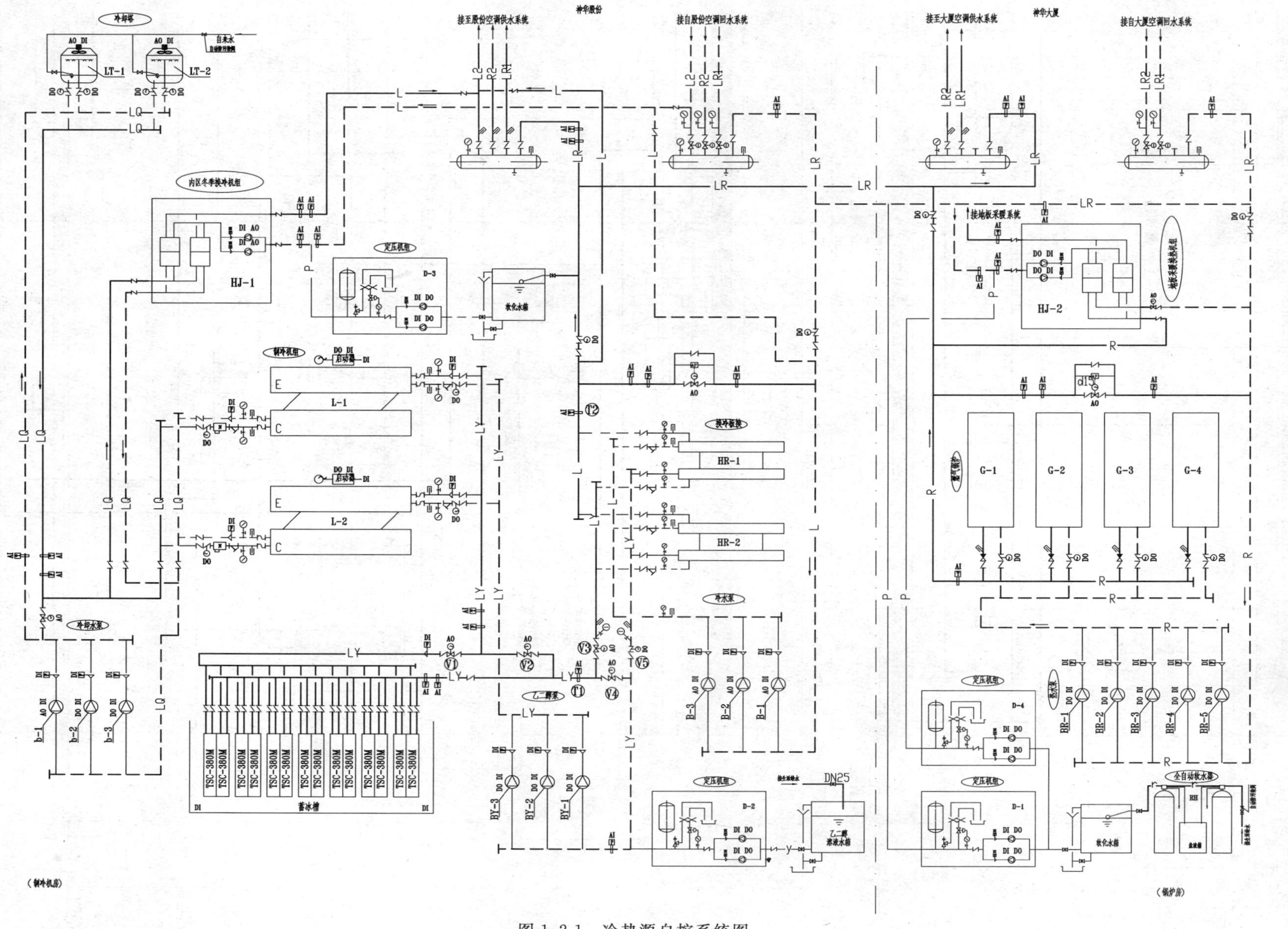

图 1.2-1　冷热源自控系统图

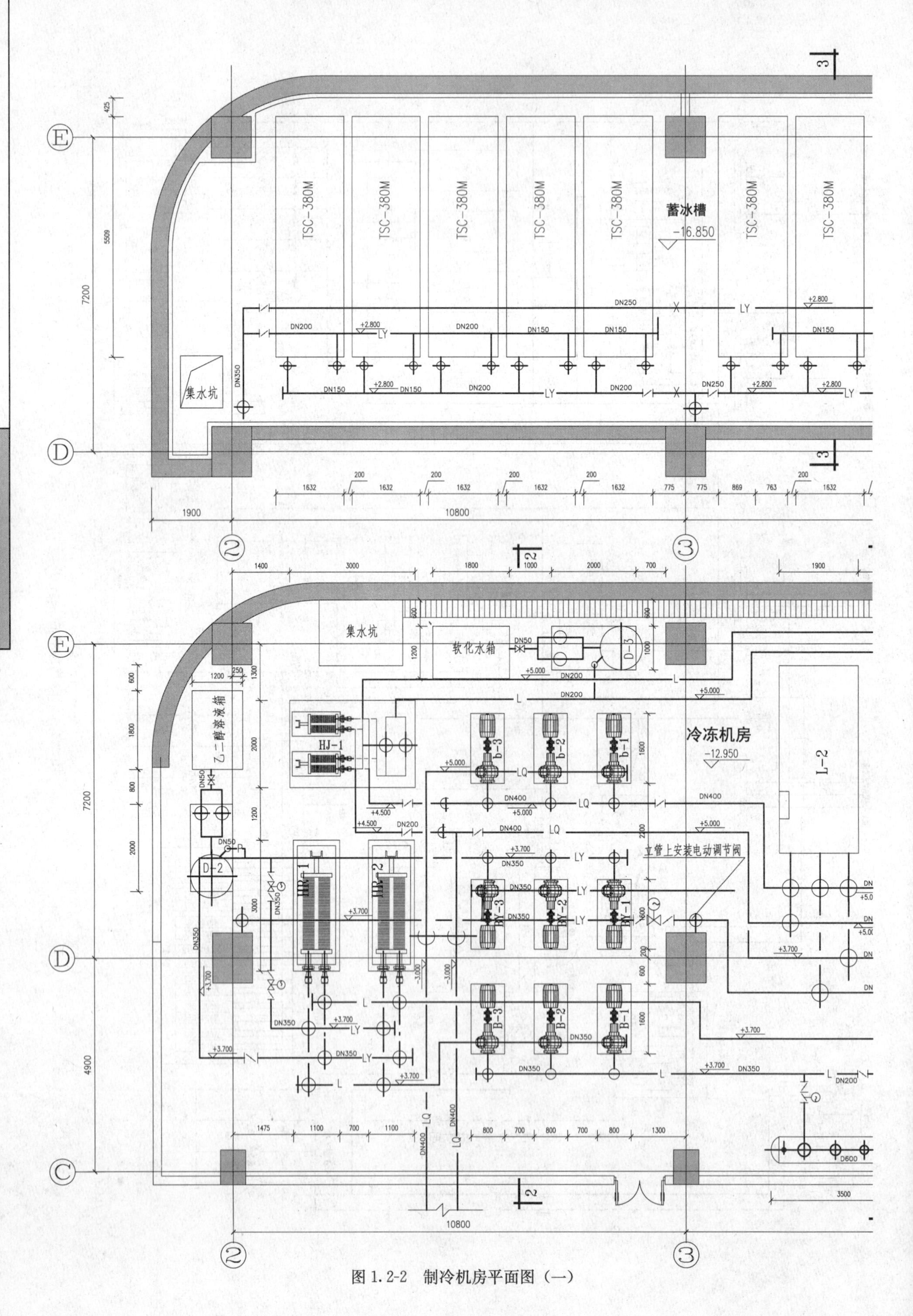

图 1.2-2 制冷机房平面图（一）

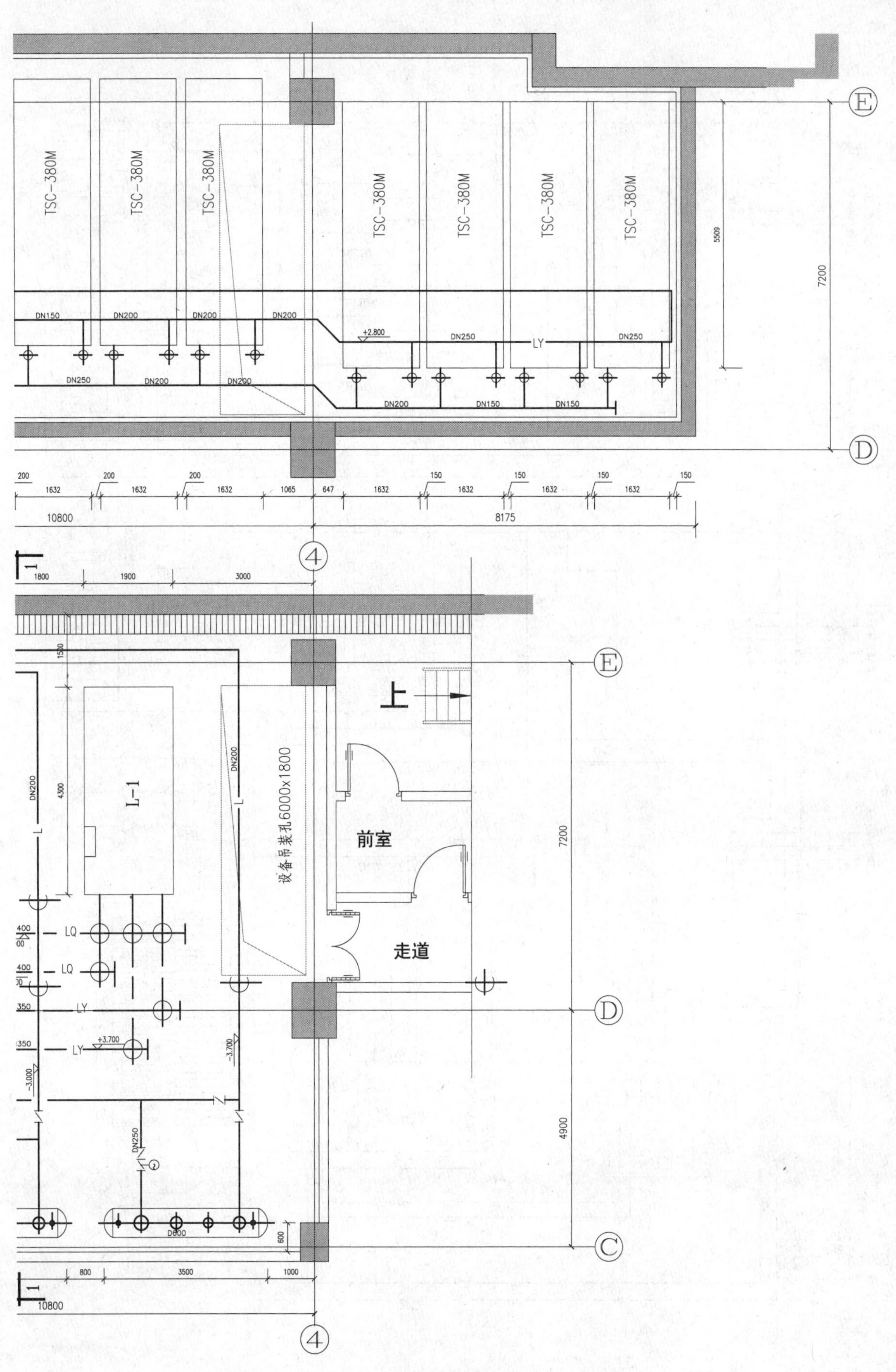

图 1.2-3 制冷机房平面图（二）

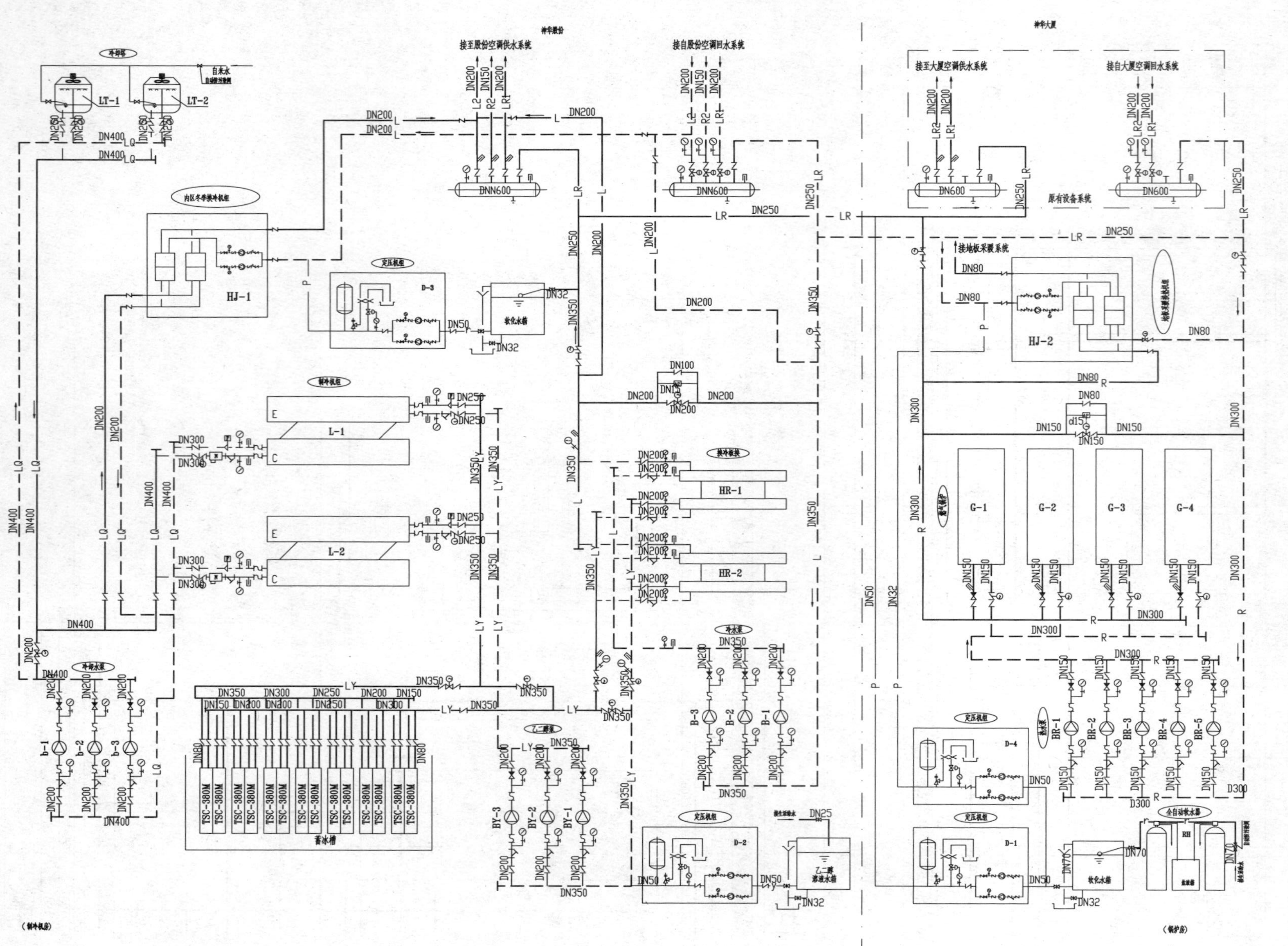
接至股份空调供水系统
接自股份空调回水系统
接至大厦空调供水系统
接自大厦空调回水系统
原有设备系统
接地板采暖系统
LT-1
LT-2
HJ-1
HJ-2
D-1
D-2
D-3
D-4
L-1
L-2
HR-1
HR-2
G-1
G-2
G-3
G-4
B-1
B-2
B-3
BY-1
BY-2
BY-3
BR-1
BR-2
BR-3
BR-4
BR-5
b-1
b-2
b-3
TSC-380M
蓄冰槽
软化水箱
定压机组
全自动软水器

图 1.2-4　冷热源系统图

1.2.2 工程案例 2：万州三峡移民纪念馆①

1. 绿色理念及工程特点

(1) 该建筑有大面积的玻璃幕墙和天窗使用 Low-E 玻璃，既保证了建筑物内的良好采光和艺术需求，同时又减少了太阳辐射等引起的冷负荷，有效降低了空调负荷。

(2) 该工程冷热源采用了江水源热泵，充分利用水源的冷热量，并采用水泵变频节能技术，节约运行能耗。

(3) 全空气系统采用焓值控制技术，可实现全新风运行，最大限度地利用天然冷源。冬季内区冷源采用热泵蒸发器冷水直接供冷。

(4) 该工程的全空气空调机组共有 15 台，放置在 2 个空调机房内。由于建筑物所处环境和使用功能的特殊性，其中一个空调机房与制冷机房合用，放置 13 台空调机组。空气经集中处理后经管廊送至空调区域，有效节省了机房面积，并有利于排风。

(5) 通风空调风系统与防排烟系统共用风管，节省了风管投资和建筑空间。

2. 工程概况

万州三峡移民纪念馆，位于重庆市万州区，建筑面积 15062.7m^2，共 3 层，地下一层层高 7.0m，一层、二层层高 6.0m，地下一层为专题展厅（千秋三峡）、库房、文物整理、变配电室、冷冻机房等，一层为基本展厅、临时展厅、门厅、多媒体剧场、消防控制室等，二层为移民图书馆、基本展厅、纪念品商店等。

该工程设有空调冷热源系统、空调系统、通风系统、防排烟系统及自控系统。

(1) 空调冷热源

该建筑空调设计冷负荷为 1911kW，空调设计热负荷为 949kW，空调冷热源采用江水源热泵机组供冷供热，集中冷热站设在－7.000 层。

1) 低位热源设计

利用长江水作为低位热源。长江水抽取后经过滤器，至热泵机组，热泵机组可满足夏季制冷和冬季制热要求。根据甲方前期提供的资料，长江水冬季最低水温为 9.75℃，夏季最高水温为 26.6℃，深度方向水温变化不大。水质含沙量为 2kg/m^3，低位热源经板式换热器后进机组，制冷时为 29℃/34℃，制热时为 7.5℃/3.5℃。

2) 热泵机组

该工程冷热源设两台螺杆热泵冷热水机组，单台热泵机组制冷量为 908kW，制热量为 942kW。夏季空调冷水供/回水温度为 7℃/12℃，冷冻水流量为 156.2m^3/h；夏季水源侧供/回水温度为 29℃/34℃，水源水流量为 187.2m^3/h。

冬季空调热水供/回水温度为 45℃/40℃，热水流量为 162m^3/h；冬季水源侧供/回水温度为 9℃/4℃，水源水流量为 135m^3/h。

(2) 室内设计参数

根据室内温湿度的要求不同，该建筑可划分为舒适性空调和恒温恒湿空调，库房属恒温恒湿空调，其他房间属舒适性空调。恒温恒湿空调室内设计参数见表 1.2-9，舒适性空调室内设计参数见表 1.2-10。

(3) 空调系统设计

1) 空调水系统

该建筑空调水系统分两种形式，恒温恒湿机组（文物库房）采用一次泵变频变水量四管制系统；舒适性空调采用一次泵变频变水量两管制系统（冷、热水主供、回水管上分别设置压差旁通控制装置），冬季供应空调热水，夏季供应空调冷水，通过切换阀进行冬夏季的工况转换。恒温恒湿空调机组（文物

① 工程负责人：关文吉，男，中国建筑设计研究院，教授级高级工程师。

恒温恒湿空调室内设计参数 **表 1.2-9**

房间名称	夏季		冬季		悬浮颗粒含量（mg/Nm³）	NO_2,SO_2,O_3 含量(mg/Nm³)	CO 含量(mg/Nm³)	NO 含量(mg/Nm³)
	温度（℃）	相对湿度(%)	温度（℃）	相对湿度(%)				
库房 1～6,9	26	60	18	40	0.15	0.01	4.0	0.05
库房 7、8	24±2	55±5	22±2	40±5	0.15	0.01	4.0	0.05
库房 10	26	60	18	40	0.15	0.01	4.0	0.05

舒适性空调室内设计参数 **表 1.2-10**

房间名称	夏季		冬季		新风	排风	噪声	备注
	温度	相对湿度	温度	相对湿度				
	℃	%	℃	%	m³/h	次/h	dB(A)	
展厅	26	60	18	40	30		45	
办公	26	60	20	40	30		40	
多媒体报告厅	26	60	18	40	30		40	
纪念品商店	26	60	18	40	25		45	
贵宾休息	26	60	18	40	30		40	
设备机房						3～15		
公共区部分	26	60	18	40	30		45	
走廊	28	60	18	40	10		45	
移民资料室	26	60	18	40	30		40	
研究室	26	60	20	40	30		40	
观景台	26	60	18	40	30		45	
门厅	28	60	16	40	10		45	
消防管理	26	60	20	40	30		45	
沙盘	26	60	18	40	30		45	

库房不分）和风机盘管采用四管制异程系统，其他采用两管制异程系统。冬季全空气系统及新风系统均采用高压喷雾加湿膜组合式加湿器进行加湿。空调机组、新风机组安装 AIPRO 双波长纳米光等离子空气消毒净化装置。

2）空调风系统

由于室内环境品质的要求不同，舒适性空调和恒温恒湿空调应分别采取不同的空调方式，大空间（如展厅等）舒适性空调双管制一次回风全空气双风机低速空调系统；小房间（如办公室等）采用四管制风机盘管加新风系统；恒温恒湿空调采用四管制一次回风全空气双风机低速空调系统。

为达到恒温恒湿空调室内环境品质的要求，恒温恒湿空调机组设有如下处理和控制过程：过滤段、双波长纳米光等离子消毒净化（中效）、加热段、表冷段、加湿段、再热段，见图 1.2-5。

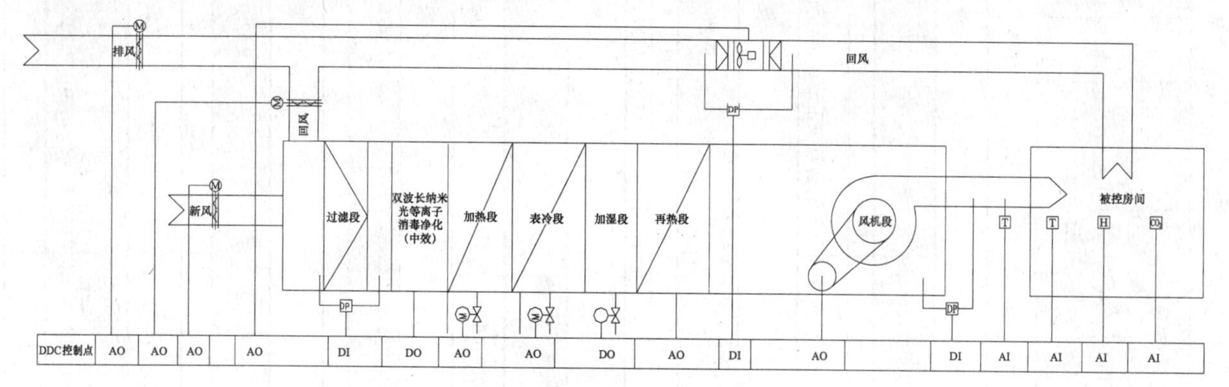

图 1.2-5　恒温恒湿空调机组

（4）自控设计

该工程采用直接数字式监控系统（DDC 系统），由中央电脑及终端设备加上若干个 DDC 控制盘组成。在空调控制中心能显示打印出空调、通风、制冷等各系统设备的运行状态及主要运行参数，并进行集中远距离控制和程序控制，且能将给排水和电气设备等一并控制。具体控制内容为：

空调水路为变流量系统，采用压差调节器控制供、回水干管上的旁通阀开启程度，保证冷负荷侧压差维持在一定范围。冬季供应空调热水，夏季供应空调冷水，通过电动切换阀进行冬夏季工况转换。

空调机组和新风机组冷水回水管上设电动二通阀，通过调节表冷器的过水量来控制室温或新风机组送风温度。风机盘管设三速开关，且由室温控制器控制冷水回水管上的二通阀开关，以通断进入风机盘管的冷（或热）水。空调机组、冷水机组、风机盘管上二通水阀均与风机作连锁控制。同时冬季空调机组、新风机组停机时，二通水阀应保留 5%开度，以防加热器冻裂。

冷热源、空调系统、通风系统采用集散式直接数字控制系统（DDC 系统）。微机控制中心设在制冷机房控制室内。

（5）节能与环保设计

1）建筑节能设计

该工程各项围护结构热工设计执行《公共建筑节能设计标准》DBJ 50-052—2006 的相关内容。并尽可能降低。通过对围护结构的节能优化设计，减少建筑物的围护结构耗热；具体要求如下：屋顶传热系数和遮阳系数要求：非透明部分 K 值小于或等于 0.55W/(m^2 · K)；透明部分采用 Low-E 玻璃，K 值小于或等于 2.7W/(m^2 · K)，遮阳系数 SC 小于或等于 0.5。外墙、结构立梃及其他立面非透明体的传热系数 K 值小于或等于 0.6W/(m^2 · K)。立面透明体（外窗及幕墙）采用 Low-E 玻璃，传热系数 K 值小于或等于 2.7W/(m^2 · K)，遮阳系数 SC 小于或等于 0.5。底面接触室外空气的楼板或外挑楼板的传热系数 K 值小于或等于 0.6W/(m^2 · K)。

空调制冷、制热采用江水源热泵，充分利用水源的冷热量；合理设计制冷、供热系统，采用 DDC 控制系统，实现能量的可调节和计量；最大限度地利用天然冷源，全空气空调系统采用焓值控制技术，可实现全新风运行工况；冬季内区冷源采用热泵机组供热时，蒸发器冷水冷热同时利用；

2）环保措施

空调制冷设备中工质采用 HFC134a，通风空调系统均考虑合理的消声措施，满足室内噪声要求；防止对建筑周围环境的噪声污染。

3. 相关图纸

该工程主要设备材料表如表 1.2-11～表 1.2-21 所示，主要设计图如图 1.2-6～图 1.2-17 所示。

螺杆式热泵机组性能参数表

表 1.2-11

序号	设备编号	设备形式	制冷量(kW)	制热量(kW)	冷水水温(℃)		热水水温(℃)		水源要求				供电要求		COP值制冷/制热	使用冷媒	污垢系数(m²·℃/kW)	水侧工作压力(MPa)		水流阻力限值(kPa)				机组外形尺寸(mm)	重量(kg)	数量(台)	备注
									制冷模式		制热模式									制冷模式		制热模式					
					进水	出水	进水	出水	进出水温(℃)	流量(m³/h)	进出水温(℃)	流量(m³/h)	电量(kW)	电压				蒸发器	冷凝器	蒸发器	冷凝器	蒸发器	冷凝器				
1	L-1,2	螺杆式热泵机组	908	942	12	7	40	45	29/34	187	7.5/3.5	175	188/241	380V/50Hz	4.82/3.91	R134a	0.086	1.0	1.0	57	49	71	37	3912×1015×2060	4656	2	

水泵性能参数表

表 1.2-12

序号	设备编号	设备名称	设备型式	流量(m³/h)	扬程(m)	电源		转速(r/min)	工作压力(MPa)	设计点效率(%)	运行方式	数量(台)	备注
						容量(kW)	电压(V)						
1	B-1,2	冷热水泵	管道泵	170	25	18.5	380	1450	1.0	>76	变频	2	
2	b-1,2	水源水泵	管道泵	197	25	22	380	1450	1.0	>70	变频	2	
3	Bq-1,2	取水水泵	潜水泵	200	70	90	380	1450	1.0	>70	变频	2	参数最终由取水设计部门确定

综合水处理器性能参数表

表 1.2-13

序号	设备编号	设备名称	处理水量(m³/h)	处理水温(℃)	机组供电要求		罐体直径(mm)	进出口管径(mm)	设备高度(mm)	数量(台)	净重(kg)	备注
					电量(kW)	电压(V)						
1	ZS-1	综合水处理器	160～300	0～90	0.65	220/50	700	200	1950	1	580	空调冷热水
2	ZS-2	综合水处理器	160～300	0～90	0.65	220/50	700	200	1950	1	580	空调冷却水

定压补水脱气机组性能参数表

表 1.2-14

序号	设备编号	设备名称	补水量(m³/h)	扬程 m	管径 DN	机组供电要求		适用系统水量(m³)	底座尺寸(mm)	数量(台)	备注
						电量(kW)	电压(V)				
1	TQD-1	定压补水脱气机组	4	60	32	5.5	380	40～80	1000×850	1	空调系统

浮动上滤式过滤器性能参数表

表 1.2-15

序号	设备编号	设备名称	处理水量(m³/h)	水阻(MPa)	管径 DN	工作压力(MPa)	外形尺寸(mm)	净重(kg)	数量(台)	备注
1	CSQ-1,2	浮动上滤式过滤器	130～220	0.1	200	0.6	ϕ2500×3800	21200	2	

全自动软水器性能参数表

表 1.2-16

序号	设备编号	设备名称	处理水量(m³/h)	管径 DN	工作温度(℃)	树脂罐(mm)	再生储盐罐(mm)	净重(kg)	数量(台)	备注
1	QR-1	全自动软水器	4～5	25	0～50	ϕ500×1750	ϕ640×1150	400	1	

板式换热器性能参数表

表 1.2-17

序号	设备编号	设备名称	制冷工况			制热工况			净重(kg)	数量(台)	备注
			换热量(kW)	江水温度(℃)	二次水温度(℃)	换热量(kW)	江水温度(℃)	二次水温度(℃)			
1	HR-1,2	板式换热器	1090	27/32	29/34	785	9/4	7.5/3.5	250	2	

空调机组、新风机组性能参数表

表 1.2-18

序号	设备编号	设备型式	送风机				冷却盘管						加热盘管						电再热	加湿器		过滤器				外形尺寸	噪声 dB(A)		新风量					
																						初效		中效										
			风量 (m³/h)	余压 (Pa)	电量 (kW)	效率 (%)	冷量 (kW)	进/出水温 (℃)	盘管前空气状态 t_d/t_w (℃)	盘管后空气状态 t_d/t_w (℃)	水阻力 (kPa)	工作压力 (MPa)	热量 (kW)	进/出水温 (℃)	盘管前空气状态 t_d/t_w (℃)	盘管后空气状态 t_d/t_w (℃)	水阻力 (kPa)	工作压力 (MPa)	再热量 (kW)	型式	加湿量 (kg/h)	效率	初终阻力	效率	初终阻力	长×宽×高(mm)	机外	出风口	设计新风量 (m³/h)	新风比 (%)	质量 (kg)	数量 (台)	安装地点	服务对象
1	KB1-1	卧式空调机组	27000	500	15	70	247	7/12	29/22.8	20.1/18.9	39	0.6	269	45/40	13	24	69	0.6		电热式	59.4	80%～20%	50～100Pa	95%	50Pa	3800×1850×2350	69	82	8100	30	1778	1	空调机房	−7.00 层专题展厅
2	KB1-2	卧式空调机组	36000	500	22	70	314	7/12	29/22.8	20.1/18.9	38	0.6	364	45/40	13	24	38	0.6		电热式	79.2	80%～20%	50～100Pa	95%	50Pa	4200×2050×2650	69	84	10800	30	2299	1	空调机房	−7.00 层专题展厅
3	KB1-3	卧式空调机组	16000	500	11	70	133	7/12	29/22.8	20.1/18.9	23	0.6	150	45/40	13	24	26	0.6	3	电热式	35.2	80%～20%	50～100Pa	95%	50Pa	4100×1550×1850	69	79	4800	30	1293	1	空调机房	库房
4	KB1-4	卧式空调机组	700	500	5.5	70	42	7/12	29/22.8	20.1/18.9	8	0.6	48	45/40	13	24	9.6	0.6	2	电热式	15.4	80%～20%	50～100Pa	95%	50Pa	3700×1050×1450	69	79	2100	30	835	1	空调机房	库房
5	KB1-5	卧式空调机组	8000	500	5.5	70	48	7/12	29/22.8	20.1/18.9	10	0.6	55	45/40	13	24	12	0.6	2	电热式	15.4	80%～20%	50～100Pa	95%	50Pa	3800×1150×1550	69	81	2400	30	1000	1	空调机房	库房
6	KB1-6	卧式空调机组	10000	500	7.5	70	62	7/12	29/22.8	20.1/18.9	15	0.6	70	45/40	13	24	18.4	0.6	2	电热式	22	80%～20%	50～100Pa	95%	50Pa	3900×1250×1650	69	81	3000	30	1075	1	空调机房	库房
7	KB1-7	卧式空调机组	18000	500	11	70	133	7/12	29/22.8	20.1/18.9	23	0.6	150	45/40	13	24	26	0.6		电热式	35.2	80%～20%	50～100Pa	95%	50Pa	3500×1550×1850	69	79	4800	30	1293	1	空调机房	坡道空调
8	KB1-8	卧式空调机组	18000	500	11	70	133	7/12	29/22.8	20.1/18.9	23	0.6	150	45/40	13	24	26	0.6		电热式	35.2	80%～20%	50～100Pa	95%	50Pa	3500×1550×1850	69	79	4800	30	1293	1	空调机房	坡道空调
9	K1-1	卧式空调机组	27000	500	15	70	247	7/12	29/22.8	20.1/18.9	39	0.6	269	45/40	13	24	69	0.6		电热式	59.4	80%～20%	50～100Pa	95%	50Pa	3800×1850×2350	69	82	8100	30	1778	1	空调机房	0.00 层临时展厅
10	K1-2	卧式空调机组	27000	500	15	70	247	7/12	29/22.8	20.1/18.9	39	0.6	269	45/40	13	24	69	0.6		电热式	59.4	80%～20%	50～100Pa	95%	50Pa	3800×1850×2350	69	82	8100	30	1778	1	空调机房	0.00 层基本展厅
11	K1-3	卧式空调机组	12600	500	7.5	70	114	7/12	29/22.8	20.1/18.9	30	0.6	130	45/40	13	24	35	0.6		电热式	27.7	80%～20%	50～100Pa	95%	50Pa	3300×1350×1850	69	81	3780	30	943	1	空调机房	0.00 层多媒体剧场
12	K2-1	卧式空调机组	27000	500	15	70	247	7/12	29/22.8	20.1/18.9	39	0.6	269	45/40	13	24	69	0.6		电热式	59.4	80%～20%	50～100Pa	95%	50Pa	3800×1850×2350	69	82	8100	30	1778	1	空调机房	6.00 层基本展厅走廊
13	K2-2	卧式空调机组	20800	500	11	70	182	7/12	29/22.8	20.1/18.9	36	0.6	211	45/40	13	24	56	0.6		电热式	45.8	80%～20%	50～100Pa	95%	50Pa	3700×1650×1950	69	81	6240	30	1207	1	空调机房	6.00 层基本展厅
14	K2-3	卧式空调机组	10000	500	7.5	70	85	7/12	29/22.8	20.1/18.9	35	0.6	100	45/40	13	24	38	0.6		电热式	22	80%～20%	50～100Pa	95%	50Pa	3300×1250×1650	69	79	3000	30	858	1	空调机房	6.00 层纪念品商店
15	XB1-1	卧式新风机组	10000	400	3.0	70	76	7/12	36.4/28.3	25/18.9	35	0.6	49	45/40	13	24	38	0.6		电热式	11	80%～20%	50～100Pa	95%	50Pa	2950×950×1350	69	75	5000	100	557	1	空调机房	办公室

说明：1. 空调机组，新风机组功能组合：

(1) 机组功能段组成见附图；

(2) 盘管为冷热盘管；

(3) 加湿采用电热式加湿器，生产厂商请与加湿器生产厂商配合。进水压力为>0.10MPa。

2. 空调机组的回风，新风口均配用调节灵活的多叶调节阀。
新风机组进风口均带手动调节阀

3. 所有空调机组，新风机组的风机和电机均设减振装置。

4. 空调机组，新风机组左右式（水管接向）的判断方法：顺着机组气流方向，水管在左侧的为左式，右侧为右式。

5. 空调机组，新风机组供应厂商向设计院提供空调机组的选型结果。

卧式空调机组功能段组合1

卧式空调机组功能段组合2

新风机组功能段组合3

空调机组、新风机组各功能段尺寸参数表　　表 1.2-19

序号	设备编号	混合段（mm）	初中效过滤段（mm）	加热段（mm）	表冷段（mm）	加湿段（mm）	再热段（mm）	风机段（mm）	进风口尺寸（mm）	出风口尺寸（mm）	备注
1	KB1-1	800	300		600	800		1300	1600×630	1000×1600	
2	KB1-2	900	300		600	800		1500	1800×800	1000×2200	
3	KB1-3	600	300	300	600	800	300	1100	1400×500	1000×1000	
4	KB1-4	500	300	300	600	800	300	800	800×400	800×500	
5	KB1-5	600	300	300	600	800	300	800	900×500	900×500	
6	KB1-6	600	300	300	600	800	300	900	1100×500	1000×630	
7	KB1-7	600	300		600	800		1100	1400×500	1000×1000	
8	KB1-8	600	300		600	800		1100	1400×500	1000×1000	
9	K1-1	800	300		600	800		1300	1600×630	1000×1600	
10	K1-2	800	300		600	800		1300	1600×630	1000×1600	
11	K1-3	600	300		600	800		900	1400×500	1000×800	
12	K2-1	800	300		600	800		1300	1600×630	1000×1600	
13	K2-2	800	300		600	800		1100	1500×630	1000×1400	
14	K2-3	600	300	300	600	800	300	900	1200×500	1000×630	
15	XB1-1	500	300	300	600	800	300	700	800×400	800×400	

风机盘管性能参数表　　表 1.2-20

名称及型号		冷量（W）	热量（W）	风量（m^3/h）	噪声［dB(A)］	数量（台）	备　注
卧式暗装标准型	002	1689	2825	340	≤36	17	下送风风口均配方形散流器　240×240
	003	2352	3788	450	≤36	14	下送风风口均配方形散流器　240×240
	004	3232	5163	600	≤39	4	下送风风口均配方形散流器　300×300
	006	4512	6984	820	≤39	34	下送风风口均配方形散流器　360×360
	008	6255	9923	1230	≤43	71	下送风风口均配方形散流器　420×420
	010	7164	11030	1480	≤43	51	下送风风口均配方形散流器　480×480

注：
1. 风机盘管标注的参数为：
盘管工况　夏季：进风 t_d=25℃，t_w=19.3℃；进水 t_s=7/12℃。冬季：进风 t=20℃，进水 t_s=45℃。
2. 除图中已标注的风口外，均按上表配风口。
3. 除图中特殊要求外，回风口均为带过滤网的门铰式回风口 600×600。
4. 本表冷、热量、噪声为风机盘管性能的低限要求。
5. 风机盘管订货时请根据图纸详细核对其规格和数量。

平时用风机性能参数表

表 1.2-21

序号	设备编号	设备型式	风量（m^3/h）	全压（Pa）	电量（kW）	转速（rpm）	效率（%）	噪声［dB(A)］	数量（台）	重量（kg）	安装位置	服务对象	备注
1	PKB1-1	混流风机 No9	26000	320	4	720	76	<75	1	417	空调机房	－7.00 层专题展厅	
2	PKB1-2	混流风机 No11	35000	390	7.5	720	76	<77	1	527	空调机房	－7.00 层专题展厅	
3	PKB1-3	混流风机 No8	16000	300	2.2	720	76	<71	1	310	空调机房	－7.00 层库房	
4	PKB1-4	混流风机 No7	7000	300	1.5	720	76	<64	1	226	空调机房	－7.00 层库房	
5	PKB1-5	混流风机 No7.5	8000	320	2.2	720	76	<67	1	276	空调机房	－7.00 层库房	
6	PKB1-6	混流风机 No7.5	10000	300	2.2	720	76	<67	1	276	空调机房	－7.00 层库房	
7	PK1-1	混流风机 No9	26000	320	4	720	76	<75	1	417	空调机房	0.00 层临时展厅	
8	PK1-2	混流风机 No9	26000	320	4	720	76	<75	1	417	空调机房	0.00 层基本展厅	
9	PK1-3	混流风机 No8	12000	340	2.2	720	76	<71	1	310	空调机房	0.00 层多媒体剧场	
10	PK2-1	混流风机 No9	26000	320	4	720	76	<75	1	417	空调机房	6.00 层基本展厅走廊	
11	PK2-2	混流风机 No8.5	20000	320	3	720	76	<73	1	355	空调机房	6.00 层基本展厅	
12	PK2-3	混流风机 No7.5	9000	310	2.2	720	76	<67	1	276	空调机房	6.00 层纪念品商店	
13	PB-1	混流风机 No7	7000	300	1.5	720	76	<64	1	226	空调机房	－7.00 层冷冻机房	
14	JB-1	混流风机 No7	7000	300	1.5	720	76	<64	1	226	空调机房	－7.00 层冷冻机房	
15	PB-2	混流风机 No7.5	10000	300	2.2	720	76	<67	1	276	变配电室	－7.00 层变配电室	
16	JB-2	混流风机 No7.5	1000	300	2.2	720	76	<67	1	276	变配电室	－7.00 层变配电室	
17	PB-3	混流风机 No5.0	5000	300	1.1	1450	76	<77	1	80	柴油发电机房	－7.00 柴油发电机房排风	
18	PB-4	混流风机 No2.5	1000	150	0.25	1450	76	<64	1	40	柴油发电机房	－7.00 柴油发电机房储油间排风	防爆型
19	Pwd-1	混流风机 No5.0	5000	300	1.1	1450	76	<77	1	80	屋顶	卫生间排风	

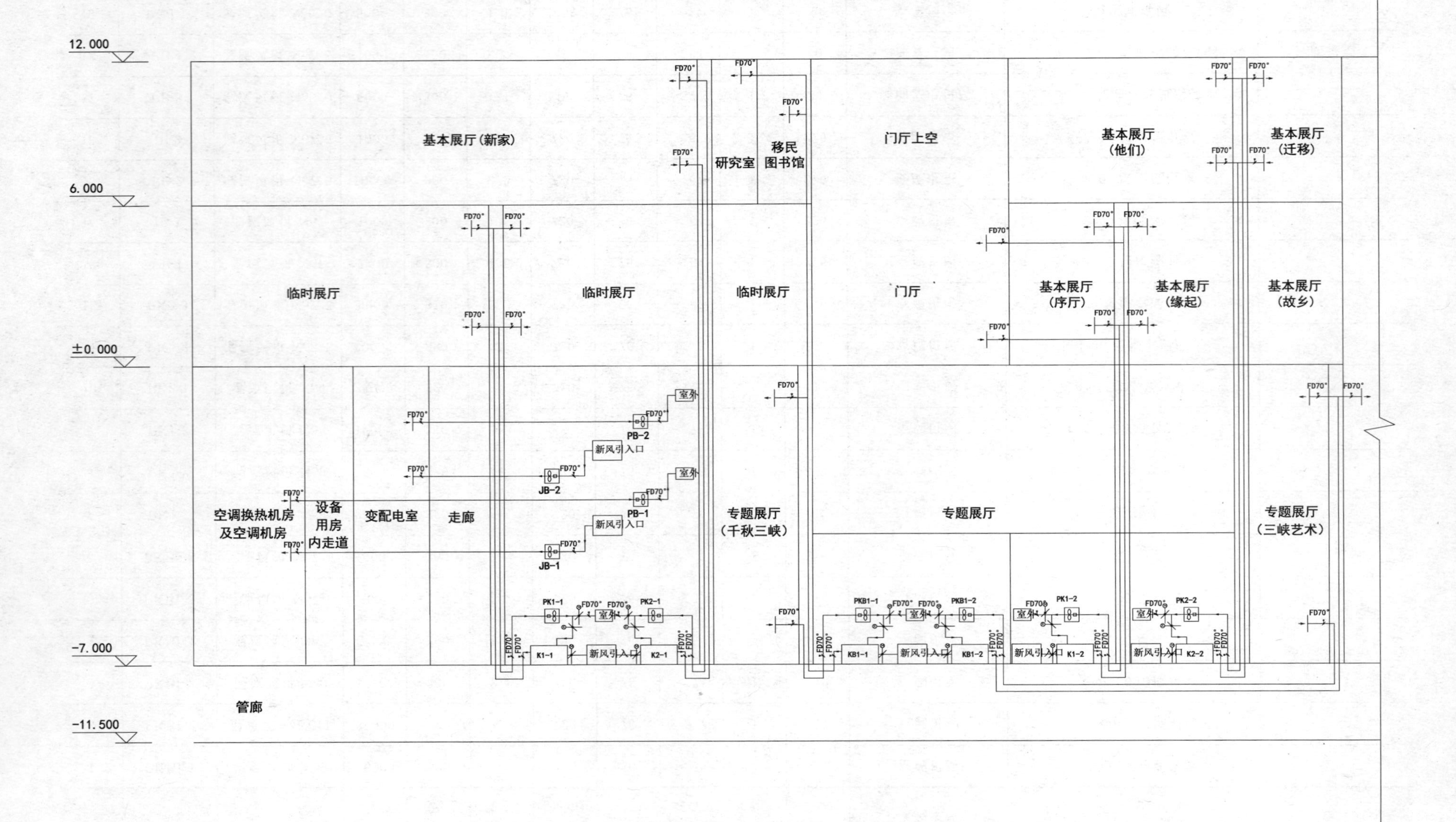

图 1.2-6 空调通风系统图（一）

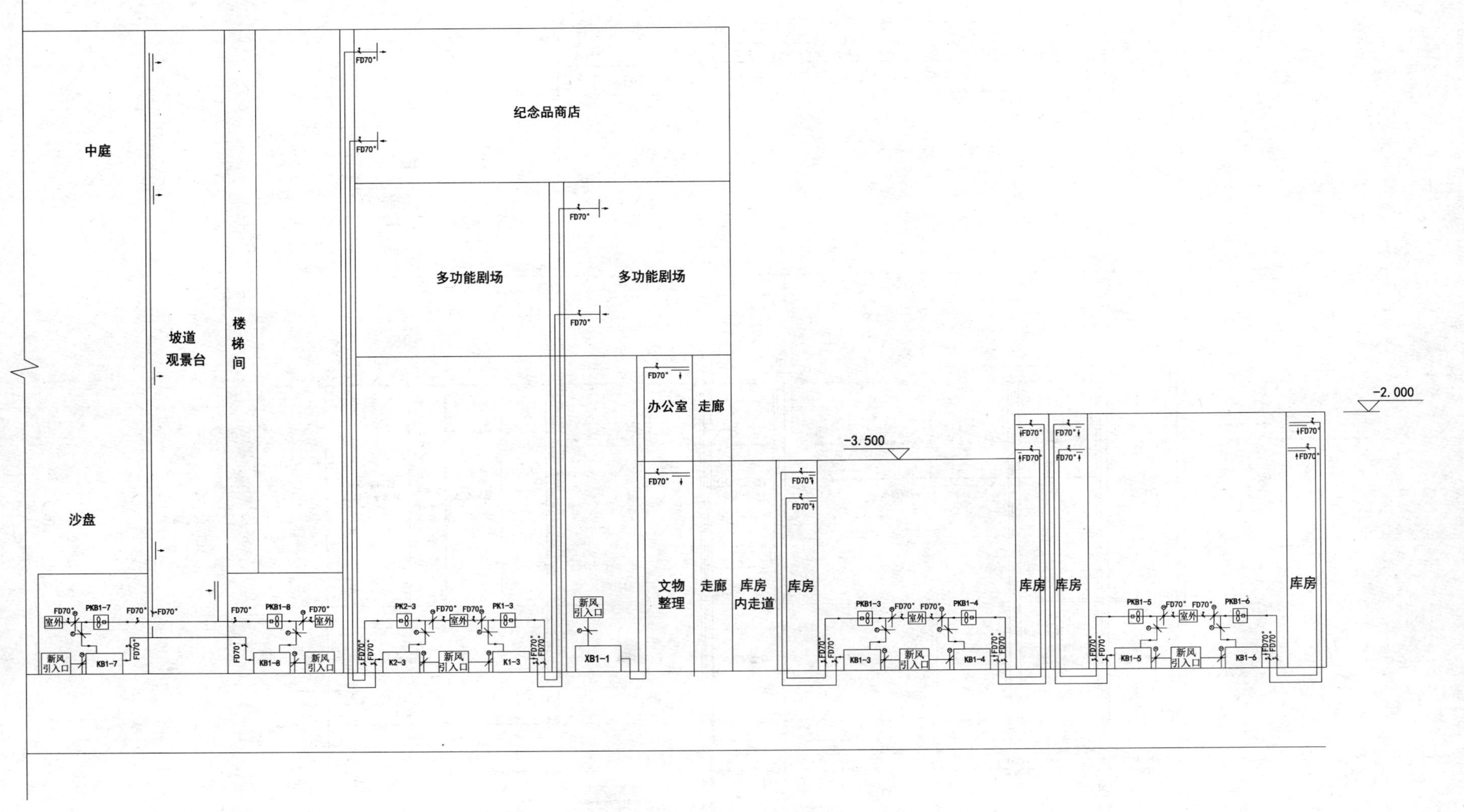

图 1.2-7 空调通风系统图（二）

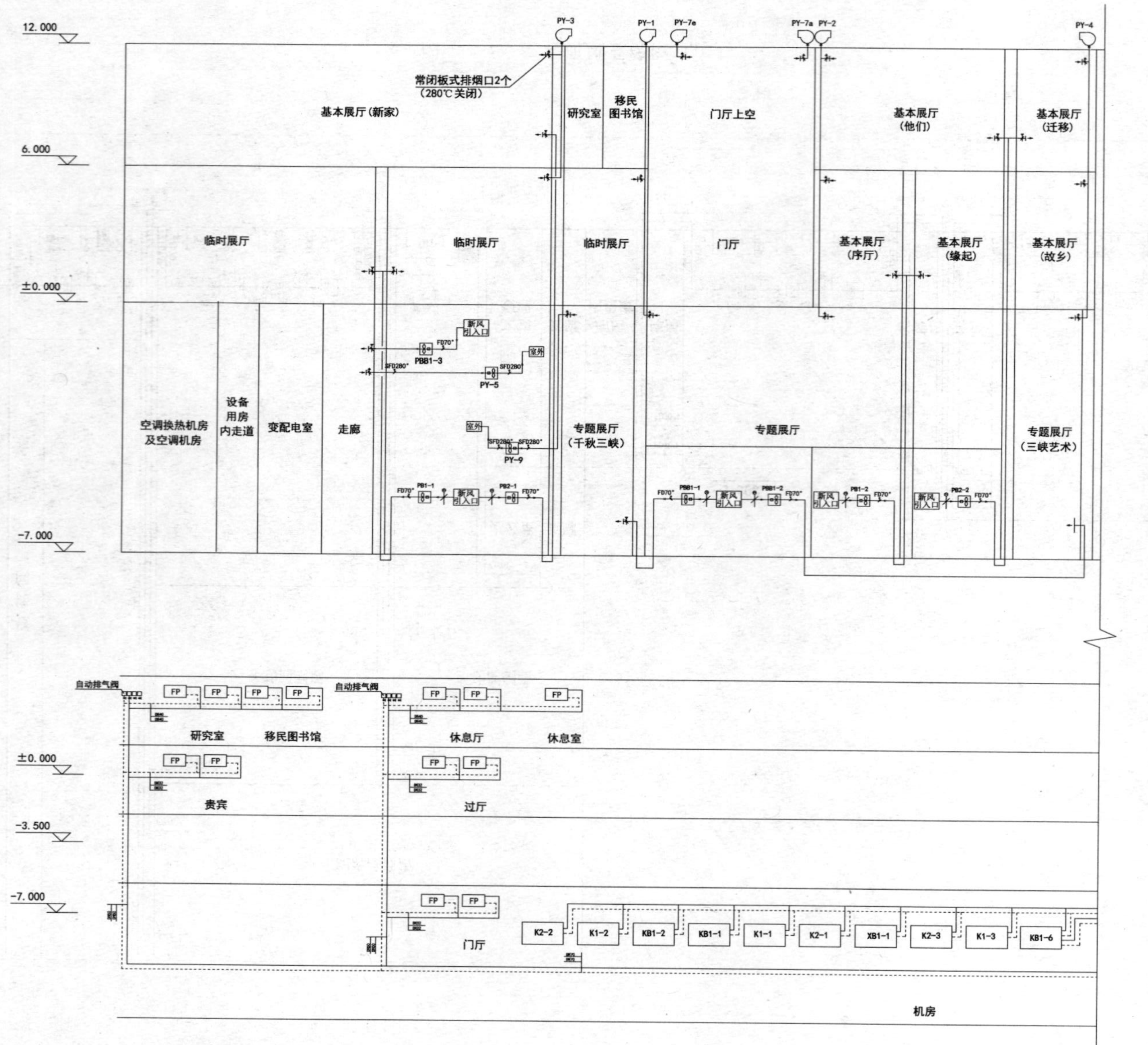

注：水系统最高点放气，最低点泄水。

图 1.2-8　防排烟及空调水系统图（一）

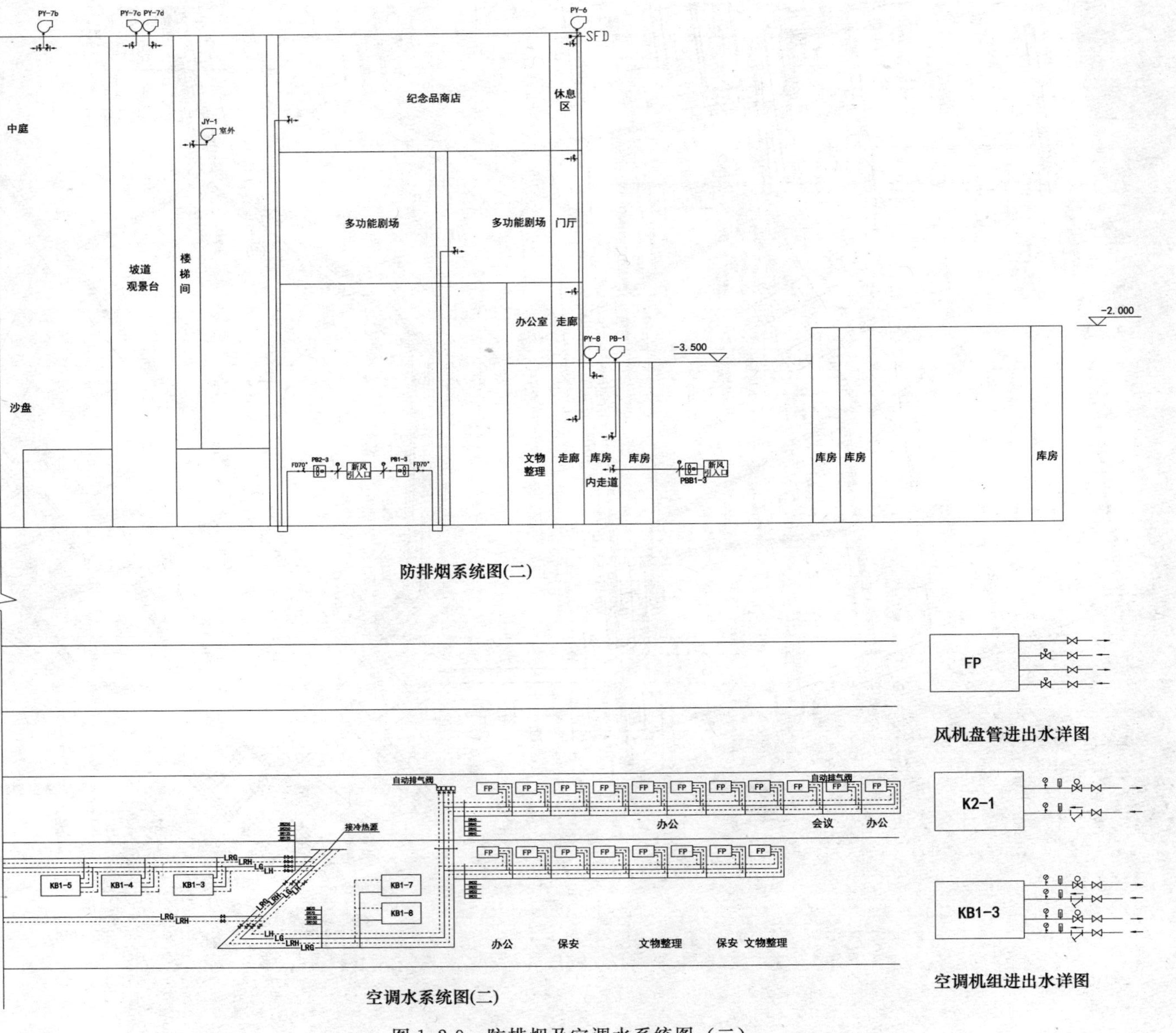

图 1.2-9 防排烟及空调水系统图（二）

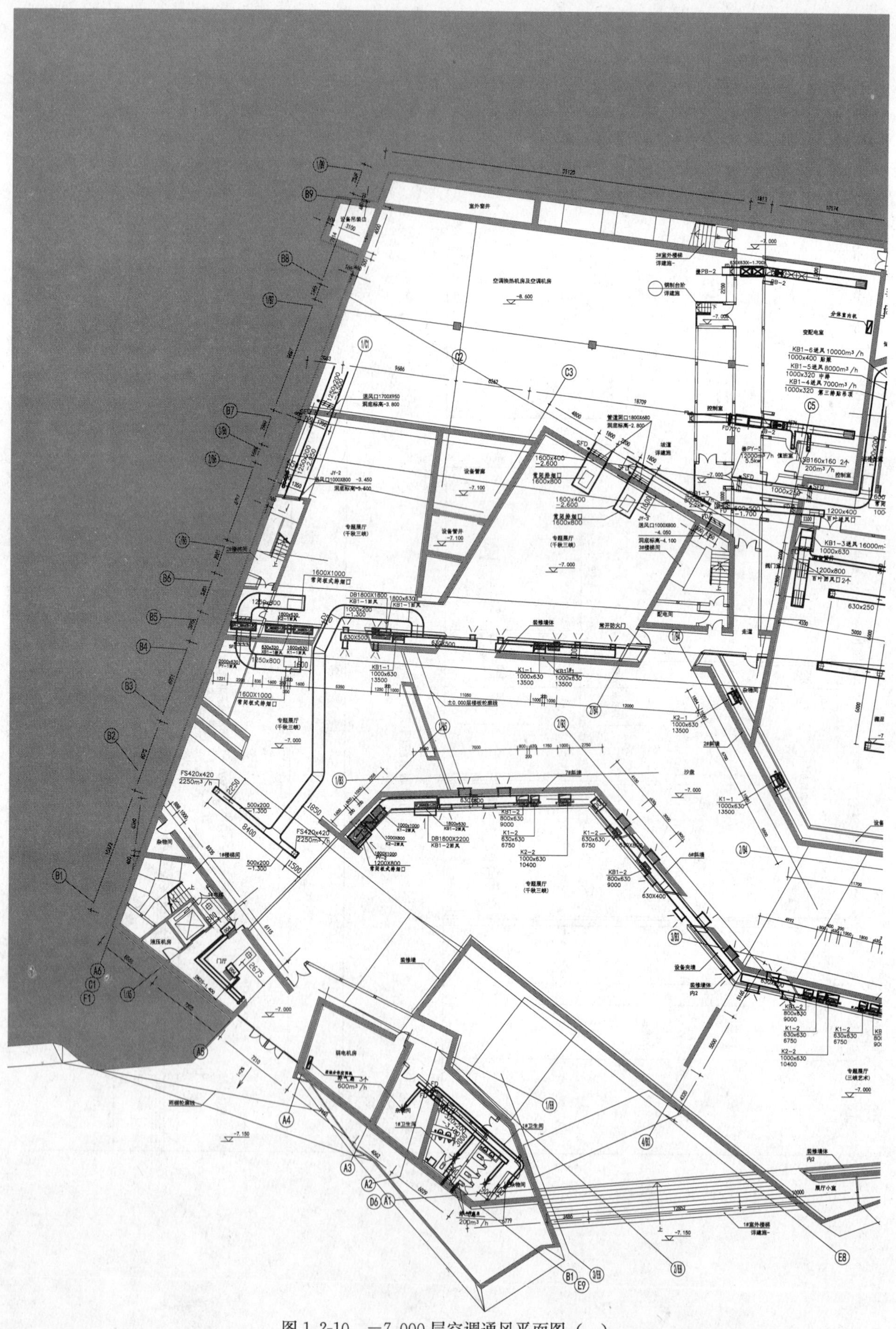

图 1.2-10　−7.000 层空调通风平面图（一）

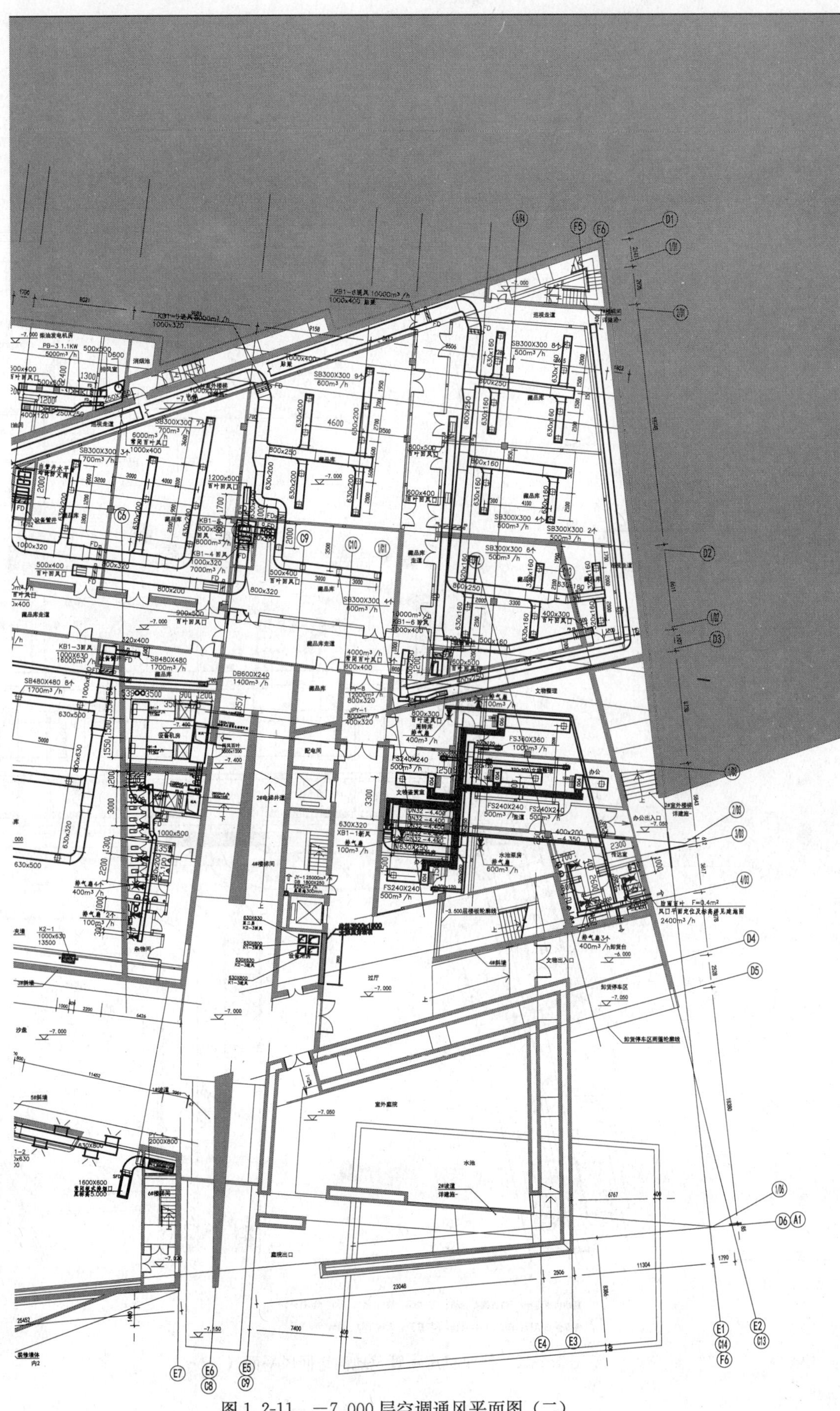

图1.2-11 －7.000层空调通风平面图（二）

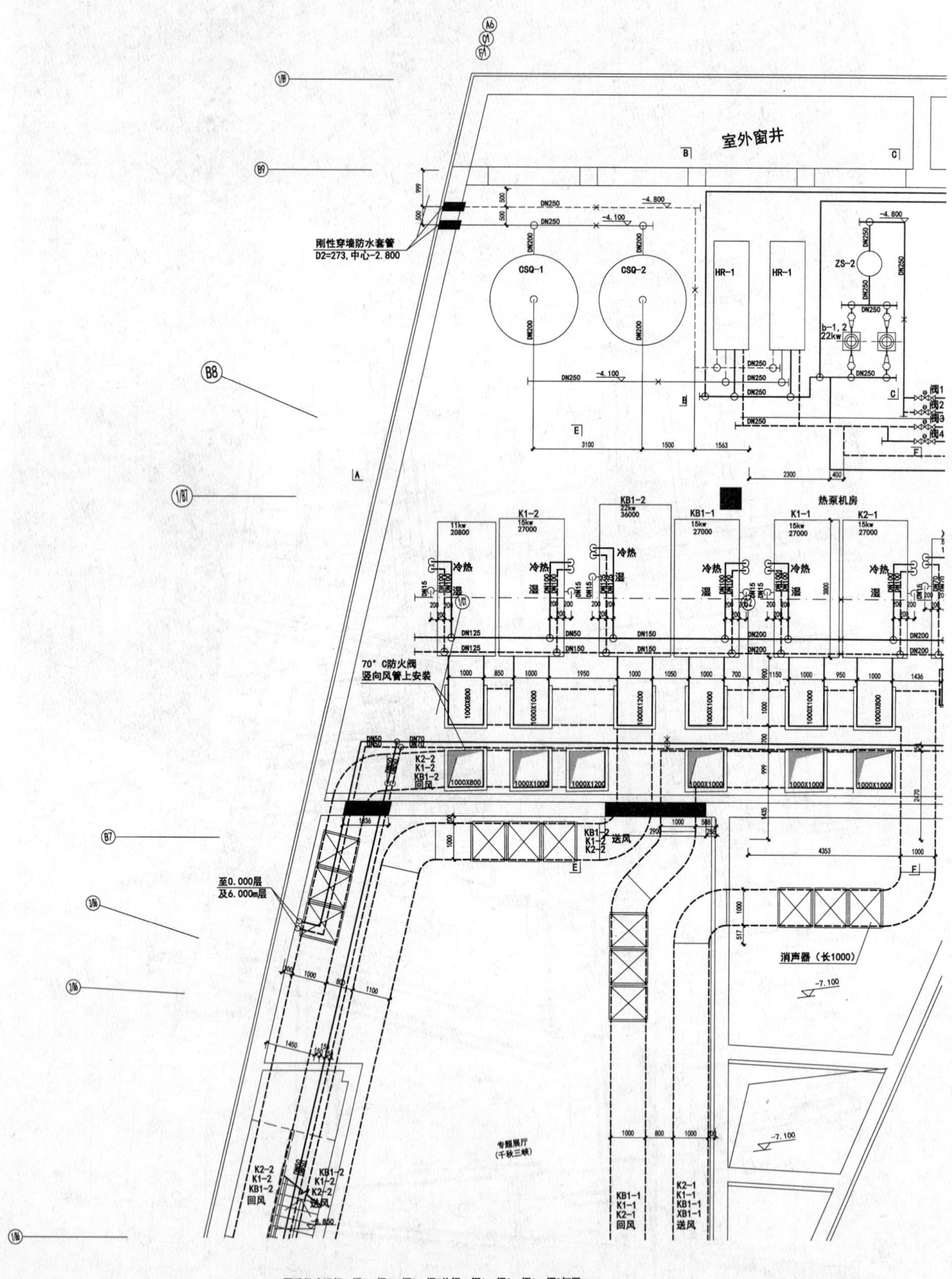

夏季供冷运行：阀2、阀4、阀5、阀7关闭；阀1、阀3、阀6、阀8打开。

冬季供热运行：阀2、阀4、阀5、阀7打开；阀1、阀3、阀6、阀8关闭。

图 1.2-12　热泵机房水管及地沟送回风平面（一）

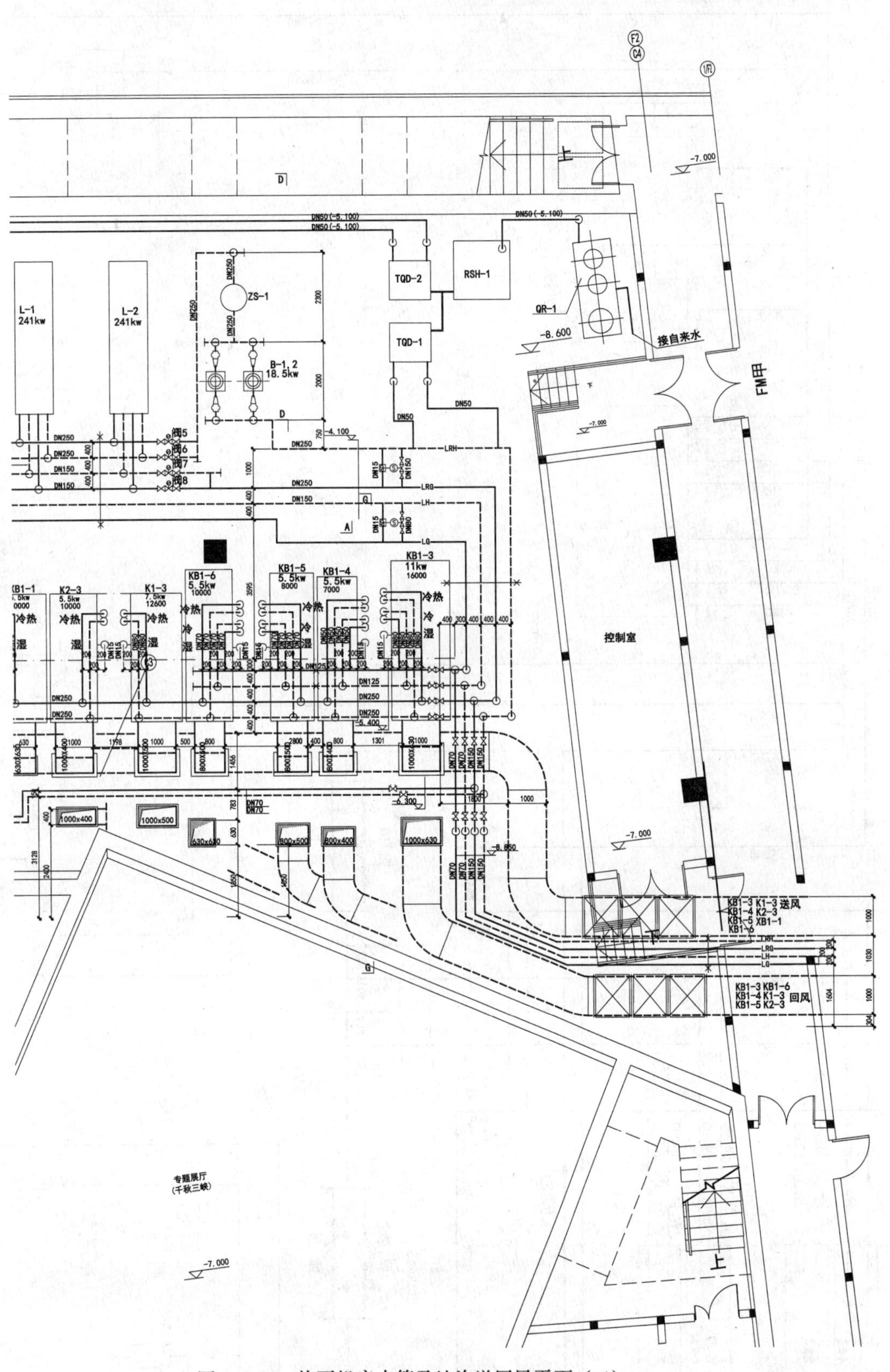

图 1.2-13 热泵机房水管及地沟送回风平面（二）

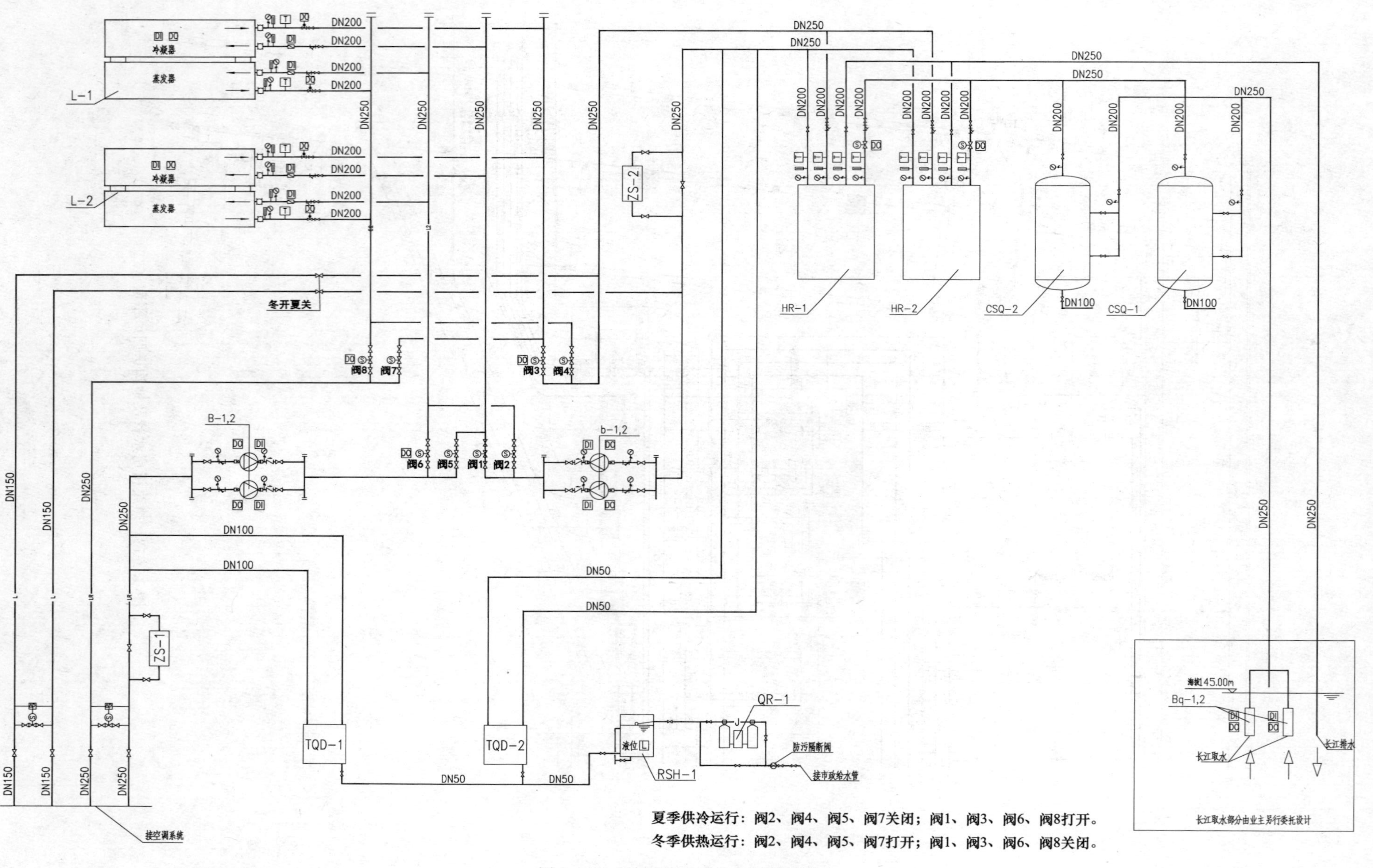

夏季供冷运行：阀2、阀4、阀5、阀7关闭；阀1、阀3、阀6、阀8打开。

冬季供热运行：阀2、阀4、阀5、阀7打开；阀1、阀3、阀6、阀8关闭。

图 1.2-14 冷热源系统及自控原理图

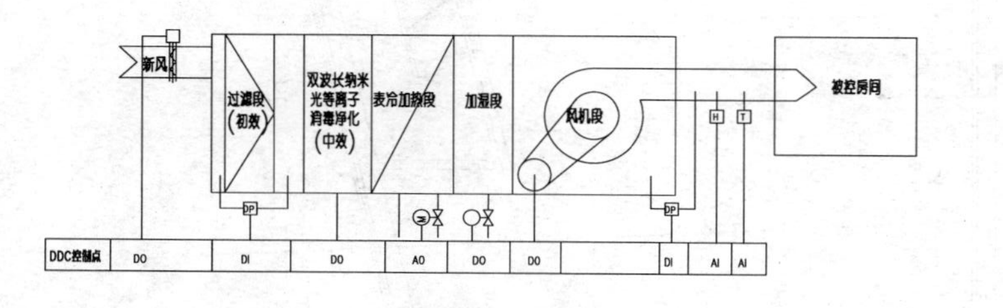

卧式新风机组自控原理图

恒温恒湿双风机全空气低速空调机组自控原理图

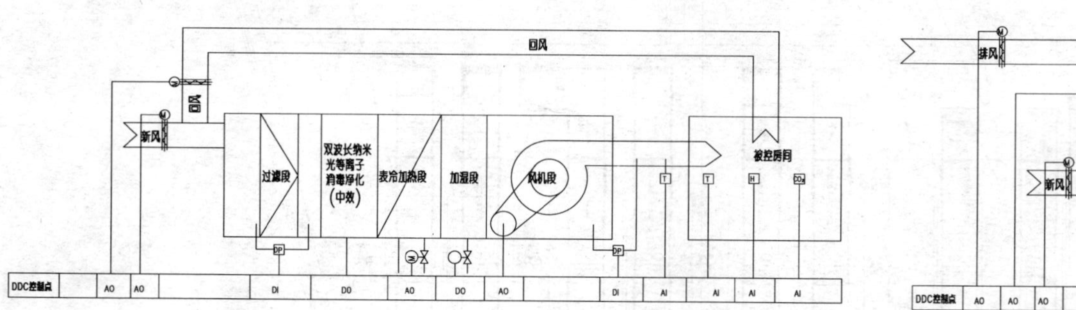

单风机全空气低速空调机组自控原理图

双风机全空气低速空调机组自控原理图

进排风机自控原理图

注:另加一个室外温度测点(AI)

图 1.2-15　空调机组自控原理图

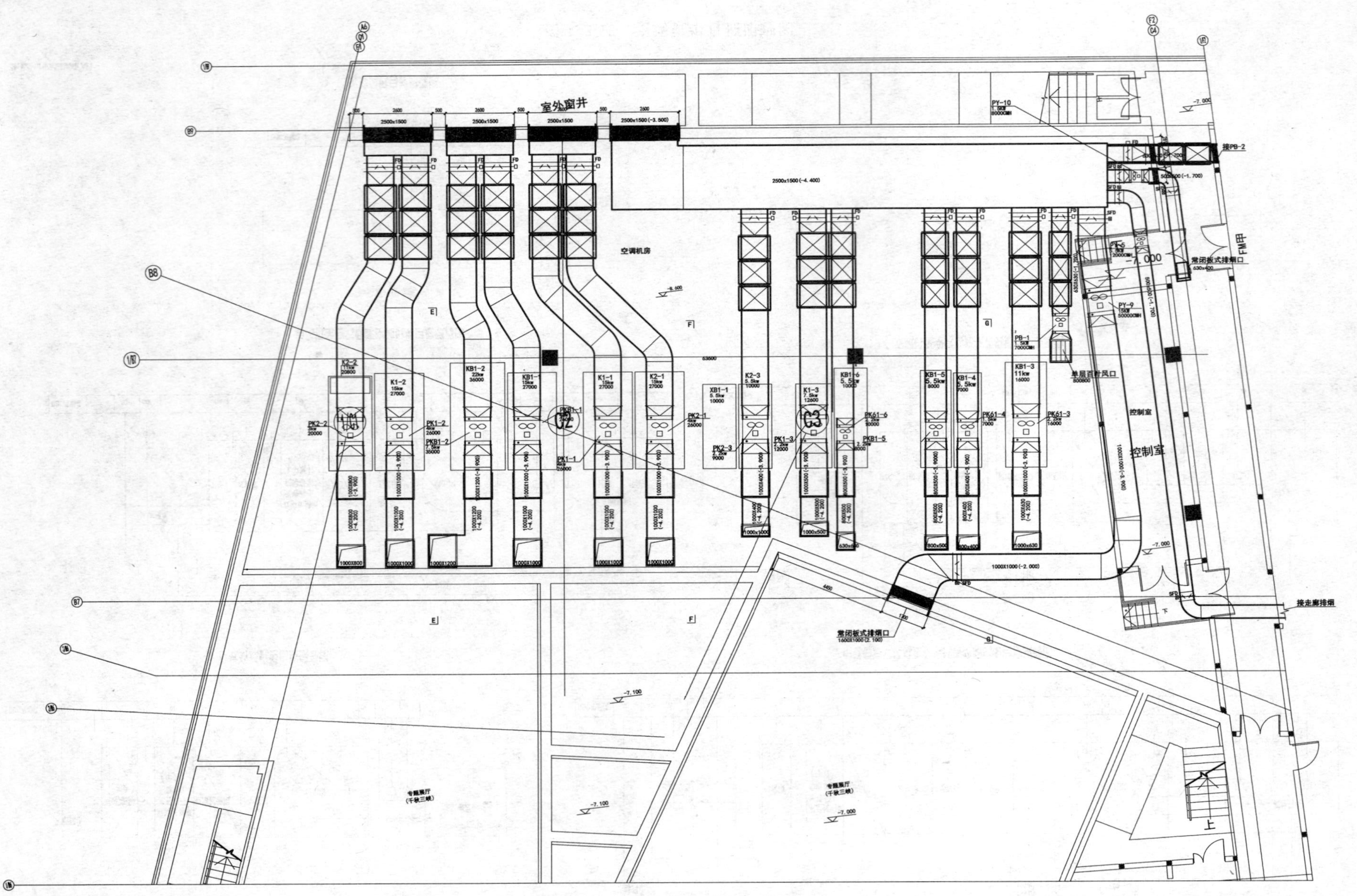

图 1.2-16　热泵机房排风排烟平面

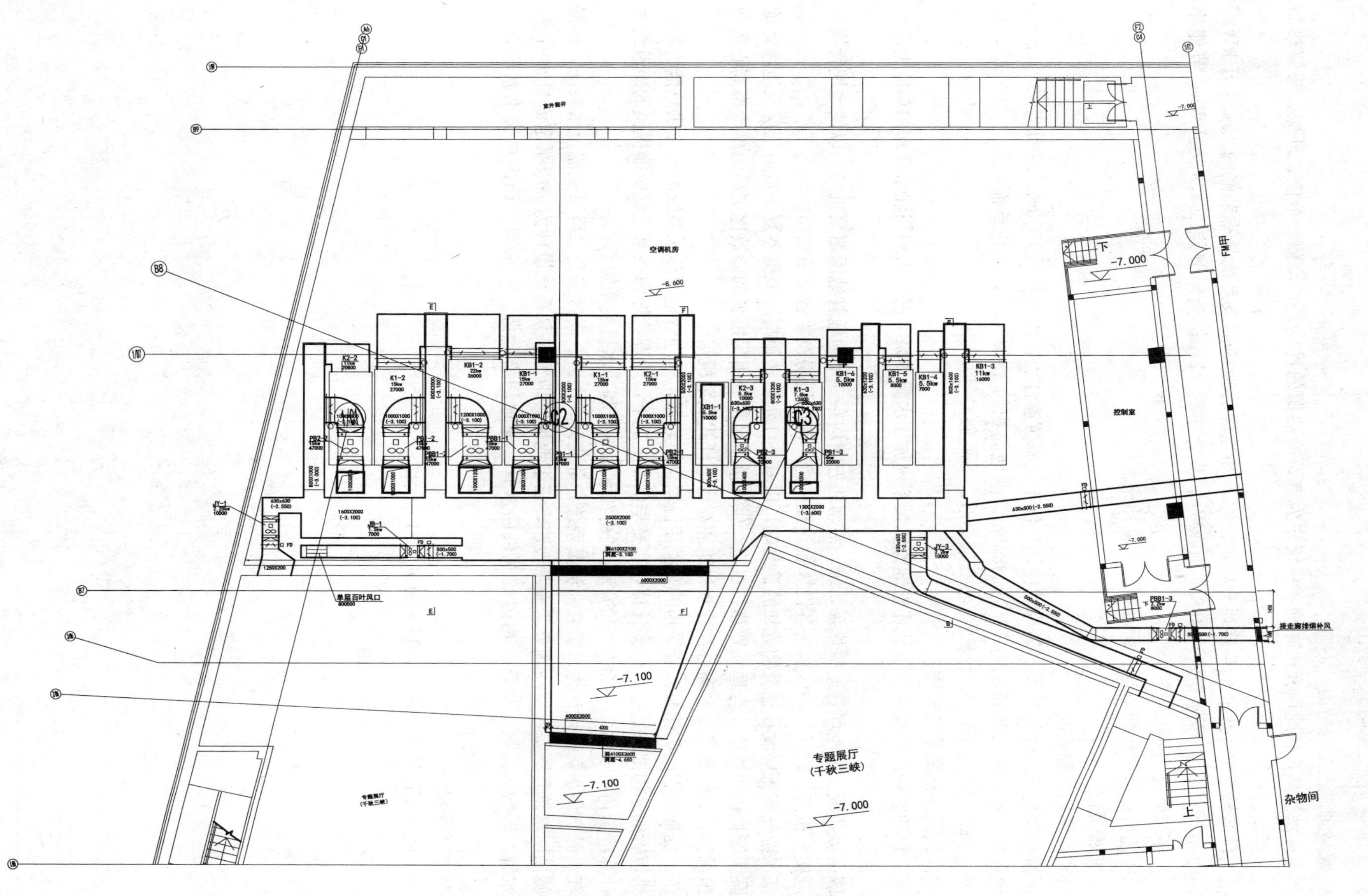

图 1.2-17 热泵机房新风及排烟补风平面

1.2.3 工程案例 3：世博轴工程①

1. 绿色理念及工程特点

利用江水源热泵和地埋管地源热泵系统作为空调冷热源的优点是：高效、节能、环保、缓解热岛效应。

根据世博轴空调冷热源全年能耗分析，江水源和地埋管地源热泵系统夏季节能约 154.3 万 kWh，节能率约 27%；冬季折合节能约 408.6 万 kWh，节能率约 71%；全年节能 562.9 万 kWh，节能率 49.1%；年减碳量 5629t。

同时还可以节省冷却塔运行所需要的大量补充水。

2. 工程概况

(1) 世博轴工程概况

世博轴及地下综合体工程（简称世博轴）位于上海黄浦江边，南北长约 1000m，东西宽 80～110m，地下地上各 2 层，建筑膜顶标高 12.5～33.5m，基地面积约 132200m^2，总建筑面积约 251100m^2，是 2010 年上海世博会主要的入园通道，集交通集散、商业旅游等功能。

(2) 空调冷热源系统概述：

该工程的空调冷热源采用了地埋管地源热泵系统加江水源热泵（部分为利用江水冷却的单冷型冷水机组）系统。

该工程共设 3 个地埋管地源热泵系统，沿南北方向均布 3 个地埋管地源热泵机房，以使地埋管换热器就近接至机房。北区、中区机房各设 3 台热泵机组，南区机房设 4 台热泵机组。

江水源热泵机房设在建筑物近江的最北端，以减小江水输送距离。根据冬夏季负荷情况及地埋管地源热泵所能提供的热量，合理配置热泵机组，供冷量不足部分由另配置的能效比更高的单冷型离心式冷水机组承担，共设置了 3 台离心式冷水机组和 5 台螺杆式热泵机组。

该工程地埋管地源热泵系统采用的是灌注桩埋管换热器，地埋管地源热泵系统的供冷供热能力取决于可供埋管的结构桩基数量。根据计算，在夏季供冷工况下，地埋管地源热泵系统所能提供的冷量约为夏季计算冷负荷的 30%，其余 70%的冷量则由江水源热泵和冷水机组系统承担。

江水源空调水系统设计为二级泵变流量系统，分北区、中区、南区三套二级泵变流量水系统，根据用户侧供回水总管压差，变频调节二级泵转速；三组地埋管地源热泵系统设计为一级泵定流量水系统，供回水管就近接入北区、中区、南区的总供回水管，使地埋管地源、江水源空调用户侧水系统合二为一。

3. 相关图纸

该工程主要设计图如图 1.2-18～图 1.2-21 所示。

---

① 工程负责人：吴玲红，上海现代设计集团华东建筑设计研究院有限公司，教授级高级工程师。

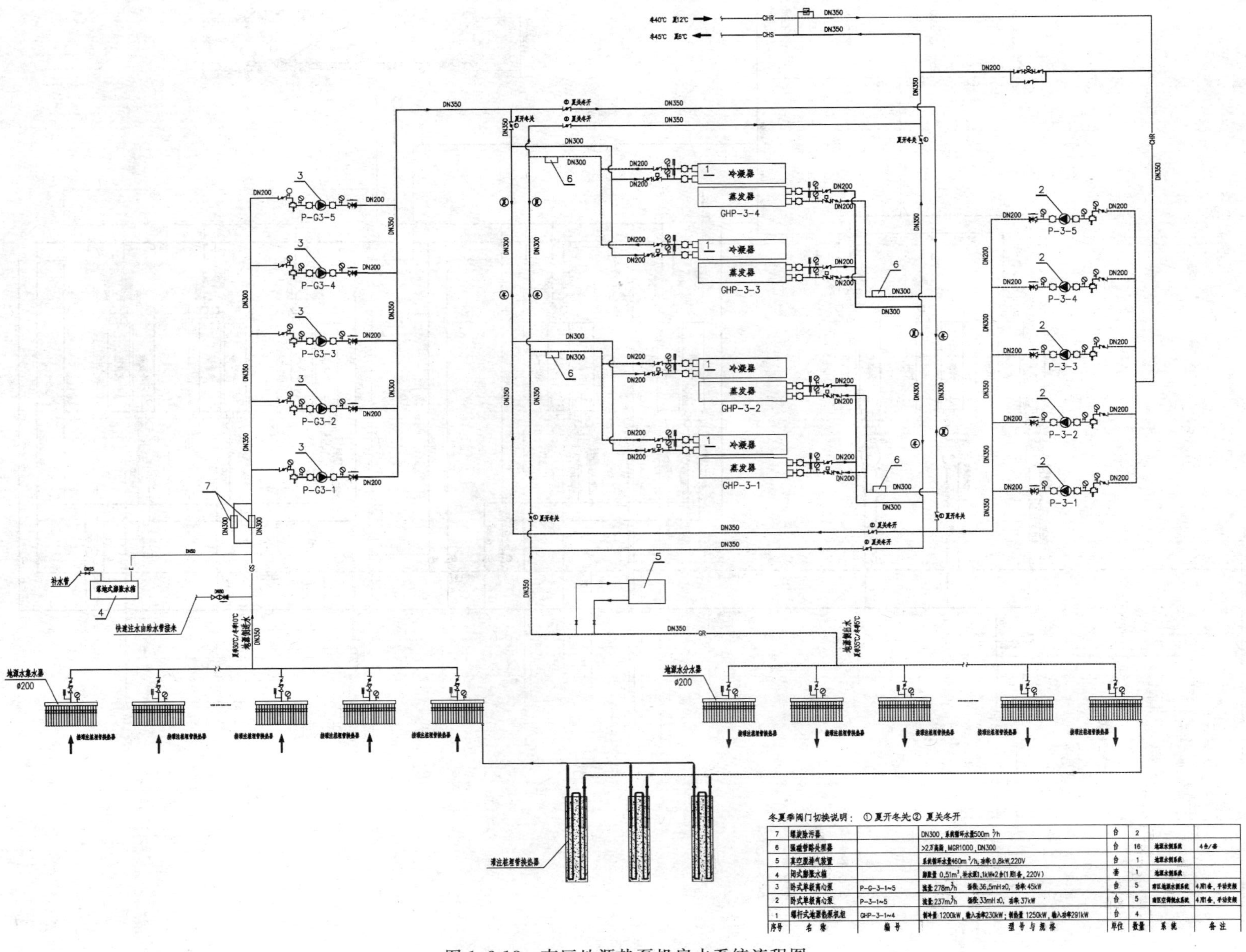

冬夏季阀门切换说明：①夏开冬关②夏关冬开

序号	名称	编号	型号与规格	单位	数量	系统	备注
7	螺旋除污器		DN300，系统循环水量500m^3/h	台	2		
6	强磁管路处理器		>2万高斯，MGR1000，DN300	台	16	地源水侧系统	4台/套
5	真空脱排气装置		系统循环水量460m^3/h，功率0.8kW，220V	台	1	地源水侧系统	
4	闭式膨胀水箱		膨胀量0.51m^3，补水泵1.1kW×2台(1用1备，220V)	套	1	地源水侧系统	
3	卧式单级离心泵	P-G-3-1~5	流量278m^3/h 扬程36.5mH_2O，功率45kW	台	5	南区地源水侧系统	4用1备，手动变频
2	卧式单级离心泵	P-3-1~5	流量237m^3/h 扬程33mH_2O，功率37kW	台	5	南区空调侧水系统	4用1备，手动变频
1	螺杆式地源热泵机组	GHP-3-1~4	制冷量1200kW，输入功率230kW；制热量1250kW，输入功率291kW	台	4		

图 1.2-18　南区地源热泵机房水系统流程图

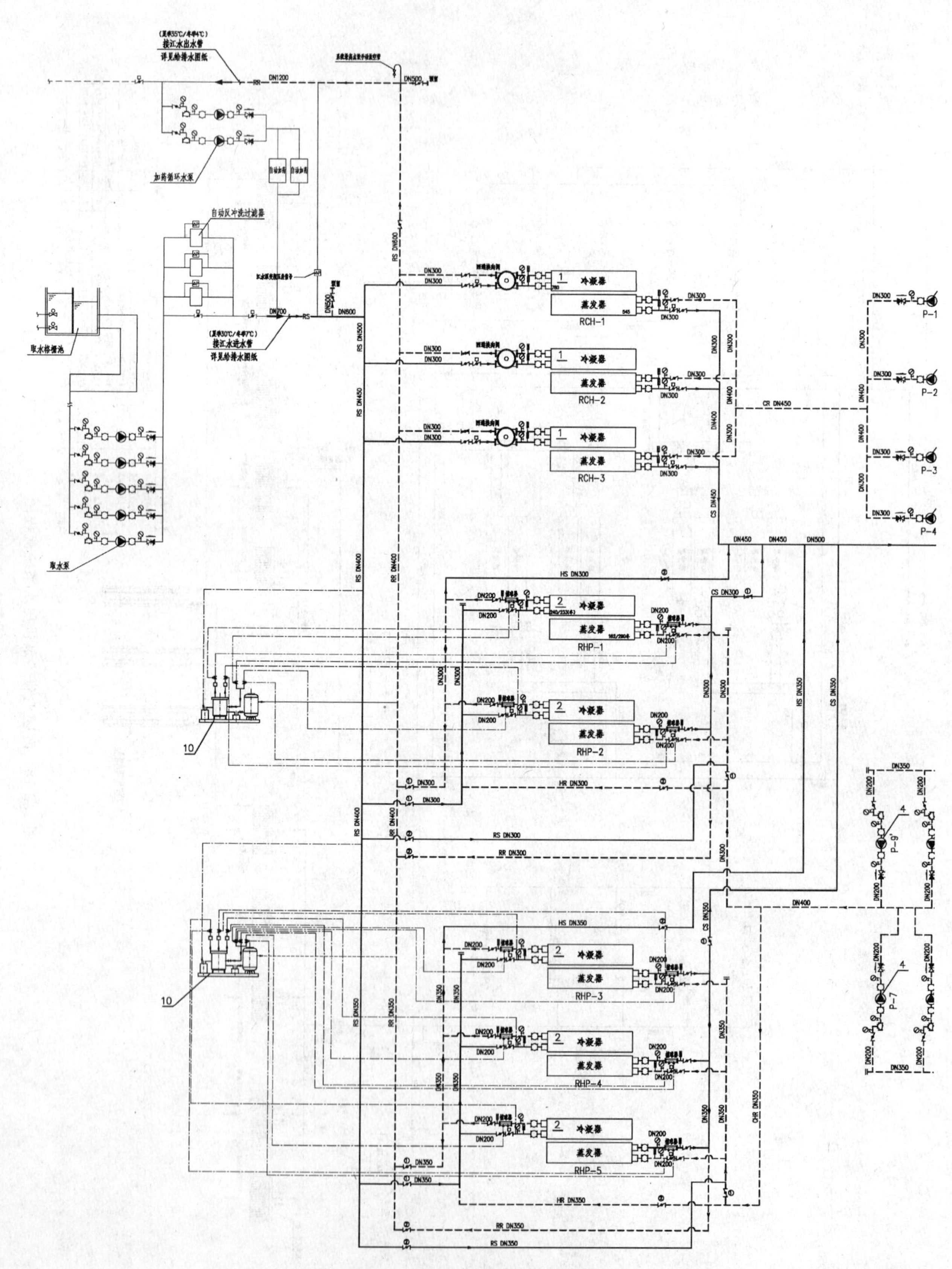

图 1.2-19 江水源热泵机房水系统流程图（一）

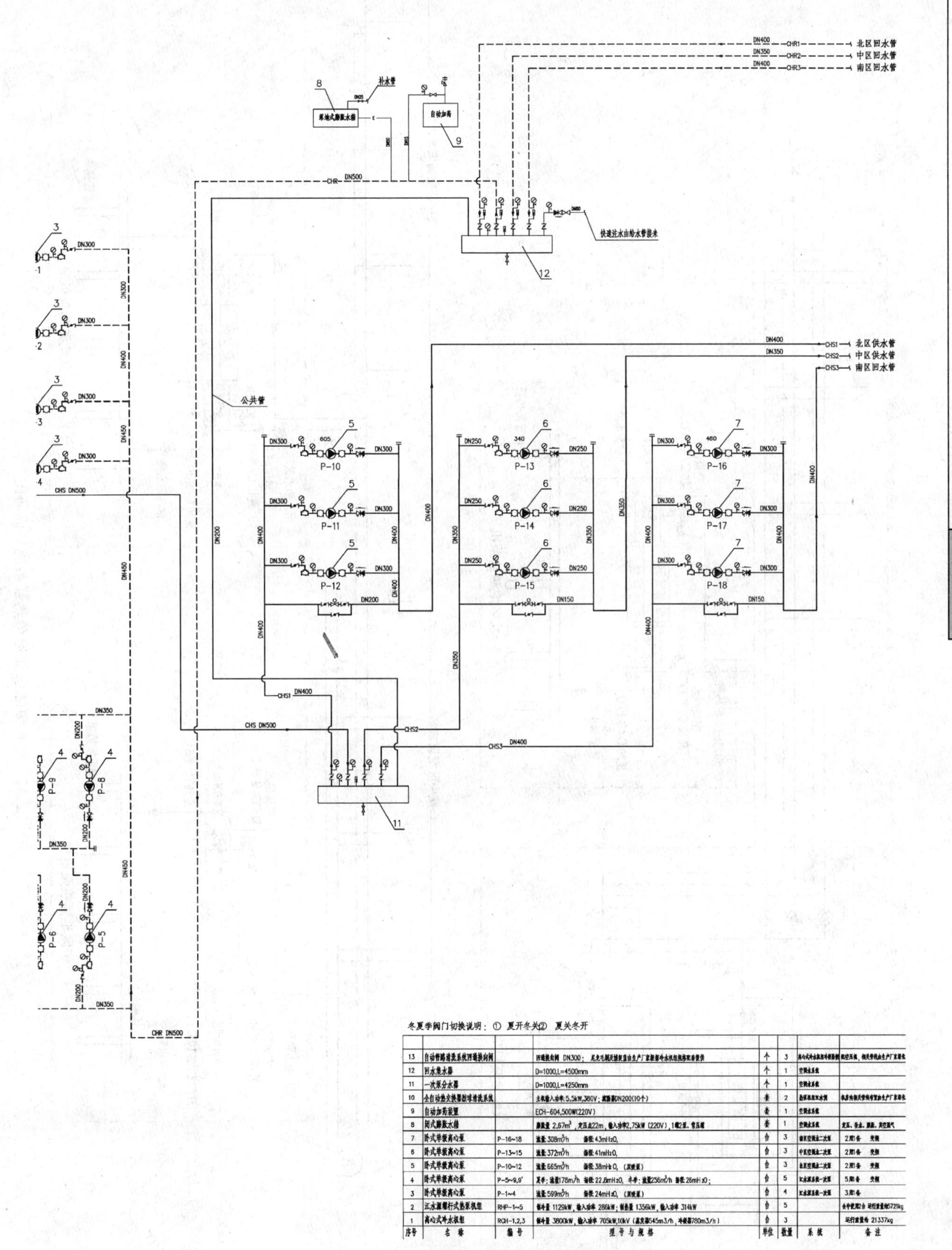

序号	名称	编号	型号与规格	单位	数量	系统	备注
13	自动管路清洗系统四通换向阀		四通换向阀 DN300； 尼龙毛刷及捕捉器由生产厂家根据冷水机组规格配套提供	个	3	离心式冷水机组冷凝器侧	配空压机，相关管线由生产厂家深化
12	回水集水器		D=1000,L=4500mm	个	1	空调水系统	
11	一次泵分水器		D=1000,L=4250mm	个	1	空调水系统	
10	全自动热交换器胶球清洗系统		主机输入功率:5.5kW,380V；滤器DN200(10个)	套	2	热泵机组江水侧	机房内相关管线布置由生产厂家深化
9	自动加药装置		ECH-604,500W(220V)	套	1	空调水系统	
8	闭式膨胀水箱		膨胀量 2.67m³，定压点22m，输入功率2.75kW（220V），1用2泵、常压罐	套	1	空调水系统	定压、补水、膨胀、真空脱气
7	卧式单级离心泵	P-16~18	流量 308m³/h　扬程 43mH₂O,	台	3	南区空调水二次泵	2用1备　变频
6	卧式单级离心泵	P-13~15	流量 372m³/h　扬程 41mH₂O,	台	3	中区空调水二次泵	2用1备　变频
5	卧式单级离心泵	P-10~12	流量 665m³/h　扬程 38mH₂O，（双吸泵）	台	3	北区空调水二次泵	2用1备　变频
4	卧式单级离心泵	P-5~9,9'	夏季：流量178m³/h 扬程 22.8mH₂O，冬季：流量256m³/h 扬程 26mH₂O；	台	5	江水源系统一次泵	5用1备　变频
3	卧式单级离心泵	P-1~4	流量 599m³/h　扬程 24mH₂O，（双吸泵）	台	4	江水源系统一次泵	3用1备
2	江水源螺杆式热泵机组	RHP-1~5	制冷量 1129kW，输入功率 286kW；制热量 1356kW，输入功率 314kW	台	5		冬季使用2台 运行重量约5721kg
1	离心式冷水机组	RCH-1,2,3	制冷量 3800kW，输入功率 705kW,10kV（蒸发器545m3/h，冷凝器780m3/h）	台	3		运行重量约 21337kg

图 1.2-20　江水源热泵机房水系统流程图（二）

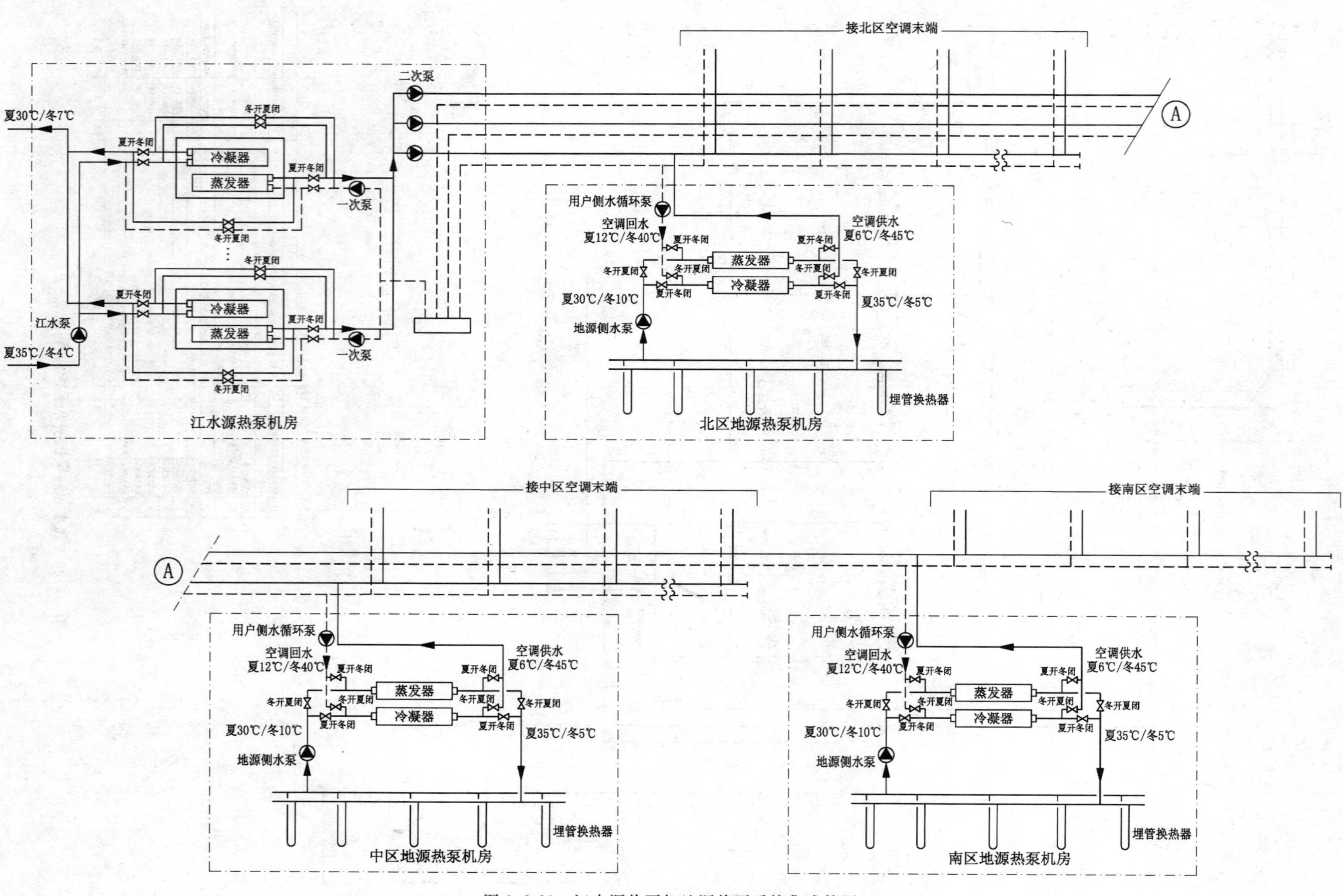

图 1.2-21　江水源热泵加地源热泵系统集成简图

1.3 地源热泵

工程案例：三义庙综合楼①

1. 绿色理念及工程特点

(1) 该建筑热负荷为6850kW，冷负荷为8820kW，单位建筑面积热指标为73W/m²，冷指标为94W/m²。

(2) 该建筑采用了地源热泵系统，冬季设计制热综合COP值为3.962。

(3) 地源热泵比常规制冷+燃气热水锅炉每年节省运行电费26万元。

(4) 地源热泵系统设备初投资约2315万元，比常规制冷+燃气热水锅炉增加投资约1019万元；静态回收年限为39.2年。

(5) 减少CO_2、SO_2、NO_x排放量，降低能耗。

该建筑全年耗热量7898002kWh、耗冷量8731800kWh。

地源热泵比燃气热水锅炉系统每年可节省147t标准煤，减排CO_2 484t。

2. 工程概况

该工程为三义庙综合楼，建设地点位于北京市海淀区三义庙，建筑性质为以办公楼为主、附带商业的综合公共建筑。

该工程总建筑面积为94000m²，地上分为北塔（A）、中塔（B）、南塔（C）三个塔楼，高度分别为74.85m、45m、55.85m，使用层数分别为11层、14和18层。地上一层为商业销售用途（层高5.1m）、地上二、三层为餐饮（层高4.5m），地上四层至顶层为办公用途（南塔顶层为会所），标准办公层层高为3.6m，设架空地板。

地下共3层，主要用途为地下车库和本楼的机械用房，地下三层部分还兼作为六级人防用途。

(1) 设计范围

该设计的内容为三义庙综合楼的暖通空调系统施工图设计，包含：冬季中庭地板辐射采暖系统，冬、夏季空调系统，冷、热源系统，通风系统，暖通空调自动控制系统。同时给出了上述系统的施工安装要求。

(2) 设计依据

1)《采暖通风与空气调节设计规范》GB 50019—2003；

2)《民用建筑热工设计规范》GB 50176—93；

3)《高层民用建筑设计防火规范》GB 50045—95（2001年版）；

4)《公共建筑节能设计标准》GB 50189—2005；

5)《办公建筑设计规范》（JGJ 67—89）；

6)《智能建筑设计标准》（BG/T 50314—2000）；

7)《人民防空地下室设计规范》（GB 50038—2005）；

8)《人民防空地下室设计防火规范》（GB 50098—98）（2001版）；

9)《低温热水地板辐射供暖应用技术规程》DBJ/T 01-605-2000（北京市标准）；

10)《地源热泵系统工程技术规范》GB 50366—2005。

(3) 设计计算参数

1) 室外计算参数

① 夏季：空调干球温度为33.2℃，空调湿球温度为26.4℃，通风温度为30℃，室外主导风向及平均风速：N、1.9m/s。

② 冬季：空调干球温度为−12℃，空调相对湿度为45%，通风温度为−5℃，室外主导风向及平均风速：NNW、2.8m/s，采暖室外温度为−9℃，最大冻土层深度为85cm。

① 工程负责人：宋孝春，男，中国建筑设计研究院，教授级高级工程师。

2）室内设计参数（见表 1.3-1）

室内设计参数 **表 1.3-1**

房间名称	夏季		冬季		新风量（cmh/P）	排风量或换气次数	噪声［dB(A)］
	干球温度（℃）	相对湿度（%）	干球温度（℃）	相对湿度（%）			
办公室	26	55	20	≮35	2 次/h	80%新风量	40
门厅、大厅、电梯厅	26	60	16	≮35	30	70%新风量	50
休息室	25	55	20	≮35	30	70%新风量	40
餐厅	24	60	20	≮35	18	70%新风量	45
会议室	26	55	20	≮35	2 次/h	80%新风量	40
车库					5 次/h	6 次/h	
冷冻机房			5		5 次/h	6 次/h	
热交换间					8 次/h	10 次/h	
水处理机房			5		5 次/h	6 次/h	
变配电室	28				5 次/h	6 次/h	

（4）建筑热工要求：

1）外墙：采用幕墙内保温的方式，其传热系数不大于 0.5W/(m^2·K)。

2）外窗：采用 Low-E 中空玻璃幕墙，遮阳系数不大于 0.25，传热系数不大于 1.5W/(m^2·K)；同时，设置由室内太阳光照度传感器进行自动控制的、带有 Low-E 膜的自动内遮阳系统。

3）屋顶：传热系数不大于 0.5W/(m^2·K)。

4）与室外空气相接触的悬挑楼板以及空调房间与非空调房间相隔的楼板，传热系数不大于 0.6W/(m^2·K)。

（5）冬季采暖系统

1）采暖系统设置区域：中庭，采暖供热面积为 1250m^2。

2）采暖系统方式：地板辐射采暖，塑料管埋设于中庭一层楼板。

3）采暖系统设计参数：采暖系统总热负荷为 50kW（热指标 40W/m^2），系统水阻力为 60kPa，热水供回水设计温度为 40℃/33℃，系统最大工作压力为 0.2MPa。

4）采暖系统的一次热源来自本工程的空调热水，供/回水温度为 45℃/38℃，通过地下机房设置的采暖板式热交换器提供地板采暖用热水。采暖系统采用全自动气体定压装置进行补水和定压（补水来自软化水箱）。

（6）冷、热源

1）热源

① 冬季空调系统热负荷为 6800kW（热指标 72W/m^2），冬季采暖系统热负荷为 50kW，全楼冬季总热负荷为 6850kW（热指标 73W/m^2）。

② 空调及采暖热源均来自本楼地下冷冻机房集中设置的地源热泵机组（采暖为二次热水）。全楼共设 3 台机组，每台供热量为 2290kW。与之配套设置 3 台地源水泵和空调供水泵。

③ 地源水冬季设计供/回水温度为 13℃/7℃，总设计流量为 1230m^3/h。

④ 空调热水（及采暖一次热水）供/回水温度为 45℃/38℃，总设计流量为 750m^3/h。

2）冷源

① 全楼空调冷负荷为 8820kW（冷指标 94W/m^2）。

② 冷源装置为 3 台同型号地源热泵机组加上 1 台电制冷离心式冷水机组。

③ 地源热泵机组供冷量为 1948kW（单台），离心式冷水机组供冷量为 3000kW。

④ 冬季为地源热泵机组配套的地源水泵和空调供水泵在夏季同样使用；同时为离心式冷水机组配套冷冻水泵和冷却水泵各一台，冷却塔两台。

⑤ 地源水夏季设计供/回水温度为 32℃/37℃，总设计流量为 1230m^3/h；冷却塔冷却水设计供/回水温度为 32℃/37℃，总设计流量为 620m^3/h；空调冷水设计供/回水温度为 6℃/12℃，总设计流量为 1270m^3/h。

3）地源及地埋管系统

① 该工程采用竖向地埋管换热系统，在建筑红线内布井孔 760 个，孔径为 200mm，井深 130m，井距 4200mm，井内为双 U 形管方式。

② 地埋管换热系统应由供货商进行深化设计，应包括地质勘察、换热能力试验、全年动态负荷平衡计算，以及施工组织方案。

（7）空调系统

1）空调方式及概况

① 该工程主要房间采用冬、夏集中空调系统，一些需要 24 小时不间断进行冷却的房间（如消防中心、楼宇控制室等），采用分体空调机组（或多联分体式空调系统）。

② 使用集中空调系统的建筑面积约为 70000m^2。

2）集中空调水系统

① 冷、热源空调水系统（一次水）

(a) 冷、热源空调水系统采用一次泵变水量两管制系统（冷、热水主供、回水管上分别设置压差旁通控制装置），冬季供应空调热水，夏季供应空调冷水，通过设于分、集水器上的切换阀进行冬夏的工况转换。

(b) 冬、夏供/回水压差设计值分别为：230kPa 和 160kPa。

(c) 冷、热源空调水系统的工作压力为 1.25MPa，采用全自动气体定压装置进行补水和定压（补水来自软化水箱）。

② 末端空调水系统及环路

(a) 低温冷水系统环路（一次水）

本系统的服务范围为：裙房空调（包括空调机新风空调机组和裙房风机盘管水环路）、办公层新风空调机组环路及塔楼屋顶风机盘管水环路。系统夏季供/回水温度为 6℃/12℃，冬季供/回水温度为 45℃/38℃。

本系统与冷、热源空调水系统直接相连接。

(b) 中温冷水系统

本系统的服务范围为：办公层辅助风机盘管环路（包括顶层风机盘管环路）。系统夏季供/回水温度为 12℃/16℃，冬季供/回水温度为 32℃/28℃。系统工作压力为 1.15MPa。

本系统通过两台板式热交换器提供空调用冷、热水，其一次水来自冷、热源空调水系统。

(c) 高温冷水系统（地板辐射供冷、供热系统）

本系统的服务范围为：自四层以上（除顶层外）的各塔楼办公层。系统夏季供/回水温度为 16℃/20℃，冬季供/回水温度为 30℃/26℃。系统工作压力为 1.15MPa。

本系统通过两台板式热交换器提供空调用冷、热水，其一次水来自冷、热源空调水系统。

3）冬季、过渡季空调冷水系统

① 对于南塔，由于其进深较大，本设计对其内、外区设计了不同的空调环路及不同的运行要求——夏季：内、外区地板系统同时供冷（外区还由辅助风机盘管系统提供辅助供冷）；冬季：内区地板系统供冷，外区主要靠风机盘管进行供热，辐射板不进行供热）。

② 内区地板辐射供冷系统的水温为 16℃/20℃的二次水，由冬季供冷用板式换热器提供。

③ 内区供冷冷源来自三个部分：

(a) 优先采用冷却塔供冷——通过冬季或过渡季运行冷却塔，向冬季供冷用板式换热器提供 14℃/18℃的一次冷水。

(b) 采用地源水供冷——当冷却塔供冷已不能满足一次水温要求时，采用地源水作为冬季供冷用板式换热器的一次冷水。

(c) 当前述两者都不能满足水温要求时，通过阀门切换，使南塔内区系统直接采用高温水系统（与外区合用）。

4）通风、空调风系统

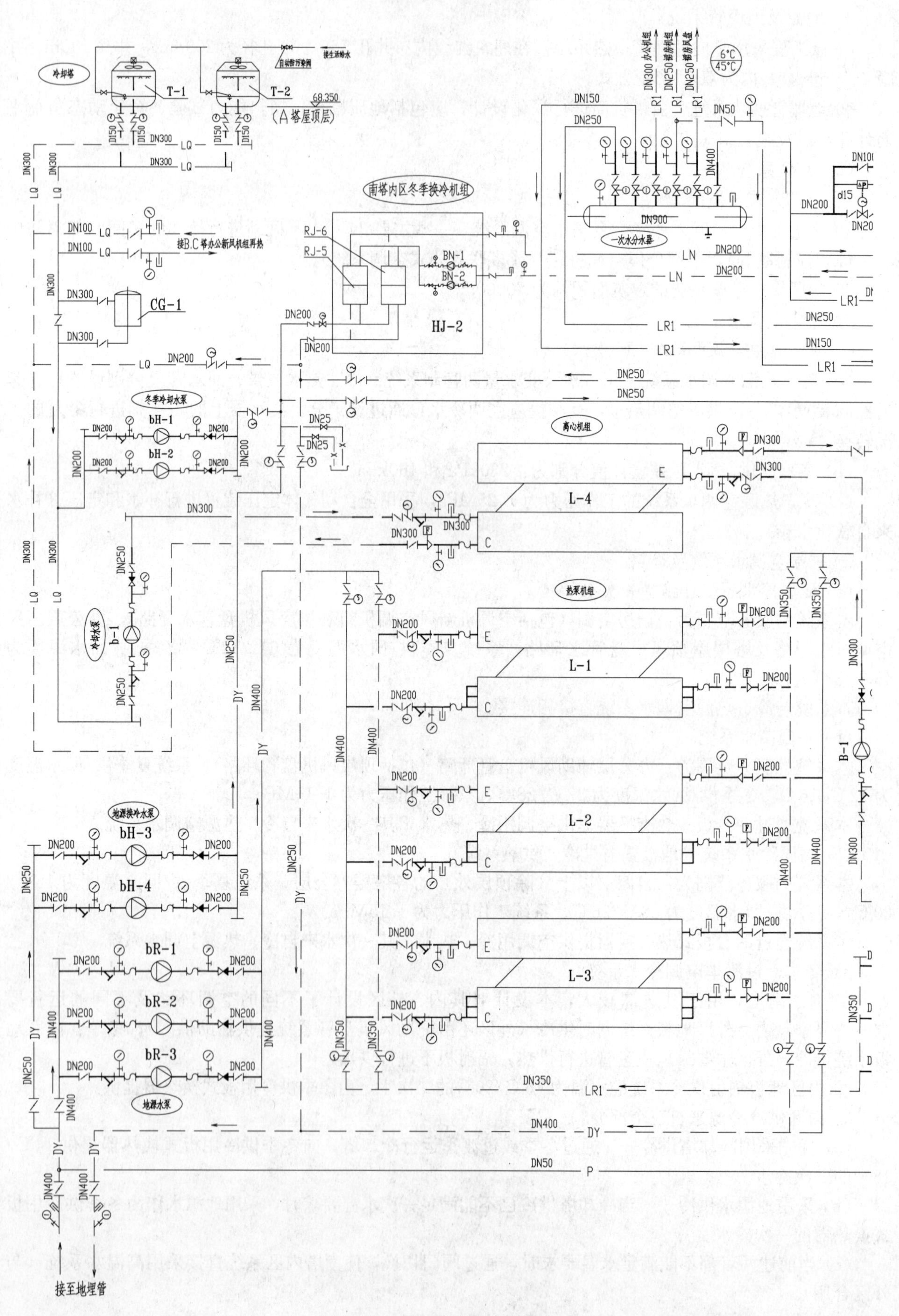

图 1.3-1　冷热源系统原理图（一）

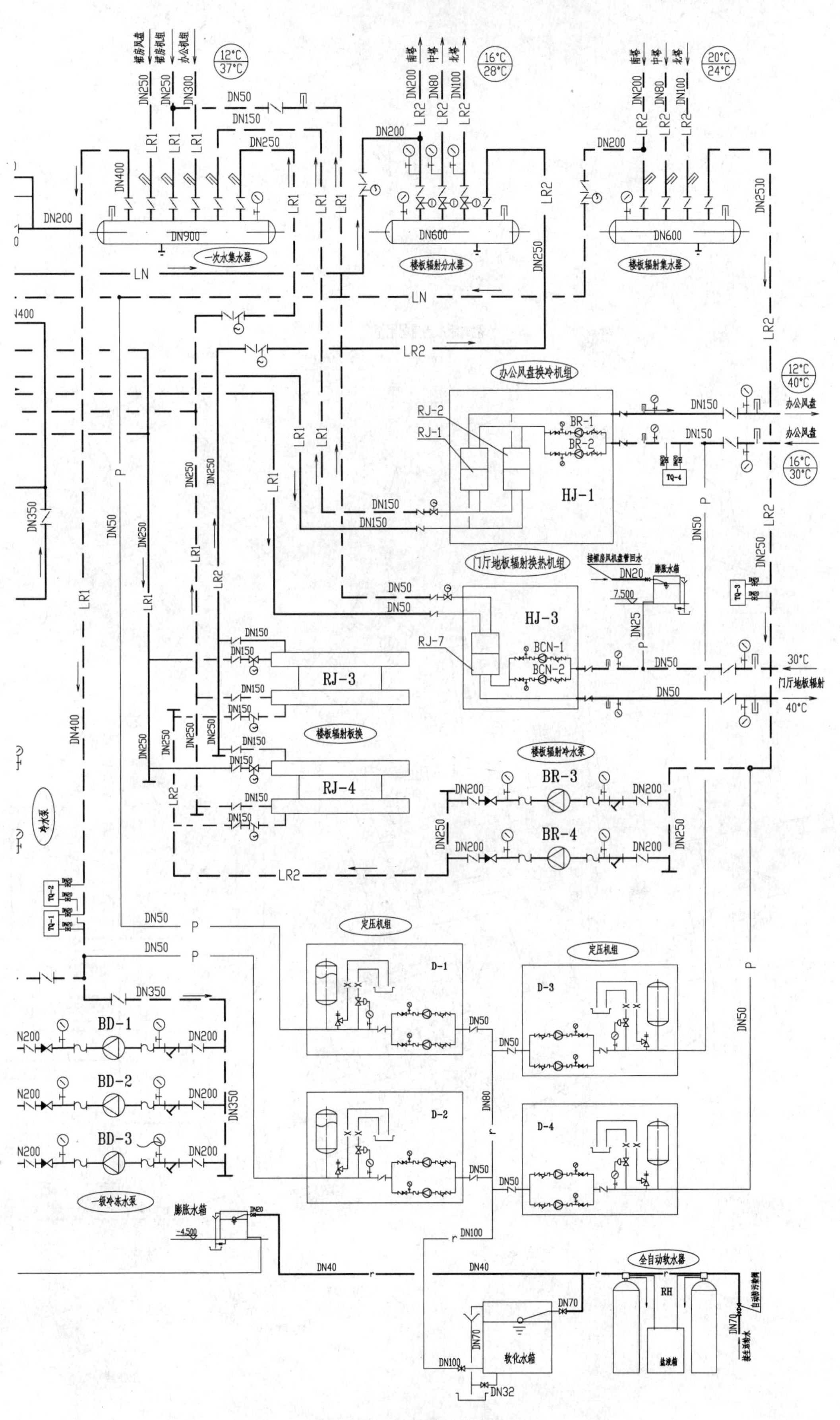

图 1.3-2　冷热源系统原理图（二）

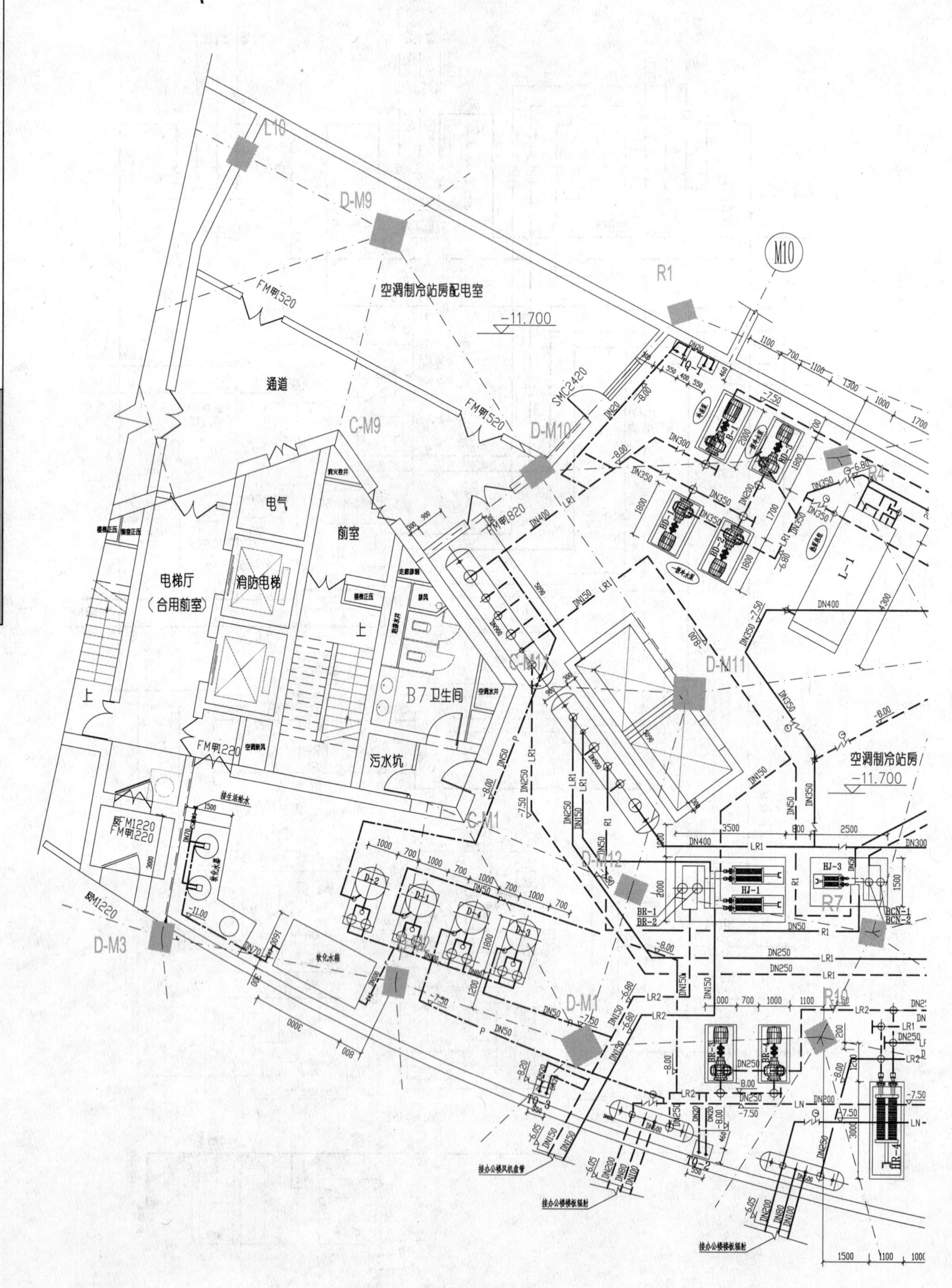

图 1.3-3 冷热源机房平面图（一）

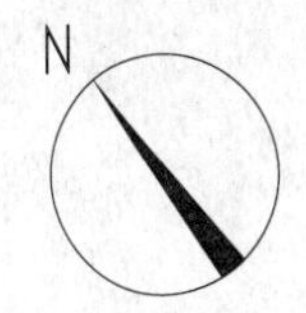

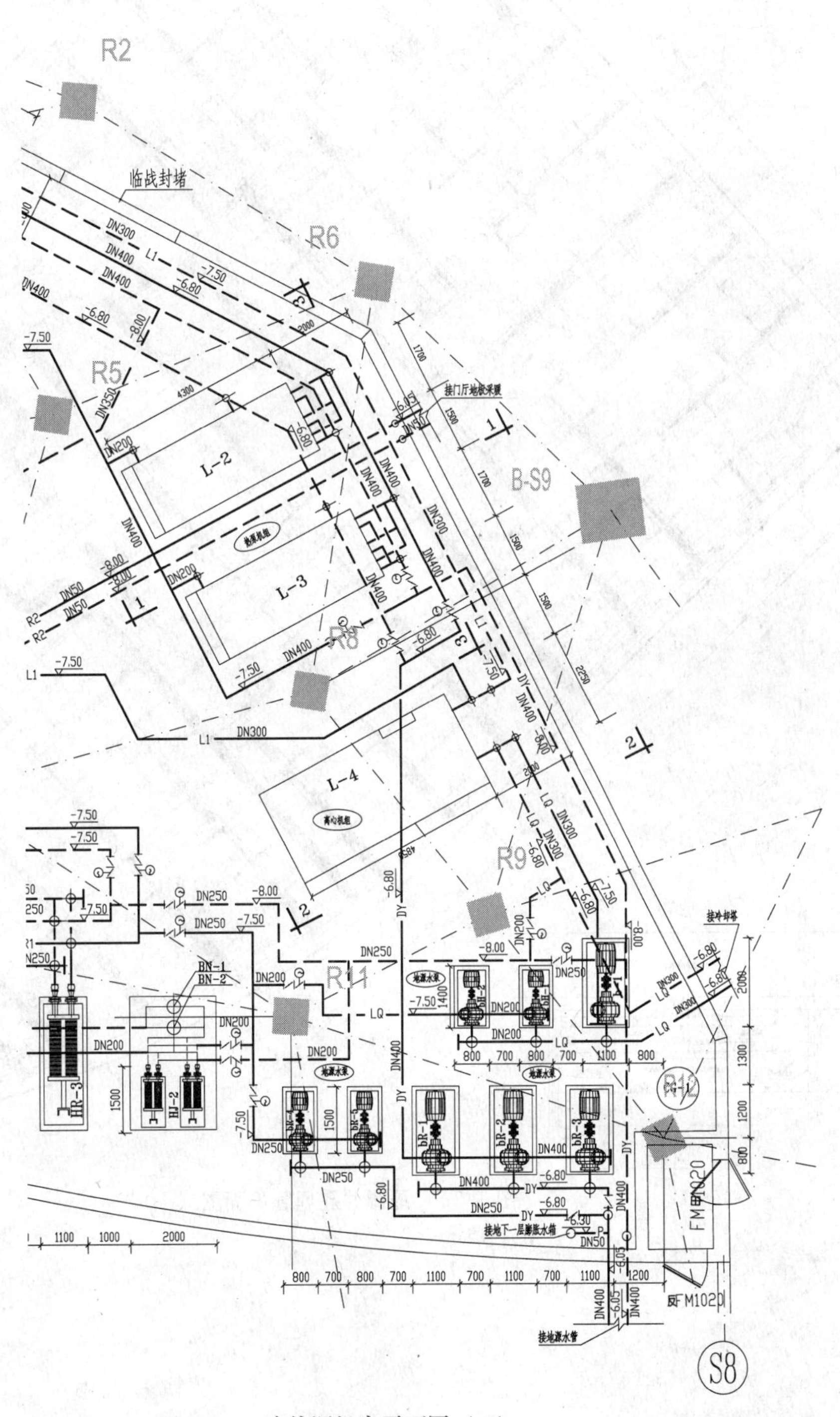

图 1.3-4　冷热源机房平面图（二）

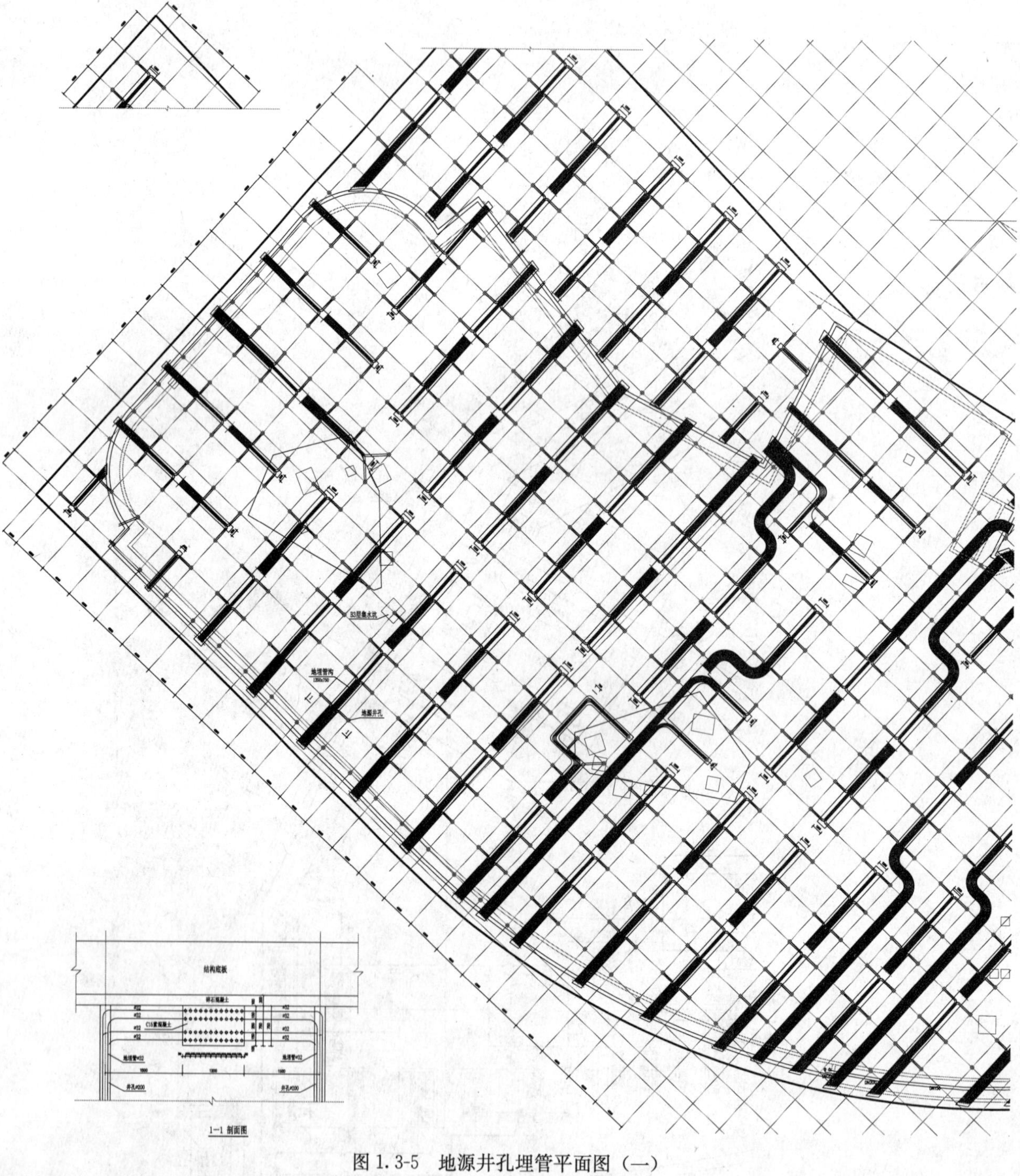

图 1.3-5　地源井孔埋管平面图（一）

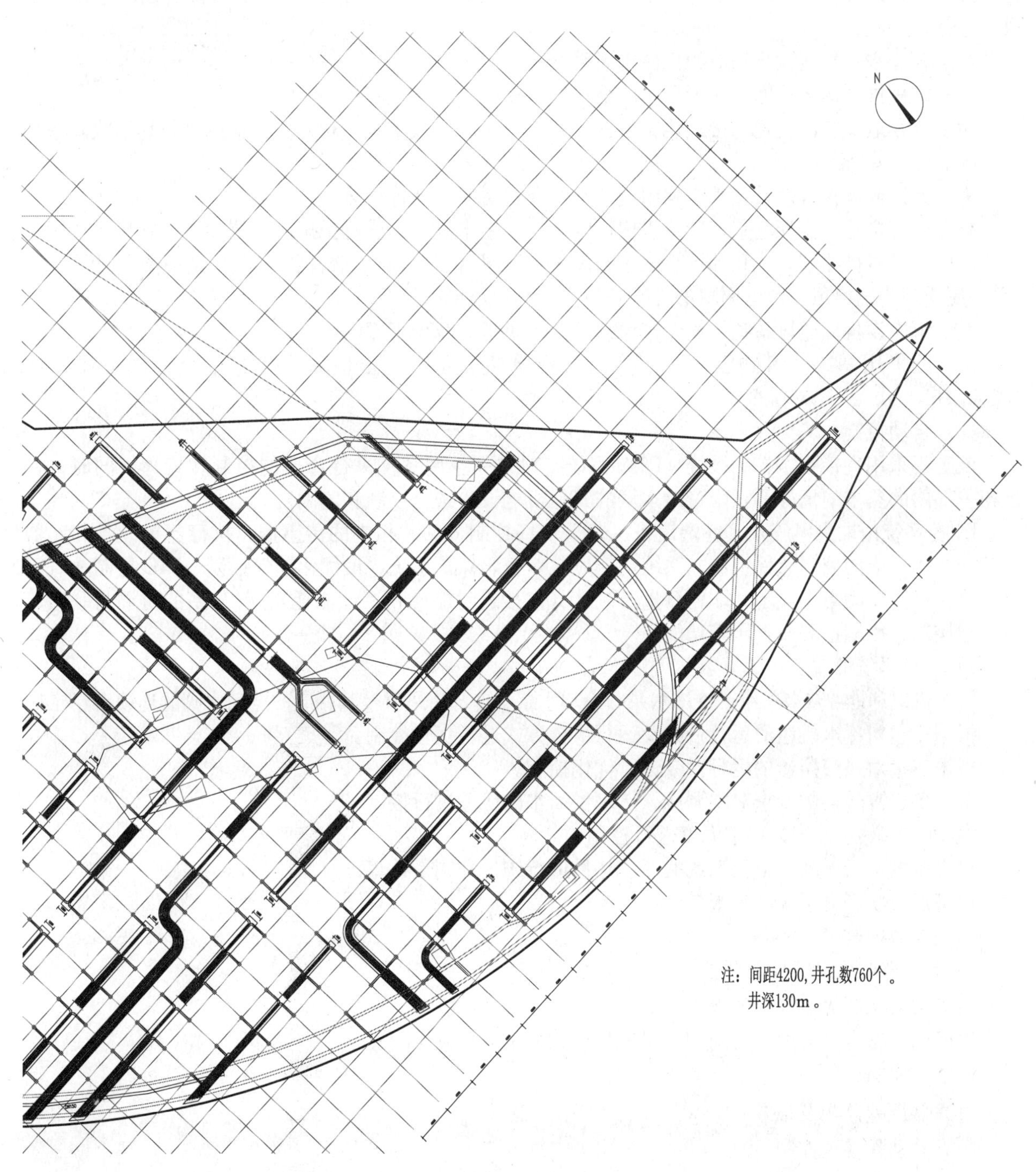

图 1.3-6　地源井孔埋管平面图（二）

地下室空调区域、地上一～三层及屋顶层采用新风加风机盘管系统，其新风空调机组均设于地下一层。其卫生间设置排风系统，在相应各层设置了集中排风系统。

标准办公层采用地板辐射+新风集中设置的空调系统，在塔楼屋顶共设置 4 台新风空调机组。新风每层送入架空地板层中，通过地板送风口送进办公室。同时，在办公室周边设置机械排风系统（南塔还在办公室内区设置机械排风系统，其排风量与周边排风系统的风量相同）。标准办公层同时还设有辅助风机盘管。

每层办公室卫生间设置相应的机械排风系统。

中庭机械排风排至车库，作为车库的机械补风使用，改善车库条件。

为了有效地节能，设置间接式热交换器，利用办公层机械排风，对办公层新风进行热回收，系统内充 25%的乙二醇水溶液。

为了保证夏季除湿效果，夏季利用冷却水对办公层新风进行再热。

机电设备机房（变配电室，制冷机房，水泵房，中水机房）设机械排风系统和机械补风系统。

厨房设机械排油烟系统和补风系统（新风机组），设油烟净化和降噪措施，并集中高空排放（屋顶层）。夏季适当送冷风以改善厨房的工作条件，冬季送热风以保持室温。

地下车库设机械通风系统。车库排风采用诱导风机，减少车库内风道。

该工程采用高压喷雾加湿膜的组合式加湿器进行加湿，全楼冬季空调系统设计总加湿量为 1500kg/h。

(8) 自动控制

该工程采用直接数字控制系统（DDC 系统）对中央空调系统进行合理的控制和管理（同时，在满足相关部门的要求的情况下，附带对本楼的其他机电设备进行控制和监测）。

DDC 系统由中央电脑及其终端设备、若干现场控制分站、相应的传感器、执行器等设备和元器件以及与之相适应的控制软件组成。系统功能应包括密码保护系统、最优化起停控制、PID 控制、时间通道、设备群控、动态图显示、能耗测量及统计（包括瞬时能耗和累计能耗）、各分站的协调与联络、分站独立控制、终端报警及打印等功能。

1) 热源系统的主要控制要求

冷水机组和地源热泵机组、冷冻水泵、冷却水泵、冷却塔风机及其相应的电动水阀的连锁启停控制。

根据冷量对冷水机组的运行台数及运行组合方式进行优化控制。

根据热量对热交换器的运行台数进行优化控制。

根据冬、夏转换的要求对空调冷、热水供回水的压差进行控制。

2) 对空调热水系统的供水温度进行控制

对设备的运行时间、空调系统的冷、热量进行统计和测量计算。

设备运行状态显示及故障报警。

相关参数的监测。

3) 新风空调机组的控制要求

风机运行状态显示及故障报警。

送风温、湿度（或典型房间相对湿度）参数显示及控制。

4) 防冻保护

过滤器压差监测及报警。

防火阀动作连锁控制。

对于进行热回收的新风空调机组，还需要对热回收循环泵进行连锁控制。

5) 室内地板辐射系统的控制要求

① 通过电动温控阀对楼板温度或室温进行。

② 冬、夏工况转换。

3. 相关图纸

该工程主要设计图如图 1.3-1～图 1.3-6 所示。

1.4 冷热电三联供

工程案例：清华大学环境能源楼①

1. 绿色理念及工程特点

(1) 该建筑最大耗热量为555kW，最大耗冷量为1465kW，由于建筑围护结构热工性能好，传热系数小，单位建筑面积热指标为27W/m^2，冷指标72W/m^2。因此，建筑耗能低。

(2) 该建筑采用了冷热电三联供技术，提高能源的一次品位，充分回收利用烟气热能及缸套水热能，使能源综合利用效率达到83%。

(3) 在冬季供热的季节里，当三联供余热回收不能满足供热需求时，供热系统设计了模块热水冷凝式锅炉补充供热，其热效率可高达107%。

(4) 减少CO_2、SO_2、NO_x排放量，降低能耗（见表1.4-1）。该建筑全年耗热量1140192kWh、耗冷量3445560kWh

三联供系统减排量 **表1.4-1**

	排放CO_2(t)	排放SO_2(t)	排放NO_x(t)	消耗标准煤(t)	备注
常规系统	1017	3.3	2.9	388	市政热加电制冷
该建筑三联供系统	4244	14	12	1620	供热全部为发电热回收
减少量	367	1.2	1.0	140	减少量为供热量

2. 工程概况

清华大学环境能源楼是意大利政府投资项目，位于北京清华大学校园内，地下2层，地上10层。建筑面积20268m^2，地上建筑面积14108m^2，地下建筑面积6160m^2，建筑高度39.31m。

该工程设有采暖系统、通风系统、空调系统、独立冷热源系统及自控系统。

(1) 能源系统

1) 该建筑能源系统的设计原则是在保证室内良好舒适度的前提下最大限度地减少能源消耗，以更好地达到《京都议定书》有关二氧化碳减排的目标。

2) 该建筑设置了冷、热、电三联供系统。共设3台250kVI以天然气为燃料的内燃式发电机组，其运行控制策略为以电定热，同时控制不可回收利用热能的排放量。发电机组并网不上网，不足的电量由学校电网补充。在发电的同时，对发电机组的废气、缸套水及油路系统的废热进行回收利用，其中烟气热回收产生的高温热水温度为120℃/110℃，缸套水及油路系统热回收的低温热水供/回水温度为80℃/70℃，额定发电状态下每台发电机组120℃/110℃的高温热水回收热量为130kW，额定发电状态下每台发电机组80℃/70℃的低温热水回收热量为117kW，热回收的热量用于该建筑采暖、冬夏季空调及生活热水系统。120℃/110℃的高温热水可作为热水型溴化锂吸收式冷水机组的热源，80℃/70℃的低温热水可作为辐射吊顶35℃/30℃热水的一次热源、空调机组及新风机组50℃/40℃热水的一次热源、采暖系统75℃/65℃热水的一次热源。发电机组的发电效率为37%，其能源综合利用效率为83%。

3) 热源系统：在冬季，发电机组热回收的热量用于采暖、空调及生活热水，不足部分由以天然气为燃料的模块热水冷凝式锅炉补充，当供/回水温度为40℃/30℃时，模块热水冷凝式锅炉满负荷低热值（LHV）热效率为107%。各种末端设备所需热水供回水温度分别为：

空调机组及新风空调机组热水供/回水温度50℃/40℃；

辐射吊顶热水供/回水温度35℃/30℃；

采暖系统热水供/回水温度75℃/65℃。

---

① 工程负责人：金跃，男，中国建筑设计研究院，教授级高级工程师。

发电机组 120℃/110℃的高温热水用于产生空调机组及新风空调机组的 50℃/40℃的热水及作为生活热水热交换器的一次水。发电机组 80℃/70℃的低温热水用于产生空调机组及新风空调机组的 50℃/40℃的热水、辐射吊顶热水供/回水 35℃/30℃热水及采暖系统热水供/回水 75℃/65℃。

模块热水冷凝式锅炉每台供热量为 50kW，分为两组：一组 7 台锅炉作为空调机组及新风空调机组 50℃/40℃热水的补充，并用于夜间当发电机组停机后值班采暖热源，其供/回水温度为 50℃/40℃；另一组 7 台锅炉作为辐射吊顶 35℃/30℃热水的补充，其供/回水温度为 35℃/30℃。

该建筑各项热量情况为：

空调机组需热量 380kW（全热回收后）；

空调房间围护结构热负荷 370kW（未减去房间内各项内部得热）；

采暖热负荷 60kW；

生活热水热负荷 30kW。

该建筑最大耗热量为 555kW（考虑新风全热交换及减去房间内部分得热）。

4）冷源系统：在夏季，发电机组热回收的热量用于热水型溴化锂吸收式冷水机组，不足的冷量由电制冷螺杆式冷水机组补充，各种末端设备所需冷水供回水温度为：

空调机组及新风空调机组冷水供/回水温度 5℃/12℃；

辐射吊顶冷水供/回水温度 16℃/18℃；

发电机组热回收的 120℃/110℃高温热水供给一台吸收式冷水机组，产生的 5℃/12℃的冷水供给空调机组及新风空调机组，不足冷量由两台 400kW 电制冷螺杆式冷水机组（5℃/12℃）补充。发电机组热回收的 80℃/70℃低温热水供给另一台吸收式冷水机组，产生的 16℃/18℃的冷水共给辐射吊顶，不足冷量由两台 400kW 电制冷螺杆式冷水机组（16℃/18℃）补充。

该建筑各项冷量情况为：

空调机组需冷量 700kW（全热回收后）；

空调房间围护结构冷负荷 805kW；

本建筑最大耗冷量为 1465kW。

5）考虑到在三联供系统运行中可能出现的少量不能利用的热量，采用在冷却塔风机上设冷却盘管的方式处理这部分热量。

6）该建筑各外围护结构传热系数：

北向外窗 K=1.40W/(m^2·K)，SC=0.75；

东西向外窗 K=1.40W/(m^2·K)，SC=0.287；

朝内院的三层以上外窗 K=1.40W/(m^2·K)，SC=0.436；

南向及朝内院外窗 K=1.40W/(m^2·K)，SC=0.436；

三层天桥外窗 K=1.50W/(m^2·K)，SC=0.75；

一层外窗 K=1.60W/(m^2·K)，SC=0.75；

外墙体 K=0.40W/(m^2·K)；

屋顶 K=0.50W/(m^2·K)；

外楼板 K=0.50W/(m^2·K)。

（2）采暖系统

该工程采暖范围为卫生间及库房，采暖系统为上供下回单管串联定流量系统，散热器为钢制柱式散热器。设计供/回水温度为 75℃/65℃，负荷变化时调节为质调节。水质标准要求：pH 值（20℃）为 8.5～10，含氧量不大于 0.1mg/l，系统满水保养。

（3）通风系统

该工程地下二层车库平时通风为机械排风自然补风，换气次数为 6 次/小时；设备用房均为机械进排风方式。地下二层中水机房换气次数为 12 次/小时（冬季进风加热，进风温度不低于 5℃）；地下一层变配电室换气次数为 8 次/小时；其他设备用房（非燃气设备用房）换气次数为 3 次/小时；地下一层发电机房及锅炉间平时换气次数为 5 次/小时，事故时换气次数为 12 次/小时；外墙上另设可关闭的自然补风百叶；卫生间设机械排风，换气次数为 8 次/小时；部分实验室设有通风柜，每个通风柜的排风量为 $1000m^3/h$。

(4) 空调系统

1) 空调水系统

该工程水系统为四管制变水流量系统，5℃/12℃的冷水及 16℃/18℃的冷水系统均为二次泵变水流量系统。热水系统被换热器分为两部分，发电机组热回收的热水到换热器之间为二次泵变水流量系统，换热器、冷凝式锅炉到末端的 50℃/40℃及 35℃/30℃的热系统为二次泵变水流量系统；冷却水系统为一次泵定流量系统。

各冷热水系统均采用定压膨胀补水机组定压补水，120℃/110℃的水系统采用带隔膜式膨胀罐的定压膨胀补水机组定压补水。

冷热水系统均采用全自动软水器制备的软水补水。

冷却水采用全程水处理器杀菌、灭藻、防垢、防腐、超净过滤处理。

2) 空调风系统

地下一层多功能厅及其休息厅采用定风量变新风比全空气空调系统，采用上送上回的气流组织方式，在空调机组内设转轮式全热交换器以进行新风和排风之间的热回收。

除个别房间外，空调房间均采用架空地板送新风加辐射吊顶的空调方式，夏季由新风除去室内余湿，全楼的新风由设于屋顶的两台带转轮式全热交换器的变风量新风机组提供，室外新风与楼内的排风（不包括卫生间的排风）进行全热交换。夏季新风空调机组新风侧室外风经转轮式全热交换器后经冷盘管处理到 9℃，然后由加热盘管加热到 23℃送入室内，排风侧的室内排风经转轮式全热交换器后排掉；冬季新风空调机组新风侧室外风先由预热盘管预热至 5℃，经转轮式全热交换器后进入加热盘管，再经过等焓加湿处理到室内状态送入室内，排风侧的室内排风经转轮式全热交换器后排掉。

房间设有 350mm 高的架空地板，新风送到架空地板内，通过地板上的风口送到室内，房间内新风风口的设置具有很大的灵活性，可根据需要布置。排风口设在房间的上部，由排风短管将室内空气排到走廊的吊顶内，再通过排风立管排到屋顶与新风进行全热交换，排风系统与新风系统均为变风量系统。新风送风温度为：冬季 19℃，夏季 23℃。

下送风方式提高了新风效率，因此实配新风量为设计新风量的 80%。

全热交换器采用硅胶分子筛全热交换器，全热效率为 70%。

新风空调机组冬季采用高压喷雾加循环水湿膜的加湿方式加湿器具有自动检测及自动排水功能。多功能厅的空调机组采用高压喷雾加湿，整个建筑的最大加湿量为 160kg/h。

(5) 燃气系统

校园内现有的燃气管网为 0.1MPa 的中压天然气，校内燃气管网经室外调压箱减压后由该建筑的东侧引入，经一层燃气表间接入地下一层发电机房和锅炉房。

该建筑的燃气最大耗量为 $170Nm^3/h$，压力为 0.1MPa。

(6) 自动控制系统

1) 该建筑能源及空调系统的控制采用集散式直接数字控制系统（DDC），控制系统由网络控制器、直接数字控制器及配套的传感器和执行机构组成。

2) 控制系统的软件功能包括：密码保护、最佳启停控制、时间及假日启停控制、自适应控制，设定值的确定，外界条件的再确定，控制点的历史纪录，设备运行时间累计等。

3) 能源及冷热源中心的控制主要包括：最佳运行方式的选择，设备的自动启停，设备的运行状态及故障报警显示。

4) 各末端设备的控制主要包括：设备的自动启停，设备的运行状态及故障报警显示。

5）发电机组由总配电盘控制，并网不上网，整个建筑的电力需求首先由发电机组提供，不足的电量由学校电网补充，同时控制发电机组不可回收利用热能的排放量，最大限度地提高一次能源利用率。

6）单效热水型溴化锂吸收式冷水机组及电制冷螺杆式冷水机组由末端的需冷量来控制，首先使用以发电机组废热为热源的热水型溴化锂吸收式冷水机组，最大限度地利用发电机组废热，冷量不足部分由电制冷螺杆式冷水机组补充。

7）冷水系统为二次泵变水流量系统，一次泵与对应的冷水机组同时启停，二次泵由压差控制其电机频率及运行台数。

8）冷却水系统为定流量系统，冷却水泵与冷水机组对应，同时启停，由冷水机组的运行台数及冷却水供水温度控制冷却塔的使用台数、冷却塔风机的运行台数，由冷却水供水温度控制电动三通阀的开度，以保证冷却水供水温度不低于冷水机组的最低冷却水供水温度。

9）作为热源的发电机组高温回收热、低温回收热及模块热水冷凝式锅炉由热量来控制，首先使用发电机组高、低温回收热，最大限度地利用发电机组废热，热量不足部分由模块热水冷凝式锅炉补充。

10）发电机组热回收的热水到各末端之间为二次泵变水量系统，一次水泵与对应的发电机组同步启停，二次水泵由压差控制其电机频率，换热器一次侧的电动两通阀由换热器二次侧的供水温度控制。各换热器、冷凝式锅炉到末端的50℃/40℃及35℃/30℃的热水系统为二次泵变水流量系统，一次泵与对应的换热器及冷凝式锅炉同步启停，二次泵由压差控制其电机频率及运行台数。

11）采用架空地板送新风加辐射吊顶空调方式的房间，其新风采用单风道无动力与压差无关型变风量末端进行新风量的控制，变风量末端由设在该房间排风短管内的CO_2传感器及该房间内的红外线传感器控制。红外线传感器用于探测室内有人或无人，当室内无人时，变风量末端的风量控制在最小值，以除去室内散发的污染物，使室内的IAQ保持在良好水平，同时去除非人员造成的湿负荷，此风量不小于房间设计风量的15%；当室内有人时，由CO_2传感器控制变风量末端的风量，该类房间同时设置可开启外窗的状态探测器，当探测到窗处于开启状态时，关闭变风量末端，停止供应新风。

12）屋顶全热交换变风量新风机组的新风机采用总风量控制的方式控制其电机频率，并同步控制其对应排风机电机的频率。新风机组新风侧冷却盘管由该盘管后的温度控制其冷水电动二通阀，新风侧加热盘管由该盘管后的温度控制其热水的电动二通阀，加湿器由加湿器后的湿度及典型房间内的相对湿度控制加湿器的供水电动二通阀。

13）地下一层多功能厅的定风量变新风比全热交换空调机组回风侧的加热盘管由盘管前的温度控制热水电动二通阀；送风侧冷却盘管由该盘管后的温度控制其冷水电动二通阀，送风侧加热盘管由该盘管后的温度控制其热水电动二通阀，加湿器由回风的湿度控制加湿器的供水电动二通阀。由室外焓值控制新风、排风及回风的电动风阀，尽量利用新风，以降低能源消耗。

14）采用架空地板送新风加辐射吊顶空调方式的房间，其辐射吊顶的供水为两管制，由室温传感器及平均辐射温度传感器控制集配器前的冷热水供回水电动二通阀的开关及开度。根据房间的大小分区设置集配器，以满足分区域室温控制的要求。在辐射板上设有防结露传感器，当测得有结露危险时，控制该房间的变风量末端加大新风量，如仍有结露危险，则关闭辐射板的冷水阀，停止供冷水。该类房间同时设置可开启窗的状态探测器，当探测到窗处于开启状态时，关闭辐射板的冷水阀。该类房间内设有红外线传感器，用于探测室内有人或无人，只有房间内有人时，辐射板才开始供冷或供热。

15）实验室当房间有人时，其变风量末端处于定风量送风状态。有通风柜的实验室当开启通风柜时，变风量末端同时加大新风量，以与通风柜的排风量相匹配。

16）空调机组的新风预热盘管上的电动阀由室外温度控制，当室外温度低于或等于0℃时，电动阀打开供热水，当室外温度高于0℃时，电动阀关闭。

17）所有设备均可以就地控制及在自控中心自动控制。

3. 相关图纸

该工程主要设备材料表如表1.4-2～表1.4-11所示，主要设计图如图1.4-1～图1.4-18所示。

电制冷冷水机组性能参数表 表 1.4.2

序号	设备编号	设备型式	单台制冷量	蒸发器				冷凝器				电源		使用冷媒	外形尺寸	质量	数量	备注
				进/出水温度	污垢系数	水侧工作压力	水流阻力	进/出水温度	污垢系数	水侧工作压力	水流阻力	容量	电压					
			(kW)	(℃)	(m^2·k/kW)	(MPa)	(kPa)	(℃)	(m^2·k/kW)	(MPa)	(kPa)	(kW)			(mm)	(kg)	(台)	
1	L-1 L-2	螺杆式冷水机组	400	12/5	0.086	0.8	<40	30/35	0.086	0.8	<60	80	380V/50Hz/3ϕ	R134a	3350×1450×1750	<5000	2	
2	L-3 L-4	螺杆式冷水机组	400	18/16	0.086	0.8	<40	30/35	0.086	0.8	<60	80	380V/50Hz/3ϕ	R134a	3350×1450×1750	<5000	2	

热水型吸收式冷水机组性能参数表 表 1.4-3

序号	设备编号	单台制冷量	蒸发器				冷凝器				电源		热水参数				外形尺寸	质量	数量	备注
			进/出水温度	污垢系数	水侧工作压力	水流阻力	进/出水温度	污垢系数	水侧工作压力	水流阻力	容量	电压	进水温度	出水温度	流量	水流阻力				
		(kW)	(℃)	(m^2·k/kW)	(MPa)	(kPa)	(℃)	(m^2·k/kW)	(MPa)	(kPa)	(kW)		(℃)	(℃)	(m^3/h)	(kPa)	(mm)	(kg)	(台)	
1	LC-1	291	12/5	0.086	0.8	<40	30/35	0.086	0.8	<80	2.2	380V/50Hz/3ϕ	120	110	33.54	20	3630×1100×2240	<5000	1	
2	LC-2	267.5	18/16	0.086	0.8	<40	30/35	0.086	0.8	<80	2.2	380V/50Hz/3ϕ	80	70	30.19	20	3350×1450×1750	<5000	1	

冷凝式模块燃气热水锅炉性能参数表 表 1.4-4

序号	设备编号	单台供热量	热水参数			燃料				电源		外形尺寸	排烟温度	排烟管直径	质量	数量	备注
			水侧工作压力	进/出水温度	水流阻力	种类	热值	流量	压力	容量	电压						
		(kW)	(MPa)	(℃)	(kPa)		(kJ/Nm^3)	(m^3/h)	(MPa)	(W)		(mm)	(℃)	(mm)	(kg)	(台)	
1	R-1~R-7	50	0.50	50~40	—	天燃气	35500	5.5	0.1	180	220V/50Hz/2ϕ	1010×600×525	—	80	—	7	热水进出水温为50~40℃时锅炉低热值效率不小于10.5%
2	R-8~R-14	50	0.50	35~30	—	天燃气	35500	5.5	0.1	180	220V/50Hz/2ϕ	1010×600×525	—	80	—	7	

板式换热器性能参数表 表 1.4-5

序号	设备编号	设备型式	换热量(kW)	一次水			二次水			外形尺寸(mm)	质量(kg)	数量(台)	备注
				进/出水温(℃)	水流阻力(kPa)	工作压力(MPa)	进/出水温(℃)	水流阻力(kPa)	工作压力(MPa)				
1	HR-1	板式换热器	390	120/110	≤30	0.8	40/50	≤30	0.8	—	—	1	
2	HR-2	板式换热器	200	80/70	≤30	0.8	40/50	≤30	0.8	—	—	1	
3	HR-3	板式换热器	351	80/70	≤30	0.8	30/35	≤30	0.8	—	—	1	
4	HR-4	板式换热器	60	80/70	≤30	0.8	75/65	≤30	0.8	—	—	1	

水泵性能参数表 表 1.4-6

序号	设备编号	设备名称	设备型式	流量(m^3/h)	扬程(m)	电源		转速(r/min)	吸入口压力(MPa)	最大工作压力(MPa)	设计点效率(%)	介质温度(℃)	质量(kg)	数量(台)	备注	
						容量(kW)	电压(V)									
01	B-1、B-2(5～12℃)	冷水泵	立式泵	36.1	8	3.0	380	1450	0.50	0.8	≥70	5～12	—	2	一用一备	定速
02	B-3、B-4、B-5(5～12℃)	冷水泵	立式泵	51.6	8	3.0	380	1450	0.50	0.8	≥70	5～12	—	3	两用一备	定速
03	B-6、B-7(5～12℃)	冷水泵	立式泵				380	1450	0.50	0.8	≥75	5～12	—	2	无备用	变速
04	B-1、B-2(16～18℃)	冷水泵	立式泵	120.8	8	11	380	1450	0.50	0.8	≥75	16～18	—	2	一用一备	定速
05	B-3、B-4、B-5(16～18℃)	冷水泵	立式泵	180.6	8	11	380	1450	0.50	0.8	≥75	16～18	—	3	两用一备	定速
06	B-6、B-7(16～18℃)	冷水泵	立式泵	90.8	10	4	380	1450	0.50	0.8	≥75	16～18	—	3	无备用	变速
07	B-8、B-9(16～18℃)	冷水泵	立式泵	90.8	10	4	380	1450	0.50	0.8	≥75	16～18	—	3	无备用	变速
08	b-1、b-2	冷却水泵	立式泵	110	20	15	380	1450	0.40	0.8	≥75	30～35	—	2	一用一备	定速
09	b-3，b-4	冷却水泵	立式泵	106	20	15	380	1450	0.40	0.8	≥75	30～35	—	2	一用一备	定速
10	b-5、b-6、b-7	冷却水泵	立式泵	86.7	20	11	380	1450	0.40	0.8	≥75	30～35	—	3	两用一备	定速
11	b-8、b-9、b-10	冷却水泵	立式泵	86.7	20	11	380	1450	0.40	0.8	≥75	30～35	—	2	一用一备	定速
12	BR-1、BR-2、BR-3(120～110℃)	热水泵	立式泵	11.7	8	0.75	380	1450	0.40	0.8	—	120～110	—	3	无备用	变速
13	BR-4、BR-5(120～110℃)	热水泵	立式泵	2.7	8	0.37	380	1450	0.40	0.8	—	120～110	—	3	一用一备	变速
14	BR-6、BR-7(120～110℃)	热水泵	立式泵	35.2	8	2.2	380	1450	0.40	0.8	≥70	120～110	—	2	一用一备	变速

续表

序号	设备编号	设备名称	设备型式	流量(m^3/h)	扬程(m)	电源		转速(r/min)	吸入口压力(MPa)	最大工作压力(MPa)	设计点效率(%)	介质温度(℃)	质量(kg)	数量(台)	备注	
						容量(kW)	电压(V)									
15	BR-8、BR-9(120～110℃)	热水泵	立式泵	33.6	8	2.2	380	1450	0.40	0.8	≥70	120～110	—	2	一用一备	变速
16	BR-1、BR-2、BR-3(80～70℃)	热水泵	立式泵	10.6	8	1.5	380	1450	0.20	0.8	—	80～70	—	3	无备用	定速
17	BR-4、BR-5(80～70℃)	热水泵	立式泵	5.4	8	1.5	380	1450	0.20	0.8	—	80～70	—	2	一用一备	变速
18	BR-6、BR-7(80～70℃)	热水泵	立式泵	31.7	8	2.2	380	1450	0.20	0.8	≥70	80～70	—	2	一用一备	变速
19	BR-8、BR-9(80～70℃)	热水泵	立式泵	18.6	8	1.1	380	1450	0.20	0.8	—	80～70	—	2	一用一备	变速
20	BR-10、BR-11(80～70℃)	热水泵	立式泵	31.7	8	3.0	380	1450	0.20	0.8	≥70	80～70	—	2	一用一备	变速
21	BR-1、BR-2(75～65℃)	热水泵	立式泵	5.4	3	0.37	380	1450	0.50	0.8	—	75～65	—	2	一用一备	变速
22	BR-1、BR-2(50～40℃)	热水泵	立式泵	35.2	8	2.2	380	1450	0.50	0.8	≥70	50～40	—	2	一用一备	定速
23	BR-3、BR-4(50～40℃)	热水泵	立式泵	18.1	8	1.5	380	1450	0.50	0.8	≥70	50～40	—	2	一用一备	定速
24	BR-5、BR-6(50～40℃)	热水泵	立式泵		15		380	1450	0.50	0.8	—	50～40	—	2	无备用	定速
25	BR-1、BR-2(35～30℃)	热水泵	立式泵	31.7	15	4.0	380	1450	0.50	0.8	≥70	35～30	—	2	一用一备	定速
26	BR-3、BR-4(35～30℃)	热水泵	立式泵	16.7	10	2.2	380	1450	0.50	0.8	≥70	35～30	—	2	无备用	变速
27	BR-5、BR-6(35～30℃)	热水泵	立式泵	16.7	10	2.2	380	1450	0.50	0.8	≥70	35～30	—	2	无备用	变速

全程水处理设备性能参数表 **表 1.4-7**

序号	设备编号	输水管径D(mm)	处理水量(m^3/h)	工作压力(MPa)	工作温度(℃)	电源		功能要求	外形尺寸直径×高(mm)	数量(套)	备注
						容量(kW)	电压				
1	ZS-1	300	440～640	0.8	30	0.6	220	防腐、防垢、杀菌、灭藻、超净过滤	1800×800	1	冷却水系统用

组合式空调机组性能参数表 表 1.4-8

设备编号	设备型式	送风侧																						
		送风机			冷盘管夏季工况								热盘管冬季工况								加湿器			备注
		风量 (m³/h)	机外余压 (Pa)	电机容量 (kW)	冷量 (kW)	冷水进/出口水温 (℃)	空气温度(℃) 进口 干球	空气温度(℃) 进口 湿球	空气温度(℃) 出口 干球	空气温度(℃) 出口 湿球	水阻力 (kPa)	工作压力 (MPa)	热量 (kW)	热水进/出口水温 (℃)	空气温度(℃) 进口 干球	空气温度(℃) 进口 湿球	空气温度(℃) 出口 干球	空气温度(℃) 出口 湿球	水阻力 (kPa)	工作压力 (MPa)	型式	有效加湿量 (kg/h)	加湿介质压力 (MPa)	
K-B101	卧式空调机	13000	300	7.5	76.5	5/12	27.5	21.3	14.5	13.6	≤50	1.6	45.5	50/40	16.4	11.2	26.5	15.2	≤50	1.6	高压喷雾	20	0.2	

设备编号	设备型式	送风侧																		
		预热盘管冬季供热工况									水管接管方向	外形尺寸 (mm)	噪声 dB(A)		功能段要求	设计新风量/新风比 (m³/h)/X	机组质量 (kg)	安装位置	服务范围	备注
		新风量 (m³/h)	热量 (kW)	冷水进/出口水量 (℃)	空气温度(℃) 进口 干球	空气温度(℃) 进口 湿球	空气温度(℃) 出口 干球	空气温度(℃) 出口 湿球	水阻力 (kPa)	工作压力 (MPa)			机外噪声	出风口噪声						
K-B101	卧式空调机	4900	13	50/40	−12	—	−5	—	≤50	1.6	左向	7200×1768×1084		≤80	进风、板式初效过滤、袋中效过滤、检查、全热交换、冷透管、热盘管、加湿、风机	4900/38%	—	地下一层	地下一层多功厅	

设备编号	设备型式	回风侧											
		回风机					排风量 (m³/h)	功能段要求	外形尺寸 (mm)	机组质量 (kg)	安装位置	服务范围	备注
		风量 (m³/h)	机外余压 (Pa)	电机容量 (kW)	噪声 dB(A) 机外噪声	噪声 dB(A) 出风口噪声							
K-B101	卧式空调机	11500	300	3.0		≤80	4000	进风、袋中效效过滤、风机、混合、全热交换、消声	4700×1768×1084	—	地下一层	地下一层多功厅	全热交换器的全热效率、显热效率及潜热效率均为 70%

组合式新风空调机组性能参数表

表 1.4-9

设备编号	设备型式	新风侧																					
		新风机			冷盘管夏季工况								热盘管冬季工况								加湿器		
		风量(m³/h)	机外余压(Pa)	电机容量(kW)	冷量(kW)	热水进/出口水温(℃)	空气温度(℃)				水阻力(kPa)	工作压力(MPa)	热量(kW)	冷水进/出口水温(℃)	空气温度(℃)				水阻力(kPa)	工作压力(MPa)	型式	有效加湿量(kg/h)	加湿介质压力(MPa)
							进口		出口						进口		出口						
							干球	湿球	干球	湿球					干球	湿球	干球	湿球					
X-WD01	卧式空调机	17450	400	11	260.5	5/12	30	23.3	9	8	≤50	1.6	117	50/40	6.7	3.0	26.6	13.3	≤50	1.6	湿膜及高压喷雾	65	0.2

设备编号	设备型式	新风侧																	
		预热盘管冬季供热工况									水管接管方向	外形尺寸(mm)	噪声 dB(A)		功能段要求	机组质量(kg)	安装位置	服务范围	备注
		新风量(m³/h)	热量(kW)	热水进/出口水量(℃)	空气温度(℃)				水阻力(kPa)	工作压力(MPa)			机外噪声	出风口噪声					
					进口		出口												
					干球	湿球	干球	湿球											
X-WD01	卧式空调机	17450	46.5	50/40	−12	—	−5	—	≤50	1.6	左向	8500×2550×1476		≤80	进风、板式初效过滤、袋中效效过滤、预热盘管、全热交换、冷盘管、热盘管、加湿、风机	—	屋面	地下一层～十层新风	

设备编号	设备型式	排风侧										
		排风机					功能段要求	外形尺寸(mm)	机组质量(kg)	安装位置	服务范围	备　注
		风量(m³/h)	机外余压(Pa)	电机容量(kW)	噪声 dB(A)							
					机外噪声	出风口噪声						
X-WD01	卧式空调机	10800	350	3.0		≤80	进风、袋中效效过滤、风机、全热交换、消声	7000×2550×1476	—	屋面	地下一层～十层排风	全热交换器的全热效率、显热效率及潜热效率均为70%

组合式新风空调机组性能参数表

表 1.4-10

设备编号	设备型式	新风侧																					
		新风机			冷盘管夏季工况								热盘管冬季工况								加湿器		
		风量(m^3/h)	机外余压(Pa)	电机容量(kW)	冷量(kW)	冷水进/出口水温(℃)	空气温度(℃) 进口		空气温度(℃) 出口		水阻力(kPa)	工作压力(MPa)	热量(kW)	热水进/出口水温(℃)	空气温度(℃) 进口		空气温度(℃) 出口		水阻力(kPa)	工作压力(MPa)	型式	有效加湿量(kg/h)	加湿介质压力(MPa)
							干球	湿球	干球	湿球					干球	湿球	干球	湿球					
X-WD02	卧式空调机	23050	400	15	344	5/12	30	23.3	9	8	≤50	1.6	155	50/40	6.7	3.0	26.6	13.3	≤50	1.6	湿膜及高压喷雾	86	0.2

设备编号	设备型式	新风侧																	
		预热盘管冬季供热工况									水管接管方向	外形尺寸(mm)	噪声 dB(A)		功能段要求	机组质量(kg)	安装位置	服务范围	备注
		新风量(m^3/h)	热量(kW)	热水进/出口水温(℃)	空气温度(℃) 进口		空气温度(℃) 出口		水阻力(kPa)	工作压力(MPa)			机外噪声	出风口噪声					
					干球	湿球	干球	湿球											
X-WD02	卧式空调机	23050	61.5	50/40	−12	—	−5	—	≤50	1.6	右向	8500×2550×1476		≤80	进风、板式初效过滤、袋中效效过滤、预热盘管、全热交换、冷盘管、热盘管、加湿、风机	—	屋面	地下一层～十层新风	

设备编号	设备型式	排风侧										
		排风机					功能段要求	外形尺寸(mm)	机组质量(kg)	安装位置	服务范围	备注
		风量(m^3/h)	机外余压(Pa)	电机容量(kW)	噪声 dB(A) 机外噪声	噪声 dB(A) 出风口噪声						
X-WD02	卧式空调机	14300	350	3.0		≤80	进风、袋中效效过滤、风机、全热交换、消声	7000×2550×1476	—	屋面	地下一层～十层排风	全热交换器的全热效率、显热效率及潜热效率均为70%

定压补水装置性能参数表

表 1.4-11

序号	设备编号	设备型式	高限压力(MPa)	低限压力(MPa)	补水泵				外形尺寸(mm)	质量	数量	备注
					流量(m^3/h)	扬程(m)	电容量(kW)	电压		(kg)	(套)	
1	GD-1	全自动定压补水机组	0.55	0.50	2.0	60	2.2	380	900×800×1900(H)	—	1	
2	GD-2	全自动定压补水机组	0.55	0.50	2.0	60	2.2	380	900×800×1900(H)	—	1	
3	GD-3	全自动定压补水机组	0.45	0.40	2.0	50	2.2	380	900×800×1900(H)	—	1	
4	GD-4	全自动定压补水机组	0.25	0.20	2.0	30	1.1	380	900×800×1900(H)	—	1	
5	GD-5	全自动定压补水机组	0.55	0.50	2.0	60	2.2	380	900×800×1900(H)	—	1	
6	GD-6	全自动定压补水机组	0.55	0.50	2.0	60	2.2	380	900×800×1900(H)	—	1	
7	GD-7	全自动定压补水机组	0.55	0.50	2.0	60	2.2	380	900×800×1900(H)	—	1	

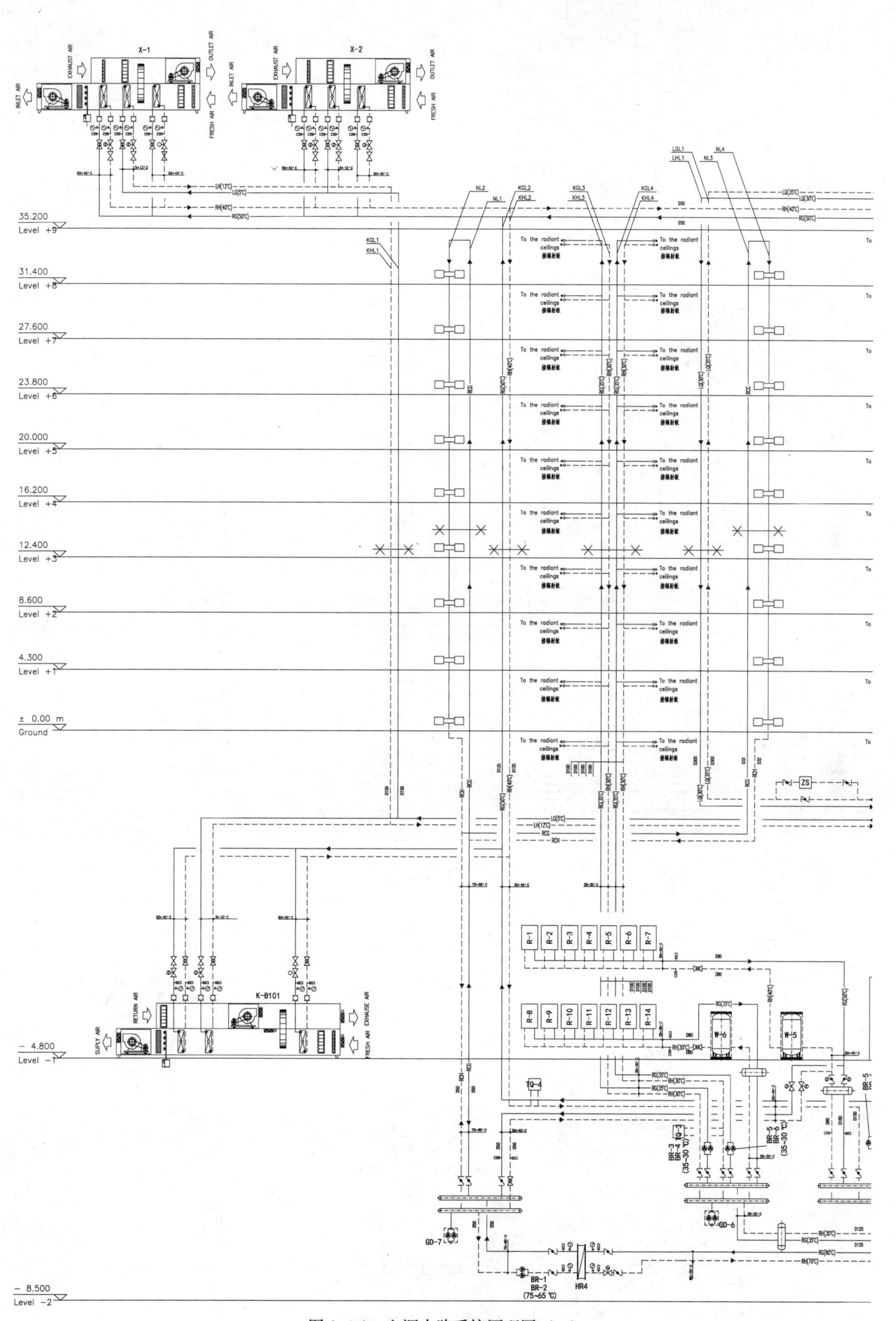

图 1.4-1　空调水路系统原理图（一）

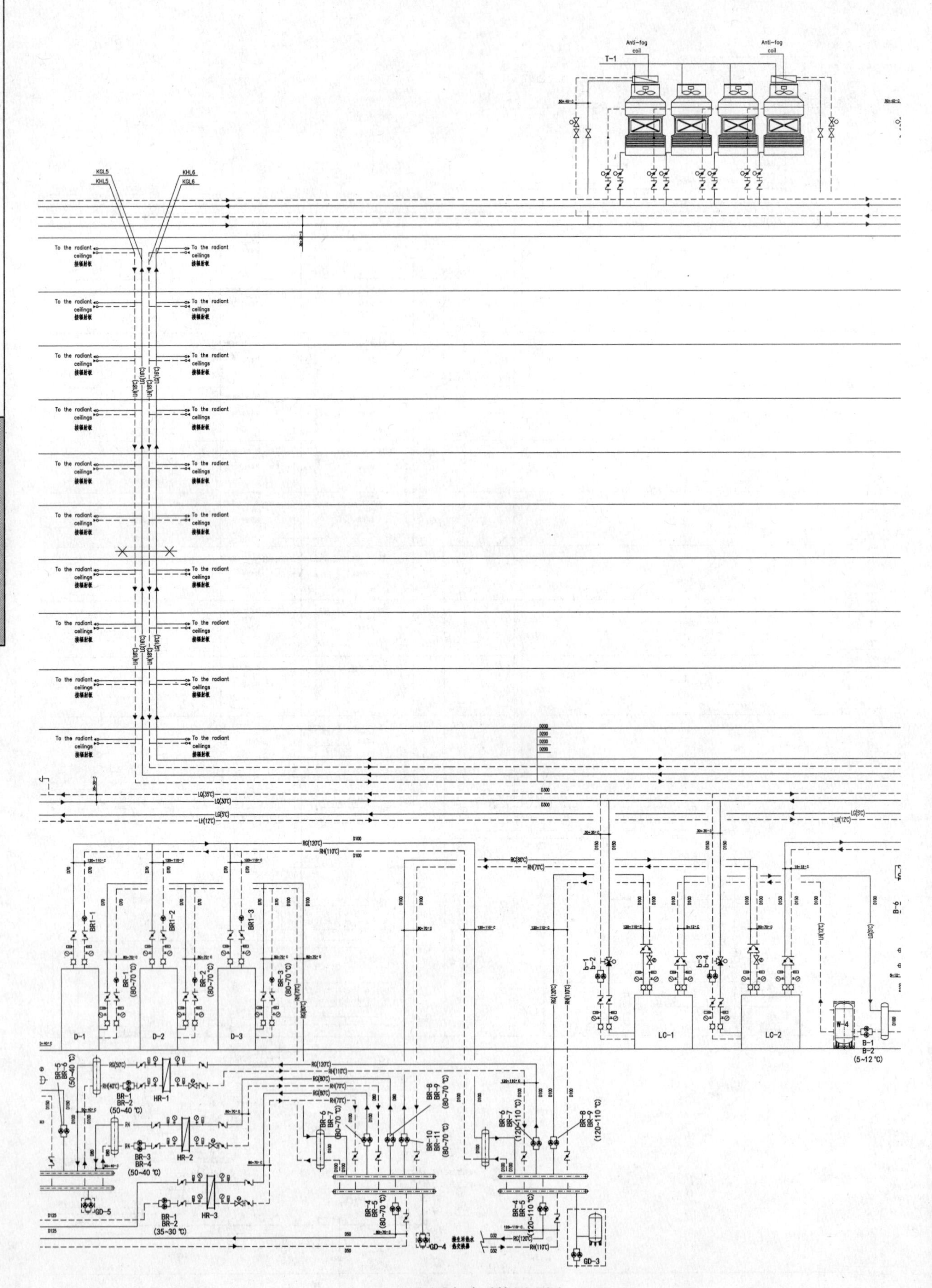

图 1.4-2 空调水路系统原理图（二）

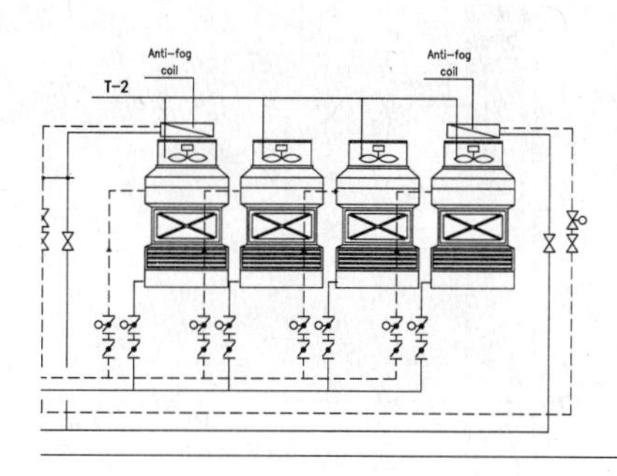

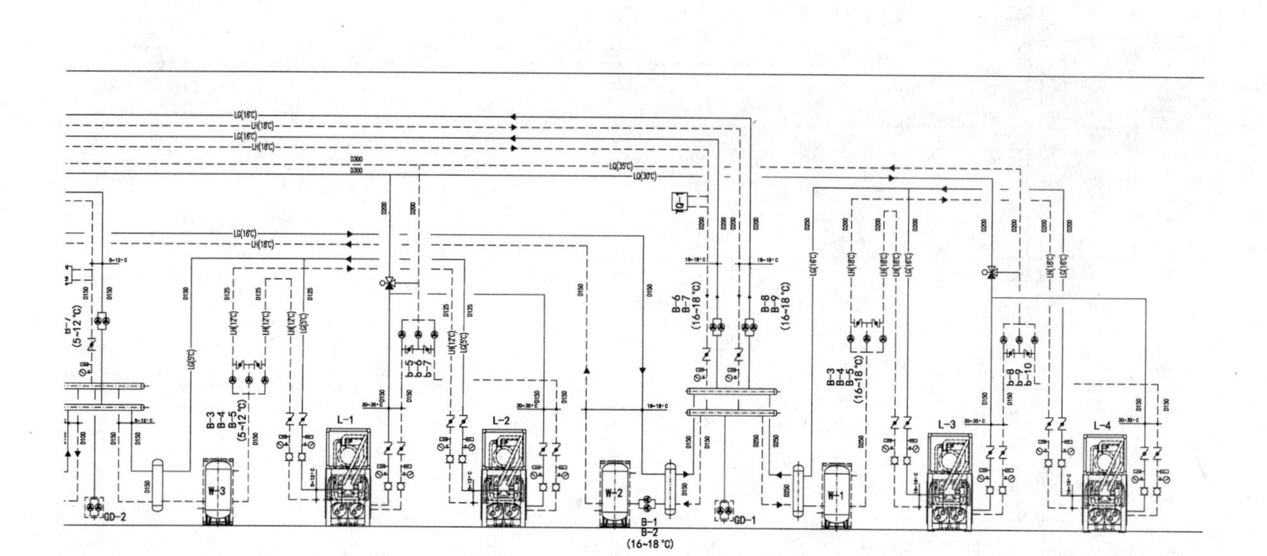

图 1.4-3　空调水路系统原理图（三）

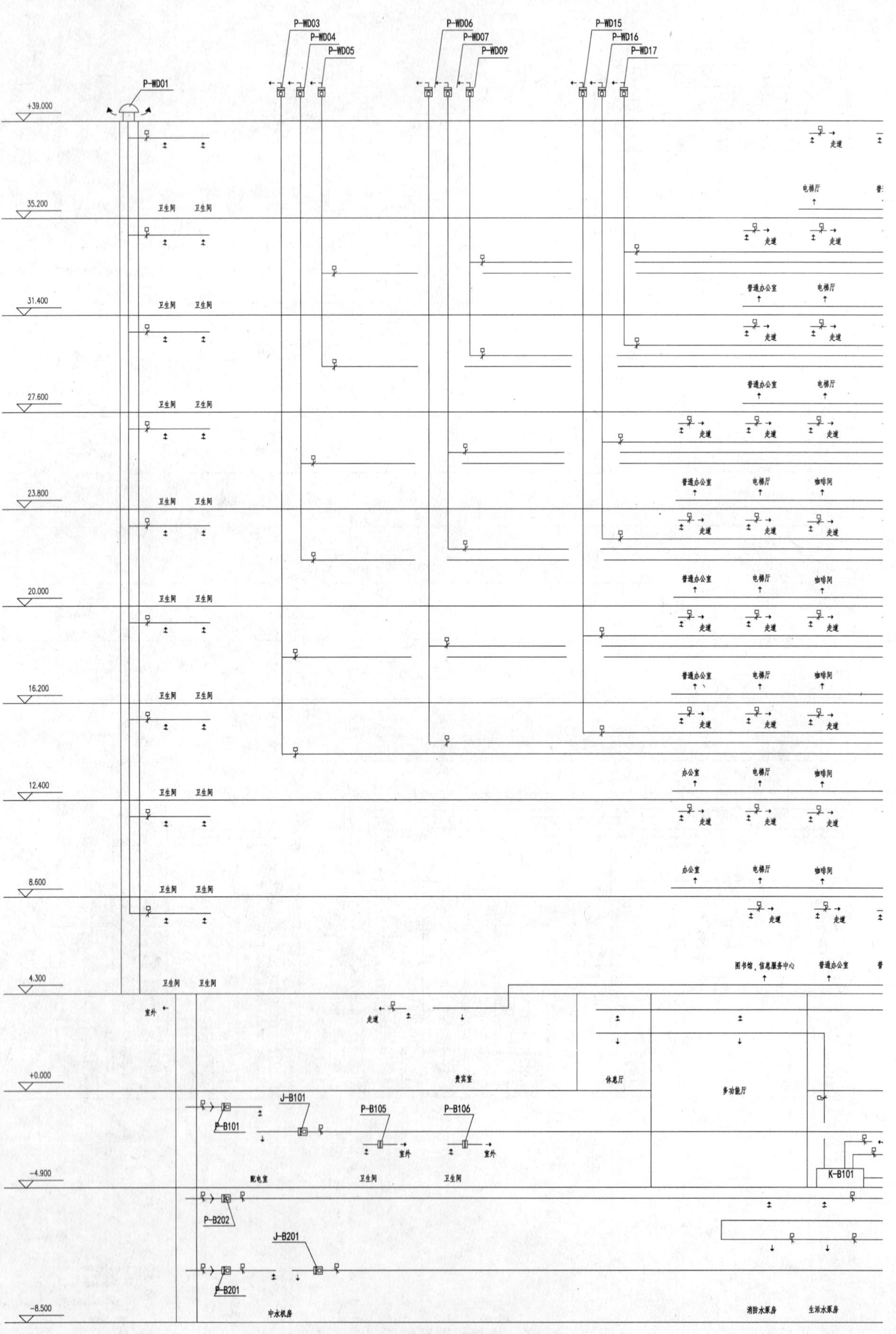

图 1.4-4 空调通风系统原理图（一）

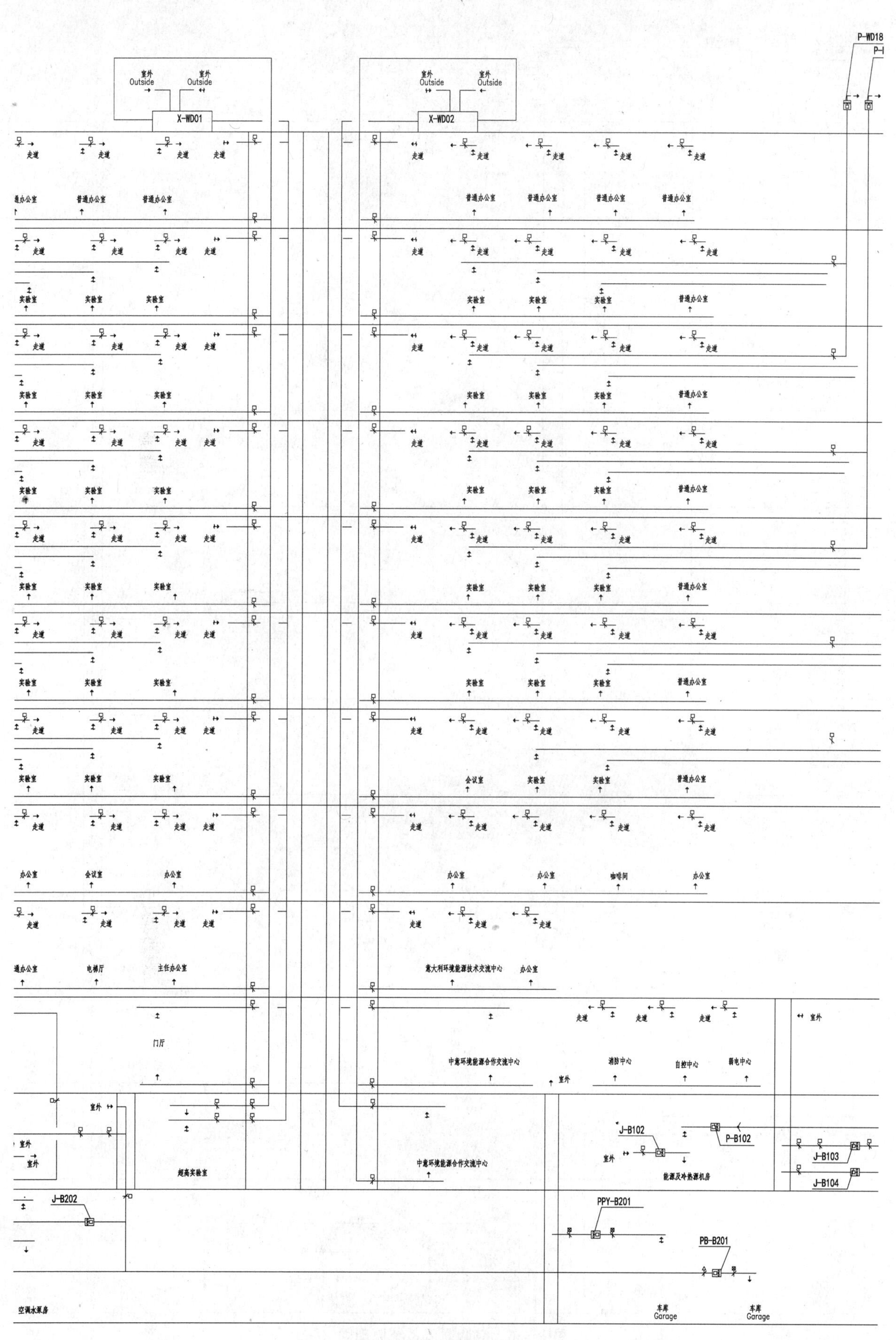

图 1.4-5　空调通风系统原理图（二）

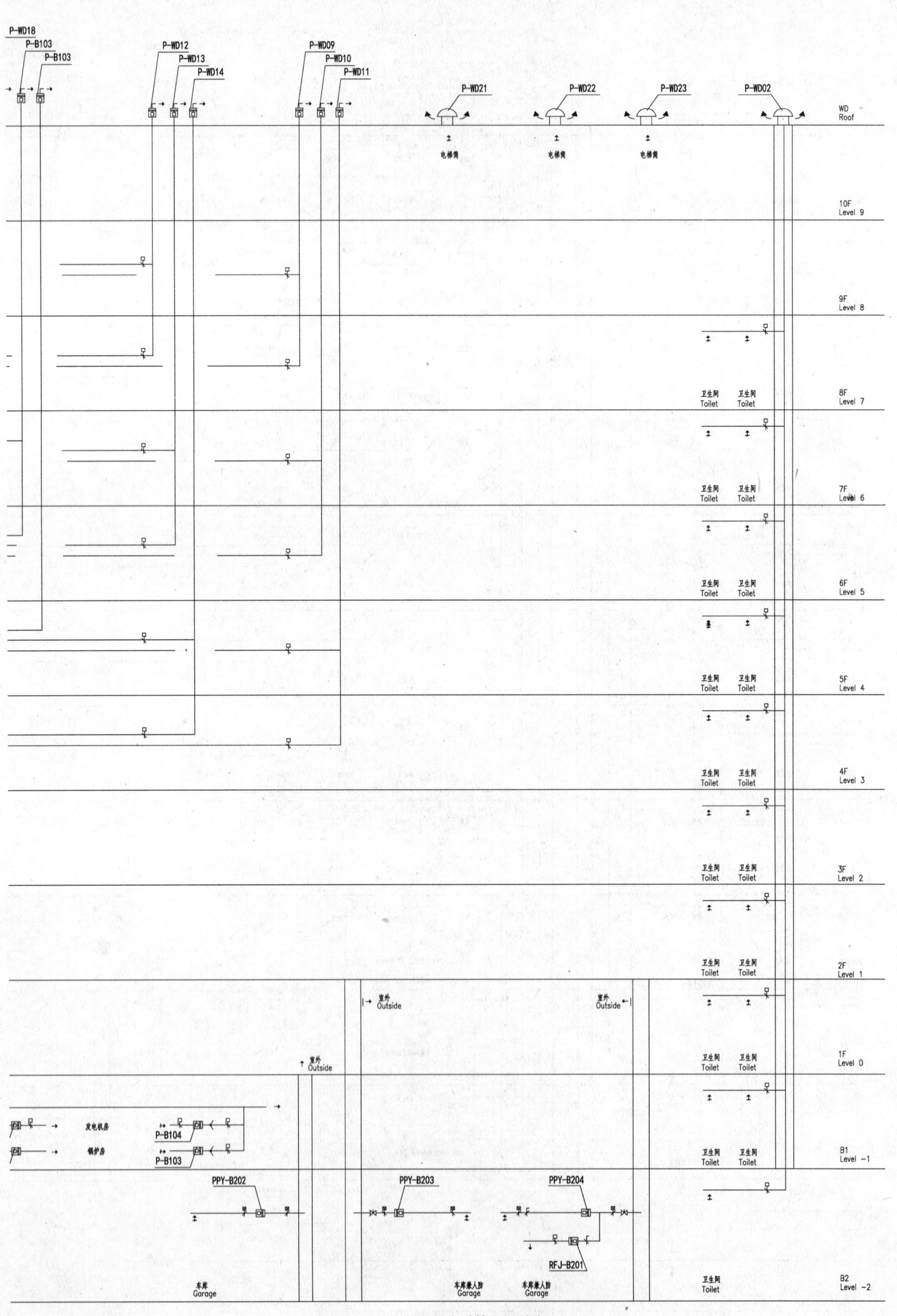

图 1.4-6　空调通风系统原理图（三）

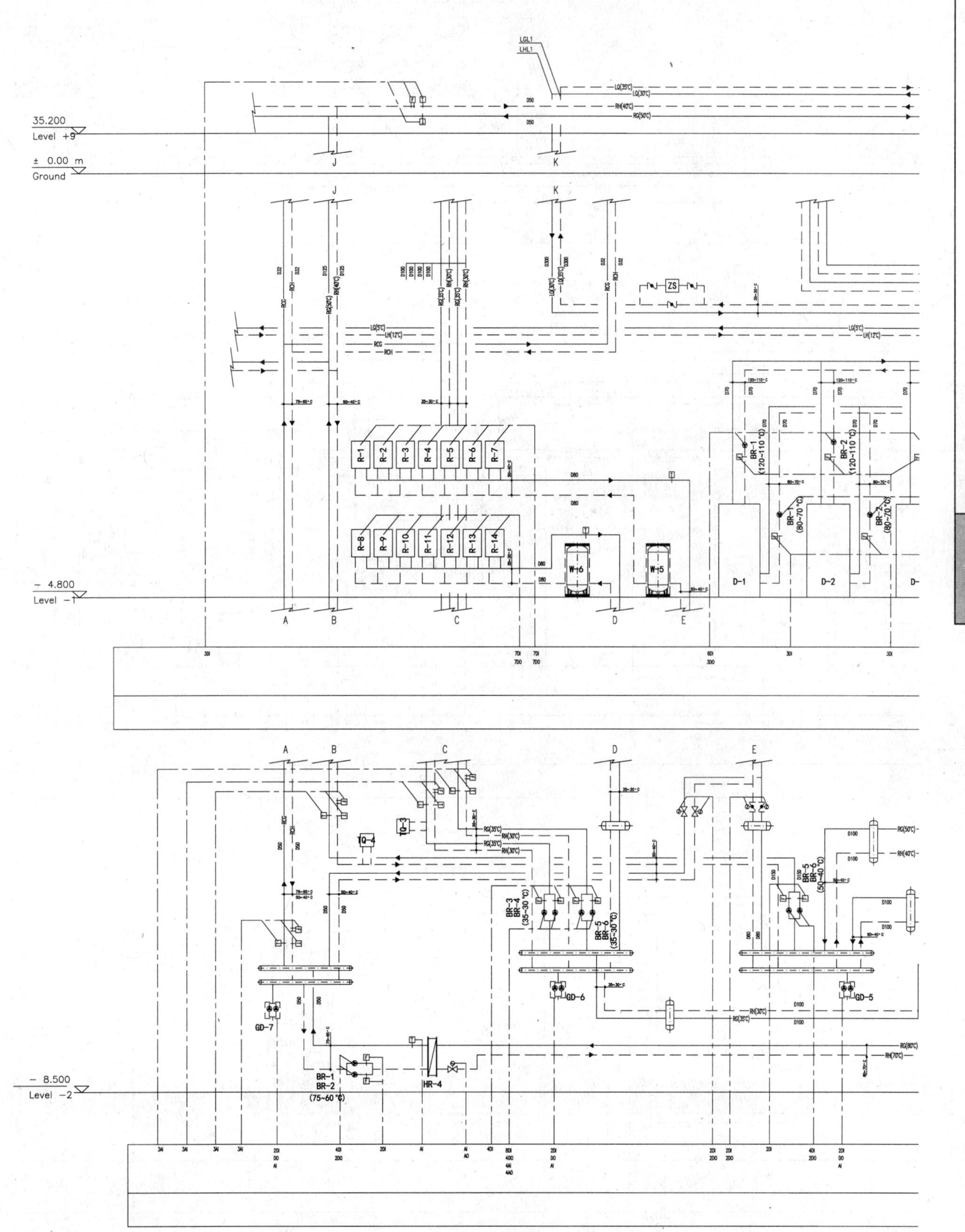

图 1.4-7　冷热源自控原理图（一）

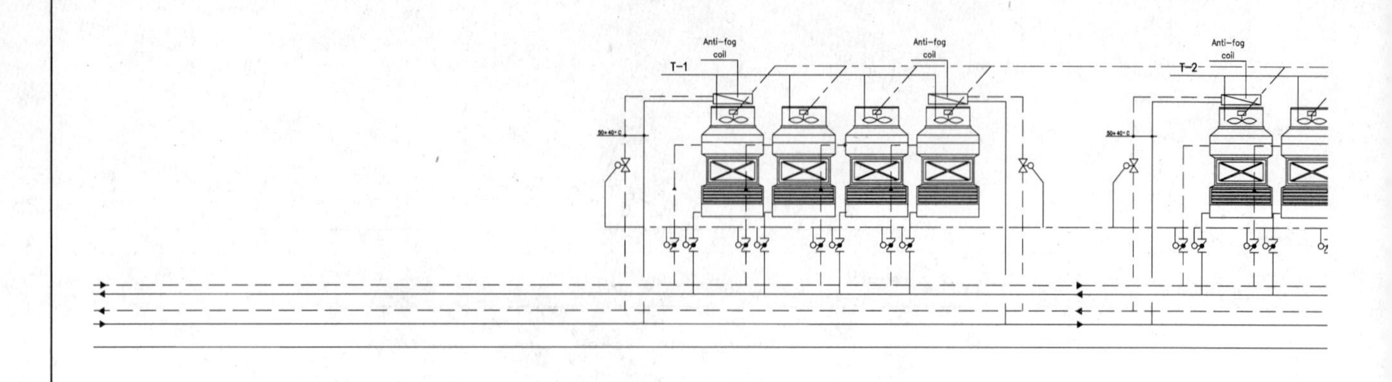

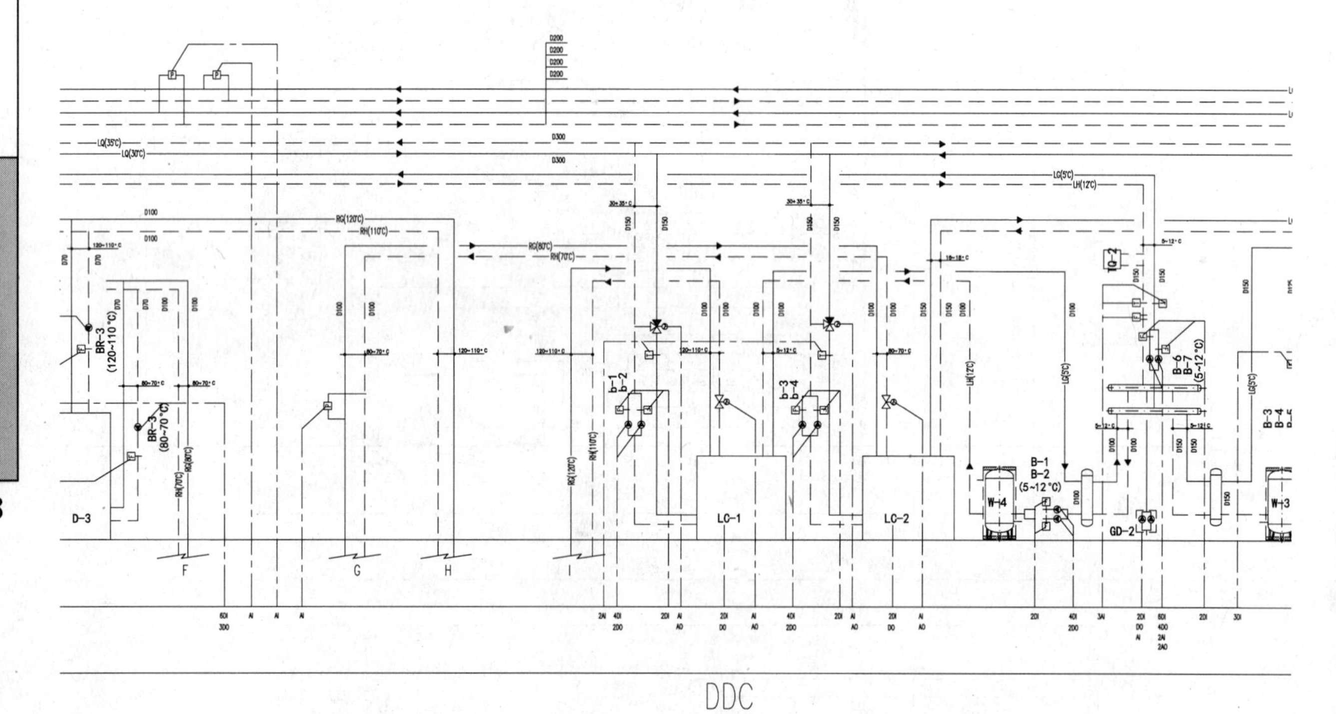

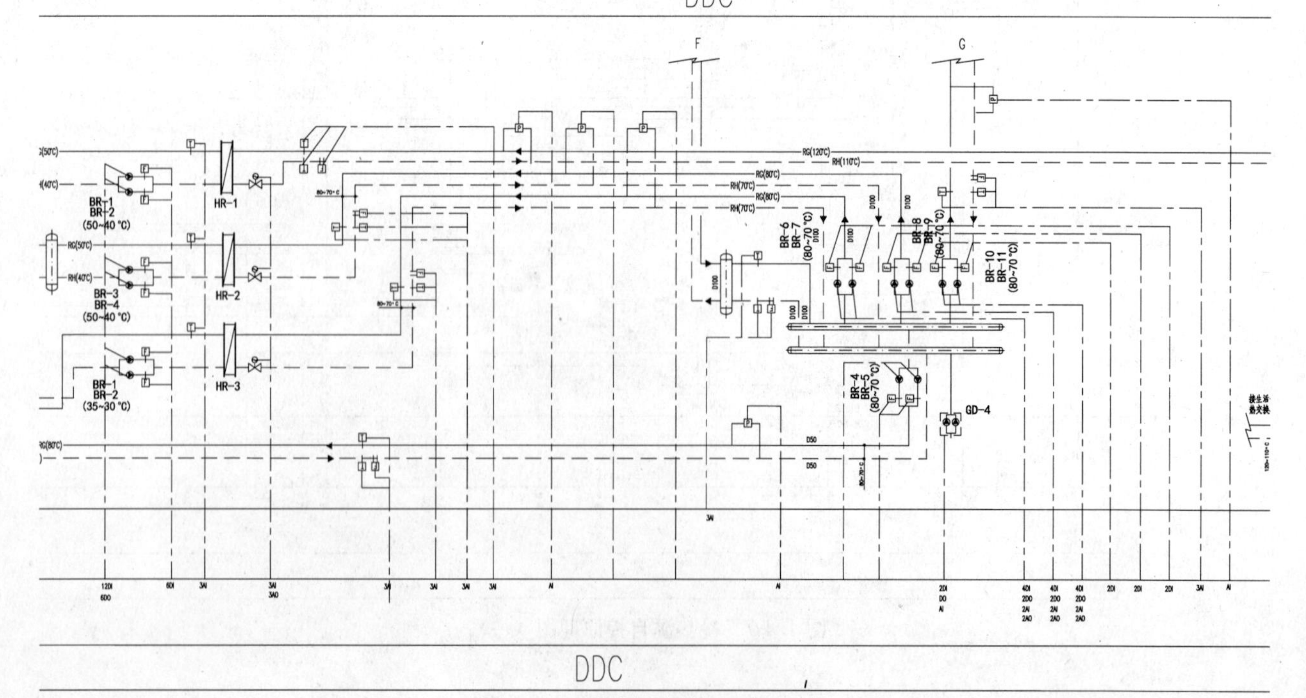

图 1.4-8　冷热源自控原理图（二）

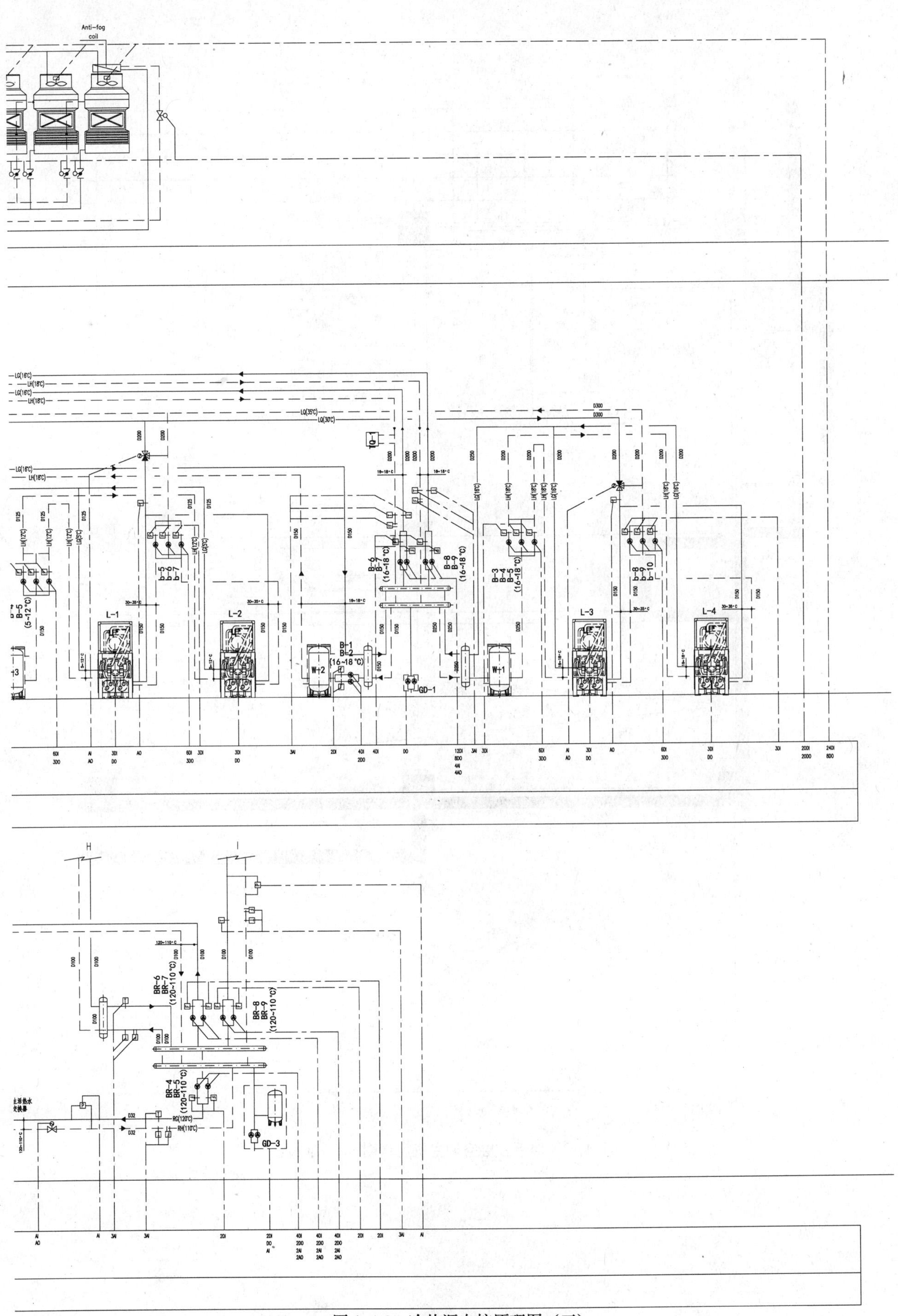

图 1.4-9　冷热源自控原理图（三）

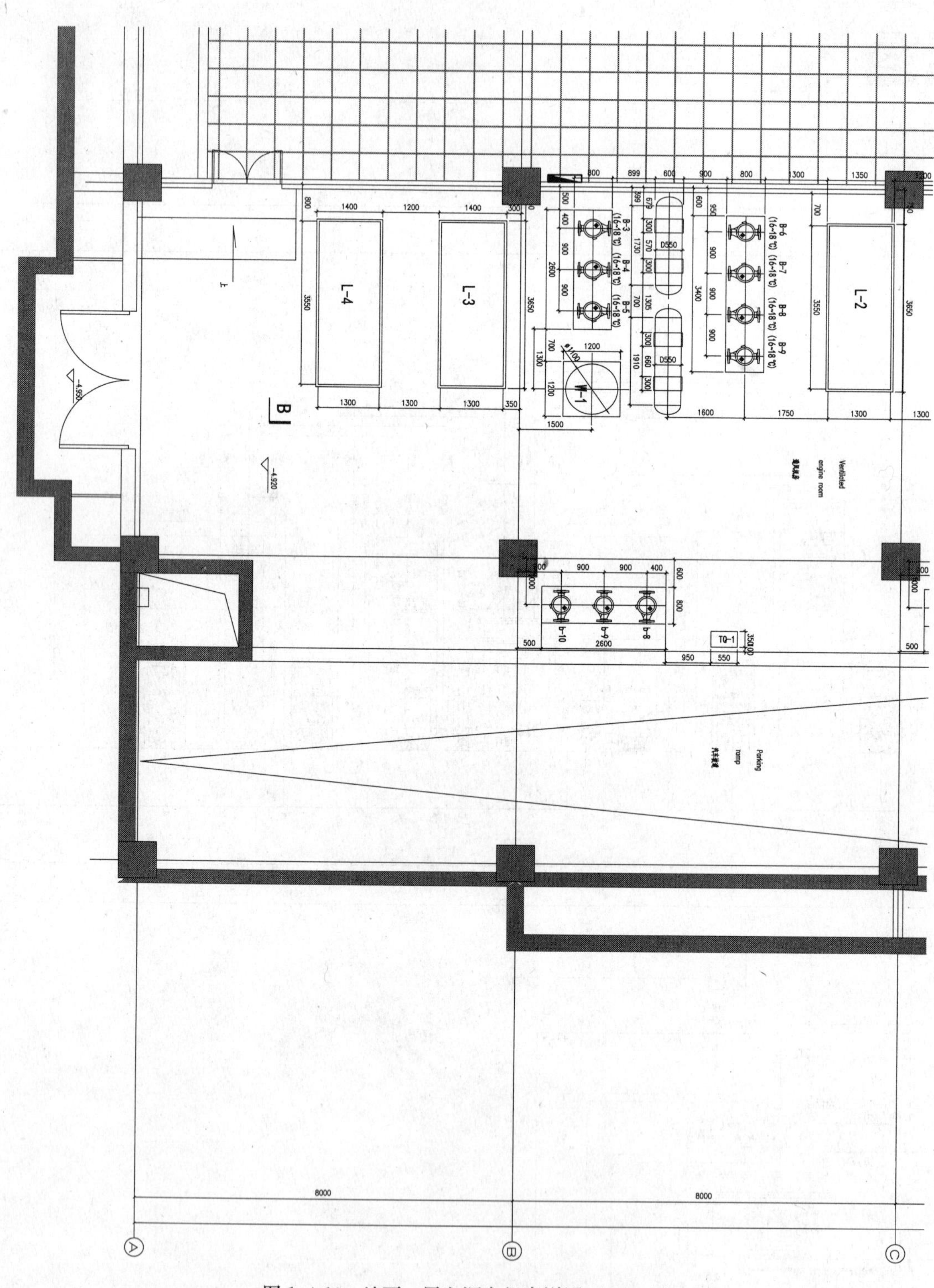

图 1.4-10 地下一层空调主机房详图（一）(1)

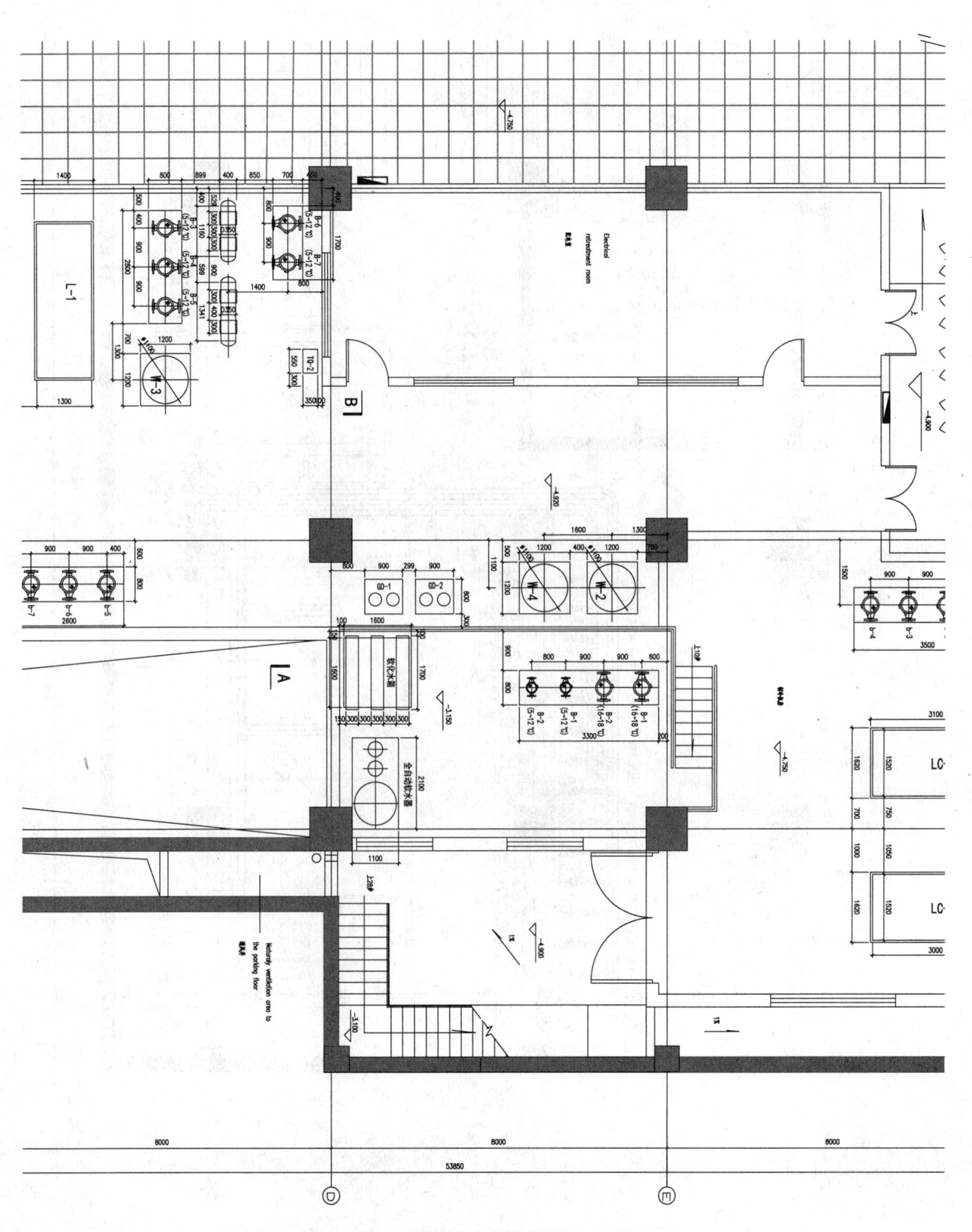

图 1.4-11　地下一层空调主机房详图（一）（2）

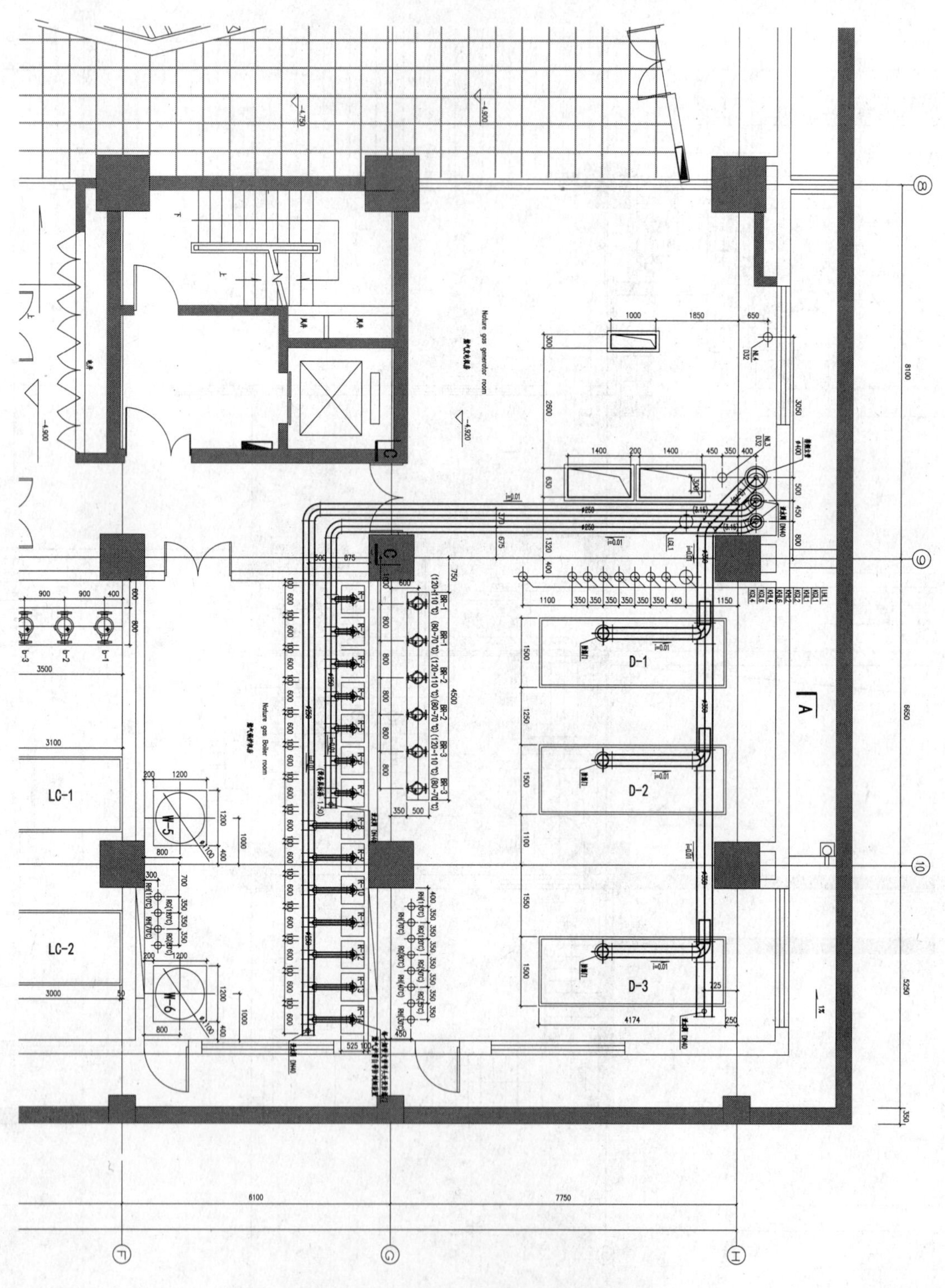

图 1.4-12　地下一层空调主机房详图（一）

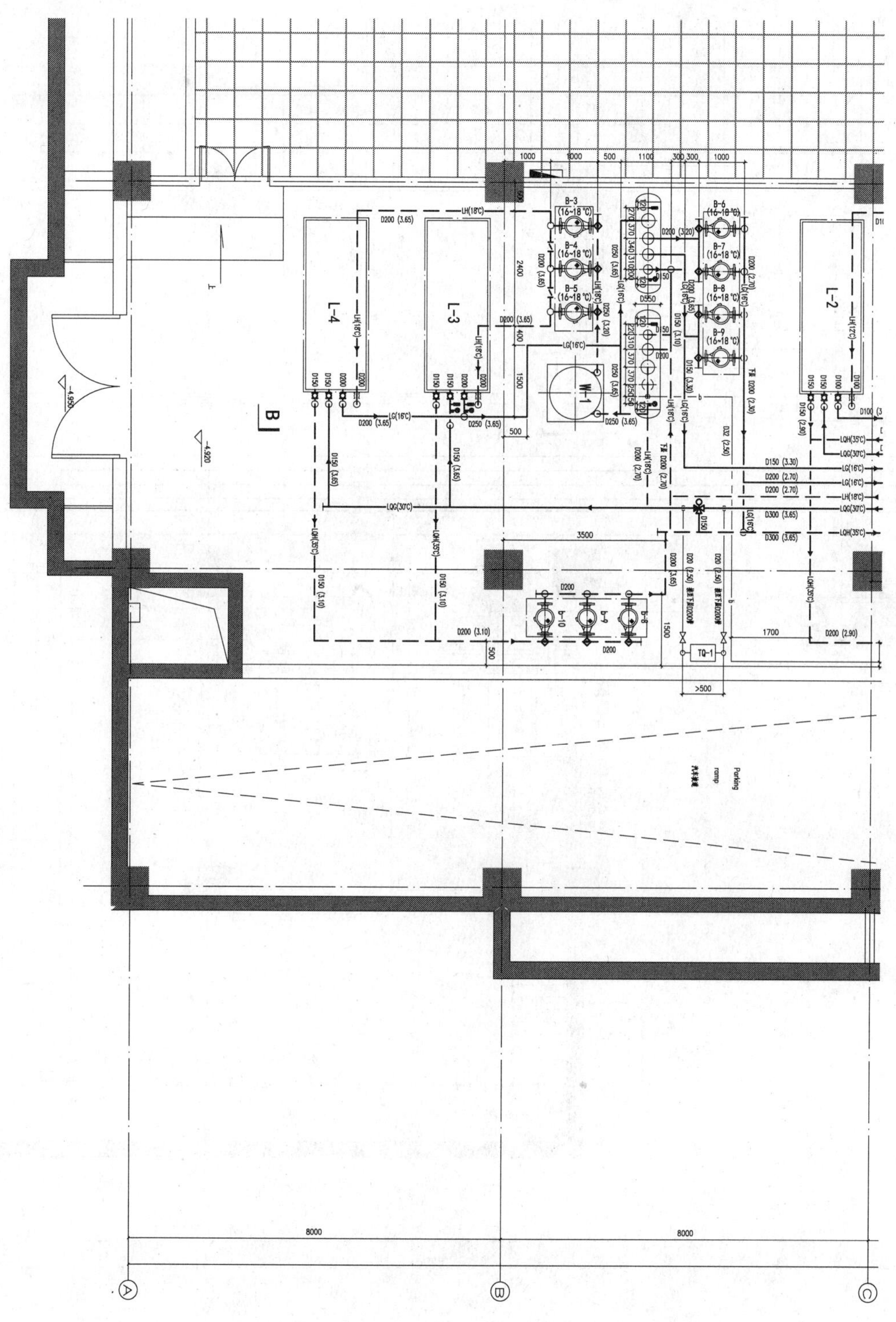

图 1.4-13　地下一层空调主机房详图（二）(1)

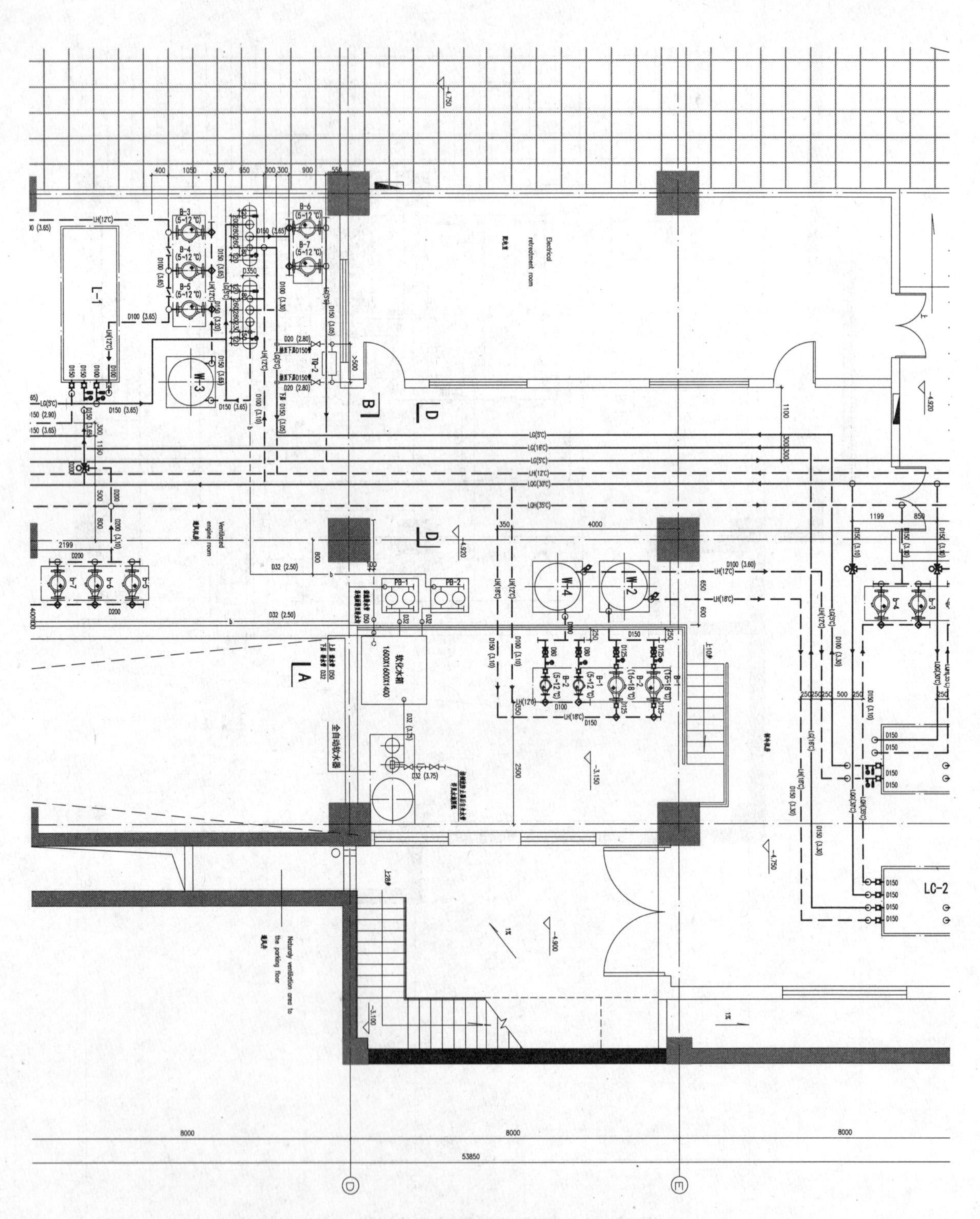

图 1.4-14　地下一层空调主机房详图（二）(2)

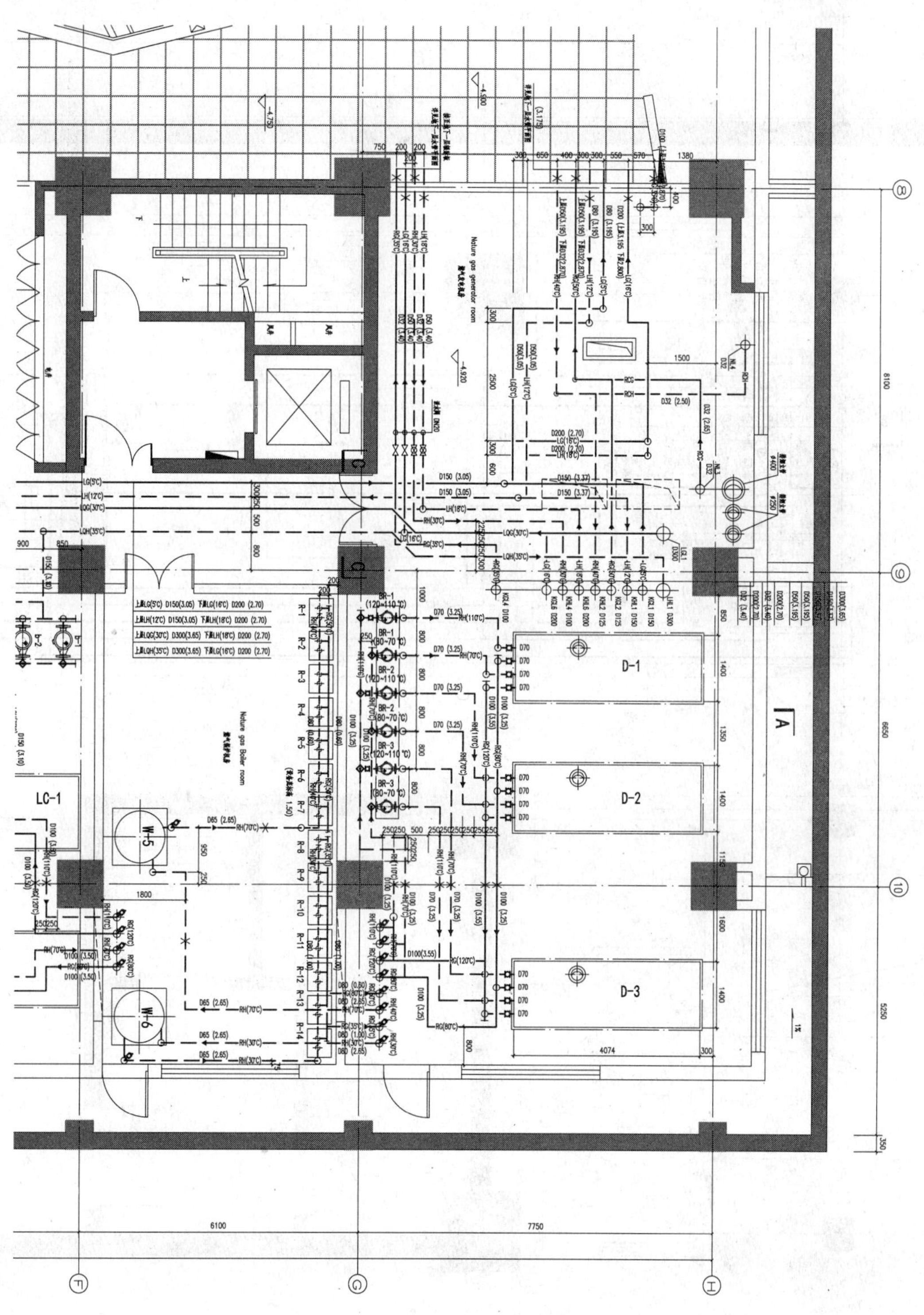

图 1.4-15 地下一层空调主机房详图（二）(3)

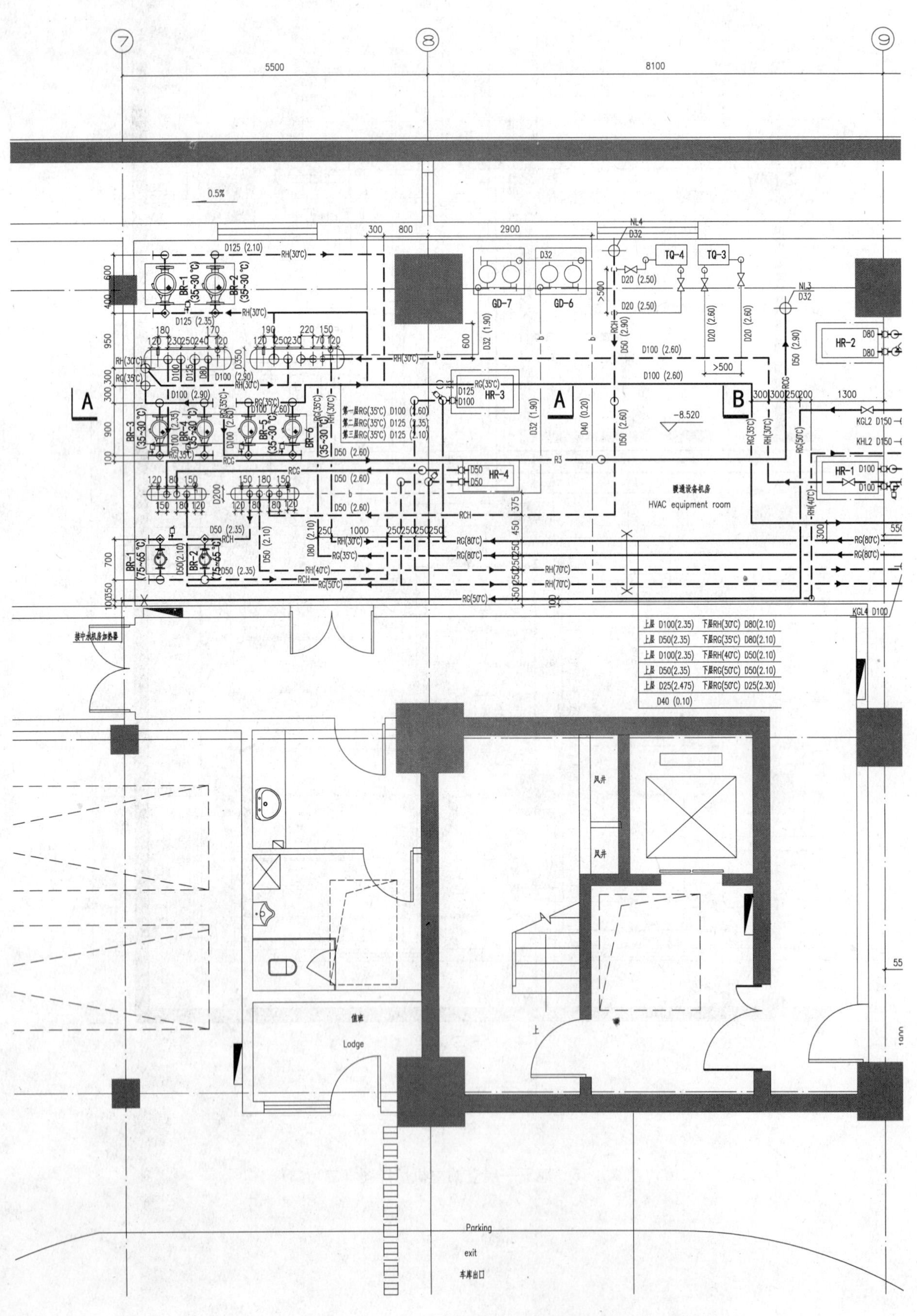

图 1.4-16　地下二层空调主机房详图（1）

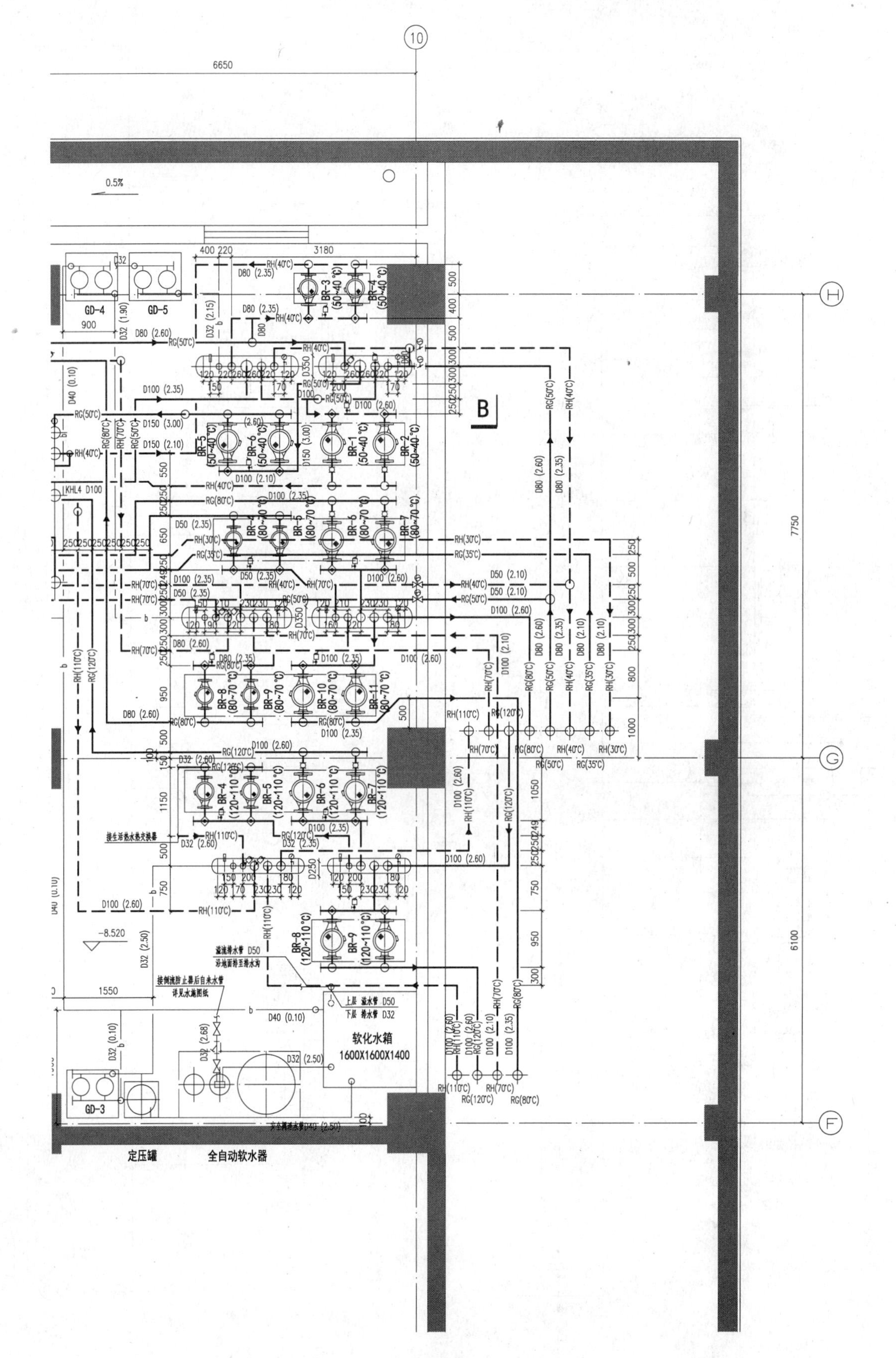

图 1.4-17　地下二层空调主机房详图（2）

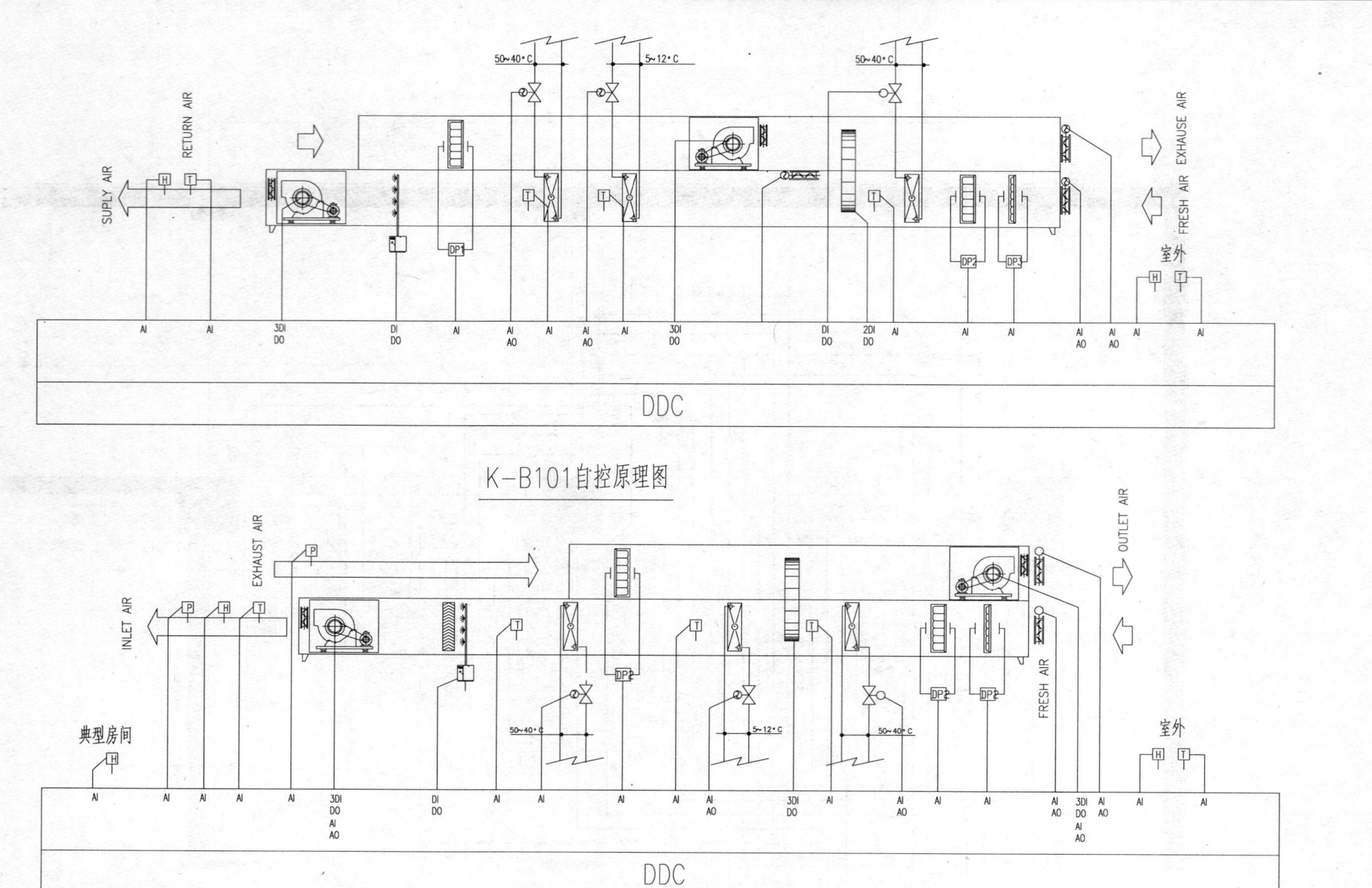
SUPLY AIR
RETURN AIR
EXHAUSE AIR
FRESH AIR
室外
50~40°C
5~12°C
DP1
DP2
DP3
DDC
K-B101自控原理图
INLET AIR
EXHAUST AIR
OUTLET AIR
FRESH AIR
典型房间
室外
DDC
X-WD01,X-WD02自控原理图

图 1.4-18　自控原理图

1.5 区域供冷

工程案例：广州大学城区域供冷①

1. 绿色理念及工程特点

区域供冷是利用集中设置的大型冷冻站向一定范围内的需冷单体建筑提供冷媒的供冷方式。它像自来水、电力一样是一项公用事业，是城市的基础设施之一。由于其在节能、环保及运行管理方面的优势，使其在欧、美、日等国家和地区得到了广泛的应用。

区域供冷系统的特点是：

(1) 区域供冷系统是现代城市基础设施之一，是城市发展和改造的规划设计内容之一；

(2) 冷水是一种商品，像自来水、电力、天然气等一样；

(3) 区域供冷有较强的系统扩展性；

(4) 区域供冷实现了冷水商品生产的专业化、规模化、产业化和市场化。

区域供冷系统有以下优势：

(1) 减少建设的初投资；

(2) 提高能源利用率；

(3) 美化城市环境；

(4) 减少空调系统日常经营费用；

(5) 提高空调系统的安全性和有效性；

(6) 提高生活质量；

(7) 提供专业化、市场化的服务。

2. 项目概况

广州大学城位于广州市小谷围岛，共建设十所高校及配套的公共服务设施、居住区等，面积约共18km^2。广州大学城是一座新型的生态城市。其最重要因素之一就是环保、节能、可持续发展，这些因素正是区域供冷最突出的特点。

广州大学城区域供冷系统规划总装机冷量近11.28万Rt（39.7万kW），规划建设四个区域供冷站。其中在小谷围岛建设采用冰蓄冷技术的三个供冷站，在珠江南岸与分布式能源站结合建设利用余热吸收机的冷站一个（该冷东站尚未建成）。目前已向广州大学城高校及配套公共建筑超过300座建筑提供区域供冷服务，建筑面积约300万m^2，冷冻水二次管网总长度约120km，工程总投资约十亿元，预计年售冷量为40000～50000万kWh，服务人数20～30万人。项目建成时是世界上规模最大的区域供冷项目之一。各区域冷冻站基本情况如表1.5-1所示。

项目从2003年3月开始进行前期研究，至2004年9月1日试运行，规划、研究、设计、施工，共用18个月。

(1) 负荷特性

对于人员密集场所的空调负荷，人员热湿负荷以及新风负荷占总负荷的60%左右，特别是教室、图书馆和学生餐厅等。

大学园区空调的冷负荷特性表现为流动性以及规律性强。上午和下午，学生多在教室及图书馆学习；中午，则在食堂和宿舍活动。由此可以看出，空调负荷是随着学生的流动而流动的。同时，这种流动是按照一个严格的时间表在进行，规律性很强。如果按照一般概念去设计中央空调，就要在教室、食

① 工程负责人：王钊，男，华南理工建筑设计研究院，高级工程师；
张翔宇，男，华南理工建筑设计研究院，工程师；
陈卓伦，男，华南理工建筑设计研究院，工程师。

堂、图书馆以及宿舍分别安装一套空调设备，以满足各建筑单体的需求。换句话说，采用区域供冷系统，就是利用了这种流动性和规律性，用一套设备去满足全部用户的需求。这套设备的容量只需要满足教室、食堂等诸多单体中最大者（即同时使用系数），从而达到节约投资、提高设备使用率以及降低成本的目的。

各区域冷冻站基本情况 **表 1.5-1**

冷站	装机冷量	蓄冰量	制冷方案	服务区域
第一冷冻站	102000kW (29000Rt)		蒸气吸收式制冷机与 离心式制冷机串联	中心商业区南区 广东工业大学
第二冷冻站	88000kW (25000RT0)	31635kWh (9000RTh)	双工况离心式制冷机 冰蓄冷方案	广东药学院 广东外语外贸大学 广州中医药大学 华南理工大学
第三冷冻站	88000kW (25000RT0)	31644kWh (9000RTh)	双工况离心式制冷机 冰蓄冷方案	中心商业区北区 星海音乐学院 中山大学 华南师范大学局部
第四冷冻站	95000kW (27000RT)	36074kWh (10260RTh)	双工况离心式制冷机 冰蓄冷方案	广州大学 广州美术学院 华南师范大学局部

（2）与区域能源规划结合

在传统的电力系统（包括发电及电力输送系统）中，综合效率一般在 35%～45%；而在广州大学城能源综合利用系统中，由于实现了能源的梯级利用，其综合效率可达 70%～80%。冷热电联供流程示意图如图 1.5-1 所示。

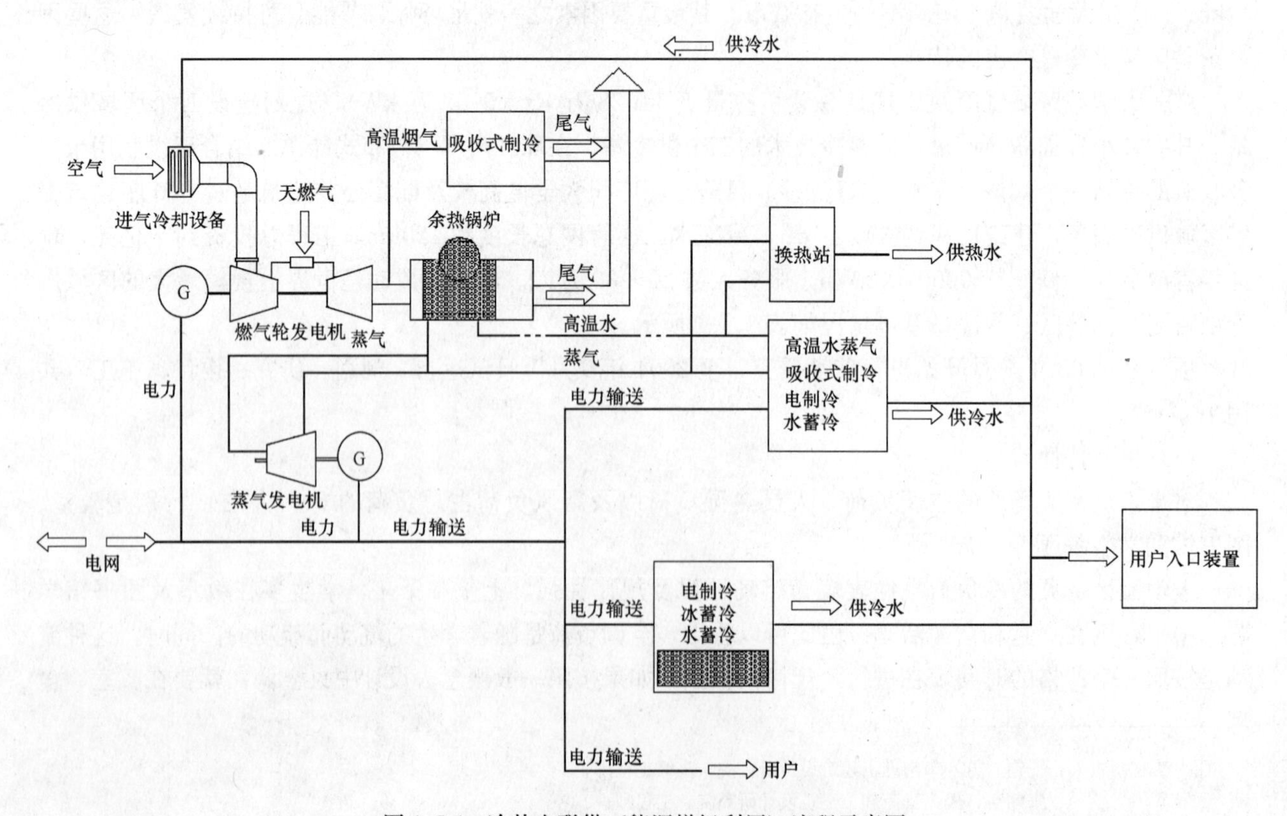

图 1.5-1　冷热电联供（能源梯级利用）流程示意图

(3) 采用全年逐时冷负荷计算软件建模分析

项目共模拟教学楼、宿舍、食堂等九类高校建筑，分别建模，进行全年逐时冷负荷计算。通过建立与实际工程相似的模型来进行计算机模拟，为最终装机容量及运行费用作准确的预测，最终得出空调装机容量、逐时供冷量、累加全年供冷量等重要数据。根据计算结果，该项目装机容量同时使用系数为：大学区 0.55、商务区 0.77、商务与大学混用区域 0.7。

通过采用“折算满负荷运行时间”的分析方法预测耗电量、水量及运行效益，预测全年耗电量 4249 万 kWh，用水量 30.5 万 m^3。

(4) 冷源方案、管网及自控

广州大学城区域供冷系统采用大型冰蓄冷钢盘管设备，利用电价差夜间蓄冰，降低运行费用。总蓄冰量达 99353kWh (28260RT)，转移峰值负荷，减少总装机容量 26.6%，减少区域供冷系统的峰值用电负荷为 40%～50%。虽比非冰蓄冷方案增加 1.2 亿元制冷设备初投资，但对配合分布式能源站建设、减少发电设备的装机规模、减少输变电设备、增加燃气轮发电机的运行平稳性等有利因素，带来约 2 亿元的经济效益。

冰蓄冷方案极大程度上缓解广州目前用电紧张的情况，对电力部门来讲起到移峰填谷的作用。而减少输变电设备的初投资，利用夜间低廉的电价，也可以降低区域供冷公司的运营成本。冰蓄冷方案以最大的可能拉大冷冻水供回水温差，在同样的供冷量下大幅减少冷冻水的水量，因而整个供冷系统的管网造价大幅降低，冷冻水的输送能耗也大大减少，为区域供冷的运营提供了更好的条件。

采用冷冻水大温差技术，第一冷冻站供/回水温度为 3℃/13℃，第二、三、四区域冷冻站供/回水温度为 2℃/13℃。与传统空调 7℃供水，12℃回水相比，第一冷冻站冷冻水量减少 50%，第二、三、四冷冻站冷冻水量减少 55%。

二级泵变频控制技术，在控制系统方案率先采用采集管网参数、重点用户参数、特殊用户参数，多点比较，保证用户要求，满足重点用户使用的控制方案。

冷冷冻水管网沿路敷设，采用预制发泡聚氨酯复合保温钢管，直埋敷设。保证管道的保温要求，缩短施工周期。冷冻水管网纳入市政建设项目之一，统一规划，同步设计、同步施工。通过新型保温材料的应用，令管道冷损失控制在设计要求以内，完全可以避免令人担忧的能耗问题。由于各建筑单体内中央空调水系统与市政冷水管网以板式换热器隔开，因而每座建筑的运行调节对市政冷水管网的影响降低到最少的程度，区域供冷水力工况稳定。管道与各类市政管道同期设计、同期施工，避免了后期道路开挖的困扰。

通过自控系统实现全岛区域供冷的自动监控，令系统高效安全的运行。在集中控制室，可以监察控制全岛各建筑的运行情况，降低运营人员的劳动强度，减少人员配置。而自动计费系统则可以让运营商和用户都可以随时清晰地知道用冷的费用。

与各单体建筑独立设中央空调系统相比，采用区域供冷系统可减少制冷机组总的装机容量 40%～50%。由于制冷机组总装机容量的减少，相应变配电系统的初投资、制冷机房、变配电房的面积也相应减少。

综合冷水管网投资、管网冷损失、部分水泵的投资虽然有所增加，但整个空调系统的初投资将减少。

该工程相关图纸及施工照片如图 1.5-2～图 1.5-7 所示。

(5) 区域供冷系统给广州大学城带来了新突破

1) 节约建设投资

广州大学城区域供冷与传统中央空调相比，仅高校区节省设备用房面积 3.9 万 m^2，投资明显减少，如表 1.5-2 所示。

由上表可见，区域供冷与单体建筑设中央空调相比，节省投资约 8.6 亿元。

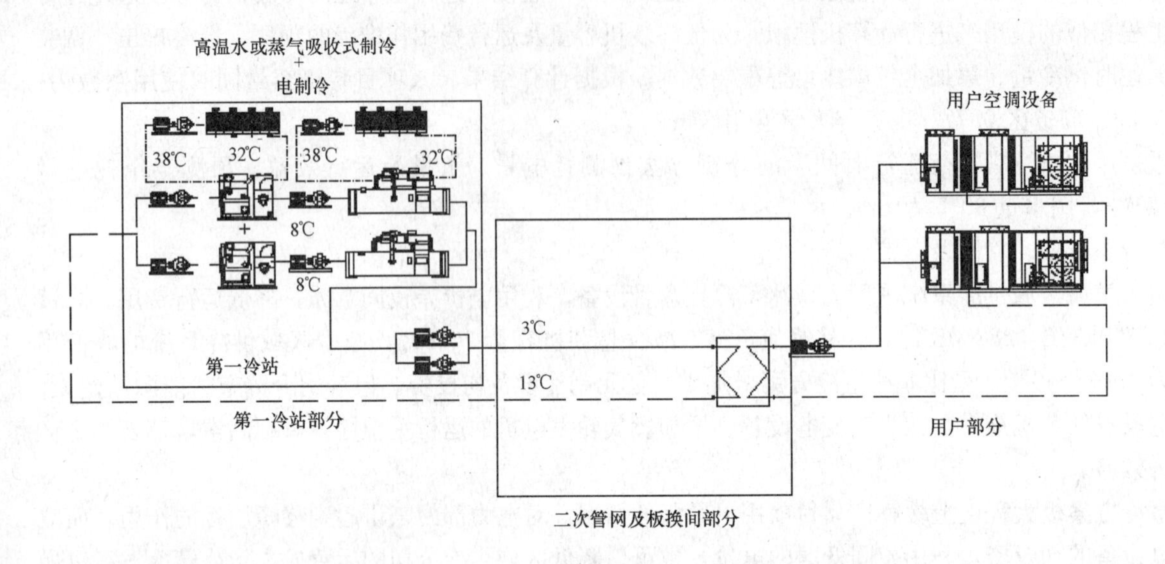

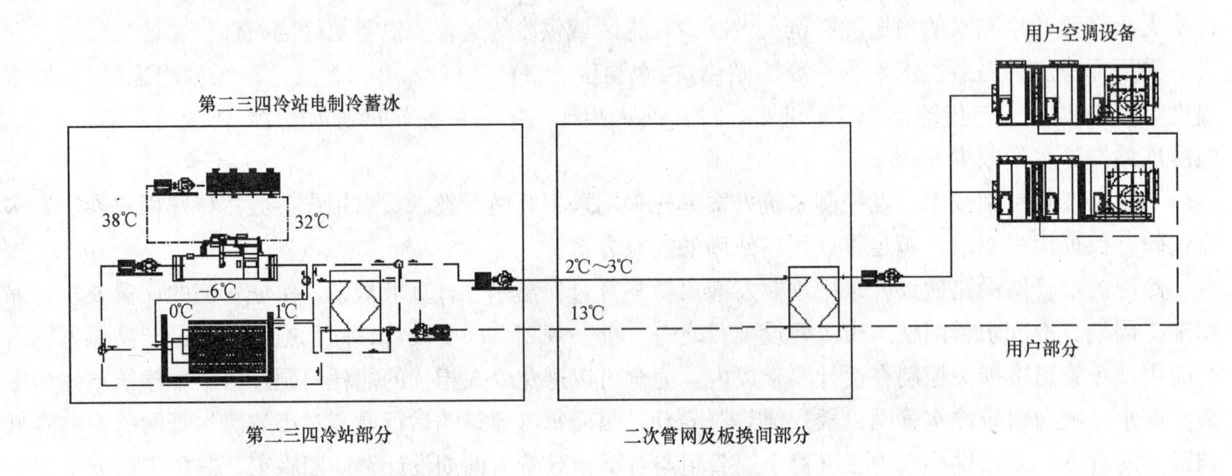

图 1.5-2　区域供冷系统示意图

图 1.5-3　广州大学城第二、第四冷冻站

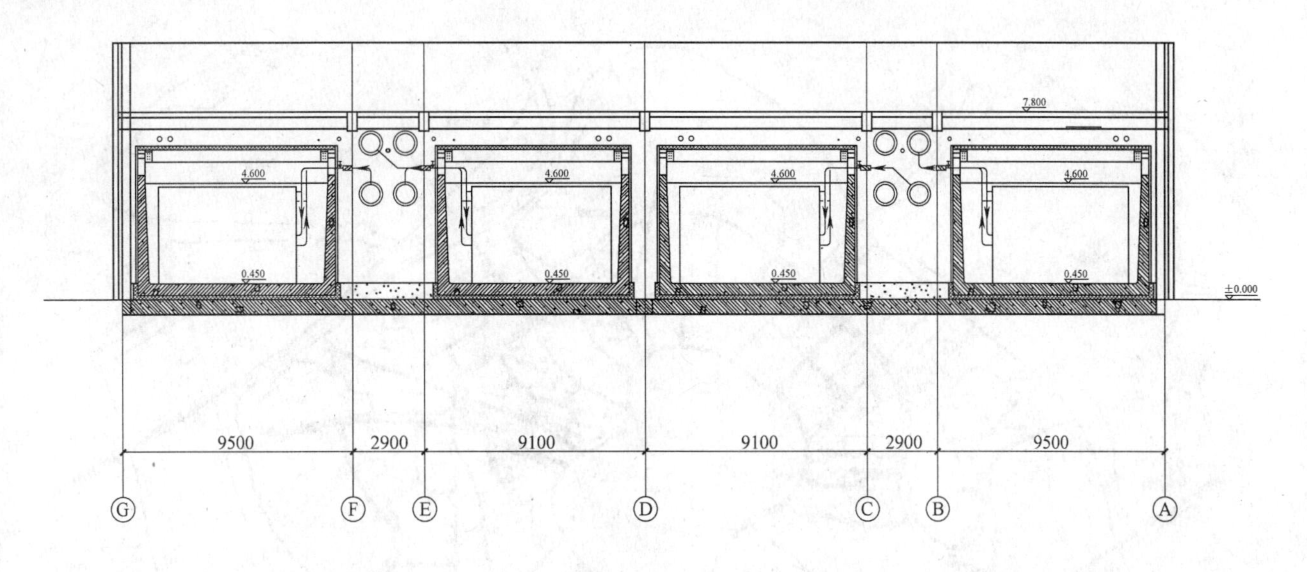

图 1.5-4　区域冷冻站设备层平面

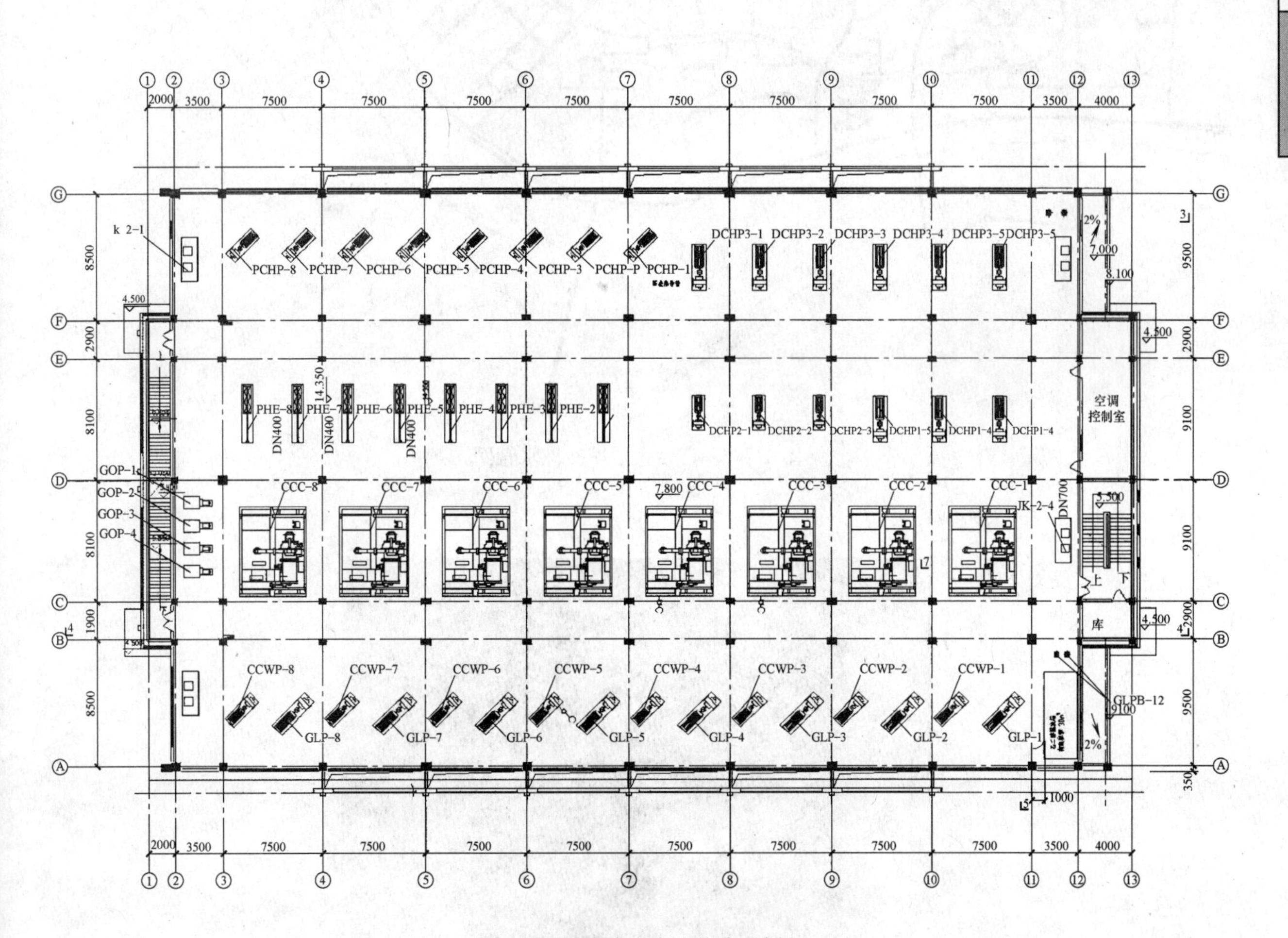

图 1.5-5　区域冷冻站蓄冰层剖面

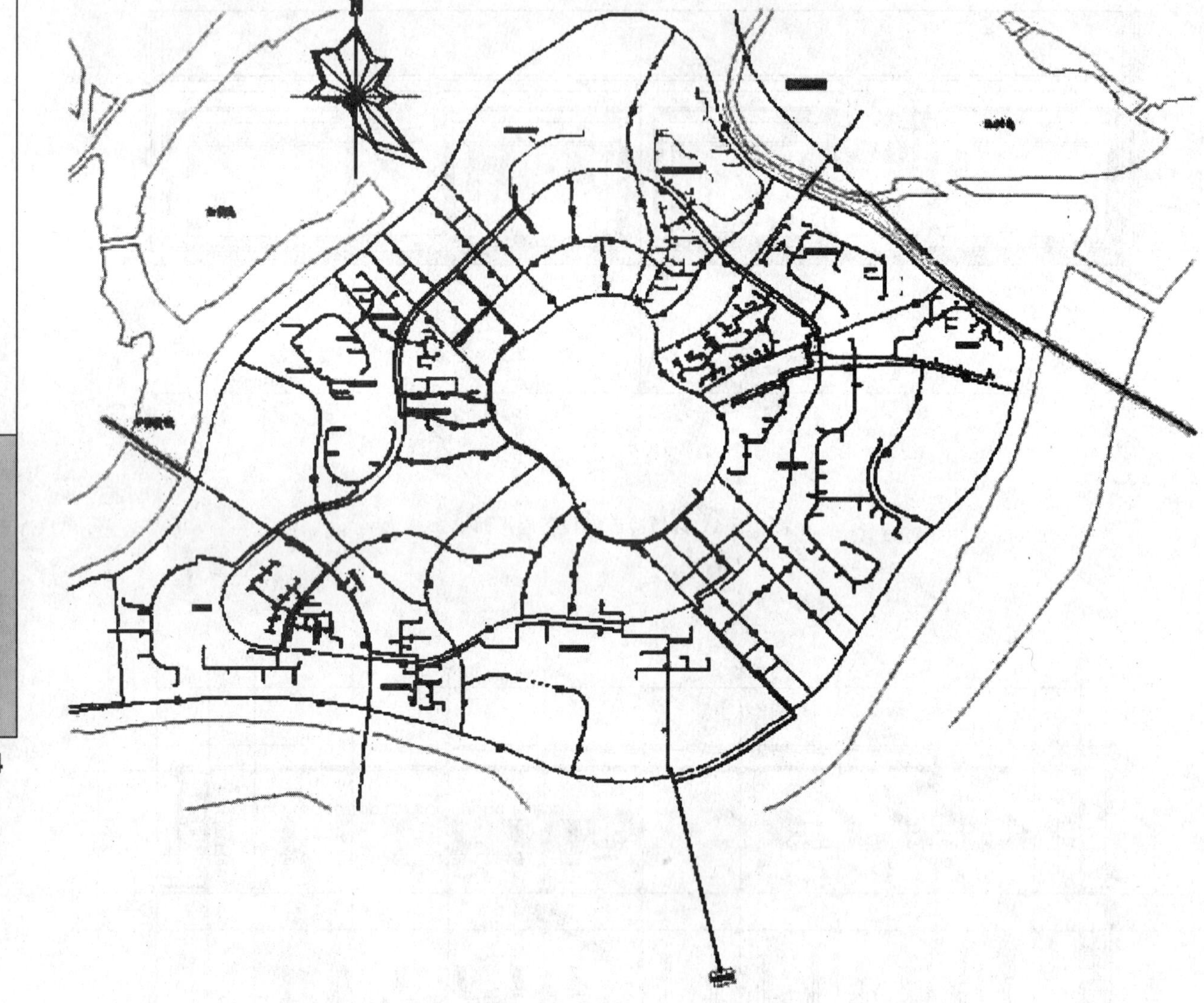

图 1.5-6　广州大学城冷冻水管网

图 1.5-7　过江隧道冷冻水管

与单体建筑设中央空调的投资比较表　　表 1.5-2

学校＼项目	设备总数（台）	空调电气用房总面积（m²）	板换间总面积（m²）	节省面积合计（m²）	节省的制冷、变配电设备估算总投资（万元）	节省的土建投资（万元）	合计（万元）
中山大学	50	849	150	699	1438	140	1578
广东外语外贸大学	372	6586	1019	5567	11274	1113	12388
广州中医药大学	390	7279	1165	6114	12906	1223	14129
广东药学院	284	4691	628	4063	6996	813	7809
华南理工大学	254	5358	851	4507	10599	901	11500
广东工业大学	144	3293	460	2833	6466	567	7032
广州美术学院	138	2740	406	2334	4937	467	5404
广州大学	446	9514	1413	8101	13630	1620	15250
华南师范大学	190	4169	532	3637	7827	727	8555
星海音乐学院	140	1673	288	1385	2015	277	2292
合计	2408	46152	6912	39240	78089	7848	85936

2）减少了广州大学城对电力建设的投资

通过集中设置的区域冷冻站，使中央空调总装机容大约减少 45%～55%。与分体空调相比，减少电力装机容量 12 万 kW；与单体建筑设中央空调相比，减少电力装机容量 5 万 kW，降低电网功率，缓解城市中心区用电负荷紧张的问题。

而利用冰蓄冷系统的削峰填谷作用，可以平衡城市电网的峰谷差异，并根据峰谷电价差异减少运行的用电成本。区域供冷系统的电力投资对比如图 1.5-8 所示。

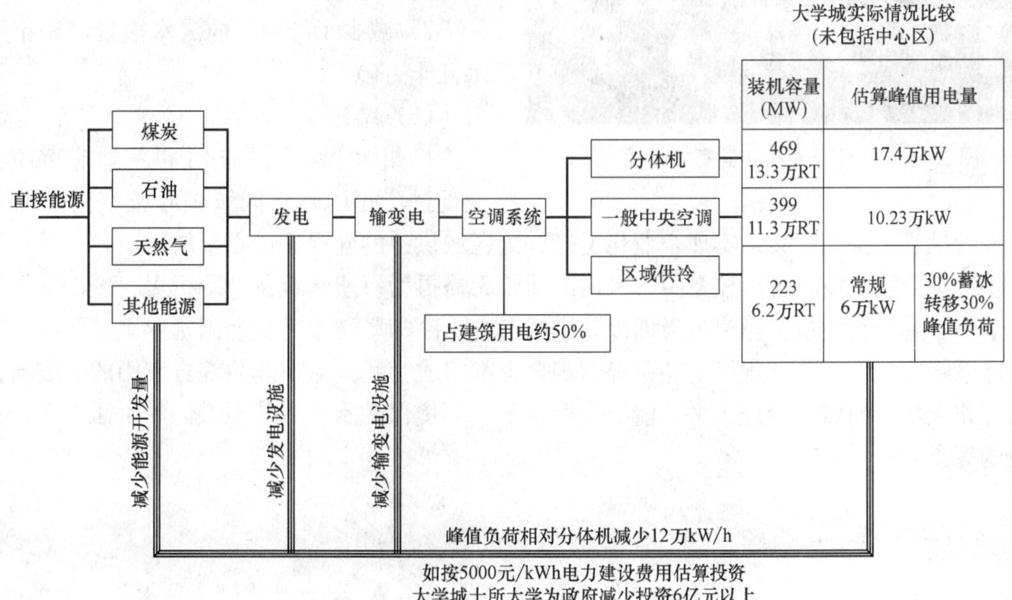

图 1.5-8　区域供冷系统的电力投资对比

3）降低了管理成本

广州大学城区域供冷系统共为超过 300 栋已建成的建筑提供冷源，而这些建筑只需要在本体内提供一个换热间，一般只有 2～3 台运转的水泵，无需专门的管理人员值班。这相当于将超过 300 个面积较小的制冷机房合并为 3 个面积较大的制冷机房（区域冷冻站），十所大学空调系统的管理人员由 500～

700 人减少到现在的 30～40 人，需维修的冷水机、水泵、冷却塔等制冷设备由几千台减少到现在的约 200 台。初步估算，仅节省的人工费用超过 1000 万/年。由于运转的设备大为减少，年维护的费用也相应地减少，估计超过 1200 万以上。

上述估算还不包括由于空调设备的减少而配套减少的数千台变压器以及配电设备、这些设备的运行和维护费用。

4）改变了城市景观

由于集中设置冷源，减少了大量悬挂在室外的空调分体机和 500～600 台冷却塔，保持了原有建筑立面的整洁美观统一以及天面（建筑第五立面）的整齐划一，从而改善了城市景观。外墙悬挂空调机破坏建筑立面效果如图 1.5-9 所示。

图 1.5-9　广州某高校实验室外立面

5）减弱了城市热岛效应

根据对气象卫星资料的观察、实际调研和模拟分析的结果，广州中心区的热岛强度可达 3℃，热应力作用明显。而引起城市热岛效应的直接原因之一就是室外分体空调机的散热。已建成的大学城各教学楼外立面基本没有空调机，从而减少了建筑向室外的散热量，提高了城市微气候热环境质量。

6）降低了城市噪声

不采用分体式空调机和冷却塔、把空调机房搬离建筑主体，从而使噪声源远离对声环境要求比较高的教室、图书馆和宿舍，有利于净化城市声环境，为学校创造安静的教学环境。

7）减少了冷却塔的漂水损失，每年可减少漂水几十万吨

（6）结论

广州大学城是面向 21 世纪适应市场经济体制及促进广州国际化区域中心城市地位的建立，大学城将高校后勤服务推向社会，实现企业化运行，为区域供冷的建设提供必要的保证。

区域供冷项目建成后，各学校及中心区内的建筑无需再为每座建筑设制冷机房、冷却塔等设备而烦恼，完全解决了建筑物内机房噪声、天面冷却塔的美观、冷却塔飞水等长期困扰业主的问题。广州大学城区域供冷系统的建设无论从规模上还是经营观念上都将成为我国城市能源综合利用的突破与创新。它必将提高广州大学城的城市管理水平、能源利用水平、环境保护水平，甚至人们的生活理念，是广州大学城建设的亮点之一。

第2章 通　风

2.1 地道风供冷

工程案例：敦煌市博物馆①

1. 绿色理念及工程特点

该工程采用自然通风和地道通风方式供冷。

(1) 过渡季节，通过在建筑外围护结构上设置合理的进排风口，利用热压和风压的作用进行自然通风。

(2) 初夏，由于人员灯光等内部热负荷的作用，室内温度高于室外温度，仅靠通风窗无法满足室内温度要求时，开启室外新风口及通风机送风。

(3) 夏季，室外温度高于室内温度时，采用地道风供冷降温。夏季室外通风计算温度为30℃，经过通风地道换热，使送风温度降至20℃送入室内各展厅。

2. 工程概况

敦煌市博物馆位于甘肃省敦煌市，建筑性质以博物馆展厅为主，并设有文物库房、办公室、管理用房等辅助房间。工程总建筑面积7398.2m^2，其中地下设备层建筑面积439.7m^2，建筑高度23.8m。展区夏季空调计算冷负荷为82kW，博物馆展区过渡季及初夏采用自然通风方式供冷，夏季最热月采用地道风通风降温方式。

(1) 空调冷热源

1) 空调冷源

过渡季采用自然通风方式供冷。由于敦煌地区室外平均风速较低，无固定风向的时间较多，且受到现有建筑方案设计限制，建筑布局难以设计穿堂风。因此，自然通风设计考虑以热压为主，辅助考虑风压影响。自然通风建筑平面简图和剖面简图如图2.1-1、图2.1-2所示。自然通风进风口在各展厅外墙的较低位置上开设，除四个角部房间（情景展厅、序厅、休息厅）靠立面上开设高窗进行排风外，其余展厅均利用艺术展厅四周的排风竖井进行排风。

初夏，室内温度高于室外温度，仅靠通风窗无法满足室内温度要求时，开启室外新风口及通风机送风，原理图如图2.1-3所示。

地道送风系统在夏季高温季节自然通风室温超出舒适范围时引入地道风。通风地道布置在庭院内，在庭院内布置风道与建筑结构及其他管线的相互影响较小，并且庭院内营造沙丘景观，在地面上覆盖沙丘对地道换热产生有利影响。地道风进风口设在建筑物北向，使地道风获得最低的进风温度。经过与土壤换热量的初步计算，通风地道长度设计为320m左右，埋深6m，采用2.0m×1.6m的混凝土风道送风。地道风送风原理图如图2.1-3所示。

为有效利用地道风的冷量并获得良好的室内空气品质，在各展厅及情景展厅、休息厅等房间考虑采用置换通风送风方式，将送风直接送入工作区。由于采用天然冷源，送风温度不会过低，不会对人产生吹冷风感。

2) 热源系统

本设计采用低温热水地板辐射采暖系统，低温热水采暖总耗热量为343.7kW，采暖热指标为61.3W/m^2，系统阻力为66.8kPa（不含入口热表阻力），水流量为29.6t/h。低温热水采暖系统供水温度为60℃，回水温度为50℃。冬季空调热水耗热量为15kW，水流量为1.3t/h，系统阻力为5.2kPa，

① 工程负责人：张亚立，女，中国建筑设计研究院，高级工程师。

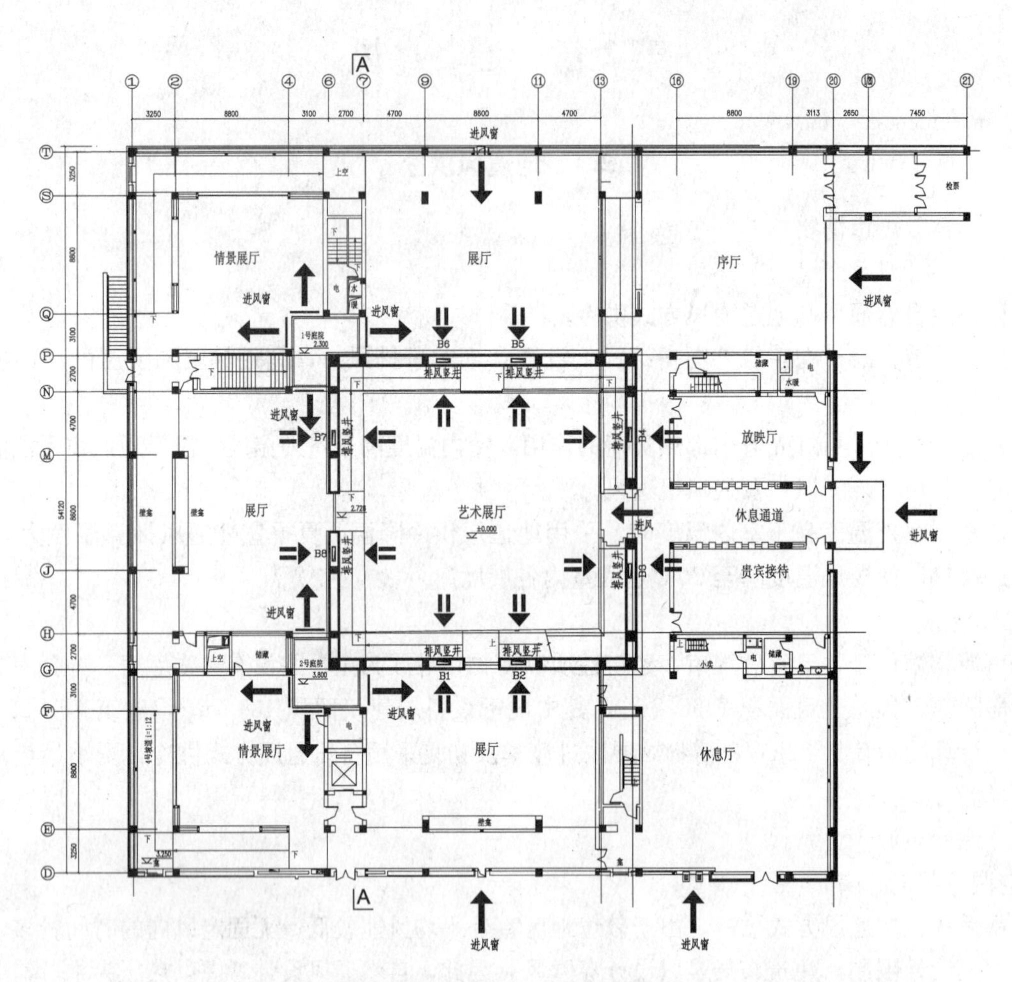

图 2.1-1　自然通风建筑平面简图

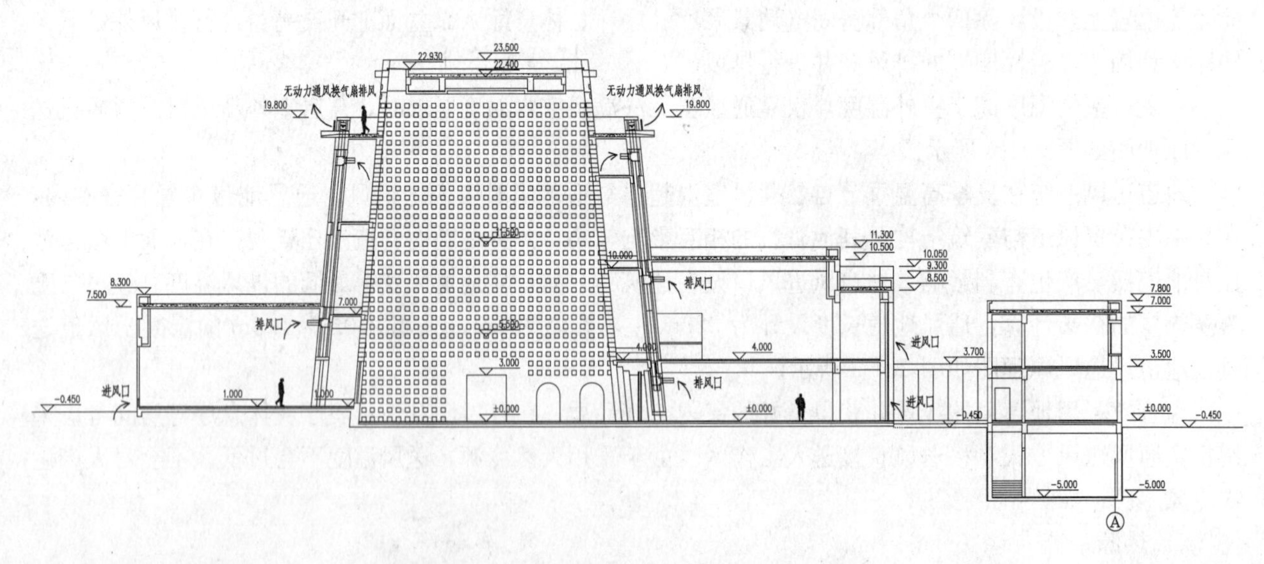

图 2.1-2　自然通风建筑剖面简图（A—A 剖面）

热水供/回水温度为 60℃/50℃。热源由博物馆西北侧燃气锅炉房供给，地板辐射采暖系统采用隔膜式气压罐定压，气压罐位于燃气锅炉房内。

（2）室内设计参数

通风房间及空调房间设计参数如表 2.1-1 所示。

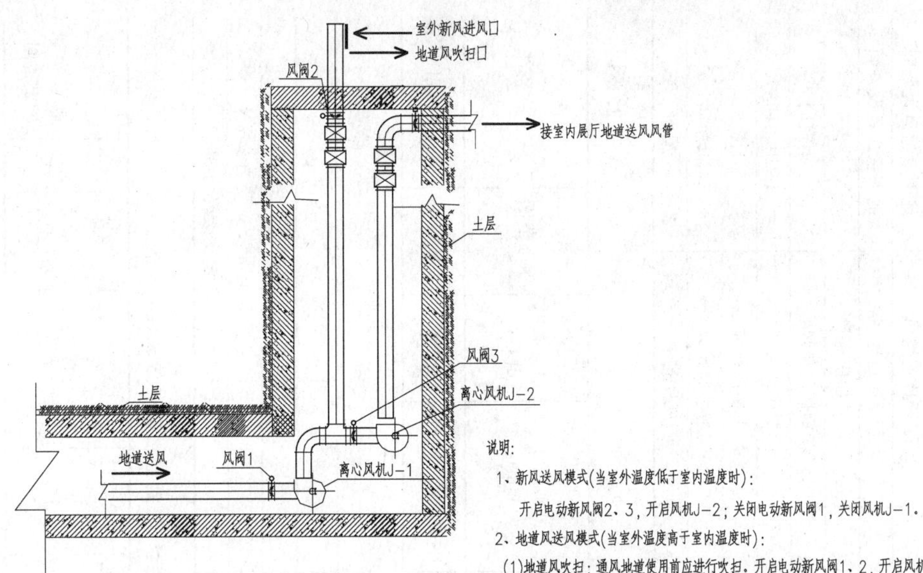
室外新风进风口
地道风吹扫口
风阀2
接室内展厅地道送风风管
土层
风阀3
离心风机J-2
土层
地道送风
风阀1
离心风机J-1
说明:
1、新风送风模式(当室外温度低于室内温度时):
开启电动新风阀2、3,开启风机J-2;关闭电动新风阀1,关闭风机J-1。
2、地道风送风模式(当室外温度高于室内温度时):
(1)地道风吹扫:通风地道使用前应进行吹扫。开启电动新风阀1、2,开启风机J-1;关闭电动新风阀3,关闭风机J-2。
(2)地道风送风:完成地道风吹扫后,开启电动新风阀1、3,开启风机J-1、J-2;关闭电动新风阀2。

图 2.1-3　地道风送风原理图

通风房间及空调房间设计参数表　　　　**表 2.1-1**

房间名称	夏季			冬季	
	温度(℃)	相对湿度(%)	噪声[dB(A)]	温度(℃)	相对湿度(%)
展厅	26～29	40～50	40	18	40
放映厅	26～29	40～50	40	18	40
贵宾接待室	26～29	40～50	35	20	40
一般文物库房	16～18	40～50	40	16～18	45～50
办公室	26～29	40～50	40	18	40
珍品库房	16～18	40～50	40	16～18	45～50

(3) 空调方式

文物库房及珍品库房需要设置恒温恒湿空调，采用独立冷热源风冷恒温恒湿机，有新风系统供应，并对应设有排风机。恒温恒湿机组采用蒸馏水的电极式加湿器。

3. 相关图纸

该工程主要设备材料表如表 2.1-2～表 2.1-6 所示，主要设计图如图 2.1-4～图 2.1-13 所示。

风机性能参数表 表 2.1-2

序号	设备编号	设备型式	风量 (m^3/h)	风压 (Pa)	电源		转速 (r/min)	出风口噪声 [dB(A)]	数量 (台)	服务范围	安装位置
					容量 (kW)	电压 (V)					
1	P-1	管道式风机	600	200	0.25	380	1450	<50	1	珍品库房排风	空调机房
2	P-2	管道式风机	3000	300	0.75	380	1450	<75	1	地下室机房排风	地下室通风机房
3	PY-1	消防排烟道式风机	40000	550	15	380	1450	<90	2	中央展厅排烟	中央展厅屋面
4	J-1	离心式风机	40000	1260	21	380	1100	<95	1	展厅地道送风	地下室通风设备间
5	J-2	离心式风机	40000	750	15	380	1100	<90	1	展厅地道送风	地下室通风设备间
6	JY-1	管道式风机	19000	500	4	380	1450	<85	1	楼梯加压送风	4 号楼梯间
7	V-1	排气扇	150	150	0.15	220		<45	1	钢瓶间排风	钢瓶间
8	V-2	排气扇	500	100	0.05	220		<43	1	卫生间排风	卫生间
9	V-3	排气扇	300	100	0.05	220		<43	1	卫生间排风	卫生间
10	V-4	排气扇	150	50	0.05	220		<43	1	卫生间排风	卫生间
11	NPV	无动力换气扇	1600	100				<75	8	展厅排风	屋面

风冷式恒温恒湿空调机组性能表 表 2.1-3

序号	设备编号	送风机				冷量 (kW)	输入功率 (kW)	制冷能效比 COP	热水加热安装容量 (kW)	电加湿器		加湿器功率 (kW)	初效过滤器类型	外形尺寸 (mm)	出口噪声 [dB(A)]	服务范围	数量 (台)	备注
		风量 (m^3/h)	新风量 (m^3/h)	机外余压 (Pa)	电机容量 (kW)					型式	加湿量 (kg/h)							
1	K-1 K-2	2800	600	250	3.7	12.8	5.01	2.55	15	电极式	5	3.6	板式	1005×600×1915	<65	文物库房	2	一用一备

波纹补偿器性能参数表 表 2.1-4

序号	设备名称	型号及规格	补偿量	服务范围	单位	数量	备注
1	波纹补偿器	1.0RWY65×12 *DN*70	25mm	水平热水管道	个	1	固定支架受力 18kN
2	波纹补偿器	1.0RWY100×12 *DN*100	30mm	水平热水管道	个	2	固定支架受力 25kN
3	波纹补偿器	1.0RWY125×6 *DN*125	30mm	水平热水管道	个	3	固定支架受力 36.3kN

分体空调机性能参数表 表 2.1-5

序号	设备编号	设备名称	制冷量(kW)	耗电量(kW)	制冷能效比 COP	服务范围	单位	数量
1	FK-1	分体空调机	6.5	2.25	2.89	放映厅、贵宾接待	台	2

空气过滤器性能参数表 表 2.1-6

序号	设备编号	设备名称	性能类别	型式类别	更换方式	防火要求	数量	安装位置
1	KQGL-1	空气过滤器	粗效过滤器	平板式	可清洗、可更换	有防火要求	1	地下室通风设备间

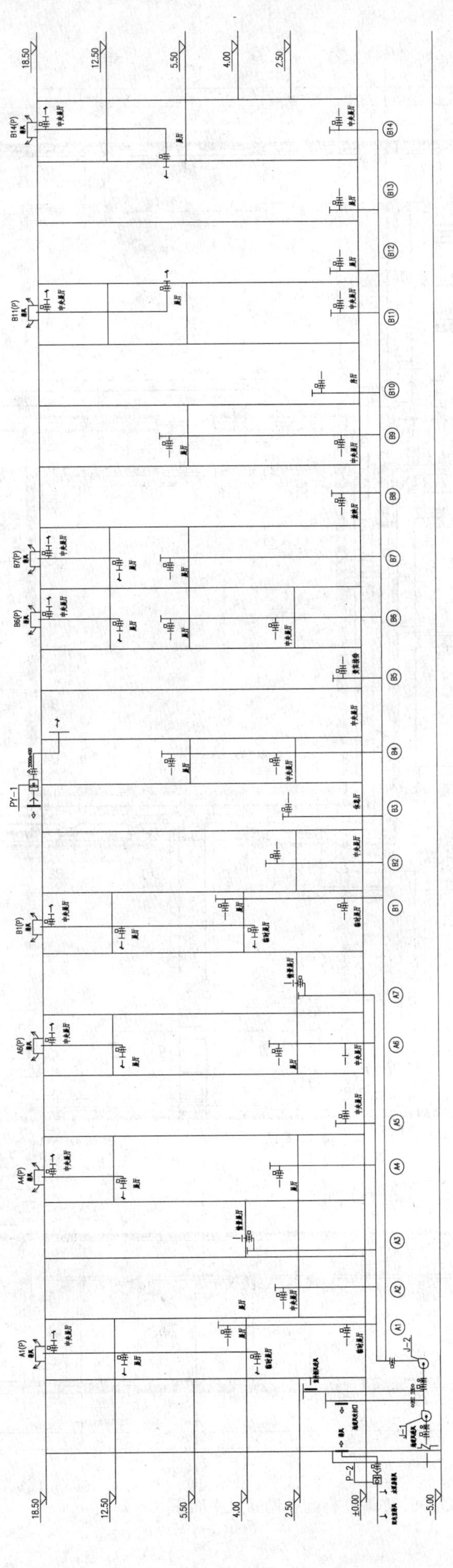
18.50
12.50
5.50
4.00
2.50
±0.00
-5.00
A1(P)
A4(P)
A6(P)
B1(P)
PY-1
B6(P)
B7(P)
B11(P)
B14(P)
P-2
J-1
J-2
A1
A2
A3
A4
A5
A6
A7
B1
B2
B3
B4
B5
B6
B7
B8
B9
B10
B11
B12
B13
B14

图 2.1-4 通风系统图

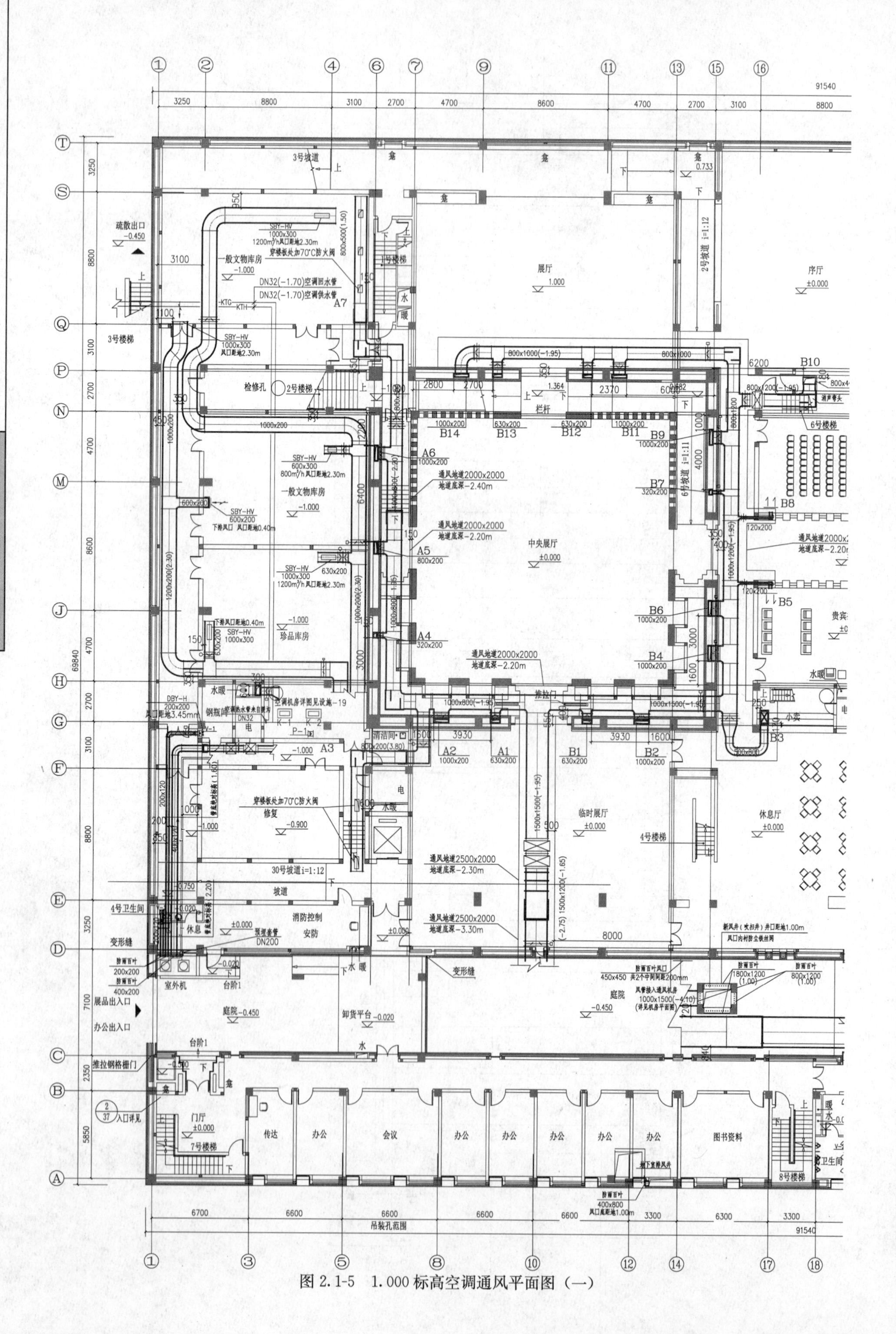

图 2.1-5　1.000 标高空调通风平面图（一）

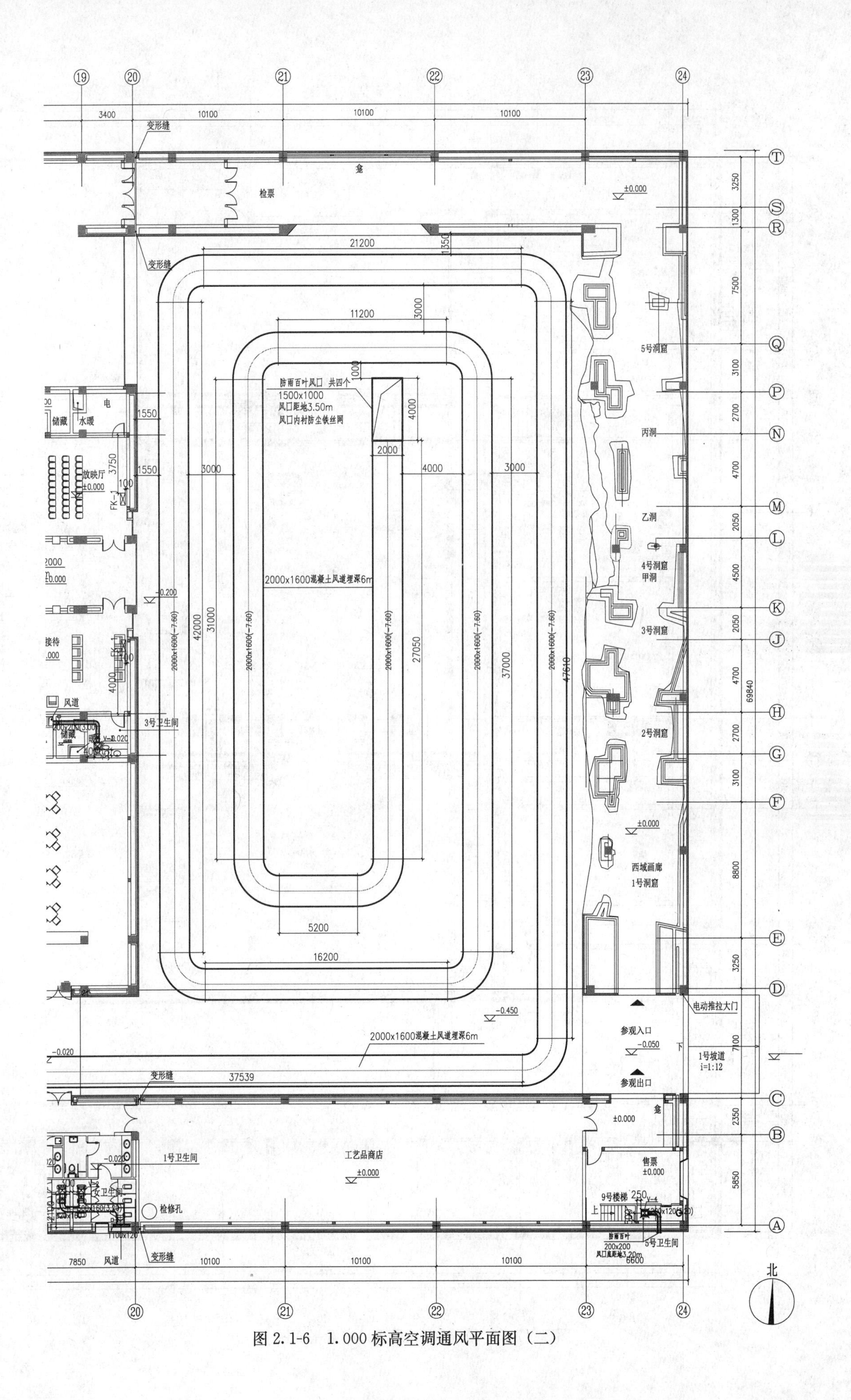

图 2.1-6　1.000 标高空调通风平面图（二）

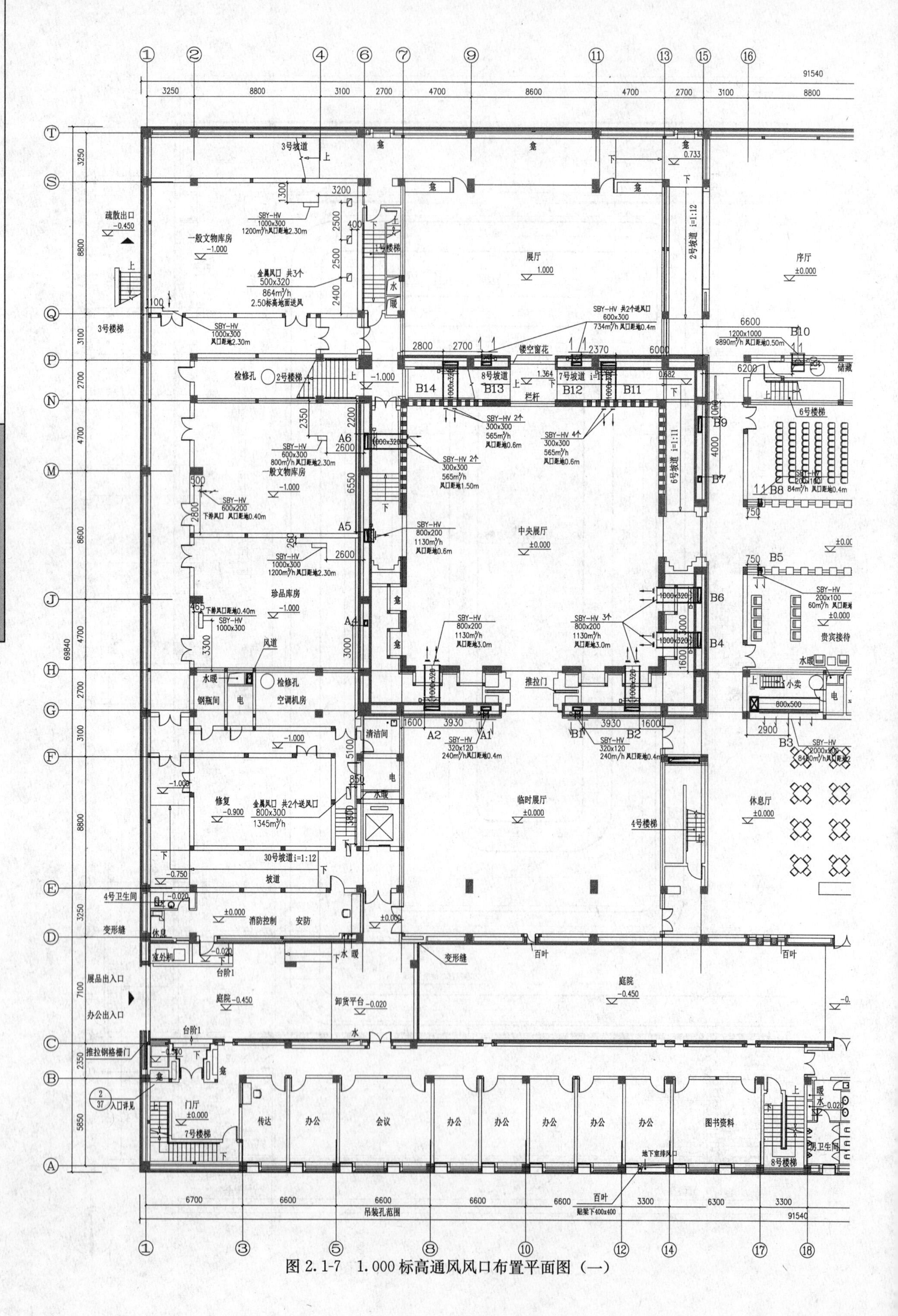

图 2.1-7 1.000 标高通风风口布置平面图（一）

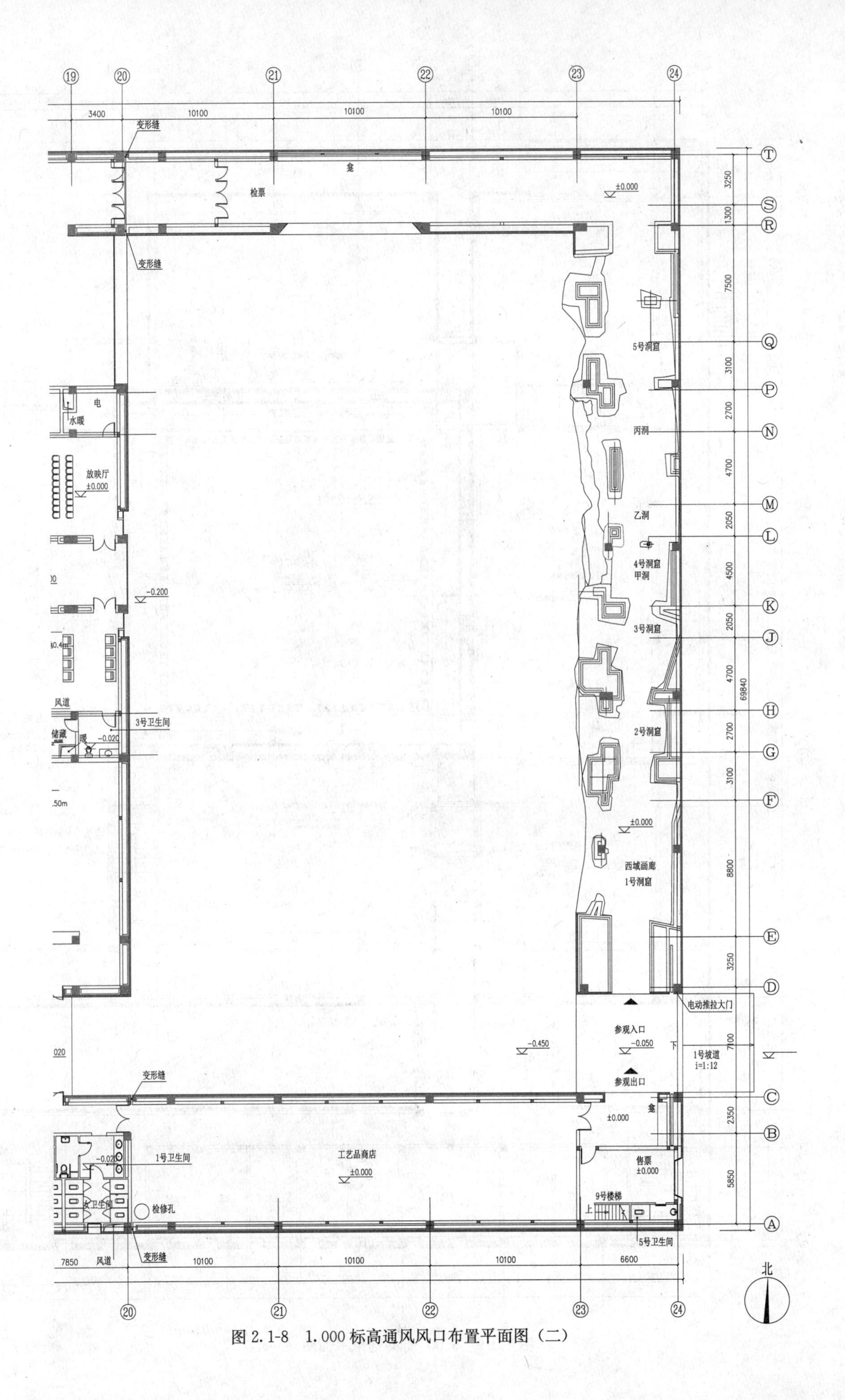

图 2.1-8　1.000 标高通风风口布置平面图（二）

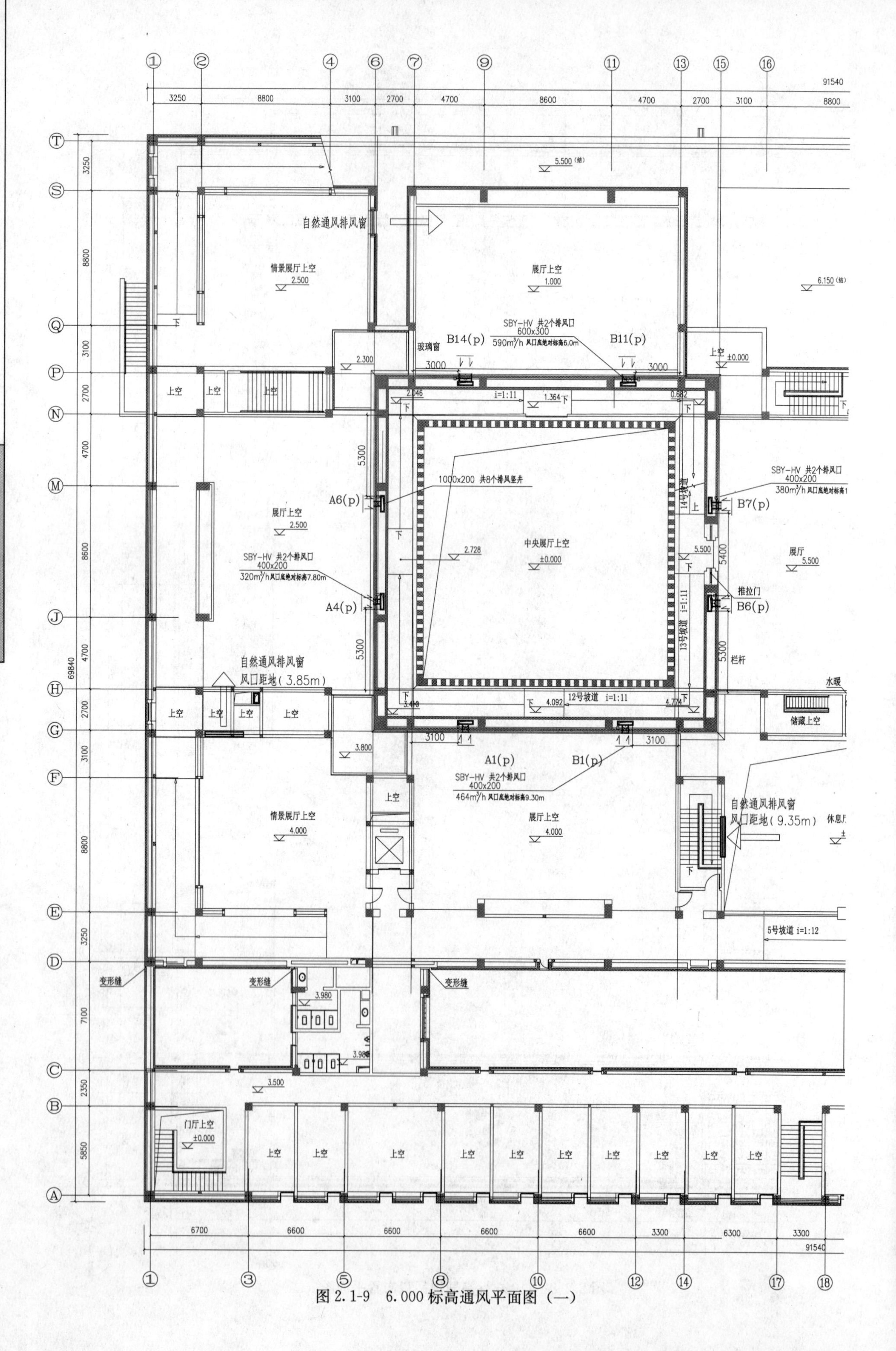

图 2.1-9 6.000 标高通风平面图（一）

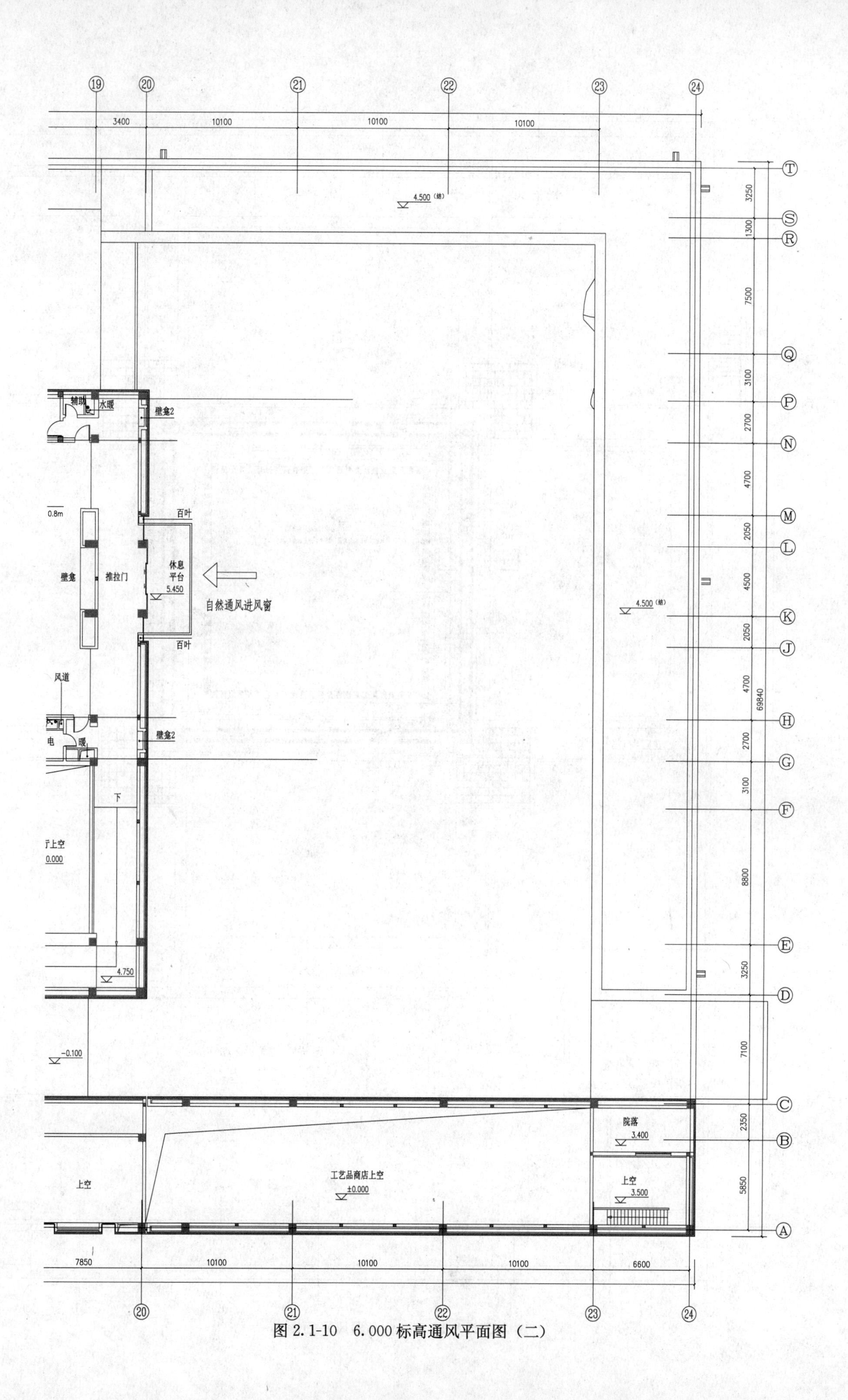

图 2.1-10　6.000 标高通风平面图（二）

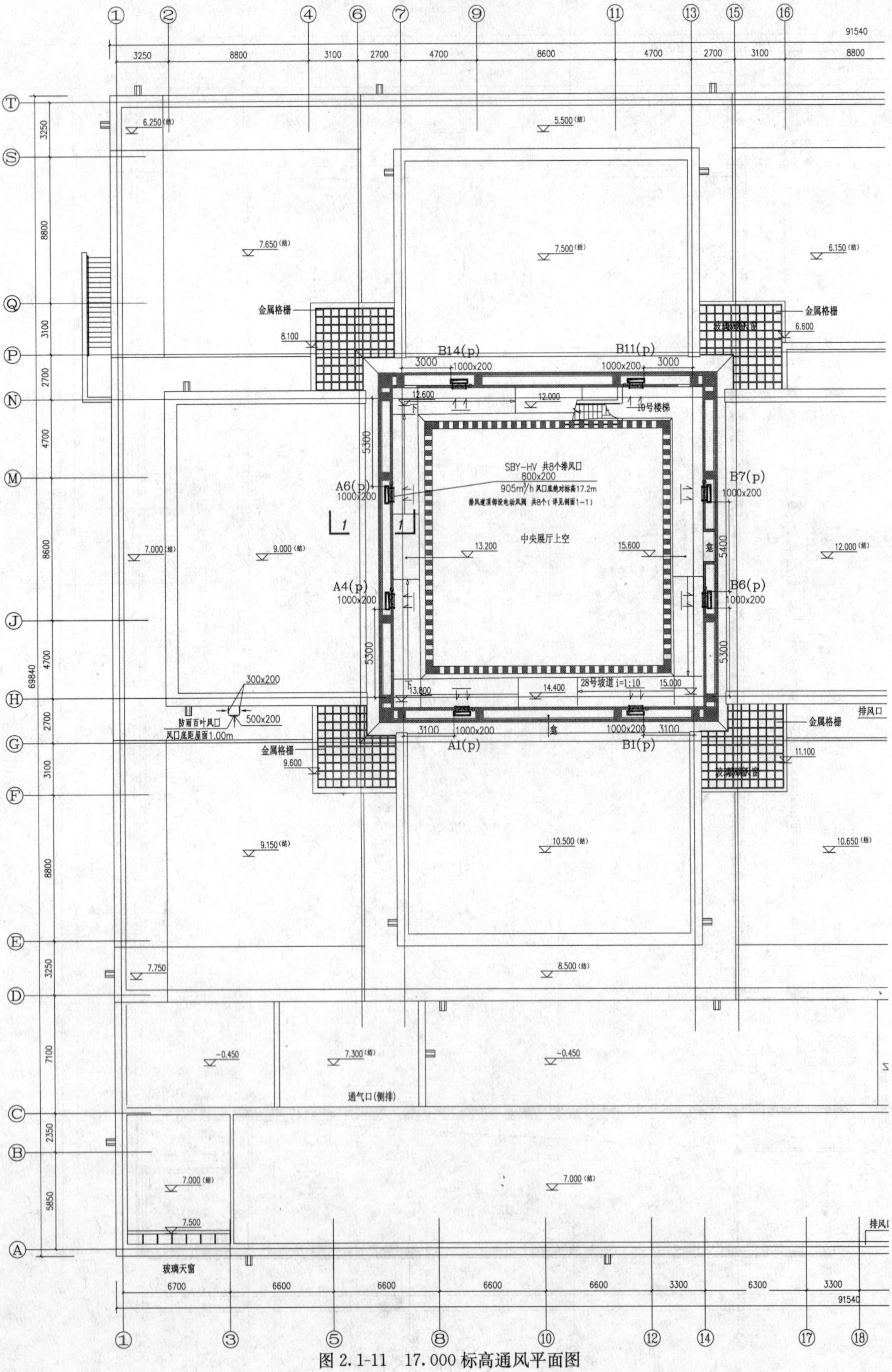

图 2.1-11　17.000 标高通风平面图

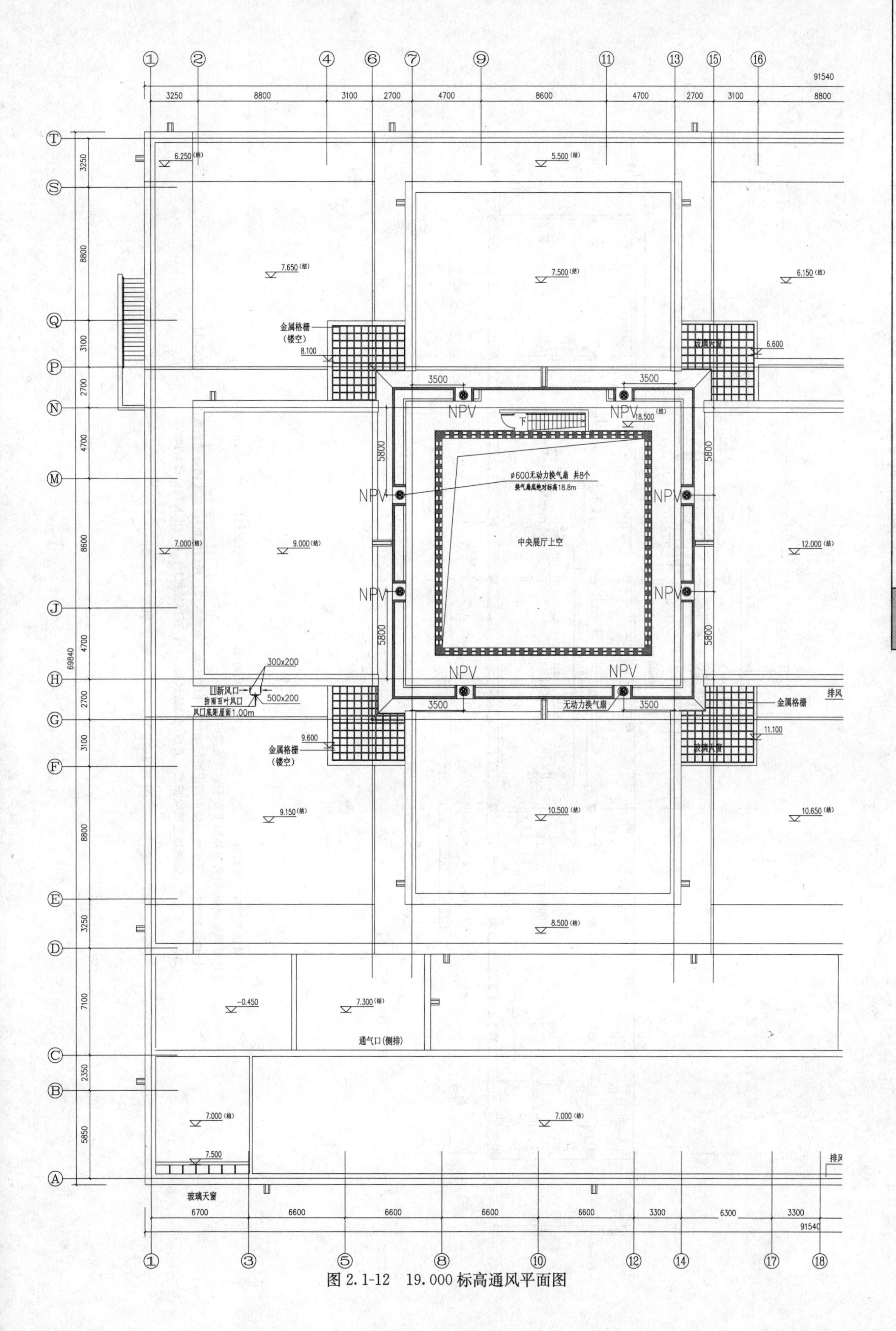

图 2.1-12　19.000 标高通风平面图

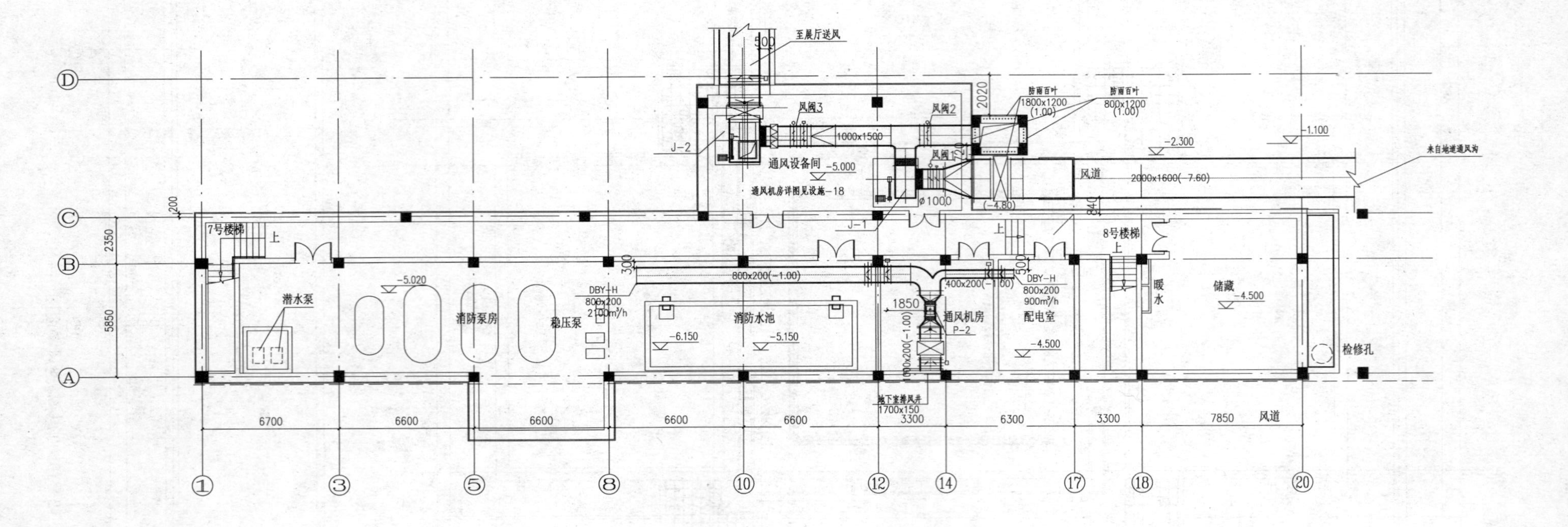

注:

1.新风送风模式（当室外温度低于室内温度时）；开启电动新风阀2、3，开启风机J-2；关闭电动新风阀1，关闭风机J-1。

2.地道风送风模式(当室外温度高于室内温度时)：

(1) 地道风吹扫：通风地道使用前应进行吹挡。开启电动新风阀1、2，开启风机J-1；关闭电动新风阀3，关闭风机J-2。

(2) 地道风送风：完成地道风吹扫后，开启电动新风阀1、3，开启风机J-1、J-2；关闭电动新风阀2.

图 2.1-13　-5.000 地下机房平面图

2.2 置换通风①

1978年德国柏林的一家铸造车间首次采用了置换通风系统，从此，置换通风系统逐渐在工业建筑、民用建筑及公共建筑中得到了广泛的应用。与传统的混合通风方式相比较，该送风方式可使室内工作区得到较高的空气品质、较高的热舒适性并具有较高的通风效率。

1. 置换通风的原理

置换通风是指通过设在房间下部的低动量送风器以小温差、低风速、大风量直接送入室内活动区。送入的较冷的新鲜空气因密度大，在重力作用下先下沉，随后慢慢扩散，在地板上形成一层很薄的空气湖，当遇到热源时，被加热，以自然对流的形式慢慢升起。室内热污染源产生的热浊气流在浮升力的作用下上升，并不断卷吸周围空气，形成了羽状流动。在热浊气流上升过程中的卷吸作用和后续新风的"推动"作用以及排风口的"抽吸"作用下，覆盖在地板上方的新鲜空气缓慢向上移动，形成类似向上的活塞流。同时，污染物也被携带向房间的上部或侧上部移动，最后将余热和污染物由排风口直接排出。置换通风的效果模拟如图2.2-1所示，其流场可以明显地分为两个区域，分别具有不同的特性参数。

图2.2-1 置换通风的效果模拟图

2. 置换通风的热力分层

热污染源形成的烟羽因密度低于周围空气而上升。烟羽沿程不断卷吸周围空气并流向顶部。如果烟羽流量在近顶棚处大于送风量，根据连续性原理，必将有一部分热浊气流下降返回。因此在顶部形成一个热浊空气层。根据连续性原理，在任一个标高平面上的上升气流流量等于送风量与回返气流流量之和。因此，必将在某一个平面上烟羽流量正好等于送风量，在该平面上回返空气量等于零。在稳定状态时，这个界面将室内空气在流态上分成两个区域，即上部紊流混合区和下部单向流动清洁区。置换通风热力分层情况如图2.2-2所示。

在置换通风条件下，下部区域空气凉爽而清洁，只要保证分层高度（地面到界面的高度）在人员工作区以上，就可以确保工作区优良的空气品质，而上部区域可以超过工作区的容许浓度，而该区域不属于人员停留区从而对人体无妨。

3. 置换通风的通风效果评价

用卫生学的观点评价通风效果的话，应是以接近地面的工作区的空气品质的优劣来衡量。从这一基本要求出发引申出新的评价方法——换气效率，即用工作区内某点或全部空气被更新的时间为其评价指标。

(1) 换气效率

换气效率用工作区某点空气被更新的有效性作为气流分布的评价指标。用示踪气体标识室内空气，

① 工程负责人：孙淑萍，女，中国建筑设计研究院，教授级高级工程师。

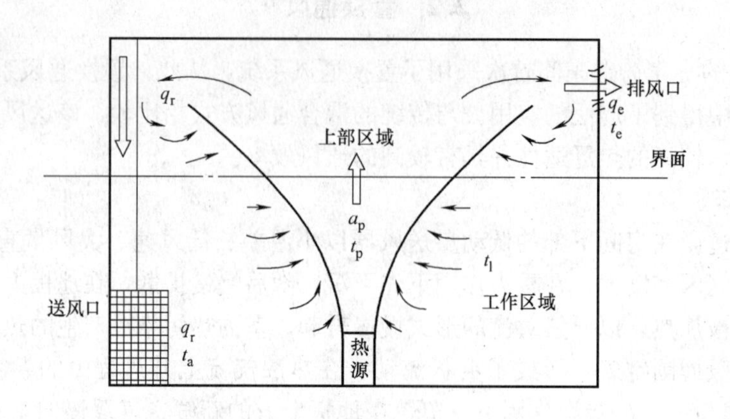

图 2.2-2　置换通风的热力分层

已知标识后的初始浓度为 C_o，新鲜空气的送入使示踪气体的浓度随之下降。假设室内示踪气体浓度随通风时间 τ 而衰减的瞬时变化曲线为 $C(\tau)$，定义空气龄为曲线 $C(\tau)$ 下面积与初始浓度 C_o之比，则其表达式为：

$$(\tau)=\frac{\int_0^{\infty} C(\tau)\mathrm{d}\tau}{C_o} \tag{2.2-1}$$

由上式可知，对室内某点而言，其空气龄越短即意味着空气滞留在室内的时间越短，即被更新的有效性越好。

空气通过房间所需最短时间是房间体积 V 与单位时间换气量 L 之比，即名义时间常数 τ_n：

$$\tau_n=\frac{V}{L} \tag{2.2-2}$$

《建筑环境学》（金招芬、朱颖心主编）指出"置换室内全部现存空气的时间是室内平均空气龄的 2 倍"，由此可得出换气效率的定义式为：

$$\varepsilon=\frac{\tau_n}{2\tau} \tag{2.2-3}$$

显然，换气效率 $\varepsilon=100\%$只有在理想的活塞流时才有可能，全面孔板送风接近这种条件。

(2) 通风效率

考察气流分布方式能量利用有效性，可用通风效率 η 来表达，即

$$\eta=\frac{t_p-t_o}{t_n-t_o}=\frac{C_p-C_o}{C_n-C_o} \tag{2.2-4}$$

式中　t_p——排风温度；

t_n——工作区温度；

t_o——送风温度；

C_p——排风浓度；

C_n——工作区浓度；

C_o——送风浓度。

四种主要通风方式的换气效率、通风效率如图 2.2-3 所示。置换通风的换气效率、通风效率接近于活塞通风，相比于传统的混合通风方式，具有很强的生命力。

4. 置换通风的特性

传统的混合通风是以稀释原理为基础的，而置换通风以浮力控制为动力，两者在设计目标、气流动力、气流分布特性、技术措施、通风效果等方面存在一系列的差别，也可以说置换通风以崭新的面貌出现在人们面前，二者的比较如表 2.2-1 所列。

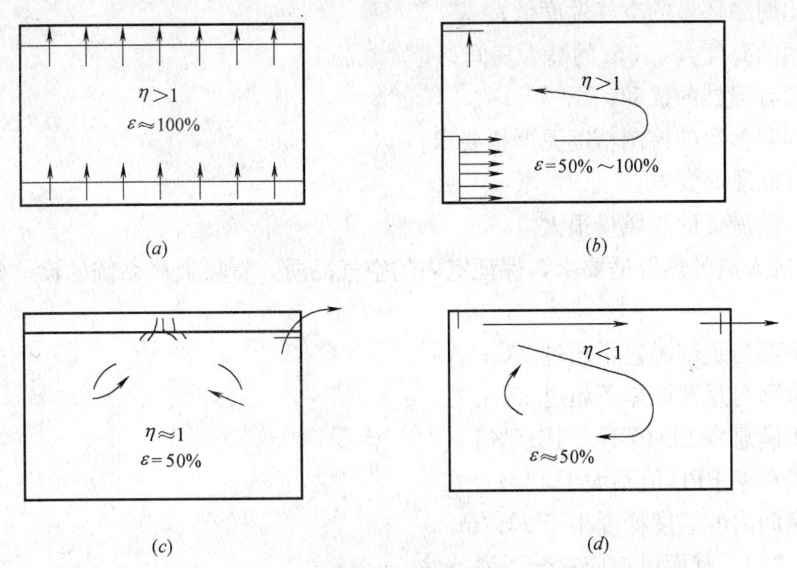

图 2.2-3　四种主要通风方式的换气效率与通风效率

(a) 活塞通风；(b) 置换通风；(c) 混合通风；(d) 侧送通风

两种通风方式的比较　　**表 2.2-1**

	混合通风(上送下回)	置换通风(下送上回)
目标	全室温湿度均匀	工作区舒适性
动力	流体动力控制	浮力控制
机理	气流强烈掺混	气流扩散浮力提升
措施 1	大温差高风速	小温差低风速
措施 2	上送下回	下侧送上回
措施 3	风口紊流系数大	送风紊流系数小
措施 4	风口掺混性好	风口扩散性好
流态	回流区为紊流区	送风区为层流区
分布	上下均匀	温度/浓度分层
垂直温度梯度 (1)从脚到头 (2)头部以上	冬季较大 (1)可不计 (2)4～5℃	夏季较大 (1)3～5℃(脚踝部温度较低) (2)可不计
风口数量	可用少量送风口(尺寸较大)	需要大量小型风口
气流组织	有大的互相作用的回流，冬夏季气流达到距离不同	非常均匀，近似单向流。脚踝处有吹风感
送风温度	最佳温度下限 15℃	最佳温度下限 19.5℃
负荷	考虑室内全部负荷，冷负荷大，送风量小	不考虑上部负荷，冷负荷小，送风量大
灰尘	不致使灰尘飞扬	有灰尘飞扬之虞，应注意空气过滤
噪声	噪声处理按常规设计	噪声处理要求高
空气品质	空气品质接近于回风	空气品质接近于送风
送风温差	6～10℃(±1.0℃)	2～4℃
送风速度	2～5m/s	0.02～0.3m/s

5. 置换通风的设计

(1) 一般原则

置换通风系统，特别适用于符合下列条件的建筑物：

1) 室内通风以排除余热为主，且单位面积的冷负荷约为 120W/m^2；

2) 污染物的温度比周围环境温度高，密度比周围空气的小；

3）送风温度比周围环境的空气温度低；

4）地面至平顶的高度大于3m的高大房间；

5）室内气流没有强烈的扰动；

6）对室内温湿度参数的控制精度无严格要求；

7）对室内空气品质有要求；

8）房间较小，但需要的送风量很大。

为了满足活动区人员的热舒适要求，保证室内的空气品质，置换通风系统的设计参数应满足下列各项评价指标的要求：

1）坐着时，头部与足部温差不超过2℃；

2）站着时，头部与足部温差不超过3℃；

3）吹风风速不满意率PD值不大于15%；

4）热舒适不满意率PPD值不大于15%；

5）置换通风房间内的温度梯度小于2℃/m。

置换通风器的选型，其面风速应符合下列条件：

1）工业建筑，面风速取0.5m/s；

2）高级办公室，面风速取0.2m/s；

一般根据送风量和面风速0.2～0.5m/s确定置换通风器的数量。

置换通风器的布置，应符合下列条件：

1）置换通风器附近不应有大的障碍物；

2）置换通风器宜靠外墙或外窗；

3）圆柱形置换通风器可布置在房间中部；

4）冷负荷高时，宜布置多个置换通风器；

5）置换通风器布置应与室内空间协调。

置换通风房间内工作区的温度梯度Δt_n是影响人体舒适的重要因素。离地面0.1m的高度是人体脚踝的位置，脚踝是人体暴露于空气中的敏感部位。该处的空气温度$t_{0.1}$不应引起人体的不舒适。房间工作区的温度t_n往往取决于离地面1.1m高度处的温度$t_{1.1}$（对坐姿人员如办公、会议、讲课、观剧等）。在设计时应根据实际情况确定。德国某公司提供的数据见表2.2-2。

室内温度t_n及工作区温度梯度　　**表2.2-2**

活动方式	散热量(W)	t_n(℃)	$t_{1.1}-t_{0.1}$(℃)
静坐	120	22	≤2.0
轻度劳动	150	19	≤2.5
中度劳动	190	17	≤3.0
重劳动	270	15	≤3.5

上述数据的取值根据工作人员的劳动状态确定。

由于置换通风在我国尚属起步阶段，现有的通风空调设计手册及暖通设计规范尚未作出规定。现推荐欧洲及国际标准中有关数据如表2.2-3所列。

欧洲及国际标准中的舒适性指标　　**表2.2-3**

舒适指标	DIN 1946/2(1/1994)	SIA V382/1(1992)	CIBSE (1990)	ISO 7730(1990)
$\Delta t_n=t_{1.1}-t_{0.1}$/(℃)	≤2	<2	<3	<3
$t_{0.1,min}$/(℃)	21	19	20	—

(2) 置换通风房间内的温度梯度

以坐姿人员如办公、会议、剧院等为例，当室内采用置换通风时室内的温度梯度由三部分组成：出风后地表层的温升 $\Delta t_{0.1}=t_{0.1}-t_s$、工作区温度梯度 $\Delta t_n=t_{1.1}-t_{0.1}$、室内上部温升 $\Delta t_p=t_p-t_{1.1}$。室内送排风温差 $\Delta t=t_p-t_s$，该值表示送风吸收室内全部的热量。工作区温差 $\Delta t_s=k\Delta t+c\Delta t$，该值由地面区温升 $k\Delta t$ 和工作区温升 $c\Delta t$ 两部分组成。上部区温升 Δt_p 表示房间顶部热量被顶部气流所吸收。置换通风温度随高度方向的变化如图 2.2-4 所示。

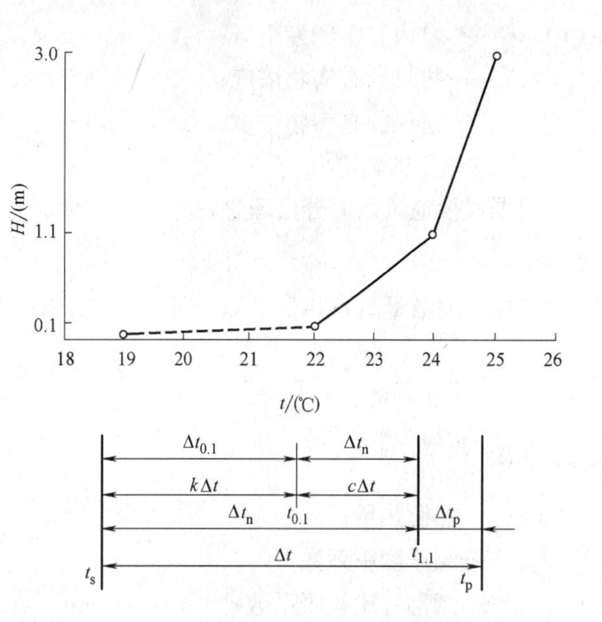

图 2.2-4 温度随高度变化示意图

(3) 送风温度的确定

$$t_s=t_{1.1}-\Delta t_n\left(\frac{1-k}{c}-1\right) \tag{2.2-5}$$

式中 c——工作区温升系数；

$$c=\frac{\Delta t_n}{\Delta t}=\frac{t_{1.1}-t_{0.1}}{t_p-t_s} \tag{2.2-6}$$

k——地面区温升系数。

$$k=\frac{\Delta t_{0.1}}{\Delta t}=\frac{t_{0.1}-t_s}{t_p-t_s} \tag{2.2-7}$$

工作区温升系数 c 可根据房间用途确定，表 2.2-4 列出了部分房间的 c 值。

部分房间工作区的温升系数 c **表 2.2-4**

工作区温升系数 $c=\frac{\Delta t_n}{\Delta t}$	地表面部分的冷负荷比例(%)	房间用途
0.16	0～20	天花板附近照明的场合：博物馆、摄影棚
0.25	20～60	办公室
0.33	60～100	置换诱导场合
0.4	60～100	高负荷办公室、冷却顶棚、会议室

地面区温升系数 k 可根据房间用途及单位面积送风量确定，表 2.2-5 列出了部分房间的 k 值。

部分房间地面区的温升系数 k **表 2.2-5**

工作区温升系数 $k=\frac{\Delta t_{0.1}}{\Delta t}$	房间单位面积送风量[$m^3/(m^2\cdot h)$]	房间用途及送风情况
0.5	5～10	仅送最小新风量
0.33	15～20	使用诱导式置换通风器的房间
0.20	>25	会议室内装饰

(4) 新风量的确定

1) 按室内人员确定新风量

$$L=nq \tag{2.2-8}$$

式中 n——室内人员数；

q——每个人所需新风量。

2) 根据室内有害物发生量确定新风量

$$L=\frac{G}{C_p-C_s} \tag{2.2-9}$$

式中　G——室内有害物发生量；

C_p——排风的有害物浓度；

C_s——送风的有害物浓度。

(5) 送风量的确定

根据置换通风热力分层理念，界面上的烟羽流量与送风流量相等，即

$$q_s = q_p \tag{2.2-10}$$

当热源的数量与发热量已知，可用下式求得烟羽流量：

$$q_p = (3B\pi^2)^{\frac{1}{3}}\left(\frac{6}{5}\alpha\right)^{\frac{4}{3}} Z_s^{\frac{5}{2}} \tag{2.2-11}$$

式中　$B = \dfrac{g\beta Q_s}{\rho c_p}$；

Q_s——热源热量；

β——温度膨胀系数；

α——烟羽对流卷吸系数；

Z_s——分层高度。

通风在民用建筑中的办公室、会议室等工作人员处于坐姿状态，分层高度 Z_1＝1.1m；工业建筑中的工作人员处于站姿状态，分层高度 Z_2＝1.8m。

(6) 送排风温差的确定

当室内发热量已知，送风量已确定时，送排风温差是可以计算得到的。在置换通风的房间内，在满足热舒适性要求条件下，送排风温差随着顶棚高度的增高而变大。欧洲国家根据多年的经验确定了送排风温差与房间高度的关系，如表 2.2-6 所示。

送排风温差与房间高度的关系　　　　**表 2.2-6**

房间高度/(m)	送排风温差/(℃)	房间高度/(m)	送排风温差/(℃)
<3	5～8	6～9	10～12
3～6	8～10	>9	12～14

(7) 置换通风的末端装置

1) 第一代末端装置

第一代末端装置主要考虑将新鲜空气以非常平稳而均匀的状态送入室内。实际应用中是在送风分布器出口处安装滤网，保证了送风的均匀性。常见的形状有圆柱形、半圆柱形、四分之一圆柱形和平板形送风分布器。圆柱形常用于大空间的建筑，布置在房间中央；半圆柱形、和平板形和平板形常靠侧墙布置；四分之一圆柱形则置于墙角。

该系统简单、造价低；为保证近风口区域没有吹风感，需增大送风面积以减小出风口速度，从而造成建筑物有效使用面积的减小；系统所能提供的冷量较小，不能满足负荷较大的场合。

2) 第二代末端装置

第二代末端装置是在不影响热舒适性并保证室内空气品质高于混合通风系统的基础上提高系统的制冷能力。为进一步提高置换通风系统的制冷能力，需要由其他介质来承担部分冷负荷。目前使用效果最佳的是以水作冷媒的冷却顶板系统。

在进行置换通风＋冷却顶板系统设计时，需要确定一个两者承担负荷的合适比例值，以在保证工作区空气品质的前提下，尽量提高工作区舒适性指标，增大系统制冷量，减少通风系统的动力损耗。国外大量的实验研究和工程应用表明，冷却顶板制冷量所占总冷量份额的上限一般定为 50%～55%是比较合适的，否则会影响置换通风气流组织。

3）第三代末端装置

第三代末端装置设有特殊的空气喷射器，可以将大量的室内空气与一次气流混合，提高了送风的冷却能力。喷射器可以安装在送风末端装置内，也可以在送风管内。室内空气与一次空气的大量掺混，可能会带来换气效率的下降，但只要将空气的混合限制在人员活动区域，其通风效率、换气效率还是要比传统的混合通风要高。

6. 置换通风的节能分析

一般认为，置换通风具有换气效率高，室内垂直温度分层明显等特点。对于置换通风是否节能，学术界尚有不同的意见。对此，我们将从以下几个方面进行分析。

（1）从置换通风夏季设计冷负荷及运行状况特性来分析

工作区负荷是指坐姿人体头脚高度范围内（0.1～1.1m）的冷负荷，该冷负荷值对于确定置换通风的设计参数至关重要，但要注意，它并不是置换通风的总冷负荷。如果认为置换通风的节能是它只要消除工作区的负荷，这是不正确的，因为工作区上部对室内空气的加热作用仍需要由空调箱来承担。

由于置换通风房间室内存在温度梯度，对于工作区应使其满足室内设计温度，在工作区以上，其温度值可以高一些。若房间高度较高，在屋顶附近，室内温度值可以等于或高于室外温度，置换通风房间的室内平均温度将会高于混合通风的房间。因此，相比于传统的混合通风方式，置换通风夏季设计冷负荷理论上应该是小些。

置换通风的送风温差比混合通风低，送风温度比混合通风高，回风温度比混合通风更高些。这样，制冷机组提供的冷冻水温度可相应提高，这首先可以提高制冷机组的性能系数，比混合通风节能。其次，对制冷机组而言，冷冻水温度提高，制冷剂蒸发温度也相应提高，这表明同一规格的制冷机组能够提供更大的冷量，这就可以降低制冷机组的规格，减少设备的初投资。

（2）从置换通风的送风量来分析

置换通风会产生热力分层，为了保证室内的舒适程度，坐姿人员的头脚温差应小于2℃。送到室内的送风量应该满足送风在消除工作区负荷后温度上升不能超过2℃。由此可知，置换通风的送风量由工作区负荷及可允许头脚温差的商来确定。混合通风的送风量取决于室内显冷负荷和送风温差的比值，在混合通风状态下，送风温差取值一般较大。

显然，要比较两者送风量的大小，就取决于上述两个比值的大小。如果房间的高度较低，工作区负荷占的比重比较大，由于混合通风的送风温差一般是可允许头脚温差的3～4倍，这时置换通风的送风量将比混合通风来得大很多。但如果对于高大空间，工作区负荷占总负荷的比重较小的话，这时置换通风的送风量将比混合通风稍大，或持平，甚至小一些，这主要取决于工作区负荷占总负荷的比重。

（3）从置换通风的新风量来分析

由于置换通风的通风效率更高，当保证同样的室内空气品质时，置换通风比混合通风所需的新风量更少。由于新风负荷在整个负荷中占较大的比例，因此这一项节约的能耗，将在整个能耗中占较大比重。

（4）从置换通风过渡季节的运行情况来分析

由于置换通风采用下送上回方式，新鲜空气直接进入工作区，允许工作区以上的设计参数高于室内设计参数，这使得过渡季节全新风运行而无需开启制冷机的时间可以更长。这一方面极大地提高了室内空气品质，另一方面所节约的能耗也是巨大的。

7. 置换通风几个问题的讨论

（1）热力分层高度的确定及控制

热力分层高度即图2.2-2中所示的上下两区分界面的高度。从采用置换通风的初衷来讲，这一分层高度是极为关键的。如何确定和控制这一高度是实现置换通风作用、保证高的通风效率和工作区好的空气品质的首要条件。分层高度主要由送风量和热源大小位置等因素决定，这些因素主要是改变羽状流动内的流量分布，使得分层高度相应的升高或降低。

送风量的影响是重要的，加大送风量可以使热力分层的高度上升。这是由于当送风量加大时，羽状流动必须发展到更高的高度时，其内部的流量才能与送风量相等，使得该层面上无其他的质量交换，因而提高了分层高度。

热源情况也是决定分层高度的重要因素。余热量加大则分层高度减小，这是由于当热源的强度增加时，产生自然对流的浮升力也相应增大，从而加强了羽状流动，使得加热的空气量增加，流速变大，羽状流动内的流量增加，降低了分层高度。

热源的位置对流量也有影响。当两个相等的热源距离较近时，它们产生的羽状流量并不是两倍于单一的热源，而是等于单一热源的 1.26 倍。

(2) 送风量的确定

与传统的上送风不同，置换通风工作区温度低于排（回）风温度，在计算风量时必须先考虑工作区垂直温度分布。一般认为，置换通风送风量可分两种情况对待：一是以控制工作区温度、排除热量为首要目的，不保证分层高度；二是排除污染物控制工作区最低浓度，首先要满足分层高度。

1) 第一种情况的计算方法

控制工作区温度梯度，限制垂直温度在允许舒适范围内，按照 ISO 7730，地板上方 1.1m 和 0.1m 之间温差不应大于 3℃，这是针对人员静坐的活动水平而定的。如果考虑人员主要是立式活动，则 ASHRAE 5592 建议离地 1.8m 和 0.1m 之间温差不大于 3℃，对办公室和计算机房等显然可按前者，但从保证可靠性出发，可以遵照 ASHRAE 5592 之建议。

2) 第二种情况的计算方法

对于前文所述的分界面，它实际上是具有一定厚度的过渡空气层。因此，在确定分界面高度时，除了保证上下分区界面的高度在呼吸线标高以上外，还应加上过渡层厚度的一半或全高。如果呼吸线标高为 1.5～1.6m，则分界面高度应控制在 1.85～2.1m，然而利用相关公式计算所需送风量。再根据计算所得送风量查看送风温差及工作区垂直温差。

(3) 置换通风在我国应用存在的问题

相比于欧美国家，我国商业建筑普遍存在人员密度过大、办公设备的发热量大、夏季室外环境温度也相对较高、围护结构的密封性及保温性相对较低等问题，从而给置换通风在我国的应用带来了一系列问题。

1) 热负荷大

由于受热舒适性的限制，置换通风可以负担的负荷较小。单纯的加大送风风量，会影响甚至破坏局部的气流组织，降低室内的空气质量。再者，过大的风速，会使得地面附近的新鲜空气层加速流动，加之其温度较低，从而在人的足部产生“吹风感”。相反，加大送回风温差，也会加大室内的垂直温度梯度，从而使人产生不舒适感。

针对这一问题，可以采用置换通风与冷却吊顶相结合的使用方式。冷却吊顶采用辐射方式作为重要的供冷手段，不破坏置换通风的气流组织，又可负担大量的负荷。但是，需要根据建筑的特点，控制冷却吊顶和置换通风所负担的负荷比例，否则会出现冷空气下沉，降低热力分层高度的可能性。

2) 湿负荷大

我国大部分地区处于亚热带地区，属于大陆性气候，夏季炎热，空气湿润，特别是南方，室外湿度偏高，形成闷热的环境。在这种条件下，由于建筑密封性差，从门窗渗透的无组织气流所携带的湿负荷较大，加大了通风除湿的任务。

置换通风送风温度高，通常只将新风适当降温后，就送入室内，因而其除湿能力有限。在现有条件下，为了避免冷却除湿再热过程的冷热抵消现象，可以采用固体除湿系统。

3）新风需要量大

人员密度大不仅形成了较大的热负荷，而且对新风的需要量也大大增加。如果采用集中送风，送风速度或空气湖的高度可能过大，影响热舒适性。可以根据置换通风的思路和方式，再次缩小控制区域，如采用工位空调的方式。

8. 置换通风的应用

（1）鄂尔多斯体育中心——游泳馆

如图 2.2-5 所示，鄂尔多斯体育中心——游泳馆观众席就是采用置换通风系统进行空调。送风末端装置，设在每个座位的下面近地面处，新鲜空气从座位底部水平送风，经设在观众席后面的回风口和顶部的排风口排出，形成一种下送上回的气流组织。

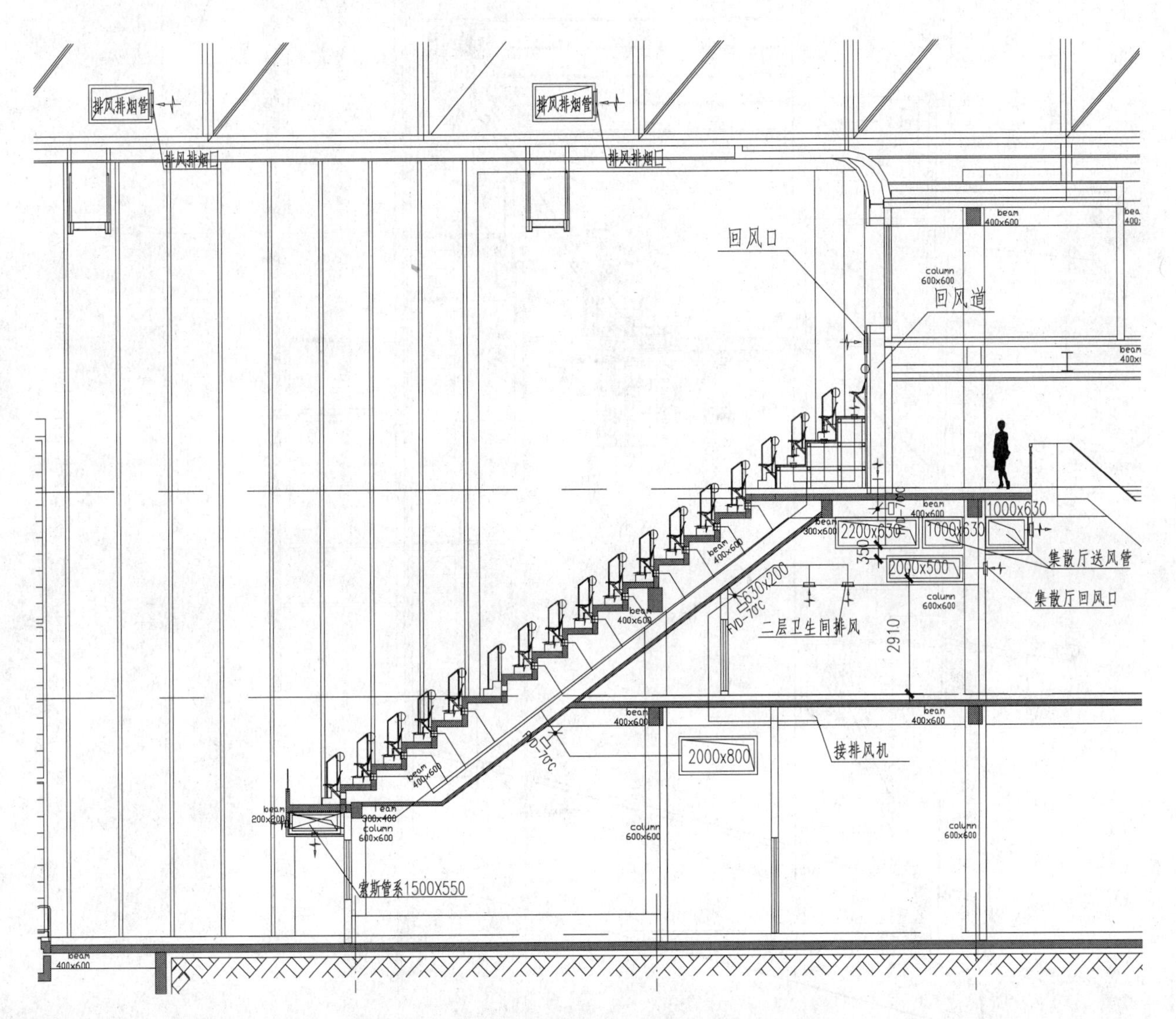

图 2.2-5　鄂尔多斯体育中心——游泳馆观众席剖面

（2）国泰艺术中心

如图 2.2-6 所示，国泰艺术中心观众厅也是采用座椅送风的置换通风系统。热湿处理后的新鲜空气经静压仓以较高温度从每个座椅下的送风柱以较低风速垂直送出，经人员自然对流形成热烟羽上升，从观众厅顶部的回风管排出，形成一种下送上回的气流组织。

上述两项工程的相关图纸如图 2.2-6～图 2.2-10 所示。

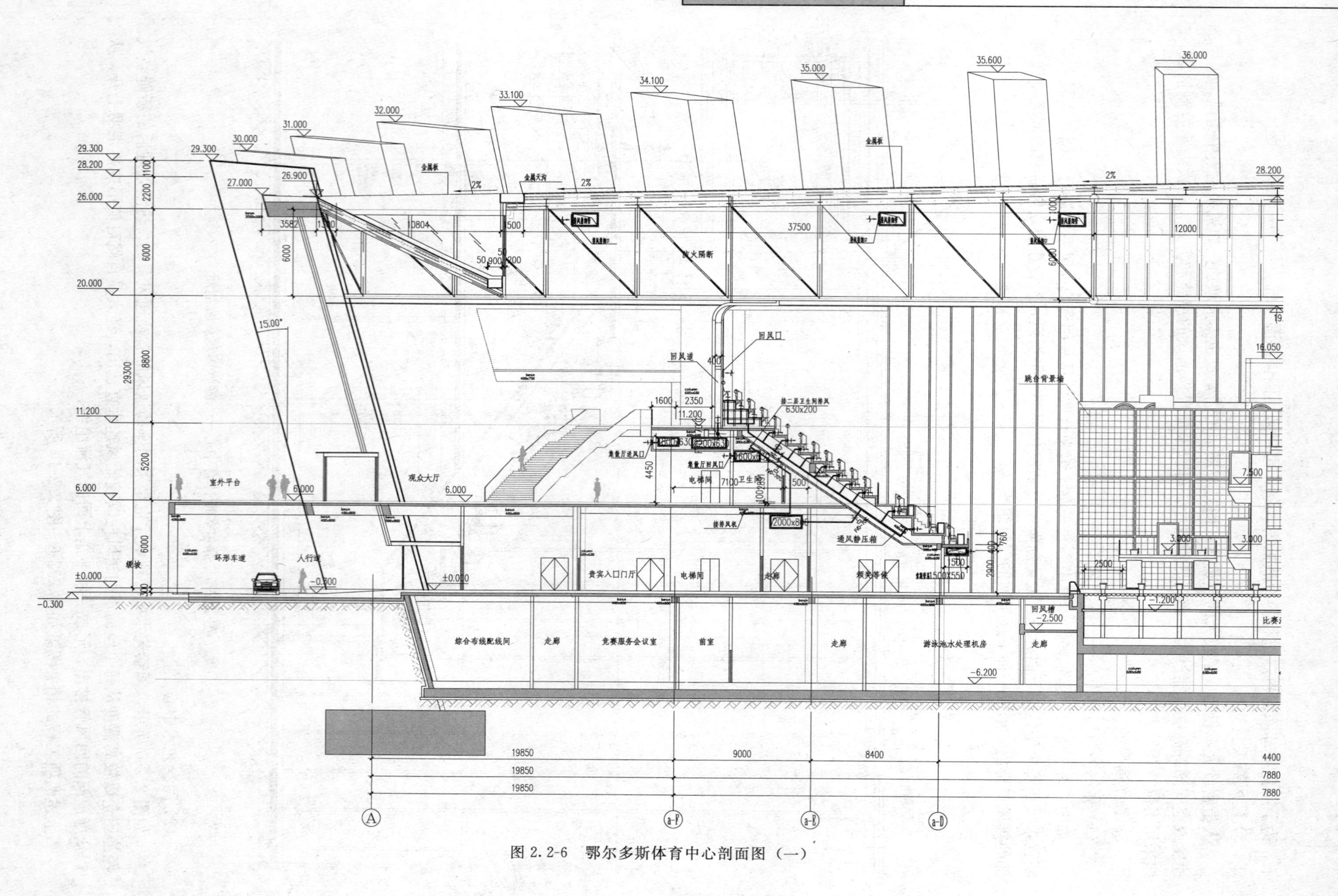

图 2.2-6　鄂尔多斯体育中心剖面图（一）

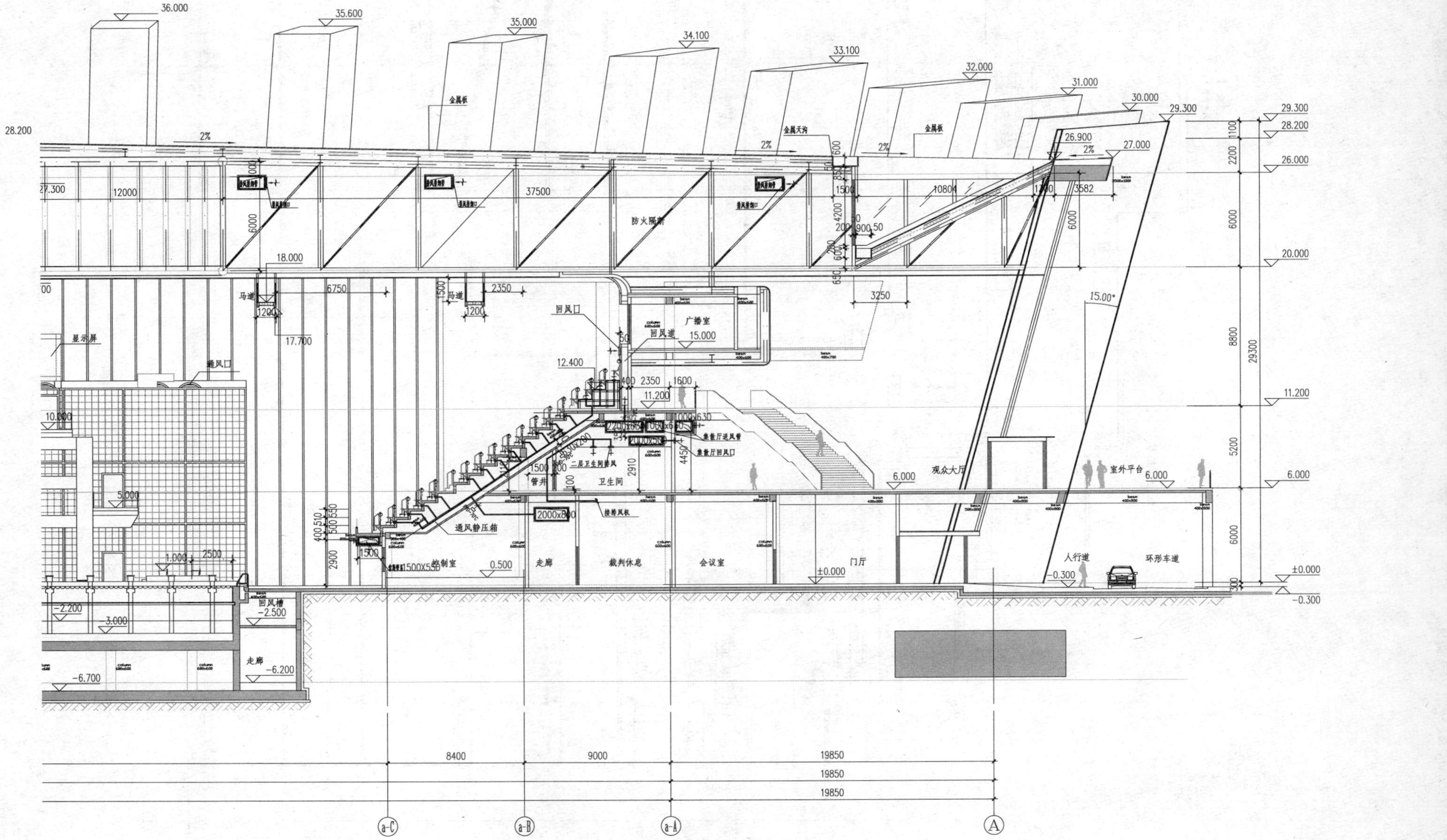

图 2.2-7　鄂尔多斯体育中心剖面图（二）

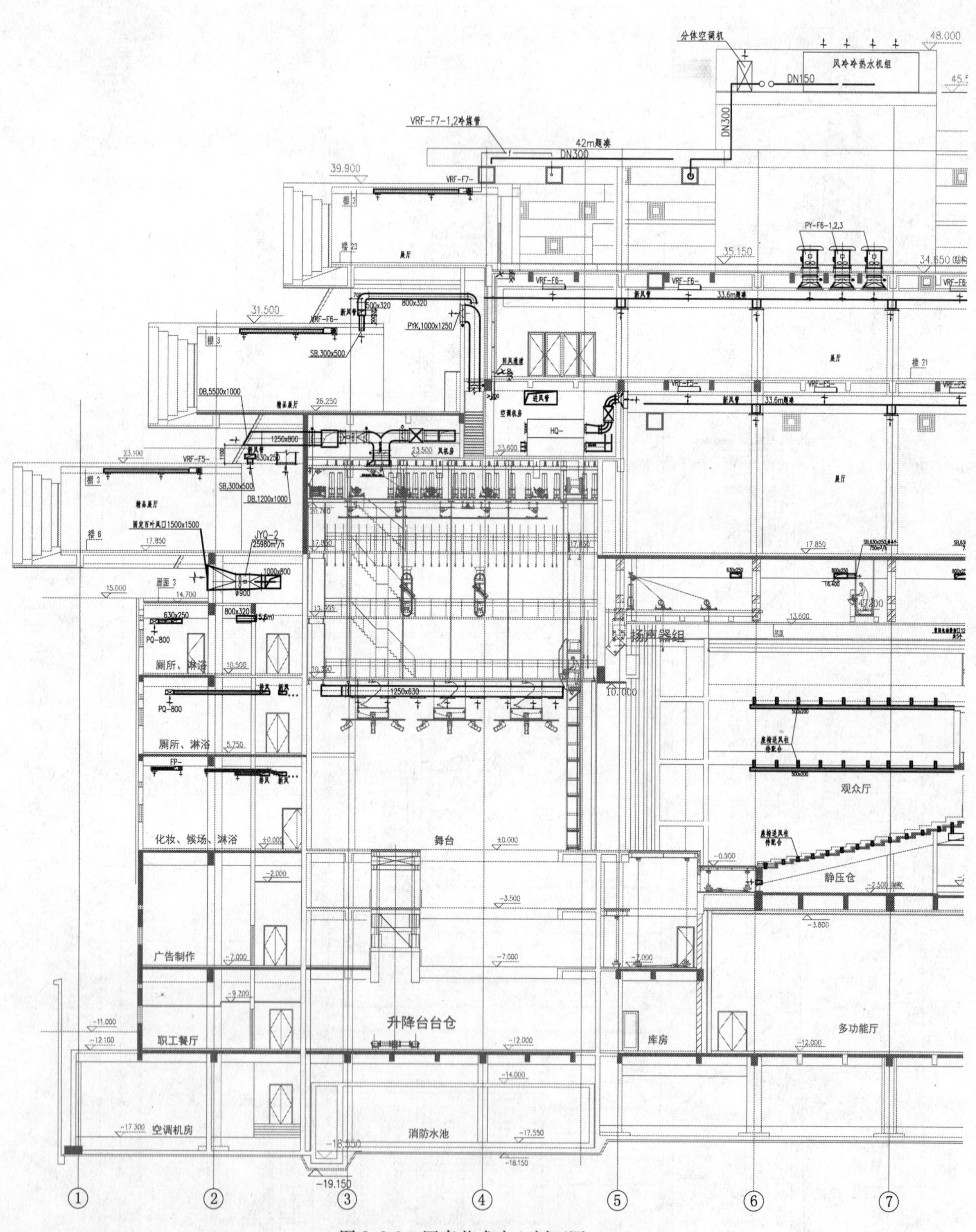

图 2.2-8　国泰艺术中心剖面图（一）

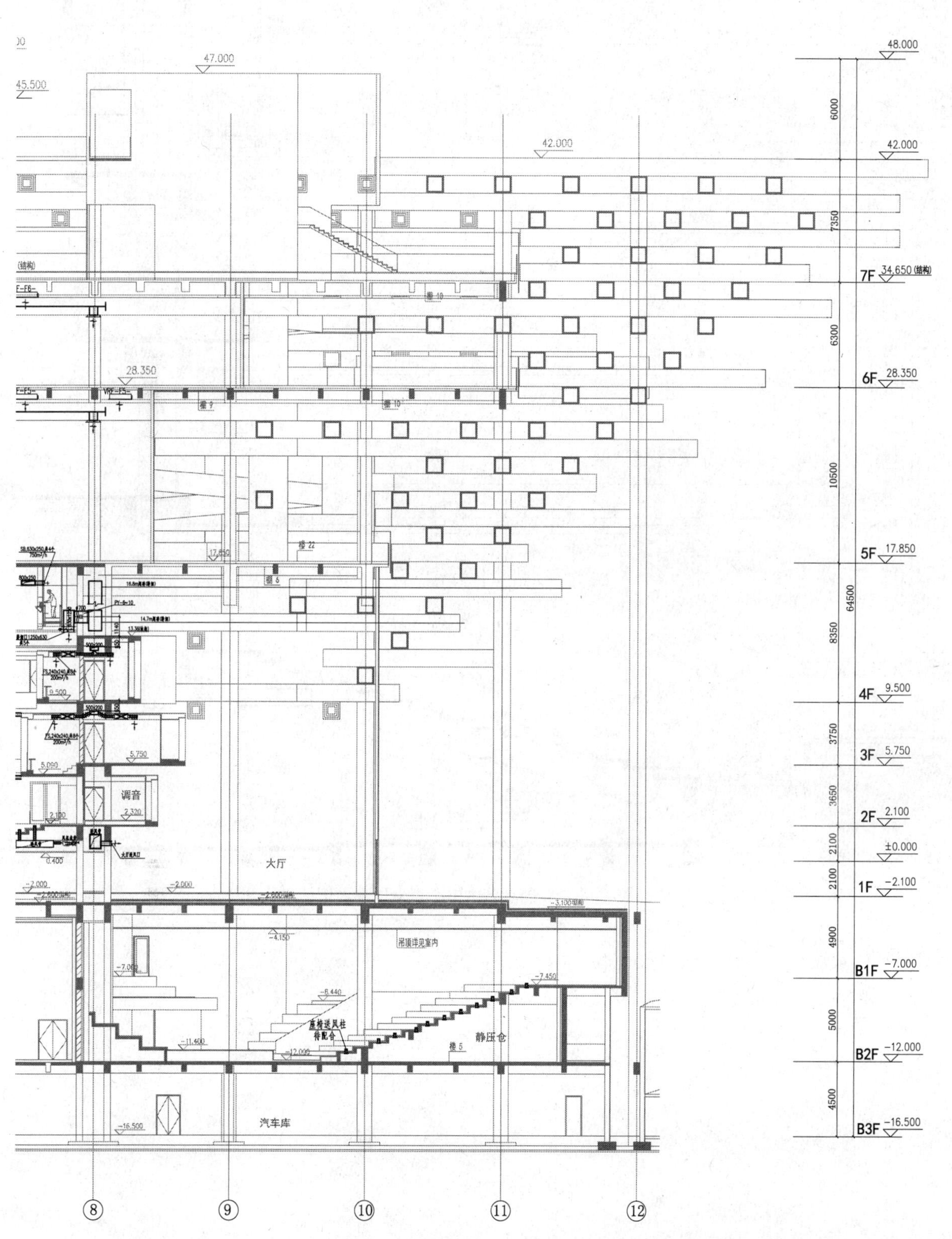

图 2.2-9　国泰艺术中心剖面图（二）

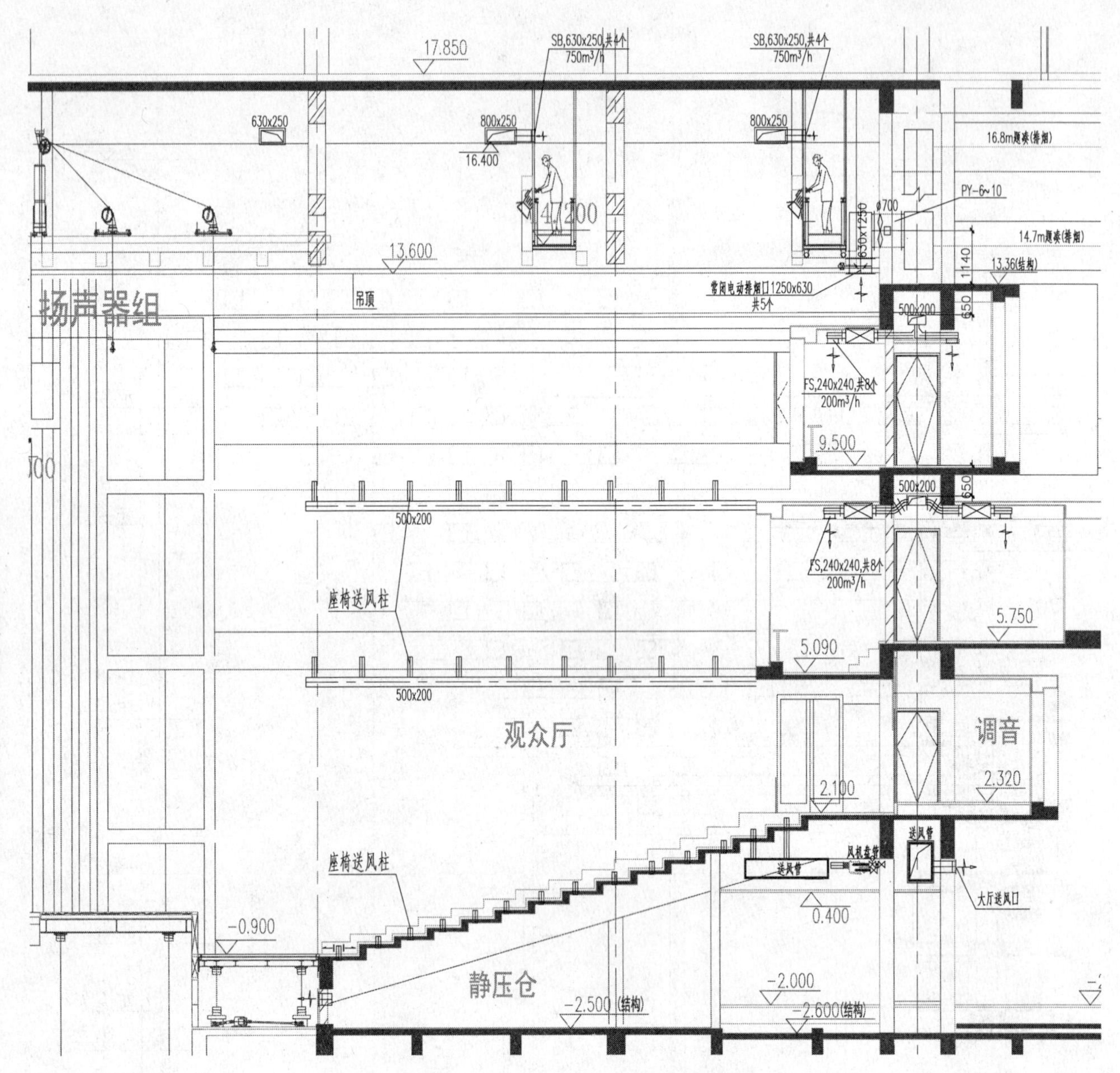

图 2.2-10　国泰艺术中心观众厅剖面图

2.3 太阳能热动力通风

工程案例：拉萨火车站[①]

1. 绿色理念及工程特点：

(1) 太阳能供热系统介绍

1) 能源、环保的要求

建筑节能是目前国家能源战略的一个关键措施之一，过多地使用人工能源，将对环境造成一定的影响。充分利用可再生能源，减少人工能源的消耗，对我国具有非常重要的战略意义。在高日照率、高大气透明度、高日照辐射强度地区，太阳能供热系统的利用，为可再生能源的使用提供了一种有效的途径。

2) 太阳能集热器产品情况——分类、特点

太阳集热器按其是否聚光这一最基本的特征来划分，可以分为聚光太阳能集热器和非聚光太阳能集热器两类。

聚光太阳能集热器的集热器面积大于吸收太阳辐射能的吸热面积。它能将收集到的太阳辐射能汇聚在面积较小的吸热面上，可获得较高的温度。但它只能利用太阳的直接辐射，且需要跟踪太阳。聚光集热器主要由聚光器、吸收器和跟踪系统三大部分组成。

非聚光太阳能集热器的集热器面积与吸收太阳辐射能的吸热面积相等。它能够吸收利用太阳的直接辐射和间接辐射能，不需要跟踪装置，结构简单、维护方便。由于它不具有聚光功能，因此吸热面上的热流密度较低，一般用在工作温度在100℃以下的低温热利用系统中。非聚光太阳能集热器是目前建筑太阳能热利用中使用最普遍、数量也最多的集热器，其发展历程大致可分为闷晒型太阳能热水器、平板型太阳能集热器、真空管型太阳能集热器三个阶段。

① 闷晒型太阳热水器阶段。闷晒型太阳能热水器把集热器和储热装置（水箱）合为一体，是一种既集热又储水的太阳热水装置。它通常是一个表面涂成黑色的储水容器，黑色表面吸收太阳辐射能，将里面储存的水加热。它的结构简单，制作方便，造价低廉，经济适用，但热效率低。

② 平板型太阳能集热器阶段。20世纪70年代开始，随着世界性的能源危机日趋严重，许多国家在太阳能利用技术的研究和开发上投入不少的人力和物力，平板集热器不断得到完善和发展。板芯材料和结构从最早的板管式、扁盒式到铝翼式，再到铜铝复合式、全铜式；表面吸收涂层从非选择性涂层黑板漆，发展到各种选择性涂层，如铝阳极氧化、镀黑镍、镀黑铬等；透明盖板从普通玻璃发展到钢化玻璃，从玻璃钢到高分子透明材料。目前，国内外使用的平板型太阳集热器主要是全铜板芯和铜铝板芯的平板集热器。

③ 真空管型太阳能集热器阶段。为了进一步减少平板集热器的热损失，提高集热温度，人们又开发成功了多种真空太阳能集热管。其吸热体被封闭在高真空的玻璃真空管内，从而大大提高了热性能。一般平板太阳能集热器的热损系数为4～6W/(m^2·℃)，产热水温度低于70℃；而真空管型集热器的热损系数小于1W/(m^2·℃)，热水温度可达到100℃。将若干支真空太阳能集热管组装在一起，就构成了真空管太阳能集热器。为了增加太阳光的采光量，有的真空管太阳能集热器还在其背部加装了反光板。

全玻璃真空管集热器和热水器已经成为我国太阳能热水器行业的主流产品。近年来，又推出了内置U形金属流道的U形管真空管集热器和内置热管的真空管集热器，从而丰富了全玻璃真空管集热器的种类，解决了全玻璃真空管集热器存在的玻璃管破碎漏水和不能承受太高工作压力的问题。

(2) 太阳能供热系统设计

---

① 工程负责人：金健，男，中国建筑设计研究院，高级工程师。

下面以拉萨火车站为例，对太阳能供热系统的设计进行简单的阐述，供广大设计人员参考。

2. 工程概况

拉萨火车站位于西藏自治区首府拉萨市拉萨河南岸，是刚刚建成的“青藏铁路”的终点站。由中国建筑设计研究院承担主体设计，2006 年 7 月正式使用。

(1) 建筑情况

该工程属于交通类公共建筑，总建筑面积 19504m²，地上共 2 层，建筑总高度 21.4m。其中地上一层分别为：旅客进站大厅、候车厅、售票大厅、出站大厅、贵宾候车厅、行包托取厅、办公用房等房间，除大堂外，房间层高为 4.5m；地上二层分别为：综合商业、餐厅、办公用房、行包库等房间，层高 4.5m。地下一层主要房间为：机电用房、平战结合的人防工程等。

工程外形如图 2.3-1 所示。

图 2.3-1 拉萨火车站外形

(2) 建筑热工

该工程为多层公共建筑，考虑到建筑所处的特殊地理位置以及其能源现状特点，同时也为了实现环保、节能的总体目标，该工程建筑热工设计按照《公共建筑节能设计标准》的要求进行。一些主要的建筑热工参数如下：

外立面玻璃：Low-E 玻璃，传热系数为 2.5W/(m²·K)，外墙传热系数为 0.50W/(m²·K)，屋面传热系数为 0.65W/(m²·K)，架空楼板传热系数为 0.50W/(m²·K)。良好的建筑热工设计为该工程采暖系统充分利用太阳能创造了一个较好的条件。

(3) 采暖设计参数与热负荷

1) 冬季采暖系统设计参数的选择

根据规范的规定，民用建筑的主要房间的采暖设计温度为 16～24℃。在该工程中，对一些房间的采暖设计参数进行了适当的调整，主要考虑到以下因素：

室外空气非常干燥，相对湿度只有 28%。由于该建筑在实际使用过程中，外门等经常处于开启状态，自然通风情况较好，自然通风量较大。如果维持较高的设计室温，当室内人数较少时，室内相对湿度非常低，人员的舒适性受到一定的影响（从当地的实际情况调研也反映出同样的问题）。

该建筑的一些主要房间，如：入口大厅、购票大厅、候车大厅等，都是人员的临时停留场所，从实际使用需求来说，冬季采暖设计温度也可以适当降低。

该工程考虑以地板辐射采暖为主的方式，人员的“体感温度”必然高于室温。根据《北京市低温地板辐射采暖应用规程》规定，计算室温可以比规定值低 2℃。

因此，结合上述主要原因和实际情况，选取的主要房间室内采暖设计计算温度（空气温度）和实际计算的体感温度如表 2.3-1 所示。

室内温度及热负荷 **表 2.3-1**

序号	房间名称	计算温度(℃)	热负荷(W)	体感温度(℃)	备注
1	会议室	12℃	2474	15℃	略长时间停留场所
2	售票大厅	10℃	58111	12℃	短时间停留场所
3	普通候车厅	12℃	63441	14℃	略长时间停留场所
4	商店、咖啡间	12℃	48222	15℃	略长时间停留场所

续表

序号	房间名称	计算温度(℃)	热负荷(W)	体感温度(℃)	备注
5	游客进站广场	12℃	63438	13℃	短时间停留场所
6	母婴候车厅	14℃	4690	16℃	使用标准相对较高
7	贵宾候车厅	14℃	4123	16℃	使用标准相对较高
8	出站大厅	8℃	46496	10℃	非人员停留场所

2）采暖负荷计算结果

根据建筑热工和上述采暖设计参数，对该工程在典型设计日条件下的采暖负荷进行逐时计算，结果如表 2.3-2 所示。

典型设计日采暖热负荷计算结果（单位：kW） **表 2.3-2**

时刻	0:00	1:00	2:00	3:00	4:00	5:00	6:00	7:00
热负荷	762	806	839	861	880	884	880	847
时刻	8:00	9:00	10:00	11:00	12:00	13:00	14:00	15:00
热负荷	788	707	618	534	461	418	399	392
时刻	16:00	17:00	18:00	19:00	20:00	21:00	22:00	23:00
热负荷	396	403	421	439	465	494	520	549

典型设计日要求的总供热量为 14763kWh/d。

3）室内采暖系统设计

该工程采用以地板辐射采暖为主的方式，除了前述的舒适性等原因外，还考虑到这是充分利用“低位”热源的方式。为了有效利用低温热水，在该工程条件下，按照地板辐射埋管最小间距不小于 150mm 的要求，同时考虑有效布管面积为房间面积的 80%。对各房间的供水温度进行计算后得出，除极个别房间要求水温为 45～50℃外，建筑内几乎全部房间所要求的采暖热水供水温度均不超过 40℃。因此，采暖系统的设计供/回水温度确定为 41℃/36℃。对于极个别房间，设计人认为如果因此而提高全楼的供水温度，对于太阳能集热系统的要求将大幅度提高，显然是“得不偿失”的。通过其他辅助采暖措施来保持这些房间的室温（如设置局部采暖方式）更为合理。

在确定采暖系统的供/回水温度之后，反过来重新计算和确定不同房间的实际管道间距。这种方式带来的最大优点在于：在保证各房间达到使用要求的前提下，尽可能降低了地板采暖供水温度，以利更好地符合充分利用太阳能的设计原则。

(4) 集热系统设计

1）集热器设置

集热器通常布置在建筑的屋面上。根据该工程的具体情况，共分为四个区域布置集热器。从平面上看，分别在Ⅰ、Ⅱ、Ⅲ区的屋顶；从高度上看，主要有低区（Ⅰ、Ⅲ区屋顶）和高区（Ⅰ、Ⅱ、Ⅲ区屋顶）两个位置。

集热器的朝向是决定集热器集热能力大小的一个重要因素，但由于公共建筑对外立面等的相关要求，完全做到理想的角度有时是不现实的。从该工程的实际情况来看，大部分集热器只能按照 18°布置才能满足建筑立面的需求。

在可提供的安装集热器的屋面面积确定的条件下，如何通过最合理的布置集热器使得整个集热系统的集热量最大，是一个值得认真研究的问题，除了与安装角度有关外，它还与集热器本身的尺寸、大小有关。由于不同的产品尺寸和性能的不一样，为了设计的通用性，该工程没有直接给出限定的安装角度，而是根据不同的区域要求，给出不同的屋顶面积和集热器顶部限高，同时给出了系统要求的集热量。这样，不同厂家都可以参加投标，只要经审核满足要求即可。

2）集热量和集热面积

为了保证该工程的需求，在调查了解了各种现有较好的集热器的效率，同时按照18°考虑安装角度的影响之后，按照30%的集热效率来设计。

因此，对于典型设计日，太阳能集热器的集热量按照5465kJ/(m^2 · d）计算。在阴天或多云情况下，经过咨询，决定按照10%的集热能力考虑，即：阴天的集热量为547kJ/(m^2 · d)。

根据气象参数，计算出冬季拉萨典型设计日各时刻集热量如表2.3-3所示。

单位面积集热器逐时集热量表（W/m²） **表2.3-3**

时刻	6:00	7:00	8:00	9:00	10:00	11:00	12:00
晴天	25.4	64.4	102.2	136	162.2	177.7	182.3
阴天	2.5	6.4	10.2	13.6	16.2	17.8	18.2
时刻	13:00	14:00	15:00	16:00	17:00	18:00	全天合计
晴天	177.7	162.2	136	102.2	64.4	25.4	1518.3(Wh)
阴天	17.8	16.2	13.6	10.2	6.4	2.5	151.8(Wh)

根据全天集热量和集热能力的要求，经计算，所需要的集热器面积为9700m²，屋顶实际可布置的集热器面积为6720m²。典型设计日采暖负荷（见表2.3-2）与实际集热量（见表2.3-3）的关系如图2.3-2所示。

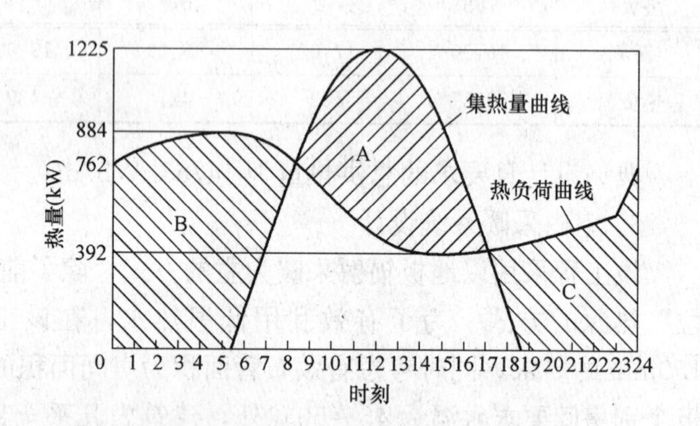

图2.3-2 设计日负荷与实际集热量的关系

从图2.3-2中可以看出，如果关系式 $A \geqslant B+C$ 成立，那么该工程就可以在典型设计日完全依靠太阳能进行采暖，但是，从对集热器面积的计算要求来看，全天太阳能的集热能力只有10203kWh/d，显然，还需要其他热源才能满足使用要求。

3）集热系统

为了使得工程的招投标工作能够顺利进行，在设计中必须考虑到产品的通用性问题。从上面的介绍中可以看出，不同形式的太阳能集热器在功能上是不一致的。例如：由于二次换热原因，采用乙二醇水溶液的集热系统（闭式系统）在集热效率以及出水温度方面相对不利，但正是这一原因，它具有较好的冬季防冻功能，这样在夜间可以不用放空集热系统；采用普通水的集热系统（开式系统）的特点则正好相反。由于这两种系统目前在工程中都有所应用，对于该工程来说，在设计阶段评价其优劣还不具备充分的条件。因此，本设计首先要考虑的是：在无法确定最终订货设备厂家（由于此产品的特殊性，订货的厂家与设备的特性是密切联系在一起的）的情况下，从安全的角度出发，暂时按照开式系统进行设计，因此系统中必须考虑夜间的“放空”问题以防止冻结。如果甲方最终选择闭式系统，本设计留有对系统进行必要的调整的余地。

在开式系统中，必须考虑到不同集热器的安装高度问题。如果安装高度相差较大的集热器设置于同一个系统之中，在水力平衡、运行控制方面都可能出现问题。因此，本设计分为了高区和低区两个大的集热系统。

4）设计集热水温度

对集热水温度的要求与室内供暖温度的需求是密不可分的，从使用意义上说，室内供暖水温是确定集热水温的决定性因素，因为不能满足使用要求的“节能”是没有意义的。但是，从太阳能利用的特点来看，要维持“大流量”条件下的“高温”集热水是困难的，甚至是无法做到的。因此，可以认为太阳能作为供暖使用时，其提供的是相对“低位”的热源。如何利用好这个“低位”热源，是提高太阳能利用率的关键。

从采暖系统来看，低温的集热水实际上是要求室内采暖供水温度尽可能降低，显然，地板辐射采暖系统具有这样的特点。结合前述，该工程对集热系统的水温要求是：供水温度为40℃，出水温度为50℃。

(5) 蓄热系统设计

尽管太阳能是一个非常充足的能源，但其存在一个重要的特点：单位面积的能量密度随时刻有很大的变化，这导致不是任何时候都能够“按需索取”的。从采暖来看，通常采暖负荷出现的最高值在夜间，即使对于办公楼这种典型的、主要在白天使用的建筑，我们也有理由认为，需要的最大供暖能力应该在上班时出现（非工作时间可以保持相对较低的室内温度），而太阳辐射的最大能量则出现在中午时刻。主动充分利用太阳辐射能进行供暖的一个有效方法就是设置蓄热系统。

结合该工程实际情况来看，设计中对两种蓄热方式进行了一定的方案比较。

1) 利用土壤蓄热

通过在土壤中埋设塑料管道，将多余的热量储存在室外土壤之中，在需要时从中取出热量进行供热。此方式的优点是：可以将一部分夏季的热量储存于土壤之中，由于土壤是一个巨大的蓄热体，可以根据要求提供很大的蓄热量。

但是，土壤蓄热存在的问题也是比较明显的：①目前尚无准确的计算方法来详细计算土壤的全年热平衡，因此对于蓄热温度和取热温度等参数上存在一些不可预知因素；②对土壤体积的需求量较大，在该项目中实现起来有一定困难；③通过计算表明，如果利用土壤蓄热，由于土壤存在的热损失而需要集热器增加约30%以上的面积（与后面提到的水蓄热相比），投资有较大的增加。

2) 水蓄热方案

按照典型设计日全天热平衡的思路，在白天，利用太阳能直接供热，同时将白天多余的集热量以热水形式蓄存，用于不同时刻（如夜间）的供暖需要。由于集热器面积有限，该工程采用部分负荷水蓄热方案。经计算，典型设计日白天供热量14763kWh，蓄热量为4560kWh，在考虑蓄热水温差为5℃和15%的蓄热损失的条件下，计算要求的蓄热水箱体积约为1000m^3。从投资和全年电费来看，水蓄热只有前述采用土壤蓄热方式投资的60%左右，电费的70%左右。并且该系统较为可靠，运行管理相对方便。

该系统的不足之处是需要占用一定的室内建筑面积。

3) 蓄热系统设计

在该工程地下室建设混凝土蓄热水箱，除了蓄热所需要的容积外，该水箱还考虑到对于在夜间将开式集热系统水全部放空至水箱所需要的容水量和一定的非存水高度，因此，水箱实际空间容积接近1500m^3。

(6) 取热系统

设计采用板式换热器作为换热设备，其设计水温参数为：一次水（集热水）40℃/50℃，二次水（采暖水）41℃/36℃。

如前所述，采用换热方式显然对于太阳能的利用还不是最充分的。如果考虑将集热水直接作为室内采暖热水，实际上对集热系统的要求可以更为降低，也会更有效的提高集热效率。但是，设计人认为，不论集热系统是开式还是闭式系统，由于地板辐射采暖是一个闭式系统，将两者分开，在运行管理上会带来更多的优点。如果不分开，开式集热系统显然不适合于有“闭式”要求的室内采暖系统；而闭式集热系统的防冻液也不宜直接作为采暖热媒。

该工程集热、蓄热及取热系统如图2.3-3所示。

(7) 设计总结

太阳能是一个取之不尽、用之不竭、并且利用过程中不会造成环境污染的清洁能源，在我国目前的能源紧张和国家大力推行建设“节约型社会”、“四节一环保”的形势下，积极推动太阳能的利用有着积极的意义。按照拉萨地区冬季日照率77%计算，如果对于一个采用全负荷蓄热的、利用太阳能采暖的建筑而言，理论上可以节约70%以上的冬季采暖能耗，这是相当可观的。在利用过程中，要注意以下几点：

1）蓄热系统

对于采暖而言，太阳能的逐时分布情况与采暖负荷的逐时分布情况在性质上几乎是“相反”的（太阳能的最大值时刻正好是采暖负荷的最小值时刻）。因此通常来说，应该考虑蓄热措施。

2）“低位”能源系统

由于目前在流行的太阳能集热器产品在集热效率等方面还处于较低的水平（大多数不超过40%），因此，目前我们所利用的太阳能仍然是以“低位”能源为出发点来考虑的，这就要求在利用过程中尽量考虑到这一特点才能有效提高集热效率和利用效率。从采暖来看，集热水的相对低温对于散热器采暖存在一定的限制条件，但对于地板辐射采暖系统则是比较吻合的。因此建议将此二者相结合来考虑。

3）辅助热源

太阳辐射强度与天气情况等密切相关，并不是任何时候都能“随心所欲”地利用太阳能。即使以拉萨77%的日照率来说，仍然有23%的时间不能充分利用太阳能，这时必须设置相应的辅助热源，才能保证建筑采暖的正常需求。在本设计中，辅助热源容量按照以下两者计算结果的较大值设置：

典型设计日全天平均装机容量 q_1（kW）：

$$q_1 = [\text{典型设计日供热量(kWh/d)} - \text{晴天总集热量(kWh/d)} \times 10\%]/24$$

各时刻集热量 $q_{i,j}$ 与各时刻热负荷 $q_{i,f}$ 的差值中的最大者 q_2（kW）：

$$q_2 = \max(q_{i,j} - q_{i,f})$$

经计算，该工程辅助热源的装机容量为880kW。

4）采暖系统运行策略

以太阳能利用为优先，充分利用绿色能源。

5）夏季太阳能的利用与相关措施

夏季太阳能比冬季更为丰富，充分利用它是更为有效的节能措施。

对于夏季需要空调、冬季需要供暖的地区或建筑，利用集热系统在夏季提供用于吸收式冷水机组的热量（从时刻来看，其可以利用的能力与空调冷负荷的特点是比较吻合的），是一种有效的节能方式。当然，这要求对有关产品进行进一步的研究，开发出能够提供“高位”热源的太阳能集热设备。这种方式也使得集热设备的利用率大幅提高，投资回报更加合理。同时，也有助于提高集热器的使用寿命。

由于该工程夏季不需要空调，因此，主要用途是冬季供热。但是，考虑到火车站的工作需要以及将来的周围环境（商业需求等等），在夏季可以为生活热水提供热源。当然总的来看，这部分的需求远不如冬季供热量，可能有部分集热器处于夏季不工作的状态。对于集热器而言，长时间无水情况下“暴晒”，其使用寿命将受到影响。因此，该工程要求厂家还要提供对夏季不使用的集热器的有效遮阳措施。

除上述外，在夏季，该工程还通过与建筑设计的结合，在建筑的夏季自然通风竖风道中设置加热水管，利用集热水对竖风道中的空气进行加热，提高自然通风的能力，改善了室内空气的环境，从某个角度来说，也减少了室内风机的全年运行能耗。

节能效果　拉萨火车站建成至今运行状况良好，节能效果显著。经过实际测量，11月某日全天太阳能集热量为10203kWh，以此作为推算，整个采暖季（整个采暖季按照40%左右为阴天，阴天实际集热量按照晴天的10%计算）节能数据如表2.3-4所示。

节能数据 表 2.3-4

节约能耗（kWh）	节约标准煤（t）	减少 CO_2 排放（kg）	减少 SO_2 排放（kg）	减少 NO_x 排放（kg）
982714	1.2×10^5	3144×10^5	10.2×10^5	8.88×10^5

3. 相关图纸

该工程主要设计图如图 2.3-3～图 2.3-10 所示。

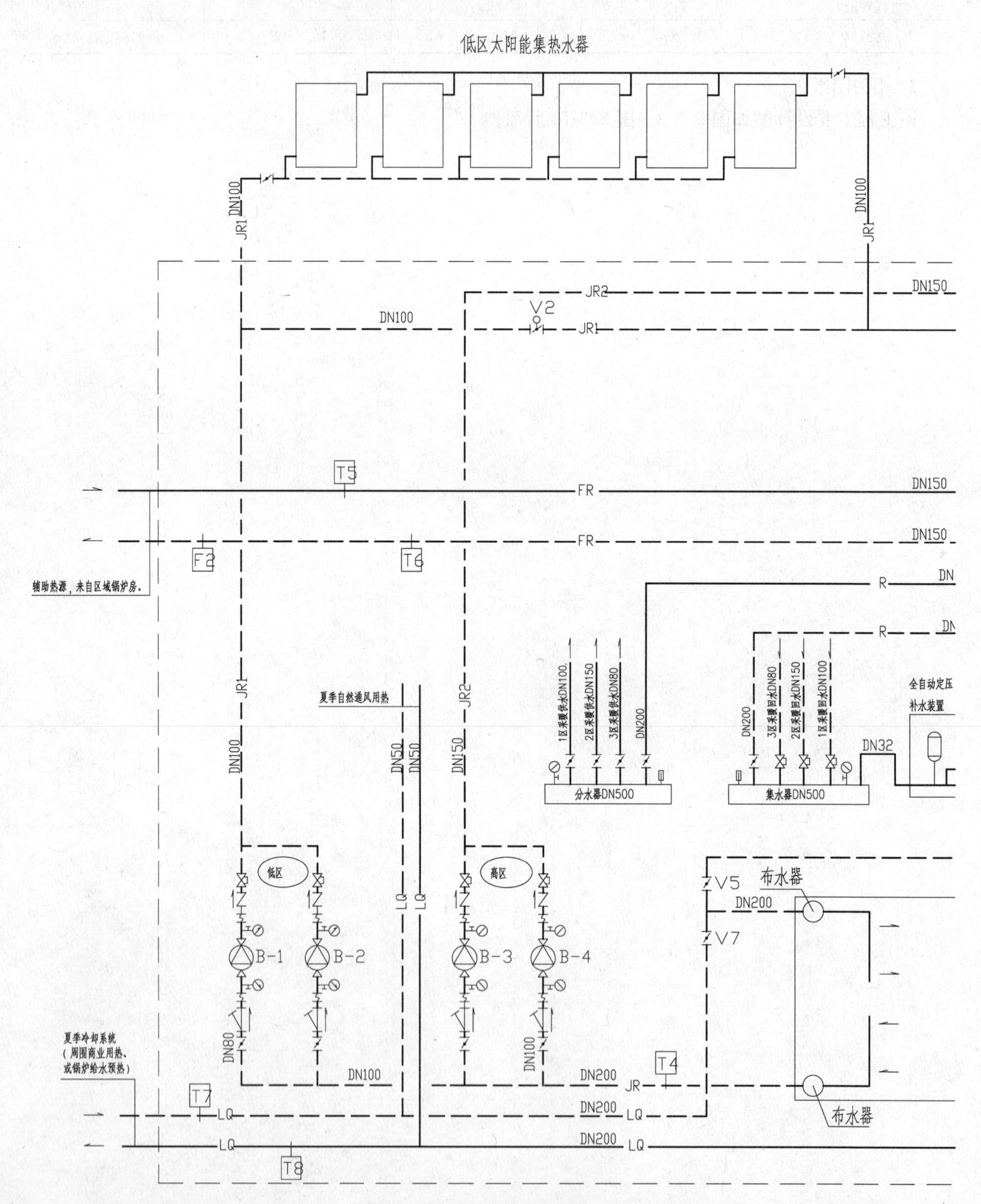

图 2.3-3　采暖系统原理图（一）

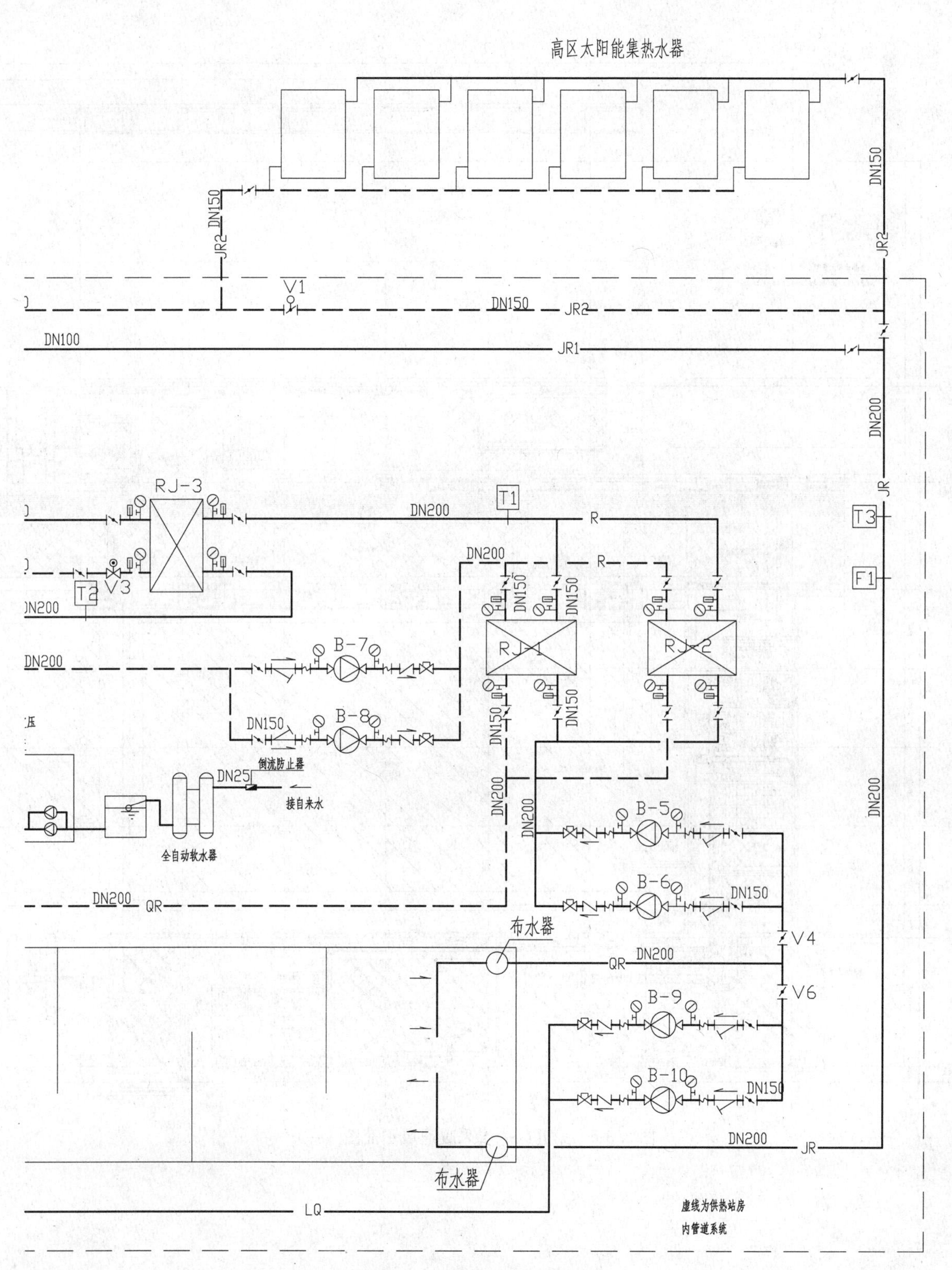

图 2.3-4 采暖系统原理图（二）

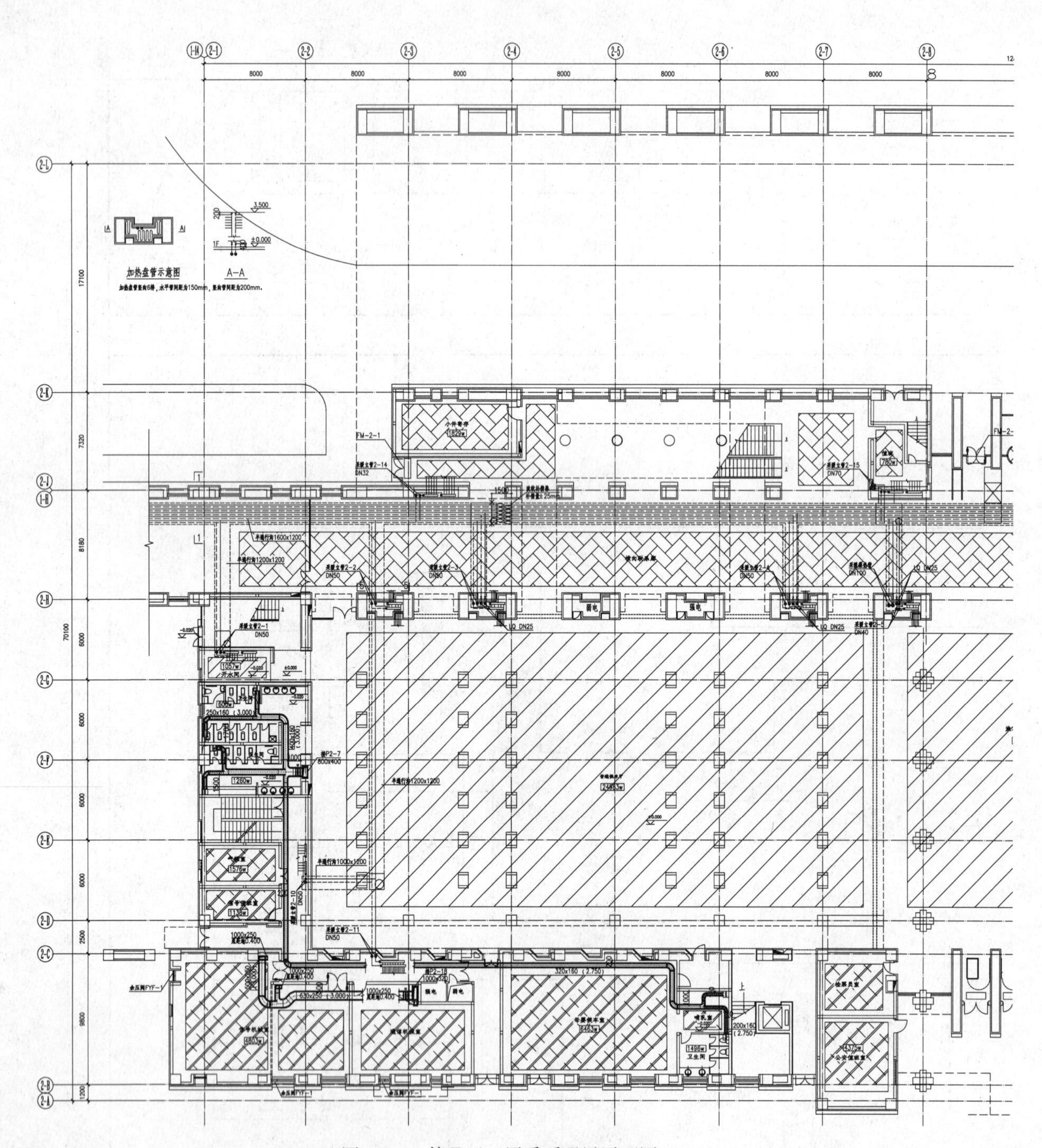

图 2.3-5　第Ⅱ区一层采暖通风平面图（一）

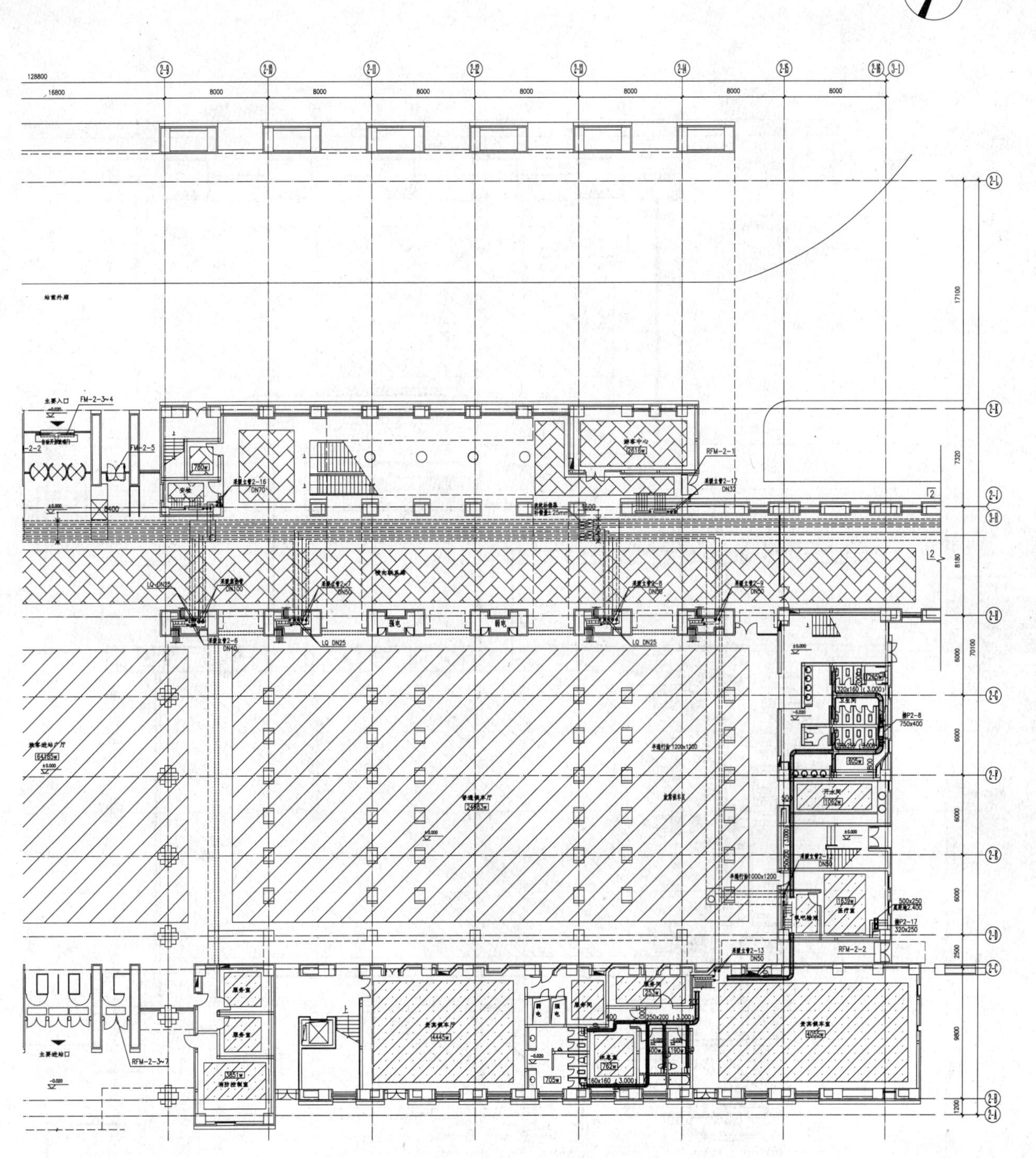

图 2.3-6　第Ⅱ区一层采暖通风平面图（二）

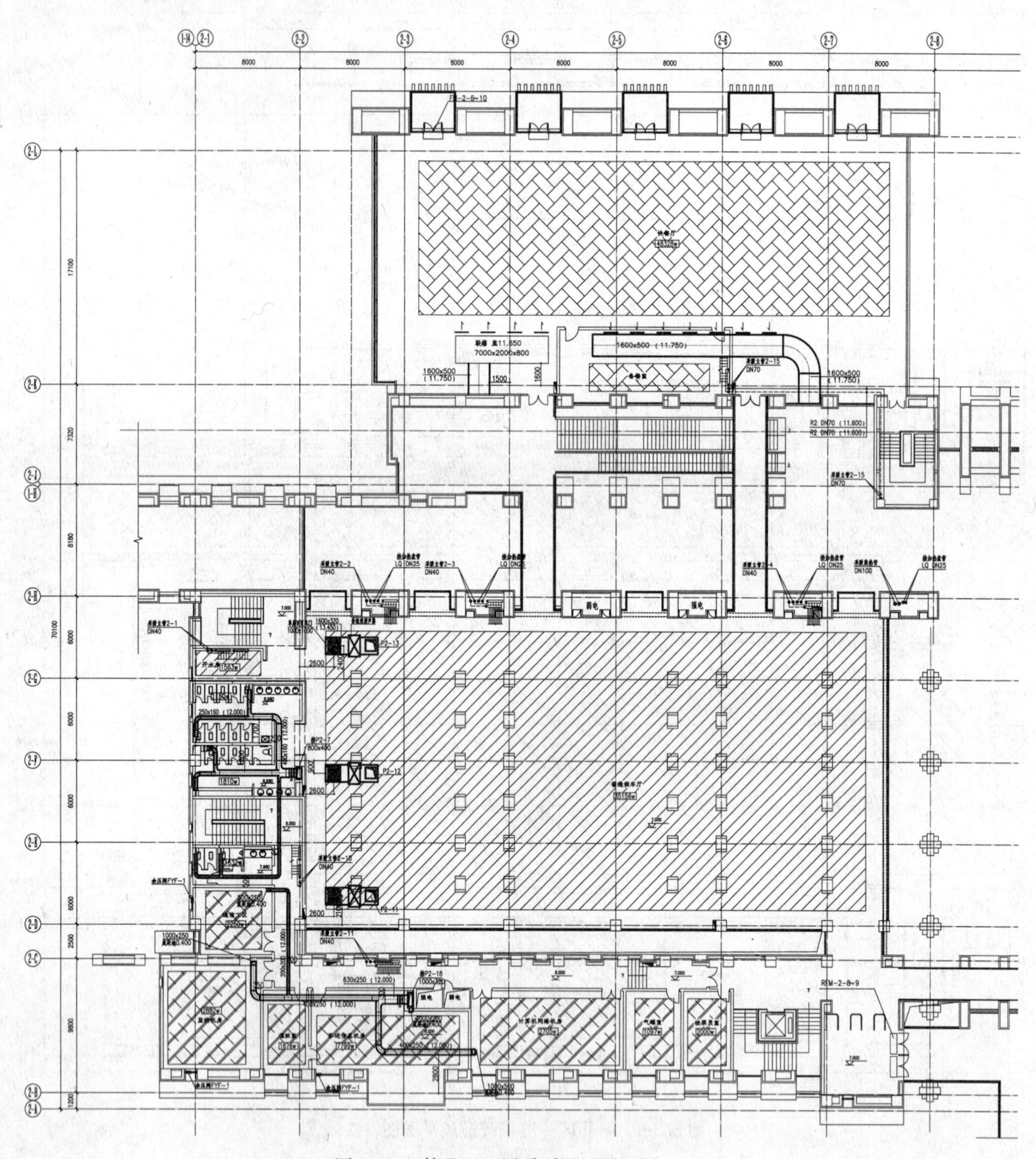

图 2.3-7　第Ⅱ区二层采暖通风平面图（一）

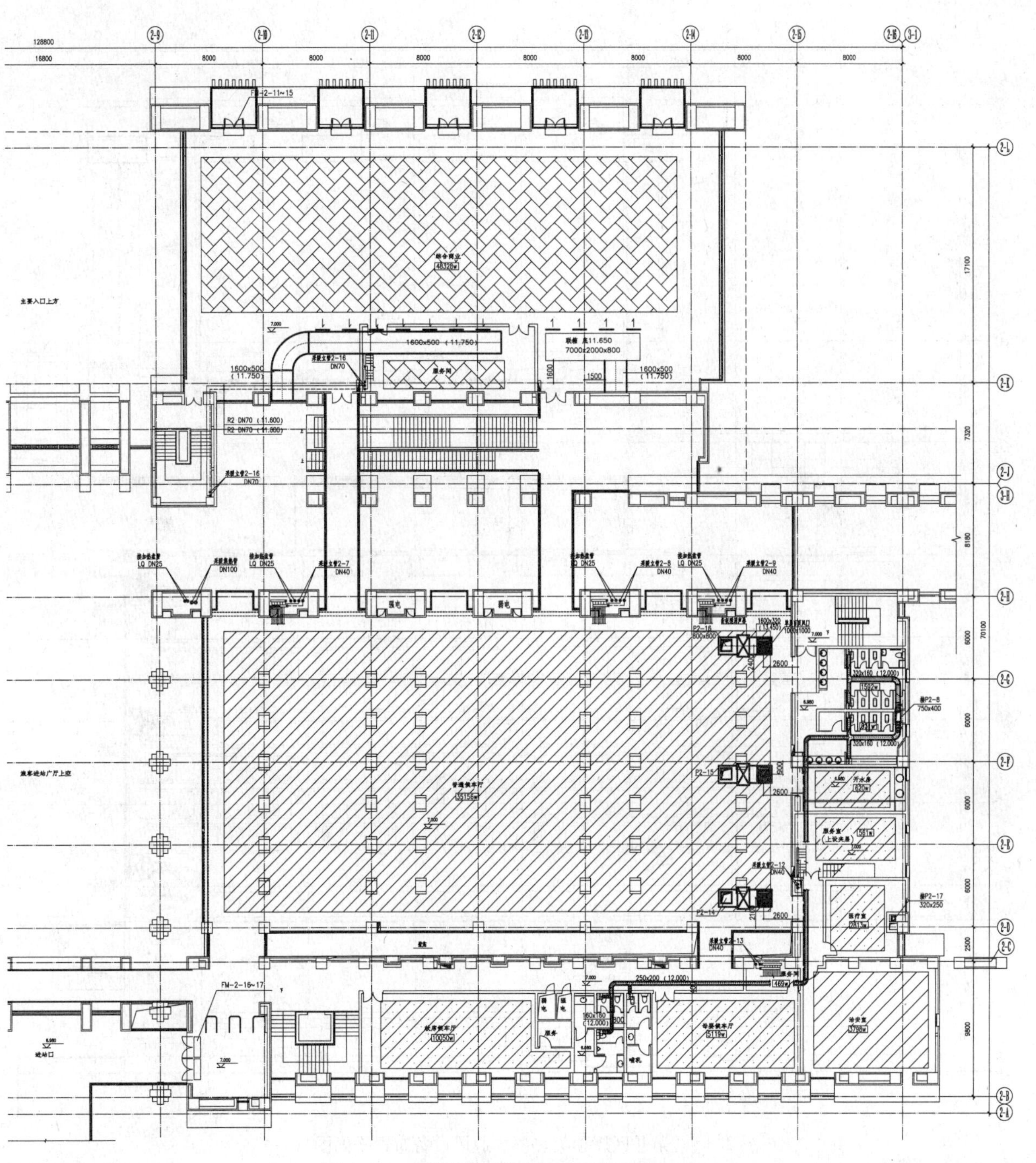

图 2.3-8 第Ⅱ区二层采暖通风平面图（二）

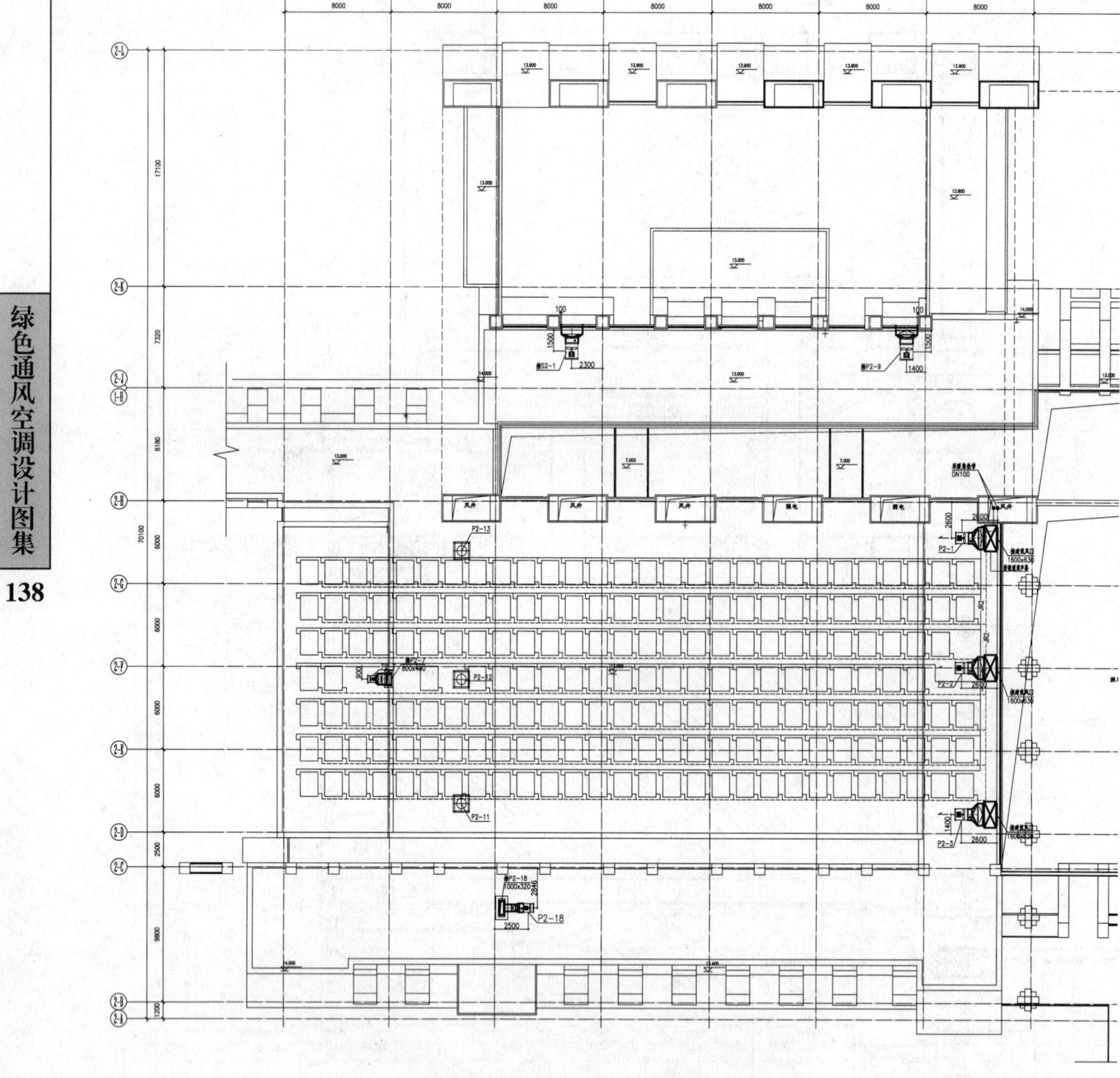

图 2.3-9　第Ⅱ区屋顶集热器、通风设备布置平面图（一）

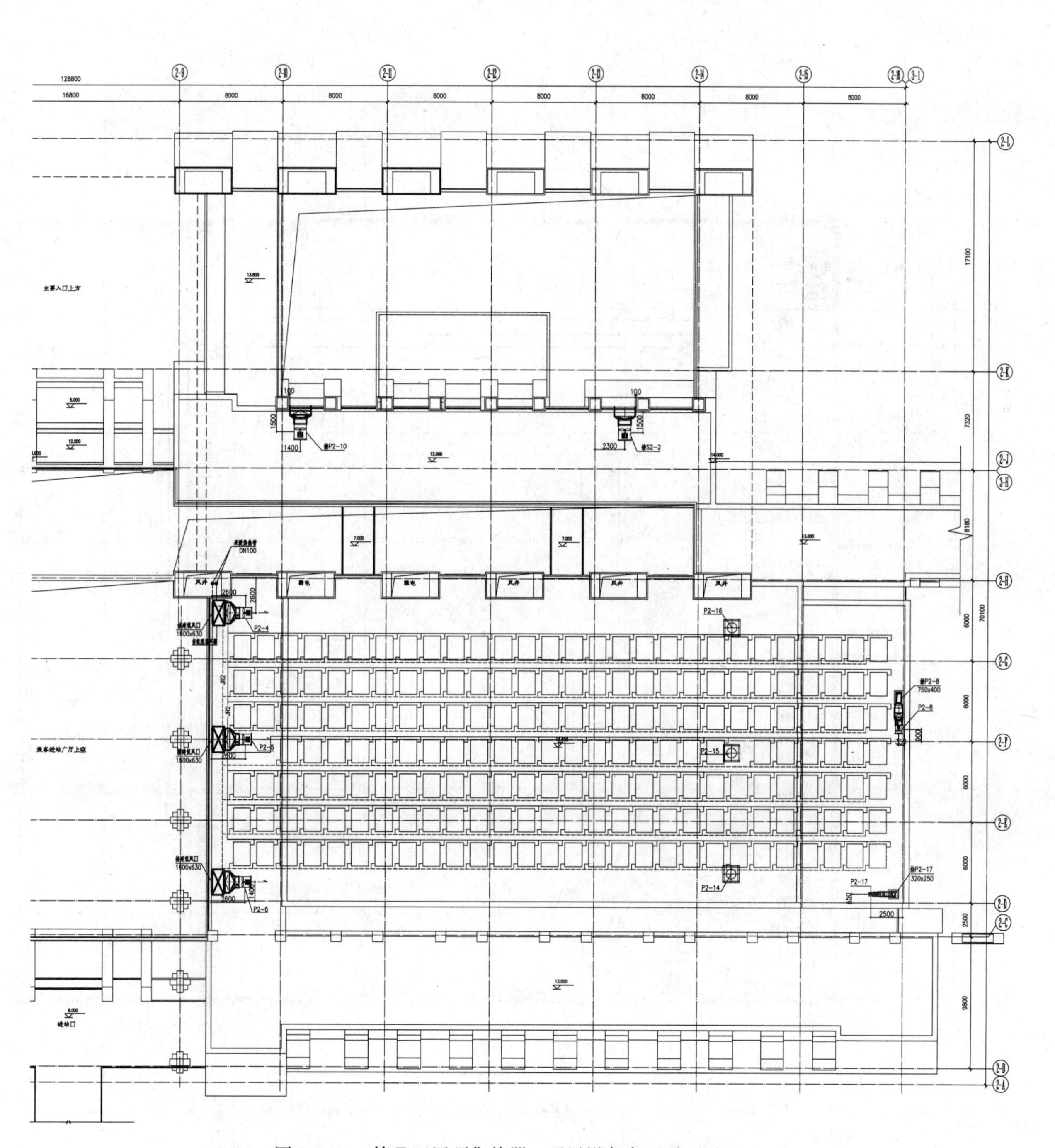

图 2.3-10　第Ⅱ区屋顶集热器、通风设备布置平面图（二）

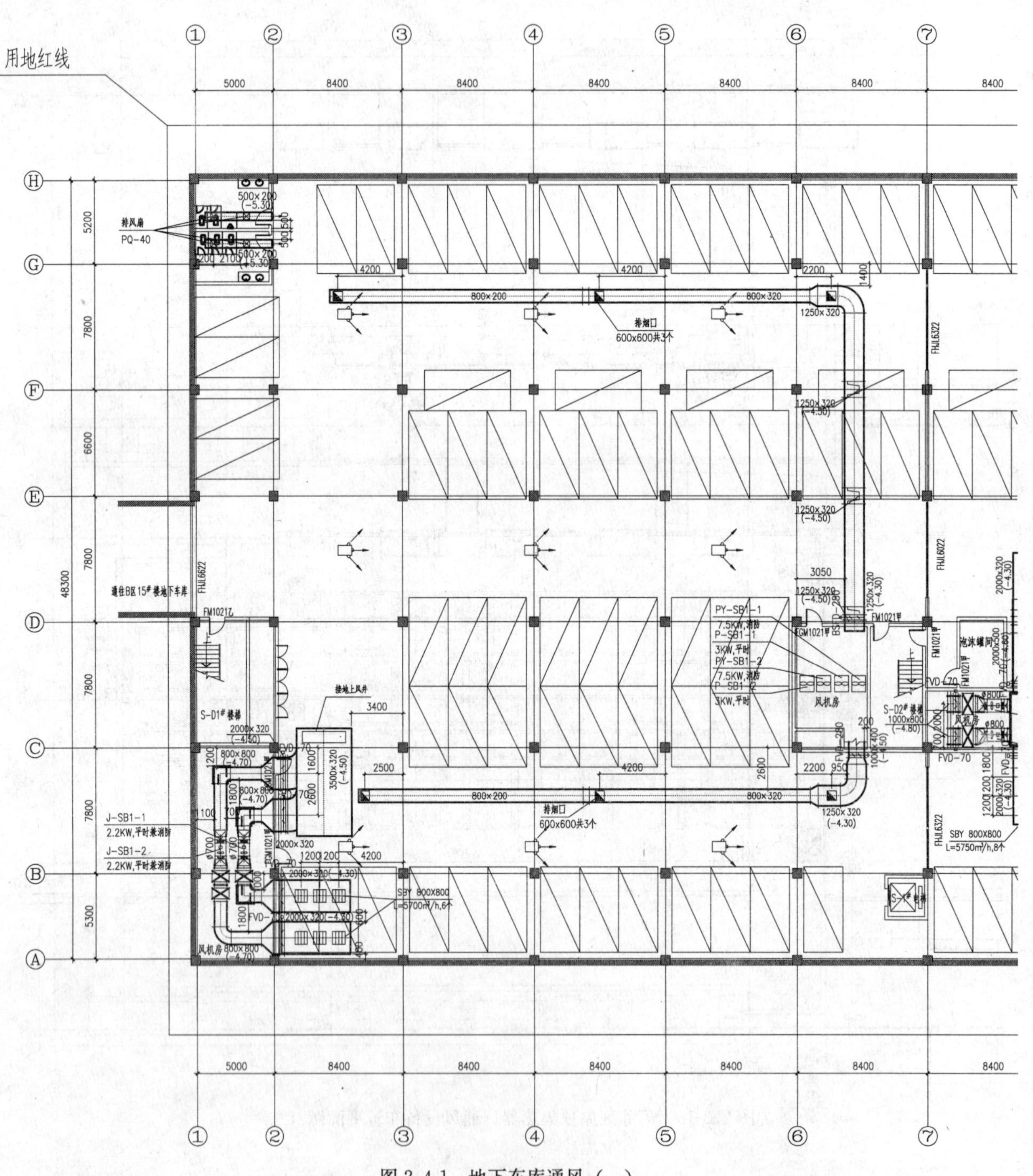

图 2.4-1 地下车库通风（一）

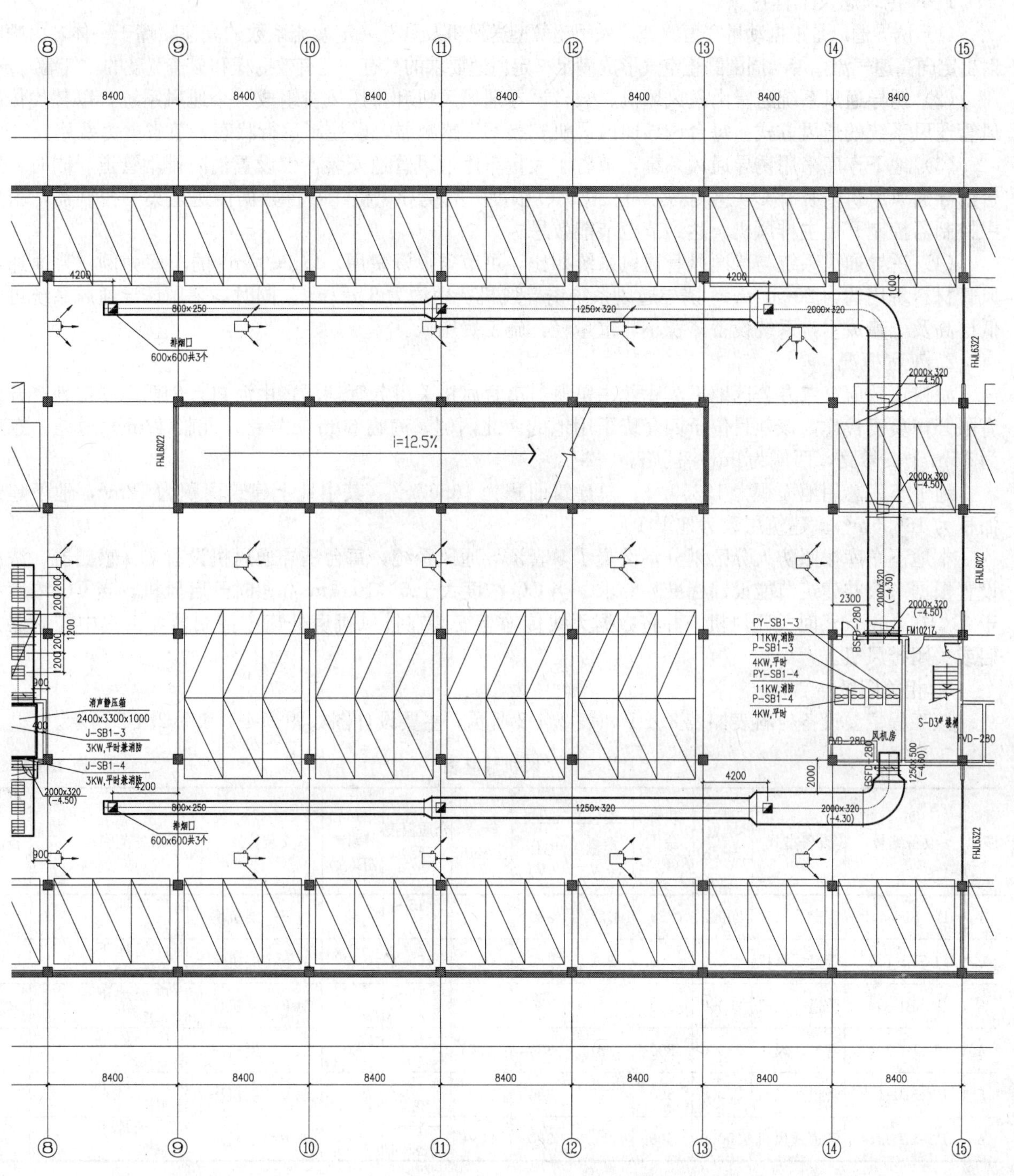

图 2.4-2　地下车库通风（二）

2.4 地下车库通风

工程案例：海口市政府第二办公区地下车库①

1. 绿色理念及工程特点

(1) 诱导通风是根据动量守恒原理，采用超薄型送风机及具有一定紊流系数的高速喷嘴于一体，由喷嘴射出定向高速气流，带动周围静止空气形成满足一定风速要求的具有一定有效射程和覆盖宽度的"气墙"。

(2) 诱导通风系统通常由送风风机、数台诱导通风风机和排风风机组成一个通风系统，以替代传统风管通风系统的通风方式。每台诱导通风风机安装CO感测器，以控制运行状态，节省电力费用。

(3) 地下车库采用诱导通风系统，节省了大量车库通风管道安装，仅设置消防排烟管道。同时，每台诱导通风风机安装有CO感测器，可根据CO浓度开启诱导风机，并将数据传送至集中控制器，由集中控制器控制开启主排风机。达到节电节能效果。

(4) 诱导通风系统与普通风管通风系统相比，可节省投资费用。以2000m² 的车库为例，普通通风风管材料费用约为20元/m²，诱导通风系统诱导风机费用约为5元/m²。同时，采用诱导通风系统可降低层高及土建成本，系统设备体积小、重量轻，施工费用低。

2. 工程概况

海口市政府第二办公区地下车库业主是海口市直属机关事务管理局，由海口首创西海岸房地产开发有限公司负责代建，该项目位于四套班子用地的南北两侧，南临60m二号路，北临42m六号路，东侧为15m十一号路，西侧为9m小区路。

地下车库总用地面积为19359m²，总建筑面积为16667m²（其中地上建筑面积为12m²，地下建筑面积为16655m²）。建筑层数为地下1层。

本地下车库按照防火分区划分，设置了5套诱导通风系统，每台诱导通风机设有CO感测器，浓度设置根据《公共建筑节能设计标准》要求，当CO浓度大于5×10^{-6}m³/m³ 时开启风机，当CO浓度小于3×10^{-6}m³/m³ 时关闭风机，并将数据无线传输至安装在排风机房处集中控制器，由集中控制器开启或关闭排风机。

3. 相关图纸

该工程主要设备材料表如表2.4-1和表2.4-2所示，主要设计图如图2.4-1和图2.4-2所示。

风机性能表 **表2.4-1**

序号	设备编号	设备型式	风量(m³/h)	机外余压(Pa)	电源		转速(r/min)	介质温度(℃)	出风口噪声dB(A)	安装位置	服务范围	数量(台)	备注
					容量(kW)	电压(V)							
1	PY-SB1-1,2	管道式风机	20000	250	3	380	960	−15～40	80	地下一层机房	南广场地下一层车库	2	
2	J-SB1-1,2	管道式风机	17000	250	2.2	380	960	−15～40	80	地下一层机房	南广场地下一层车库	2	
3	P-SB1-3,4	管道式风机	27000	300	4	380	960	−15～40	80	地下一层机房	南广场地下一层车库	2	
4	J-SB1-3,4	管道式风机	23000	300	3	380	960	−15～40	80	地下一层机房	南广场地下一层车库	2	
5	PY-SB1-1,2	管道式风机	27000	500	7.5	380	1450	−15～280	—	地下一层机房	南广场地下一层车库	2	
6	PY-SB1-3,4	管道式风机	35000	500	11	380	1450	−15～280	—	地下一层机房	南广场地下一层车库	2	

其他设备 **表2.4-2**

序号	设备编号	设备型式	性能参数	数量(台)	备注
1	PQ-40	排风扇	风量:400m³/h,电量:25W,电压/220V,噪声:45dB(A)	16	配止回阀
2	诱导风机	三出口	电量:120W,电压:220V,风量:680m³/h,出风口风速:11.5m/s	143	

① 工程负责人：韦航，男，中国建筑设计研究院，工程师。

2.5 各种站房通风

2.5.1 工程案例1：变配电室通风①

1. 绿色理念及工程特点：

(1) 设在地上的变配电室可采用自然通风或机械排风自然补风，当自然通风不能满足排热要求时应采用机械通风。设在地下的变配电室应设机械通风设施。

(2) 排风量应按热平衡计算后确定。

(3) 送排风风机宜选用变频风机，根据室内温度控制风机转速，以节约电能。

(4) 该变配电室位于地下二层，通风风量按热平衡计算确定，送排风风机均选用变频风机。

2. 工程概况

(1) 该变配电室位于地下二层，面积280m^2，层高3.6m，设置一套机械送排风系统。

1) 按换气次数计算送排风量，取换气次数为8次/h，计算通风量为$L=280\times3.6\times8=8064m^3/h$。设计风机全压为250Pa，送排风机电机功率为$N=1.4\times8064\times250/(3600\times0.9)=871W$（电机安全系数取1.4，全压效率取0.9)。

2) 按热平衡计算：

$$L=Q/0.337(t_p-t_s) \tag{2.5-1}$$

式中 L——通风换气量，m^3/h；

Q——室内显热发热量，W（本工程为20220W)；

t_p——室内排风设计温度,℃（取40℃)；

t_s——送风温度,℃（取30℃)。

计算通风量为6000 m^3/h，设计风机全压为250Pa，送排风机功率：$N=1.4\times6000\times250/(3600\times0.9)=648W$（电机安全系数取1.4，全压效率取0.9)。

送排风机一年运行节约电量$N=2\times365\times24\times(871-648)\approx3905kWh$。

相当于每年减排二氧化碳$0.997\times3905=3893kg$（节约1度电=减排0.997千克二氧化碳)。

(2) 送排风机均为变频风机，室内设有温度传感器，根据室温自动控制送排风机的运转转速及启停。

仅以冬季按变频运行计算，冬季进风温度按0℃计算，排风温度取30℃，计算所需进风量为2000m^3/h，此时风机风量为1/3风机额定风量，则风机转速为1/3风机额定转速，此时风机功率为$N=648\times(n_2/n_1)^3=648\times(1/3)^3=24W$。

定频运行一年运行电量$N=2\times365\times24\times648\approx11353kWh$。

变频运行一年运行电量$N=2\times365\times24\times(648+24)/2\approx5887kWh$。

变频运行比定频运行一年节约电量$N=11353-5887=5875kWh$。

相当于每年减排二氧化碳$0.997\times5875=5858kg$

3. 相关图纸

该工程主要设计图如图2.5-1所示。

① 工程负责人：邬可文，男，中国建筑设计研究院，高级工程师。

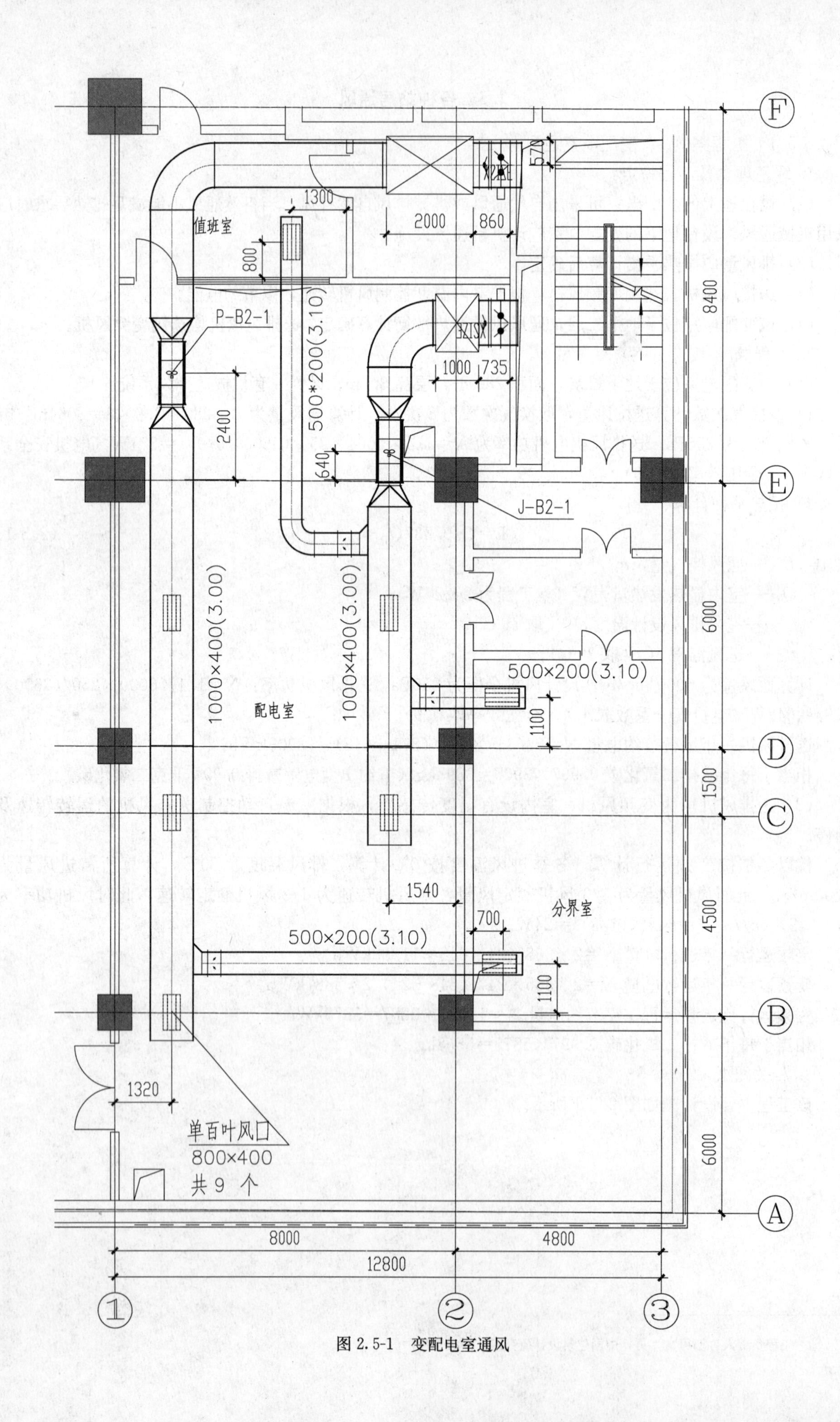
值班室
1300
2000
860
570
800
P-B2-1
500*200(3.10)
2400
640
1000
735
J-B2-1
8400
6000
1500
4500
6000
1000×400(3.00)
1000×400(3.00)
配电室
500×200(3.10)
1100
1540
分界室
700
500×200(3.10)
1100
1320
单百叶风口
800×400
共 9 个
8000
4800
12800
F
E
D
C
B
A
①
②
③

图 2.5-1 变配电室通风

2.5.2 工程案例 2：水泵房通风①

1. 绿色理念及工程特点

(1) 目前一般水泵房都无人值守，即使有人，也在值班室或控制室内，故水泵房设置机械通风时，可适当减少换气次数，以减小通风量，从而节约风机运行电量。

(2) 该水泵房位于地下一层，通风风量按 2 次/h 计算确定，送排风风机风量均大幅度减小。

2. 工程概况

(1) 该水泵房位于地下一层，面积 190m^2，层高 5.0m，设置一套机械送排风系统。

(2) 按换气次数计算送排风量。为满足值守人员新风卫生要求，一般换气次数取 4 次/h，计算通风量为 $L=190\times5.0\times4=3800\text{m}^3/\text{h}$。设计风机全压为 250Pa，送排风机电机功率 $N=1.4\times3800\times250/(3600\times0.9)=410\text{W}$（电机安全系数取 1.4，全压效率取 0.9）。

无人值守泵房，换气次数可适当降低，取 2 次/h，计算通风量

$L=190\times5.0\times2=1900\text{m}^3/\text{h}$。设计风机全压为 250Pa，送排风机电机功率 $N=1.4\times1900\times250/(3600\times0.9)=205\text{W}$（电机安全系数取 1.4，全压效率取 0.9）。

(3) 送排风机每天按 8 小时运行，则送排风机一年运行节约电量 $N=2\times365\times8\times(410-205)\approx1197\text{kWh}$。

相当于每年减排二氧化碳 $0.997\times1197=1193\text{kg}$（节约 1 度电＝减排 0.997 千克二氧化碳）。

3. 相关图纸

该工程主要设计图如图 2.5-2 所示。

① 工程负责人：邬可文，男，中国建筑设计研究院，高级工程师。

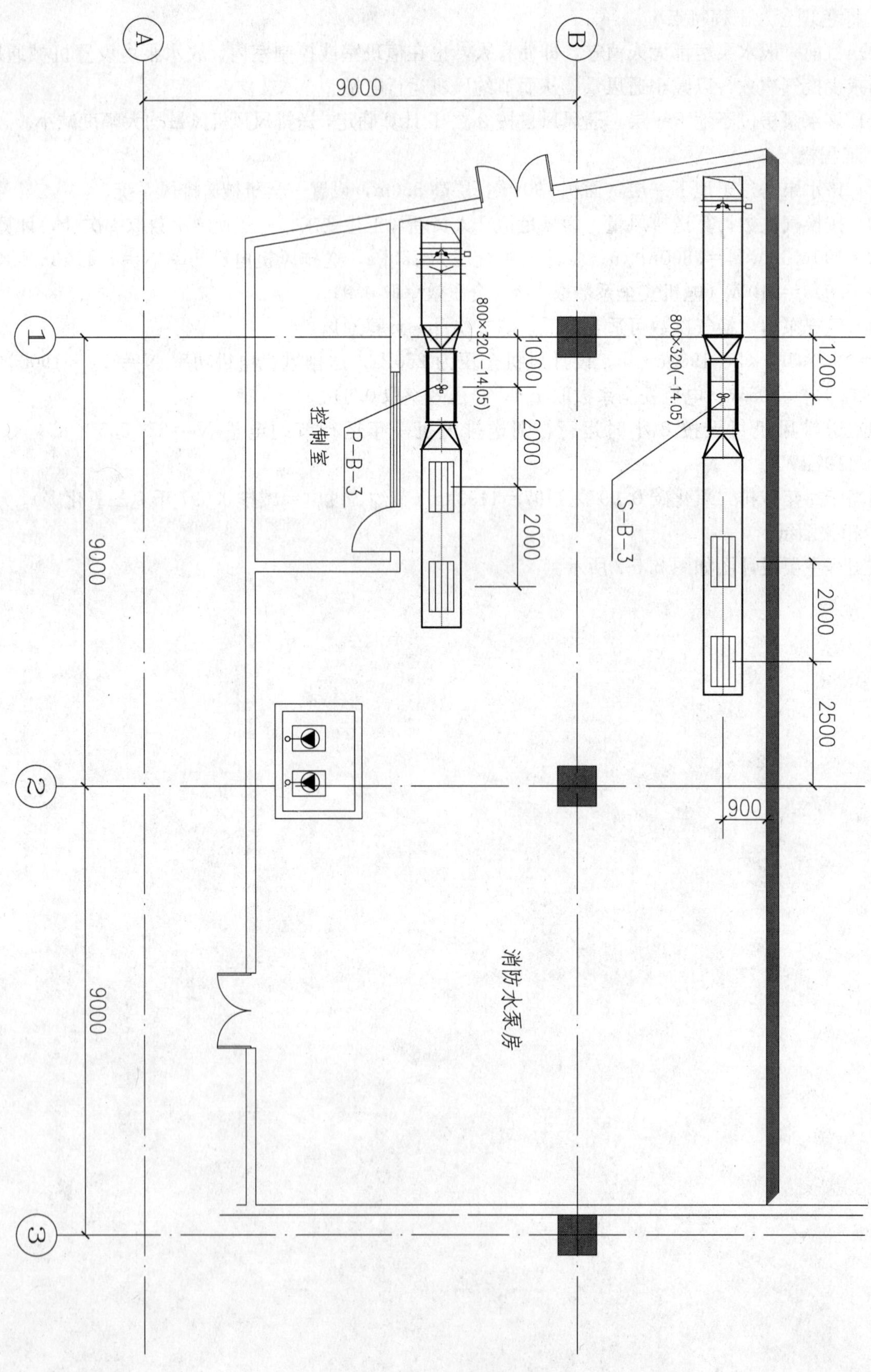
A
B
9000
1
2
3
9000
9000
800×320(-14.05)
1000
2000
2000
控制室
P-B-3
800×320(-14.05)
1200
2000
2500
900
S-B-3
消防水泵房

图 2.5-2　水泵房通风

第3章　空　　调

3.1　溶液除湿

工程案例：郑开森林半岛实验建筑①

1. 绿色理念及工程特点

(1) 溶液除湿的特点

1) 健康：取消潮湿表面，杜绝了滋生霉菌等不利于人体健康的隐患出现的可能性；解决了使用空气过滤器造成的可吸入颗粒物二次污染问题。通过溶液喷洒可除去空气中的尘埃、细菌、霉菌等有害物质，保证送风健康清洁，提高室内空气品质。

2) 舒适：能够实现各种空气处理工况的顺利转换，不会出现传统空调在部分负荷下牺牲室内含湿量控制的情况。

3) 高效：无需增加额外设备，即可实现对空气的加热、加湿、冷却、除湿等功能。

4) 节能：采用溶液调湿技术可以使用17～20℃的高温冷源处理室内显热负荷，使系统能源效率大幅度提高，系统运行能耗降低30%左右。

5) 降耗：无需再热即可达到需要的送风参数，避免了冷热抵消现象，不会出现冷却后再热造成的能源浪费。

6) 采用温湿度独立控制系统，除了为建筑内部提供一个良好的舒适性环境外，也充分利用了能源的品位，提高了低品位能源的利用率，采用溶液全热回收装置，高效回收排热能量。

(2) 利用太阳能热水进行冬季采暖。

(3) 利用太阳能热水进行夏季空调供冷。

(4) 采用地源热泵空调及室内采暖系统。

(5) 采用室内温、湿度独立控制系统。

2. 工程概况

该工程的建筑类型为住宅建筑，位于开封市，属于寒冷气候区及三类太阳辐射区。工程总建筑面积1200m^2，建筑高度为14.7m，地上3层，地下1层，根据甲方要求：满足使用功能，建成生态示范型住宅——在采用具有示范和推广意义的成熟的生态、节能、减排技术的基础上，同时具备一定的生态、节能、减排前沿技术展示，提高建筑生态、节能、减排效果。

(1) 空调系统设计及冷热源设计

1) 夏季空调显热冷负荷为42.9kW，潜热冷负荷为8.8kW；室内空调系统采用温湿度独立控制(调节)空调系统。

2) 采用“太阳能热水＋吸附式冷水机组制冷＋水源热泵机组制冷”的复合冷源方式，向空调系统供应夏季空调用冷冻水，供/回水温度为16℃/21℃。

3) 热源采用“太阳能热水＋水源热泵机组供热”的复合热源方式，向采暖系统供应冬季采暖用热水，供/回水温度为40℃/35℃。

(2) 新风处理与送风及风机盘管系统

1) 新风采用热泵型溶液调湿式新风机组进行处理（夏季等温减湿，冬季等温加湿)，全楼共设置溶液调湿新风处理机组一台。

2) 根据房间的布置特点，新风采用地面送风口与房间顶部送风口两种不同的方式送至各个使用房间之中，在每个新风送风支路上设置风量调节阀。

---

① 工程负责人：梁琳，女，中国建筑设计研究院，高级工程师。

3）夏季主要功能的房间采用干工况风机盘管来保证室温。

4）为了防止由于使用人员误开窗导致室内空气湿度过大而引起的结露风险及初期调节，风机盘管保留凝结水盘，以排除误操作时产生的凝结水。

5）风机盘管水系统的夏季供/回水设计温度为16℃/21℃；

（3）自动控制

1）本设计采用计算机对上述系统进行综合控制，设置终端控制计算机（或微型机）一台。

2）吸附式冷水机组、水源热泵系统自身配带保证设备安全运行和保证达到设定工作参数的控制系统和相关控制元件。设备的实时控制参数应能够在终端控制计算机中显示。

3）控制系统能够按照设定的程序，进行各种设备的起停控制和相关电动阀门的季节性转换控制要求。

4）溶液调湿新风机组自带控制柜（见图3.1-1）。

5）控制系统能够根据使用的特点，对控制程序进行优化编程和修改。

3. 相关图纸

该工程主要设计图如图3.1-2～图3.1-8所示。

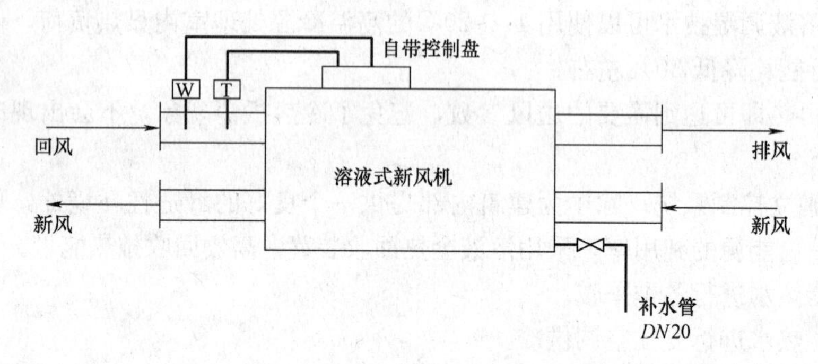

图3.1-1 溶液式新风机控制示意图

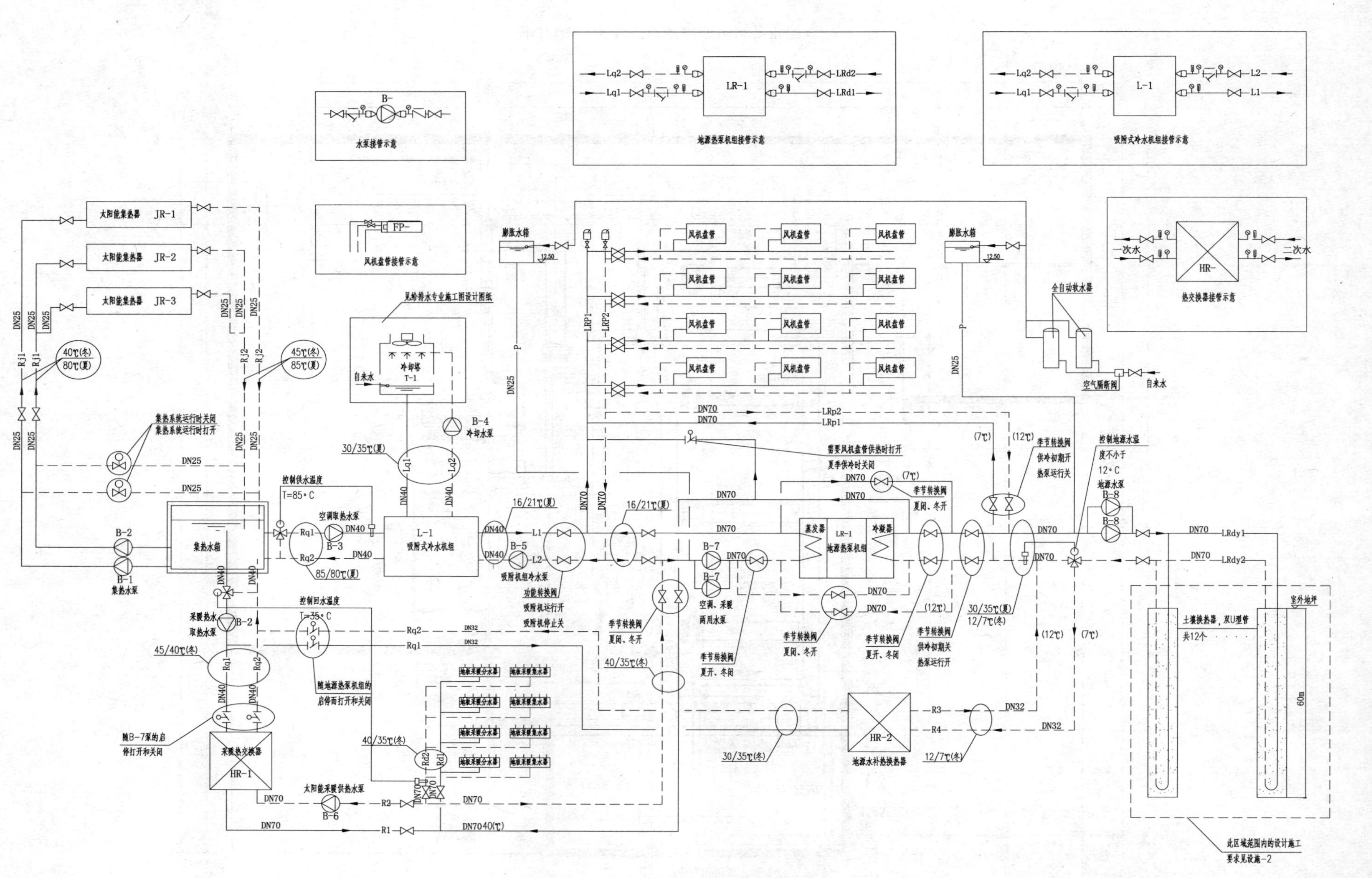

图 3.1-2　采暖空调水系统原理图

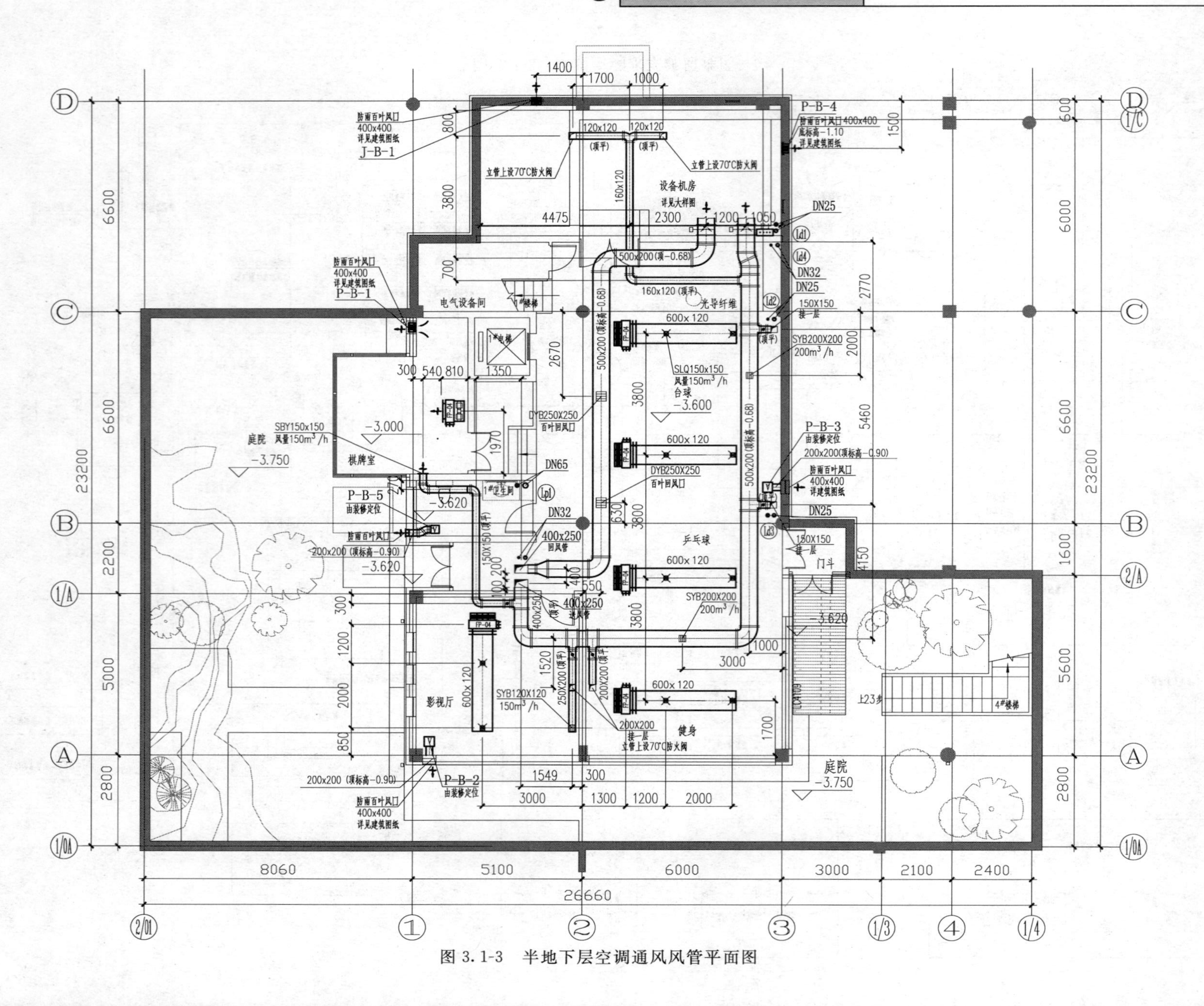

图 3.1-3　半地下层空调通风风管平面图

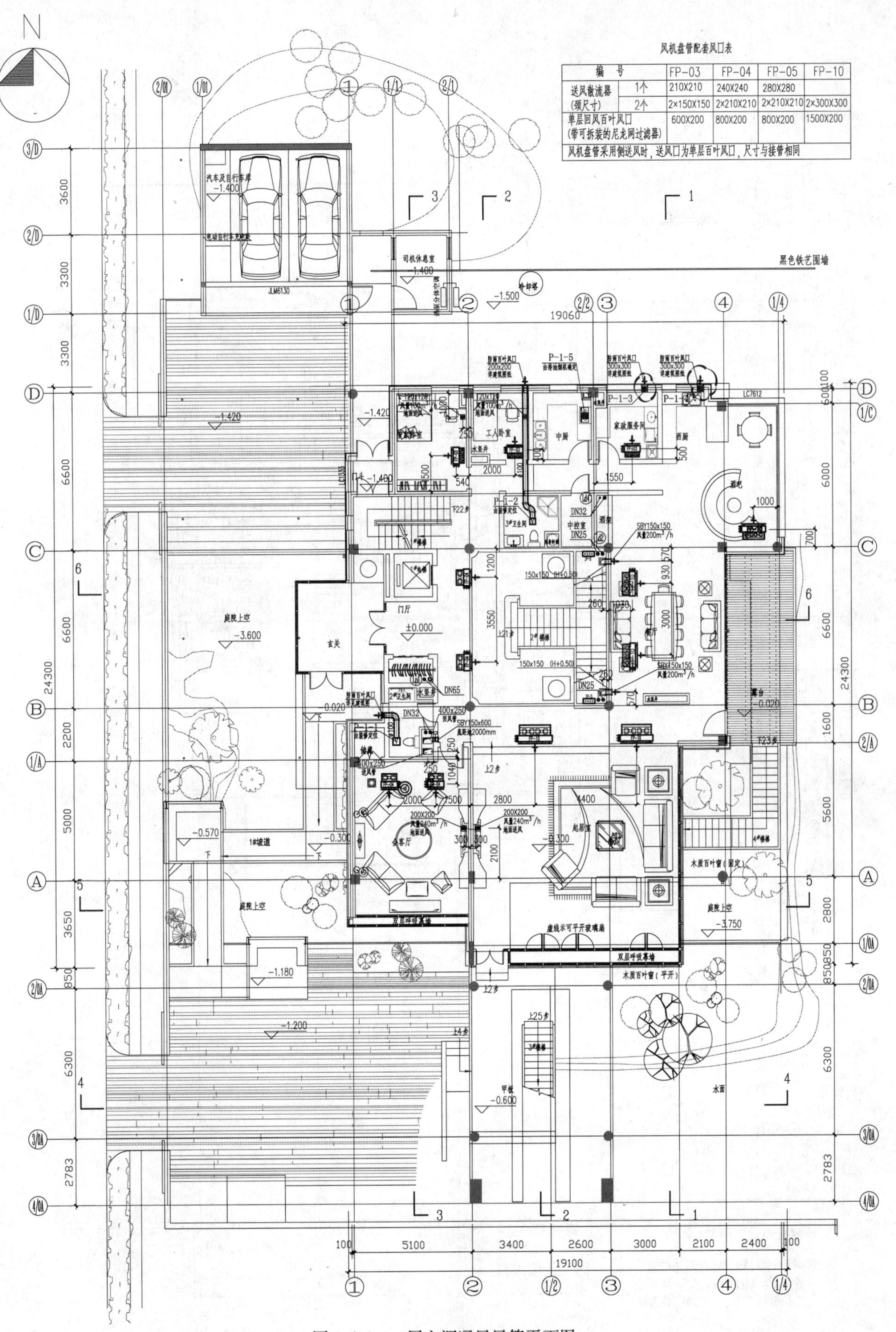

风机盘管配套风口表

编　号		FP-03	FP-04	FP-05	FP-10
送风散流器 (颈尺寸)	1个	210X210	240X240	280X280	
	2个	2×150X150	2×210X210	2×210X210	2×300X300
单层回风百叶风口 (带可拆装的尼龙网过滤器)		600X200	800X200	800X200	1500X200
风机盘管采用侧送风时，送风口为单层百叶风口，尺寸与接管相同					

图 3.1-4　一层空调通风风管平面图

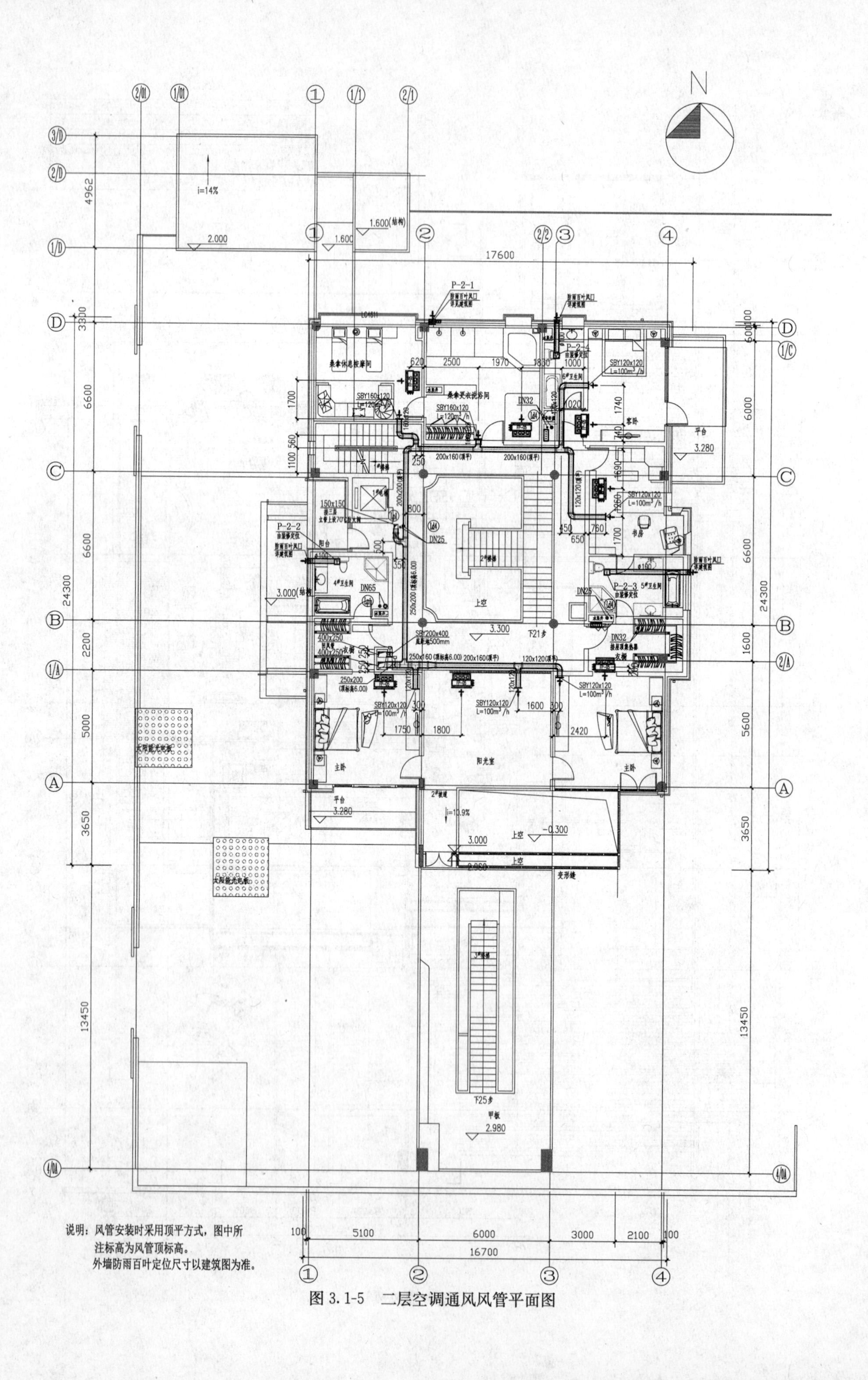

图 3.1-5　二层空调通风风管平面图

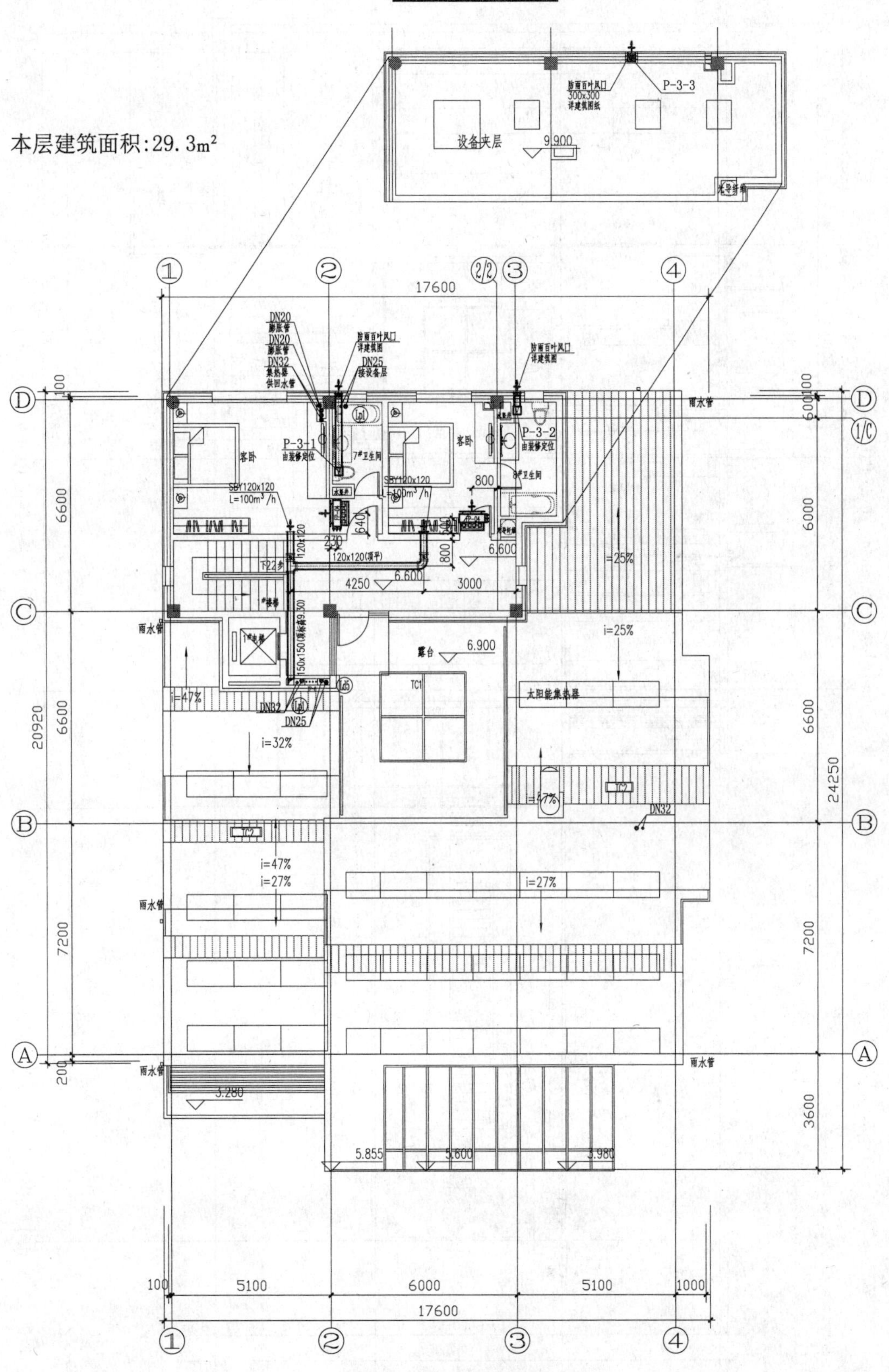

图 3.1-6　三层空调通风风管平面图

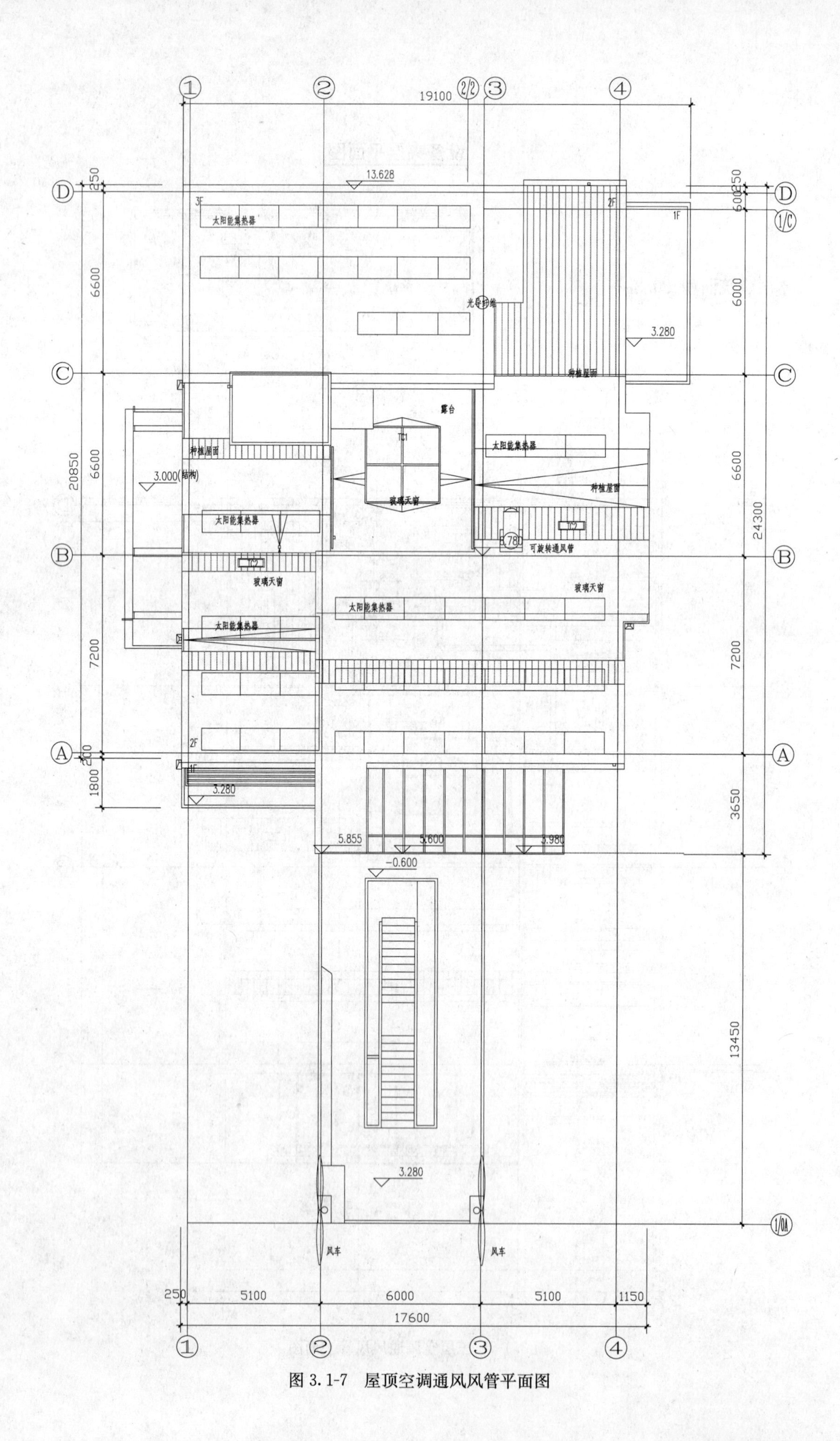

图 3.1-7　屋顶空调通风风管平面图

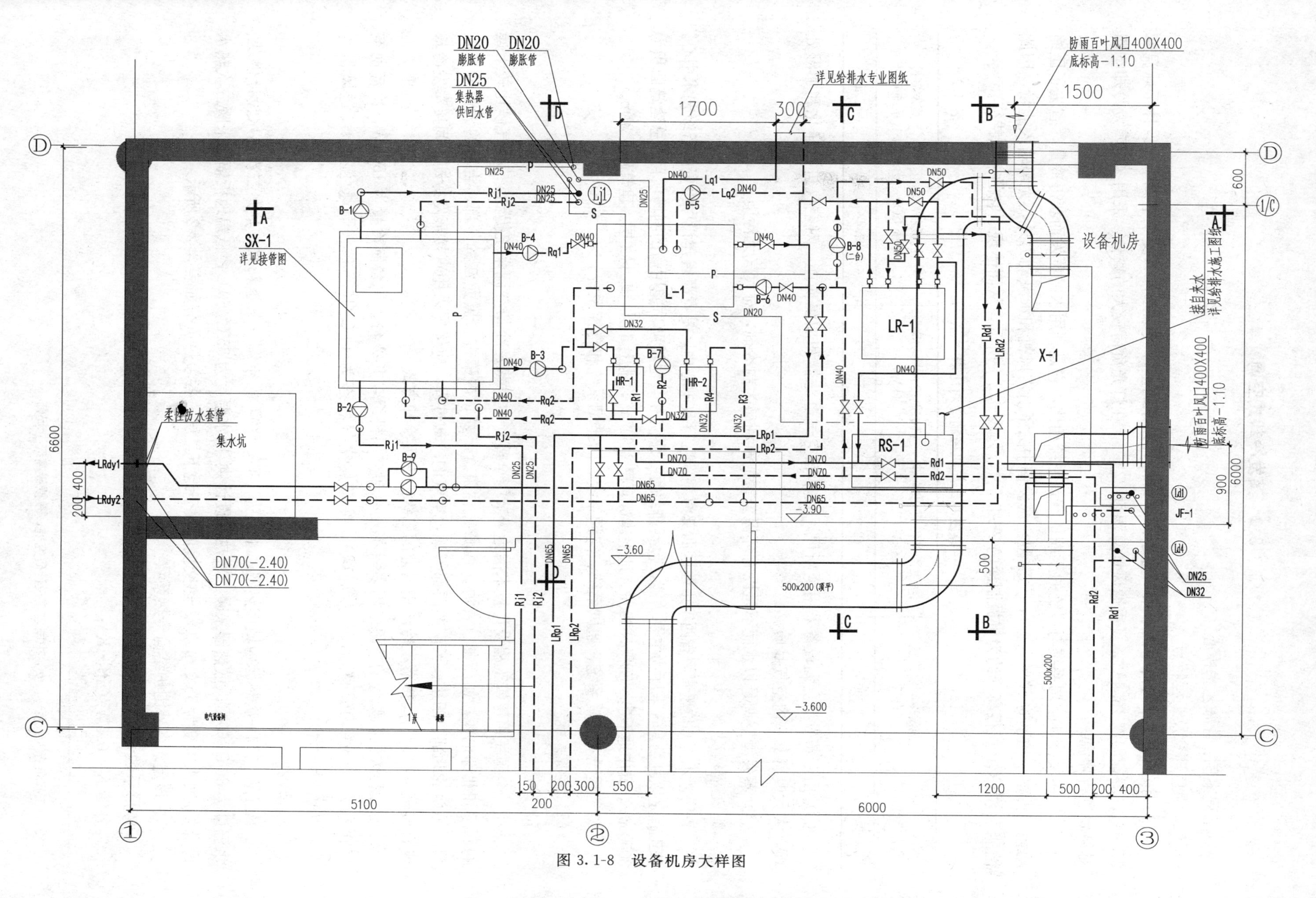

图 3.1-8 设备机房大样图

3.2 蒸发冷却式空调

工程案例：青海艺术中心①

1. 绿色理念及工程特点

(1) 该工程位于青海省西宁市，鉴于西宁市得天独厚的室外气象条件（夏季空调室外设计干球温度25.9℃，湿球温度16.4℃，夏季通风计算温度22℃)，在灯光负荷较大的舞台，采用多级蒸发冷却空调对舞台进行降温。

(2) 蒸发冷却空调系统与传统的压缩机空调系统相比，它是利用水的蒸发而获得冷量，省去了压缩功耗（占整个功率的60%以上)，蒸发型空调设备中除了所需风机和水泵动力外，无需输入能量，因此性能系数COP值很高（约为机械制冷的2～5倍)，如表3.2-1所示，从而体现了它的节能特征。

蒸发冷却与机械制冷对比表 **表3.2-1**

地点	蒸发冷却供冷量(kW)	蒸发冷却需要功率(kW)	机械制冷需要功率(kW)	机械制冷系统COP	蒸发制冷系统COP
西宁	300	42	87.2	3.44	7.14

(3) 由于蒸发型空调设备采用全新风，且具有空气过滤器和加湿功能，对空气进行净化和加湿处理，大大改善其室内空气品质。

(4) 蒸发型空调是以水而不是以有环保公害的氟利昂为制冷剂，对大气无污染。

2. 工程概况

青海艺术中心位于青海省西宁市西区西部海湖新区行政中心内，是青海省建设厅投资的省级艺术中心。该工程是以剧场、音乐厅为主要功能，包括排练厅、影院和其他辅助功能用房的剧场项目。总建筑面积为30505m²。其中地下建筑面积5898m²，地上建筑面积24607m²，地上5层，地下2层。建筑高度31m。

该工程设有采暖系统、通风系统、空调系统、防排烟系统和自控系统。

(1) 能源系统

1) 冷源

在《全国民用建筑工程设计技术措施·节能全篇》中对蒸发冷却空调系统提到："在气候比较干燥的西部和北部地区，如新疆、青海、西藏、甘肃、宁夏、内蒙古、黑龙江的全部、吉林的大部分，陕西、山西的北部、四川、云南的西部等地，空气的冷却过程，应优先采用直接蒸发冷却、间接蒸发冷却或直接蒸发冷却与间接蒸发冷却相结合的二级或三级冷却方式。"

该工程大剧院舞台的冷源采用多级蒸发冷却空调机组，共2台。单台制冷量为150kW，冷却前空气状态为25.9℃/16.4℃（干球/湿球)，冷却后空气状态为14℃/13.5℃（干球/湿球)，送风量为30000m³/(h·台)。

2) 热源

该工程空调一次热源为城市热网，水温为130℃/70℃。空调（冬季新风加热）二次热水设计供/回水温度为80℃/60℃；散热器采暖二次热水设计供/回水温度为85℃/60℃；低温地板辐射采暖二次热水设计供/回水温度为55℃/45℃。热交换间设于地下二层。各项热负荷如表3.2-2所示。

3) 该建筑各外围护结构传热系数

体形系数≤0.3；

外墙K=0.5W/(m²·K)；

① 工程负责人：蔡玲，女，中国建筑设计研究院，教授级高级工程师。

各项热量情况　　表 3.2-2

建筑面积（m^2）	采暖计算热负荷（kW）	采暖计算热指标（W/m^2）	空调计算热负荷（kW）	空调计算热指标（W/m^2）
30505	1650	54	3300	108

屋面（混凝土）$K=0.45W/(m^2\cdot K)$；

屋面（玻璃）$K=2.6W/(m^2\cdot K)$；

悬空楼板 $K=0.5W/(m^2\cdot K)$；

地下室外墙 $K=1.8W/(m^2\cdot K)$；

外窗 $K=2.6W/(m^2\cdot K)$；

（2）采暖系统

1）低温地板辐射采暖系统

低温地板辐射采暖范围为城市大厅、演艺厅、多功能厅、门厅、休息厅和贵宾接待等高大空间。采暖计算热负荷为 1000kW。设计供/回水温度为 55℃/45℃。采用两台板式热交换器，一用一备。水系统采用一次泵变水流量运行，系统定压采用闭式膨胀罐，设置在地下二层热交换间。

2）散热器采暖系统

散热器采暖范围为化妆、售票、卫生间、空调机房、台仓、舞台等。采暖计算热负荷为 650kW，设计供/回水温度为 85℃/60℃。采用两台板式热交换器，一用一备。水系统采用一次泵变水流量运行，系统定压采用闭式膨胀罐，设置在地下二层热交换间。

地上部分采暖系统采用下供下回双管异程系统；地下部分采用上供上回双管异程系统。散热器选用钢制内防腐柱型散热器，散热器沿外墙落地安装，每组散热器均安装温控阀（楼梯间散热器除外）和手动放气阀。

（3）通风系统

该工程地下设备用房设计机械通风系统，其中变配电室、水泵房、热交换间的换气次数为 5 次/小时；卫生间、淋浴设机械排风系统，换气次数为 10 次/小时（淋浴间冬季送热风）；台仓设机械排风系统，换气次数为 1.5 次/小时（冬季送热风）；电影院放映、剧院耳光室设置机械排风系统，换气次数为 15 次/小时。另外，琴房、化妆、休息厅等送新风各区域，设置相应的排风系统。

（4）空调系统

1）空调水系统

空调（冬季新风加热）二次热水设计供/回水温度为 80℃/60℃。采用两台板式热交换器，一用一备。水系统采用二管制一次泵变水流量系统，系统定压采用闭式膨胀罐，设置在地下二层热交换间。系统补水采用全自动软水器制备的软水补水。

2）空调风系统

剧场观众厅和音乐厅观众厅采用全空气一次回风低速空调系统，另在顶棚面光桥处设置排风机。夏季和过渡季节全新风节能运行，冬季采用最小新风比运行，关闭排风机。送风方式采用座椅送风，集中回风。夏季送风温度为 22℃，冬季送风温度为 23℃。每个座椅的送风量约为 $64m^3/(h\cdot 人)$。

舞台采用全空气一次回风低速空调系统，另在舞台顶部设置排风机，排风机设置两台，风量一大一小，对应夏季和冬季运行。夏季和过渡季全新风运行，开启夏季排风机；冬季采用最小新风比运行，关闭夏季排风机，开启冬季排风机排风。送风方式采用上送下回的方式。

由于大剧院舞台灯光负荷较大，所以采用多级蒸发制冷空调机组。

电影院、多功能排练厅采用全空气一次回风低速空调系统，另设排风机。送风方式采用上送上回的方式。

休息厅、化妆间、舞台场道、琴房和门厅等采用新风机组。夏季和过渡季节送室外风，冬季送热风。送风方式多采用上送上回的方式。

该工程冬季加湿采用湿膜加湿器对空气进行加湿。

(5) 自动控制系统

根据工程的实际情况选择现场控制模块控制系统。

1) 控制系统的组成

若干现场控制分站由相应的传感器、执行器等组成。控制系统的软件功能应包括（但不局限于）：最优化启停、PID及自适应控制、时间通道、设备群控、动态图显示、能耗统计和分析以及独立控制、报警及打印等。

2) 自动控制系统的设置范围

自动控制系统的设置范围为：热交换机组、空调机组、新风机组。

3) 热交换站

设备启停控制、水温控制、台数控制、压差控制、显示及报警以及再设定控制。

4) 空调机组

回风温度控制、湿度控制、防冻及联锁控制以及过滤器压差报警。

新回风阀开度控制，排风阀启闭控制，风机启停控制。

冬季关闭排风电动蝶阀，调节新风电动阀和回风电动阀使新风量处于设计最小新风量的状态运行。

夏季及过渡季节时，关闭回风电动蝶阀，打开排风电动蝶阀；

空调机组作为送风机送风，开启排风机排风。

5) 新风机组

送风温度控制、湿度控制、防冻及联锁控制以及过滤器压差报警，风机启停控制。

6) 部分排风机及补风机（或新风机）应进行联锁控制，风机启停控制。

3. 相关图纸

该工程主要设备材料表如表3.2-3～表3.2-5所示，主要设计图如图3.2-1～图3.2-10所示。

多级蒸发制冷空气处理机性能参数表 表 3.2-3

序号	设备编号	设备型式	送风机			蒸发冷却					加热盘管				加湿器			过滤器类型	外形尺寸	噪声		新风量		安装位置	服务对象	数量台
			风量 (m^3/h)	机外余压 (Pa)	电量 (kW)	冷量 (kW)	冷却前空气状态 t_d/t_w	冷却后空气状态 t_d/t_w	间接排风量 (m^3/h)	补水量 (kg/h)	热量 (kW)	进/出水温 (℃)	空气干球温度 (℃)	水阻力 (kPa)	型式	加湿量 (kg/h)	给水压力 (MPa)		长×宽×高 (mm)	机外 [dB(A)]	出风口 [dB(A)]	设计新风量 (m^3/h)	新风比 (%)			
1	K(PY)-1-13,14	多级蒸发制冷空气处理机	30000	600	30	150	25.9/16.4	14/13.5	45000	228	270	80/60	14.8/37	15～25	湿膜加湿	34	0.035～0.4	初效布袋式	5000×3800×2900	70	80	4500	15	三层空调机房	剧院舞台	2

水-水热交换器性能参数表 表 3.2-4

序号	设备编号	设备名称	换热量 (kW)	一次水		二次水		工作压力 (MPa)	质量 (kg)	数量 (台)	外型尺寸 (mm)	备注
				供/回水温度 (℃)	水流阻力 (kPa)	供/回水温度 (℃)	水流阻力 (kPa)					
1	RJN-1,2	散热器采暖水-水换热器	780	130/70	≤100	85/60	≤100	0.8	700	2	1200×700×1600	一用一备
2	RJD-1,2	地板采暖水-水换热器	1200	130/70	≤100	55/45	≤100	0.8	700	2	1200×700×1600	一用一备
3	RJK-1,2	空调热风水-水换热器	3600	130/70	≤100	80/60	≤100	0.8	700	2	1200×700×1600	一用一备

水泵性能参数表 表 3.2-5

序号	设备编号	设备名称	设备型式	流量 (m^3/h)	扬程 (mH_2O)	电源		转速 (r/min)	工作压力 (MPa)	设计点效率 (%)	数量 (台)	备注
						容量 (kW)	电压 (V)					
1	BN-1,2	散热器采暖循环水泵	离心端吸泵	27	30	7.5	380	1450	0.8	≥0.7	2	变频 一用一备
2	BD-1,2	地板辐射采暖循环水泵	离心双吸泵	103	30	15	380	1450	0.8	≥70	2	变频 一用一备
3	BK-1,2	空调热风循环水泵	离心端吸泵	155	36	30	380	1450	0.8	≥70	2	变频 一用一备
4	bb-1,2	采暖补水泵	立式多级泵	3	45	1.5	380	2900	0.8	≥70	6	一用一备
5	bb-3,4	空调补水泵	立式多级泵	3	38	1.5	380	2900	0.8	≥70	6	一用一备
6	bb-1～6	地暖补水泵	立式多级泵	3	36	1.5	380	2900	0.8	≥70	6	一用一备

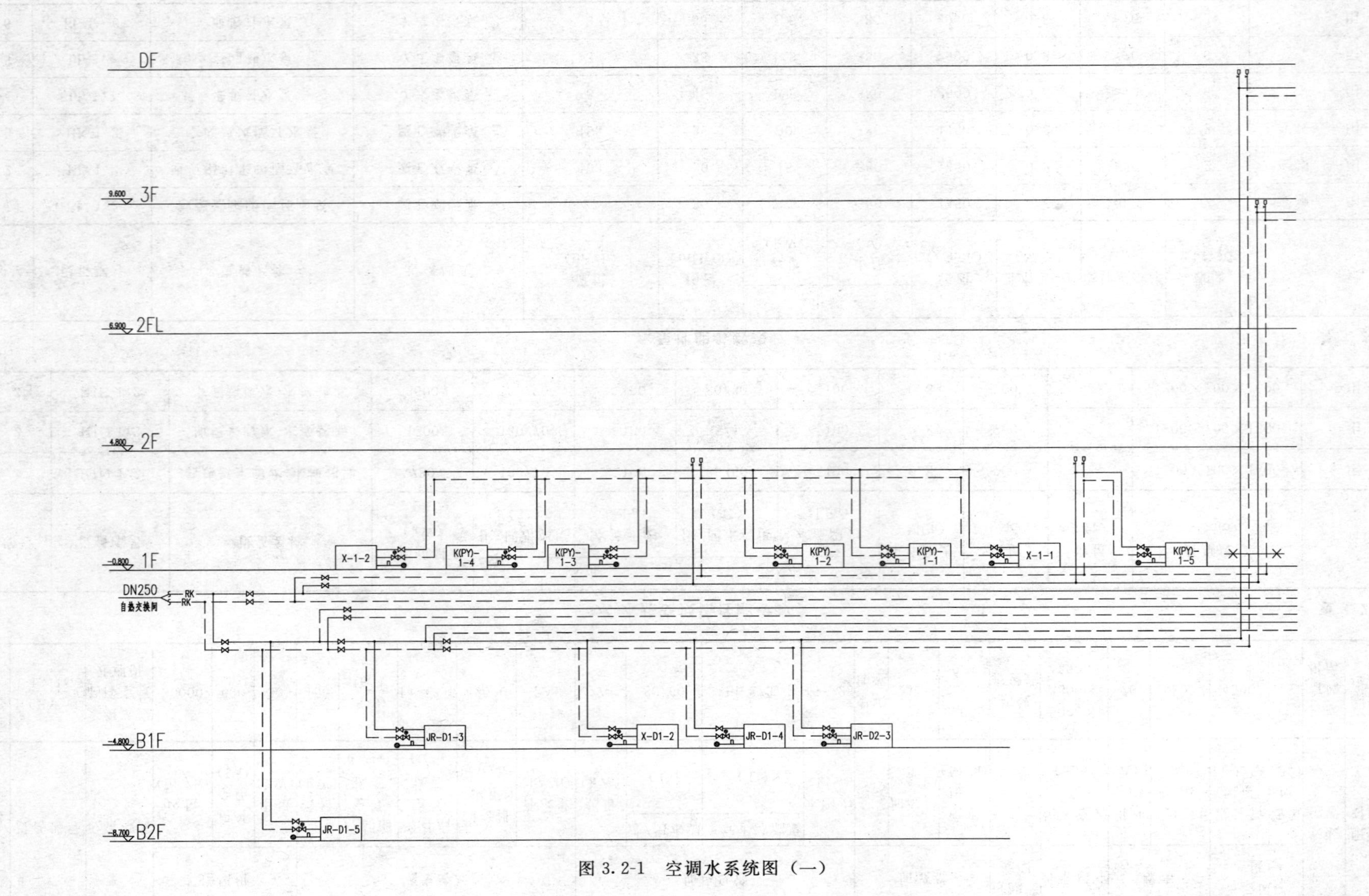

图 3.2-1　空调水系统图（一）

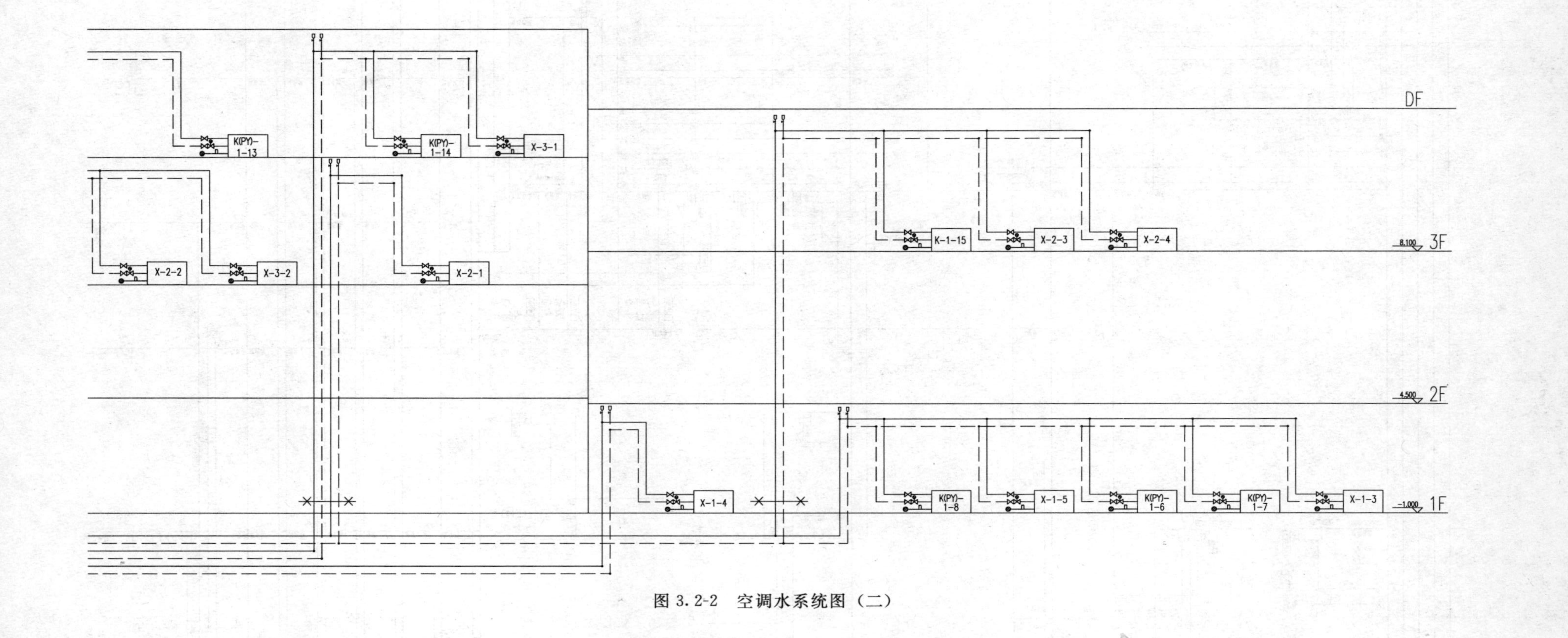

图 3.2-2　空调水系统图（二）

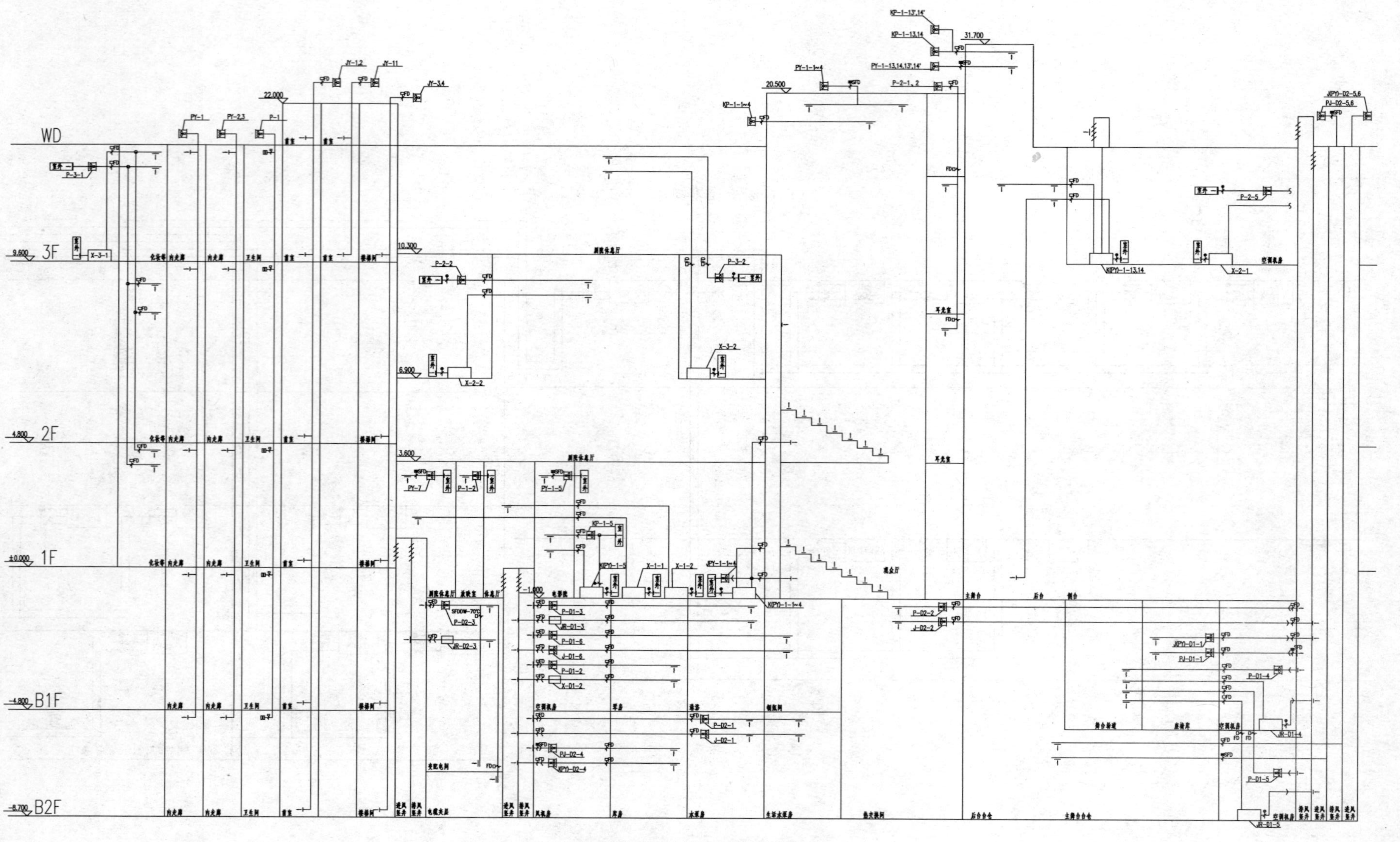

图 3.2-3　空调通风及防排烟系统图（一）

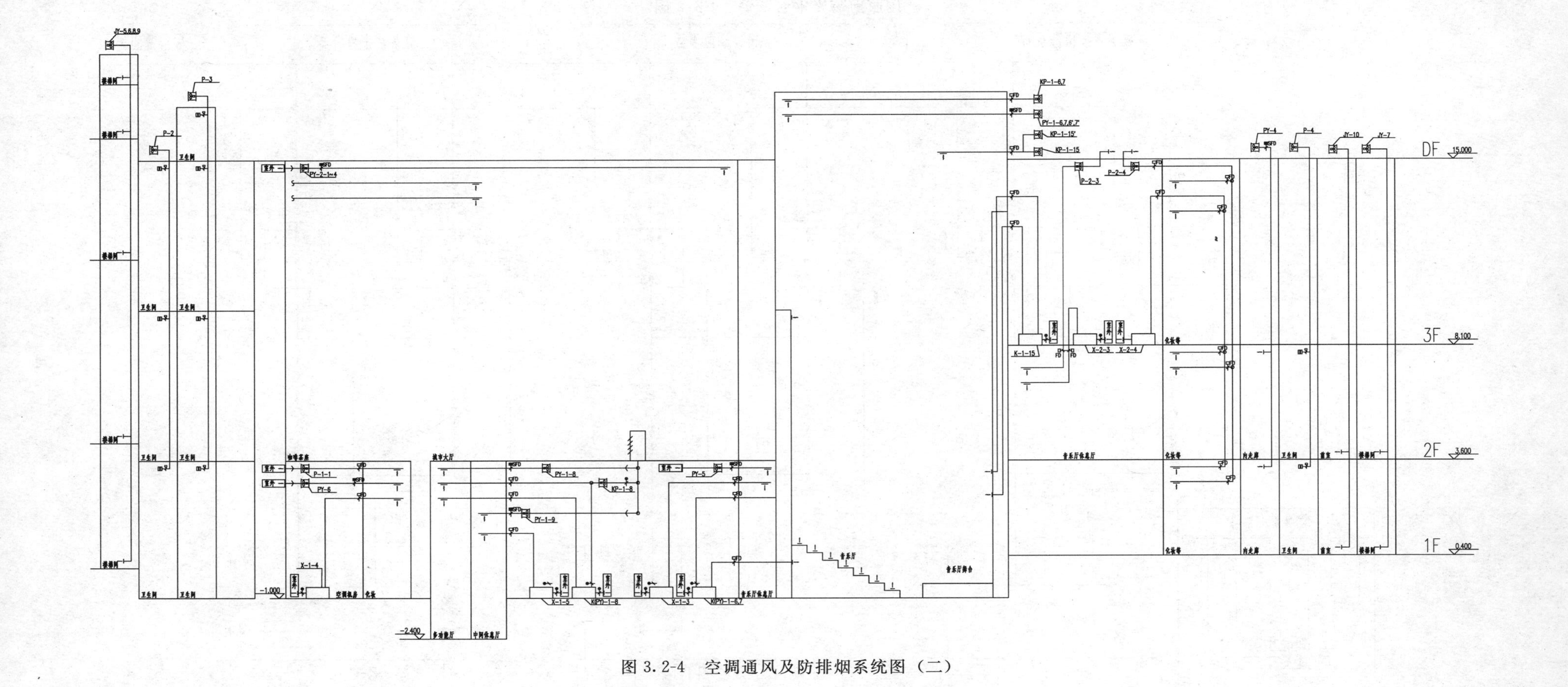

图 3.2-4 空调通风及防排烟系统图（二）

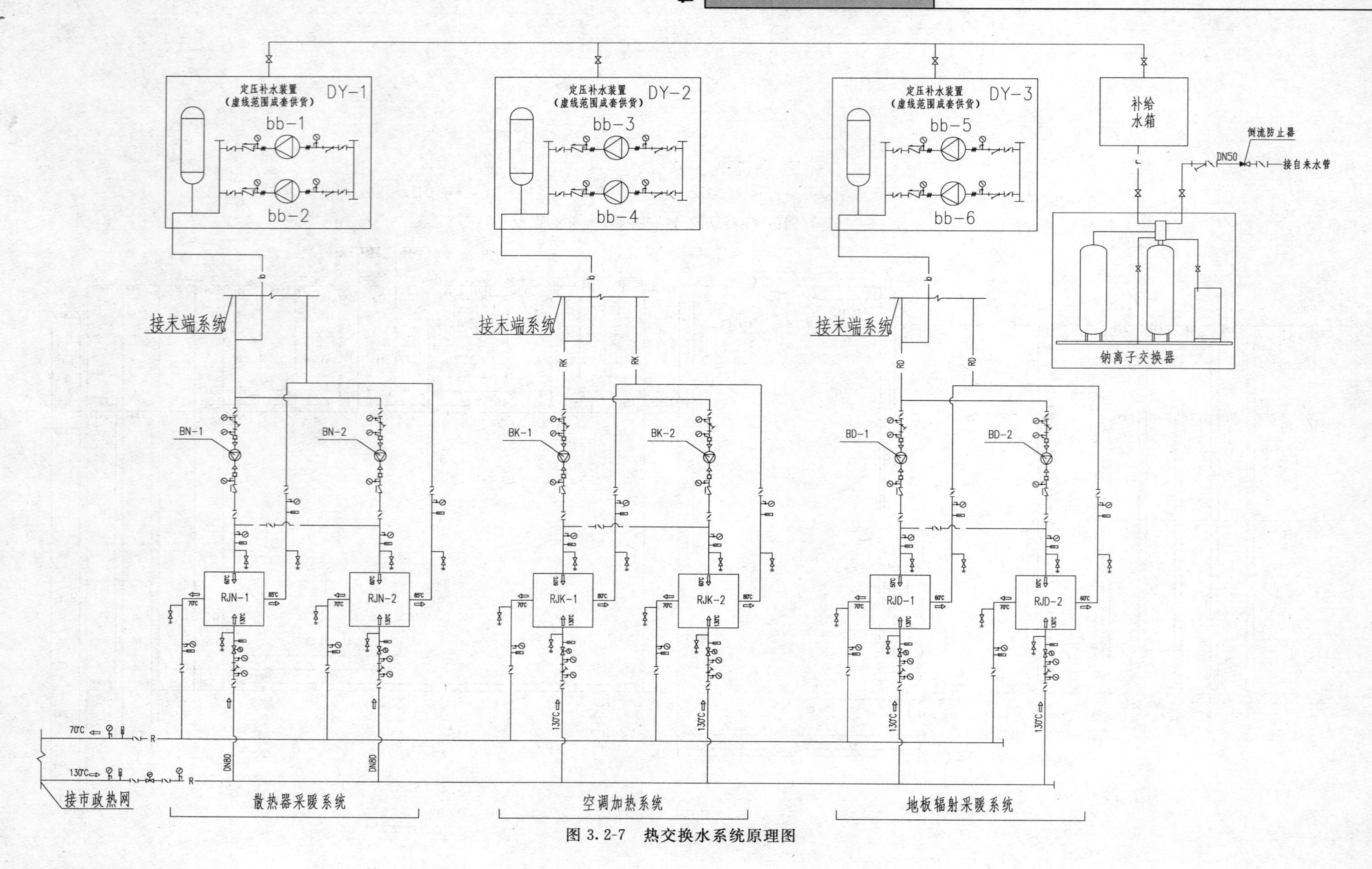

图 3.2-7　热交换水系统原理图

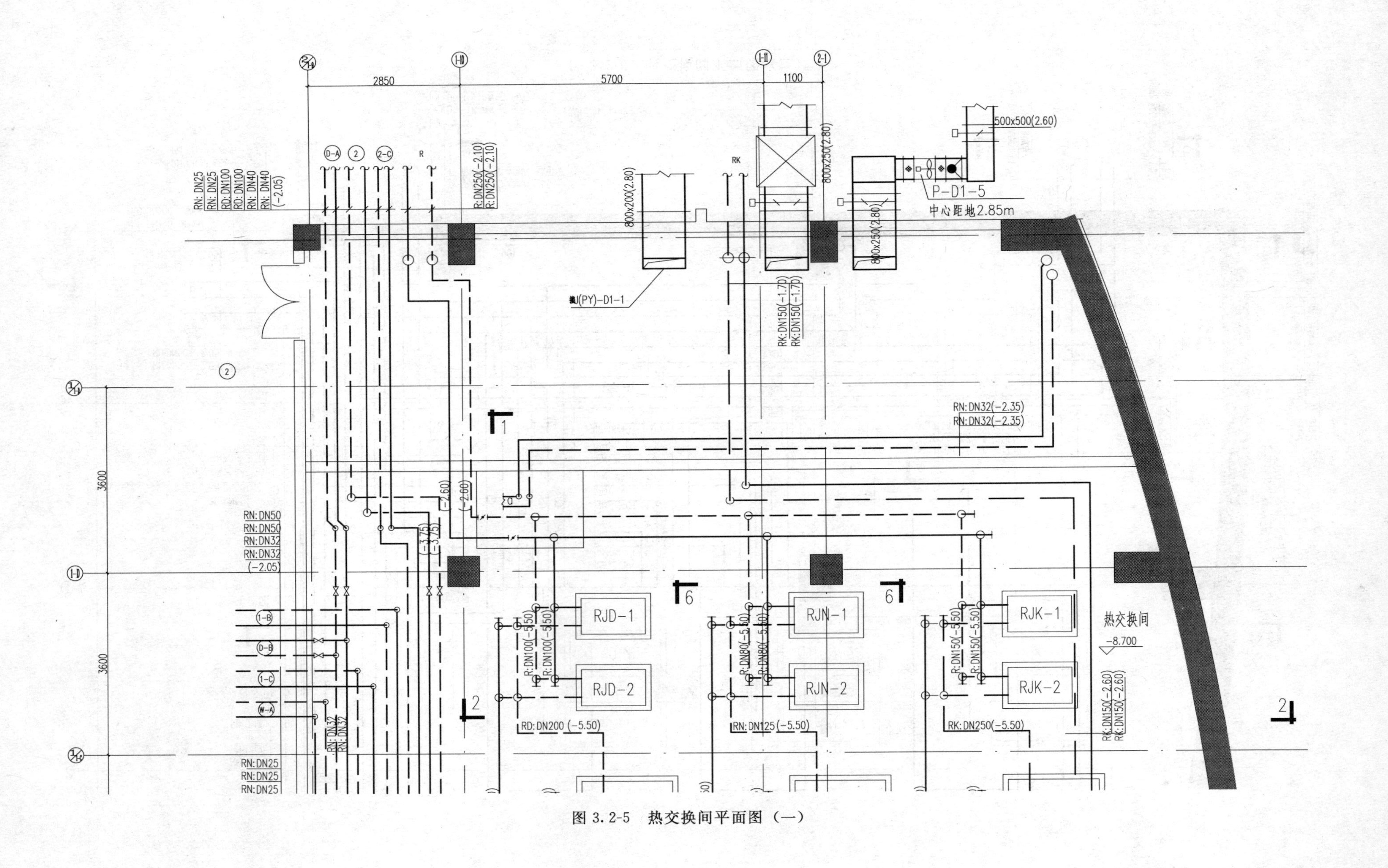

图 3.2-5 热交换间平面图（一）

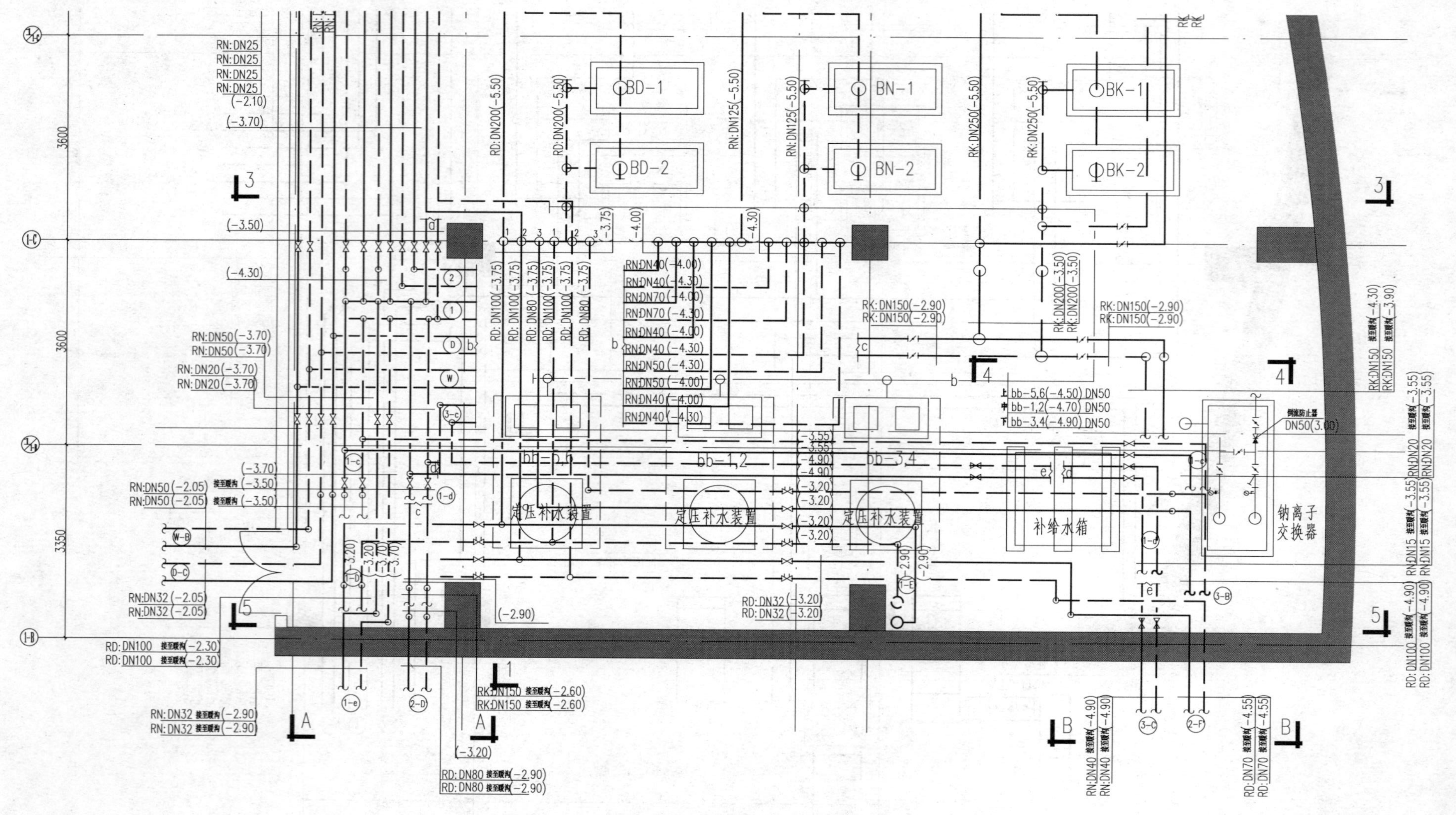

图 3.2-6 热交换间平面图（二）

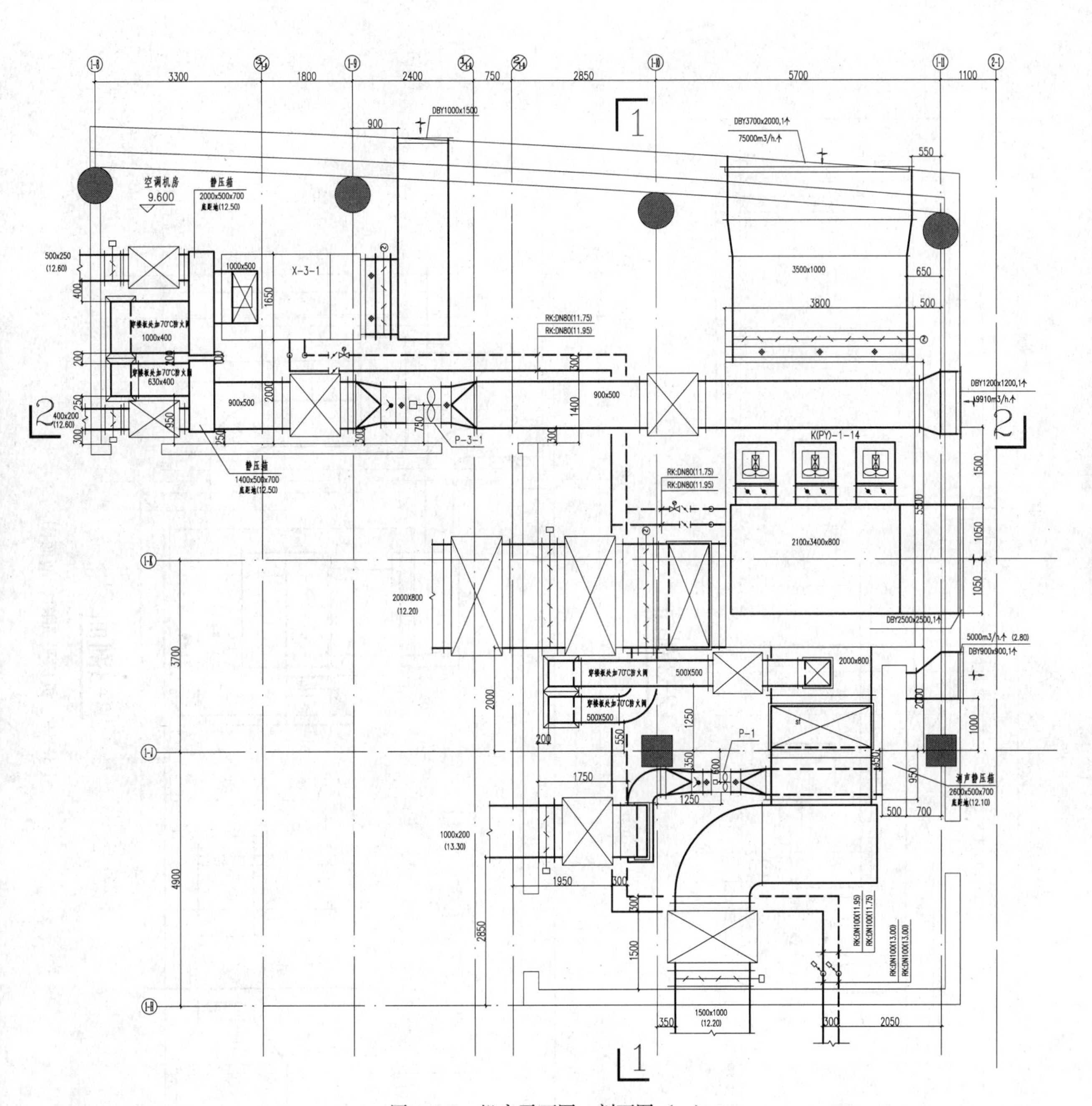

图 3.2-8　机房平面图、剖面图（一）

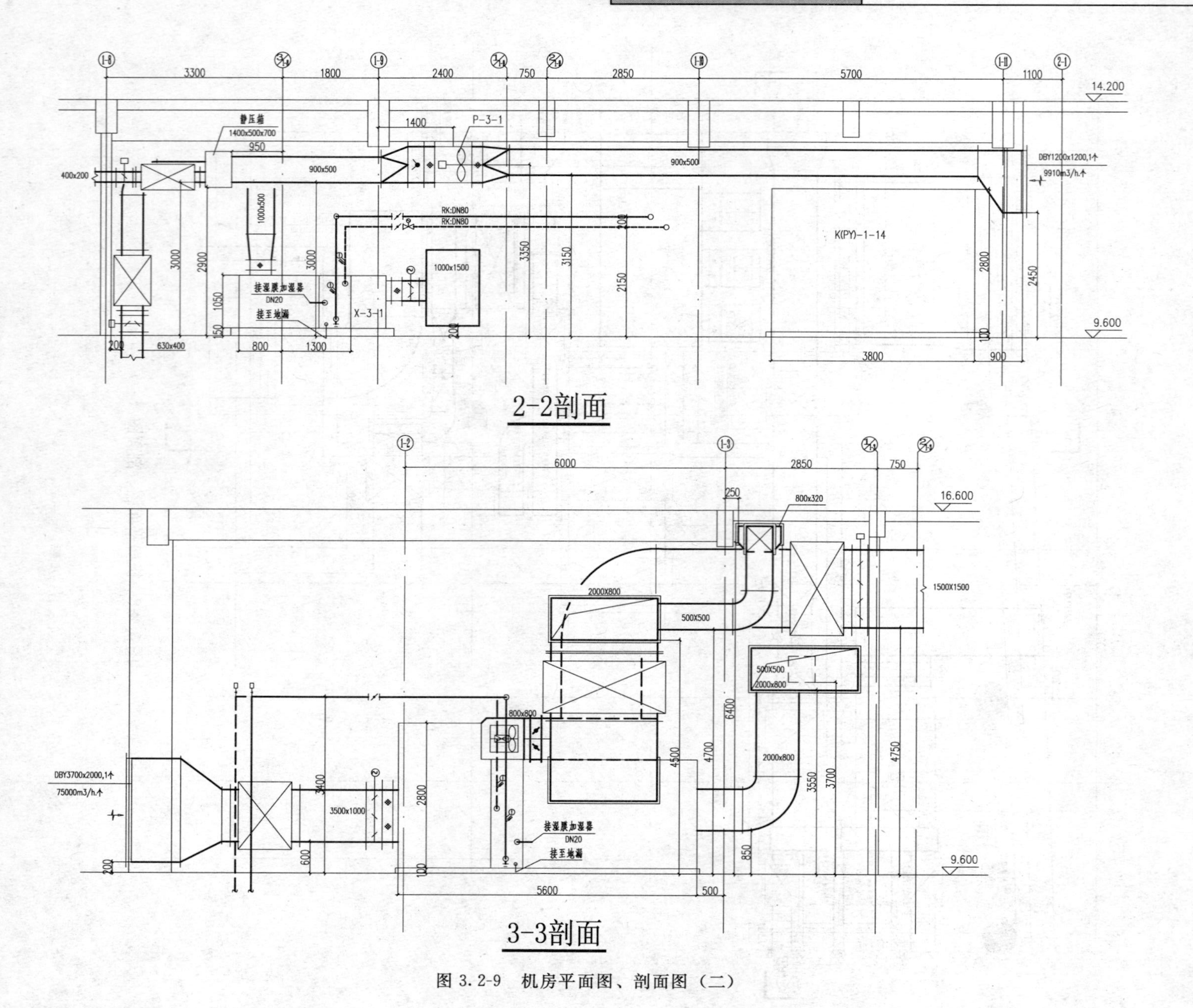

图 3.2-9 机房平面图、剖面图（二）

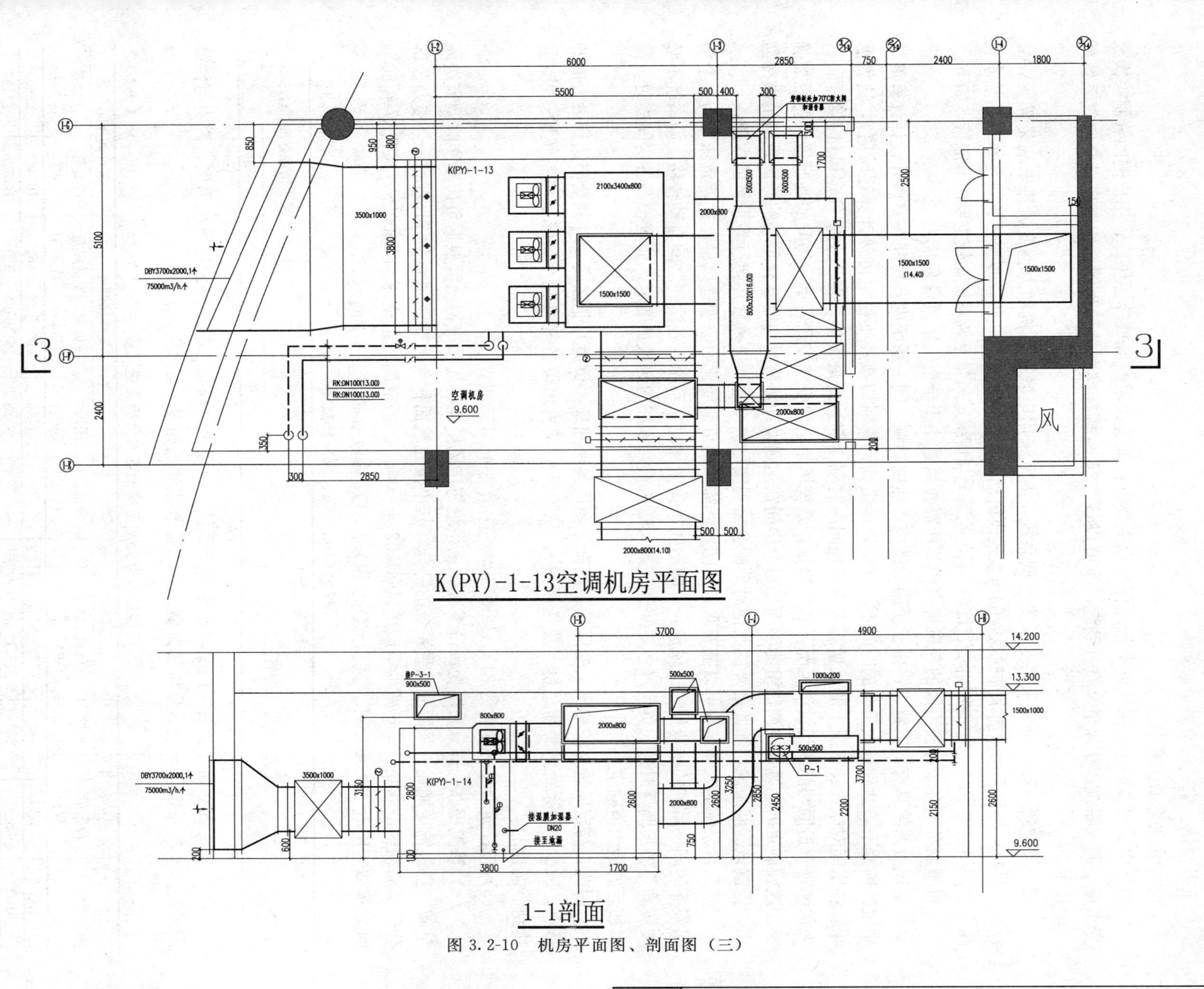

图 3.2-10 机房平面图、剖面图（三）

3.3 变风量空调系统

工程案例：中关村金融中心①

1. 绿色理念及工程特点

(1) 中关村金融中心采用的节能环保技术主要有：低温大温差区域冷源供冷；用户侧四管制一次泵变水量空调水系统；变风量全空气系统。本节以该建筑A楼标准办公层为例介绍变风量全空气系统的节能技术。

(2) 该建筑标准办公层采用变风量空调系统，内区采用串联式风机动力型变风量末端装置（VAV BOX）供冷；外区采用带热水加热盘管的串联式风机动力型变风量末端装置，夏季供冷，冬季利用热水再热盘管供热。对于同一建筑在相同设计条件下，此系统与传统定风量空调系统比较主要的节能特点如下：

对于服务于多个办公房间的变风量系统其所需总风量小于全空气定风量系统。

定风量系统具有如下特点：由于受围护结构得热的影响，同一系统内各房间在室内外设计计算参数确定的前提下，达到最大负荷的时间不同（空调冷负荷计算时应按照不稳定传热计算逐时值），这就意味着各房间对于设计工况下的风量需求并非在同一时刻全部达到最大值。对于全空气定风量系统而言，为保障每个房间均能满足设计工况下的供冷量，系统风量必然要求按照各单一房间的逐时最大值叠加确定。这样确定的定风量空调机组能够满足每个房间在达到设计负荷时均能够有足够的送风量满足供冷需求，但就该房间来说，除此之外的其他时刻则会出现实际供冷量（送风量）超过需求量的现象。

变风量系统的末端装置可以随着服务房间实际需求的负荷变化而改变送风量，这就意味着为多个房间服务的同一系统的供冷量（送风量）可随房间负荷变化而在系统内各房间之间自动转移。即系统不必按照满足各房间逐时最大负荷（各房间逐时最大送风量）累加的送风量确定，而应按照各房间逐时负荷累加后的最大值确定。

因此，与定风量系统相比，变风量系统充分利用各房间最大负荷并非在同一时刻全部达到最大值的特点，减少整个系统的负荷总量（总送风量），从而使空调机组设备规格减小，降低风系统输送能耗，达到节能目的。

(3) 该建筑全年耗冷量约8155112kWh，耗热量约4561557kWh。

(4) 该工程办公部分采用变风量系统，该系统与定风量全空气系统相比可根据负荷率实时调节送风量减少空气输送能耗。采用变风量系统的部分，其单位建筑面积年减少送风量约7182m^3，全楼办公部分建筑面积约70000m^2，年减少空调送风量502740000m^3。当空调机组全压为1000Pa、风机效率80%时，年节约用电174563kWh。减少CO_2、SO_2、NO_X排放量如表3.3-1所示。

减少CO_2、SO_2、NO_X排放量 表3.3-1

减少排放CO_2 (t)	减少排放SO_2 (t)	减少排放NO_X (t)	减少消耗标准煤(t)
101.9	0.33	0.29	38.9

(5) 该工程标准办公层采用变风量全空气系统，仅以A（塔楼）标准办公层系统为例，说明与传统定风量全空气系统相比较，分析其典型设计工况节能效果如表3.3-2所示。

A塔楼标准办公层各房间逐时负荷及送风量 表3.3-2

时刻	房间1		房间2		房间3		房间4		各房间逐时合计	
	冷负荷(W)	送风量(m^3/h)	冷负荷(W)	送风量(m^3/h)	冷负荷(W)	送风量(m^3/h)	冷负荷(W)	送风量(m^3/h)	冷负荷(W)	送风量(m^3/h)
8:00	24781	5454	26540	5841	35169	7740	21007	4623	107497	23658
9:00	28542	6282	31771	6992	42657	9388	25150	5535	128120	28197
10:00	30728	6763	32201	7087	44369	9765	29025	6388	136322	30002

① 工程负责人：劳逸民，男，中国建筑设计研究院，高级工程师。

续表

时刻	房间1		房间2		房间3		房间4		各房间逐时合计	
	冷负荷（W）	送风量（m^3/h）	冷负荷（W）	送风量（m^3/h）	冷负荷（W）	送风量（m^3/h）	冷负荷（W）	送风量（m^3/h）	冷负荷（W）	送风量（m^3/h）
11:00	32064	7057	28382	6246	40628	8941	32145	7074	133218	29319
12:00	33469	7366	27218	5990	39675	8732	34281	7545	134644	29633
13:00	36200	7967	27824	6123	41963	9235	38710	8519	144696	31845
14:00	40157	8838	27977	6157	41430	9118	40381	8887	149944	33000
15:00	43252	9519	27624	6080	38498	8473	38622	8500	147996	32571
16:00	44717	9841	27076	5959	36080	7941	38488	8470	146361	32211
17:00	48094	10585	26907	5922	30243	6656	39633	8722	144877	31885

由表3.3-2可见，当采用定风量系统时，空调机组风量应为各房间逐时最大值累加风量36323m^3/h，制冷设备应按各房间逐时最大负荷累加值165045W选定。

由于采用了变风量系统，空调机组按照系统内各房间逐时负荷累加的最大值选择系统风量33000 m^3/h，制冷设备则按各房间逐时负荷累加的最大值149944W选定。

从设备装机容量看，空调机组设计送风量可节省（36323－33000）/36323×100％＝9.15％。

制冷装置设计制冷量可节省（165045－149944）/165045×100％＝9.15％。

（6）变风量系统送风装置年节约能耗分析：由表3.3-2可知，当采用定风量系统送风时，典型设计日总送风量为363230m^3/h，变风量系统总送风量为302321m^3/h，减少送风量60909 m^3/h，减少比例为16.8％。

办公建筑夏季空调供冷年运行时间107天（空调供冷季150天/年，空调系统运行5天/周），每天运行10小时，一个供冷季平均负荷率为设计负荷的70％，与定风量系统相比，可达到的节能效果为：

减少送风量：

L=(36323－33000×70％)×10×(150/7×5)＝14148610m^3/年。

当空调机组全压H＝1000Pa，风机效率η＝80％时则可达到的节能效果为：

N=$L\cdot H$/(3600·η·1000)＝14148610×1000/3600/0.8/1000＝4913kWh。

（7）该工程A塔楼标准办公层建筑面积为1970m^2，空调面积为1358m^2。该层变风量空调机组设计送风量为33000 m^3/h，供冷量为151kW。根据上述分析结果，由于采用变风量系统，每供冷季单位建筑面积可节约空气输送能耗4913kWh/1970m^2＝2.494kWh/m^2。

（8）上述分析结果假定供冷负荷与送风量呈线性关系，就变风量系统送风装置较定风量全空气系统在装机容量及运行中所能达到的节能效果进行分析。

2. 工程概况

中关村金融中心位于北京市中关村21号地块，由塔楼A（35层）、配楼B（9层）及连廊C组成，高度约150m（塔楼A）。建筑面积约11.2万m^2。

（1）冷热源及空调水系统

1）该工程A、C座（塔楼及连廊）中央空调冷负荷为9088kW，热负荷为5666kW；B座（配楼）中央空调冷负荷为1800kW，热负荷为1341kW；总空调冷指标为97W/m^2，热指标为63W/m^2。

2）空调冷源由区域冷站提供1.1℃/12.2℃的空调冷水，经冷交换后空调供/回水温度为2.2℃/14.4℃；空调热源由中关村西区市政外网引入150℃/70℃的热水经热交换提供80℃/60℃的空调热水。A、C座与B座的水系统独立，A、C座水系统竖向划分高低区，其二十五层以上部分为高区，二十四层以下部分为低区。

3）用户侧采用四管制一次泵变水量系统，由用户端静压设定值控制循环水泵变频调速，由用户端用冷量、用热量控制换热器及水泵运行台数。

（2）全空气变风量空调系统

1）办公层采用变风量全空气系统，每层设置一台变风量空气处理机组，房间内设置变风量末端装置（VAV BOX），变风量末端装置为串联式风机动力型，根据房间负荷需要调节一次送风量，经与VAV BOX箱体上开的回风口引入的部分回风混合升温（设计工况13℃左右）后，通过与灯具布置相结合的条形风口送入房间内。

2）办公层新风集中处理，A座新风处理机位于十二层（负担三～十一层空调新风）、二十四层（负担十三～二十三层空调新风）和三十五层（负担二十五～三十四层空调新风），B座新风处理机位于九层（负担二～八层空调新风），接每层空调机组新风管处设定风量末端装置（CAV BOX）保证每层空调新风送入量不变。因该工程建筑外窗均不可开启，幕墙结构的空气渗透量小，全楼风平衡尤为重要，每层排风量为新风量的90%，除通过卫生间排除的风量，其余风量通过走道排风排除。每层走道排风支管上设电动风阀，与该层空气处理机组的新风电动风阀联锁控制。

3）变风量空调系统的自动控制：

① 变风量空调机组由送风管静压值，通过变频调节器调节风机转速满足实时风量控制要求。

② 变风量末端装置（VAV BOX）采用数字式控制，压力无关型，设置差压控制器；服务内区的末端根据温控器指令调节一次风风阀开度；服务外区的末端，送冷风时根据温控器指令调节风阀开度。当室温下降，一次风风量调低至满足人员新风标准的最小送风量时，若室温仍不满足要求则转入冬季运行模式，维持最小一次风风量，并开启再热盘管的电动二通水阀，加热混合风，此时温控器控制再热盘管电动水阀的开度。外区末端在空调机组停机后可独立工作，提供办公室夜间值班采暖。

③ 为保持全楼风平衡及节约能源，当办公层空调机组停机后，由空调中控室联锁关闭该层的新风电动阀和排风电动阀，同时其对应的新风空调机组及排风机应根据风道静压值进行变频调节满足实际风量。

3. 相关图纸

该工程主要设备材料表如表3.3-3所示，主要设计图如图3.3-1～图3.3-7所示。

空调机组及其附件性能规格一览表

表 3.3-3

序号	设备编号	设备名称	风量(CMH)	制冷量(kW)	制热量(kW)	加湿量(kg/h)	电量(kW)	机外余压(Pa)	夏季盘管进风温度		夏季盘管出风温度		冬季盘管进风温度		冬季盘管出风温度		服务范围	单位	数量	组合段功能要求	进风口尺寸(mm)
									T(℃)	T_s(℃)	T(℃)	T_s(℃)	T(℃)	T_s(℃)	T(℃)	T_s(℃)					
1	K_A-B201	空气处理机组	53300	296	222	30	37	600	25.2	18.4	12.3	12.0	15.8	9.8	29.6	15.2	大堂及二层联系厅、零售	台	1	板式粗效＋袋式中效＋热盘管＋冷盘管＋加湿＋风机	侧面 3390×1050
2	K_A-0301～1101	变频空气处理机组	33000	151	/	/	22	600	20.6	13.8	8.5	8.2	19.2	12.0	8.5	8.2	三层～十一层办公	台	9	混合＋（板式粗效＋袋式中效）＋冷盘管＋风机	顶、侧面 2590×1050
3	K_A-1301～2301	变频空气处理机组	33000	151	/	/	22	600	20.6	13.8	8.5	8.2	19.2	12.0	85	8.2	十三层～二十三层办公	台	11	混合＋（板式粗效＋袋式中效）＋冷盘管＋风机	顶、侧面 2590×1050
4	K_A-2501～3301	变频空气处理机组	31000	142	/	/	22	600	20.6	13.8	8.5	8.2	19.2	12.0	8.5	8.2	二十五层～三十三层办公	台	9	混合＋（板式粗效＋袋式中效）＋冷盘管＋风机	顶、侧面 2590×1050
5	K_A-3401	空气处理机组	35000	85	126	/	22	500	19.4	15.2	12.9	12.5	17.7	12.0	28.5	16.0	三十四层会所	台	1	混合＋（板式粗效＋袋式中效）＋热盘管＋冷盘管＋风机	顶、侧面 2590×1050
6	X_A-B301	新风空调机组	8500	100	128	54	4	450	33.2	26.4	17.4	16.9	−12	−13.4	33.2	12.3	地下物业库房	台	1	混合＋（板式粗效＋袋式中效）＋热盘管＋冷盘管＋加湿＋风机	侧面 1480×580
7	X_A-1201	变频新风空调机组	59400	1043	645	302	30	500	33.2	26.4	10.9	10.4	−12	−13.4	20.6	6.7	三层～十一层办公	台	1	板式粗效＋袋式中效＋热盘管＋冷盘管＋加湿＋风机	侧面 3390×1050
8	X_A-2401	变频新风空调机组	72600	1275	789	370	37	500	33.2	26.4	10.9	10.4	−12	−13.4	20.6	6.7	十三层～二十三层办公	台	1	板式粗效＋袋式中效＋热盘管＋冷盘管＋加湿＋风机	侧面 1450×1430
9	X_A-3501	变频新风空调机组	59000	1036	641	300	30	500	33.2	26.4	10.9	10.4	−12	−13.4	20.6	6.7	二十五层～三十四层办公、会所	台	1	板式粗效＋袋式中效＋热盘管＋冷盘管＋加湿＋风机	侧面 3390×1050
10	Kc-1	空气处理机组	33500	240	228	43.2	18	600	26.3	19.8	13.0	12.5	12.2	8.1	32.7	16.3	C 座 B 厅及过厅	台	1	混合＋（粗效过滤＋中效过滤）＋冷、热盘管＋加湿＋风机	顶面 2590×1050

续表

序号	设备编号	设备名称	风量(CMH)	制冷量(kW)	制热量(kW)	加湿量(kg/h)	电量(kW)	机外余压(Pa)	夏季盘管进风温度		夏季盘管出风温度		冬季盘管进风温度		冬季盘管出风温度		服务范围	单位	数量	组保段功能要求	进风口尺寸(mm)
									T(℃)	T_s(℃)	T(℃)	T_s(℃)	T(℃)	T_s(℃)	T(℃)	T_s(℃)					
11	Kc-2	空气处理机组	44000	237.5	176.7	26.1	18	700	25.1	18.3	13.2	12.7	16.2	10.7	28.3	15.4	C座A厅及过厅	台	1	混合+(粗效过滤+中效过滤)+冷、热盘管+加湿+风机	顶面2590×1050
12	Kc-3	空气处理机组	44000	237.5	176.7	26.1	18	700	25.1	18.3	13.2	12.7	16.2	10.7	28.3	15.4	C座A厅及过厅	台	1	混合+(粗效过滤+中效过滤)+冷、热盘管+加湿+风机	顶面2590×1050
13	Kc-4	空气处理机组	33500	240	228	43.2	18	600	26.3	19.8	13.0	12.5	12.2	8.1	32.7	16.3	C座C厅及过厅	台	1	混合+(粗效过滤+中效过滤)+冷、热盘管+加湿+风机	顶面2590×1050

其他技术要求：1. 箱体采用双层面板，50mm厚聚氨酯发泡保温，导热系数小于0.0199W/(m·℃)。

2. 漏风率在机组正压700Pa时应小于0.63/(s·m²)。

3. 防冷桥系数 K_b 大于0.6，机组支撑框架中间应采取添加保温毡等防冷桥处理。

4. 空调机组的迎面风速要求≤2m/s。冷盘管的翅片间距要求在2.5～3.0mm之间。加湿器的饱和效率——新风机组要求在70%～80%之间，空调机组要求在40%～50%之间。

5. 空调机组的变频调速测压点设于送风管距空调机组的2/3距离处。变频器为风机专用型。

6. 采用不锈钢滴水盘，湿膜加湿段后设紫外消毒灯，加湿器停机后风机应自动运转1h，使加湿模块强制干燥。

7. 空调机组出口噪声<80dB (A)，并提供分频谱噪声值。

8. 空调机组盘管水阻力小于40kPa，且各机组的盘管水阻力应尽可能相等或相近，盘管承压均为1.6MPa。

风口尺寸表

设备型号	风口形式	风口尺寸(mm)	连接风管尺寸(mm)
0208	内区2个灯座风口	1000×25×2	320×160
	内区3个灯座风口	1000×20×2	320×120
	外区1个条形风口	1000×100	500×200
0308	内区3个灯座风口	1000×25×2	320×160
	内区2个条形风口	1000×80	400×160
	外区2个条形风口	1000×80	400×160
0414	外区3个条形风口	1000×80	400×160

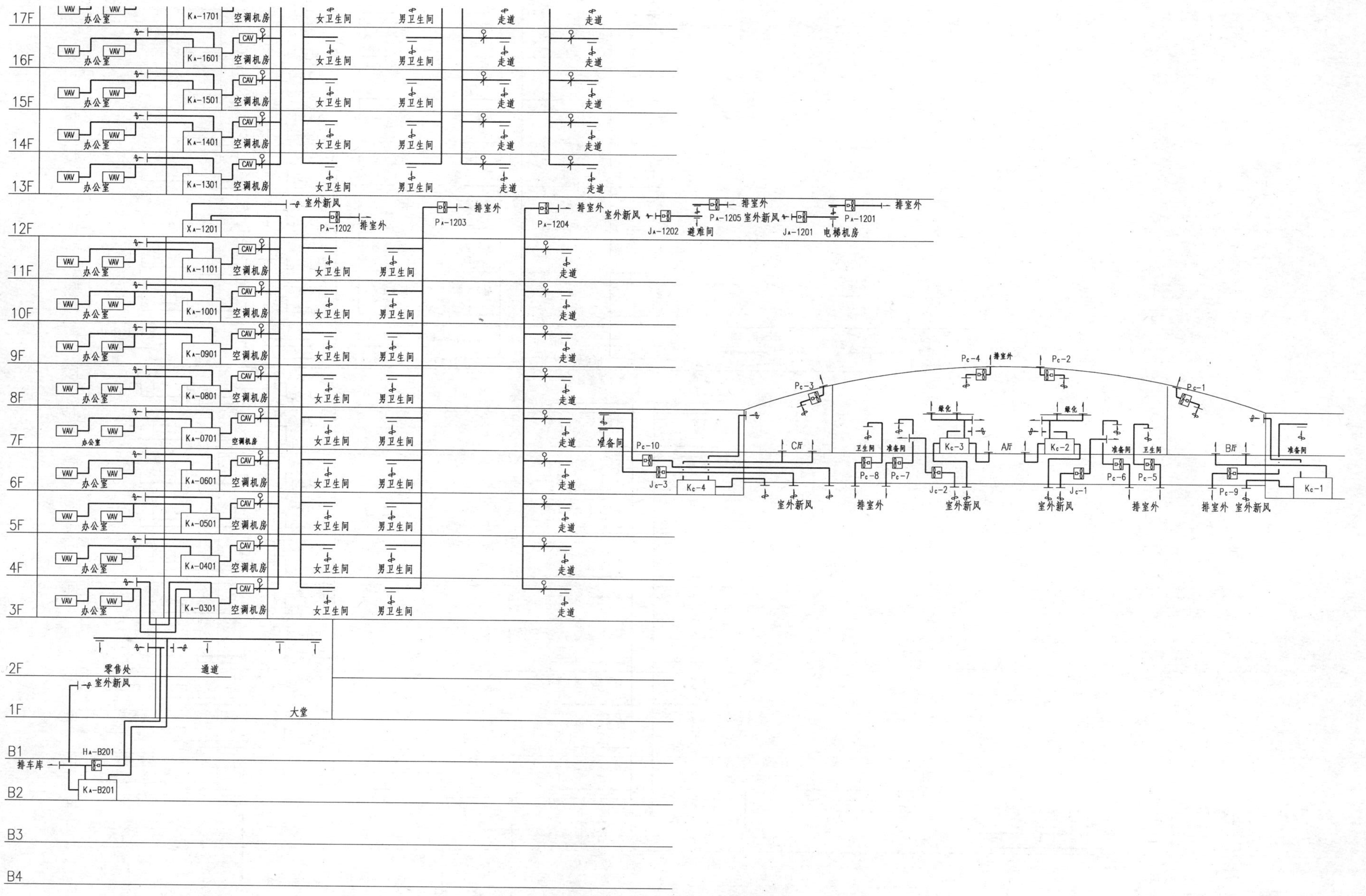

图 3.3-1　A座、C座空调通风风路系统图（一）

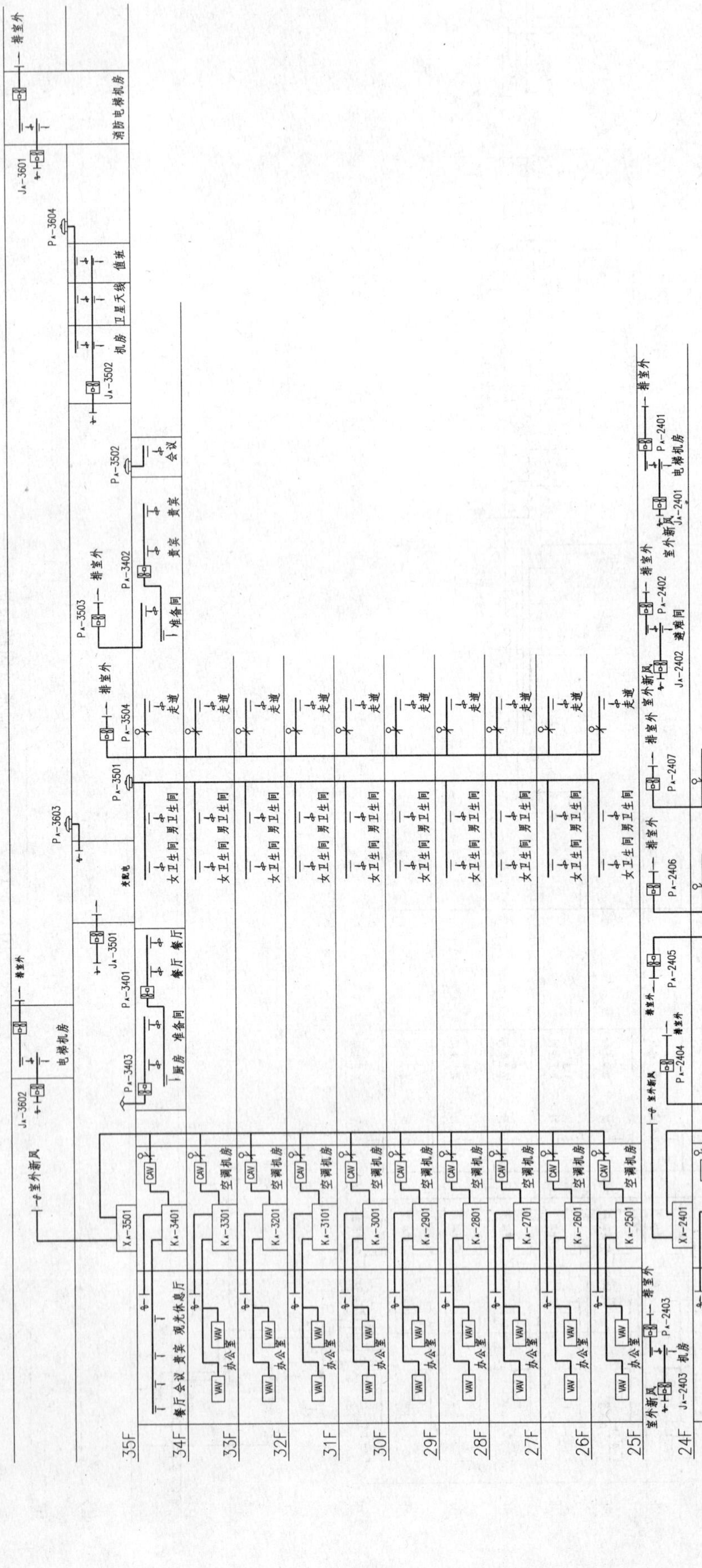

P_A-3602　J_A-3602　排室外　室外新风　电梯机房
P_A-3601　J_A-3601　排室外　消防电梯机房
P_A-3603　P_A-3604　J_A-3501　J_A-3502　机房　卫星天线　值班
P_A-3503　排室外　P_A-3504　排室外　P_A-3501　P_A-3402　P_A-3502　变配电

35F　X_A-3501　P_A-3403　P_A-3401
34F　餐厅　会议　贵宾　观光休息厅　K_A-3401　CAV　厨房　准备间　餐厅　餐厅　女卫生间　男卫生间　走道　准备间　贵宾　贵宾　会议
33F　VAV　VAV　办公室　K_A-3301　CAV　空调机房　女卫生间　男卫生间　走道
32F　VAV　VAV　办公室　K_A-3201　CAV　空调机房　女卫生间　男卫生间　走道
31F　VAV　VAV　办公室　K_A-3101　CAV　空调机房　女卫生间　男卫生间　走道
30F　VAV　VAV　办公室　K_A-3001　CAV　空调机房　女卫生间　男卫生间　走道
29F　VAV　VAV　办公室　K_A-2901　CAV　空调机房　女卫生间　男卫生间　走道
28F　VAV　VAV　办公室　K_A-2801　CAV　空调机房　女卫生间　男卫生间　走道
27F　VAV　VAV　办公室　K_A-2701　CAV　空调机房　女卫生间　男卫生间　走道
26F　VAV　VAV　办公室　K_A-2601　CAV　空调机房　女卫生间　男卫生间　走道
25F　VAV　VAV　办公室　K_A-2501　CAV　空调机房　女卫生间　男卫生间　走道
室外新风　P_A-2403　排室外　室外新风　排室外　P_A-2404　排室外　P_A-2405　P_A-2406　排室外　P_A-2407　排室外　室外新风　P_A-2402　排室外　室外新风　P_A-2401　排室外
24F　J_A-2403　机房　X_A-2401　J_A-2402　避难间　J_A-2401　电梯机房
23F　VAV　VAV　办公室　K_A-2301　CAV　空调机房　女卫生间　男卫生间　走道　走道
22F　VAV　VAV　办公室　K_A-2201　CAV　空调机房　女卫生间　男卫生间　走道　走道
21F　VAV　VAV　办公室　K_A-2101　CAV　空调机房　女卫生间　男卫生间　走道　走道
20F　VAV　VAV　办公室　K_A-2001　CAV　空调机房　女卫生间　男卫生间　走道　走道
19F　VAV　VAV　办公室　K_A-1901　CAV　空调机房　女卫生间　男卫生间　走道　走道
18F　VAV　VAV　办公室　K_A-1801　CAV　空调机房　女卫生间　男卫生间　走道　走道
17F　VAV　VAV　办公室　K_A-1701　CAV　空调机房　女卫生间　男卫生间　走道　走道
CAV

图 3.3-2　A座、C座空调通风风路系统图（二）

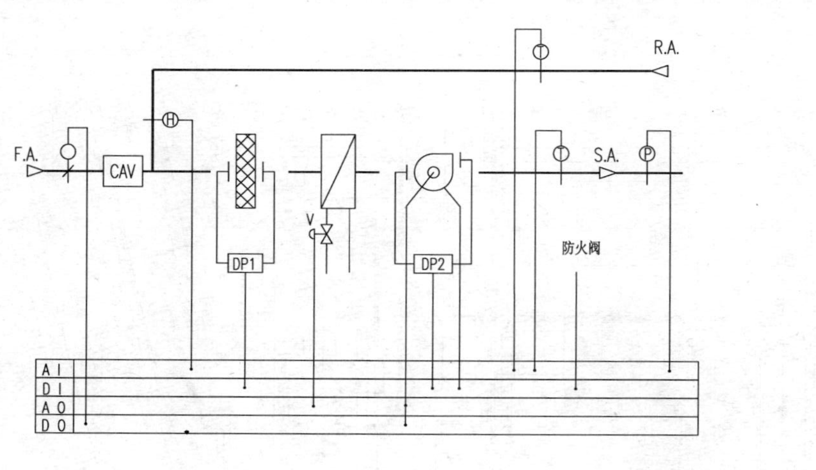

变风量空调机组控制原理图

说明：1. 一台机组的多个防火阀串接为一个信号。

2. 机组在最小风量以上运行时，由送风温度控制表冷器水阀开度，机组在最小风量运行时，由回风温度控制表冷器水阀开度。

3. 对于变风量机组，需定期检查清洗过滤器。

F.A.
DP1
V
LT
DP2
S.A.
防火阀
AI
DI
AO
DO

变风量新风空调机组控制原理图

说明：1. 一台机组的多个防火阀串接为一个信号。

2. 对于变风量机组，需定期检查清洗过滤器。

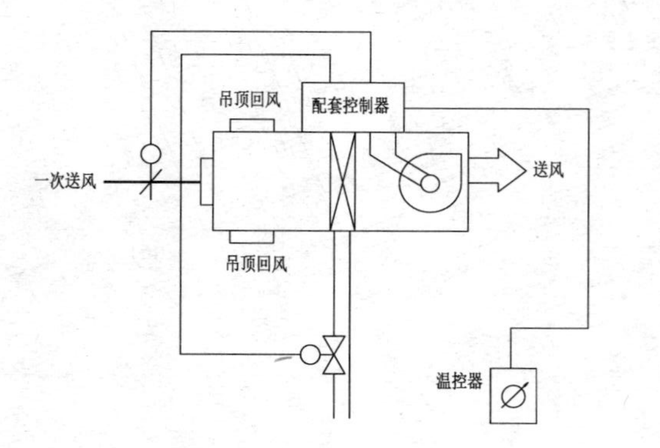

变风量末端控制原理图

说明：配套控制器为模拟电控器，如果要求变风量末端接入楼宇自控，则配数字电控器，并设有效通讯接口。

图 3.3-3　A座、C座空调机组自控原理图

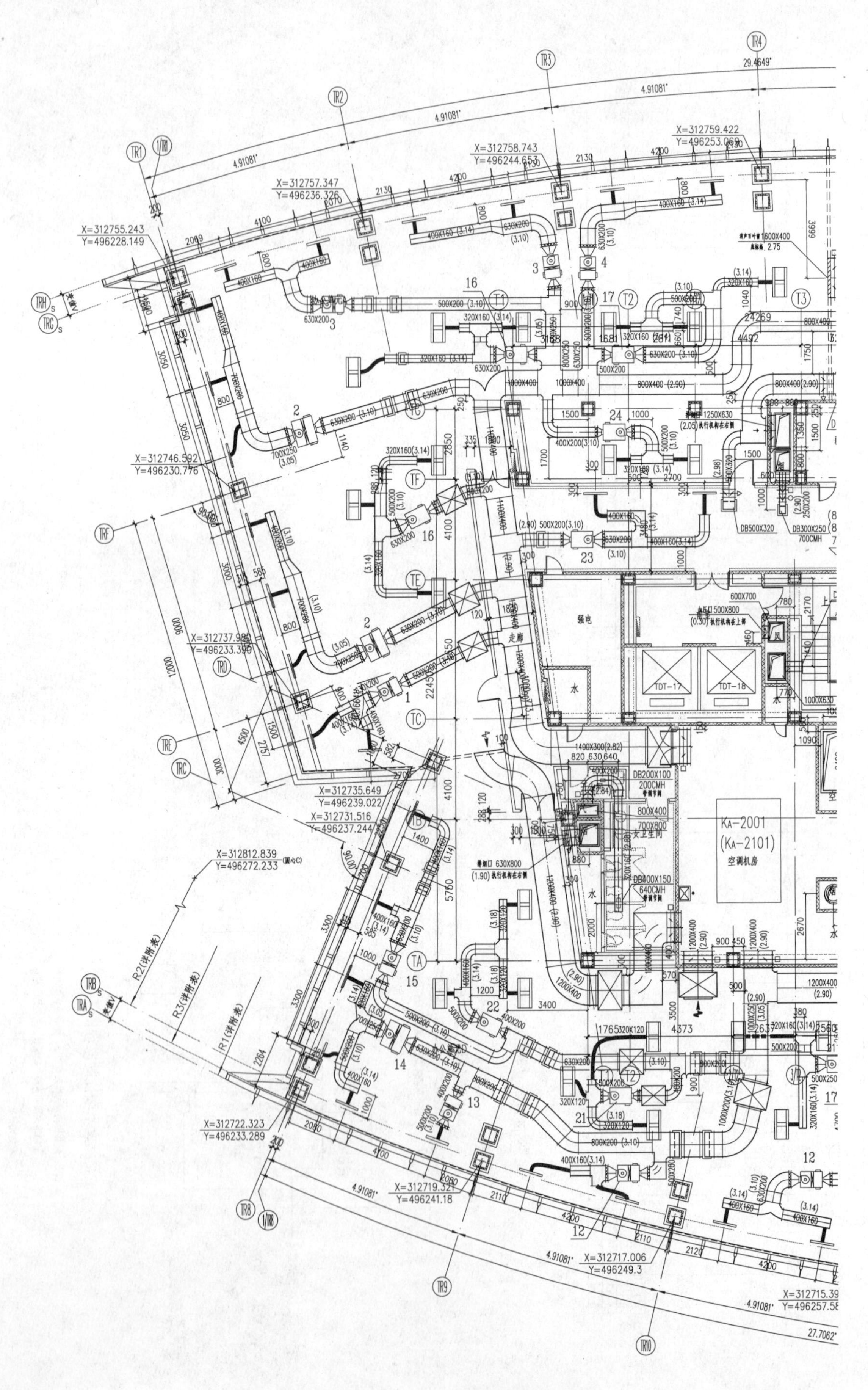

图 3.3-4　A 座（塔楼）二十层空调风管平面图（一）

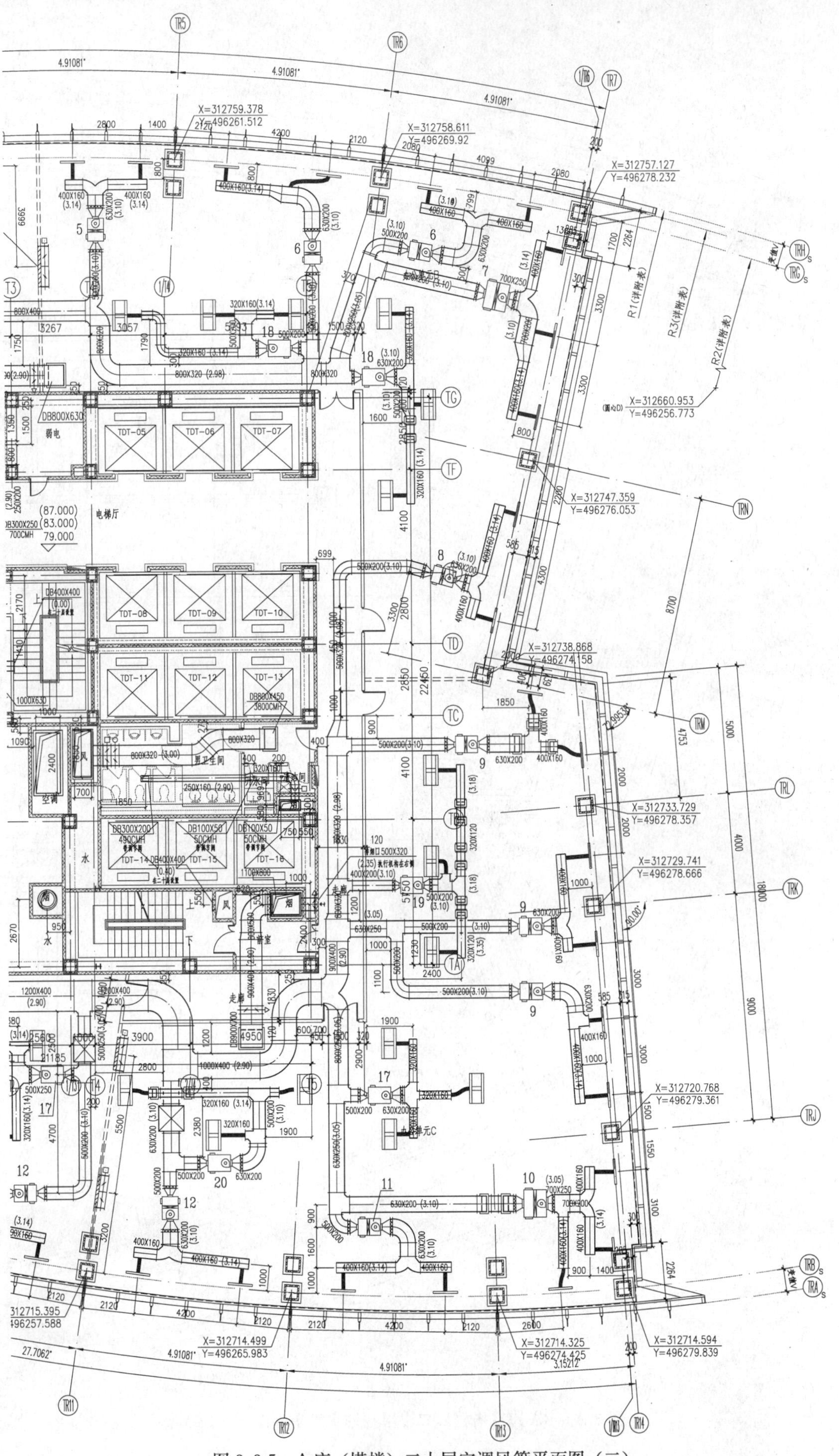

图 3.3-5 A座（塔楼）二十层空调风管平面图（二）

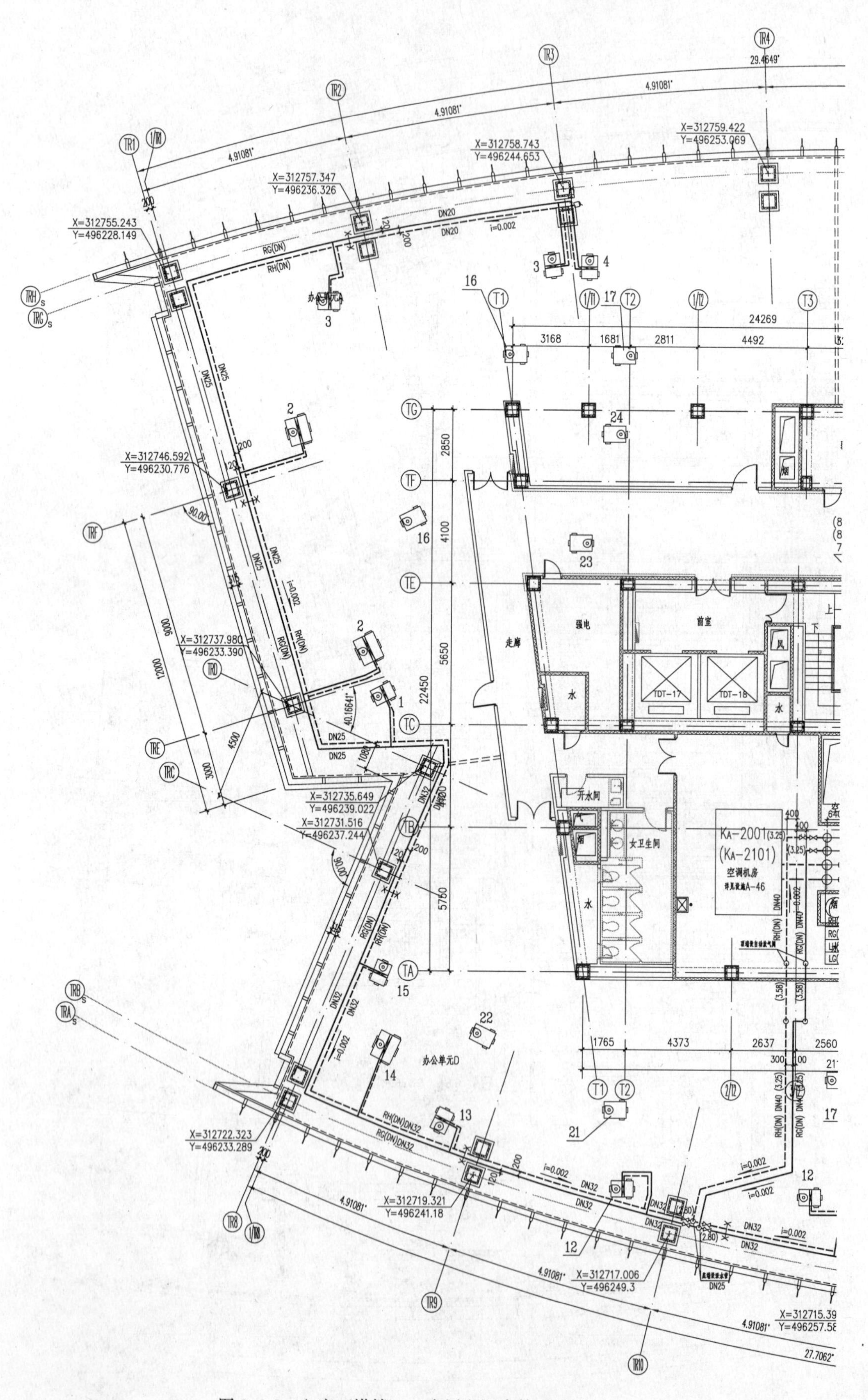

图 3.3-6　A座（塔楼）二十层空调水管平面图（一）

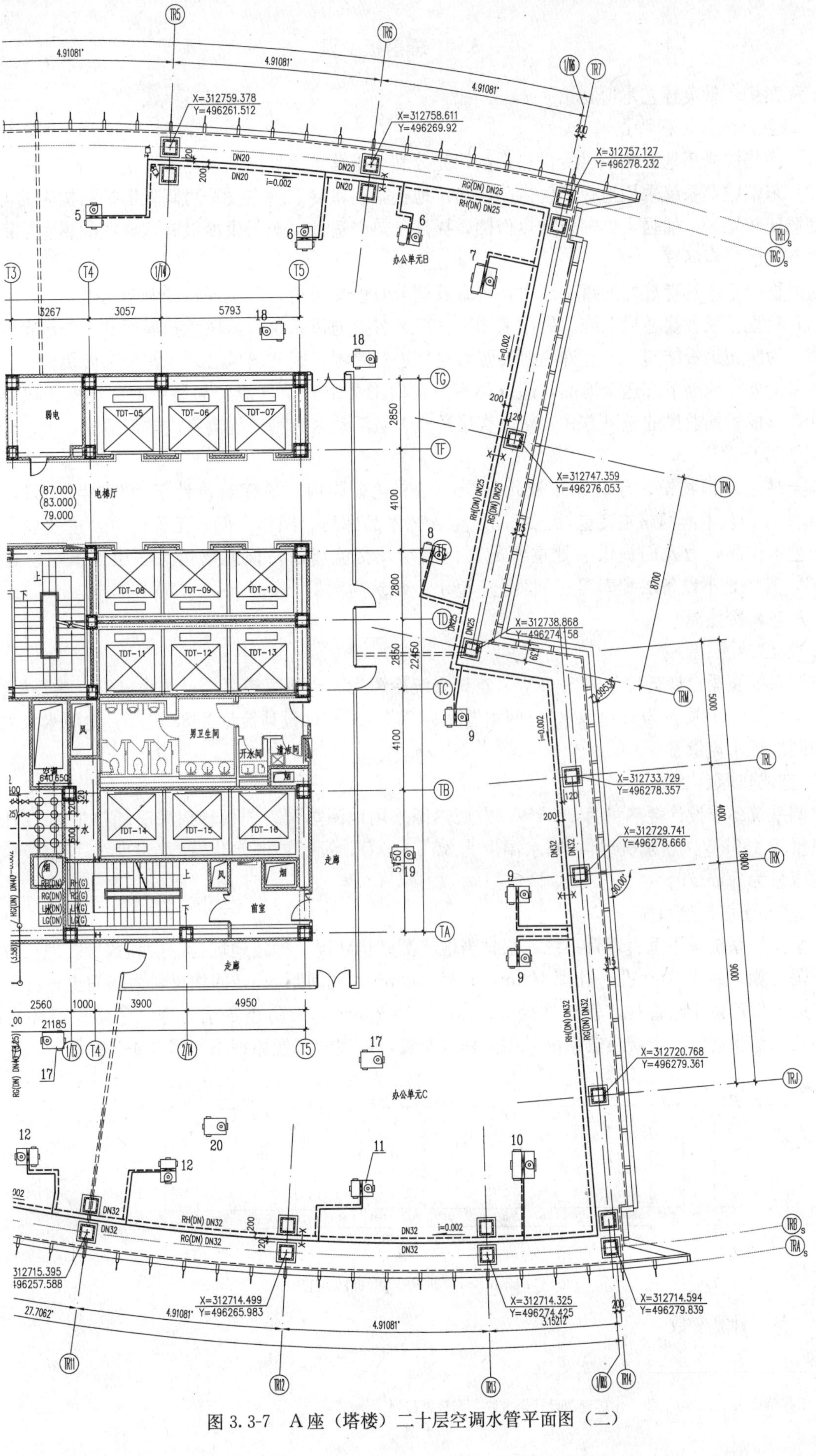

图 3.3-7 A座（塔楼）二十层空调水管平面图（二）

3.4 辐射板空调

工程案例：韩美林艺术博物馆①

1. 绿色理念及工程特点

(1) 冷热源采用地源热泵供冷供热系统，充分利用土壤蓄热性能。

(2) 末端空调系统采用地板辐射供冷供热。地板辐射供冷系统在夏季可降低围护结构表面温度，室内温度场比较均匀，加强人体辐射散热份额，提高了热舒适性。辐射供冷没有吹冷风的感觉，而且不存在常规空调的噪声问题。

辐射供冷系统具有较好的蓄冷能力，可有效调节峰值冷负荷，并实现自动调节功能。

(3) 独立新风置换通风系统。展厅采用独立新风置换通风系统，新风承担展厅的全部湿负荷和部分冷负荷。为防止地板结露，不允许辐射装置对空气进行除湿，因此新风必须承担全部湿负荷。

新风沿展厅侧墙下部送至地面，遇人体等热源时形成上升空气流，与展厅上部集中排风系统相结合，有效形成置换通风的送风方式。新风直接送至人员活动区有利于提高室内热舒适性。

2. 工程概况

韩美林艺术博物馆位于北京市通州区梨园镇文化公园内。该建筑设计于 2005 年 11 月，建成于 2007 年 2 月。艺术博物馆主要包括艺术品展览、艺术品库房、制作车间、工作区等，主要展示韩美林老师的艺术作品，为人们提供一处重要的文化活动及交流场所。该博物馆为多层建筑，总建筑面积 8970m^2，其中地下设备层和库房建筑面积 650m^2，建筑高度 11.6m。

(1) 空调冷热源

1) 空调冷源

空调系统夏季设计耗冷量为 390kW，空调系统冷源为 2 台地源热泵冷、热水机组。热泵机组的供/回水温度为 7℃/12℃，设计地源水供/回水温度为 30℃/35℃，设计流量为 82m^3/h。地源水泵采用变频调节控制地源水流量。

2) 空调热源

空调系统冬季设计耗热量为 375kW，空调热源采用地源热泵，地板辐射采暖耗热量为 227kW，新风耗热量为 139kW。热泵机组供/回水温度为 45℃/40℃，设计地源水供/回水温度为 12℃/7℃，地源水设计流量为 50m^3/h。

3) 室外土壤换热系统

土壤换热系统采用垂直埋管系统，根据当地实测结构状况，确定地埋孔深度和数量。埋孔位置选在文化公园北侧，共计 70 个孔，孔深 100m，孔径 150mm，孔间距 5m，回填材料为膨润土＋石英砂。换热管材选用聚乙烯 PE 管材，管道外径 32mm，内径 25mm，为防止冬季有冻结危险，循环水内加入 20%的乙二醇水溶液。土壤换热系统采用同程式布置，地埋管布置原理图如图 3.4-1 所示。

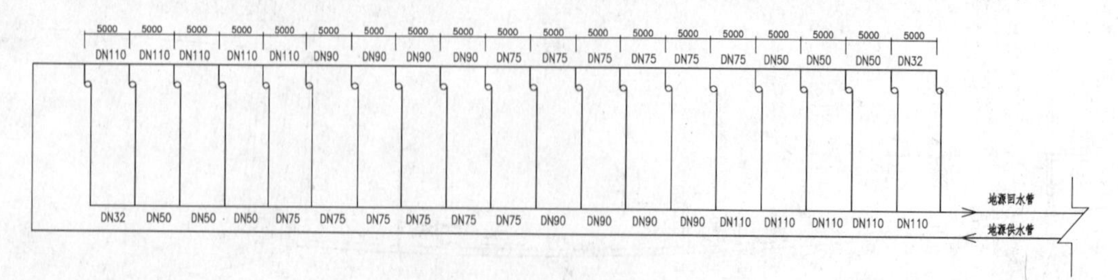

图 3.4-1 地理管布置原理图

(2) 空调计算参数

① 工程负责人：张亚立，女，中国建筑设计研究院，高级工程师。

1）围护结构热工性能

展厅夏季采用地板辐射供冷方式，由于地板辐射的供冷能力有限，因此围护结构的热工设计至关重要。根据该建筑在立面造型上的独特要求，各朝向窗墙面积比均低于40%，这对地板辐射供冷方式提供有利条件。

外墙、屋面采用聚苯板保温，传热系数≤0.43W/(m^2·K)；外窗采用中空Low-E玻璃，传热系数≤2.00W/(m^2·K)，遮阳系数≤0.4W/(m^2·K)。

2）主要房间室内设计参数（见表3.4-1）

各房间室内设计参数 **表3.4-1**

房间名称	夏季		冬季		每人占用面积（m^2/人）	新风量（m^3/h）	噪声[dB(A)]
	温度（℃）	相对湿度（%）	温度（℃）	相对湿度（%）			
展厅	26	55	20	45	6	≥40	40
笔会厅	26	55	20	45	6	≥40	40
办公室	26	55	18	≥35	7		45
纪念品商店	26	60	18	≥35			50
制作车间	28	60	18	≥35			50
画室	25	55	25	45			50
宿舍	26	60	18	≥35			45
库房	16～18	45～55	16～18	45～55			50

（3）空调水系统

空调水系统采用一次泵变水量二管制系统（冷、热水主供、回水管上分别设置压差旁通控制装置），冬季供应空调热水，夏季供应空调冷水，通过切换阀进行冬夏季的工况转换。

夏季，展厅地板辐射供冷系统＋新风系统。地板辐射系统由地源热泵提供的7℃/12℃冷水作为板式热交换器（RJ-1）的一次冷源，供冷水温度为20℃/24℃，设计冷负荷为51kW。新风系统供/回水温度为7℃/12℃，设计冷负荷为193kW。

展厅以外其他区域采用常规空调系统——风机盘管系统，夏季供回水温度为7～12℃，设计冷负荷为124kW。

冬季，展厅、居住区采用低温地板辐射采暖系统，供/回水温度为45℃/40℃，供热负荷为215kW，展厅新风系统供/回水温度为45℃/40℃，设计热负荷为139kW。制作车间采用内防腐铝制散热器供暖，供热负荷11.4kW，散热器承压能力大于0.6MPa。

（4）空调风系统

展厅采用地板辐射＋新风集中设置的空调系统，新风机组设置在地下机房内，新风由竖井送至各展厅内，并对应设有排风系统。

为有效节能，设置转轮式热交换器，利用展厅排风对新风进行热回收。

文物库房为保证室内的温湿度要求，采用恒温恒湿机组，有新风供应，并设有排风机。

全空气空调系统采用自来水高压喷雾加湿膜组合式加湿器进行加湿，恒温恒湿机采用蒸馏水的电极式加湿器。

（5）自动控制

该工程采用直接数字控制系统（DDC系统）对中央空调进行合理的控制和管理。

展厅内安装温湿度（露点）控制器，严格控制房间内湿度在设计要求范围内。

由于地板辐射供冷系统调节反应速度具有一定延迟性，因此采用带室温反馈的室外温度控制方式（前馈—反馈控制），这种控制方式对于内部条件和外部气象条件变化引起的扰动较为敏感。

地板供冷系统不具备除湿能力，夏季为防止室内湿度过高而导致地板结露，应先启用新风系统进行除湿，当室内空气相对湿度接近或达到设计值后再开启地板辐射供冷系统。

3. 相关图纸

该工程主要设备材料表如表3.4-2～表3.4-12所示，主要设计图如图3.4-2～图3.4-8所示。

地源热泵冷热水机组性能参数表

表 3.4-2

序号	设备编号	设备型式	制冷量(kW)	供热量(kW)	冷水水温(℃)		热水水温(℃)		水源要求				供电要求		使用冷媒	水侧工作压力(MPa)		水流阻力限值(kPa)				机组外形尺寸(mm)	重量(kg)	数量(台)	备注
					进水	出水	进水	出水	制冷模式		制热模式		电量(kW)	电压		蒸发器	冷凝器	制冷模式		制热模式					
									进出水温度范围(℃)	流量(m^3/h)	进出水温度范围(℃)	流量(m^3/h)						蒸发器	冷凝器	蒸发器	冷凝器				
1	DRB-1.2	螺杆式地源热泵机组	216	190	12	7	40	45	30/35	45	10/5	26	60	380	环保冷媒	0.6	0.6	38	75	30	64	2230×825×1300	1060	2	

热交换器性能表

表 3.4-3

序号	设备编号	设备型式	换热量(kW)	一次水			二次水			数量(台)	备注
				进/出水温(℃)	水流阻力(kPa)	水侧工作压力(MPa)	进/出水温(℃)	水流阻力(kPa)	水侧工作压力(MPa)		
1	RJ-1	板式换热器	51	7/12	50	0.6	24/20	50	0.6	1	

水泵性能参数表

表 3.4-4

序号	设备编号	设备名称	设备型式	流量(m^3/h)	扬程(m)	电源		转速(r/min)	吸入口压力(MPa)	工作压力(MPa)	设计点效率(%)	数量(台)	备注
						容量(kW)	电压						
1	B-1 B-2	用户水泵	立式防垢屏蔽泵	75	20	11	380	2900	0.3	0.6	>70	2	一用一备
2	DB-1 DB-2	水源水泵	立式防垢屏蔽泵(变频泵)	90	20	15	380	2900		0.6	>70	2	一用一备
2	B-3 B-4	用户水泵	立式防垢屏蔽泵	11	20	2.2	380	2900	0.3	0.6	>70	2	一用一备

定压膨胀补水机组

表 3.4-5

序号	设备编号	低限压力(MPa)	高限压力(MPa)	电磁阀开启压力(MPa)	安全阀开启压力(MPa)	气压罐总容积(m^3)	气压罐调节容积(m^3)	补水泵参数		补水泵数量(台)	机组供电要求		机组数量(台)	备注
								流量(m^3/h)	扬程(m)		电量(kW)	电压		
1	DY-1	0.25	0.38	0.42	0.44	0.35	0.11	2	40	2	0.55	380/50	1	用户侧水系统定压
1	DY-2	0.02	0.08	0.12	0.14	0.35	0.11	2	10	2	0.37	380/50	1	地源侧水系统定压

全自动软水器性能表

表 3.4-6

序号	设备编号	处理水量(m^3/h)	处理水温(℃)	机组供电要求		数量(台)	备注
				电量(kW)	电压		
1	RH	2~3	0~50	0.14	220/50	1	双阀双罐,软化水箱(03R401-2)容积 $2m^3$

真空脱气机 表 3.4-7

序号	设备编号	最大最小工作压力(Bar)	工作温度(℃)	机组供电要求		数量(台)	备注
				电量(kW)	电压		
1	V-1	1.0～6.0	0～90	1.2	220/50	1	设计参考:S-6C

空调机组机组性能表 表 3.4-8

序号	设备编号	设备型式	送风机			热回收功能段				热回收能量	冷却工况								加热工况						加湿器			中效过滤器类型	初效过滤器类型	出口噪声dB(A)	功能段要求	服务范围	数量(台)
			新风量(m^3/h)	机外余压(Pa)	电机容量(kW)	夏季新风空气温度(℃) 进口干球/湿球	夏季新风空气温度(℃) 出口干球/湿球	夏季排风空气温度(℃) 进口干球/湿球	夏季排风空气温度(℃) 出口干球/湿球	冷量(kW)	冷量(kW)	冷水进/出水温(℃)	空气温度(℃) 进口干球	空气温度(℃) 进口湿球	空气温度(℃) 出口干球	空气温度(℃) 出口湿球	水流阻力(kPa)	工作压力(MPa)	热量(kW)	热水进/出水温(℃)	空气干球温度(℃) 进口	空气干球温度(℃) 出口	水流阻力(kPa)	工作压力(MPa)	型式	加湿量(kg/h)	介质压力(MPa)						
1	K-1	卧式新风空调机组(带转轮式热回收)	18000	400	11	33.2/26.4	27.8/25	26/19.5	31.4/21.1	32.6	192.2	7/12	27.8	25	17	16	<40	0.8	127.5	45/40	11	32	<40	0.8	高压喷雾+湿膜	86	0.2	袋式	板式	<75	进风，初效过滤，中效过滤，热回收，冷(热)盘管，加湿，风机	展厅	1
			排风机			冬季新风空气温度(℃)		冬季排风空气温度(℃)		热量(kW)																							
			排风量(m^3/h)	机外余压(Pa)	电机容量(kW)	进口干球	出口干球	进口干球	出口干球																								
			15000	300	7.5	−12	11	20	−3.7	138.7																							

风机性能参数表 表 3.4-9

序号	设备编号	设备型式	风量(m^3/h)	风压(Pa)	电源		转速(r/min)	出风口噪声[dB(A)]	数量(台)	重量(kg)	服务范围	安装位置	备注
					容量(kW)	电压(V)							
1	J-1	管道式风机	15000	450	4	380	1450	<85	1	146	地下室消防补风	地下室机房	
2	P-1	管道式风机	8500	450	2.2	380	1450	<85	1	105	地下机房排风	地下室机房	
3	P-2	管道式风机	9000	500	3	380	1450	<85	1	120	厨房排风	−4.000 标高厨房	电机外置(油烟净化器阻力 200Pa)
4	P-3	管道式风机	5000	250	0.75	380	1450	<75	1	63	制作车间排风	制作车间顶部	
5	P-4	管道式风机	450	200	0.15	380	960	<50	1	10	恒温恒湿空调排风	地下室机房	
6	PY-1	消防排烟管道式风机	12000	450	4	380	1450	<83	1	148	地下室走道排烟	地下室	
7	PY-2	消防排烟管道式风机	9000	300	2.2	380	2900	<86	1	78	地下室走道排烟	地下室	
8	PY-3	消防排烟管道式风机	8000	450	2.2	380	2900	<86	1	78	地下室走道排烟	地下室	
9	PY-4	消防排烟管道式风机	24000	400	7.5	380	1450	<86	1	235	展厅排烟	展厅屋面	
10	V-1	排气扇	150	100	0.1	220		<45	6		卫生间排风	卫生间	
11	V-2	排气扇	200	100	0.1	220		<45	6		卫生间排风	卫生间	
12	V-3	排气扇	300	100	0.15	220		<45	4		卫生间排风	卫生间	
13	V-4	排气扇	500	100	0.15	220		<45	4		卫间生、钢瓶间排风	卫生间、钢瓶间	
14	V-5	排气扇	600	100	0.15	220		<45	2		暗室、洗衣房	暗室、洗衣房	

水冷式恒温恒湿空调机组性能表 表 3.4-10

序号	设备编号	送风机				冷量 (kW)	电加热器安装容量 (kW)	电加湿器			初效过滤器类型	外形尺寸	出口噪声 dB(A)	服务范围	安装位置	数量 (台)	备注
		风量 (m^3/h)	新风量 (m^3/h)	机外余压 (Pa)	电机容量 (kW)			型式	加湿量 (kg/h)	加湿器功率 (kW)							
1	HK-1	4500	450	250	6.53	20	12	电极式	4	3.6	板式	1245×625×2075	<70	文物库房	地下机房	1	

风机盘管性能参数表 表 3.4-11

序号	设备型式	(中速)风量 (m^3/h)	电机容量 (W)	冷盘管						噪声 dB(A)	备注
				冷量 (kW)	冷水进/出水温 (℃)	空气进口温度(℃)		水流阻力 (kPa)	工作压力 (MPa)		
						干球	相对湿度				
FP-2	卧式风机盘管	340	40	2.1	7/12	26	55	<30	0.8	<45	不设凝结水排水泵，凝结水排水口距吊顶底不小于250mm。
FP-3	卧式风机盘管	450	50	2.8	7/12	26	55	<30	0.8	<45	不设凝结水排水泵，凝结水排水口距吊顶底不小于250mm。
FP-4	卧式风机盘管	600	80	3.8	7/12	26	55	<30	0.8	<45	不设凝结水排水泵，凝结水排水口距吊顶底不小于250mm。
FP-5	卧式风机盘管	730	100	4.5	7/12	26	55	<30	0.8	<45	不设凝结水排水泵，凝结水排口距吊顶底不小于250mm。
FPL-2	立式风机盘管	340	40	2.1	7/12	26	55	<30	0.8	<45	

分体空调机性能参数一览表 表 3.4-12

序号	设备编号	设备名称	制冷量(kW)	耗电量(kW)	服务范围	单位	数量	
1	FT-1	分体空调机	3.0	1.5	消防、安放控制室	台	1	

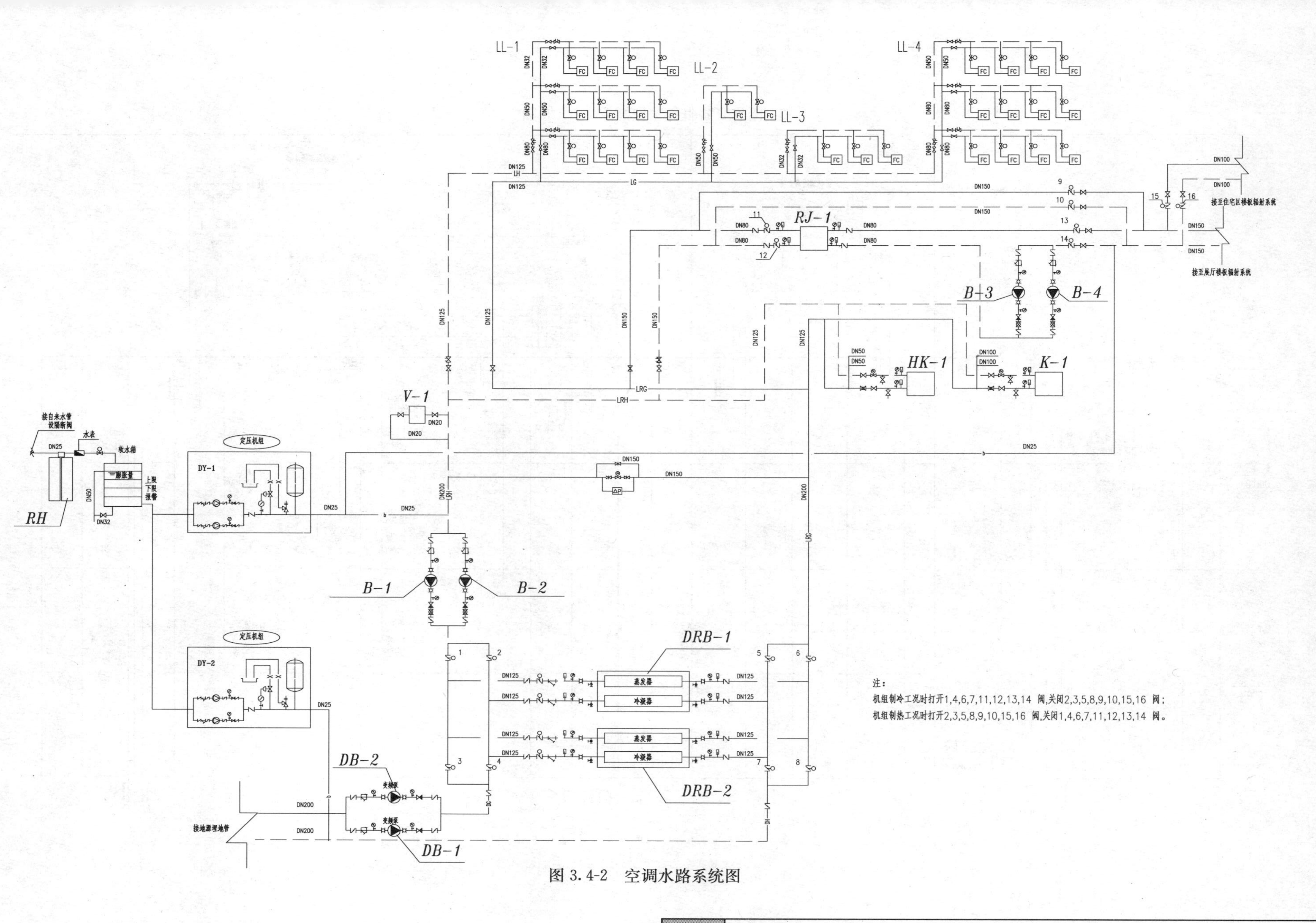

图 3.4-2　空调水路系统图

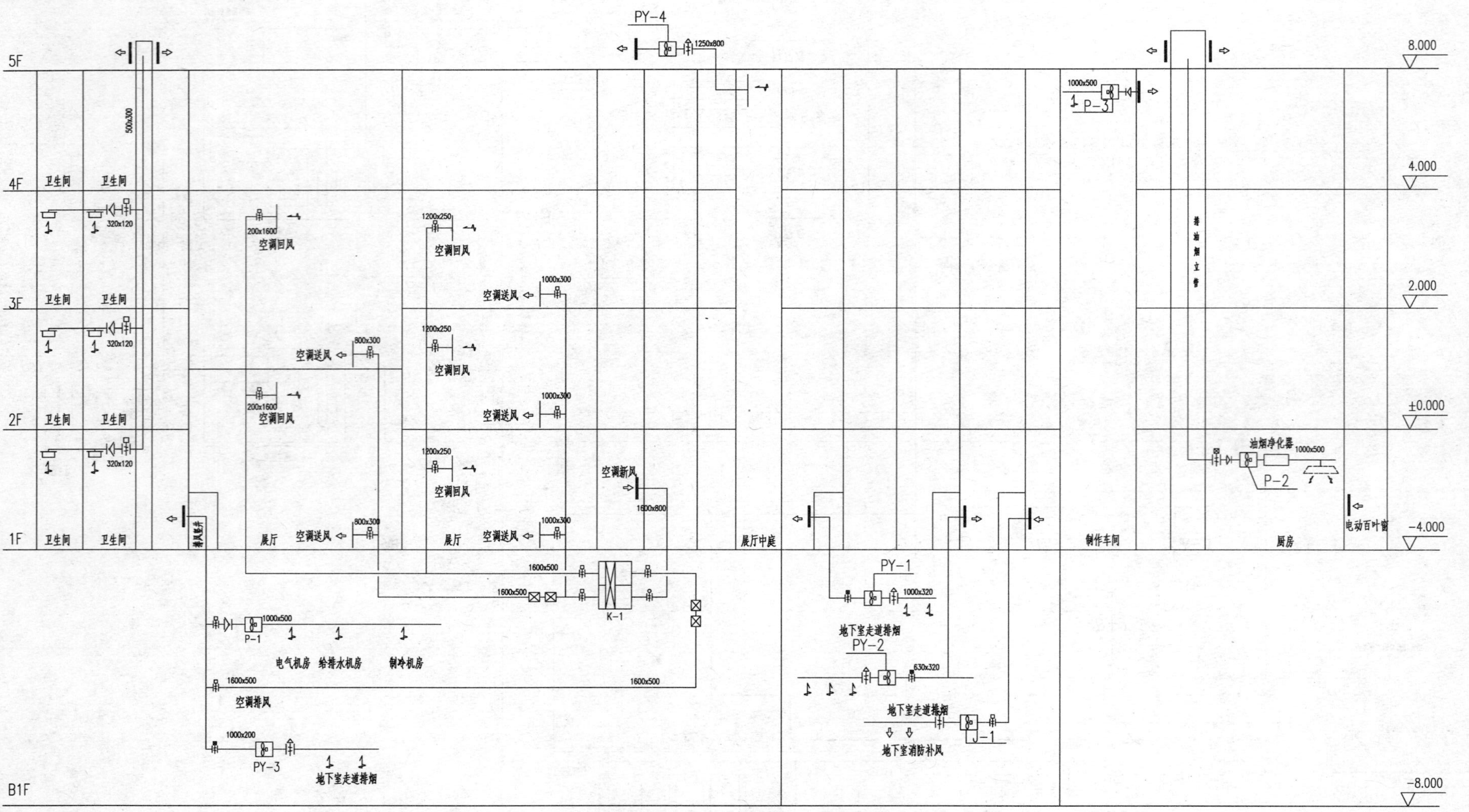

图 3.4-3　空调通风与排烟系统图

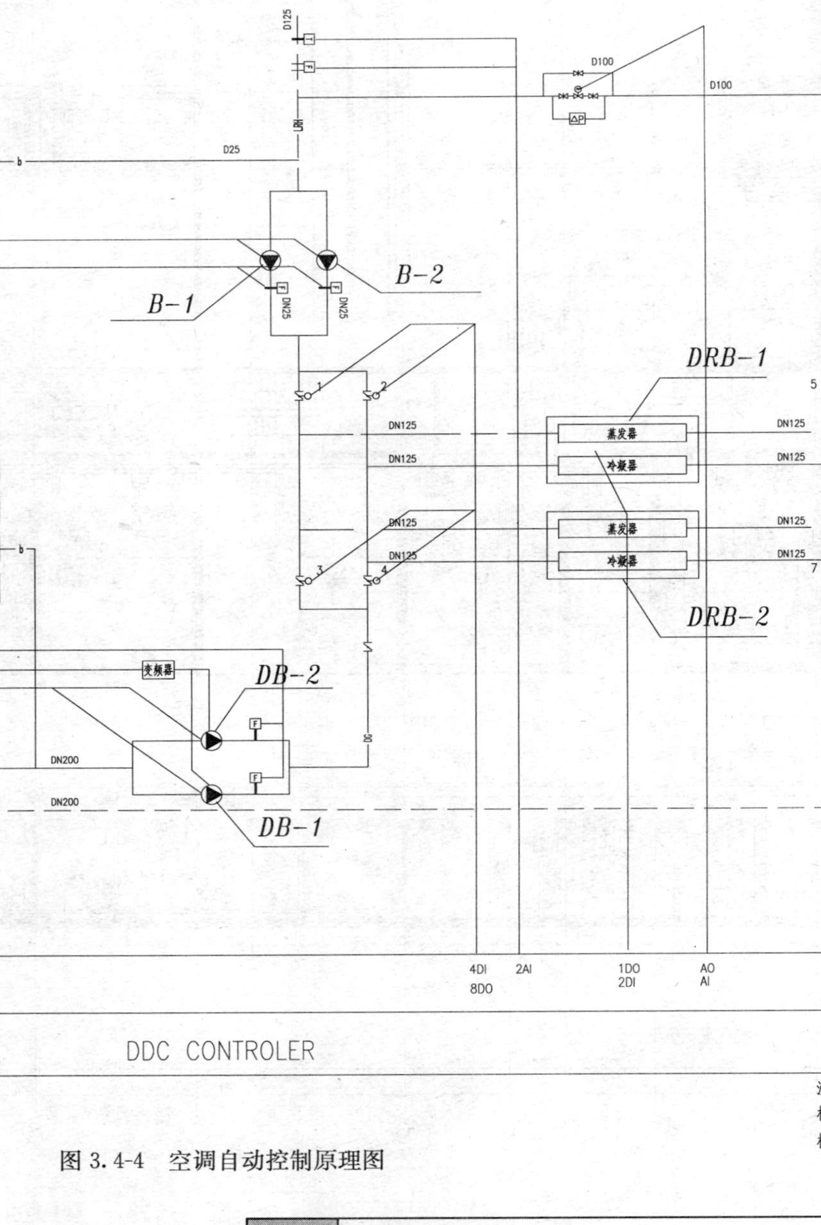

注：

机组制冷工况时打开1,4,6,7 阀,关闭2,3,5,8阀；

机组制热工况时打开2,3,5,8 阀,关闭1,4,6,7阀。

图 3.4-4　空调自动控制原理图

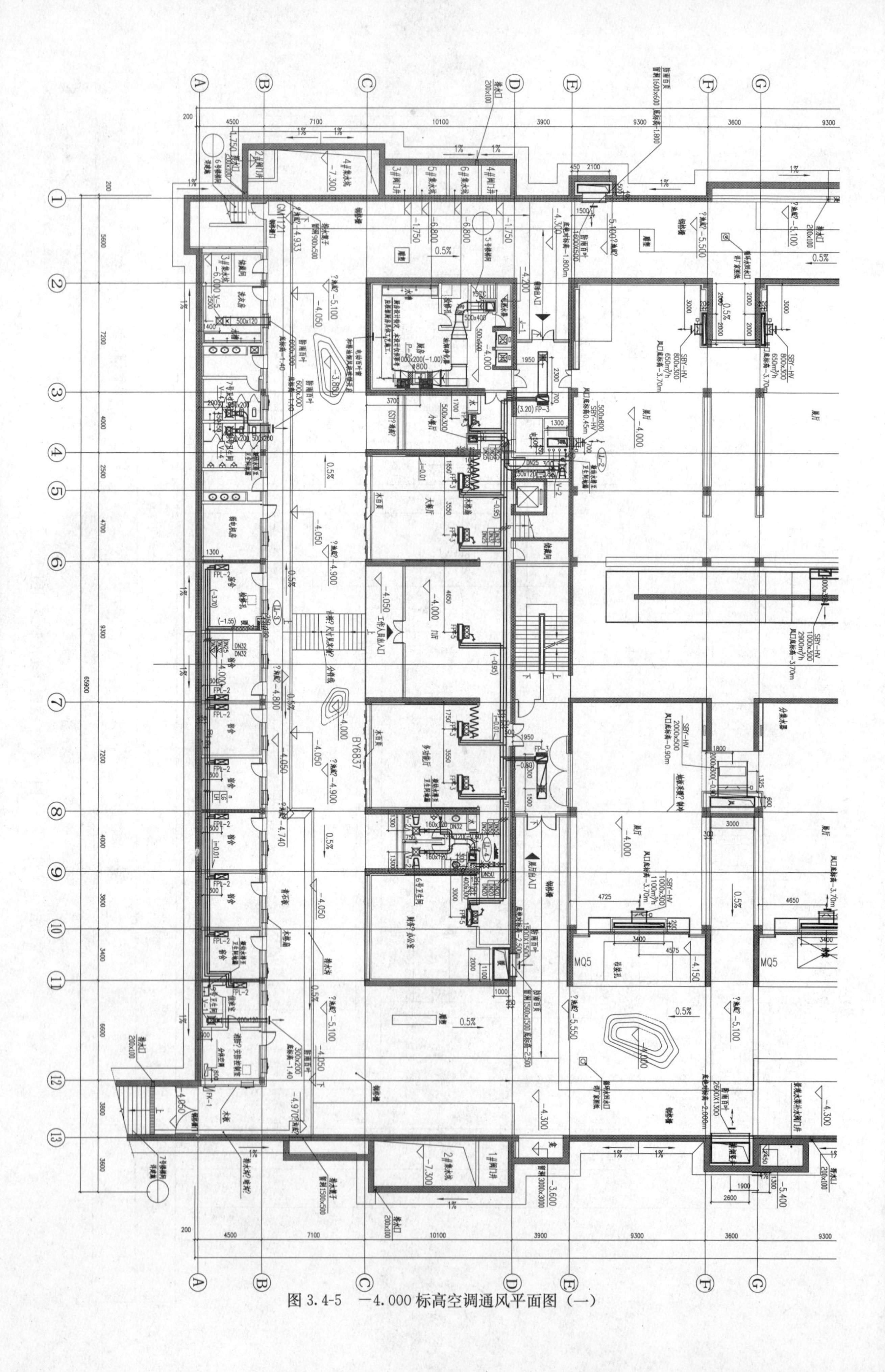

图 3.4-5 −4.000 标高空调通风平面图（一）

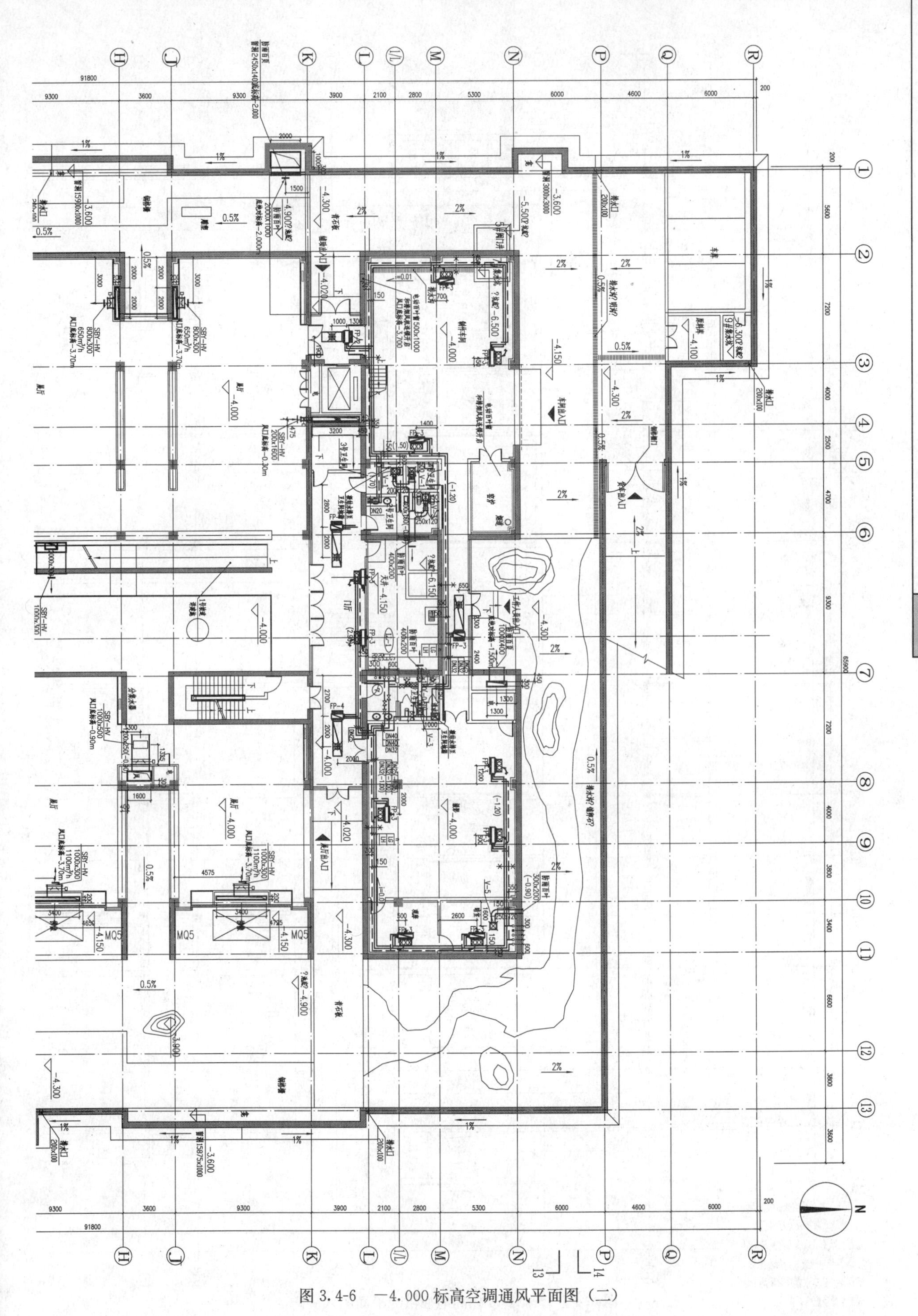

图 3.4-6 －4.000 标高空调通风平面图（二）

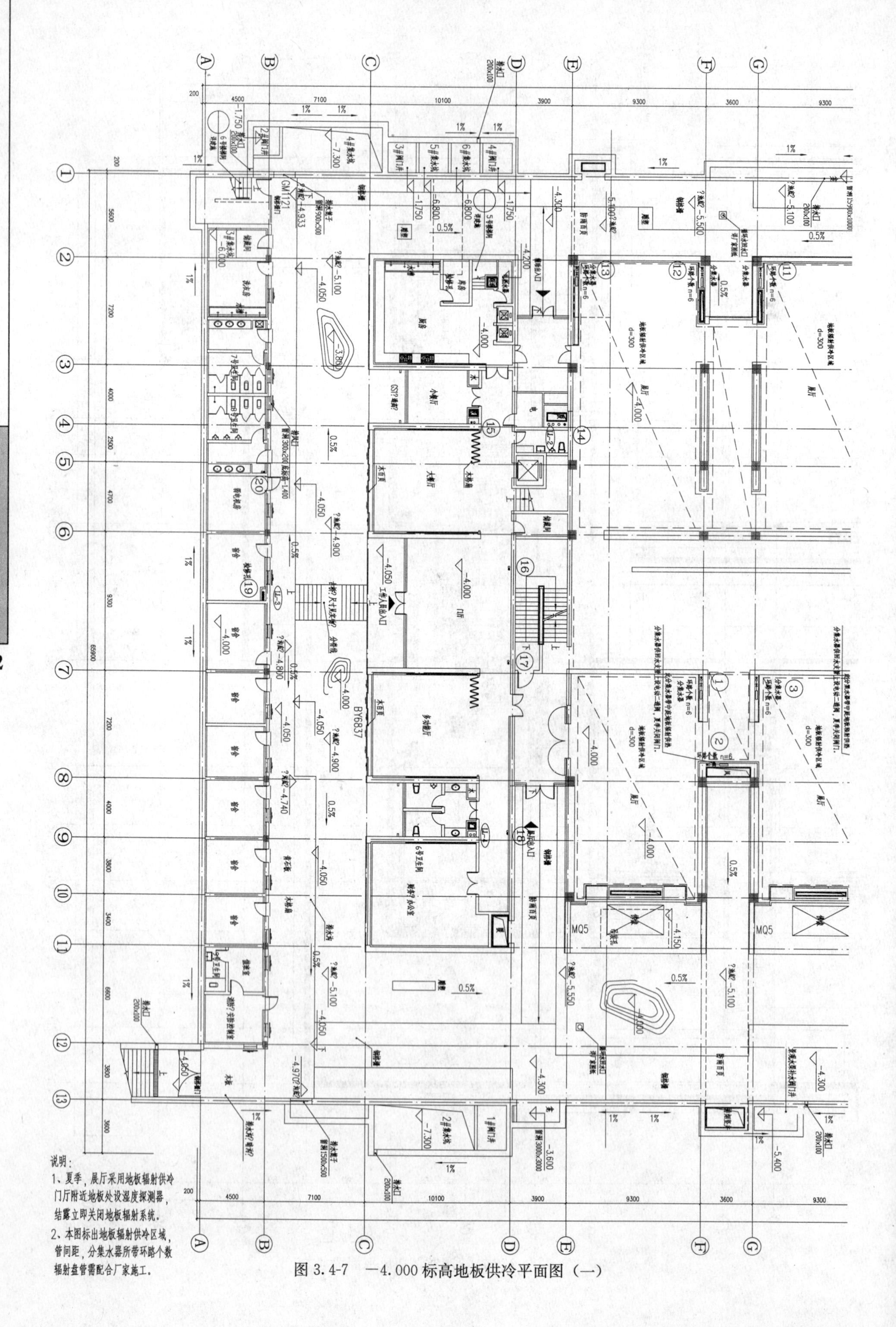

说明：

1、夏季，展厅采用地板辐射供冷门厅附近地板处设湿度探测器，结露立即关闭地板辐射系统。

2、本图标出地板辐射供冷区域，管间距，分集水器所带环路个数辐射盘管需配合厂家施工。

图 3.4-7　-4.000 标高地板供冷平面图（一）

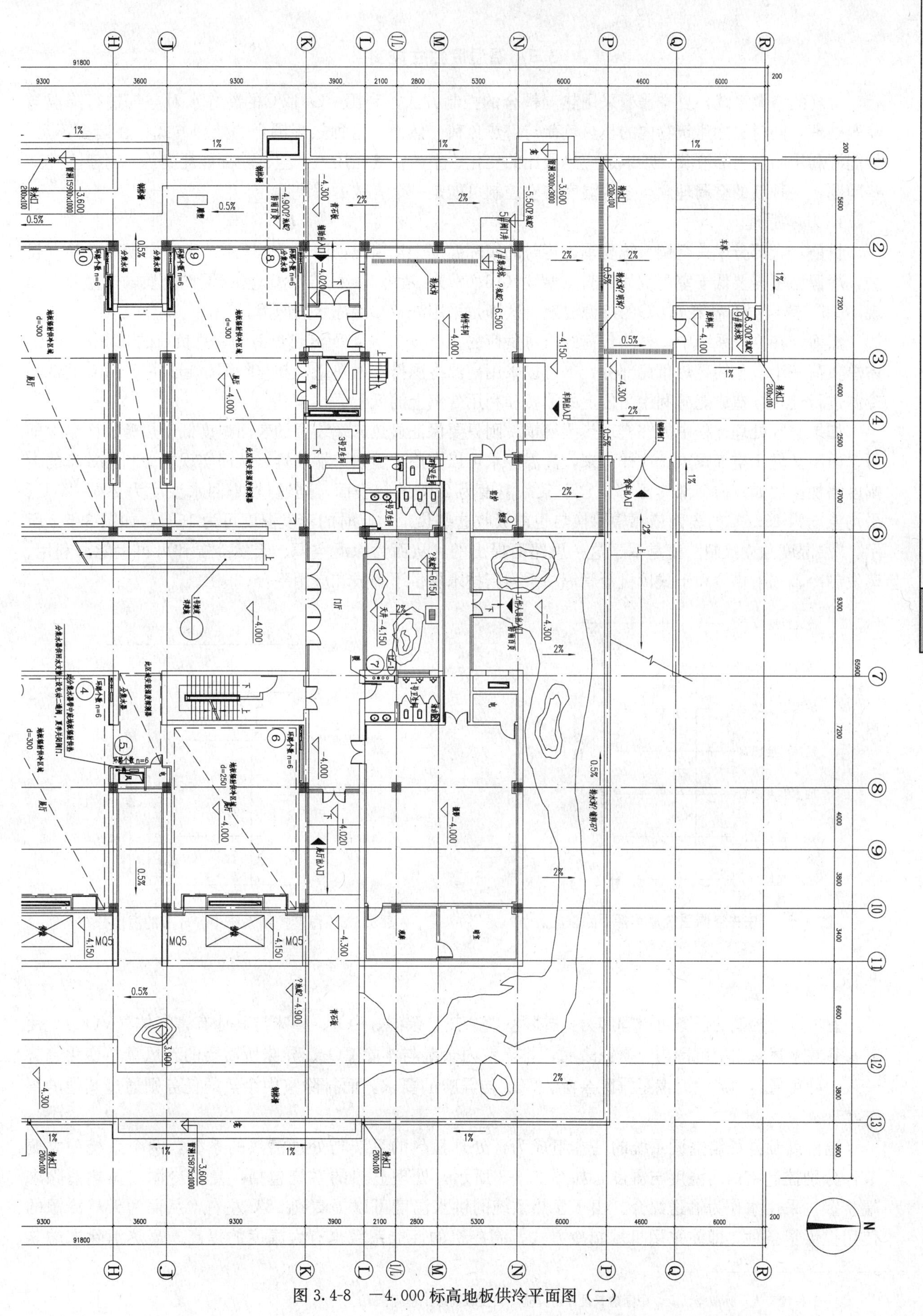

图 3.4-8 －4.000 标高地板供冷平面图（二）

3.5 温湿度独立控制[①]

常规的空调系统，夏季普遍采用热湿耦合的控制方法，利用7℃/12℃的冷冻水对空气进行降温与除湿处理，同时去除建筑物内的显热负荷与潜热负荷。然而，这种热湿耦合的处理方式存在诸多不足，如能源利用品位上的浪费、难以适应热湿比的变化、室内空气品质差、空气输配能耗高等。对于上述这些问题，一种新的空调理念——温湿度独立控制可能是一个有效的解决途径。

1. 基本原理

目前，大部分中央空调系统夏季运行时的实际温度变化情况如图3.5-1所示。为了实现冷凝除湿目的，冷源温度需要低于室内空气的露点温度（16.6℃），考虑5℃的传热温差和5℃的介质输送温差，实现16.6℃露点温度需要6.6℃的冷源温度，这即是采用5～7℃冷冻水的原因。

然而，在空调系统中，显热负荷约占总负荷的50%～70%，而潜热负荷约占总负荷的30%～50%。占总负荷一半以上的显热负荷部分，本可以采用高温冷源排走的热量，却与除湿一起共用5～7℃的低温冷源进行处理，造成能源利用品位上的浪费和利用效率上的低下。

如果空气处理过程中能够实现热湿解耦，则只要保证显热末端装置的表面温度低于热源表面温度即可，而不必低于空气露点。这样一来，高温冷水可以应用于显热末端装置，从而实现能源利用效率的大幅度增加。假如室内全部热源都来自于某一温度为28℃的热表面，则通过供/回水温度为20℃/25℃、平均温度为22.5℃的表面依靠辐射换热也能吸收这些热量，此时的蒸发温度可为15℃，如图3.5-2所示。“温湿度独立控制”正是基于这一思路而提出的，从而为除湿空调、天然冷源和可再生能源利用、蒸发制冷、辐射供冷和干式风机盘管等一系列新技术提供了集成和应用平台。

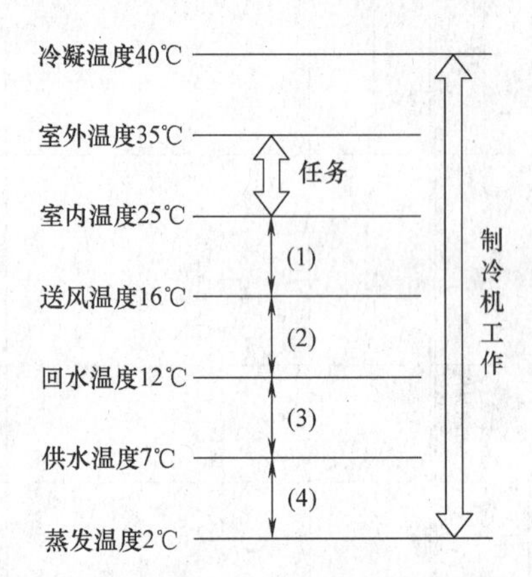

图3.5-1　中央空调系统夏季降温除湿时各环节温度示意图

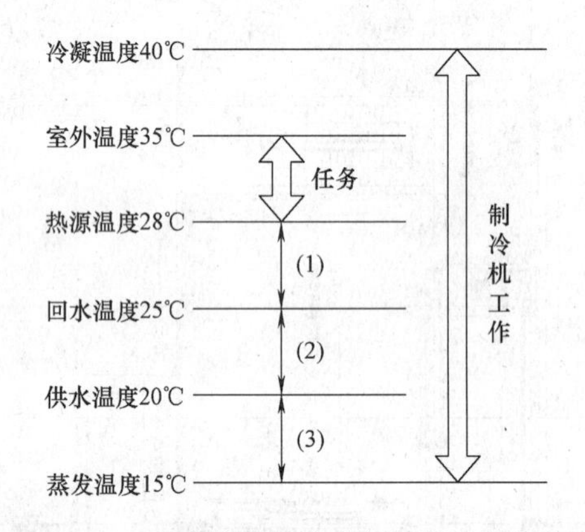

图3.5-2　温度控制系统中各环节的温度分布

2. 系统形式

室内环境控制的任务可以理解为：排除室内余热、余湿、CO_2、异味与其他有害气体（VOC），使其参数在上述规定的范围内。研究表明，排除室内余湿与排除CO_2、异味所需要的新风量与变化趋势一致，即可通过新风同时满足排除余湿、CO_2与异味的要求，而排除室内余热的任务则通过其他的系统实现。

温湿度独立控制空调系统的基本组成为：处理显热的系统与处理潜热的系统，两个系统独立调节，分别控制室内的温度与湿度，如图3.5-3所示。处理显热的系统包括：高温冷源、显热消除末端装置，采用水作为输送媒介。由于显热系统的供水温度可以提高到18℃左右，从而为天然冷源的使用提供了条件，即使采用机械制冷方式，制冷机的性能系数也有大幅度的提高。显热消除末端装

① 工程负责人：孙淑萍，女，中国建筑设计研究院，教授级高级工程师。

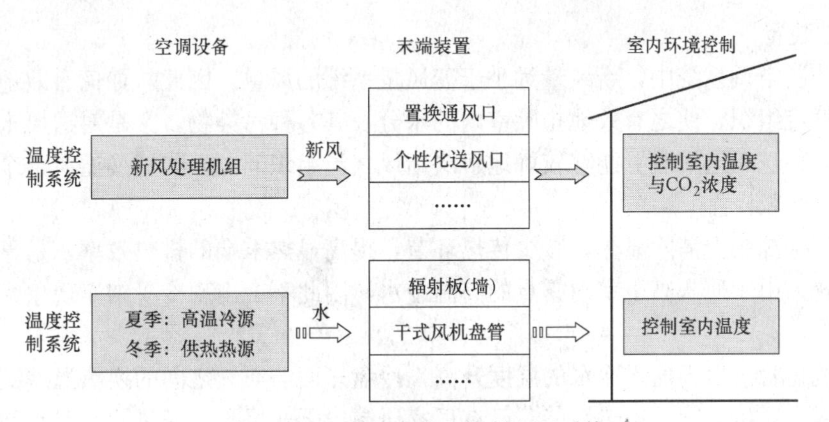

图 3.5-3 温湿度独立控制空调系统

置可以采用辐射板、干式风机盘管等多种形式，由于供水的温度高于室内空气的露点温度，因而不存在结露的危险。

处理余湿的系统，同时承担去除室内CO_2、异味，以保证室内空气品质。此系统由新风处理机组、送风末端装置组成，采用新风作为能量输送的媒介，并通过改变送风量来实现对湿度和CO_2的调节。由于仅是为了满足新风和湿度的要求，温湿度独立控制系统的风量，远小于变风量系统的风量。

3. 核心部件

温湿度独立控制空调系统的四个核心组成部件分别为：高温冷源、新风处理机组、送风末端装置和显热消除末端装置。

(1) 高温冷源

温度控制系统采用约18℃的冷水即可满足降温要求，从而为很多天然冷源的使用提供了条件，如深井水、通过土壤源换热器获取冷水等。深井回灌与土壤源换热器的冷水出水温度与使用地的年平均温度密切相关，我国很多地区可以直接利用该方式提供18℃的冷水；冬季运行时，开启热泵，从地下取热，提升温度后，供室内使用。在某些干燥地区通过直接蒸发或间接蒸发的方法也可以获取18℃的冷水。

即使采用机械制冷方式，由于要求的压缩比很小，根据制冷卡诺循环可以得到，制冷机的理想COP将有大幅度提高。如果将蒸发温度从常规冷水机组的2～3℃提高到14～16℃，当冷凝温度恒为40℃时，卡诺制冷机的COP将从7.2～7.5提高到11.0～12.0。图3.5-4为海尔磁悬浮变频离心式高温冷水机组，出水温度为18～21℃时满负荷的COP为8.5。

图 3.5-4 海尔磁悬浮变频离心式高温冷水机组

(2) 新风处理机组

湿度控制系统中，需要新风处理机组提供干燥的室外新风，以满足排除所有湿负荷的要求。如何采用其他的处理方式排除室内的余湿，如何处理出非露点的送风参数，如何实现对新风有效的湿度控制是新风处理机组所面临的关键问题。

可用的除湿方式有：传统的冷凝除湿、转轮除湿和溶液除湿。冷凝除湿要求冷源温度低，冷机COP低，且存在潮湿表面。转轮除湿为等焓除湿过程，被除湿后的送风温度高，还需冷却水冷却降温，而且转轮再生热源温度要求较高，一般大于100℃。溶液除湿方式可实现等温的除湿过程，可用15～25℃的冷源带走除湿过程释放潜热，且再生的热源温度要求低，可用低品位热能60～70℃来驱动。目前已有多种类型的溶液除湿机组问世，其中热泵驱动的溶液除湿机组COP高于5.0，热驱动的溶液除湿机组COP高于1.3，已应用于多个实际工程中。

(3) 送风末端装置

温湿度独立控制空调系统中，新风量远小于变风量系统的风量。因此，如何有效地布置送风口的位置、设计房间的气流组织，使之有效地排除室内的水分及其各种污染物，又是对送风末端装置提出的新课题。目前已有多种送风末端装置能够较好地解决新风气流组织问题，如置换通风、个性化送风。

(4) 显热消除末端装置

如何从热源产生源头上消除显热，减少传热环节，提高显热末端的排热效率，是显热消除末端装置所面临的关键问题。由于通入高于室内露点的高温冷水，因此不会出现冷凝结露现象，可选用干式风机盘管或辐射末端。

对于干式风机盘管，由于通入冷水的温度升高，冷盘表面与空气之间的换热温差减小，需要重新设计翅片和水路，提高风机盘管的换热性能。已有厂家研制出干式风盘，通过翅片和水路的特殊设计，保证了风机盘管在干工况下的换热性能。

而对于辐射末端，由于余热大部分以辐射方式而不是对流方式被带走，减少了换热环节，同时没有吹风感，热舒适性高，这些优点使得辐射末端受到越来越广泛的关注。夏季通入18℃的冷水时，辐射板带走的显热负荷约为40～50W/m^2，需根据实际显热负荷确定辐射板的铺设面积。而冬季通入热水时，热水温度约为35～40℃，即能满足冬季供暖的要求。

4. 节能分析

相比于传统的热湿耦合空调方式，温湿度独立控制系统具有显著的节能效果，具体表现在以下几个方面：排除余热的效率高、空调系统的输配能耗低、全热回收装置的应用和高能效除湿方式。

(1) 排热效率高

热湿耦合空调系统中，只有提供5～7℃的冷水，才能同时实现除湿、降温。而温湿度独立控制系统中，只需提供18℃的冷水，即可消除占总负荷50%～70%的显热负荷，极大地提高了温度控制系统的排热效率，而且也为天然冷源的使用提供了条件，如深井水、通过土壤源换热器获取冷水等。

(2) 输配能耗低

温湿度独立控制空调系统中，新风量远小于全空气系统的送风量，大部分余热还是由显热末端装置中的冷媒水来消除，因此系统的输配能耗低。

(3) 全热回收装置的应用

新风机组采用全热回收装置，利用排风对新风进行预处理，可以降低新风处理过程中的能耗。

(4) 高能效除湿方式

温湿度独立控制系统是否节能，主要取决于除湿能耗的高低。对于传统的冷凝除湿，新风要求的出口含湿量更低，所需冷冻水温度更低，除湿的能耗很可能抵消处理显热的系统节约的能量；而对于转轮除湿和溶液除湿，存在凝结潜热的释放及除湿剂的再生问题，上述两过程的能耗也可能会超过高温冷源节约的能量。因此，一定要注意使用条件，选用高效节能的除湿方式，如热泵驱动溶液除湿新风机组。

然而，对于某些高湿地区，温湿度独立控制系统的应用可能会带来一些不利影响。例如，为了防止显热末端装置发生结露，建筑围护结构的密闭性要求高，甚至在过渡季节也要关窗用空调，无法实现行为节能。

5. 实际应用

我国幅员辽阔，距海远近差距较大，跨纬度较广，受季风活动影响的差别大，使得中国东、西部的干、湿状况差异很大。即中国的西北部地区，室外新风干燥，可直接用来带走房间湿负荷。此时新风的处理过程就是等湿降温，实现此功能的间接蒸发冷却新风机组已开发成功。中国的东南部地区，室外的空气非常潮湿，要获得干燥的新风就必须对其进行除湿。为了保证除湿能效高，综合比较，可优选溶液除湿方式。

长江流域以北的地区，如北京、河北、山西、陕西、河南、山东等地，其年平均气温约为10～14℃。夏季可以直接利用天然冷源——土壤源来去除室内的显热负荷，向土壤中排热；冬季，开启土壤源热泵，从土壤中取热，经过热泵提升后供给用户使用。长江流域以南的地区，如浙江、安徽、广西、广东、福建、湖南、湖北等地，由于土壤温度较高，外界环境也很潮湿，只能通过电制冷的方式获取高温冷水。我国的西北干燥地区，利用室外的干燥空气作为驱动源的间接蒸发冷水机组已问世，实测机组的出水温度为15～18℃，低于室外湿球温度，基本处在湿球温度和露点温度的平均值。

综上所述，对温、湿度独立控制系统源的获取，在中国东南潮湿地区，采用溶液除湿机组产生干燥的新风；同时，长江流域以北的部分地区，可应用土壤源作为夏季高温冷源；而长江流域以南，适宜应用电驱动高温冷水机组作为高温冷源。而中国的西北干燥地区，采用间接蒸发冷水机组制取高温冷水，而室外新风通过间接蒸发冷却新风机组等湿降温后送入室内。

3.6 单双风机全空气空调系统①

空调系统给人们带来舒适性的同时也给环境以及人类社会带来了较大的负担和影响，例如，泄漏或排放到大气层中的氟氯烃（CFC）类制冷剂和保温材料的发泡剂会破坏大气臭氧层，空调制冷消耗能源产生二氧化碳的大量排放所造成大气温室效应的加剧；产生废气、废水、废渣对环境的污染等。在现今社会基于可持续发展的大环境下，绿色环保已经成为现代空调发展方向的重要理念。

绿色空调产品的设计公认标准主要包括有“5绿”设计和“4R”法则，其中“5绿”分别为绿色空调材料设计、绿色空调工艺设计、绿色空调包装设计、绿色回收处理设计和绿色应用设计。另外，绿色空调产品和绿色空调系统设计的“4R”法则为：

Reduce——节省能源和材料，不单是某个具体环节的节省，而是包括制冷机、热源设备、水泵、风机、保温、控制和管理等各个方面的整个空调系统的节省。

Reuse——回用，通过绿色设计的空调系统，其主要部分是可拆卸的。在系统运行其产品生命周期后，其中一些设备和材料经过一定的维修、保养、清洁和检测，还可以再使用。

Recovery——空调系统的零部件和材料要规范地分门别类地回收。

Recycle——循环，在回收、回用完成之后，将无用的废料送到专业工厂进行再生，实现原料—产品—废料—原料的良性循环，而不能回收回用的某些特定产品，如玻璃钢制品、岩棉制品等，应受到严格的使用限制。

双风机全空气系统以其充分利用自然资源、节约能耗的优势成为了绿色空调设计的重要措施之一。

1. 单双风机全空气空调系统组成及特点

（1）单风机全空气系统组成原理如图3.6-1所示。

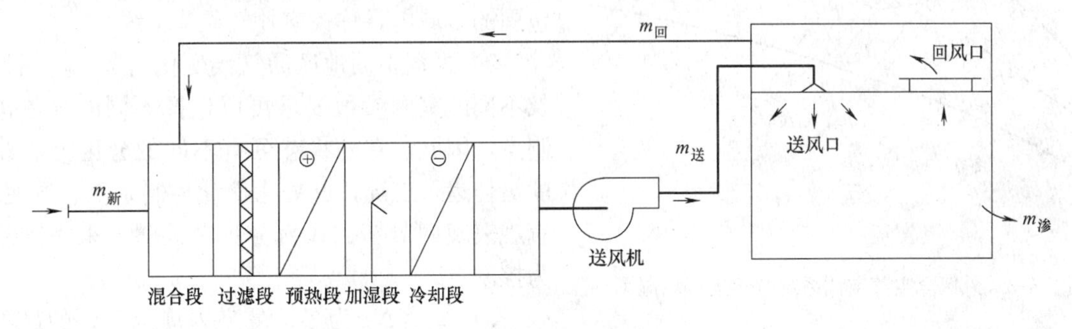

图3.6-1 单风机送风系统原理图

单风机全空气空调系统，不设置回风机，全年新风量不变，若增大新风量必然引起室内正压过大、门难以开启；同时，风机承担整个空调系统的全部压力损失，风压过高，噪声较大；其优点为节省初投资。

（2）双风机全空气系统组成原理如图3.6-2所示。

双风机全空气空调系统可根据季节调节新回风量之比，在过渡季可充分利用室外空气的冷量、实现全新风经济运行、在夏季和冬季采用最小新风量运行从而节约能耗。同时，送风机负担新风口至最远送

① 工程负责人：李超英，女，中国建筑设计研究院，高级工程师。

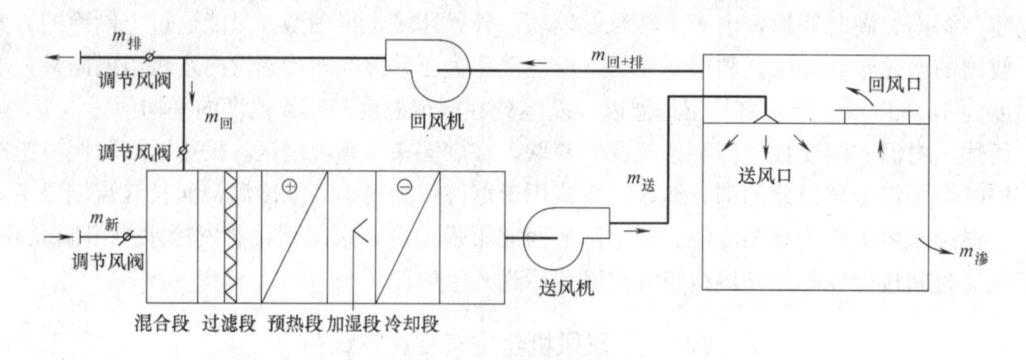

图 3.6-2 双风机送风系统原理图

风口压力损失，回风机负担最远回风口至空调机组前的压力损失，风压较小，噪声较低。

双风机全空气空调系统一般适用于气密性好、大空间、冷负荷较大热负荷较小、内区和有换气需求的工程。

2. 采用双风机全空气空调系统节能分析

采用双风机全空气空调系统节能主要包括以下三部分：

(1) 调节新风百分比、过渡季采用全新风节约的冷量。

(2) 建筑物内区全年需供冷，当室外空气焓值低于回风焓值时，利用新风抵消内区负荷的冷量。

(3) 增加回风机提供回风管路的风压，送风机风压较小，夏季可节约部分由于风机温升造成的冷量浪费。

3. 建筑外区、内区采用双风机全空气空调系统新风比的全年运行调节

由于双风机全空气空调系统可通过新风阀、回风阀、排风阀三个阀调节新回风百分比，从而充分利用新风本身具有冷却能力，达到节能的目的，同时，还可提高空气品质及卫生条件。

(1) 外区双风机全空气系统全年运行调节分析如下：

建筑外区围护结构负荷随室外气温的变化而变化，夏季需供冷、冬季需供热。

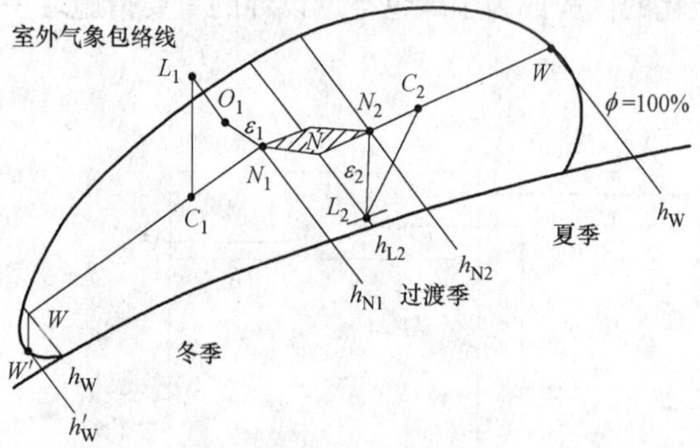

图 3.6-3 外区全空气空调系统全年运行焓湿图

在图 3.6-3 中：

1) 对任何地区，在 h-d 图上，全年可能出现的室外空气状态将在由某一曲线与 $\phi=100\%$ 饱和线所包围的区域内，称为室外气象包络线。

2) 根据不同地区的气候变化情况、空调设备以及不同的室内参数要求可以选择不同的参数作为控制点，因此，室外状态可有不同的分区方法及相应的最佳运行工况，此处为简化控制系统、方便研究、直观表现调节新回风百分比节能量，采用室外焓值为控制点。

3) N_1、N_2 为冬、夏室内规范允许的最不利设计状态点，近似菱形区（N）为室内状态允许范围，夏季设计工况时，以机器露点 L_2 送风（热湿比 ε_2），冬季设计工况时，混合后加热至送风状态点的焓值，然后绝热加湿至送风状态点，以送风状态点送风（热湿比 ε_1）。

全年可分为以下几个工况进行调节：

1) 冬季：室外焓值低于冬季室内设计状态点焓值时，采用最小新风回风百分比混合至 C 点，加热至送风状态点的焓值时，绝热加湿至送风状态点，送至室内；对于寒冷地区、寒冷季节，室外温度较低、焓值较低，尤其当室内要求有较大的相对湿度时，新、回风以最小新风比 $m\%$ 混合后，可能落在“雾区”水汽凝结，可能产生霜雪，因此需要用一次加热器对新风进行预热。

2）过渡区：当室外空气焓值在冬夏季室内设计状态点焓值之间的区域，使用100%新风，室外状态点位于室内状态点允许范围内时不需要开冷机，新风过滤后送入室内，其他范围，新风需处理后送入室内。

3）夏季：室外空气焓值大于室内空气焓值时，应尽量利用回风冷量，采用最小新风百分比运行。

（2）内区双风机全空气系统全年运行调节分析如下：

建筑内区负荷受室外参数变化影响不大，全年需供冷，此时当室外空气焓值低于室内时均可充分利用室外新风供冷。

① 建筑内区最小新风量的确定：

（a）建筑内区夏季新风量与外区计算方法一致：

$$G=\max\{g_1, g_2, g_3\}$$

式中 g_1——局部排风与维持正压风量之和；

g_2——满足卫生要求最小新风量；

g_3——总风量的10%。

（b）建筑内区冬季最小新风量则需要考虑：

$$G=\max\{g_1, g_2, g_3, g_4\}$$

式中 g_1——局部排风与维持正压风量之和；

g_2——满足卫生要求最小新风量；

g_3——总风量的10%；

g_4——消除内区房间余热所需的新风量。

② 内区全空气空调运行调节图如图3.6-4所示。

（a）冬季：当室外焓值逐渐降低，低于冬季室内设计状态点焓值且焓差可以提供全部冷负荷以后，开始调节新风回风百分比，由新风承担全部冷负荷，随室外空气焓值的降低逐渐减少新风量；若消除室内余热余湿所需新风量大于其他三项时，则整个冬季，随室外空气焓值逐渐降低，新风量逐渐减少至最小新风量，否则，新风量将减少至最小新风量后保持不变，加热量逐渐增加。

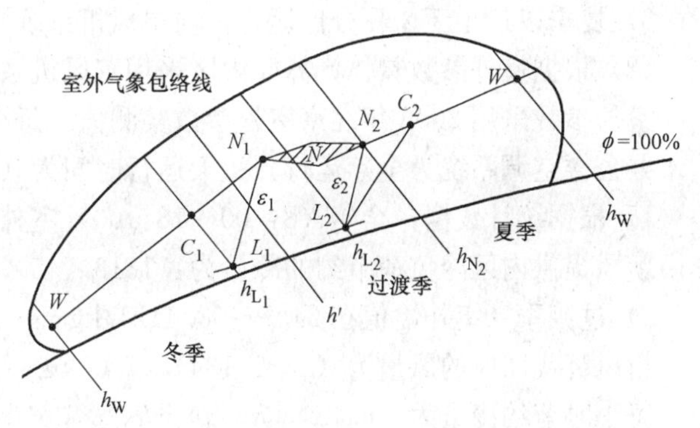

图3.6-4 内区全空气空调系统全年运行焓湿图

（b）过渡区：当室外空气焓值略低于冬季室内状态点且满足全新风可以提供室内冷量需求时，开始采用全新风运行，室外状态点位于室内状态点允许范围内时不需要开冷机，新风过滤后送入室内，其他范围，新风需处理后送入室内。

（c）夏季：与外区房间同，室外空气焓值大于室内空气焓值时，应尽量利用回风冷量，采用最小新风百分比运行。

4. 工程实例分析

（1）工程概况及运行分析

北京某办公楼，内区办公建筑面积为500m²，夏季室内最不利设计参数：干球温度为26.0℃，相对湿度为60.0%，冬季室内最不利设计参数：干球温度为18.0℃，相对湿度为40.0%，冬夏季室内余热为45kW，余湿为10kg/h，现分析其运行及节能量。

夏季系统过程参数：

夏季室外设计焓值：81.85kJ/kg干空气。

夏季室内设计焓值：58.41kJ/kg干空气。

夏季最小新风量：满足卫生要求3000m³/h。

风机温升：2℃。

露点送风（$\phi=90\%$）。

新风负荷：32.17kW。

系统所需冷量：91.81kW。

送风量：21734.80m^3/h。

新风百分比：13.4%。

冬季系统过程参数：

冬季室外设计焓值：−8.41kJ/$kg_{干空气}$；

冬季室内设计焓值：31.10kJ/$kg_{干空气}$；

送风量不变：21734.80m^3/h。

提供全部冷负荷的室外焓值满足条件：

$$G \cdot (h_N - h_W) = Q$$

得到：$h_W = h_N - Q/G = 31.10 - 45/7.07 = 24.7$kJ/$kg_{干空气}$

由室外新风提供室内冷负荷时的最小新风量：

$$G_X = 45/(31.10-(-8.14)) = 1.14\text{kg/s} > 0.95\text{kg/s} = 3000\text{m}^3/\text{h}$$

因此，利用冬季室外新风量提供内区冷负荷，进入冬季后新风量逐渐减少至＝3000m^3/h。

调节过程如下：

1）当室外焓值低于24.7kJ/$kg_{干空气}$时新风提供所有室内冷负荷，新风量由7.07kg/s逐渐减少至1.14kg/s，此过程节约冷量为室内冷负荷与运行时间的乘积。

2）当室外焓值在24.7～58.41kJ/$kg_{干空气}$之间时，采用100%新风运行，此部分节约冷量等于新风替代回风所节约的冷量，即（$1-m\%$）·G_Z·（h_W-h_N）。

3）夏季以最小新风百分比运行，与单风机系统一致，不节约冷量。

（2）根据室外参数具体计算此内区采用双风机系统调节新回风百分比节约的冷量

室外参数采用2006年北京室外参数实测值（每小时测量室外温度、湿度一次）；

办公楼空调系统为全年运行，每天运行时间为（8：00～18：00），每天运行11h；

1）根据统计数据，全年（8：00～18：00）室外焓值低于24.7kJ/$kg_{干空气}$的时间为1813h，所以冬季由新风提供内区冷负荷节约的冷量为：1813×45×3600kJ＝2.94×10^8kJ。

2）过渡季（室外焓值在24.7～58.41kJ/$kg_{干空气}$之间）以100%新风运行。

新风替代回风的风量为（1−0.134）×7.07kg/s＝6.12kg/s。

每小时节约冷量为：$6.12\times[h_W(t)-h_N]\times3600$（kJ）

其中，$h_W(t)$ 代入24.7～58.41之间的所有（1419个）室外参数，h_N 取冬夏季室内焓值的平均值（31.10＋58.41）/2＝44.755kJ/$kg_{干空气}$。

代入统计数据得，冷量为：3600×6.12×5214kJ＝1.15×10^8kJ。

全年节约冷量为409GJ。

折合成标准煤为：14t。

3.7 新风热回收系统

工程案例：华北电网有限公司本部办公楼[①]

1. 绿色理念及工程特点：

在中高档写字楼中，新风量取值应在30～50m^3/(h·p)之间，其新风负荷占空调总负荷的1/4～1/3，消耗大量空调能量，将这部分能量加以回收利用，可以取得良好的节能效益和环境效益。

① 工程负责人：李冬冬，女，中国建筑设计研究院，工程师。

《公共建筑节能设计标准》GB 50189—2005 第 5.3.14 条规定：建筑物内设有集中排风系统且符合下列条件之一时，宜设置排风热回收装置。排风热回收装置（全热和显热）的额定热回收效率不应低于 60%。

（1）送风量大于或等于 3000m³/h 的直流式空气调节系统，且新风与排风的温度差大于或等于 8℃；

（2）设计新风量大于或等于 4000m³/h 的空气调节系统，且新风与排风的温度差大于或等于 8℃；

（3）设有独立新风和排风的系统。

该工程新风热回收系统总风量 67300m³/h，全年节电 280000kWh。折合标准煤 39.6t。减少 CO_2 排放 103.7t，减少 SO_2 排放 0.34t，减少 NO_x 排放 0.30t。

2. 工程概况

华北电网有限公司本部办公楼是国家电网在华北地区的电力供给调度中心以及公司本部办公大楼，工程位于北京市宣武区广安门立交桥的东南角，建筑面积 5.2 万 m²，建筑高度：檐口高度约 83.50m，最高高度约 110m；地上 23 层，地下 3 层。地下部分为设备机房、车库及万伏变电站，地上为电管局局机关办公及电力调度指挥中心，二十二层以上设有微波发射等工艺设备，这部分建筑除核心筒外均只设有楼板而不设外维护墙。该工程于 1998 年 6 月验收竣工，其中空调面积 32533m²。

（1）能源系统

1）冷源

① 该工程主要的空调系统为集中空调系统。16 层以下夏季空调冷源采用 3 台水冷螺杆式制冷机组（原冷冻机组不改造）。冷冻机房位于地下三层，冷却塔位于五层屋面，冷冻水供/回水温度为 7℃/12℃，冷却水供/回水温度为 32℃/37℃。16 层以下冬季空调冷源采用冷却塔供冷，供/回水温度 8℃/11℃，经冷冻机房内的板式热交换器交换成 9℃/14℃的冷水供内区使用。

② 16 层以上办公室空调冷源采用水环式水冷多联机，水冷多联主机位于本层或二十二层屋面，闭式冷却塔位于五层屋面。十六层以上机房空调冷源采用水冷式计算机房专用空调，冷凝器热交换器统一安装在本层热交换间，闭式冷却塔位于五层屋面。闭式冷却塔冬季运行应做相应防冻措施，冷却水系统的循环水泵及定压补水详见水施图纸。

③ 在变配电室、楼宇控制室、消防中心等需要 24h 不间断使用的房间，设置风冷分体空调机组。电缆间和部分需要 24h 运行的房间设置 VRV 空调系统。

2）热源

由城市热网供给 125℃/70℃的高温热水。热交换站设于地下三层，通过热交换器将 125℃/70℃的高温热水交换成 60℃/50℃的低温热水供十六层以下空调系统使用；交换成 25℃/20℃的水供十六层以上调度办公水冷多联机组冬季使用。

3）冷热负荷指标

该工程总计算耗冷量为 4312kW（空调面积冷指标为 132W/m²），计算耗热量为 3320kW（空调面积热指标为 102W/m²）

（2）通风系统

办公层及采用风机盘管加新风空调系统的各区域，设置相应的排风系统。淋浴间、卫生间设置集中排风系统。地下车库、机电用房等设置机械通风系统，其中地下车库的通风系统还兼作火灾时的车库排烟系统。厨房设置排风系统，并在厨房及屋面设置事故通风按钮。燃气管道间设置防爆风机。十六层以上办公采用新风换气机通风换气。

（3）空调系统

1）空调水系统

① 十六层以下：十六层以下空调水系统为一个分区，空调机组采用二管制系统形式，风机盘管采用四管制系统型式，空调水系统为一次泵变水量系统。考虑到甲方以后可能的运行需要和末端设备的阻力特性，空调冷、热水系统在分、集水器上分出两个水环路，分别是：风机盘管水环路、空调机组水环

路。空调冷冻水系统的供/回水设计压差为200kPa。空调系统采用膨胀水箱定压，水箱设在二十三层；补水采用钠离子交换器进行水质处理。由设在冷冻机房内的补水泵向系统补水，系统工作压力为1.5MPa。

② 十六层以上：十六层以上空调水系统为一个分区，水环机组采用二管制系统形式，水系统为一次泵变水量系统。冷却水系统的供/回水设计压差为230kPa。系统工作压力为1.6MPa。

2）空调风系统

办公室、会议室采用风机盘管加新风空调系统。新风机组采用热回收机组。门厅、展示厅、餐饮、四季厅、多功能厅等大空间房间采用全空气定风量空调系统。采用双风机变新风比以保证过渡季和冬季的室内空调舒适性并在过渡季尽可能采用全新风节能运行。厨房补风系统采用空调补风。中水处理机房冬季补风进行加热，夏季送自然风（两通电动水阀夏季不开启）。

3）空调系统加湿

空调系统采用湿膜加湿器加湿。

（4）自动控制系统

控制系统组成：该工程采用DDC系统进行控制，该系统由中央电脑及其终端设备加上若干现场控制分站和相应的传感器、执行器等组成。控制系统的软件功能应包括（但不局限于）：最优化启停、PID及自适应控制、时间通道、设备群控、动态图显示、能耗统计和分析、各分站的协调联络以及独立控制、报警及打印等。

DDC自动控制系统的设置范围：除卫生间的吊顶排风扇、各房间风机盘管、分体空调机组等就地使用的小型空调通风设备外，其他空调设备及控制元件均由DDC系统进行控制。

空调供/回水系统采用压差控制。

冷水机组采用冷量进行台数控制，冷却塔由回水温度控制其风机的运行台数。设备均设置远程及就地控制。

变新风空调机组应进行焓值控制。

全空气系统控制室内（或回风）温、湿度，新风系统控制送风温度和典型房间的相对湿度（无加湿设备的新风机组不控制相对湿度）。三～十五层新风机组按室内CO_2浓度控制新风量，并联锁排风机。

部分排风机及补风机（或新风机）应进行联锁控制。

风机盘管由室温控制器和三速开关控制（不进DDC系统）。

所有控制系统的PID参数必须经过现场调试，对每个受控对象进行模拟计算后确定。

所有进入DDC系统的受控设备均能够进行远距离起停和就地起停控制，当采用就地起停方式时，远距离不能控制。

3. 相关图纸

热回收机组设备如表3.7-1所示，该工程主要设计图如图3.7-1～图3.7-4所示。

热回收机组设备表

表 3.7-1

序号	送风机					回(排)风机					安装位置	服务对象	冷却盘管		
	设备编号	设备型式	风量 (m^3/h)	机外余压 (Pa)	电量 (kW)	设备编号	设备型式	风量 (m^3/h)	余压 (Pa)	电量 (kW)			冷量 (kW)	盘管前空气状态 t_d(℃)/t_w(℃)	盘管后空气状态 t_d(℃)/t_w(℃)
1	XH-3-1	热回收式空调机组	8000	350	3.0	PH-3-1	热回收式空调机组	5000	350	2.2	3F 空调机房	3F 办公,会议等	85	33.2/26.4	25.0/19.5
2	XH-3-2	热回收式空调机组	5000	350	2.2	PH-3-2	热回收式空调机组	3000	350	1.1	3F 空调机房	3F 办公,会议等	63	33.2/26.4	25.0/19.5
3	XH-4-2,3	热回收式空调机组	5000	350	3.0	PH-4-2,3	热回收式空调机组	3000	350	1.8	4F 空调机房	3F 办公,会议等	63	33.2/26.4	25.0/19.5
4	XH-5～8-1	热回收式空调机组	5000	350	3.0	PH-5～8-1	热回收式空调机组	3000	350	1.8	5～8F 空调机房	8～8F 办公,会议等	63	33.2/26.4	25.0/17.8
5	XH-9～15-1	热回收式空调机组	4500	350	3.0	PH-9～15-1	热回收式空调机组	2500	350	1.8	8,12～15F 空调机房	9～11F 办公,会议等	57	33.2/26.4	25.0/17.8

序号	设备编号	加热盘管			加湿器	转轮式热回收器(全热回收)	水管接管方向	新风量		外形尺寸 长×宽×高 (mm)	质量 (kg)	数量 (台)
		热量 (kW)	盘管前空气状态 (℃)	盘管后空气状态 (℃)	加湿量 (kg/h)	夏季回收效率 (%)		设计新风量 (m^3/h)	新风比 (%)			
1	XH-3-1	131	−12.0	33.0	54	60	左	8000	100	3400×1530×1900	860	1
2	XH-3-2	82	−12.0	33.0	34	60	右	5000	100	3200×1300×1700	550	1
3	XH-4-2,3	82	−12.0	33.0	34	60	右	5000	100	3200×1300×1700	550	2
4	XH-5～8-1	82	−12.0	33.0	27	60	右	5000	100	2900×1200×1500	550	4
5	XH-9～15-1	69	−12.0	33.0	24	60	XH-9-1 左式 XH-10～15-1 右式	4500	100	2900×1200×1500	550	7

1. 冷却盘管：
(1) 进水温度/出水温度：7/12℃。
(2) 水阻力：30～50kPa。
(3) 工作压力：≥1.0MPa。
2. 加热盘管：
(1) 进水温度/出水温度：65/55℃。
(2) 水阻力：30～50kPa。
(3) 工作压力：≥1.0MPa。
3. 加湿器：湿膜加湿器。
4. 机组功能段要求（除 XH-B1-4）；
混合段，检修段，板式初效过滤段，中效过滤段，表冷加热段，加湿段，风机段。
5. 机组噪声限值：
机外噪声 70dB（A），出风口噪声 dB（A）。

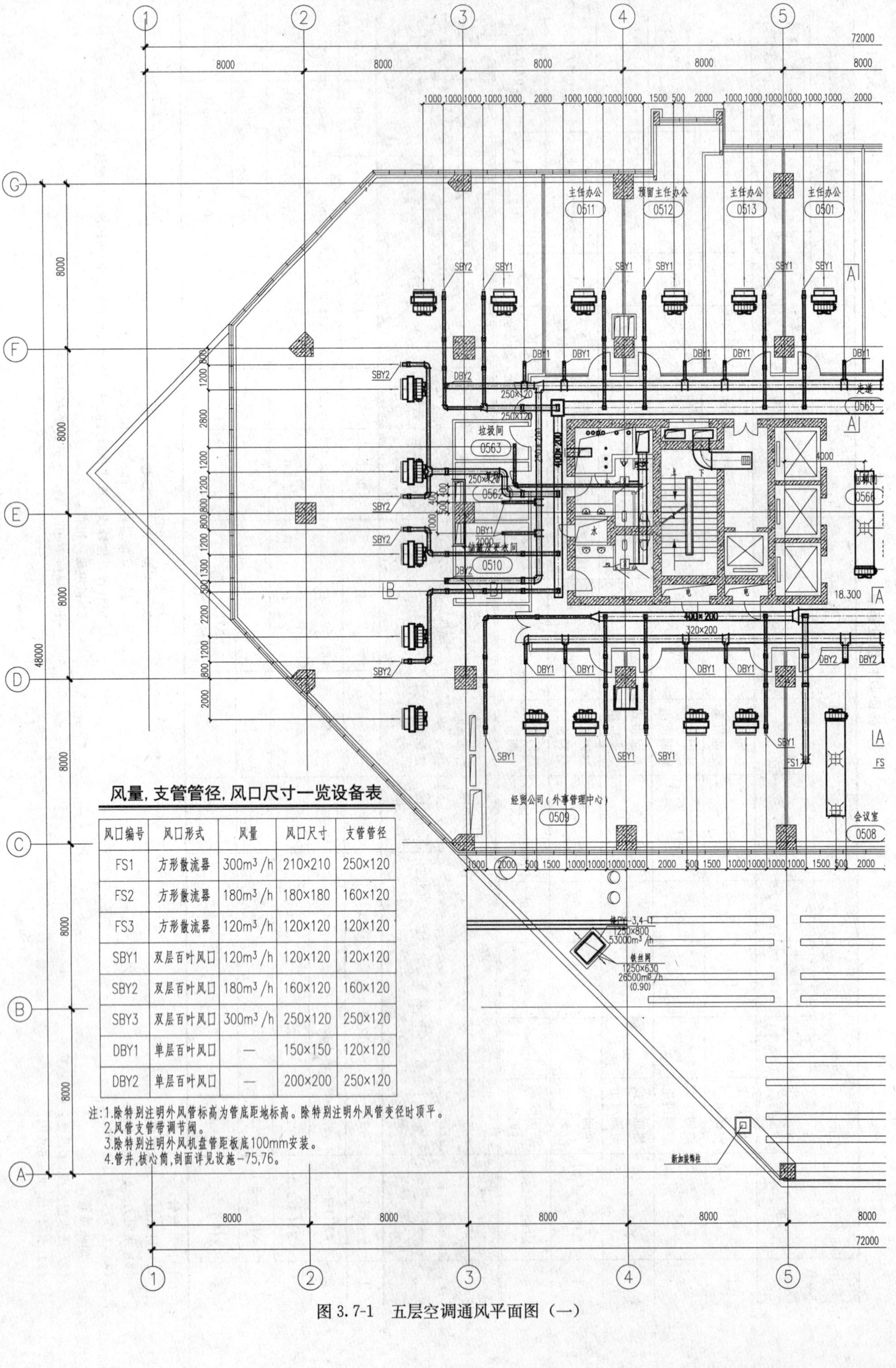

风量，支管管径，风口尺寸一览设备表

风口编号	风口形式	风量	风口尺寸	支管管径
FS1	方形散流器	300m³/h	210×210	250×120
FS2	方形散流器	180m³/h	180×180	160×120
FS3	方形散流器	120m³/h	120×120	120×120
SBY1	双层百叶风口	120m³/h	120×120	120×120
SBY2	双层百叶风口	180m³/h	160×120	160×120
SBY3	双层百叶风口	300m³/h	250×120	250×120
DBY1	单层百叶风口	—	150×150	120×120
DBY2	单层百叶风口	—	200×200	250×120

注：1.除特别注明外风管标高为管底距地标高。除特别注明外风管变径时顶平。
2.风管支管带调节阀。
3.除特别注明外风机盘管距板底100mm安装。
4.管井，核心筒，剖面详见设施-75,76。

图 3.7-1　五层空调通风平面图（一）

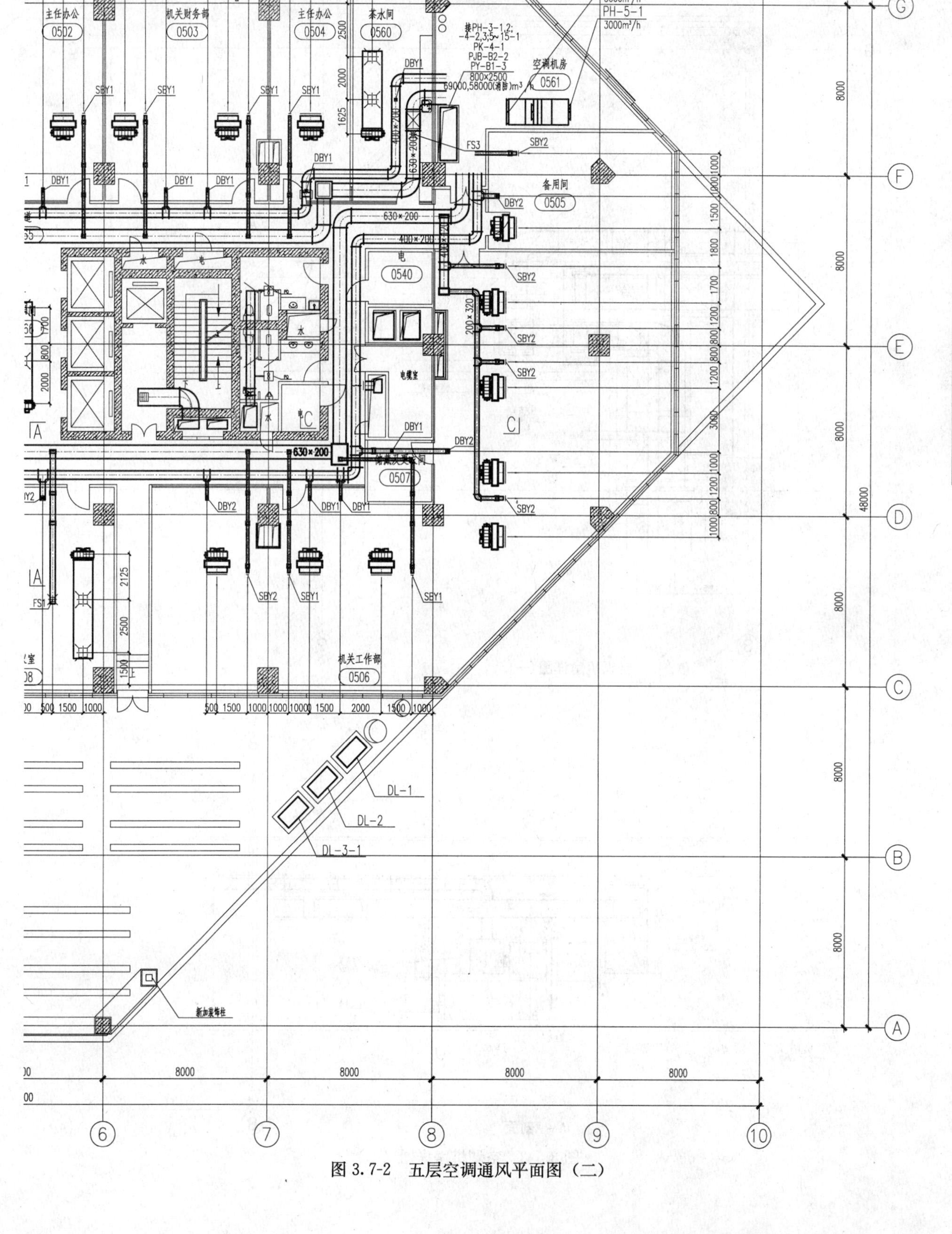

图 3.7-2　五层空调通风平面图（二）

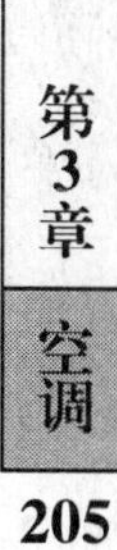

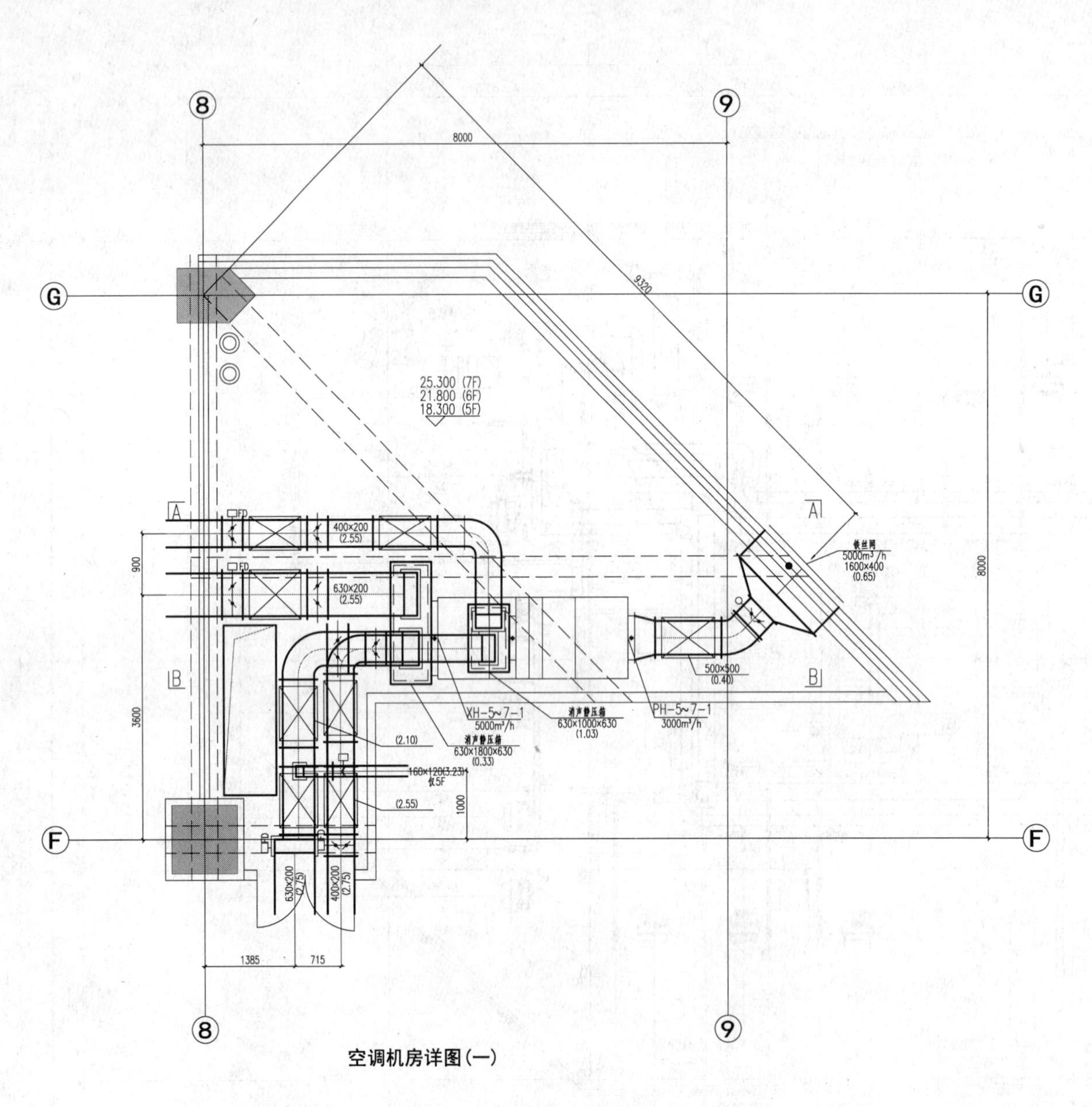

空调机房详图(一)

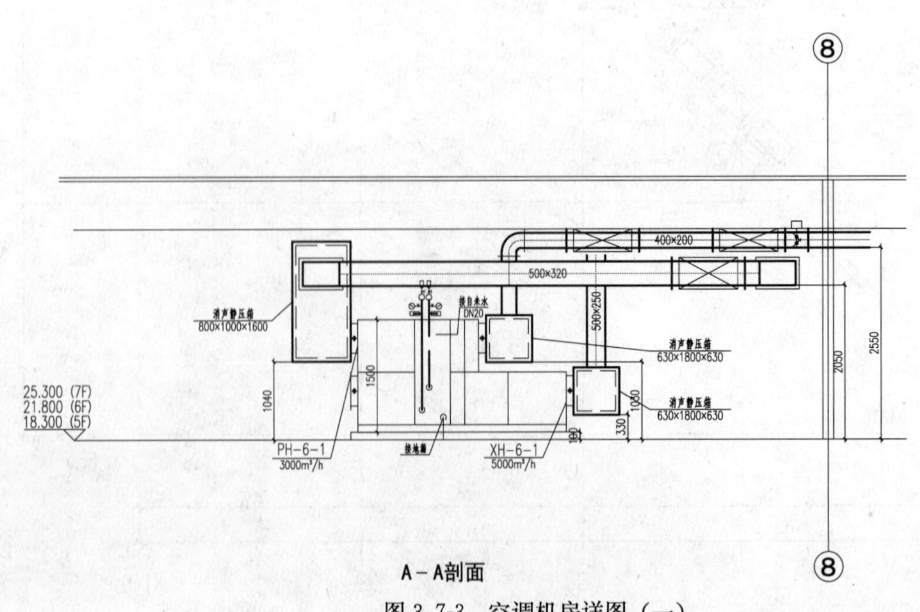

A－A剖面

图 3.7-3　空调机房详图（一）

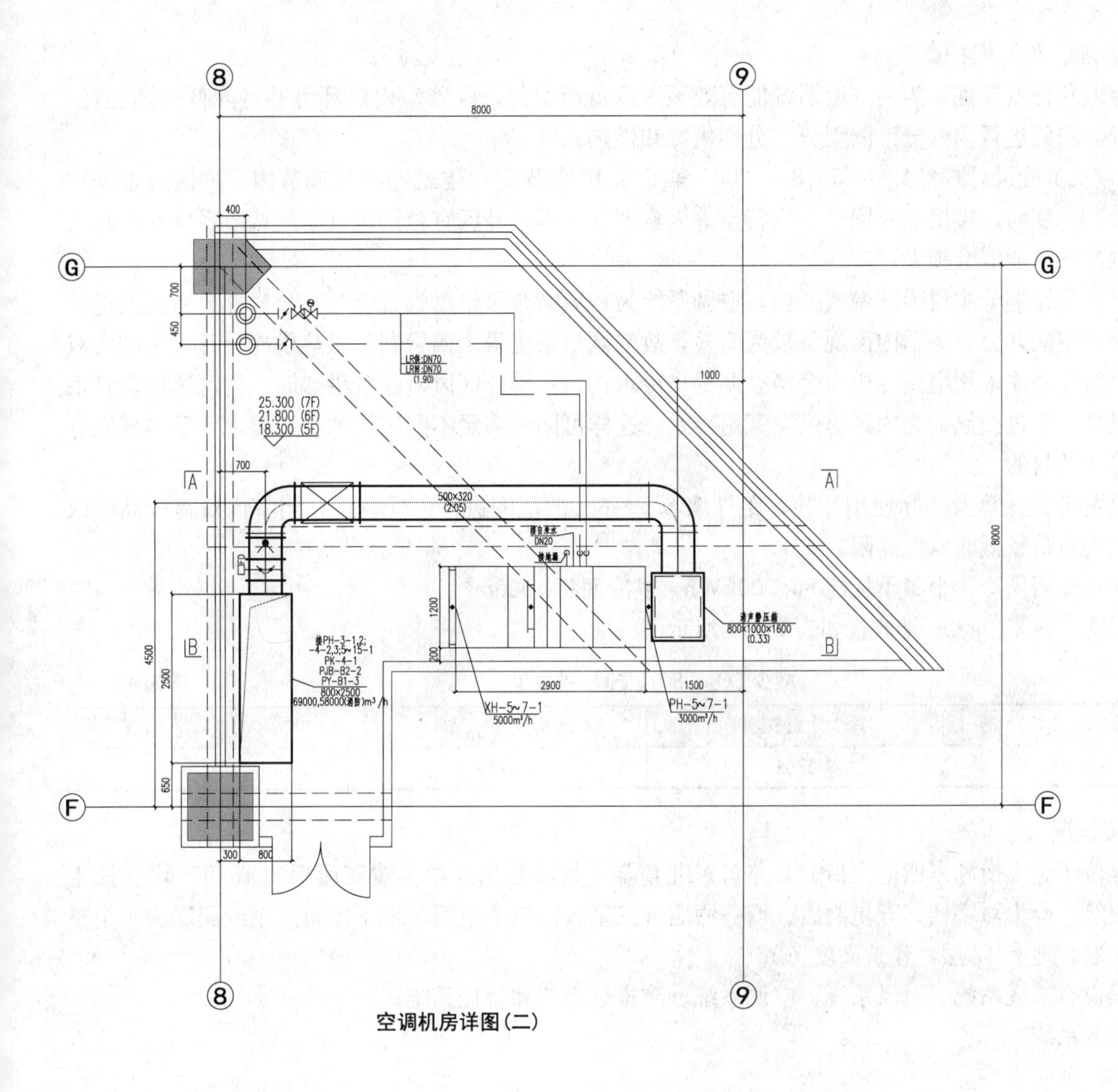

空调机房详图(二)

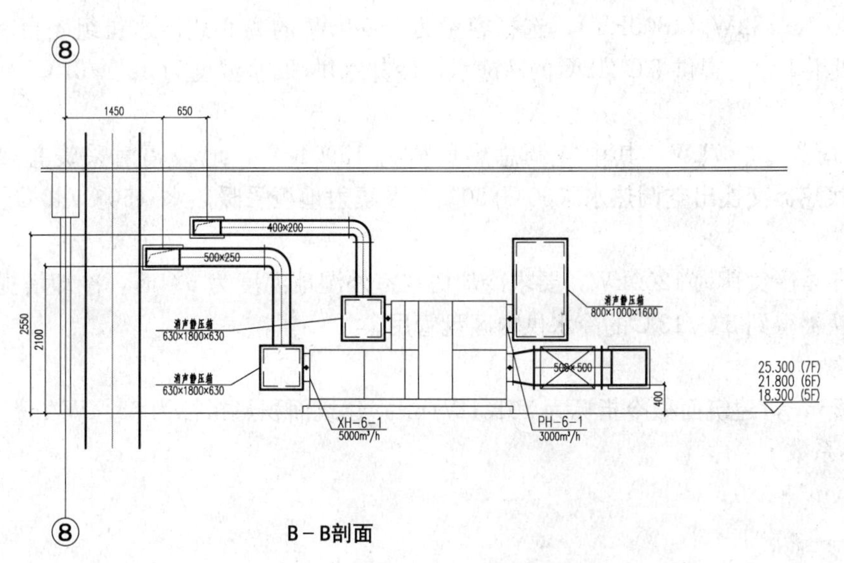

B－B剖面

图 3.7-4　空调机房详图（二）

3.8 内区空调

工程案例：富华金宝中心①

1. 绿色理念及工程特点

根据空调负荷差异性，为使空调系统能有效地跟踪负荷变化，改善室内热环境并且降低空调能耗，对于进深较大房间进行内外分区的划分，分别供冷和供热。

《公共建筑节能设计标准》GB 50189—2005 第 5.3.10 条规定：建筑物空气调节内、外区应根据室内进深、分割、朝向、楼层以及围护结构特点等因素划分。内、外区宜分别设置空气调节系统并注意防止冬季室内冷热风的混合损失。

该工程办公楼部分主要为开敞式办公，空调系统为新风结合风机盘管系统。办公楼办公密度及进深较大，均为大空间办公，冬季内区现象较为明显，故空调水系统采用四管制，供热供冷分开，末端为双盘管风机盘管。夏季采用电制冷机为全楼空调提供冷水；当冬季外区风机盘管供热时，内区风机盘管采用冷却塔供冷，通过换热器为内区提供空调用冷水，这样可同时满足不同区域的空调要求，且实现充分利用天然冷源的目的。

通过负荷分析计算及实际使用经验，距外墙 3.5～6m 的范围进行内外分区，当室内负荷较高时取低限，当室内负荷较低时取低高限。

该工程冷却塔供冷一个冬季耗能 864000kWh，供冷面积 $1900m^2$。

减少 CO_2、SO_2、NO_X 排放量如表 3.8-1 所示。

减少 CO_2、SO_2、NO_X 排放量　　表 3.8-1

减少排放 CO_2(t)	减少排放 SO_2(t)	减少排放 NO_X(t)	减少消耗标准煤(t)
504.4	1.63	1.44	192.5

2. 工程概况

该工程位于金宝街和东四南大街交叉路口东北角金宝街 1 号用地内，建筑面积约 $167676m^2$。该工程为组团建筑，分为写字楼、五星酒店、商务酒店（三星级）三个组团。地下室将三个组团联为一个整体。地下 3 层，地上 17 层，建筑高度 73m。

该工程设有采暖系统、通风系统、空调系统、防排烟系统和自控系统。

(1) 能源系统

1) 冷源

夏季空调总冷负荷为 16938kW (4800RT)，选择容量为 3868kW 的离心式冷水机组 4 台和容量为 1466kW 的离心式冷水机组 1 台，提供 7℃/12℃的冷冻水；冷却水供/回水温度为 32℃/37℃。

2) 热源

冬季供热设计总负荷为 16007kW，其中空调总热负荷为 15904kW，地板辐射采暖总热负荷为 173kW，由市政热力经换热器交换出空调热水（60℃/50℃）及辐射地板采暖热水（50℃/40℃）。

3) 冬季内区冷源

按设计工况，内区冬季冷负荷为 1200kW，要求冷却塔在室外湿球温度为 5℃时，冷却塔提供 6℃/11℃的冷水，通过热交换器得到 8℃/13℃的冷水供内区盘管用。

4) 冷热负荷指标

总建筑面积为 $167676m^2$，建筑面积冷指标为 $101.1W/m^2$；建筑面积热指标为 $95.4W/m^2$。

5) 外围护结构传热系数

屋顶：$K=0.43W/(m^2 \cdot ℃)$；

① 工程负责人：李冬冬，女，中国建筑设计研究院，工程师。

墙体：$K=0.81W/(m^2 \cdot ℃)$；

双玻外窗：$K=1.98W/(m^2 \cdot ℃)$；

暴露的檐底和非供热区上部楼板：$K=0.56W/(m^2 \cdot ℃)$；

天窗：$K=1.98W/(m^2 \cdot ℃)$。

(2) 采暖系统

该工程五星酒店大堂、泳池、写字楼大堂为提高房间舒适度设地板辐射采暖系统。地板辐射采暖系统供/回水温度为60℃/50℃。

(3) 通风系统

地下车库、设备用房设置机械通风系统，风机置于设备用房或风机房内。其中地下车库换气次数为6次/小时；中水机房、变配电室、锅炉房换气次数为10次/小时；冷冻机房换气次数为6次/小时。

卫生间设机械排风装置，换气次数为10次/小时，排风机设于屋面层。

厨房设置机械通风系统，换气次数为50次/小时，采用离心风机，设于屋面层。厨房补风系统采用热风补风，补风量为排风量的80%，这样既防止了只设排风致使负压过大、炉膛倒火，又能给厨房留出足够的负压，防止串味。厨房排油烟风机兼作事故排风机，风机开关分别设于厨房和屋面，并与浓度报警联锁。为了更好顺利地将新风送入室内，该工程在办公区增设了排风系统，排风量为新风量的60%。设备用房、库房、厨房、卫生间、地下车库等均设置机械通风系统。其中厨房的排风量按每小时50次换气设计，中水处理机房冬季补风进行加热，夏季送自然风（电动二通水阀夏季关闭）。煤气表间排风采用防暴风机，并在室内外设置事故通风按钮。

(4) 空调系统

1) 空调水系统

根据工程本身的特点，三个组团空调运行时段不同，远近差异大，系统阻力及负荷变化规律差异大，故采用二次泵变频空调冷水系统。分别设置三组变频二次泵，分别计量。

由于甲方使用要求，空调水系统在写字楼和五星酒店采用四管制空调水系统，解决冬季内区供冷及酒店随时提供冷热服务的能力。商务酒店采用二管制设计，水系统变流量运行，季节切换。环路的划分，既满足了建筑物内各部分功能房间使用的灵活性，有利于节能，同时末端设计也变得简单。冬季要求冷却塔供冷，所以要求需要运行的冷却塔水盘做电加热防冻，不需要运行的冷却塔要泄水关闭；冷却水管道需做保温，屋面冷却水管道采用电伴热防冻。

2) 空调风系统

根据功能的划分及运行管理的要求，空调系统分为低风速定风量全空气系统和风机盘管加新风系统。大堂、门厅、宴会厅、多功能厅等大空间均采用全空气系统，空气集中处理后送入室内，满足房间的卫生要求及温湿度要求，其中双风机全空气系统可以在过渡季节充分利用室外新风，消除室内余热，既可以节能，又可以提高空气品质。客房、办公室等小开间房间采用风机盘管结合新风机组，既满足了新风卫生标准要求，又满足了不同房间温度调节的灵活，节约投资。

3) 空调系统加湿

空调系统采用湿膜加湿器加湿。

(5) 自动控制系统

该建筑设一套BAS楼宇自控系统，纳入BAS系统的控制项目包括：冷水机组、冷冻水泵、冷却水泵、补水泵、冷却塔、冬季供冷换热器、热交换站内的水泵、热交换器、空调机组、新风机组、进风机、排风机、锅炉房热水锅炉及配套设备。

1) 冷热源

① 冷冻机房：该工程冷冻水一次水系统和冷却水系统均为定流量系统。办公楼、商务酒店采用变水流量系统，五星酒店采用定流量系统。二次水每支路均装设差压传感器，由差压传感器控制二次水泵的流量。

② 热交换站：空调热水系统为变频变水流量系统。地板采暖系统为定水流量系统。空调热水，地板辐射采暖热水供水温度由换热器一次水调节水阀控制。

2）空调机组

冷热水阀均与风机联锁，但当冬季风机停机时热水阀应保持5%的开度。由回风温度控制冷热水电动调节阀。由回风湿度传感器控制冬季空调加湿量。

3）新风机组

冷热水阀均与风机联锁，但当冬季风机停机时，热水阀应保持5%的开度。由送风温度传感器控制冷热水电动调节阀流量。由送风湿度传感器控制冬季新风加湿量。

3. 相关图纸

该工程主要设计图如图3.8-1～图3.8-7所示。

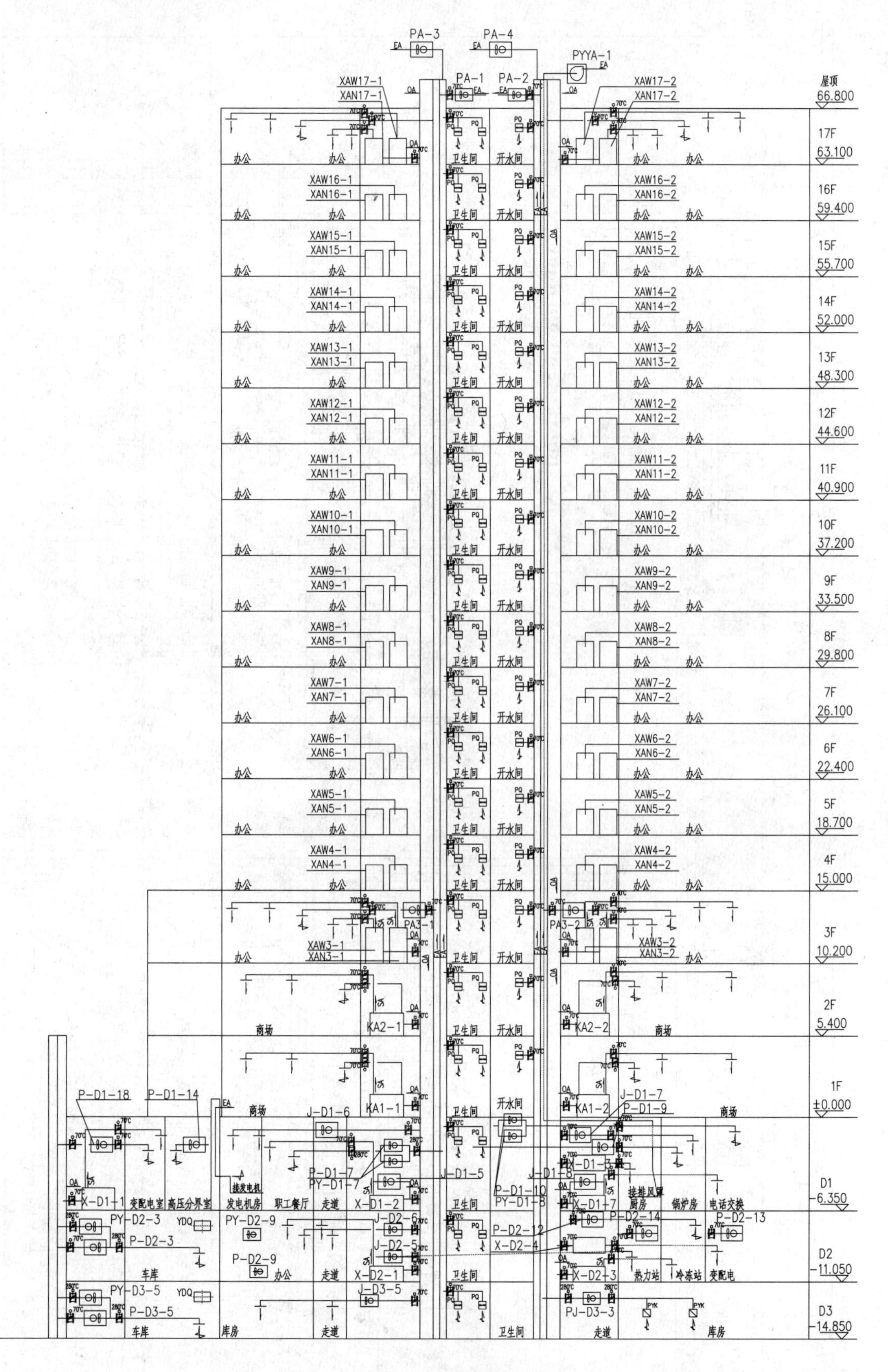

图 3.8-1　通风空调风系统图（四）

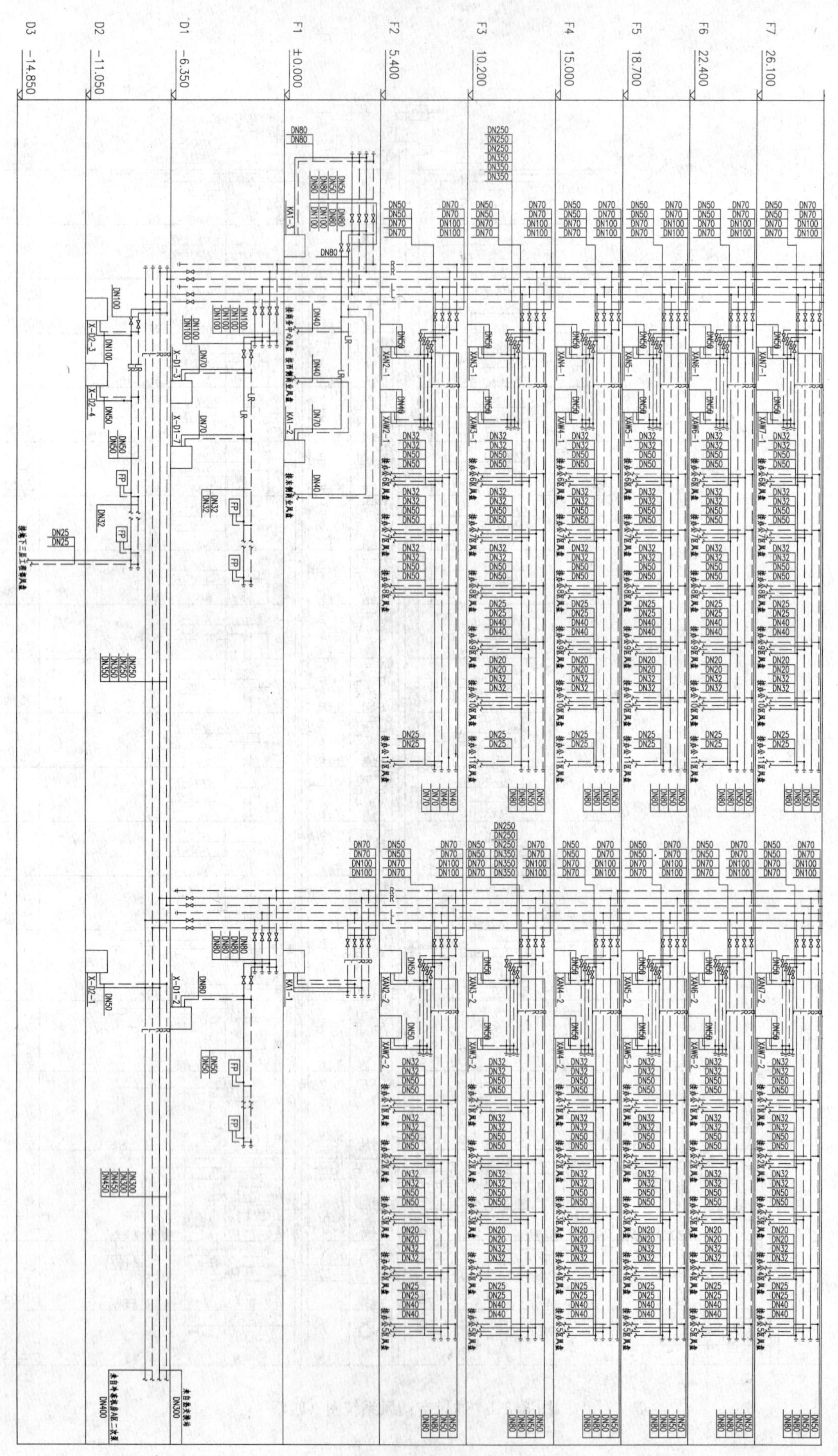

图 3.8-2　办公楼空调水系统图（一）

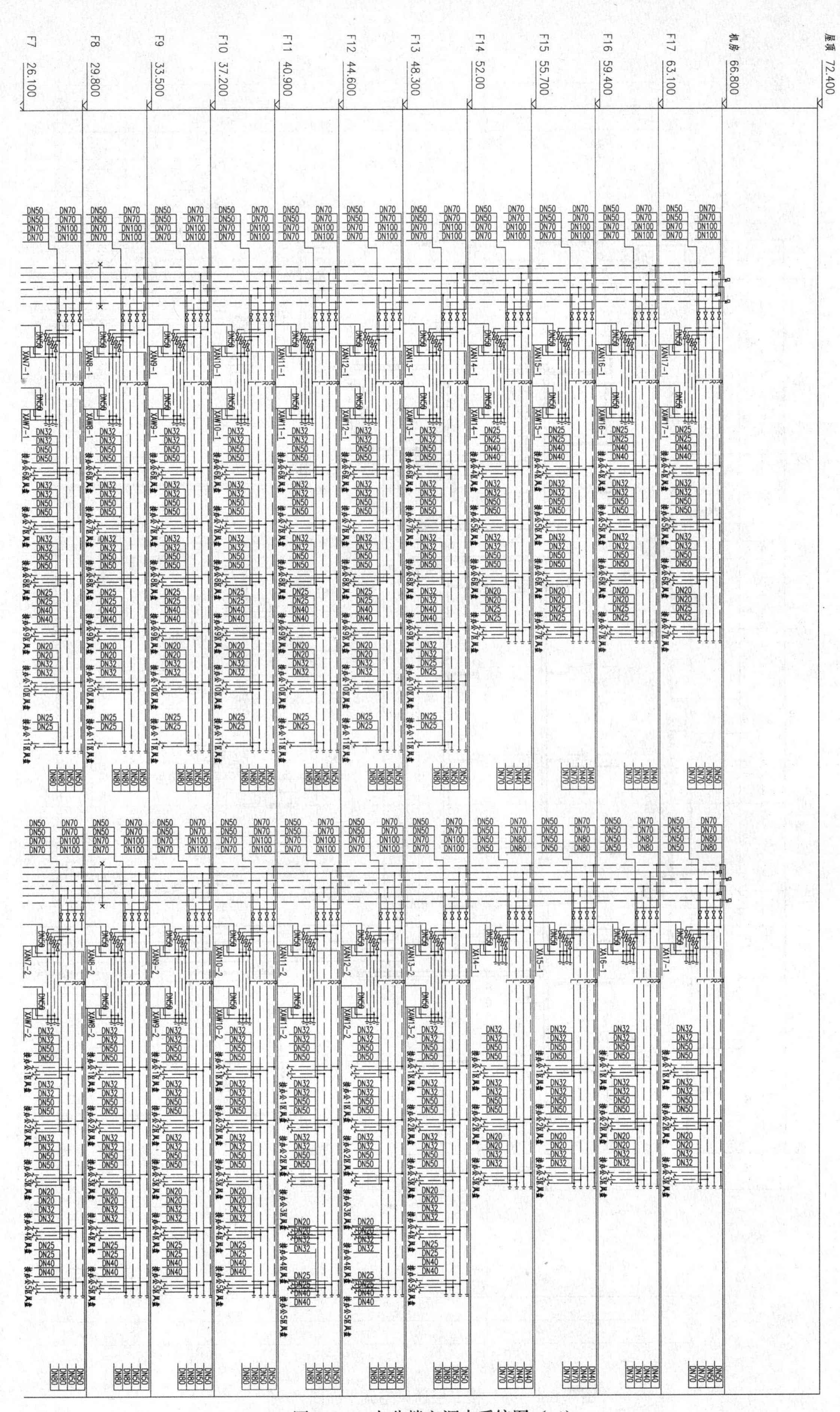

图 3.8-3 办公楼空调水系统图（二）

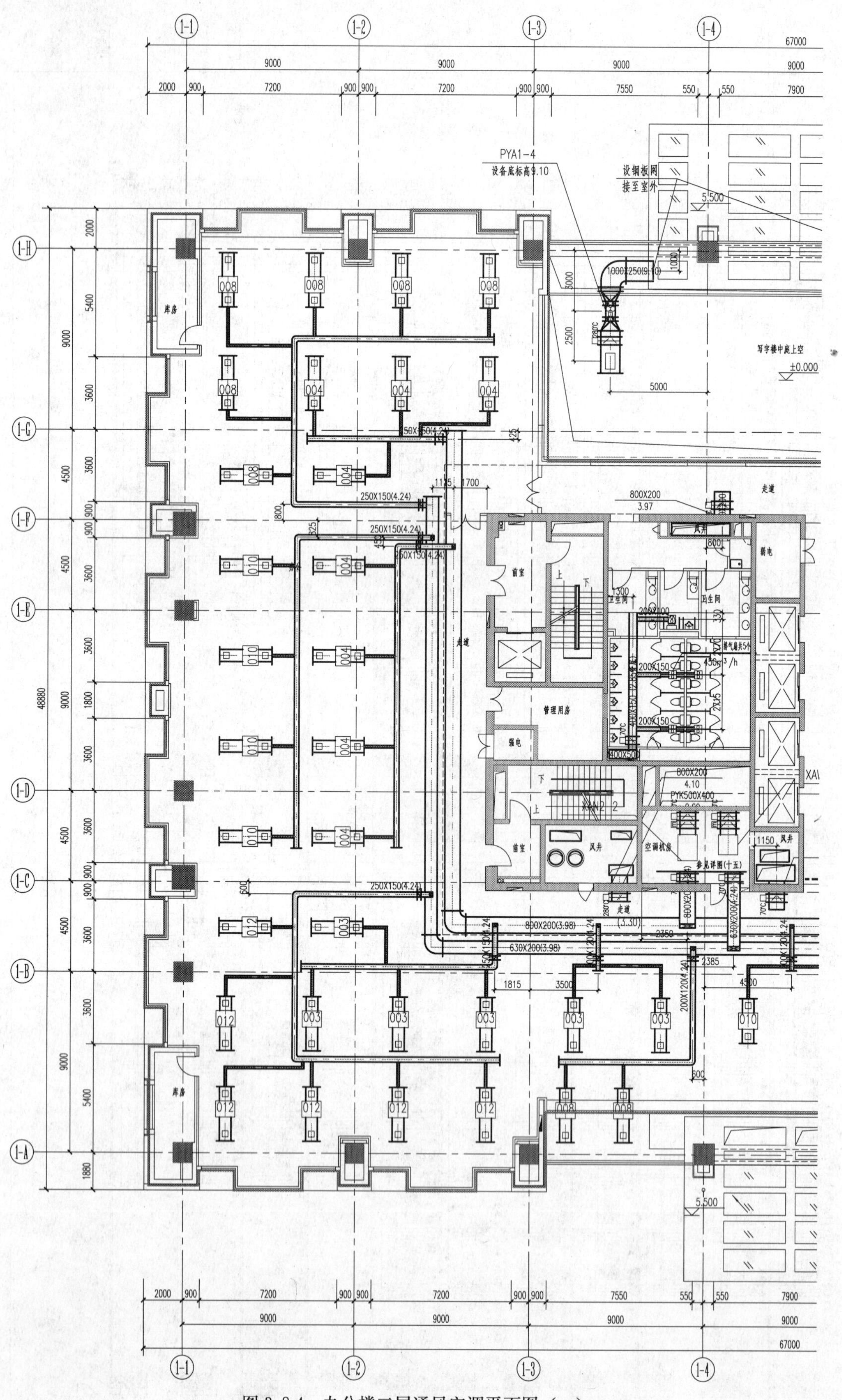

图 3.8-4　办公楼二层通风空调平面图（一）

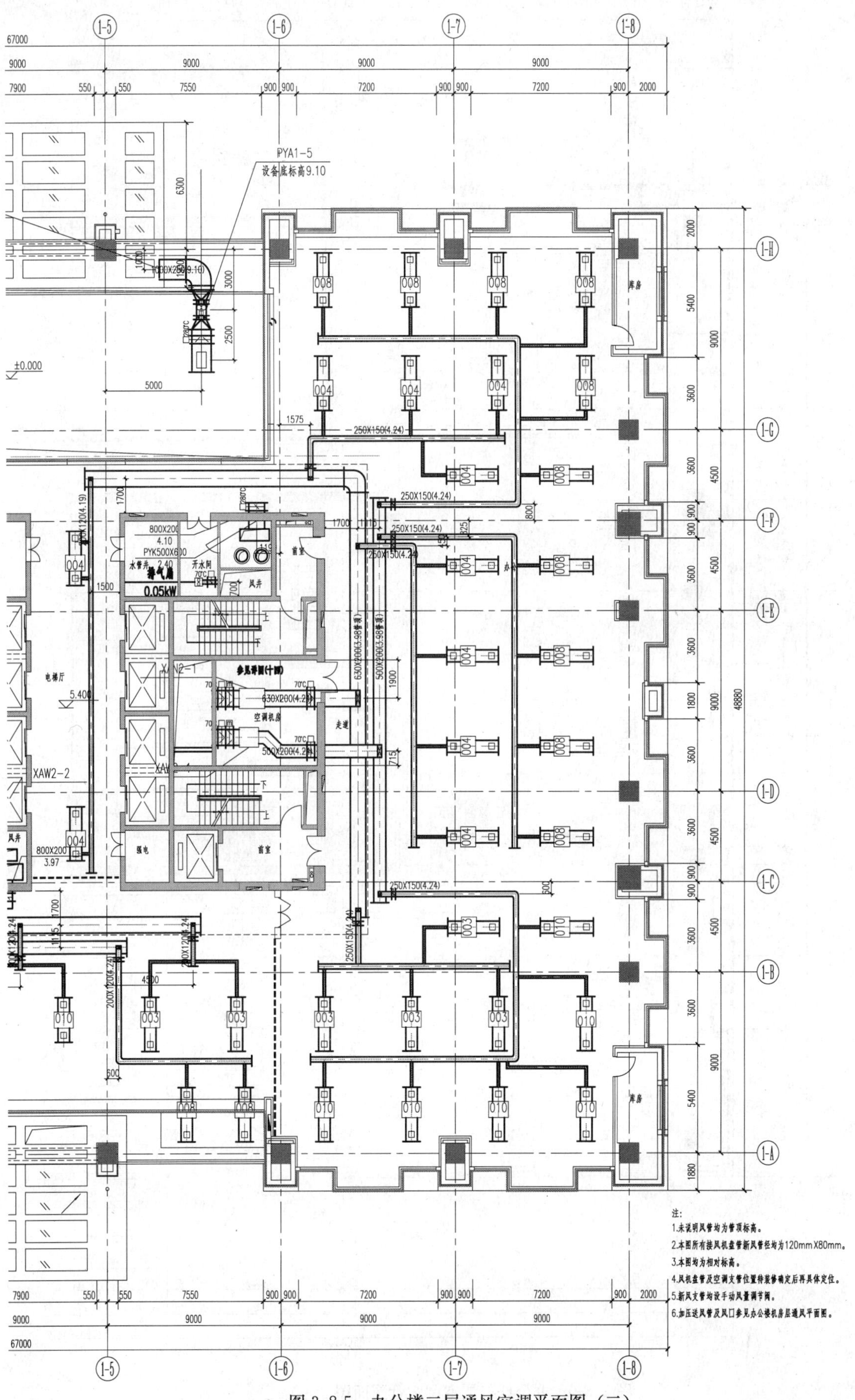

图 3.8-5 办公楼二层通风空调平面图（二）

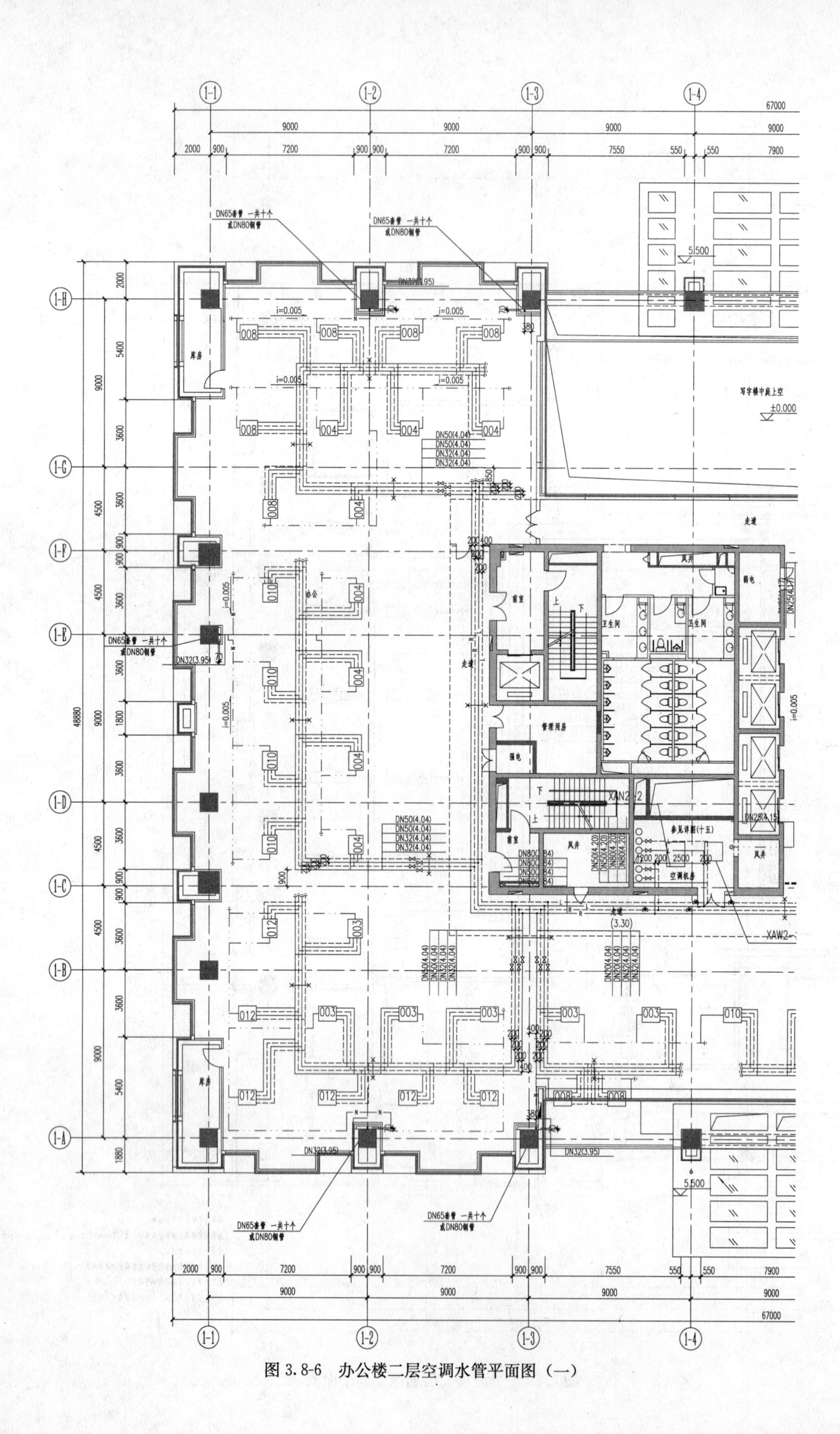

图 3.8-6　办公楼二层空调水管平面图（一）

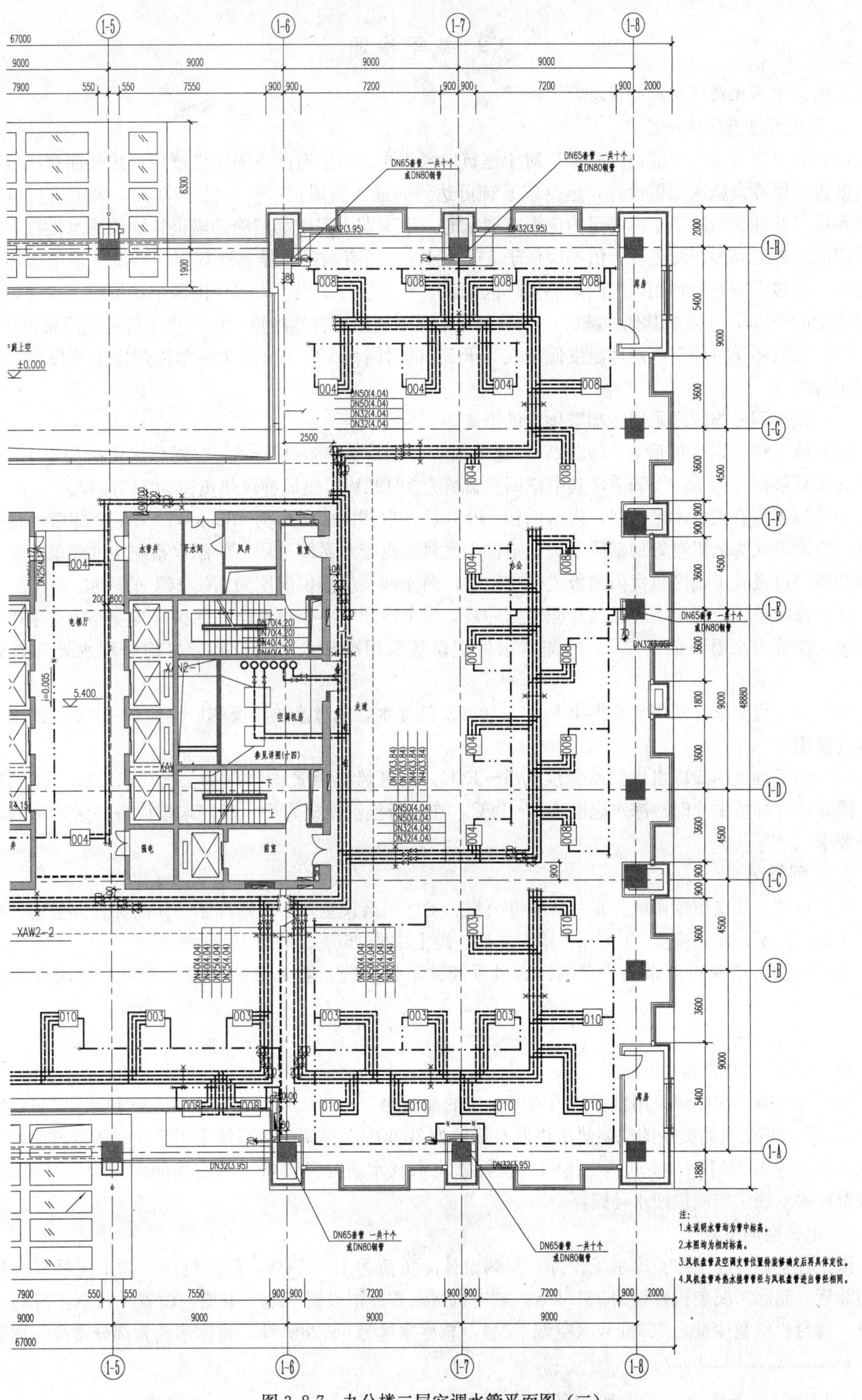

图 3.8-7 办公楼二层空调水管平面图（二）

3.9 冬季冷源

工程案例：中石化科研及办公用房①

1. 绿色理念及工程特点

(1) 北京市《公共节能设计标准》对于建筑内区冬季的做法有两条强制性规定：采暖期存在冷负荷的内区进行供冷设施的配置设计，全空气系统可达到的最大新风比，应不低于70%；采用风机盘管加新风系统，在加大新风量不能满足内区温度要求时，采暖期应完全利用冷却塔提供空调冷水供冷，且设计采用的室外最高湿球温度设计值不应低于5℃。另外，还有两条非强制性规定：当设计采用水环热泵系统时，采暖季应充分利用内区的余热供外区采暖，冬季设计工况下，利用内区余热量应至少达到可利用与热量的70%；当采取其他措施时，冬季设计工况下利用的自然冷量，应不小于所需供冷量的70%。

(2) 北京冬季室外空气湿球温度低于或等于5℃的时间为120多天，为冬季冷却塔供冷提供了较长的使用时间。

(3) 该工程冬季内区采用冷却塔供冷的措施。

(4) 该工程空调冷负荷为12925kW，建筑面积冷指标为73.6W/m²。空调总热负荷为13100kW，建筑面积总热指标为74.6W/m²，其中空调热负荷为7949kW，热风补风热负荷为5151kW。

(5) 该工程有大量内区房间，内区面积54000m²，空调内区负荷为4835kW。采用冷却塔供给全部冷量。空调形式为风机盘管加新风系统，空调内区风机盘管水系统采用二管制水系统。过渡季及冬季利用冷却塔经过设置于制冷机房内的板式热交换器，向空调系统提供温度为9℃/14℃的冷水。

(6) 系统单设冷却水循环泵及冷冻水循环泵，屋顶冷却塔冬季设置防冻保护。其室外管道采用电伴热措施，使管内水温不低于5℃。冷却水水处理设备采用冷却水自动投药装置加全程水处理仪处理方式。

(7) 该工程要求冷却塔冬季提供5.5℃/10.5℃的冷水，通过换热器换热后得到9～14℃的冷水供内区盘管使用。

(8) 该工程夏季冷冻水供回水温度为5～13℃，内区风机盘管按照夏季工况要求，按中档风量选型。因冬季冷却塔供冷时冷冻水温度为9～14℃，在进行换热量核算后，确定末端设备冷量均可满足冬夏季要求。

2. 工程概况

该工程位于北京市朝阳区，是一座集办公室、餐厅、会议室及多功能厅于一体的综合办公楼。建筑面积17.5万m²，建筑高度98.45m，地下4层，地上主楼26层、附楼12层。

该工程设有空调冷源系统、空调、通风系统、采暖系统、防火及防、排烟系统、空调自动控制系统。

(1) 能源系统

1) 采暖、空调热源

该工程空调一次热源采用城市热力管网提供的高温热水（110～70℃），空调系统热水供/回水温度为60/50℃。热交换间提供的空调热水供回水压差为200kPa。空调热水系统采用闭式气压罐定压，空调系统定压值为1.27MPa。要求热交换间内设置软化水及水质处理设备。热交换间内应设置分集水器，并按设计要求提供空调供回水环路。

2) 中央空调冷源

该工程空调冷源按冰蓄冷系统设计，空调设计冷负荷为12925kW，制冷机房空调工况装机容量为10552kW。制冰工况装机容量为7316kW。制冷机房及蓄冰池设置于地下五层，设置4台双工况冷水主机组，每台机组制冷量为2638kW（空调工况），总蓄冰量为58528kWh。蓄冰形式为部分蓄冷。冰蓄冷

① 工程负责人：王佳，女，中国建筑设计研究院，工程师。

系统采用串联、主机上游系统。经过负荷分析及系统配置，冰蓄冷系统不设基载机组。制冷机房内配置对应主机的冷冻水泵、冷却水泵、溶液泵及板式热交换器等附属设备，并设有软水及水质处理装置。冷冻水泵采用变频控制技术，变水量运行，节省能耗。冷冻水供/回水温度为5/13℃，冷却水供/回水温度为32/37℃。对应每台主机在附楼屋顶放置冷却塔。冷冻水系统采用闭式气压罐定压，定压值为1.27MPa。

3）冬季冷源系统

为满足该工程空调内区常年供冷需求，过渡季及冬季利用冷却塔经过设置于制冷机房内的板式热交换器换热交换后，向空调系统提供供/回水温度为9/14℃的冷水。系统单设冷却水循环泵及冷冻水循环泵，屋顶冷却塔冬季设置防冻保护。空调内区负荷为4835kW。

（2）采暖系统设计

采暖系统设置范围是中庭一层大厅；采暖系统形式为热水低温地板辐射式采暖系统，采暖系统设计负荷为75kW。采暖系统热源：由空调热水作为一次热源，经板式热交换机组换热为50～40℃的热水供地板辐射采暖用。

（3）空调风系统设计

设计原则：在通风系统及采暖系统不能满足其对空气的温湿度要求时，设置空调系统。根据房间的功能及用途分别对应设置全空气空调系统、风机盘管加新风空调系统及分体多联式空调系统等。

办公楼标准层除保持必要的正压外，为保持风平衡，在屋面设排风机集中排风，设热量回收装置。卫生间、茶水间、复印室、理发室、诊室等设置机械通风系统，各层排风通过管井集中屋顶排放。地下车库设平时与火灾共用排风系统，车库内设CO浓度探测器，根据CO浓度自动开启送排风机，车库内平时开启诱导通风器辅助排风。厨房通风系统由排风机、补风机及厨房油烟净化装置组成，厨房油烟等废气经过油烟净化装置处理后，经排风机排至附楼屋顶，补风经过预热、预冷处理后送入厨房。

（4）空调系统

1）空调水系统

办公楼空调外区风机盘管水系统采用四管制空调水系统，空调内区风机盘管水系统采用二管制空调水系统；该工程所有空调机组水系统采用四管制空调水系统。冷冻水供/回水温度为5/13℃，冷冻水泵采用变频控制技术，变水量运行，节省能耗。

2）空调风系统

主楼办公区域采用风机盘管加新风系统。主楼屋顶新风机组设能量回收装置，利用室内排风预热/预冷室外新风，达到节能设计标准的要求。

附楼办公区域、餐厅等采用风机盘管加新风系统，每层设置新风机组。风机盘管内外分区设置，外区采用四管制，内区采用常年供冷二管制。

多功能厅、地下员工餐厅等采用全空气定风量双风机空调系统，中庭、职工活动室、十一层、二十五层大会议室等采用全空气定风量单风机系统。其中地下职工餐厅空调系统带热回收装置。

图书阅览室、档案室等区域采用风机盘管加新风系统。

二十一层生产调度指挥中心、二十二、二十四、二十五层领导办公室采用独立数码涡旋变频空调系统。在二十一层生产调度指挥中心的每个末端内另配冷水盘管，冷源来自冬季冷却塔供冷系统。

四层IT计算机房采用计算机房专用空调。

主电话机房、火灾报警中心等房间设分体式空调器（冷暖型），以满足其24h独立运行的特殊性。中间层电梯机房采用空调机组全年供冷风降温，屋顶层电梯机房采用分体空调器降温。

在主楼首层直接对外出口及车库出入口设电热风幕减低冬季时冷风侵入。

该工程空调加湿采用电热蒸汽加湿方式，总加湿量为3464kg/h。加湿器配带水质处理装置。

（5）节能环保设计

该工程各项围护结构热工设计执行《公共建筑节能设计标准》DBJ 01-621—2005的相关内容。并尽可能降低。通过对围护结构的节能优化设计，减少建筑物的围护结构耗热。

施工图设计对该工程各空调房间或区域进行热负荷和逐时冷负荷计算，作为设备选型及管道设计依据。

新风系统（风量大于 20000m^3/h）设置排风热回收装置；带回风的全空气系统（风量大于 20000m^3/h、最小新风比大于 40%）设置热回收装置。

合理设计制冷、供暖系统，采用 DDC 控制系统，实现能量的可调节和计量。

选择的暖通空调制冷设备为高效、节能产品。

合理的空调水系统水利平衡措施。

3. 相关图纸

该工程主要设备材料表如表 3.9-1～表 3.9-3 所示，主要设计图如图 3.9-1～图 3.9-9 所示。

冷水机组性能参数表 表 3.9-1

序号	设备编号	设备型式	空调制冷量[kW(RT)]		蒸发器							冷凝器		
			空调工况	蓄冰工况	进/出水温(℃)		水流量(m^3/h)		污垢系数	水侧工作压力	蒸发器水阻	进/出水温(℃)		水流量
					空调工况	蓄冰工况	空调工况	蓄冰工况	(m^2·K/W)	(MPa)	(KPa)	空调工况	蓄冰工况	(m^3/h)
1	L-01,02,03,04	离心式制冷机	2638(750)	1829(520)	6/11	−5.6/−2.6	485	485	0.086	1.6	<100	32/37	30/33.6	542

序号	设备编号	冷凝器			电源			使用冷媒	机组最大外形尺寸(长×宽×高)(mm)	质量(运行)(kg)	数量(台)	机组承压(MPa)	备注
		污垢系数	水侧工作压力	冷凝器水阻	容量(kW)		电压						
		(m^2·K/kW)	(MPa)	(MPa)	空调工况	蓄冰工况	(V)						
1	L-01,02,03,04	0.086	1.0	<85	480 (cop5.5)	395 (cop4.6)	380	环保冷媒	5287×2980×3217	<16000	4	1.6	双工况机组

注：1. 机组要求保温后出厂。
2. 机组配带减震基础。
3. 机组为汉化微电脑控制，并有与大楼 BA 自控系统联网的接口。
4. 机组要求配带启动柜，启动方式为固态软启动。
5. 每台机组要求配带水流开关 2 只。
6. 机组要求冷冻水，冷却水接管均在同侧。

水泵及热交换器性能参数表 表 3.9-2

序号	设备编号	设备名称	设备型式	流量(m^3/h)	扬程(MH_2O)	电源 容量(kW)	电源 电压(V)	转速(r/min)	吸入口压力(MPa)	工作压力(MPa)	设计点效率(%)	介质温度(℃)	数量(台)	设备承压(MPa)	安装位置	服务对象
1	B-1~4	冷冻水泵	离心端吸泵	430	31	55	380	1450	1.2	1.6	70	5	4	1.6	地下五层冷冻机房	空调用冷冻水循环 变频运行
2	B-5~6	冬季内区冷冻水泵	离心端吸泵	430	25	45	380	1450	1.2	1.6	70	9	2	1.6	地下五层冷冻机房	冬季内区空调用 变频运行
3	BY-1~4	乙二醇初级泵	离心端吸泵	540	37	110	380	1450	1.2	1.6	70	−5.6	4	1.6	地下五层冷冻机房	
4	BY-5~6	乙二醇初级泵	离心端吸泵	130	31	22	380	1450	0.6	0.9	70	−5.6	2	1.6	地下五层冷冻机房	21~23 点开机 加班期间供冷
5	b-1~5	冷却水泵	离心端吸泵	602	24	75	380	1450	0.6	0.9	70	37	5	1.6	地下五层冷冻机房	空调用冷却水循环 四用一备
6	b-6~7	冷却水泵	离心端吸泵	430	16	30	380	1450	0.6	0.9	70	7	2	1.6	地下五层冷冻机房	冬季内区制冷
7	b-8~9	冷却水泵	离心端吸泵	30	26	2	380	1450	1.2	1.6	70	37	2	1.6	地下五层冷冻机房	配线间冷却水系统 乙二醇溶液 一用一备
8	HR-1,4	板式换热器	换热量:3500kW										4			一次水温:3/11℃;二次水温:5/13℃ 夏季空调冷水
9	HR-5,6	板式换热器	换热量:2420kW										2			一次水温:5.5/10.5℃;二次水温:9/14℃ 冬季空调冷水
10	HR-7,8	板式换热器	换热量:50kW													一次水温:60/50℃;二次水温:50/45℃ 冬季大堂地板采暖

定压补水装置性能参数表 表 3.9-3

序号	设备编号	设备型式	定压值(MPa)	高限压力(MPa)	低限压力(MPa)	定压罐总容积(m^3)	调节容积(m^3)	补水泵 流量(m^3/h)	补水泵 扬程(MH_2O)	补水泵 容量(kW)	补水泵 电压(V)	质量(kg)	数量(台)	设备承压(MPa)	备注
1	DY-1	冷冻水定压	1.27	1.30	1.28	2.0	0.5	8	130	11	380		2	1.6	冷冻水补水泵 Bb-1~2 一用一备
2	DY-2	蓄冰补液泵	0.1	0.11	0.13	0.3	0.05	2	10	0.5	380		2	0.1	蓄冰乙二醇补水泵 BRYb-1~2 一用一备
3	DY-3	配线间冷却水定压	1.25	1.28	1.26	0.3	0.05	2	130	7.5	380		2	1.6	乙二醇补水泵 BRYb-3~4 一用一备

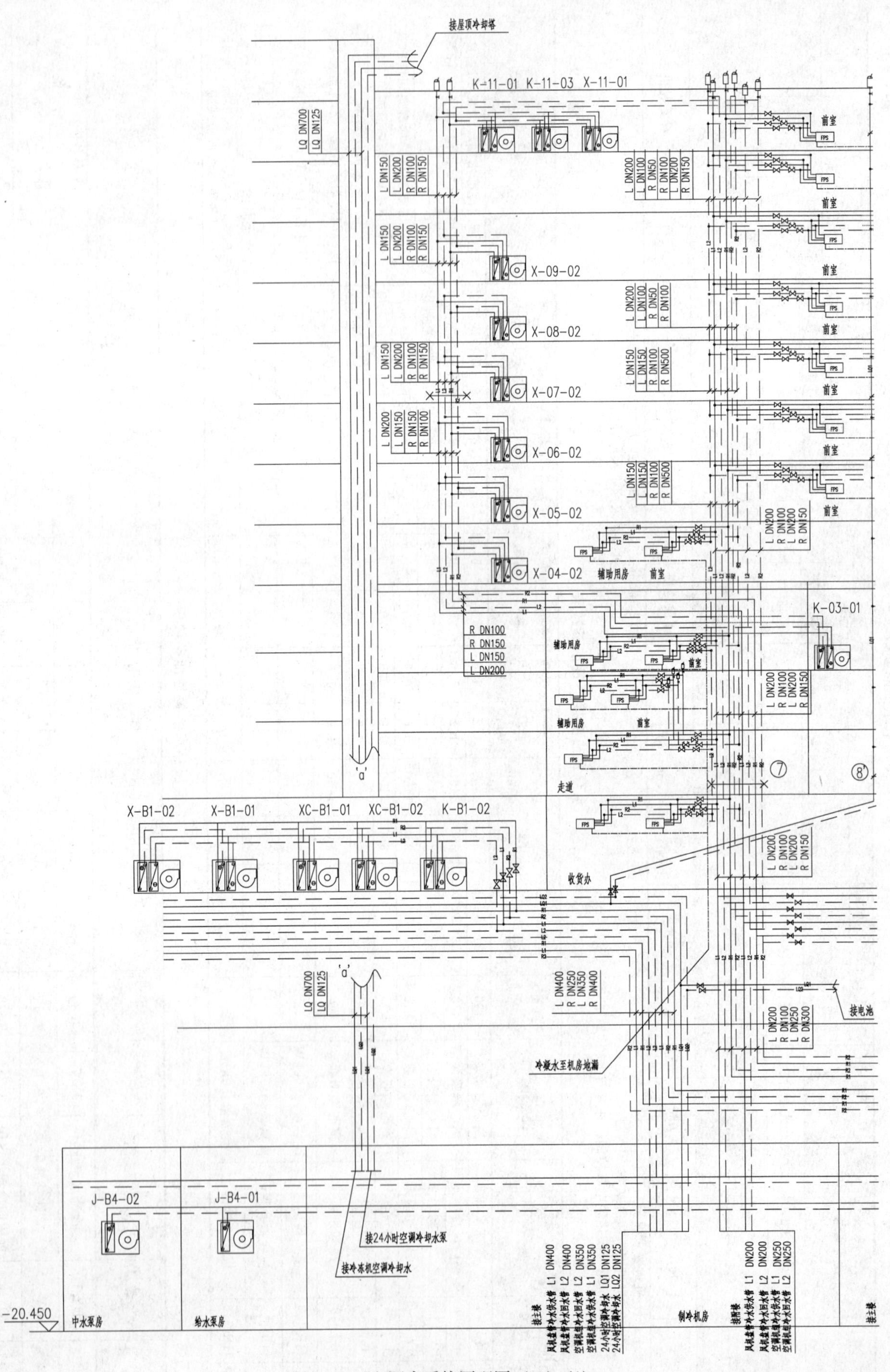

图 3.9-1　空调水系统原理图（二）(1)

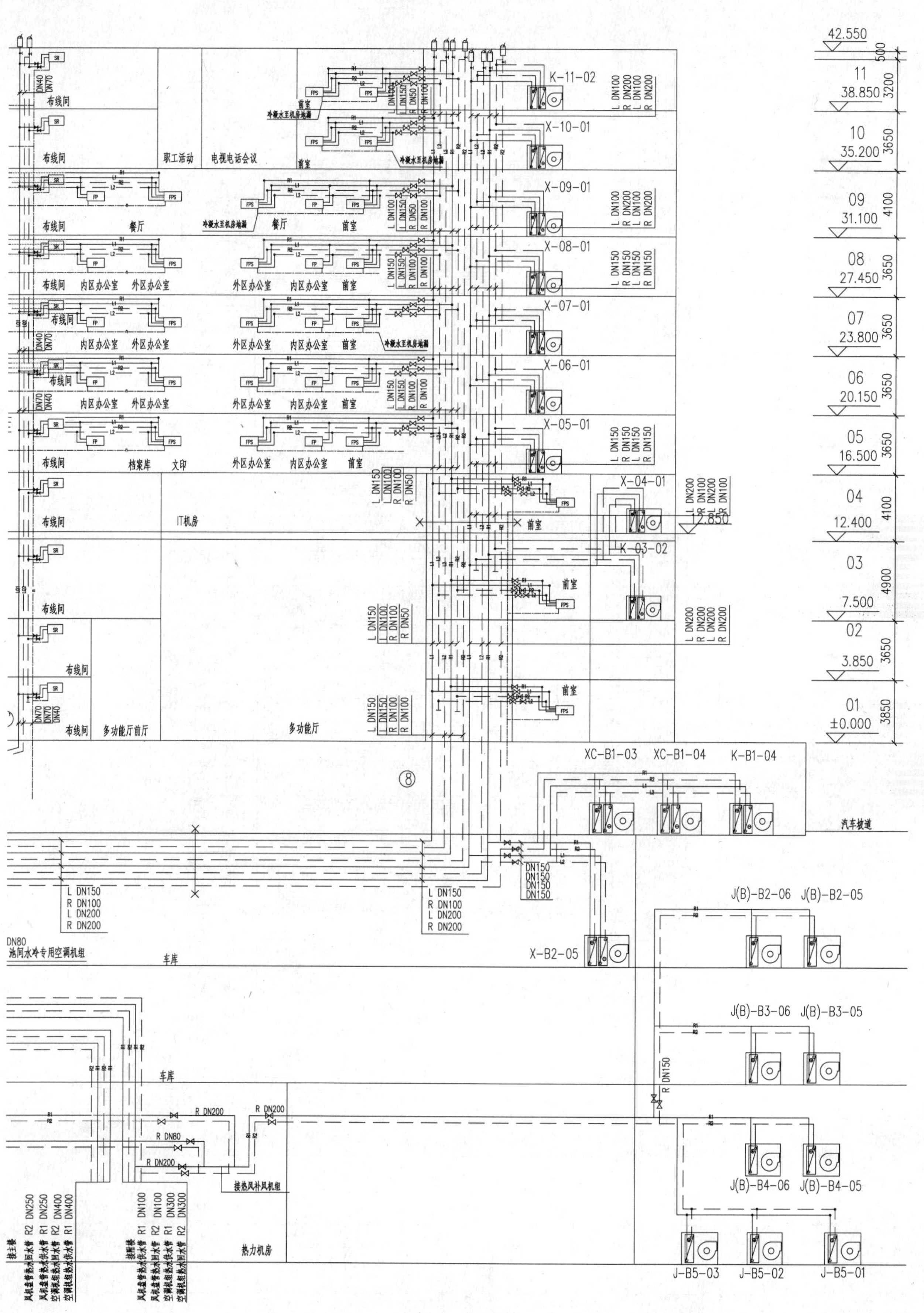

图 3.9-2　空调水系统原理图（二）(2)

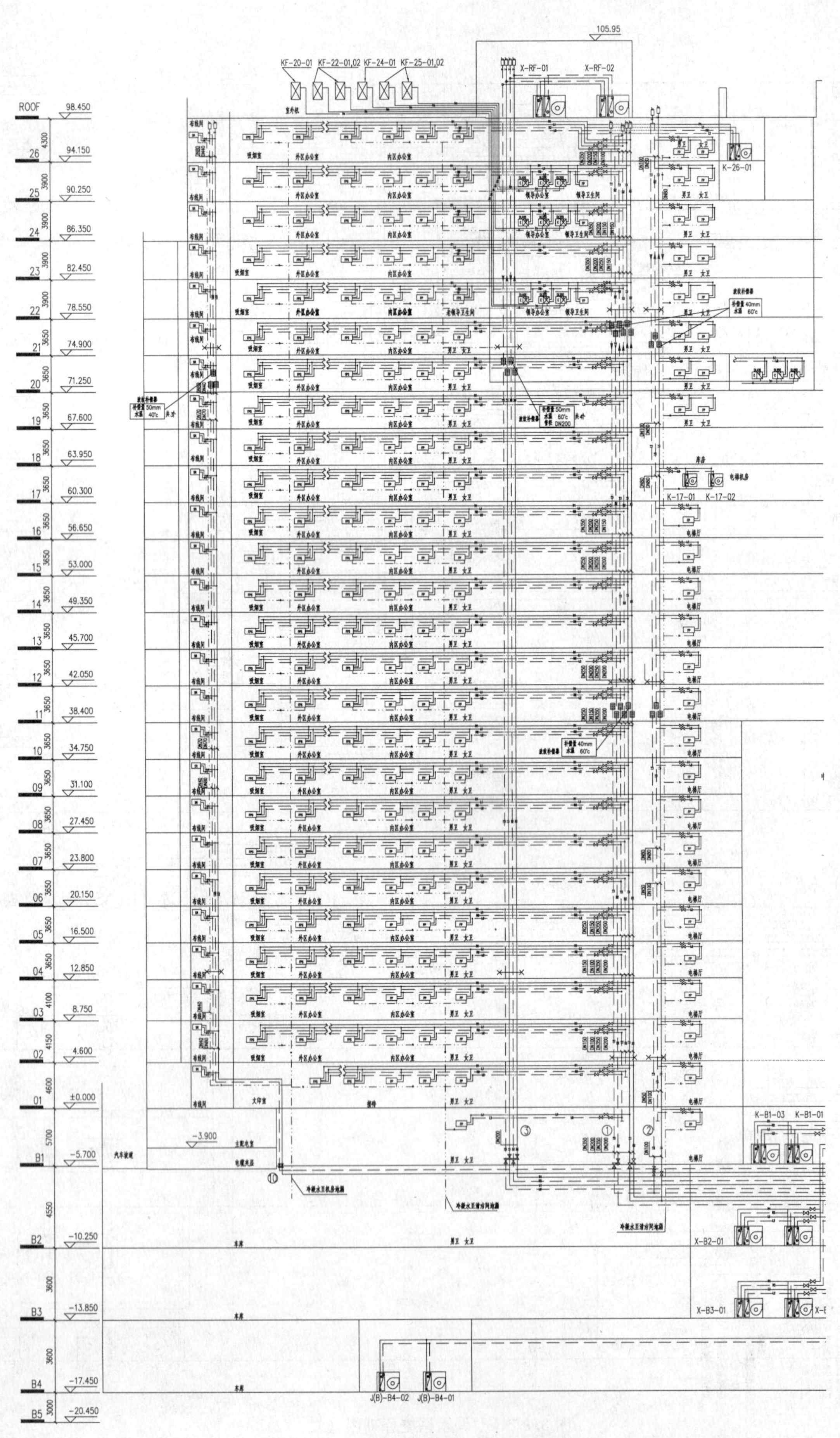

图 3.9-4　空调水系统原理图（一）(1)

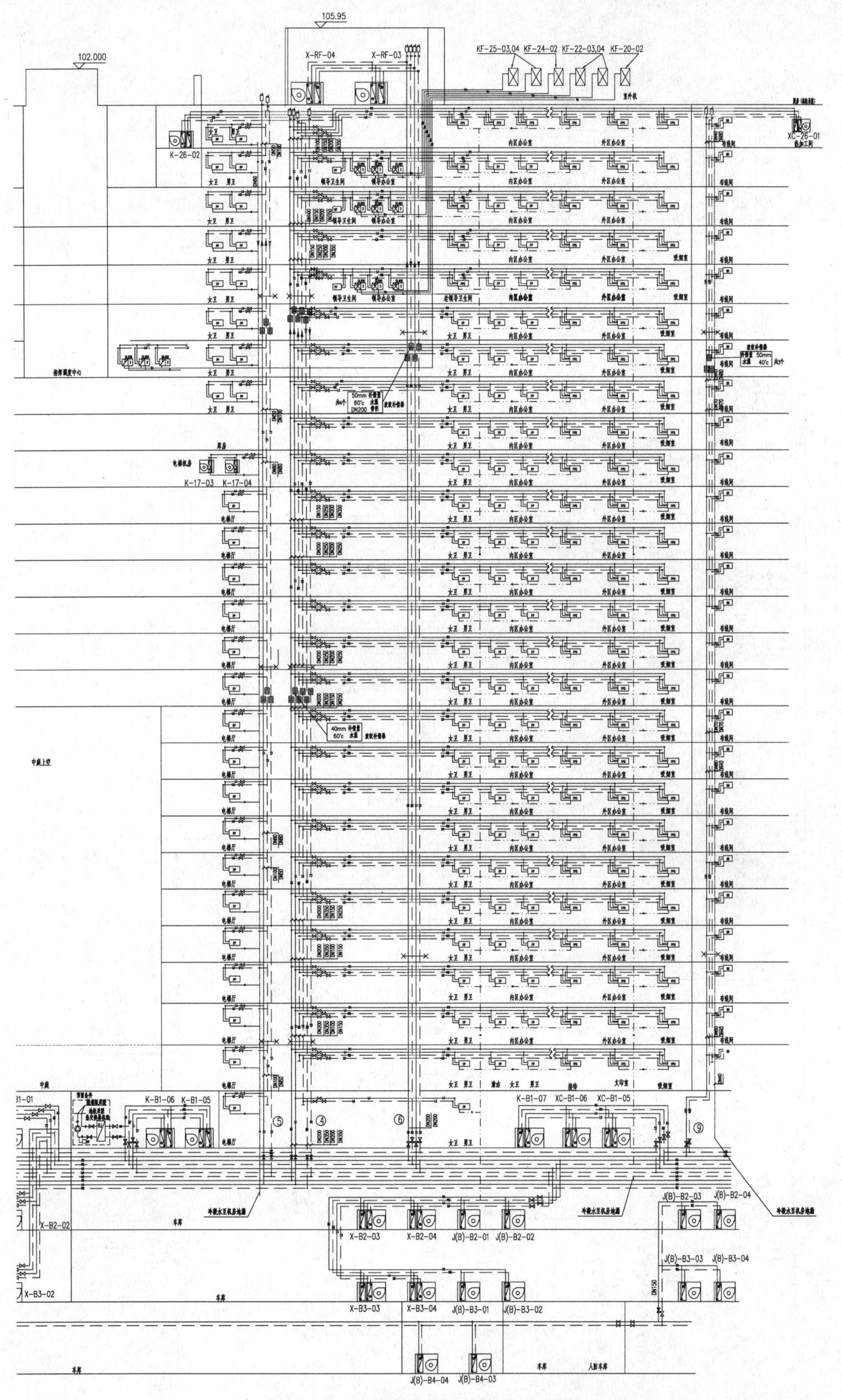

图 3.9-5　空调水系统原理图（一）(2)

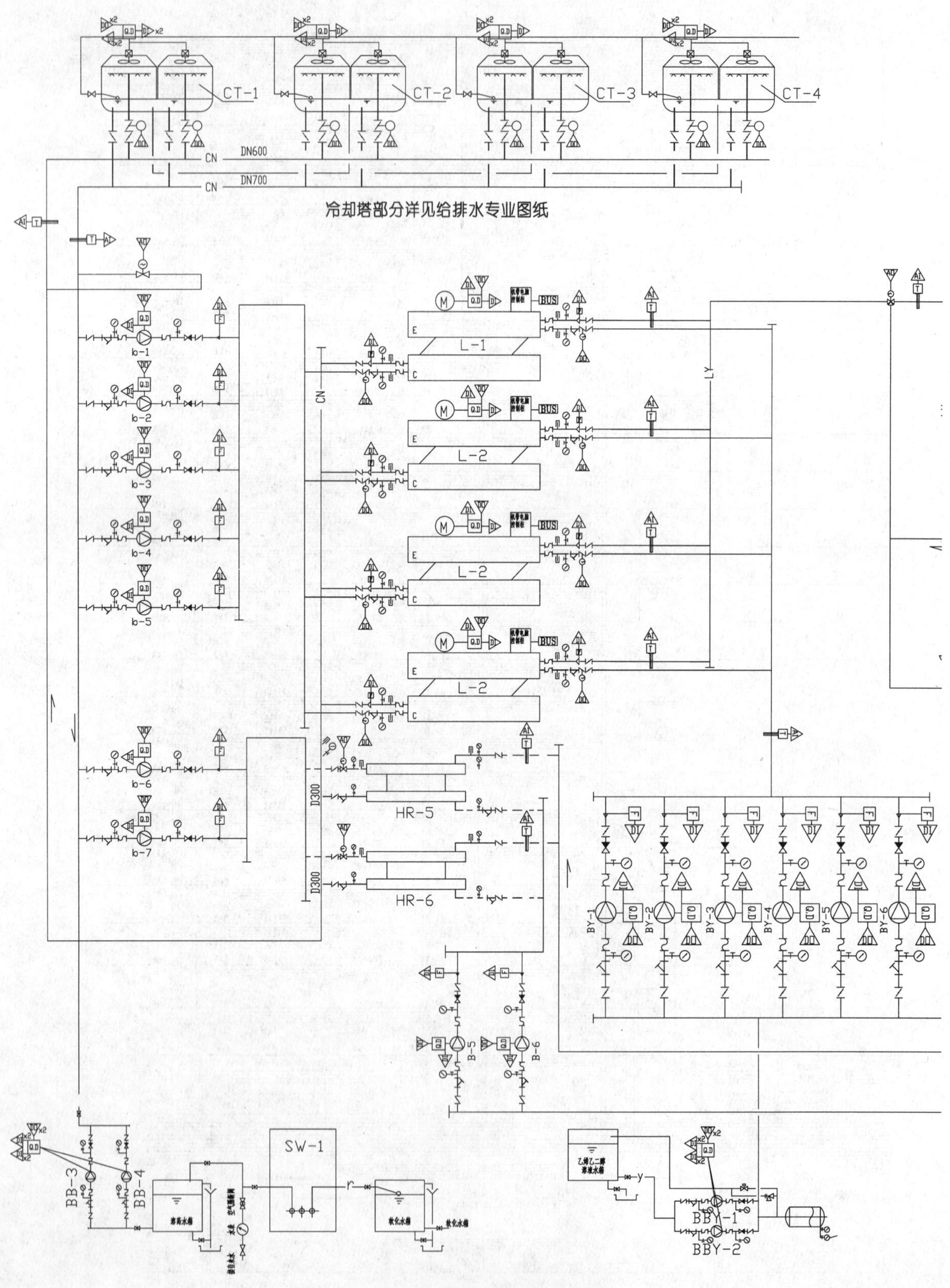

图 3.9-6　冷冻机房制冷系统控制原理图（一）

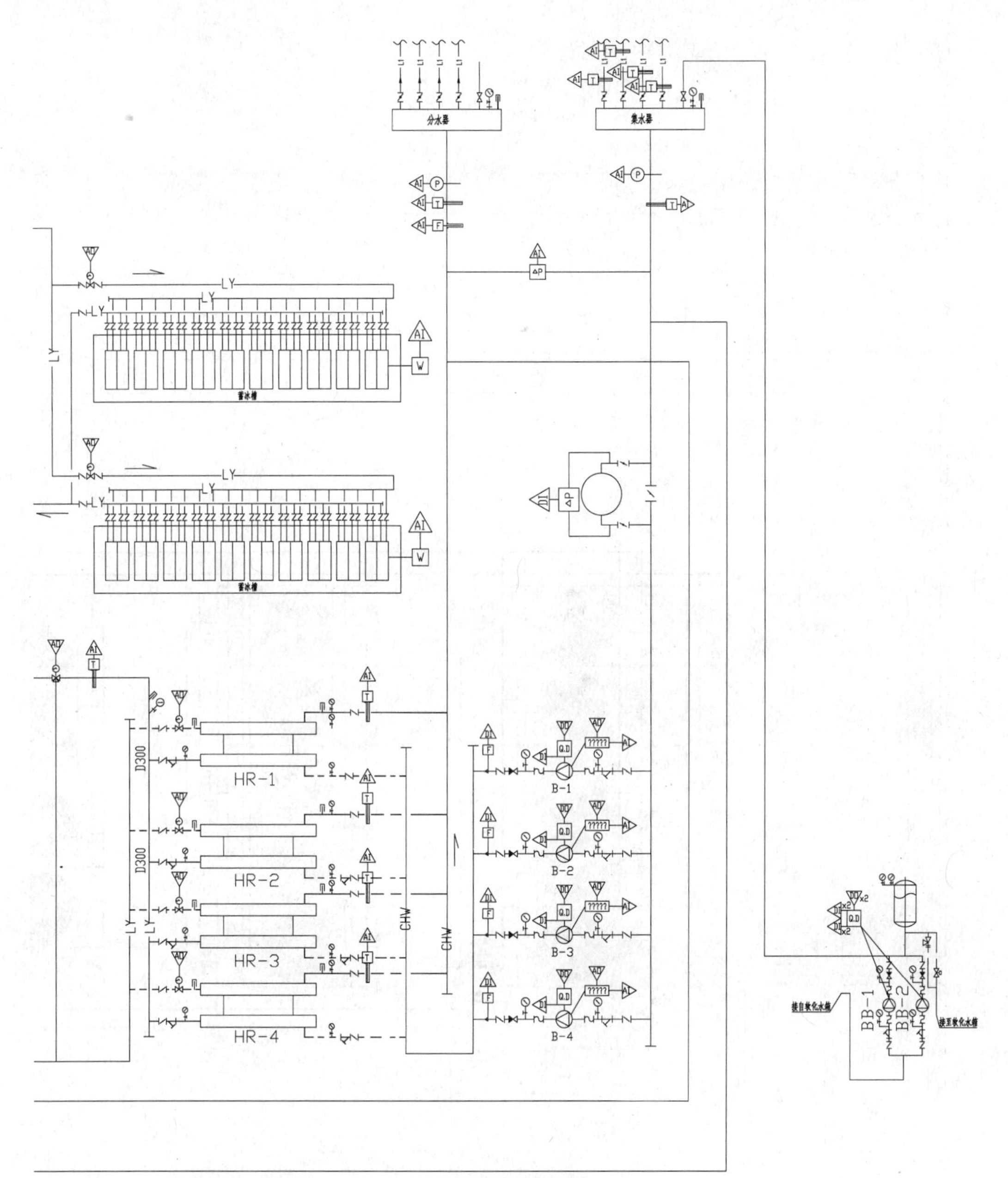

制冷系统控制说明

1.系统程序起停及连锁

机组启动时，冷冻水、冷却水及冷却塔进出水管出的电动蝶阀打开，同时冷冻水泵、冷却水泵启动，冷却塔根据冷却水出水温度启动。
经水流开关确认水流正常后启动冷水主机。
停机时，首先停止冷水主机，在延迟一定时间后，停止水泵、冷却塔风机并关阀。
任何一套制冷系统停止运行是该系统所应的电动蝶阀关闭。

2.任何一套制冷系统均可由时间程序、中央控制中心及现场手动起停。

3.台数控制

根据建筑物的负荷、室外气象参数等条件，人工或智能选择任何一套制冷系统投入运行。通过水温度传感及流量传感器所测数值，计算负荷侧实际负荷，并根据冷水机组的负荷状态自动选择设备运行台数。
冷水主机起停应设时间延迟，防止频繁起停。

4.变频控制

任何工况下，利用冷冻水供回水总管上的压差传感器控制冷水循环泵，满足负荷侧的流量变化要求。

5.冷却水低温保护控制

任何工况下，利用冷却水供水总管上的温度传感器控制旁通调节阀，满足冷水机组低温启动及运行的要求。

6.蓄冰控制策略及要求。

待业主招标确定蓄冰系统供应商后，设计补充详细控制策略及要求。

7.状态显示、报警及纪录打印

机房内所有设备的状态显示；故障报警；起停及运行时间纪录。
瞬时耗冷量及累计耗冷量纪录。
冷冻水供回水温度、压力、压差及流量显示纪录。
冷却水供回水温度显示及纪录，冷却水供水温度高温报警。
各种控制阀门的阀位显示
设备运行小时数累计及纪录

图 3.9-7　冷冻机房制冷系统控制原理图（二）

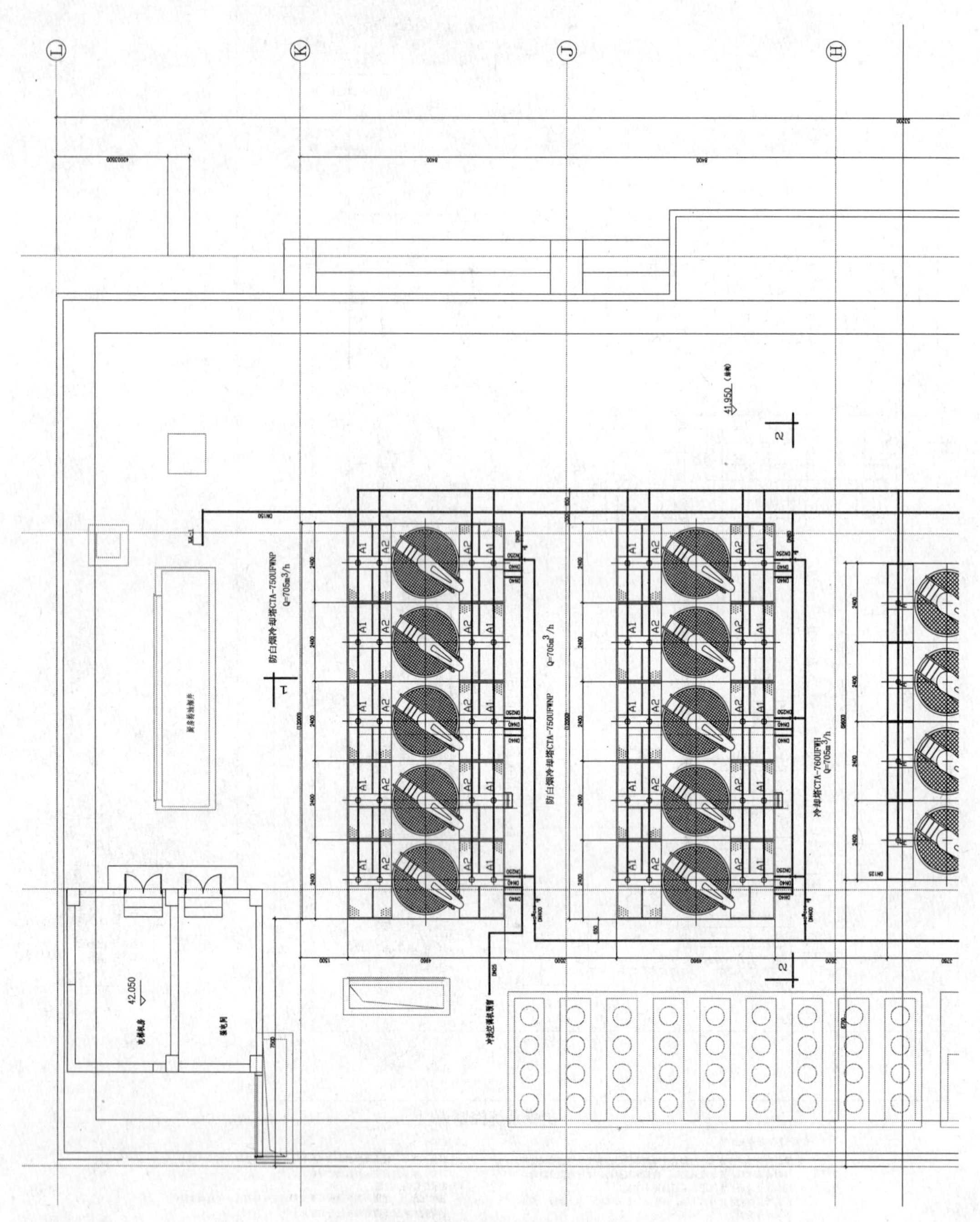

图 3.9-8　冷却塔平面放大图（一）

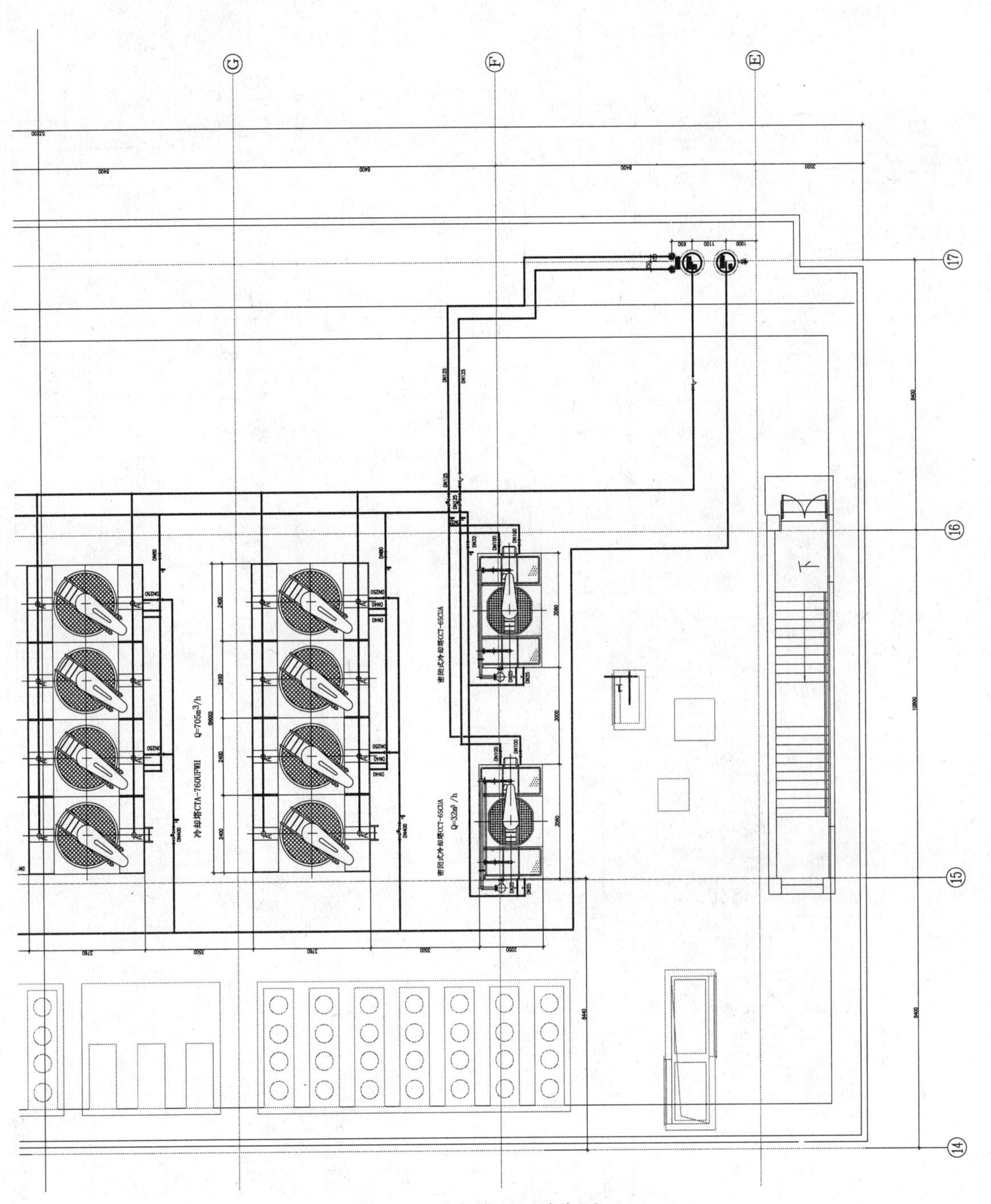

图 3.9-9　冷却塔平面放大图（二）

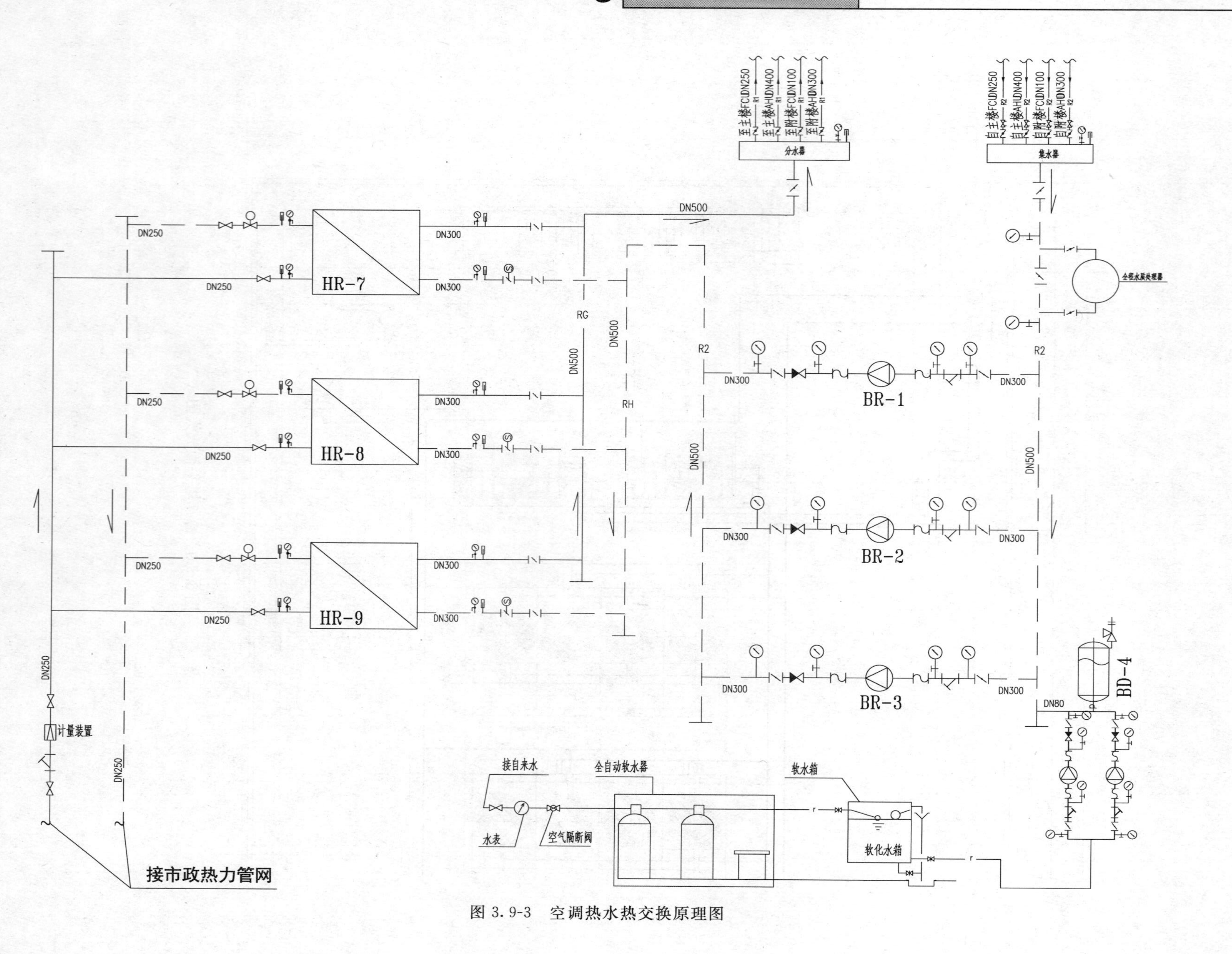

图 3.9-3 空调热水热交换原理图

第4章　典型民用建筑空调系统

4.1　商业建筑

工程案例：西直门公共交通枢纽及综合配套用房（裙房部分）①

1. 绿色理念及工程特点：

该工程从2001年设计开始，历时4年，于2005年底竣工，其裙房部分从地下一层至地上六层依次为超市、商场及餐饮。由于业主的更换，自2006年起对该项目进行了大规模改造，将大空间商场改为精品店和专卖店的形式，至2009年全部竣工。现就其绿色设计理念及工程特点简介如下：

(1) 根据大商场空间大、人员多的特点，主要采用了全空气空调系统，尽管从输送能耗来看，全空气系统输送相同冷、热量到同一地点的能耗通常会大于空气-水系统（如风机盘管系统），但对大空间来说，此输送能耗差值是有限的。全空气系统可以通过在过渡季节使用参数较低的室外新风对室内空气进行冷却。由于过渡季节的时间较长，减少了冷水机组的全年运行时间，节能效果是非常显著的。经计算，该工程内区热负荷可以利用室外新风承担的部分大约为6720kW。

(2) 全空气系统便于集中控制。由于控制参数少（只有温度、湿度），对于系统控制来说，容易实现而且可靠性也比较高。自动控制是否合理也是节能设计应该关注的重点内容之一。

(3) 方便是运行管理的重要前提，要减少不合理的管理环节，就应尽该可能地为管理人员提供方便。高效、合理的运行管理也会在保证系统满足使用功能的前提下，对系统运行节能起到很大促进作用。全空气系统开、关机运行可以一次完成，尤其是采用中央集中管理系统操作对运行管理人员更为方便。维修方便，不论是设备还是附件，有问题可以及时发现和维修，基本都在机房内进行，尤其是对过滤器的清洗和更换。保持空调设备正常工作状态是保持其高效运行的基本要求。

(4) 大空间商场的一个突出特点是人员密度大，所以室内空气质量是判断空调环境好坏的重要因素。采用全空气系统，可以提高室内空气质量，因为全空气系统过滤净化设备集中，风机压头高，可以采用过滤效果较好的粗效过滤器，甚至中效过滤器，空气净化的效果比其他空调形式提高许多；同时，当提高新风量比例时，新风量的增加也可以明显改善室内空气质量。另外，商场中人员密集，室内空气相对湿度大，采用全空气系统，有较强的除湿能力，也是保证室内温湿度的一个重要因素。

(5) 在每个空调区域里设有与全新风运行相对应的机械排风系统，排风量的变化与新风量的变化同步。该工程设计排风采用变速风机，在夏季过渡季，排风机全速运行，新风阀全开，回风阀全关，实现全新风运行；在冬季过渡季，调节新风阀与回风阀的开度和排风机的转速可实现对新风比的控制。这种做法对节能及环保都有重大意义。

(6) 因为大空间商场的进深较大，存在空调内、外区之分，外区与室外空气相邻，围护结构的负荷随季节改变有较大的变化；内区远离围护结构，室外气候条件的变化，对它几乎没有影响。该工程设计中针对空调内、外区的不同特点分别设计了不同的空调系统。外区用风机盘管，不同朝向分别设置回路。由于采用了大面积的玻璃幕墙，南向外区冬季有大量太阳辐射得热，可以不用启动风机盘管供暖而获得满意的环境温度，有时甚至需要降温；而北向外区却需要运行风机盘管供暖，这种情况下将不同朝向的风机盘管系统分别设置回路，会取得很好的节能效果。空调内区由于室内仅有内部负荷的原因通常全年需要供冷。对空调内、外区分别设计和配置空调系统，不仅可以方便运行管理，还可以根据不同的负荷情况分别方便地进行空气处理，获得最佳的空调效果，避免了冬季空气处理时的冷热量的抵消损失，可以节省能源的消耗，减少运行费用，同时也为空调内区充分利用室外空气的冷量进行免费空调提供了方便。

---

① 工程负责人：刘燕军，男，中国建筑设计研究院，工程师。

(7) 商场的另一个突出特点是人员流动性大，一天内不同时段的人员密度相差较大，空调机组如果选用变速风机或变频风机，减小送风量，风机的输送能耗需求随之减少，对于全年来看，节省的能耗数值是相当可观的。据实测，与定风量系统相比，在不考虑由于风量变化引起的风机效率降低的条件下，变风量系统的全年能耗只相当于定风量系统的35%～40%。即使考虑在变频调速过程中存在风机的效率损失和变频调节器的损失，就风机输送能耗而言，其全年能耗也大约只有定风量系统的50%～60%，因此可以认为这是一个非常有效的运行节能的系统形式。但需要注意的是，随着送风量的变化，送至空调区的新风量也相应改变，设计时应考虑到系统最小送风量的要求：一是由于卫生要求，必须满足最小新风量的要求；二是离心式风机在风量过低时会引起喘振，或者转速过低时会引起减振系统的共振；三是要满足房间气流组织的要求。

2. 相关图纸

该工程主要设备材料表如表 4.1-1 所示，主要设计图如图 4.1-1～图 4.1-15 所示。

主要设备材料表 **表 4.1-1**

序号	系统编号	设备名称	主要性能	单位	数量	备注
1	R-1～5	离心冷水机组	制冷量 7032kW(2000UsRt)	台	5	
			电量 1200kW,10kV/50Hz			
			冷水 7/12℃,1210m³/h			
			冷却水 32/37℃,1430m³/h			
			冷媒 R134a,COP>5.8			
			工作压力 1.6MPa			
2	R-6,7	离心冷水机组	制冷量 1758kW(5000UsRt)	台	2	配变频器
			电量 326kW,380V/50Hz			
			冷水 7/12℃,303m³/h			
			冷却水 32/37℃,356m³/h			
			冷媒 R134a,COP>5.3			
			工作压力 1.6MPa			
3	b-1～6	冷却水泵	L=1600m³/h,H=32m	台	6	双吸泵
			N=200kW,n=1450rpm			
			工作压力 1.0MPa			
4	b-7,8,9	冷却水泵	L=400m³/h,H=32m	台	3	双吸泵变频
			N=55kW,n=1450rpm			
			工作压力 1.0MPa			
5	B1-1～6	一次冷水泵	L=1330m³/h,H=16m	台	6	双吸泵
			N=132kW,n=1450rpm			
			工作压力 1.6MPa			
6	B1-7～9	一次冷水泵	L=330m³/h,H=16m	台	3	端吸泵
			N=37kW,n=1450rpm			
			工作压力 1.6MPa			
7	B2-1～6	裙房冷水泵	L=930m³/h,H=30m	台	6	双吸泵变频
			N=110kW,n=1450rpm			
			工作压力 1.6MPa			
8	B2-7～11	塔楼冷水泵	L=550m³/h,H=30m	台	5	端吸泵变频
			N=75kW,n=1450rpm			
			工作压力 1.6MPa			

续表

序号	系统编号	设备名称	主要性能	单位	数量	备注
9	B-1,2	冬季冷水泵	$L=550\text{m}^3/\text{h}$,$H=36\text{m}$ $N=75\text{kW}$,$n=1450\text{rpm}$ 工作压力 1.6MPa	台	2	端吸泵变频
10	bb-1,2	冬季裙房水泵	$L=10\text{m}^3/\text{h}$,$H=110\text{m}$ $N=11\text{kW}$,$n=2900\text{rpm}$ 工作压力 1.6MPa	台	2	立式多级泵
11	bb-3,4	冬季裙房水泵	$L=10\text{m}^3/\text{h}$,$H=55\text{m}$ $N=5.5\text{kW}$,$n=2900\text{rpm}$ 工作压力 1.0MPa	台	2	立式多级泵
12	bb-5,6	冷热水补水泵	$L=20\text{m}^3/\text{h}$,$H=110\text{m}$ $N=15\text{kW}$,$n=2900\text{rpm}$ 工作压力 1.6MPa	台	2	立式多级泵
13	HR-1,2	板式换热器	$CI=1750\text{kW}$ 一次水 5/10℃ 二次水 9/14℃ 工作压力 1.6MPa	台	2	
14	RH	全自动软水器	处理水量 20～40m^3/h 电量 40W	套	1	双罐
15		软化水箱	$V=15\text{m}^3$ 3000mm×2400mm×2400mm	个	1	
16		冷热集分水器	$D1100$,$L=7000\text{mm}$	个	2	
17		冬冷集分水器	$D800$,$L=3500\text{mm}$	个	2	
18		膨胀水箱	$V=2.27\text{m}^3$ 1800mm×1200mm×1200mm	个	3	
19		电子水处理仪	$DN450$	个	5	
20		电子水处理仪	$DN200$	个	2	
21	K-F4,F5-1 5,9～11	空调机组	$L=20000\text{m}^3/\text{h}$,$H=350\text{Pa}$ $N=11\text{kW}$,$CL=110\text{kW}$ 有效加湿量:$G=80\text{kg}$	台 1	9	配变频器
22	5,6,9,12 K-F3-1,2,3 K-F4,F5-1 2,3,6,8,11	空调机组	$L=25000\text{m}^3/\text{h}$,$H=400\text{Pa}$ $N=11\text{kW}$,$CL=145\text{kW}$ 有效加湿量:$G=100\text{kg}$	台	21	配变频器
23	K-F4,F5-3	空调机组	$L=30000\text{m}^3/\text{h}$,$H=400\text{Pa}$ $N=15\text{kW}$,$CL=170\text{kW}$ 有效加湿量:$G=120\text{kg}$	台	10	配变频器
24	X-F6-1,3	卧式新风机组	$L=25000\text{m}^3/\text{h}$,$H=450\text{Pa}$ $N=3\times3\text{kW}$,$CL=130\text{kW}$,$G=100\text{kg}$	台	2	无加湿

续表

序号	系统编号	设备名称	主要性能	单位	数量	备注
25	X-F6-2	卧式新风机组	$L=6000m^3/h, H=300Pa$ $N=1.5kW, CL=90kW$ 有效加湿量：$G=55kg$	台	7	
26	KP-F3,F4 F5-3,4,5	空调排风机	$L=35000m^3/h, H=250Pa$ $N=5.5kW, n=720rpm$	台	9	配变频器 壳体消声
27	KP-F3-1,2 KP,F4,F5-2	空调排风机	$L=30000m^3/h, H=250Pa$ $N=3kW, n=960rpm$	台	6	配变频器 壳体消声
28	KP,F4,F5-1	空调排风机	$L=21000m^3/h, H=250Pa$ $N=3kW, n=960rpm$	台	6	配变频器 壳体消声
29	PY-F3,F4, F5-1～4 PY-F6-1,3	排烟风机	$L=60000m^3/h, H=500Pa$ $N=15kW, n=960rpm$	台	23	
30	PY-F6-2	排烟风机	$L=32000m^3/h, H=500Pa$ $N=7.5kW, n=1450rpm$	台	3	
31		风机盘管 006	(中档)$L=750m^3/h$ $CL=3.5kW, Q=4.3kW$ $N=87kW$	台	517	四管制
32		风机盘管 004	(中档)$L=470m^3/h$ $CL=2.9kW, Q=2.7kW$ $N=50kW$	台	1141	四管制
33		风机盘管 10.0	(中档)$L=800m^3/h$ $CL=4.9kW, N=75kW$	台	183	两管制
34		风机盘管 8.0	(中档)$L=600m^3/h$ $CL=4kW, N=68kW$	台	1073	两管制
35		风机盘管 6.3	(中档)$L=460m^3/h$ $CL=3.2kW, N=50kW$	台	284	两管制
36		风机盘管 5.0	(中档)$L=400m^3/h$ $CL=2.5kW, N=40kW$	台	12	两管制
37		风机盘管 3.5	(中档)$L=300m^3/h$ $CL=1.7kW, N=35kW$	台	7	两管制
38		吊顶排气扇 BLD-300	$L=400m^3/h$ $N=60W, 220V$	台	171	配止回阀
39		吊顶排气扇 BLD-140	$L=140m^3/h$ $N=25W, 220V$	台	88	配止回阀

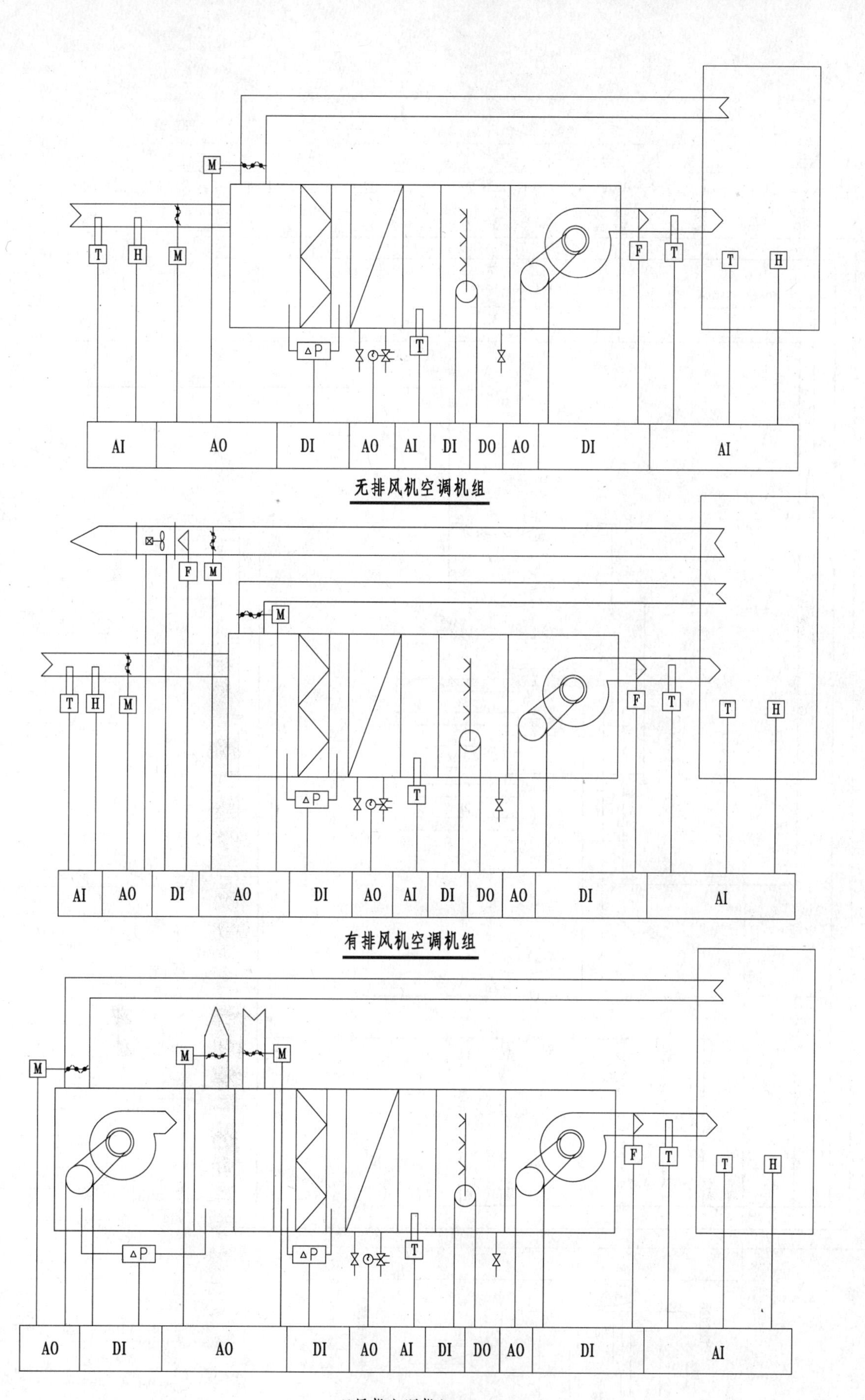

图 4.1-3　空调机组控制原理图

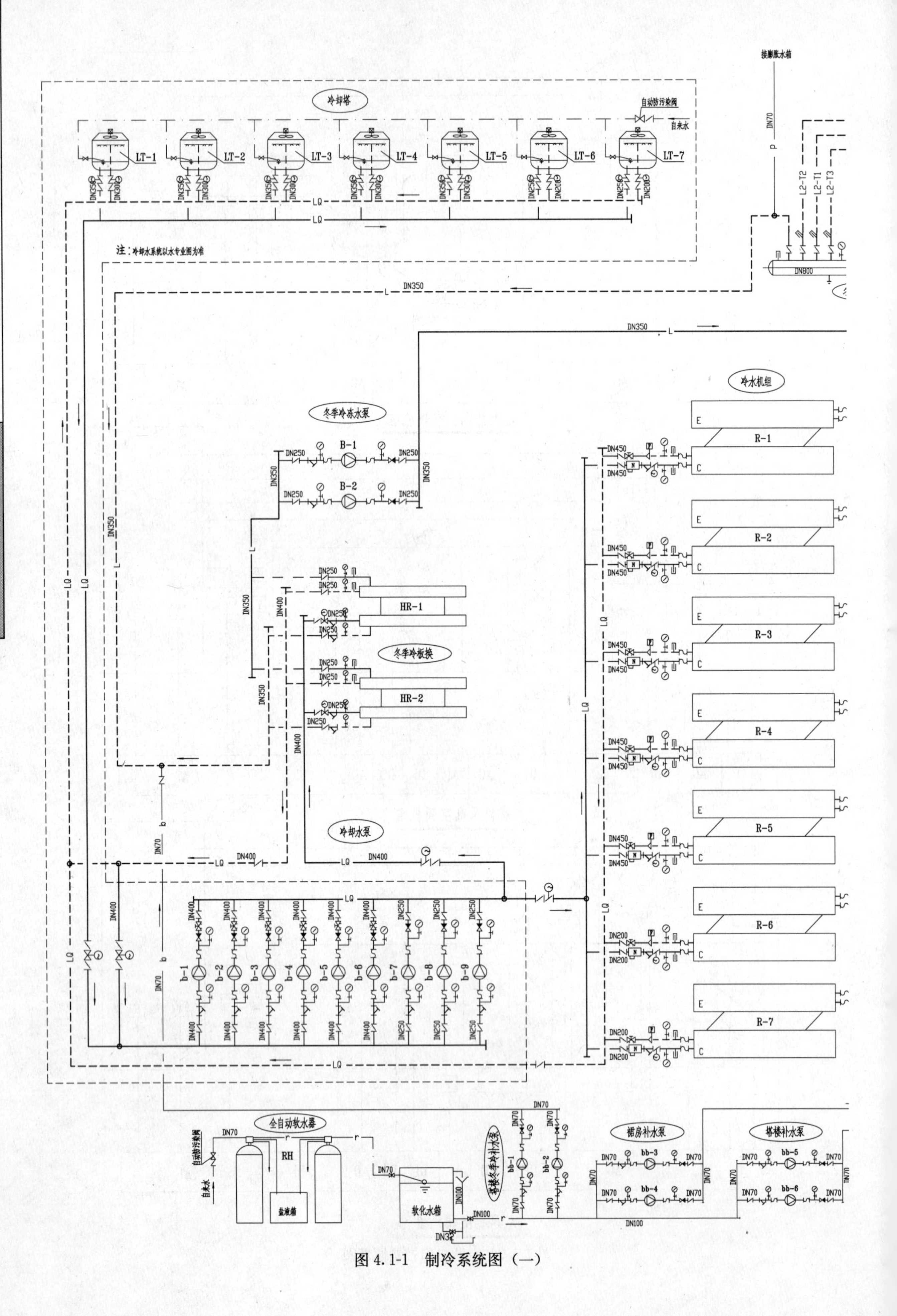
冷却塔
LT-1
LT-2
LT-3
LT-4
LT-5
LT-6
LT-7
自动防污染阀
自来水
接膨胀水箱
注：冷却水系统以水专业图为准
冬季冷冻水泵
B-1
B-2
冷水机组
R-1
R-2
R-3
R-4
R-5
R-6
R-7
HR-1
冬季冷板换
HR-2
冷却水泵
全自动软水器
RH
盐液箱
软化水箱
裙房补水泵
塔楼补水泵

图 4.1-1 制冷系统图（一）

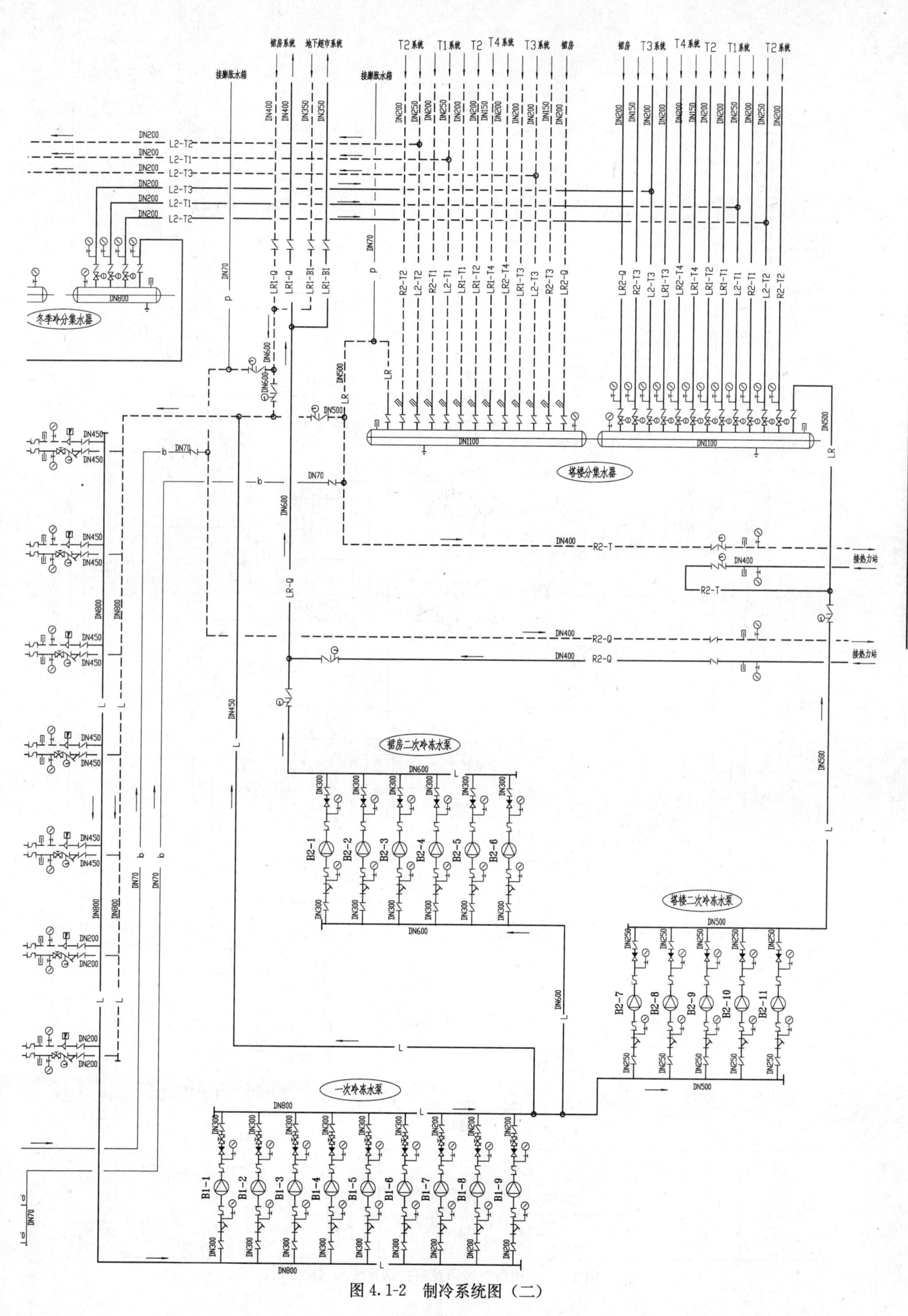

裙房系统
地下超市系统
T2系统
T1系统
T2
T4系统
T3系统
裙房
接膨胀水箱
L2-T2
L2-T1
L2-T3
冬季冷分集水器
塔楼分集水器
接热力站
R2-T
R2-Q
LR-Q
裙房二次冷冻水泵
塔楼二次冷冻水泵
一次冷冻水泵
B2-1
B2-2
B2-3
B2-4
B2-5
B2-6
B2-7
B2-8
B2-9
B2-10
B2-11
B1-1
B1-2
B1-3
B1-4
B1-5
B1-6
B1-7
B1-8
B1-9

图 4.1-2　制冷系统图（二）

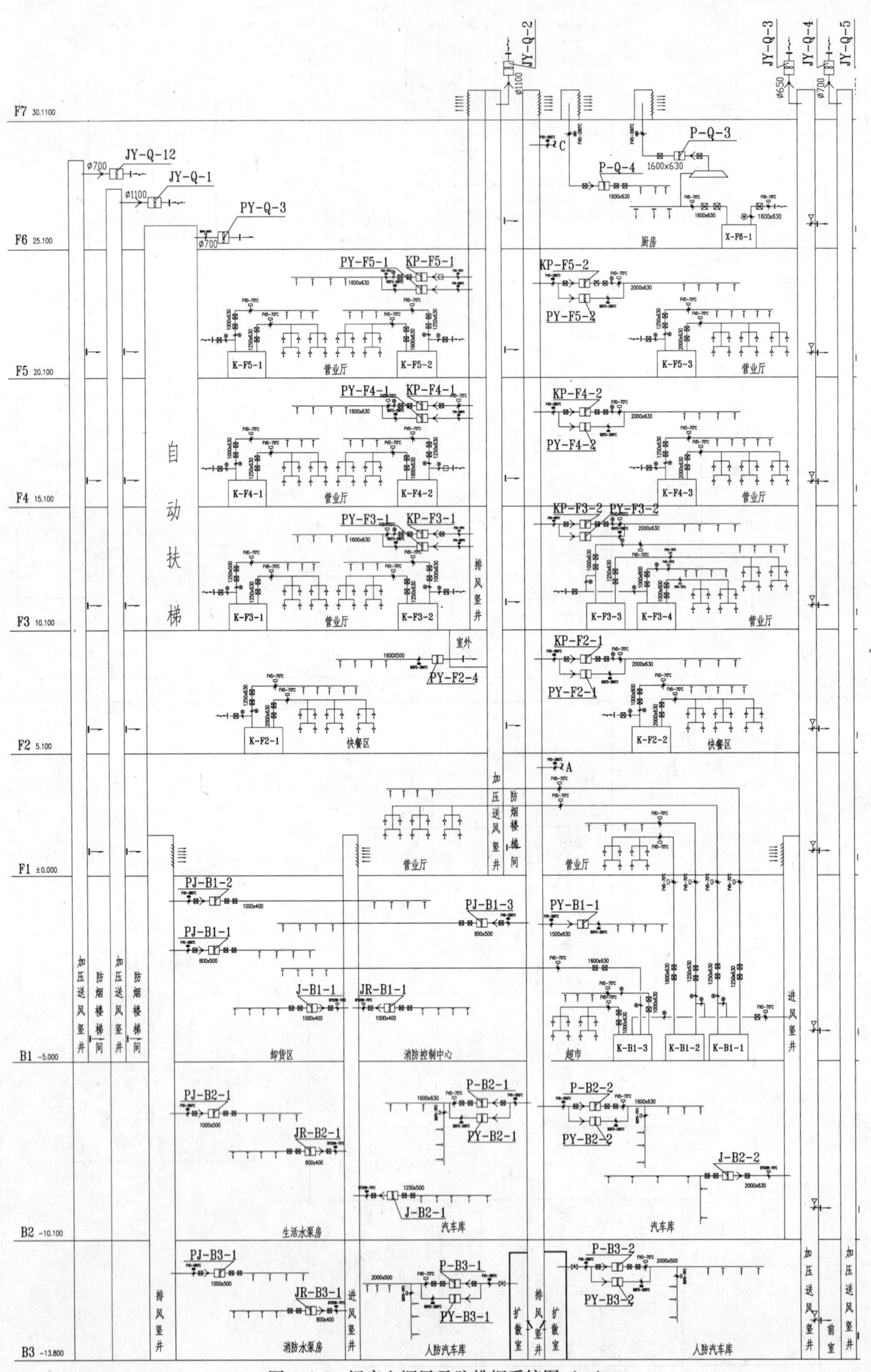

图 4.1-5　裙房空调风及防排烟系统图（一）

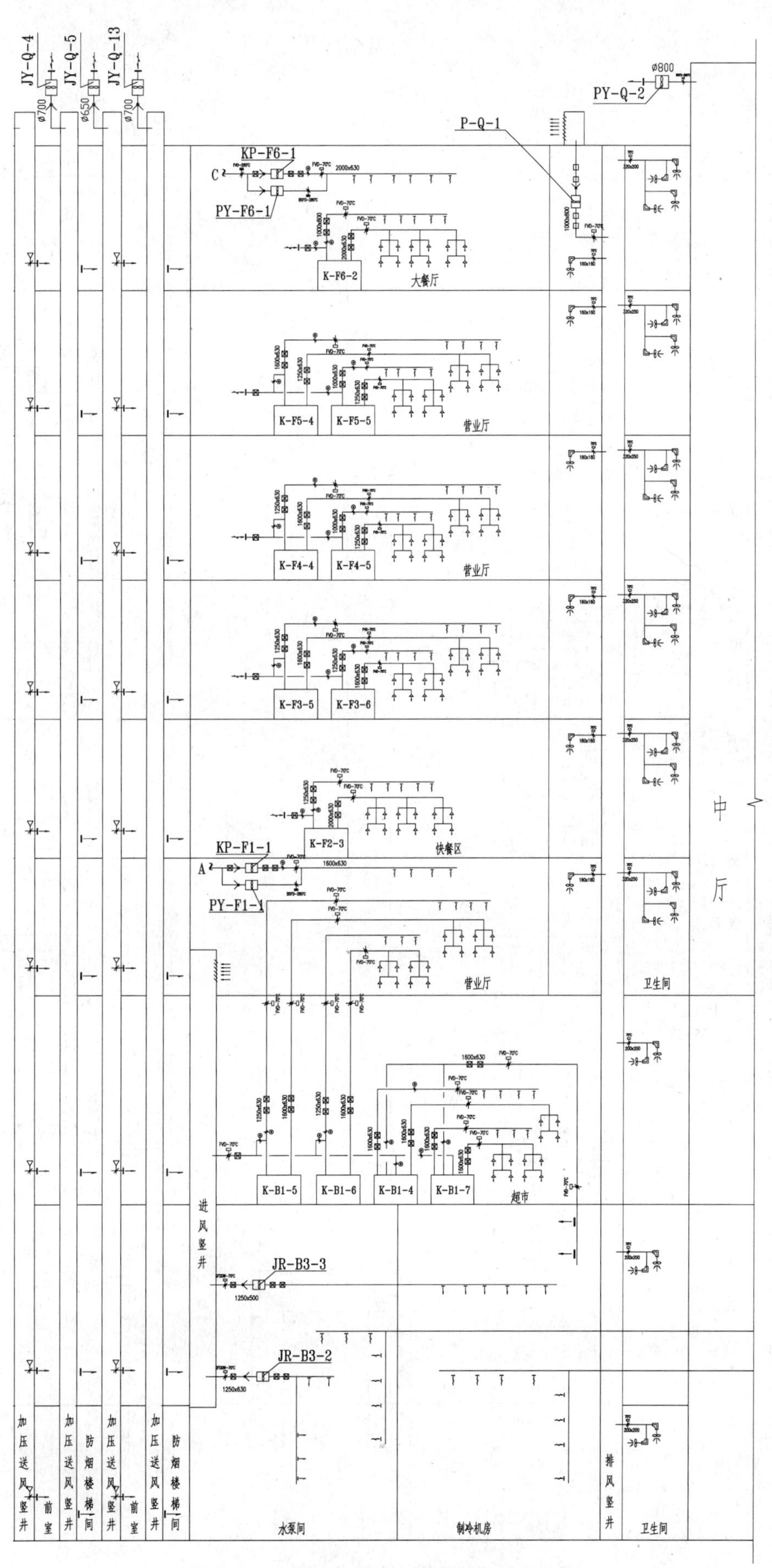

图 4.1-6 裙房空调风及防排烟系统图（二）

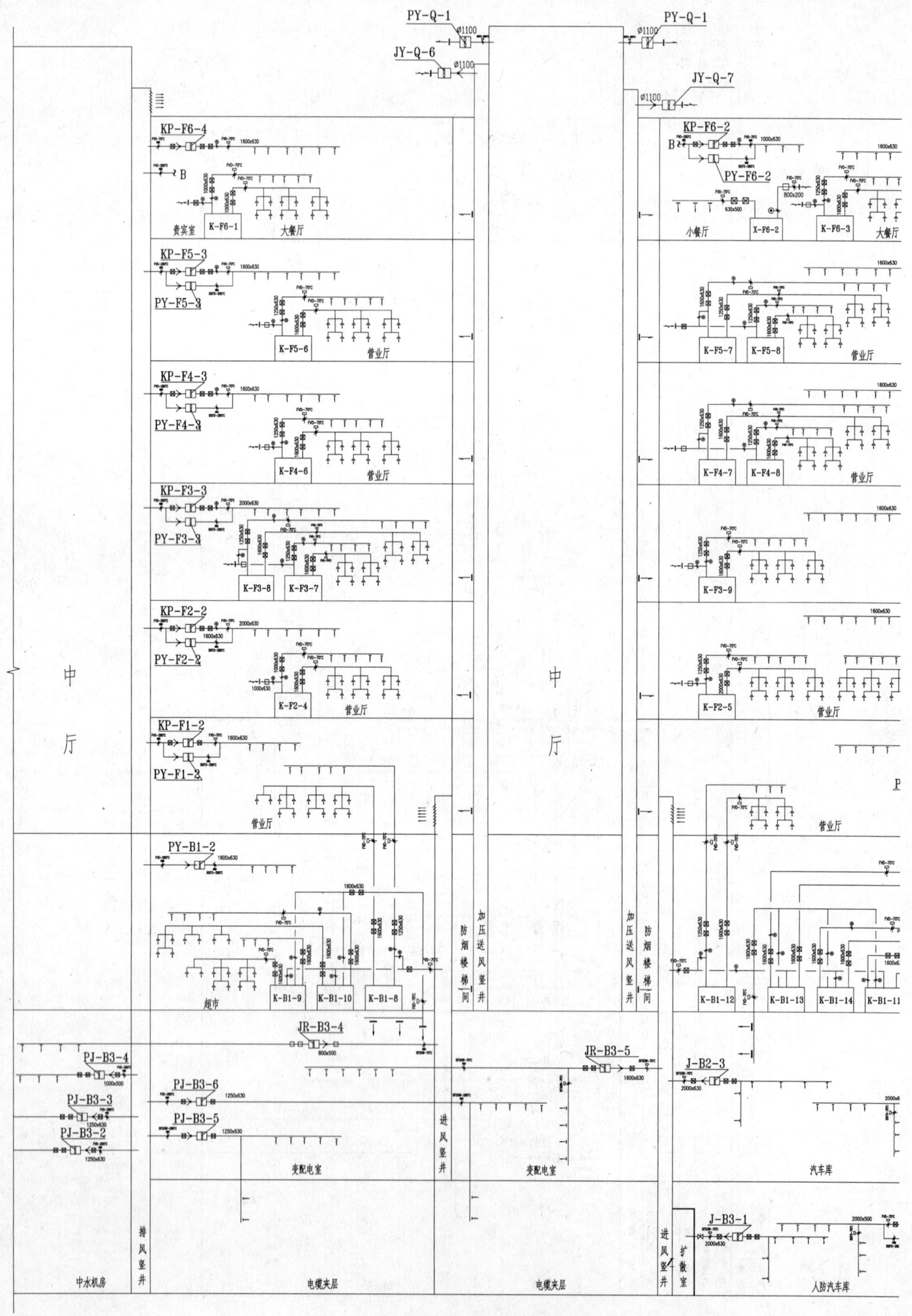

图 4.1-7 裙房空调风及防排烟系统图（三）

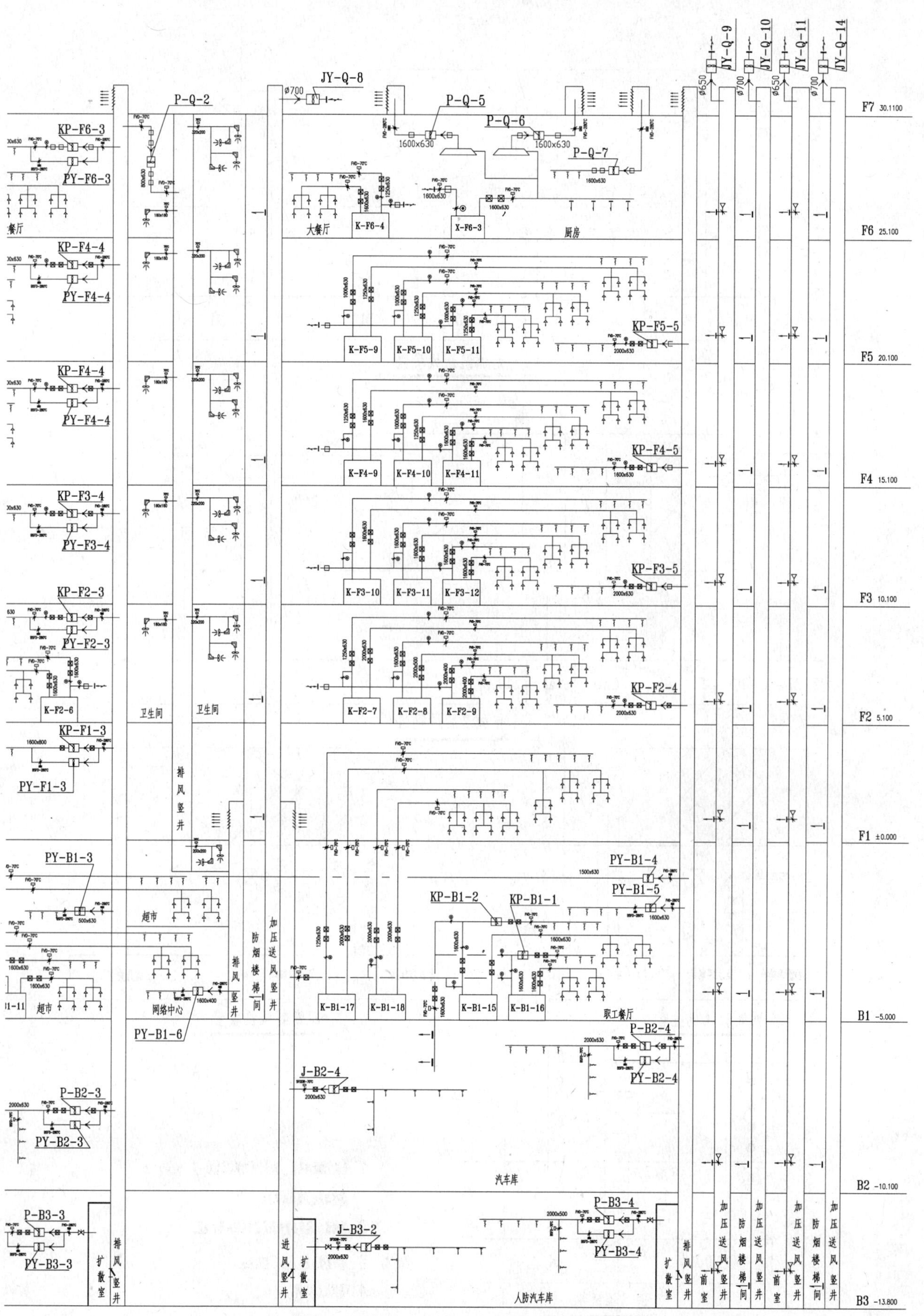

图 4.1-8 裙房空调风及防排烟系统图（四）

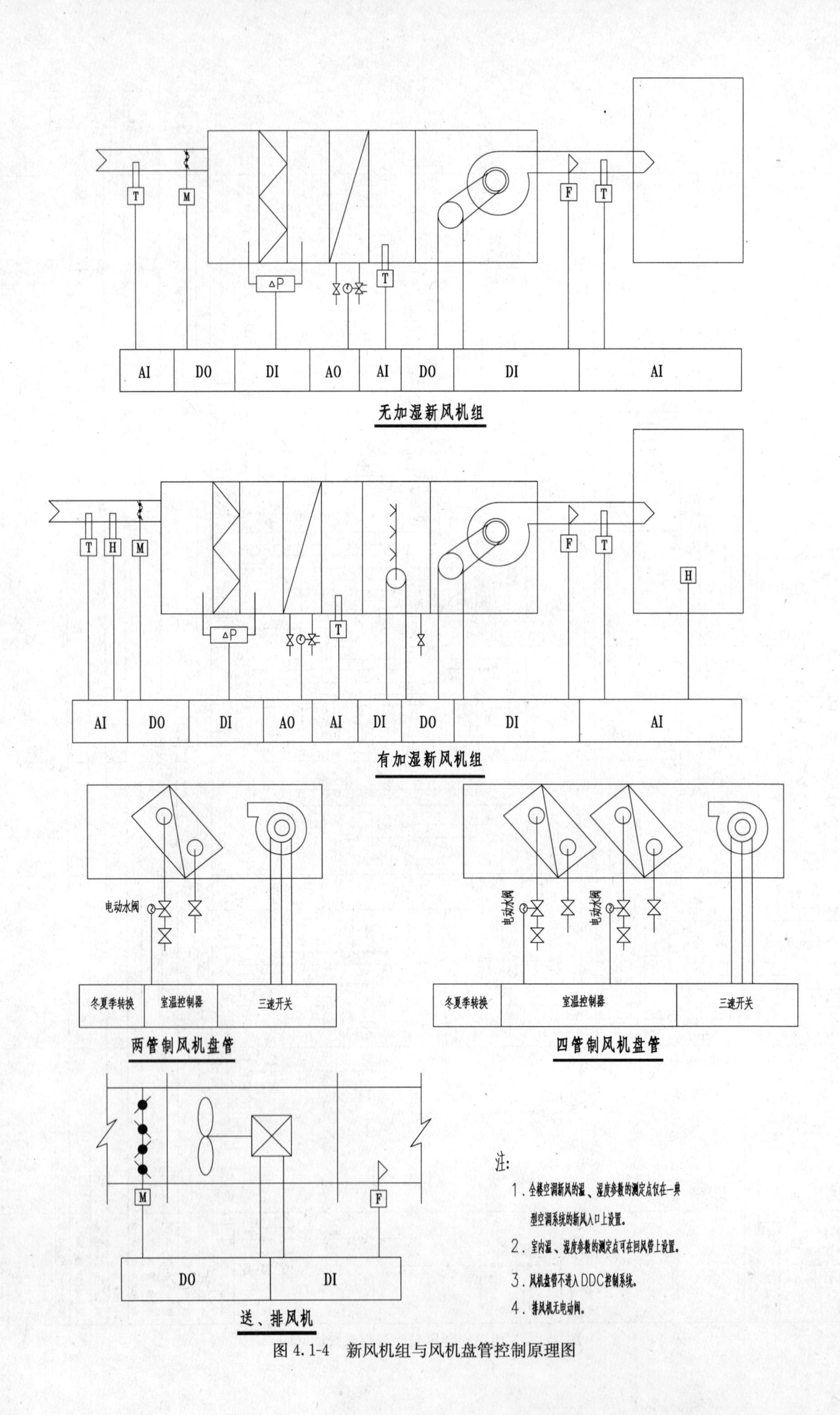
T
M
ΔP
T
F
T
AI
DO
DI
AO
AI
DO
DI
AI
无加湿新风机组
T
H
M
ΔP
T
F
T
H
AI
DO
DI
AO
AI
DI
DO
DI
AI
有加湿新风机组
电动水阀
冬夏季转换
室温控制器
三速开关
两管制风机盘管
电动水阀
电动水阀
冬夏季转换
室温控制器
三速开关
四管制风机盘管
M
F
DO
DI
送、排风机
注:
1. 全楼空调新风的温、湿度参数的测定点仅在一典型空调系统的新风入口上设置。
2. 室内温、湿度参数的测定点可在回风管上设置。
3. 风机盘管不进入DDC控制系统。
4. 排风机无电动阀。

图 4.1-4 新风机组与风机盘管控制原理图

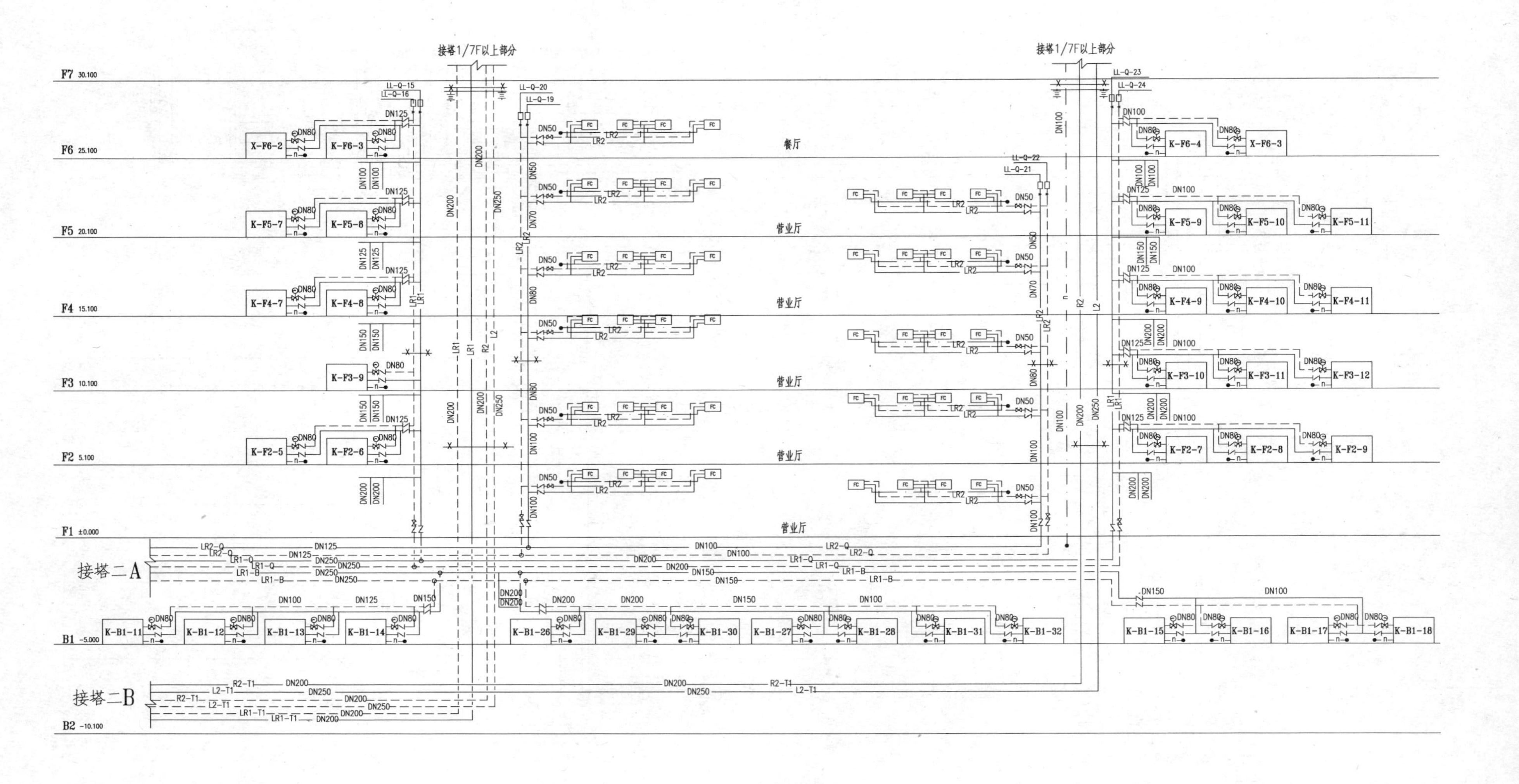

图4.1-9 塔1空调水系统图

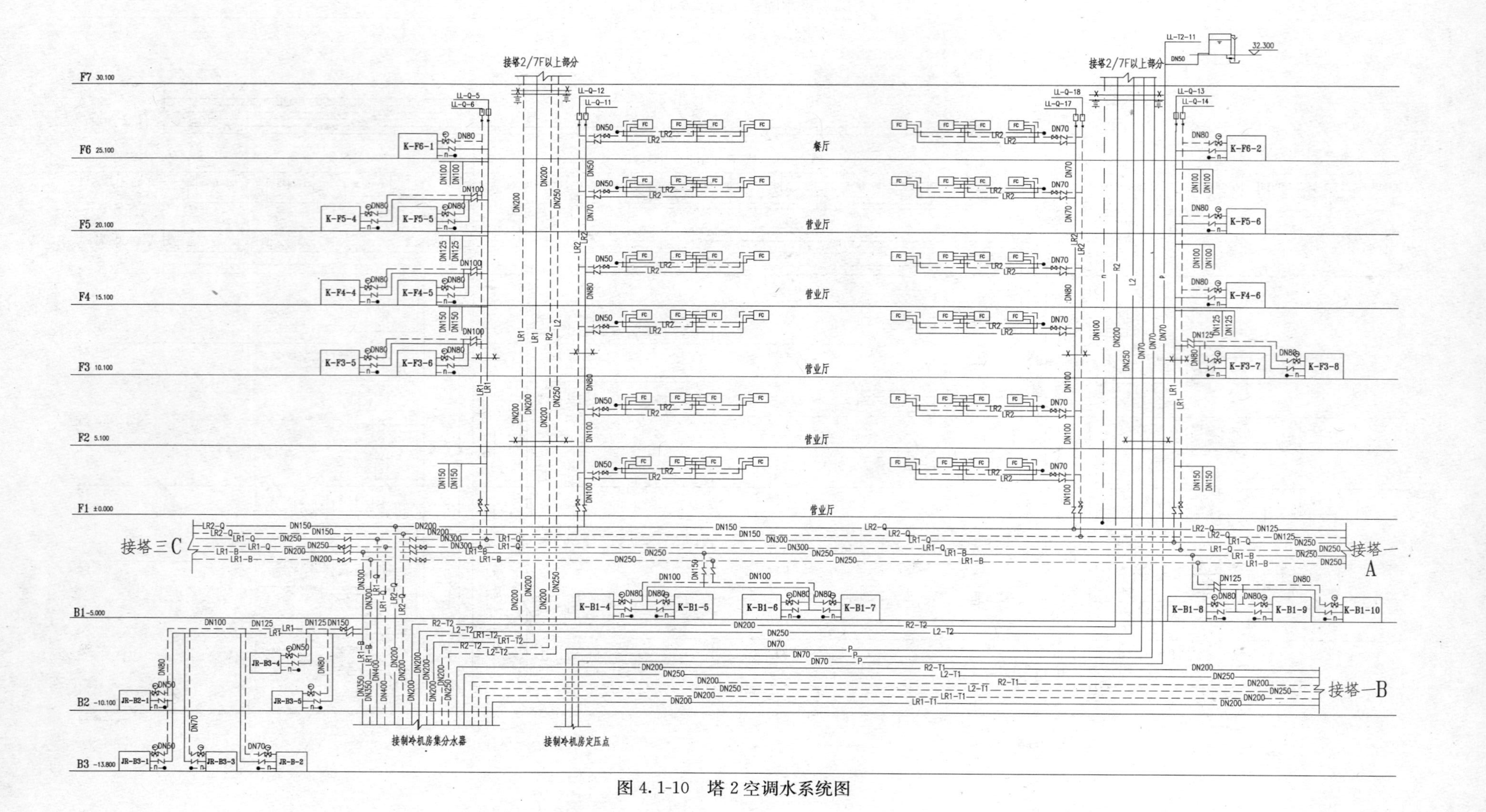

图 4.1-10　塔 2 空调水系统图

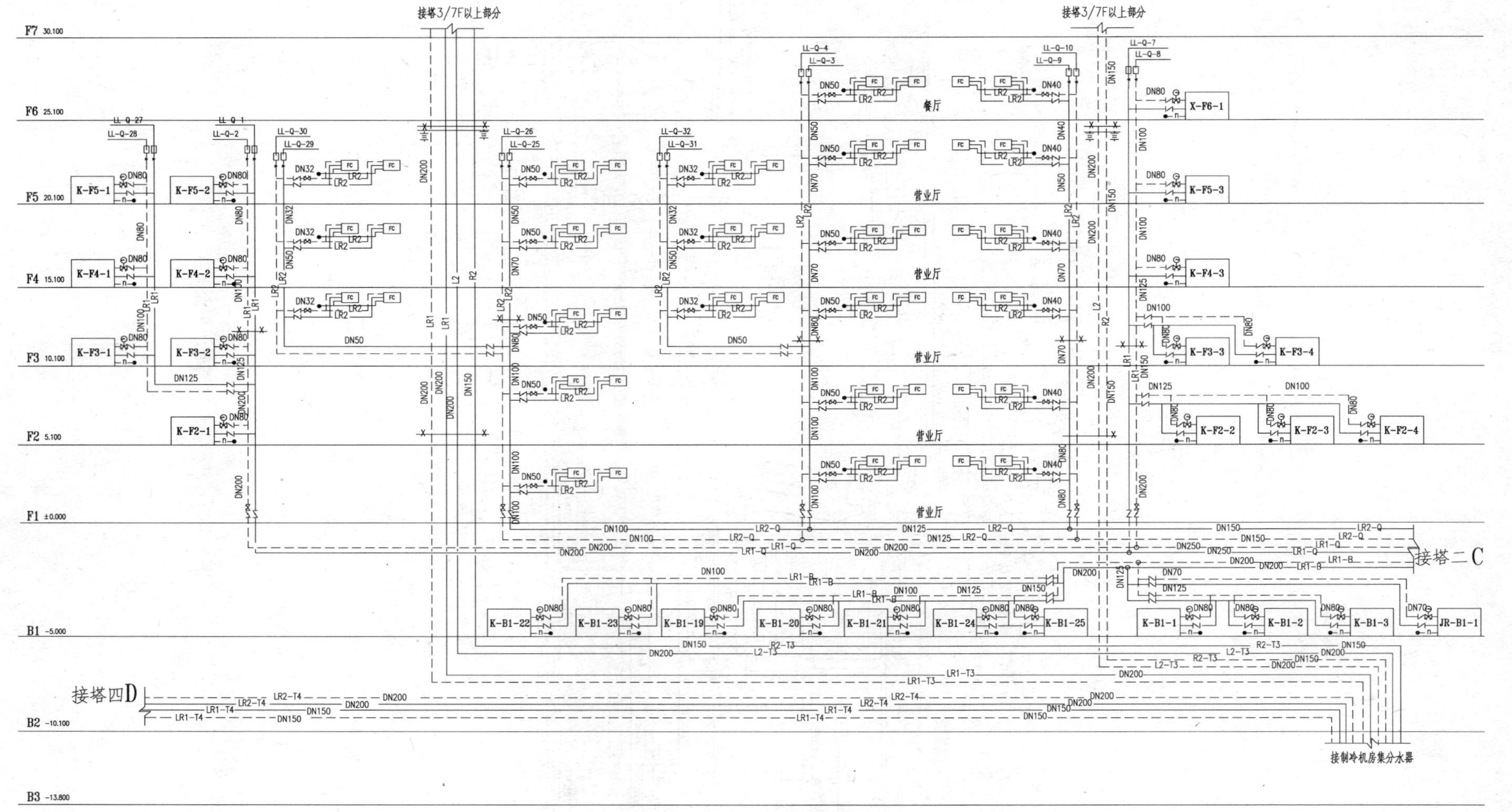

图 4.1-15 塔 3 空调水系统图

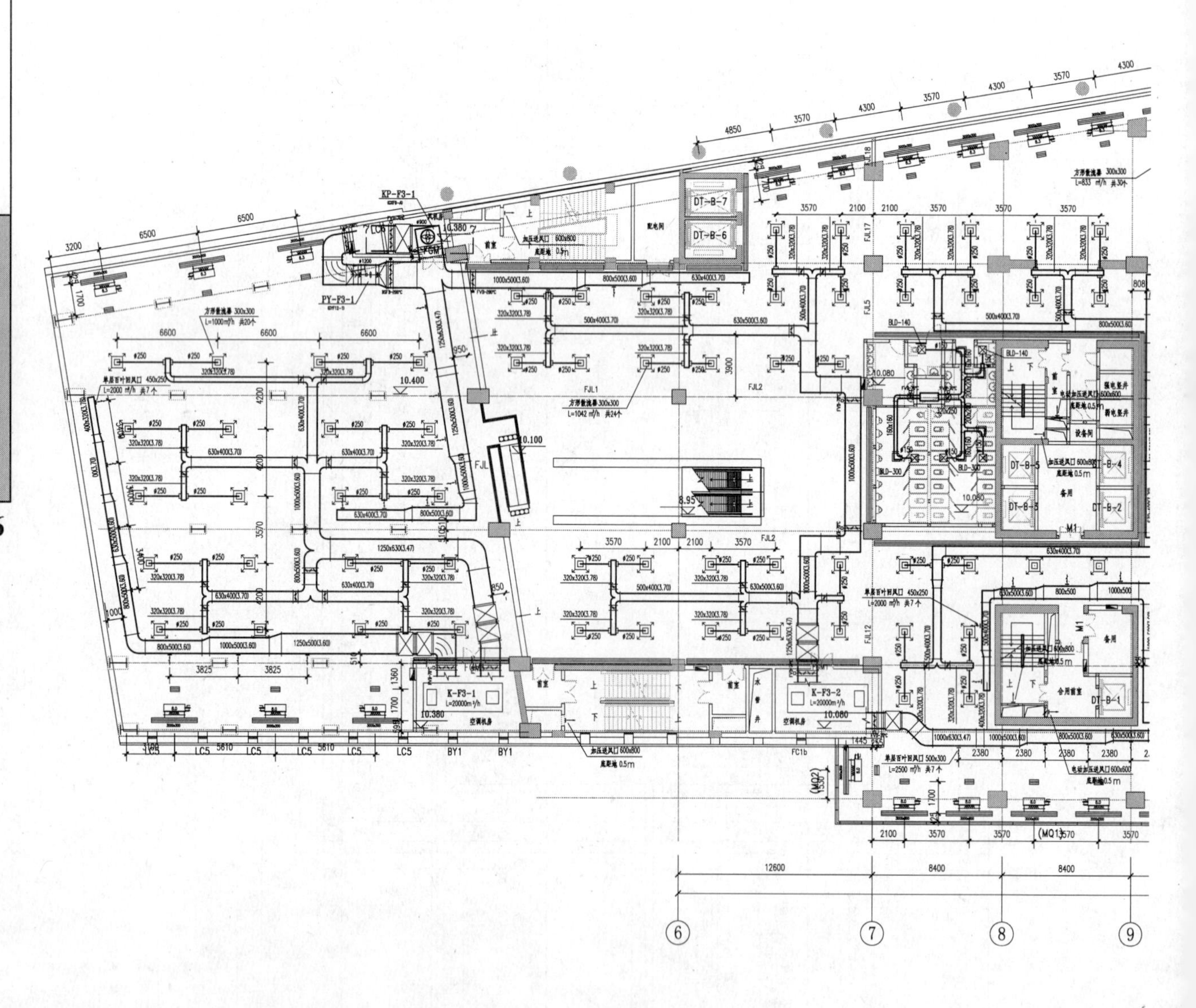

图 4.1-11　三～五层空调通风平面图（一）

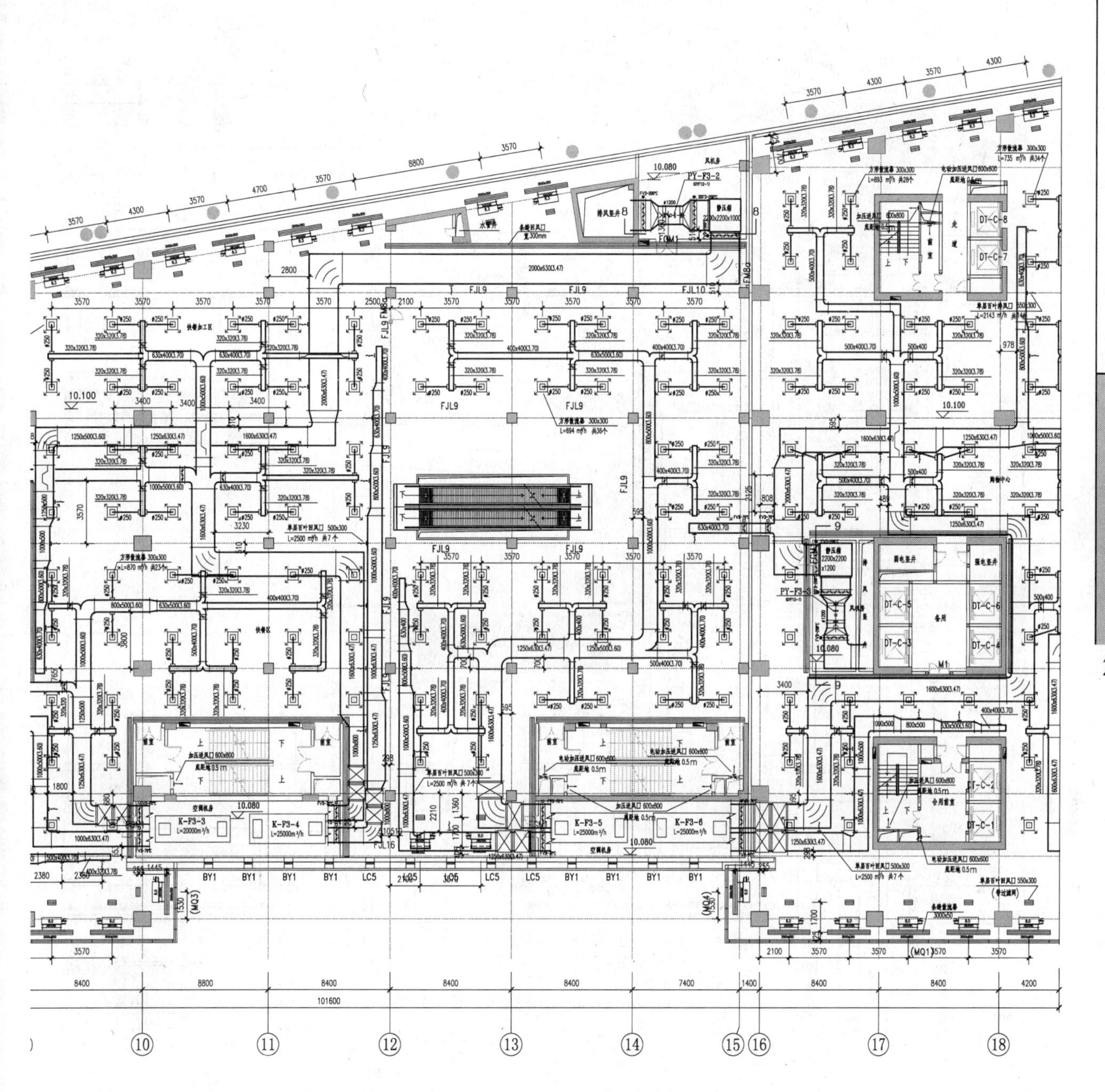

图 4.1-12　三～五层空调通风平面图（二）

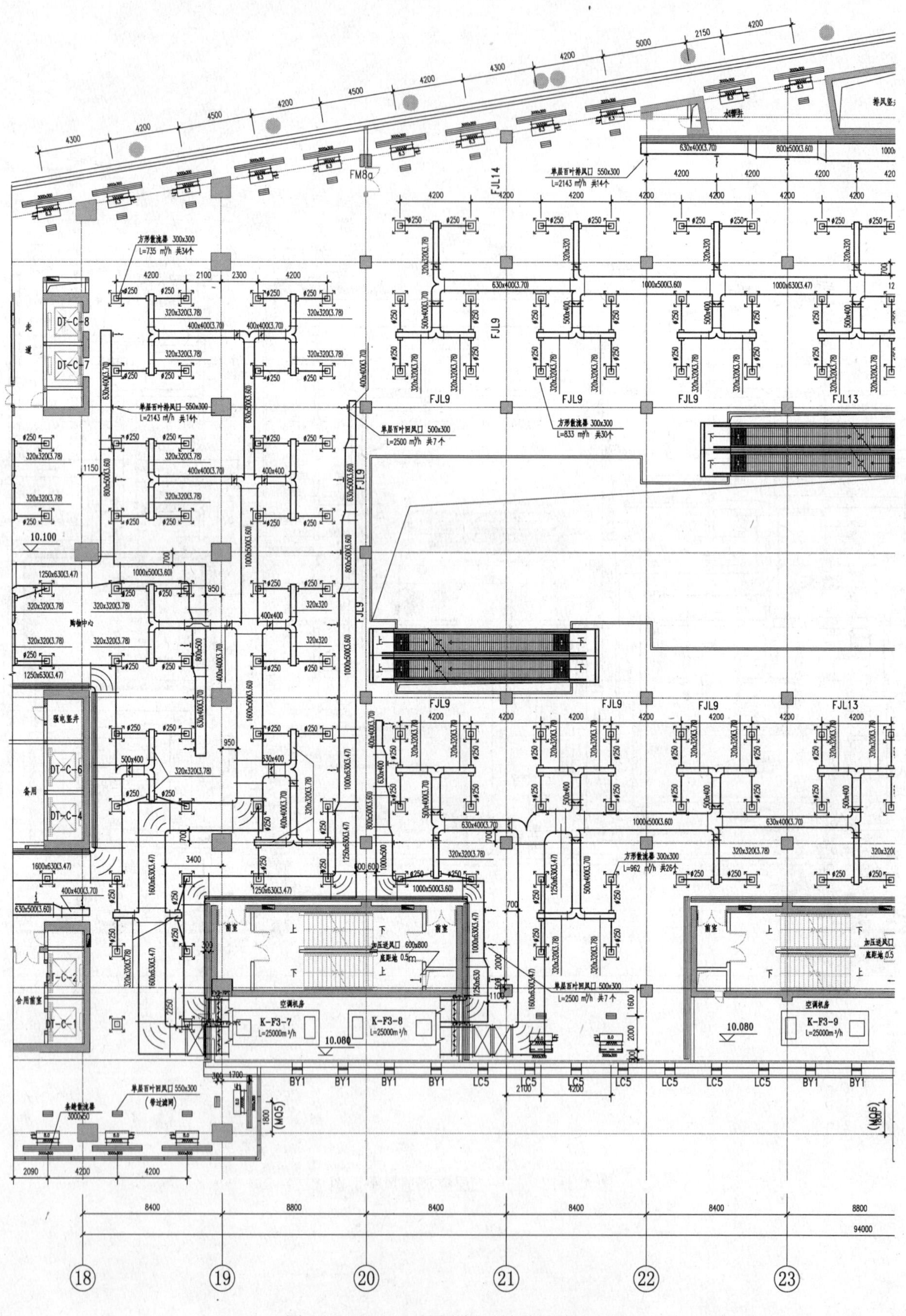

图 4.1-13　三～五层空调通风平面图（三）

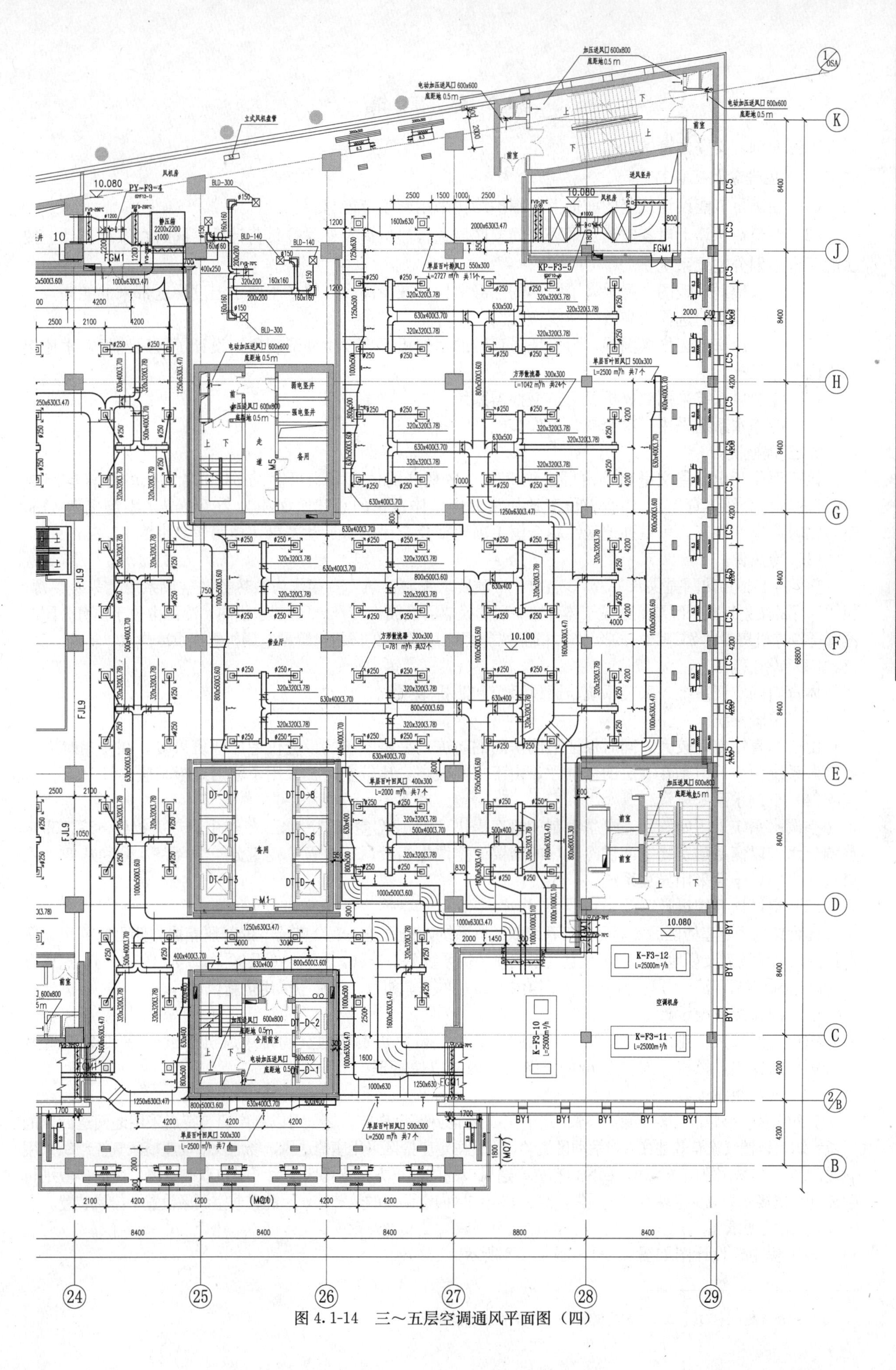

图 4.1-14　三～五层空调通风平面图（四）

4.2 体 育 馆

工程案例：文登体育馆[①]

1. 绿色理念及工程特点

(1) 在满足节能设计规范的前提下，围护结构采用新型节能材料。

(2) 在负荷计算上对各空调及采暖房间或区域进行热负荷及逐时冷负荷计算，同时在系统设计上按功能区合理划分空调系统。

(3) 地板辐射采暖的设置提高了室内的热舒适性，减少高大空间冬季由于温度梯度带来的能耗。

(4) 空调设备的选择为高效、节能产品。

(5) 由于沿海地区气候潮湿，为保证体育馆的木地板不会发生变形现象，设计了通风地板，木地板的周围设通风孔。

(6) 空调风系统采用双风机及全热交换器系统。

(7) 冷冻水系统采用二次变频泵有效节能。

2. 工程概况

该工程位于山东省文登市，由可容纳 27500 名观众的体育场、可容纳 5450 名观众的体育馆组成(本节内容仅介绍体育馆)。体育馆位于地块东北侧，体育馆的总建筑面积为 26500m^2，固定坐席 4490 座，临时席座 960 座，可举办地区性和全国单项比赛及全民健身运动赛事，体育馆高度为 27.0m。

(1) 冷热源

热源来自城市热网提供 65℃/55℃热水，市政要求不再换热，直接作为散热器及空调系统的采暖热源，但休息厅的辐射地板采暖要通过位于体育馆夹层的换热器换成 45℃/55℃的热水供热，冷源由位于体育公园的体育场冷冻机房提供 7℃/12℃的冷水，并通过二次泵为体育馆的风机盘管及空调机组提供冷热水。

(2) 设计范围

体育馆的空调系统、采暖系统、通风系统和防排烟系统。

(3) 采暖系统

由于体育馆空间较大，同时保证附属房间的防冻，采暖系统的设置仅考虑值班采暖，在使用时主要以空调系统为主，但是在 0 层的休息厅，由于空间较高，比较空旷，采用了辐射地板采暖。

(4) 空调水系统设计

空调水系统采用两管制，夏季由制冷机房提供 7℃/12℃空调制冷水、冬季市政热力提供 65℃/55℃空调热水，以满足建筑物空调供冷供热的需要。空调机组及风机盘管按建筑分 4 个环路，分别从四个入口进入室内，干管采用异程系统。

(5) 空调风系统设计

体育馆内固定座椅区设 8 套全空气系统双风机系统，送风送入观众座椅下的静压箱内，侧百叶回风，体育馆内活动座椅区及场地区分别设全空气系统双风机系统 K-2-1～6，P-2-1～6 及 K-3-1～4，P-3-1～4，送风方式为侧送风，侧百叶下回风，排风机位于馆内 18m 层的空调机房，过渡季采用全新风运行。

(6) 防排烟系统设计

馆内空间较大，排烟风量也很大，因此一部分烟量由负责场地空调排风风机排出 ，一部分烟量另设排烟风机排出，风机均放在 18m 的空调机房内，以便管理。

(7) 气流组织设计

针对工程实际情况，对于跨距较长的空间，又考虑到高度影响，尽量可以利用建筑特点采用地面送回风的气流组织，以便气流有效地在人员活动区流动，因此固定座椅区采用座椅送风，场地及活动座椅区气流组织采用侧送侧回 ，当采用侧向送风时，回风口布置在送风口的同侧下方；赛场区采用了喷口双侧送风，侧向多股平行射流互相搭接；为减少空调冷热量损失，减少非空调区向空调区的热转移，因此在非空调区设置了排风装置。

3. 相关图纸

该工程主要设计图如图 4.2-1～图 4.2-8 所示。

---

① 工程负责人：宋玫，女，中国建筑设计研究院，高级工程师。

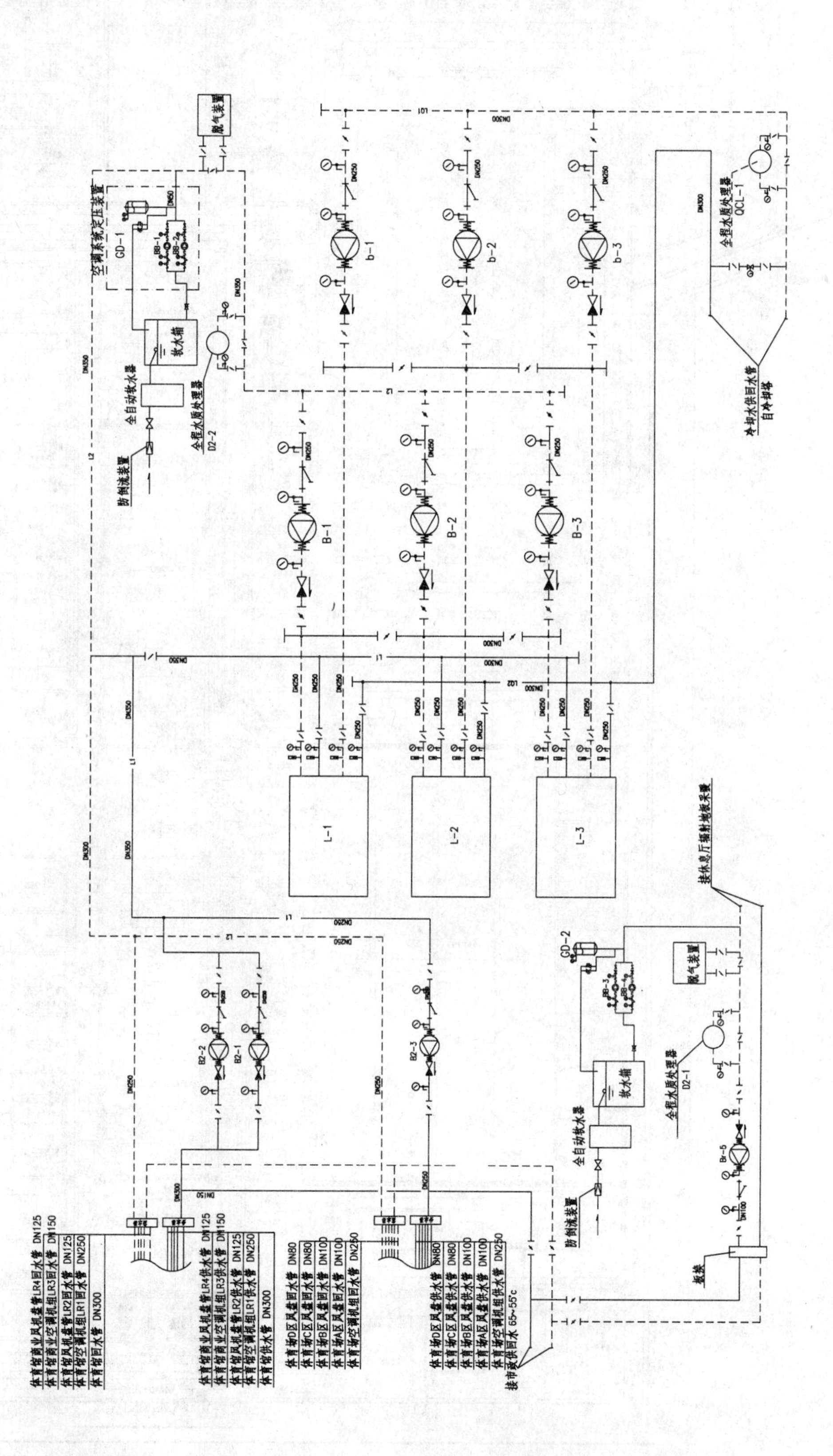
L-1
L-2
L-3
B-1
B-2
B-3
b-1
b-2
b-3
B2-1
B2-2
B2-3
GD-1
GD-2
D2-1
D2-2
QCL-1
软水箱
全自动软水器
防倒流装置
全程水质处理器
空调系统定压装置
冷却水供回水管
自冷却塔

图 4.2-7 冷热源系统

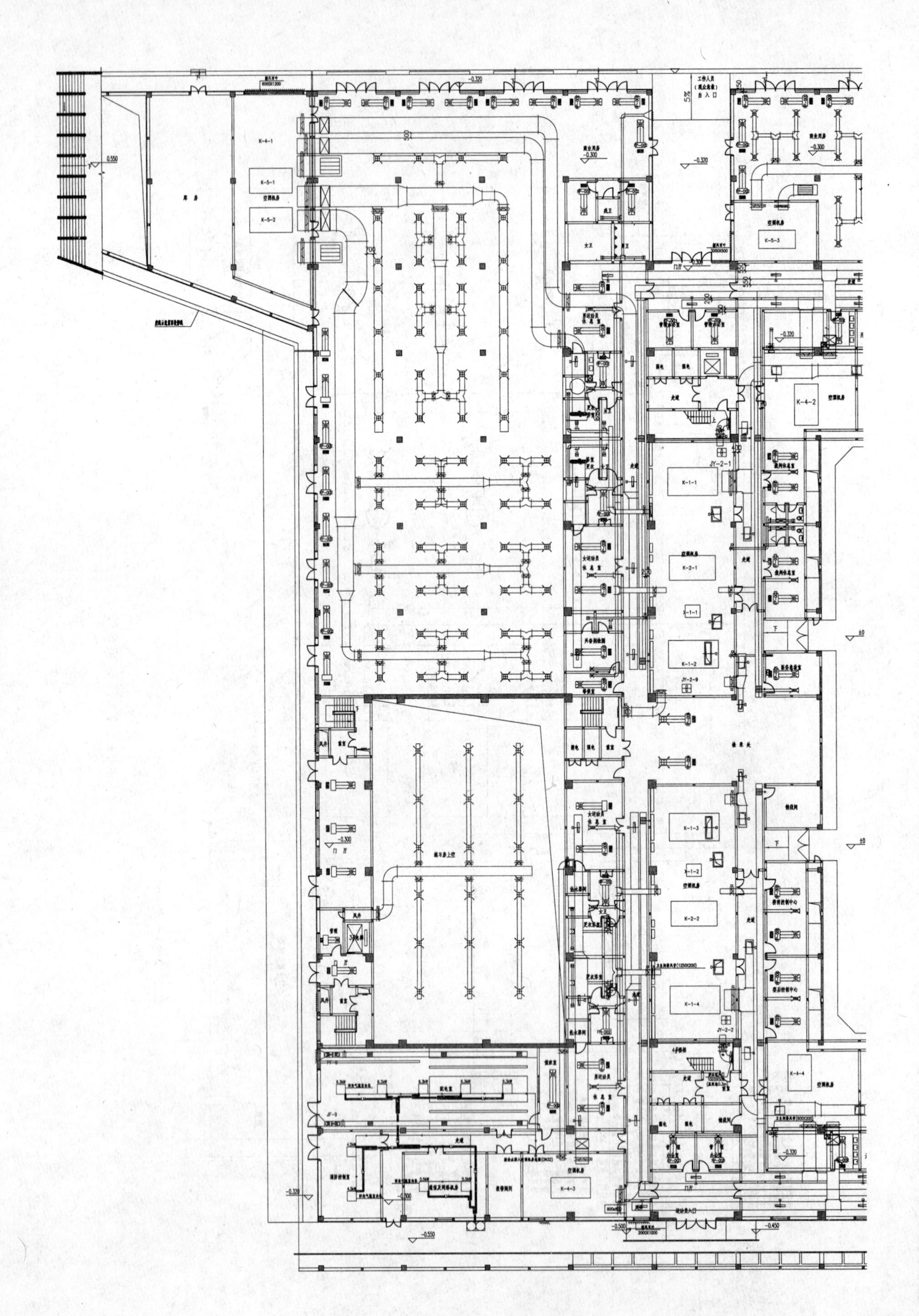

图 4.2-1　零层空调通风平面图（一）

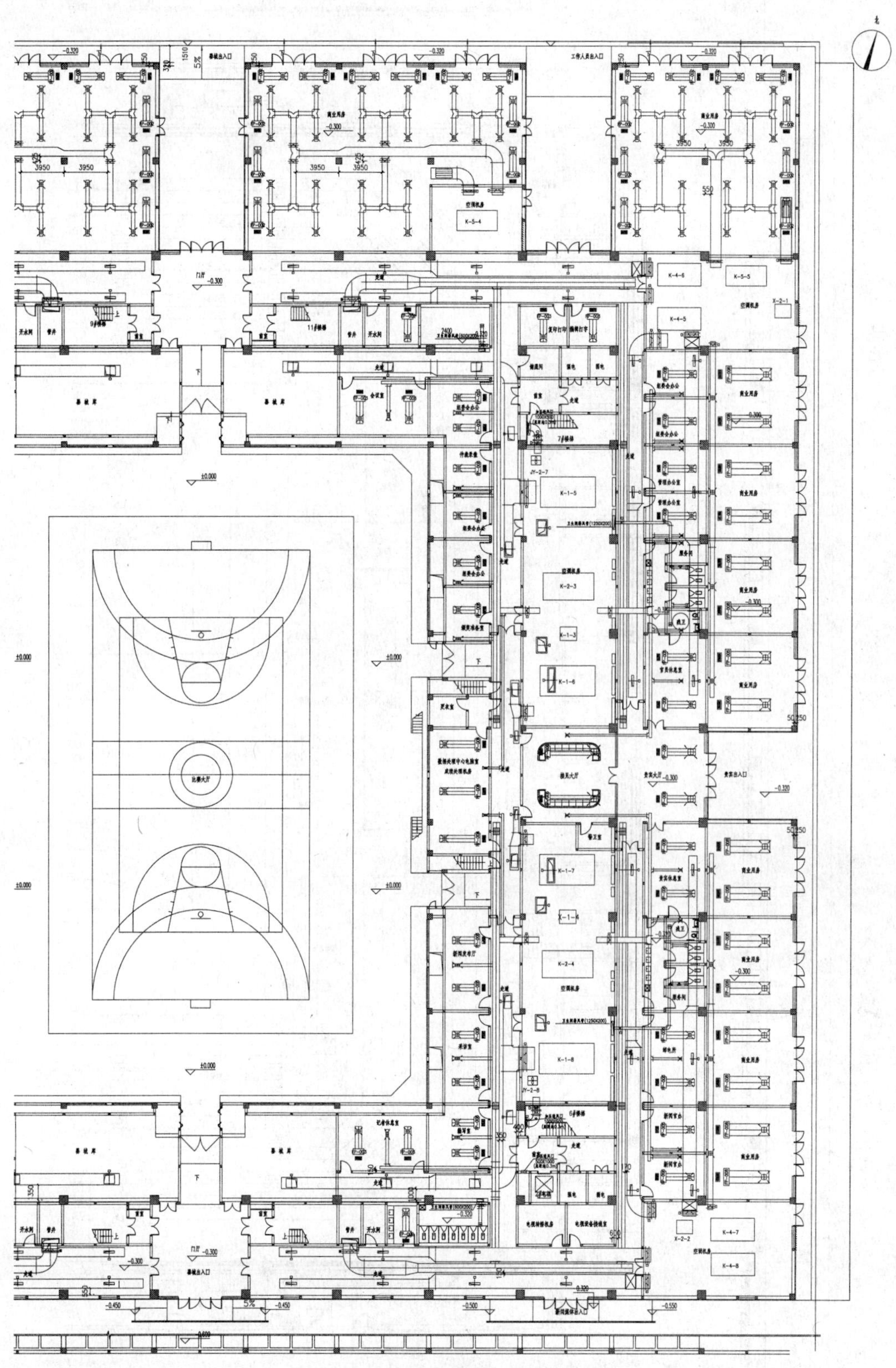

图 4.2-2 零层空调通风平面图（二）

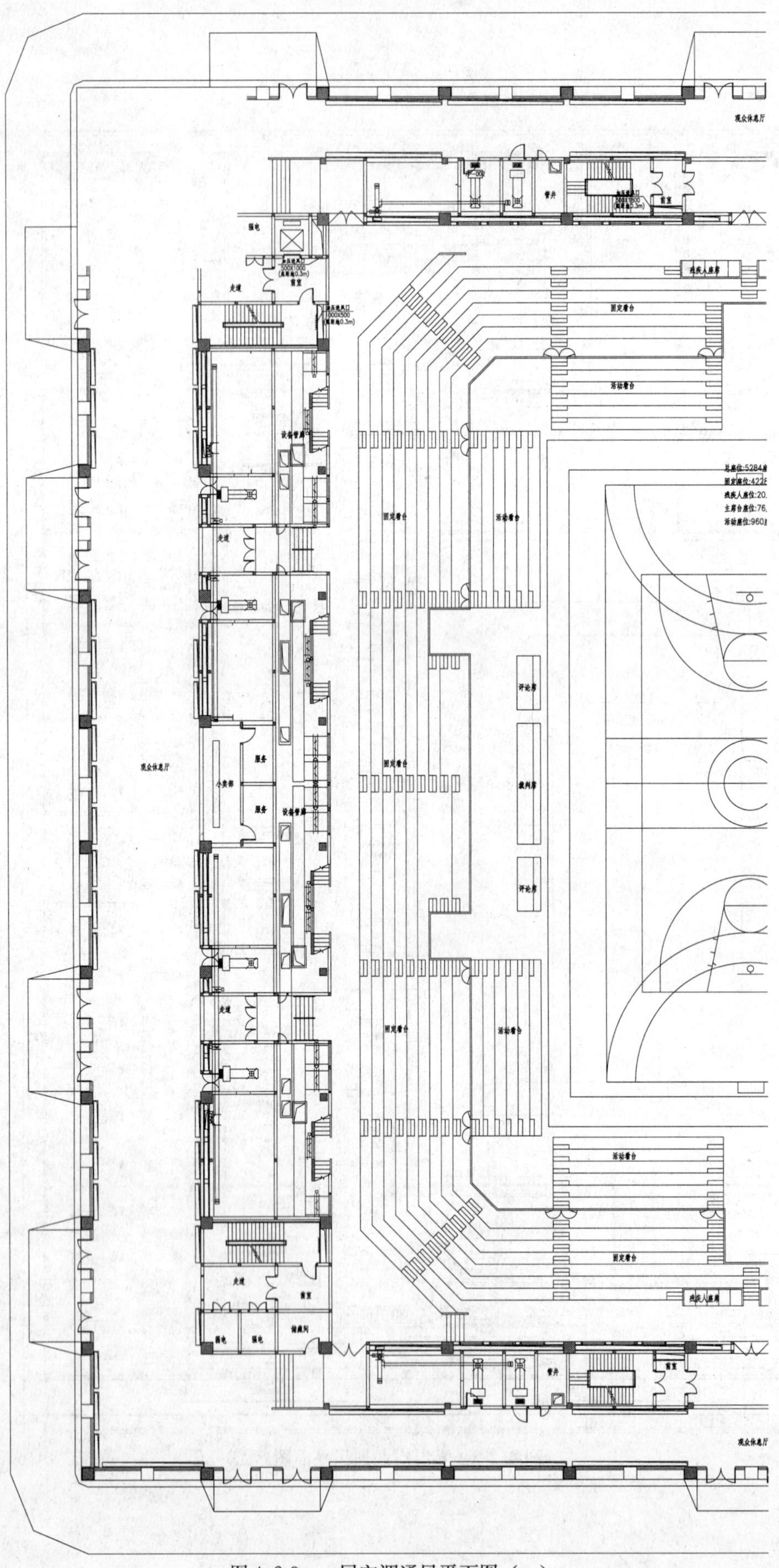

图 4.2-3　一层空调通风平面图（一）

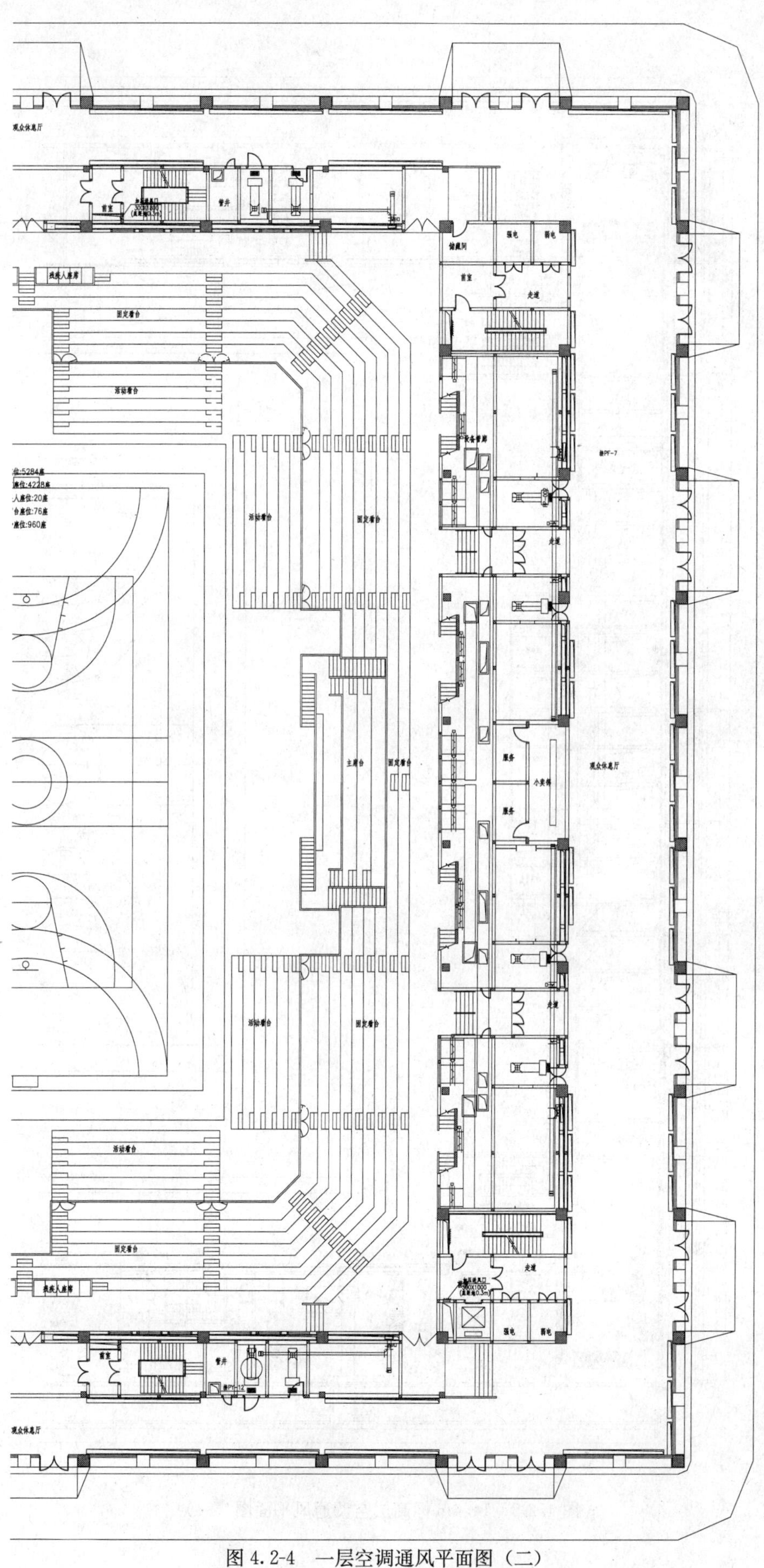

图 4.2-4　一层空调通风平面图（二）

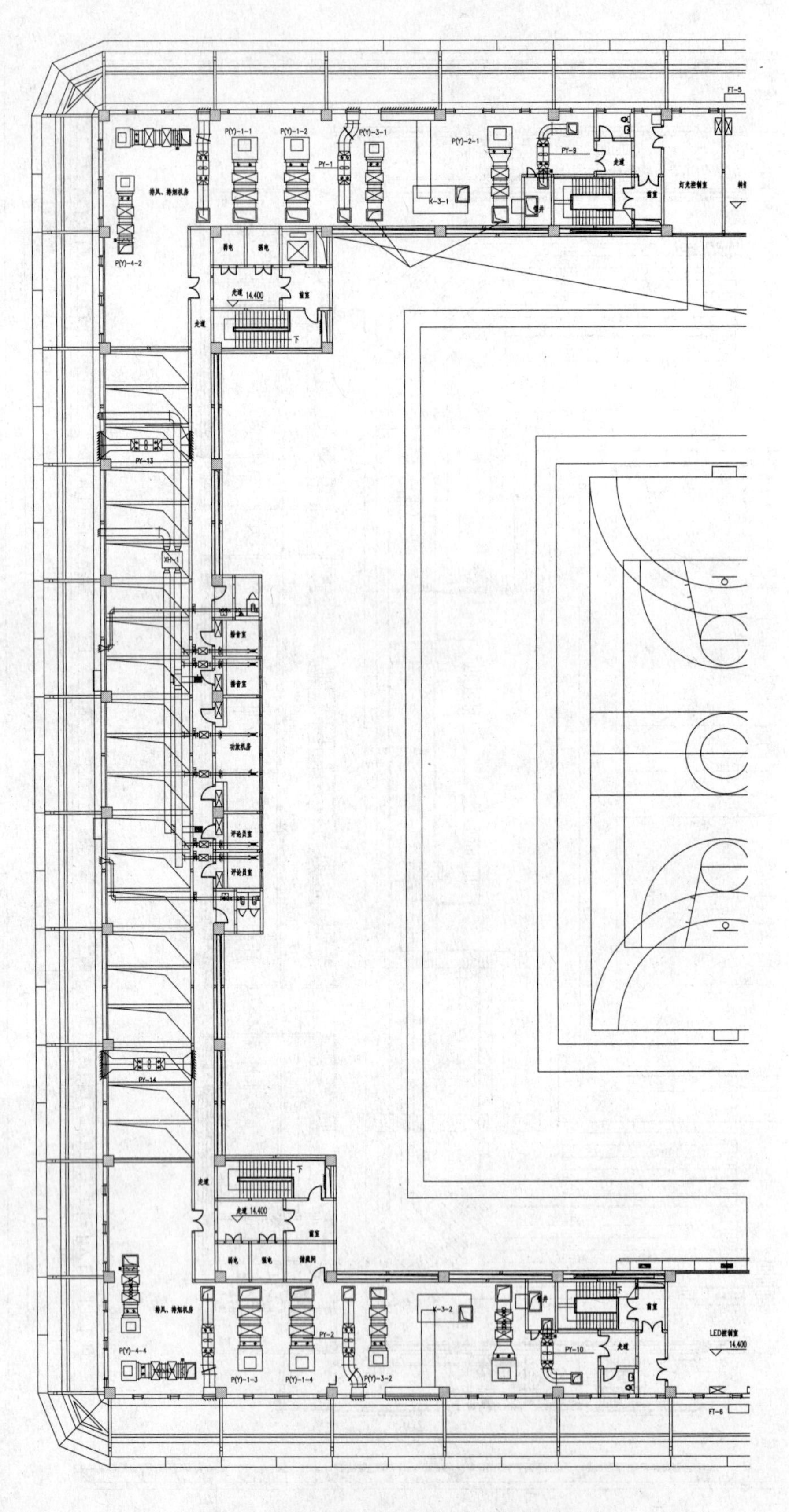

图 4.2-5　14.4m 标高层空调通风平面图（一）

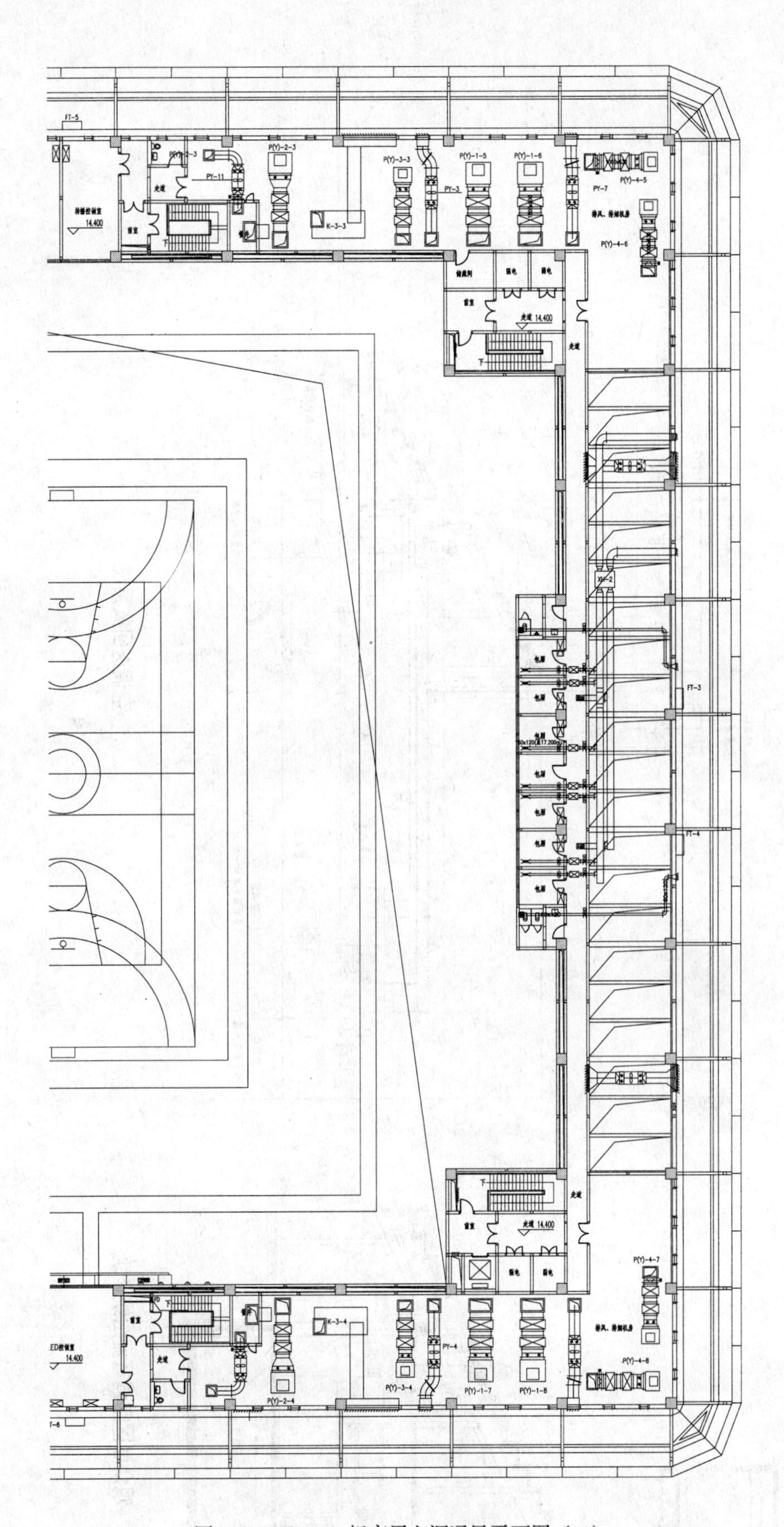

图 4.2-6　14.4m 标高层空调通风平面图（二）

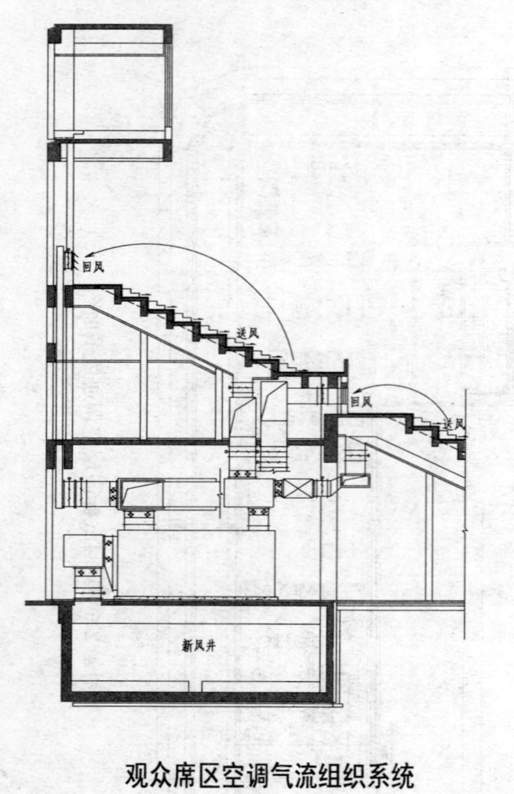

观众席区空调气流组织系统

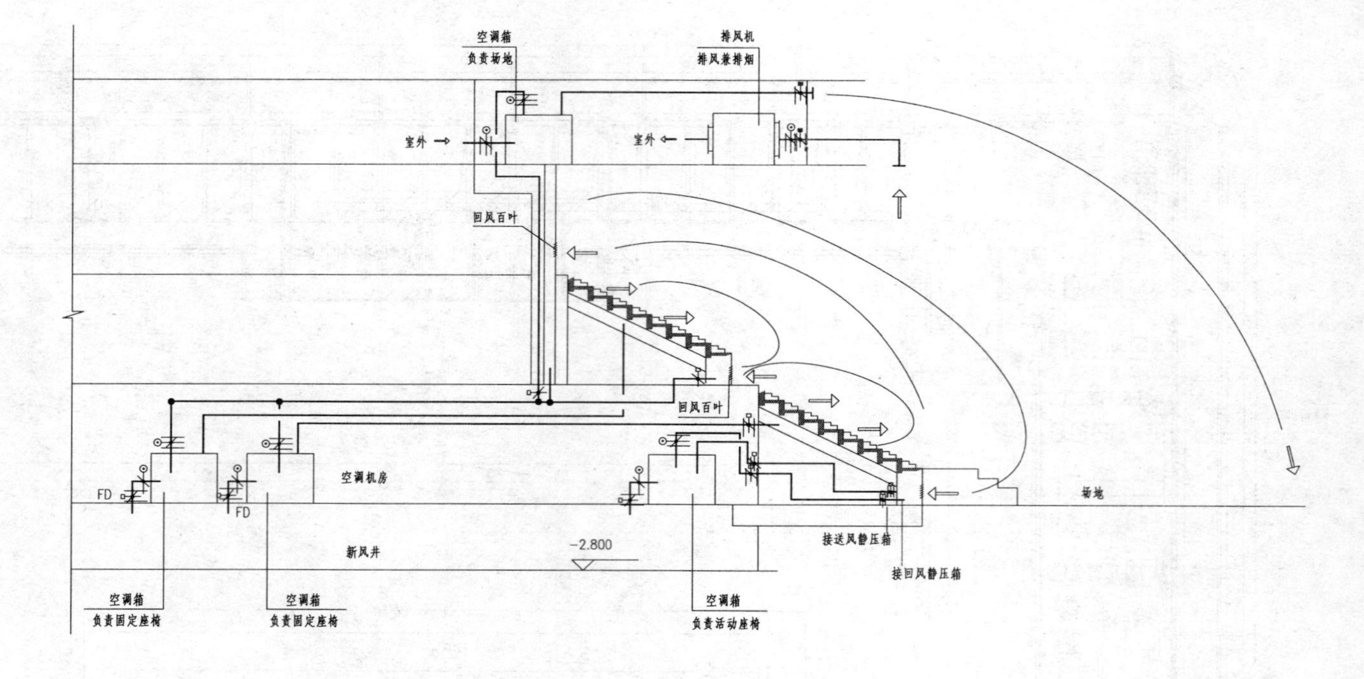

空调送回风系统

图 4.2-8　气流组织系统

4.3 医院建筑

工程案例：深圳市西丽人民医院新建部分①

1. 绿色理念及工程特点

医院建筑比一般公共建筑的能耗要高，其中暖通空调的能耗占据了重要地位。在医院建筑中，暖通空调专业谈节能，应以安全为先导，充分了解医疗工艺的功能、标准、需求和流程（医务人员流程、病患流程、洁净的医疗器械流程、污物流程），做好系统分区，有针对性地确定设计方案。

医院通用节能措施如下：

（1）利用自然能量（新风、太阳能、地下水等）；

（2）利用蓄热、蓄冷；

（3）对蒸汽和锅炉冷凝水、冷却水等进行热回收；

（4）空调系统多用水或冷媒少用空气作为输送介质，尽可能地增加输送温差以减少输送量；

（5）变流量输送（VAV \ VWV）；

（6）非舒适性的全空气系统有条件时尽量采用二次回风系统，避免一次回风系统为保证温湿度要求的冷热（电加热）抵消能耗。

（7）通过能耗与运行分析确定是否采用的排风热回收设施（全热或显热交换器）。

符合医院特点的绿色空调产品和系统控制方法有：

（1）冷热源一体机与系统控制；以整幢大楼为对象，仅耗搬运能量的电量，一侧为冷冻水，另一侧为热水，成为整幢大楼的冷热媒介，没有废物排出（见图 4.3-1）。

（2）一般医疗科室、病房采用湿度优先控制，对空调末端不要求始终保持不凝水，但强调绝大多数场合保持干工况。湿度优先控制要求新风机组处理全部湿负荷，除湿量大，处理露点低。传统方法是增加机组盘管列数，降低冷冻水温度，导致整个冷冻水系统的 COP 值降低。目前可以采用溶液调湿机组或双冷源新风机组（见图 4.3-2）。双冷源新风机组是在新风机组内设置两套盘管，第一套是水冷盘管，第二套是直接蒸发盘管，两个盘管冷量来源于两个不同的冷源。

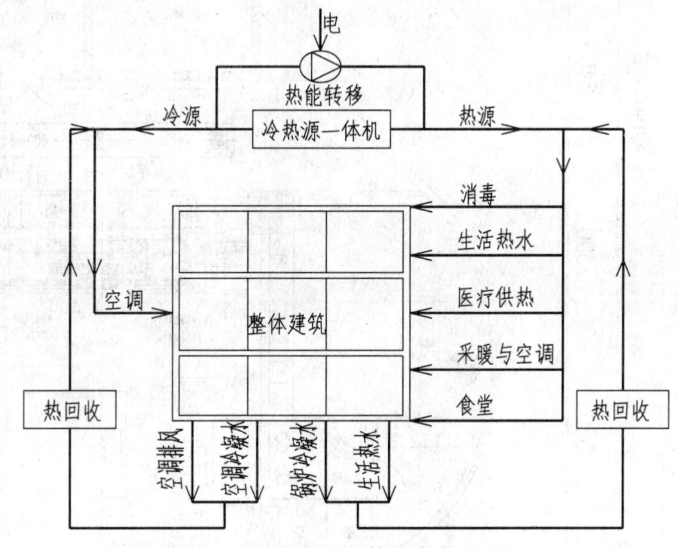

图 4.3-1　冷热源一体机系统原理图

（3）在相对独立运行的手术室、负压感染手术室、ICU 等特护单元等采用独立冷热源的全空气空调热泵机组，夏季利用热泵循环中部分冷凝热作为一次回风再加热，避免冷热抵消，还可利用排风冷量提高冷凝器散热效率（图 4.3-3）。

2. 工程概况

深圳市西丽人民医院新建部分总建筑面积约 8 万 m^2，地下 3 层，住院大楼地上 19 层，建筑高度 79.4m，医技楼（裙房）地上 5 层，建筑高度 22.8m。

该工程按集中供冷供热设计，病房冬季设计有空调供暖系统，热源采用锅炉房提供的热水，夏季空调冷负荷估算约为 7200kW，由于部分新风系统采用溶液调湿热泵机组、净化空调采用独立冷源的净化

---

① 工程负责人：王红朝，男，中国建筑设计研究院深圳华森建筑与工程设计顾问有限公司，教授级高级工程师。
徐征，男，中国建筑设计研究院，教授级高级工程师。

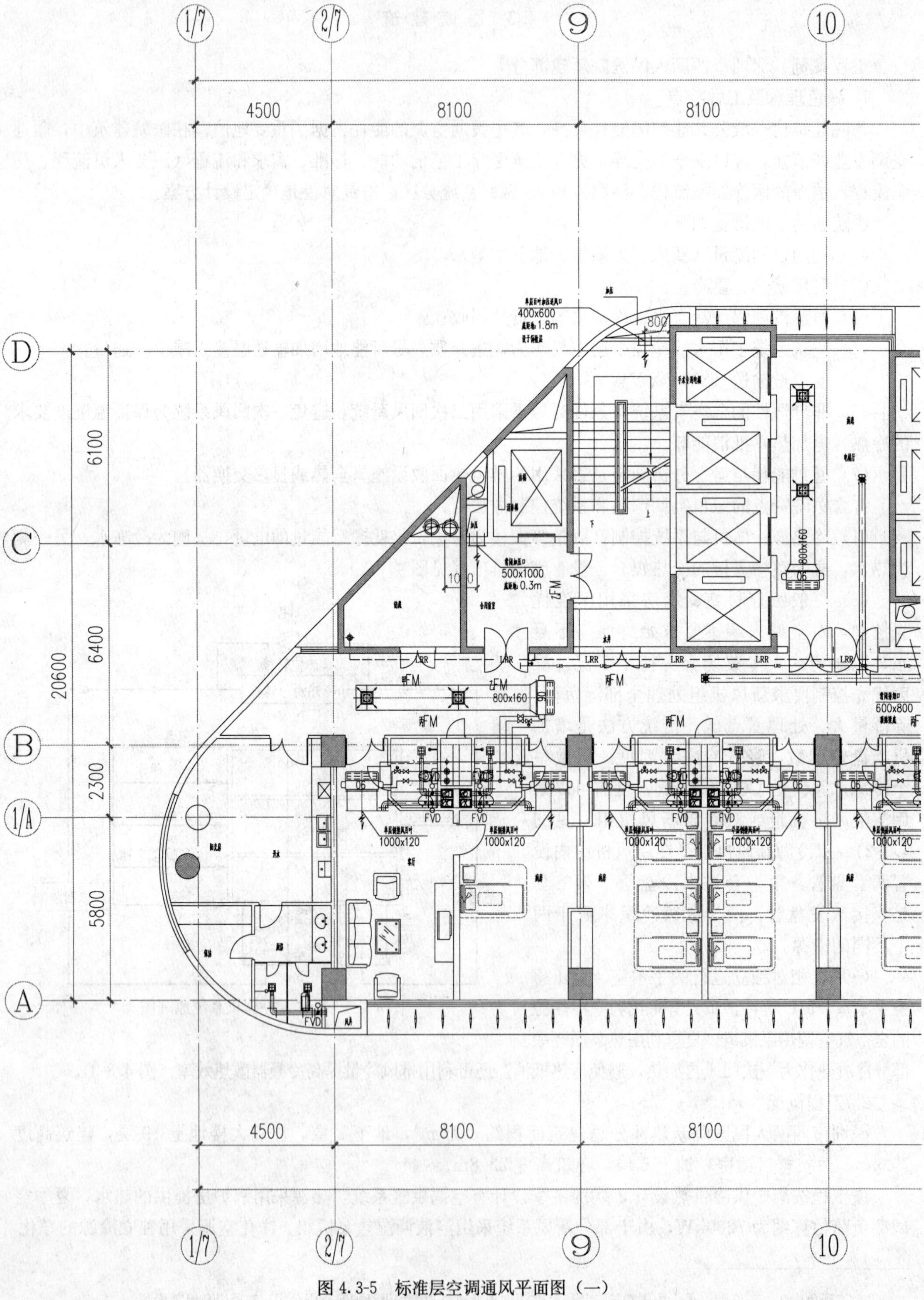

图 4.3-5　标准层空调通风平面图（一）

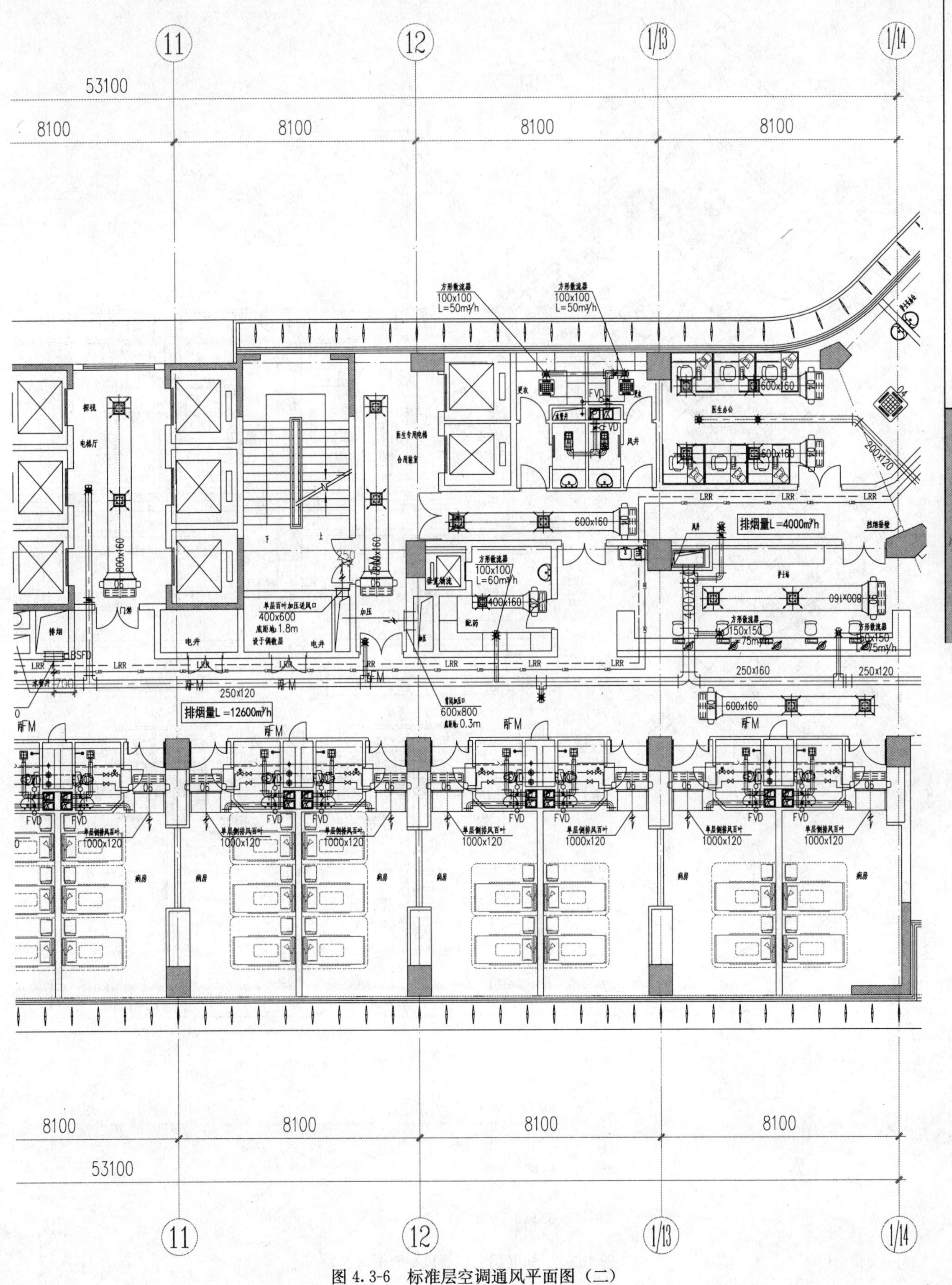

图 4.3-6　标准层空调通风平面图（二）

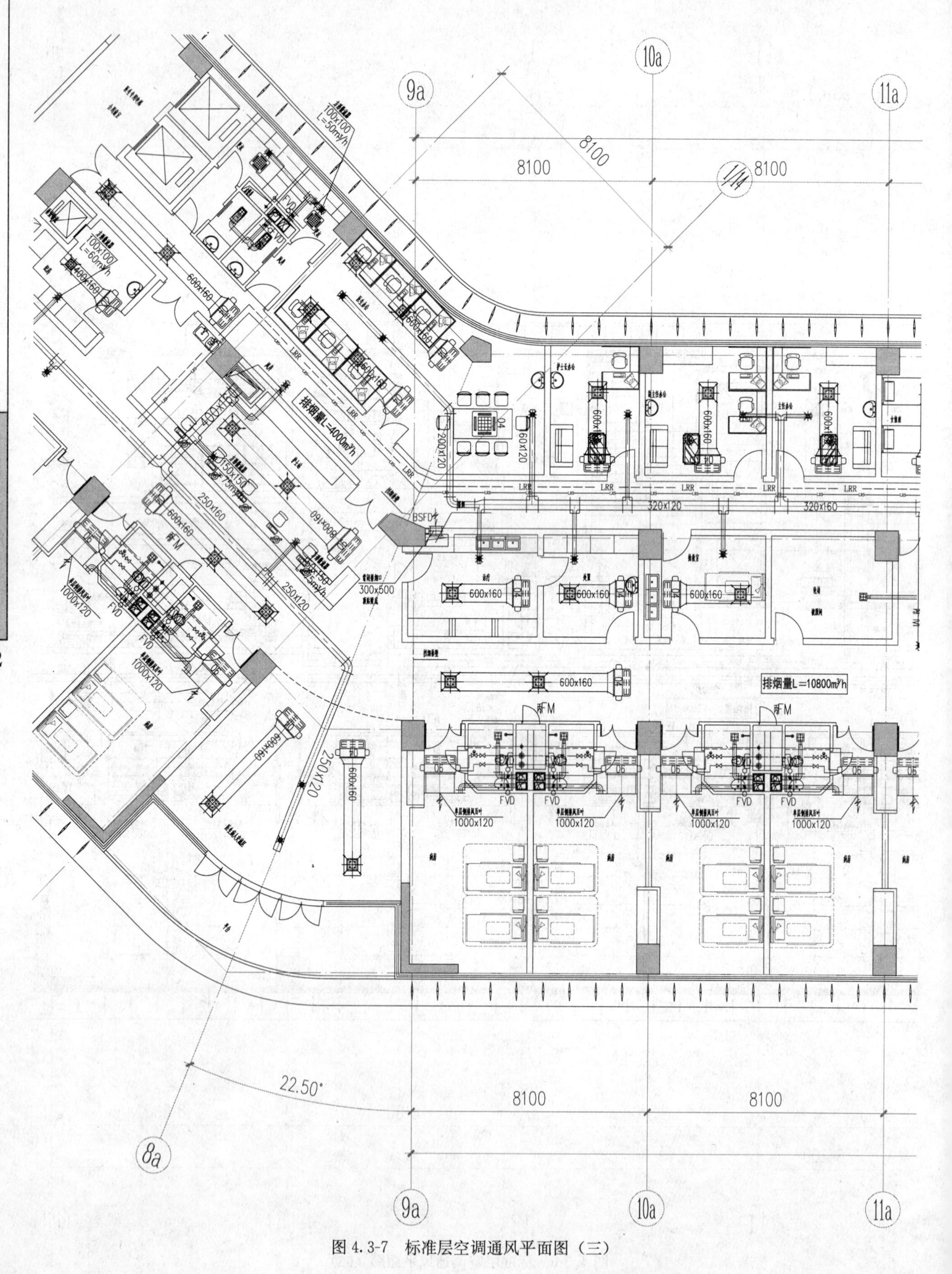

图 4.3-7　标准层空调通风平面图（三）

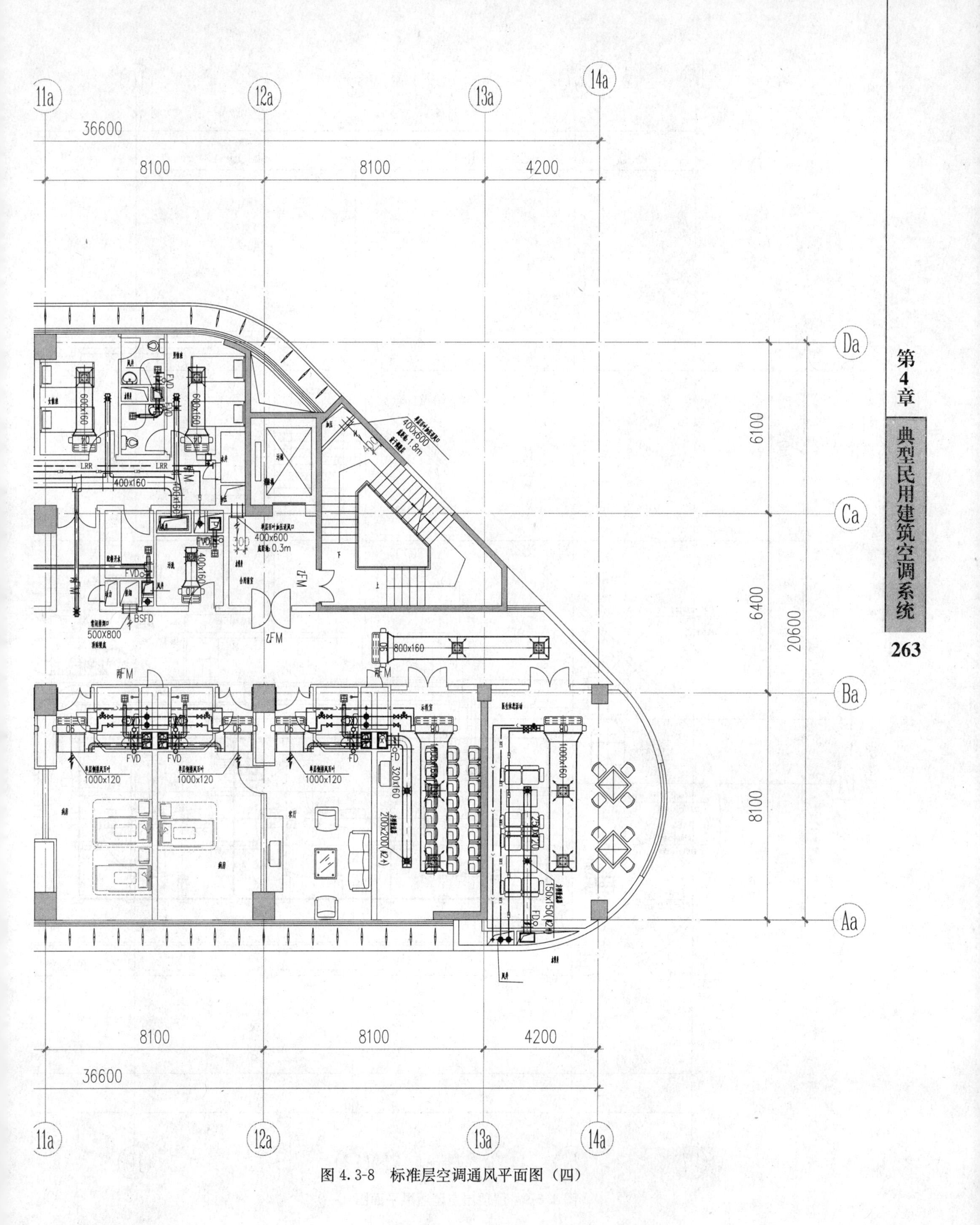

图 4.3-8 标准层空调通风平面图（四）

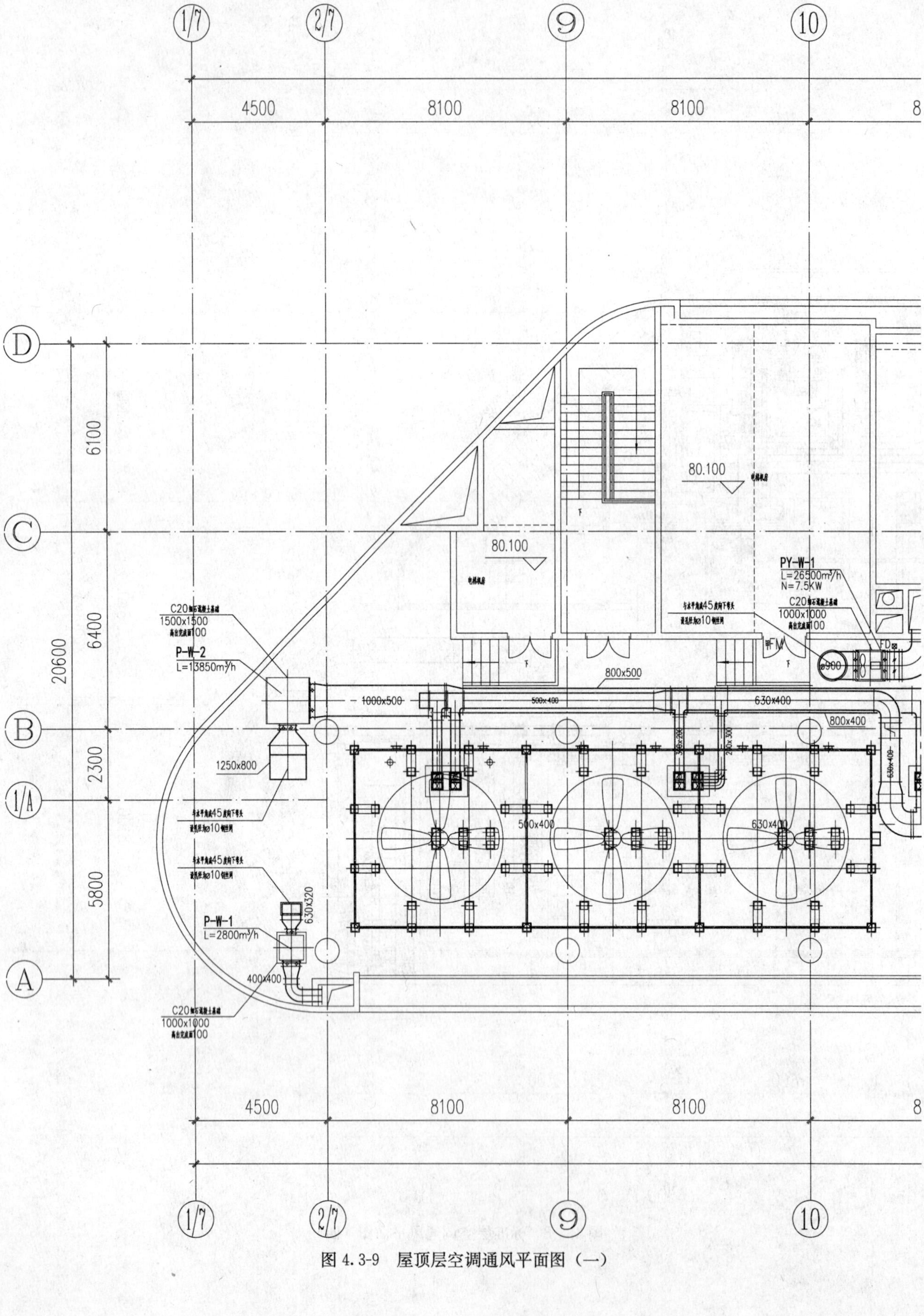

图 4.3-9　屋顶层空调通风平面图（一）

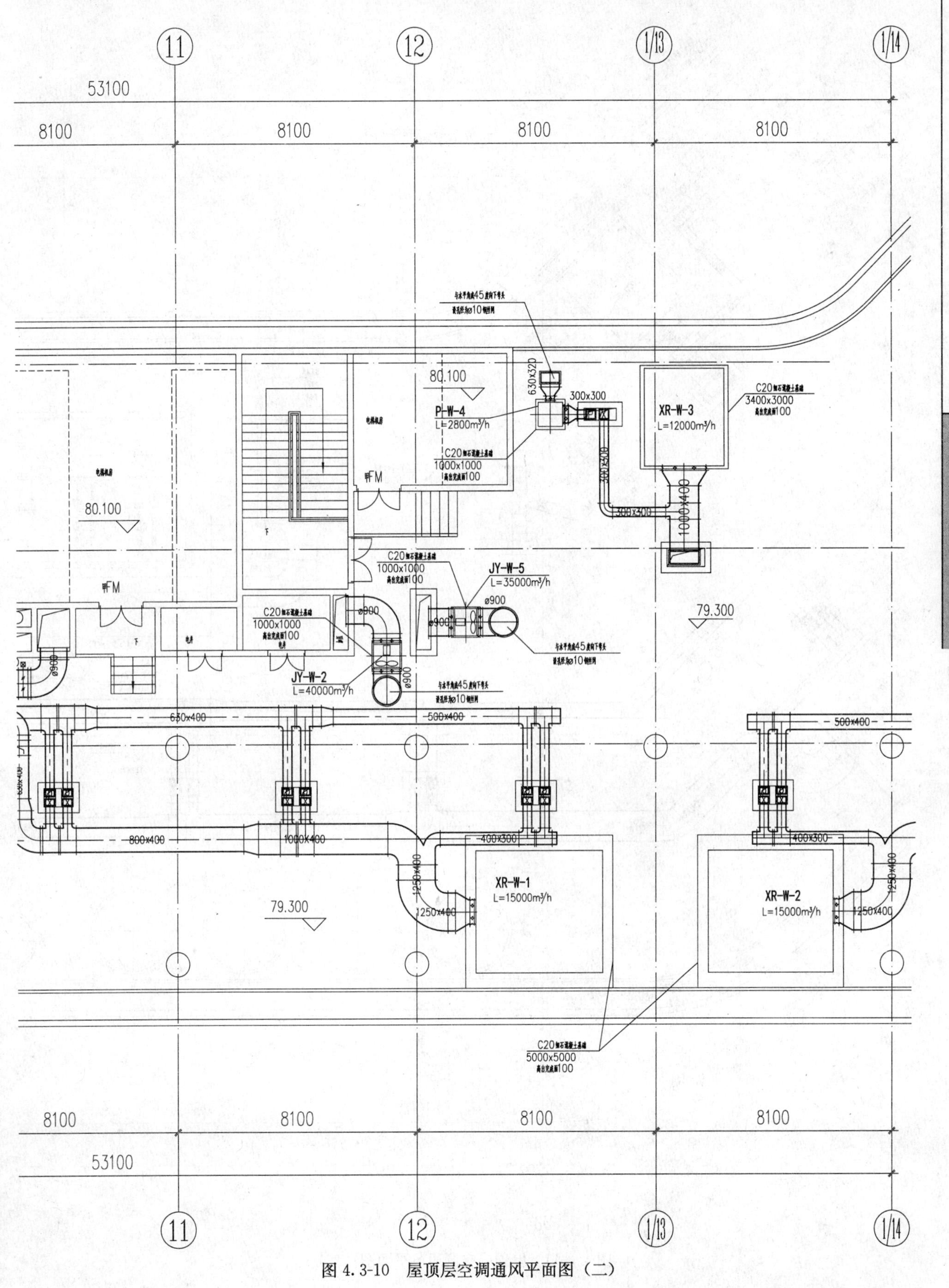

图 4.3-10 屋顶层空调通风平面图（二）

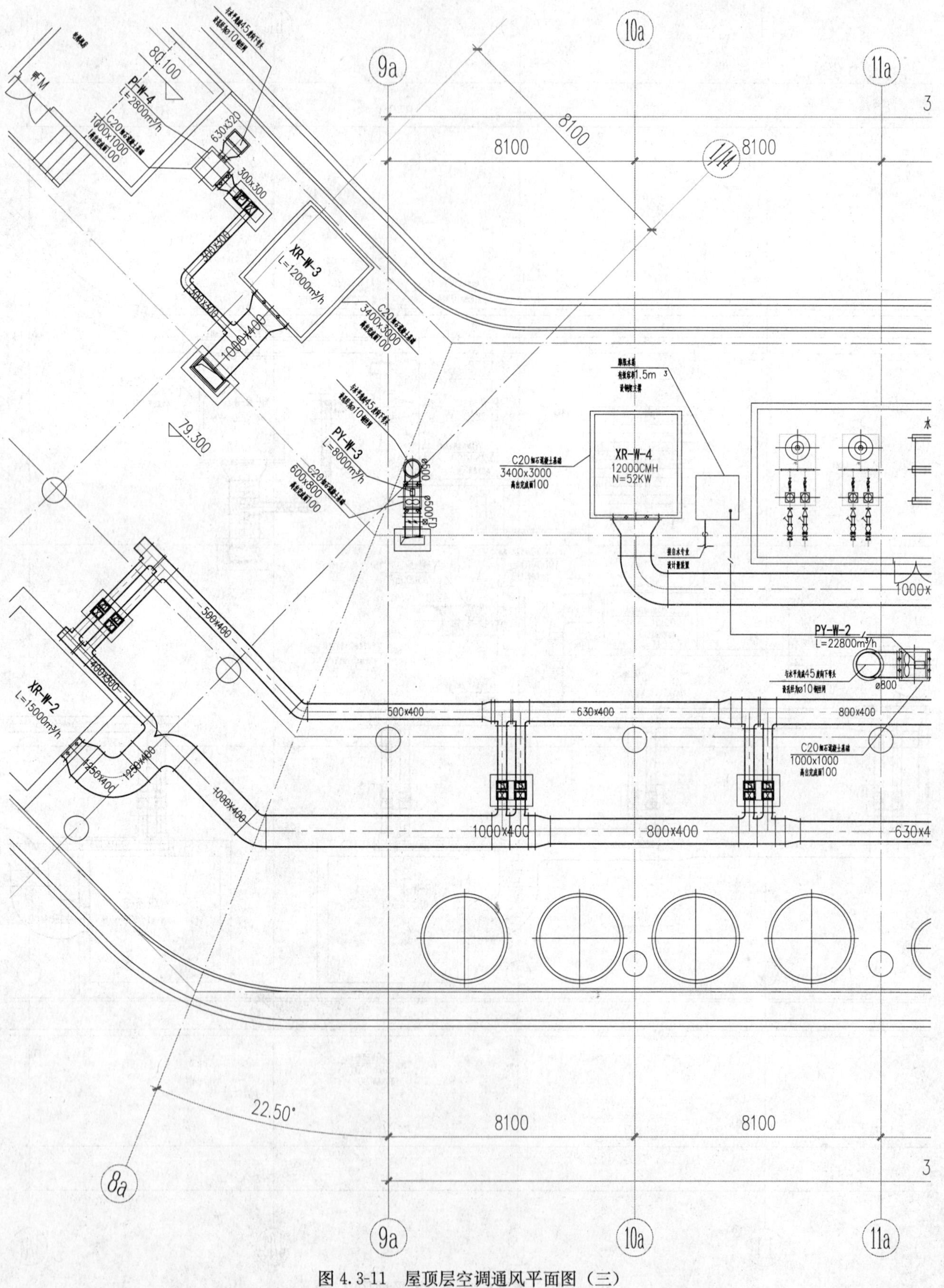

图 4.3-11 屋顶层空调通风平面图（三）

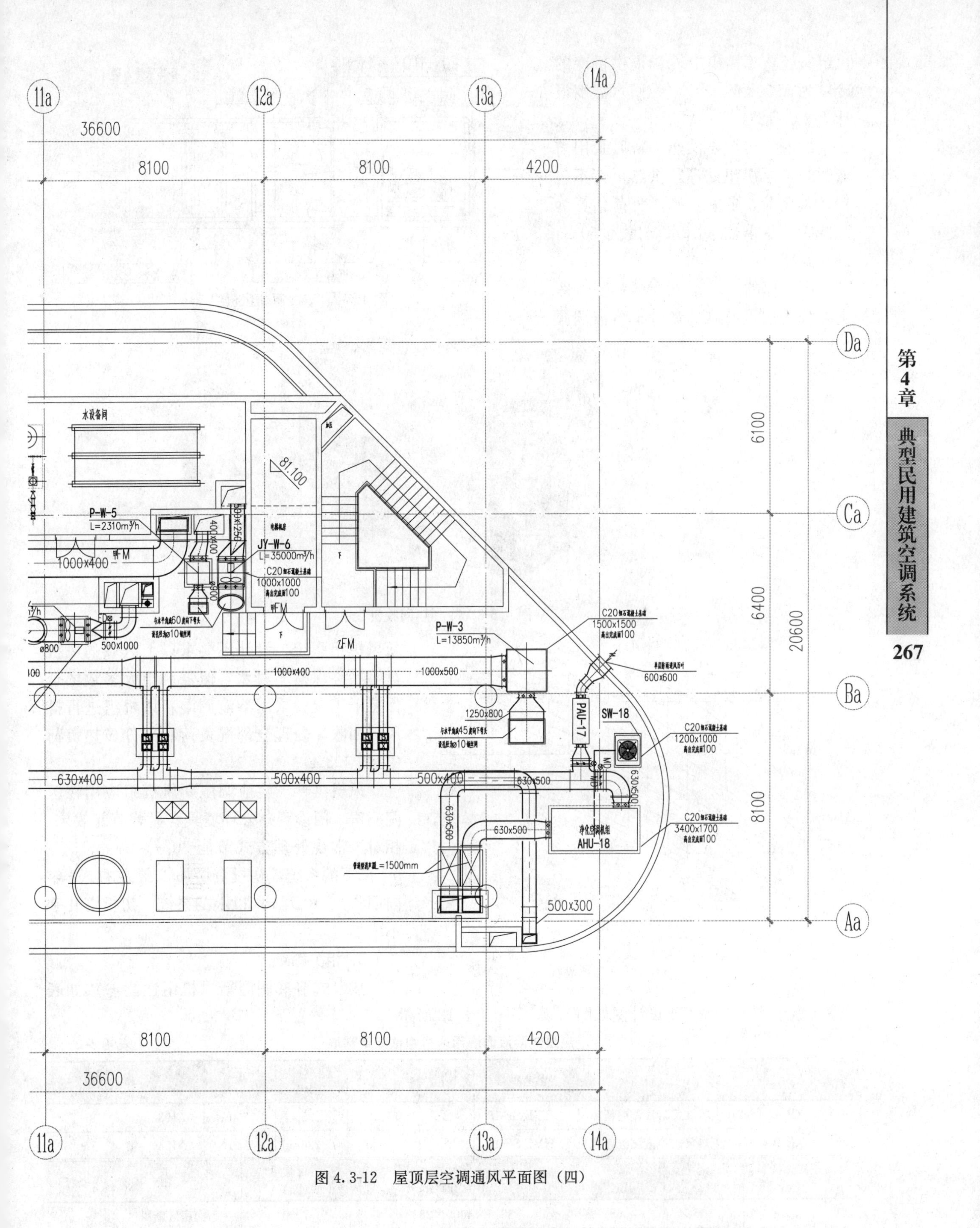

图 4.3-12　屋顶层空调通风平面图（四）

机组，经核算需集中冷源提供供冷的冷量为5900kW，冷水供/回水温度设计为7℃/12℃。

冬季病房需要供热，新风采用溶液调湿热泵机组处理，供热负荷不包括新风负荷，冬季空调热负荷估算为420kW，冬季热水出水温度为60℃，进水温度为50℃。

该工程的六～十九层的病房、医生办公用房设有风机盘管＋溶液调湿新风机组系统，设计不要求以上区域的风机盘管始终保持不凝水，但强调绝大多数场合保持干工况；采用溶液调湿新风机组进行排风热回收、处理全部湿负荷和部分显热负荷（见图4.3-4）。

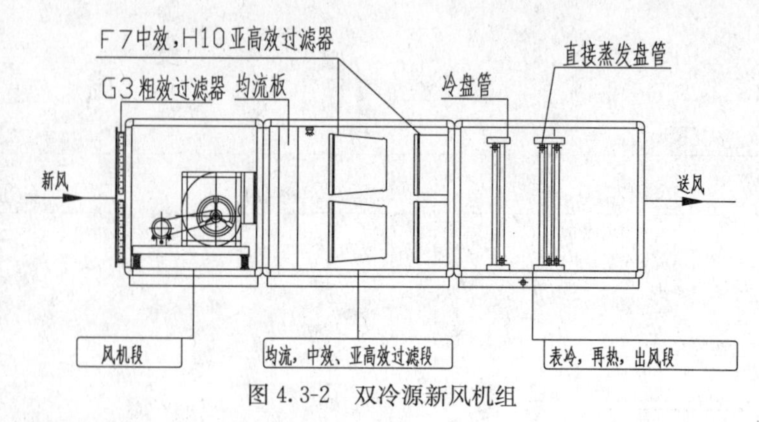

图4.3-2 双冷源新风机组

图4.3-3 冷凝热回收机

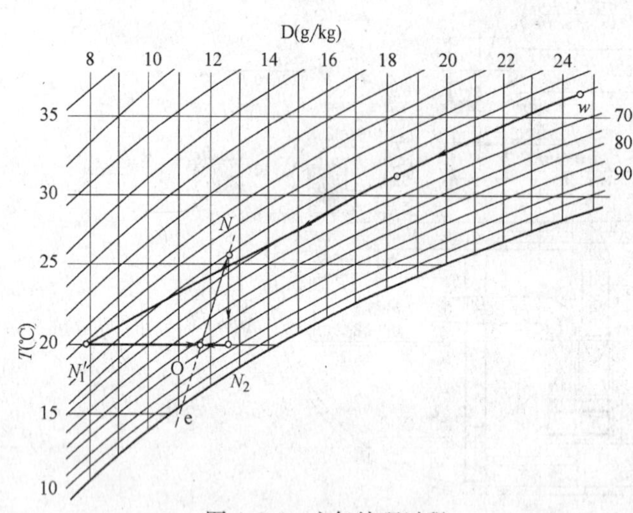

图4.3-4 空气处理过程

风机盘管＋溶液调湿新风机组应用在医院病房、门诊等办公环境具有显著节能效果，相对于常规处理方式节能30%～50%，5万m^2以下的系统，初投资增加10%左右（2年内回收）、10万m^2以上的系统，初投资几乎不增加。

3. 相关图纸

热泵式溶液调湿新风机组性能参数如表4.3-1所示，该工程主要设计图如图4.3-5～图4.3-12所示。

热泵式溶液调湿新风机组性能参数表 **表4.3-1**

序号	系统编号	设备名称	参考型号	数量	风量(m^3/h)	制冷量(kW)	除湿量(kg/h)	制热量(kW)	加湿量(kg/h)
1	XR-W-1～2	热泵式溶液调湿新风机	HVF-SF-15	2	15000	295	300	193	95
2	XR-W-3～4	热泵式溶液调湿新风机	HVF-SF-12	2	12000	236	240	154	76

序号	装机功率(kW)	机外余压(Pa)	噪声[dB(A)]	外形尺寸($L\times W\times H$)(mm)	运行重量(kg)	作用	备注
1	81.8	300	68	3800×4000×2800	7000	病房区新风	
2	59.8	300	64	3200×2720×2800	6000	病房层办公区新风	

4.4 博物馆建筑

工程案例：首都博物馆新馆①

1. 绿色理念及工程特点

该工程从 2001 年设计开始，历时 4 年，于 2005 年底竣工，现就其绿色理念及工程特点简介如下：

(1) 该建筑最大的特点是空调空气品质要求高，即对空气温湿度及精度，对 NO_x、SO_2、CO_x、尘埃含量等均有明确要求，通过精心设计和施工调试，该工程较好地控制了上述参数，达到文物保护要求。该工程全空气空调机房共设 3 个，空调机组总台数为 35 台，将 30 个空调机组集中布置。

(2) 在 3 个大空调机房内，其中有 2 个机房设置在地下 2 层，一个设置在展厅入口过道夹层内。节省了建筑面积，可有效利用排风。由于建筑平面立面的特殊性，致使全空气系统空调机房很难找到合适位置。建筑物北立面外是下沉水景庭院，水景庭院外是地下车库。在水景庭院下面的地下二层设置了一个长条形集中空调机房，布置了 16 台空调机组（占空调机组总台数 45%），从水景庭院取新风，排风排至汽车库。既避免了排风、取风风管过长问题，又充分利用空调排风的余冷余热，使汽车库有一个冬暖夏凉的舒适环境。

(3) 选择 500RT 的变频冷水机组，在较大冷负荷范围内可实现冷水机组变频调节，低电耗供冷。

(4) 蒸汽锅炉排污节能装置较好地解决了排污节能问题。在我国，蒸发量小于 4t/h 的蒸汽锅炉一般不设连续排污。该工程设有两台蒸发量 1t/h 的蒸汽锅炉，国外设备要求连续排污。连续排污降温池传统做法是加自来水降温，既浪费水又浪费热。该工程在软水箱内设置了一组换热盘管，锅炉排污水经换热后温度降至 40℃以下排放，回收了余热。

(5) 展柜空调方式合理，效果好。

2. 工程概况

首都博物馆新馆位于北京市西城区，北依长安街，东临白云路，占地面积 24133m²，建筑面积 63897m²，建筑高度 36.4m，地上 5 层，地下 2 层，馆内设有展示厅、文物库房、文物修复、多功能厅、贵宾厅、礼仪大厅、餐厅、厨房、汽车库、机电用房及库房等，并在地下二层设有六级人防（战时物资库），地下二层下面设有层高 2.2m 的设备夹层，主要用于敷设设备管线。

从 2001 年勘察设计开始，历经 4 年时间，首都博物馆新馆于 2005 年 12 月正式落成。

(1) 空调冷热源

该建筑空调设计冷负荷为 8440kW，空调设计热负荷为 7500kW，空调冷源为 3 台电制冷冷水机组，其中 2 台 900RT 的离心机组，一台 500RT 的变频离心机组。冷冻水泵及冷却水泵各为三用一备（备用泵为小泵）。冷却塔 3 台。空调热源为市政热力，由 110℃/70℃一次市政热水交换成 60℃/50℃二次空调用热水。该建筑另设 2 台蒸发量为 1t/h 的燃气蒸汽锅炉，用于空调加湿及市政热力检修季的卫生热水热源。蒸汽蒸发压力为 0.8MPa。

(2) 室内设计参数

从对室内温湿度要求不同的角度划分，该建筑可分为两种类型，即恒温恒湿空调和舒适性空调。文物库房和文物展厅属恒温恒湿空调，其他房间属舒适性空调。文物库房和文物展厅不但对温湿度有要求，而且对空气含尘浓度、SO_X 浓度、NO_X 浓度也有要求，因此仅从温湿度角度定义文物库房和文物展厅所属空调种类已经不确切了，我们暂定义对温度、湿度、空气含尘浓度、SO_X 浓度、NO_X 浓度及其精度有要求的文物库房和文物展厅空调为恒温恒湿空调。不同种类的文物对环境的温湿度、空气含尘浓度、SO_X 浓度、NO_X 浓度有不同要求，恒温恒湿空调室内设计参数见表 4.4-1。

① 工程负责人：关文吉，男，中国建筑设计研究院，教授级高级工程师。

恒温恒湿空调室内设计参数 表 4.4-1

房间名称	夏季		冬季		悬浮颗粒含量 (mg/Nm³)	NO_2, SO_2 O_3 含量 (mg/Nm³)	CO 含量 (mg/Nm³)	NO 含量 (mg/Nm³)
	温度 (℃)	相对湿度(%)	温度 (℃)	相对湿度(%)				
展区	24±2	60±5	20±2	50±5	0.15	0.01	4.0	0.05
藏品区	24±2	60±5	20±2	50±5	0.15	0.01	4.0	0.05
珍品库	22±1	50±5	22±1	50±5	0.15	0.01	4.0	0.05
文物保护	24±2	60±5	20±2	50±5	0.15	0.01	4.0	0.05

舒适性空调室内设计参数见表 4.4-2，室内新风及噪声标准见表 4.4-3。

舒适性空调室内设计参数 表 4.4-2

房间名称	夏季		冬季		备注
	温度(℃)	相对湿度(%)	温度(℃)	相对湿度(%)	
社教区	25	60	20	40	
办公区	25	60	18	40	
会议室	25	60	20	40	
餐厅	26	60	18	40	

室内新风及噪声标准 表 4.4-3

项目	展区	藏品区	珍品库	文物保护	社教区	办公区	会议室	餐厅
新风标准[(m²/h・人)]	20	20	20	20	25	20	25	25
噪声标准[dB(A)]	40	45	45	45	45	45	42	45

(3) 周边环境

2000 年 2 月 22 日，对项目所在地周边环境室外有害物浓度进行测定，其结果见表 4.4-4。

室外有害物浓度平均值 表 4.4-4

项目	悬浮颗粒含量	SO_2 含量	NO_X 含量	CO 含量
有害物浓度(mg/Nm³)	0.3916	0.1382	0.1518	1.5908

(4) 空调系统设计

1) 空调水系统

该建筑空调水系统分两种形式，舒适性空调水系统为两管制，冷媒参数为 7℃/12℃，热媒参数为 60℃/50℃；恒温恒湿空调水系统为六管制（包括冷水管、热水管及再热管），冷媒参数为 7℃/12℃，热媒参数为 60℃/50℃；空调冷热水系统均为一次泵冷热源侧定流量、末端变流量系统。风机盘管调节水阀采用电动二通阀，新风机组、空调机组冷热水调节阀为电动调节阀。冷热水总管处均设有压差旁通调节阀。

2) 空调风系统

为实现对室内环境品质的不同要求，舒适性空调和恒温恒湿空调分别采取不同的空调方式，大空间（如礼仪大厅、多功能厅等）舒适性空调采用两管制一次回风全空气两风机低速空调系统，小房间（如办公室等）采取风机盘管加新风系统；恒温恒湿空调采用六管制、水电两级再热一次回风全空气双风机低速空调系统。由于丝织品、字画等文物展柜内设有灯光照明产生冷负荷，所以又设有展柜空调，即大空调环境下套小空调。展柜空调为四管制（冷水、再热水）电极加湿。

① 恒温恒湿空调

为达到恒温恒湿空调室内环境空气品质的要求，恒温恒湿空调机组设有如下处理过程：混合段粗效过滤段、加热段、表冷段、加湿段、再热段、活性炭过滤段、静电除尘中效过滤段、风机段，见图 4.4-1。

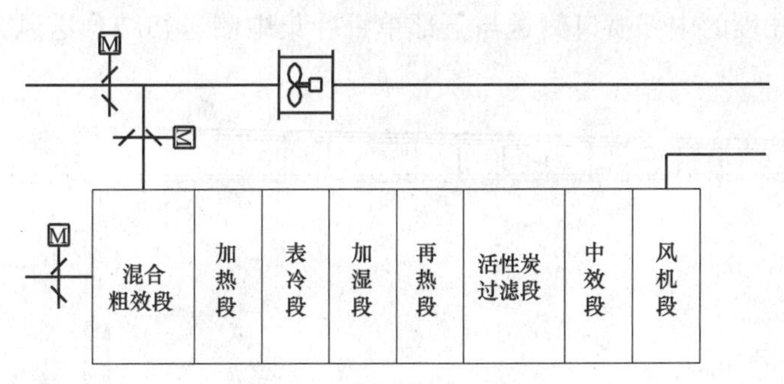

图 4.4-1　恒温恒湿空调机组

粗效过滤效率一般可达到 95%，静电除尘过滤效率一般为 80%左右，经粗、中效过滤后空调送风空气含尘浓度为：

$0.3916\text{mg/Nm}^3 \times (1-95\% \times 80\%) = 0.094\text{mg/Nm}^3$

上式中，0.3916 为室外空气含尘浓度。

空调送风空气含尘浓度为 0.094mg/Nm^3，小于表 4.4-1 所要求的 0.15mg/Nm^3 含尘浓度值。

② 夏季空气处理过程

新回风经表冷器处理到露点温度后经再热水盘管再热到送风 ε 线上送风状态点送入室内。为了准确控制室内相对湿度精度不大于 5%，弥补再热水盘管热惰性的不足，在送风管道上加装了空气电再热器，微调室内相对湿度。精密空调夏季空气处理过程见图 4.4-2。

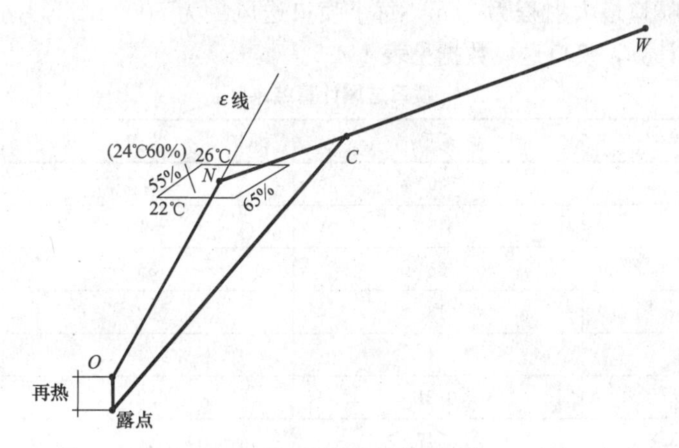

图 4.4-2　夏季空气处理过程

由图 4.4-2 可知，在室内设计温湿度精度范围内，高相对湿度线和低温度线交点处再热温差最大，但不大于 2℃，因此确定空气电再热器再热温差为 2℃。

③ 冬季空气处理过程

恒温恒湿空调房间基本为内区，冬季热湿处理过程特点是冷却加湿过程。新回风混合经表冷等湿降温等温蒸气加湿后送入室内。恒温恒湿空调冬季空气处理过程见图 4.4-3。

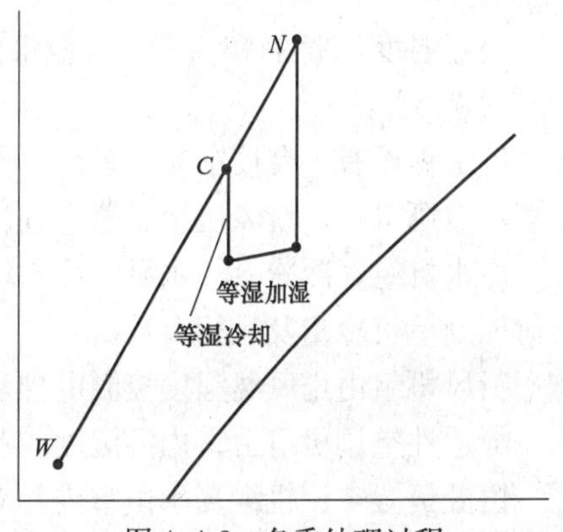

图 4.4-3　冬季处理过程

④ 气流组织处理

吊顶高度低于 4.6m 的新风送风、空调送风采用百叶上送或散流器上送，空调回风为上回风；吊顶高度高于 5m 的空调送风采用旋流风口上送，空调回风为上回风。

由于展厅内温湿度受厅内人数干扰很大，故将展品布置在展厅送风区内。确保展厅内温湿度的稳定性。

由于建筑的特殊性，礼仪大厅送风方式成为一大难题，经专家、业主多次论证并报请北京市领导批准，最终确定可调送风角度的中部喷口侧送与下部单百叶集中侧送相结合送风方式，回风为集中下回风，见图 4.4-4。

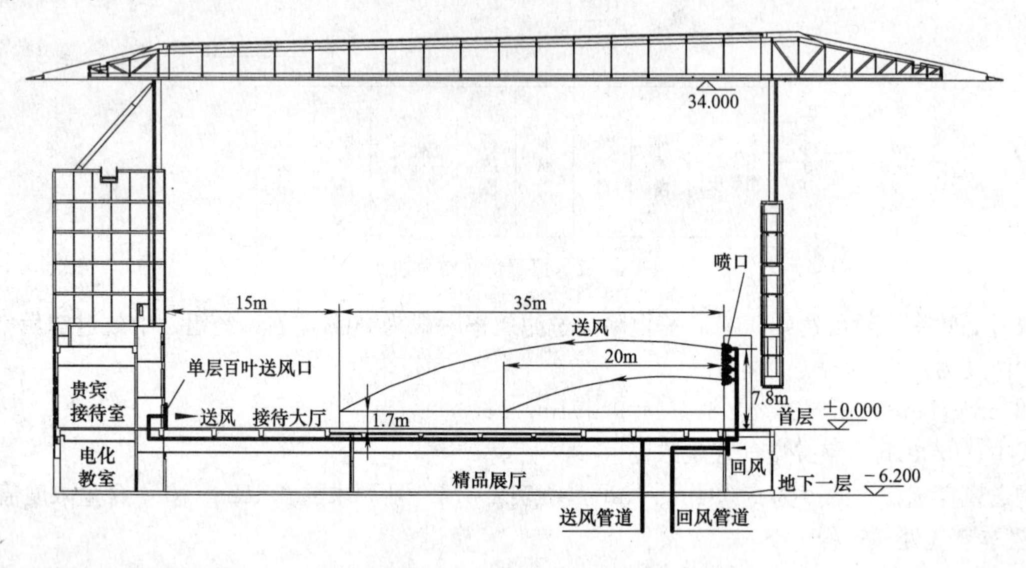

图 4.4-4 气流组织示意图

礼仪大厅建筑面积 1865m²，设有两台风量为 35000m³/h 的空调机组，大门两侧各一个系统，每个系统北侧设 4 个喷口，喷口最大射程为 35m，每个喷口送风量为 5000m³/h，南侧设一个单百叶风口，送风量 13000m³/h，经计算，喷口送风数据见表 4.4-5。

喷口送风计算结果 **表 4.4-5**

项　　目	夏季	冬季	备注
风量（m³/h）	5000	5000	
送风角度(°)	15	−16	
射程(m)	35	35	
送风温差(℃)	13	22	
距喷口 35m 处诱导比	1/48	1/49	
活动区风速(m/h)	0.21	0.21	
距喷口 1m 处噪声值(NC)	≤47	47	
喷口压力损失(Pa)	90	90	

大厅温度一般在 18～20℃，效果良好。

⑤ 控制

该工程设有一套楼宇自控系统，空调自控为楼宇自控系统的一部分，冷水机组、冷冻冷却水泵、冷却塔、空调机组、新风机组、蒸汽锅炉及给水泵、风机、系统电控阀件等均纳入了 DDC 空调自控系统。

冷水机组、冷冻冷却水泵、冷却塔由冷水机组供应商提供群控，外留接口到 DDC 控制主机。根据负荷控制单机冷量及运行台数。

新风机组由送风温湿度控制电控水阀、电控汽阀开度以控制送风温度和室内相对湿度。

舒适性空调机组由室内温湿度控制电控水阀、电控汽阀开度以控制送风温度和室内相对湿度。

恒温恒湿空调机组夏季由室内相对湿度控制冷冻水阀以控制机器露点温度，由室内温度控制再热水阀以控制送风温度，由回风温度控制电再热器以微调室内相对湿度；冬季由室内温度控制冷冻水阀和热水阀以控制室内温度，由室内相对湿度控制蒸汽阀以控制室内相对湿度。

3. 相关图纸

该工程主要设备表如表 4.4-6 所示，主要设计图如图 4.4-5～图 4.4-29 所示。

主要设备表 表 4.4-6

设备编号	设备名称	性能规格	单位	数量	安装部位	服务部位	备注
L-1,2	冷水机组	Q_L=3165kW C_L=544m³/h G_Q=680m³/h N=621kW T_L=7/12℃ T_Q=32/37℃ 冷凝器水侧阻力为 0.1MPa 蒸发器水侧阻力为 0.1MPa 机组工作力为 1.0MPa	台	2	冷冻机房	全楼	
L-3	冷水机组	Q_L=1758kW C_L=303m³/h G_Q=378m³/h N=333kW T_L=7/12℃ T_Q=32/37℃ 冷凝器水侧阻力为 0.1MPa 蒸发器水侧阻力为 0.1MPa 机组工作力为 1.0MPa	台	1	冷冻机房	全楼	
B-1,2	冷冻水泵	G_L=600m³/h H=34m N=75kW n=1450rpm 效率=90% 工作压力:1.0MPa	台	2	冷冻机房	全楼	
B-3,4	冷冻水泵	G_L=333m³/h H=34m N=45kW n=1450rpm 效率=84% 工作压力:1.0MPa	台	2	冷冻机房	全楼	一用一备
b-1,2	冷冻水泵	G_L=750m³/h H=30m N=45kW n=1450rpm 效率=90% 工作压力:1.0MPa	台	2	冷冻机房	全楼	
b-3,4	冷冻水泵	G=416m³/h H=30m N=45kW n=1450rpm 效率=87.5% 工作压力:1.0MPa	台	2	冷冻机房	全楼	一用一备
BBL-1,2 BBR-1,2	补水泵	G=3m³/h H=60m n=1450rpm N=1.1kW 工作压力:1.0MPa	台	4	冷冻机房	全楼	两用两备
BBZR-1,2	补水泵	G=3m³/h H=60m n=1450rpm N=1.1kW 工作压力:1.0MPa	台	2	冷冻机房	全楼	一用一备
BZR-1,2	再热水循环泵	G=65m³/h H=28m n=2900rpm N=2.2kW 效率=80% 工作压力:1.0MPa	台	2	冷冻机房	冷冻机房	一用一备
GL-1,2	蒸汽锅炉	G=16/h,p=1.0MPa	台	2	锅炉房	全楼	
BG-1,2,3	给水泵	G=3m³/h H=100m N=2.2kW n=2900rpm 效率=50% 工作压力:1.0MPa	台	3	锅炉房	全楼	两用一备
GDZR-1 GDR-1 GDL-1	定压罐	ϕ1500	台	3	冷冻机房	冷冻机房	
DZ-1,2	高频电子水处理仪	DN350	个	2	冷冻机房	冷冻机房	
DZ-3,4	高频电子水处理仪	DN300	个	2	冷冻机房	冷冻机房	
HR-1	板式换热器	F=10m²	台	1	冷冻机房	全楼	1备
KD2-1	空调机组	L=12240m³/h H=450Pa 加湿量 23kg/h Q_L=86.05kW,Q_R=105kW N=7.5kW(380V)水侧阻力为 50kPa	台	1	地下二层	库区附属用房	
KD2-2	空调机组	L=19440m³/h H=450Pa 加湿量 37kg/h Q_L=149.4kW,Q_R=163kW N=11kW(380V)水侧阻力为 50kPa	台	1	地下二层	上库区	

续表

设备编号	设备名称	性能规格	单位	数量	安装部位	服务部位	备注
KD2-3	空调机组	L=20880m^3/h H=450Pa 加湿量 40kg/h Q_L=157.8kW,Q_R=175kW N=11kW(380V)水侧阻力为 47.8kPa	台	1	地下二层	下库区	
KD2-4	空调机组	L=13680m^3/h H=450Pa 加湿量 26kg/h Q_L=96.67kW,Q_R=117.4kW N=7.5kW(380V)水侧阻力为 50kPa	台	1	地下二层	上库区	
KD2-5	空调机组	L=15120m^3/h H=450Pa 加湿量 29kg/h Q_L=121.9kW,Q_R=124kW N=11kW(380V)水侧阻力为 50kPa	台	1	地下二层	下库区	
KD2-6	空调机组	L=16320m^3/h H=450Pa 加湿量 31kg/h Q_L=121.9kW,Q_R=124kW N=11kW(380V)水侧阻力为 50kPa	台	1	地下二层	上库区	
KD2-7	空调机组	L=13920m^3/h H=450Pa 加湿量 27kg/h Q_L=96.67kW,Q_R=119kW N=7.5kW(380V)水侧阻力为 50kPa	台	1	地下二层	下库区	
KD2-8	空调机组	L=20880m^3/h H=450Pa 加湿量 40kg/h Q_L=157.8kW,Q_R=175kW N=11kW(380V)水侧阻力为 32.0kPa	台	1	地下二层	上库区	
KD2-9	空调机组	L=14000m^3/h H=1200Pa 加湿量 27kg/h Q_L=96.6kW,Q_R=86.9kW N=11kW(380V)水侧阻力为 50kPa	台	1	地下二层	下库区	
KD1-1,2	空调机组	L=17100m^3/h H=450Pa 加湿量 33kg/h Q_L=125.1kW,Q_R=145kW N=11kW(380V)水侧阻力为 50kPa	台	2	地下二层	临时展厅	
KD1-4	空调机组	L=19500m^3/h H=450Pa 加湿量 38kg/h Q_L=149.4kW,Q_R=163kW N=11kW(380V)水侧阻力为 50kPa	台	1	地下三层	多功能厅	
KD1-5	空调机组	L=21000m^3/h H=1000Pa 加湿量 42kg/h Q_L=157.8kW,Q_R=1142.0kW N=11kW(380V)水侧阻力为 50kPa	台	1	地下二层	文物商店	
KD1-6	空调机组	L=24000m^3/h H=450Pa 加湿量 46kg/h Q_L=193.4kW,Q_R=202kW N=15kW(380V)水侧阻力为 32.0kPa	台	1	地下二层	左中厅	
KD1-7	空调机组	L=24000m^3/h H=450Pa 加湿量 46kg/h Q_L=193.4kW,Q_R=202kW N=15kW(380V)水侧阻力为 32.0kPa	台	1	地下二层	右中厅	
KD1-8	空调机组	L=18000m^3/h H=450Pa 加湿量 35kg/h Q_L=149.4kW,Q_R=163kW N=7.5kW(380V)水侧阻力为 50kPa	台	1	地下二层	咖啡厅	
K1-1,2,3	空调机组	L=24000m^3/h H=450Pa 加湿量 46kg/h Q_L=193.4kW,Q_R=202kW N=15kW(380V)水侧阻力为 32.0kPa	台	3	地下二层	临时展厅	
K1-4	空调机组	L=21600m^3/h H=450Pa 加湿量 42kg/h Q_L=157.8kW,Q_R=175kW N=11kW(380V)水侧阻力为 47.8kPa	台	1	地下三层	开放展厅	

续表

设备编号	设备名称	性能规格	单位	数量	安装部位	服务部位	备注
K1-5	空调机组	$L=21600m^3/h$ $H=450Pa$ 加湿量 42kg/h $Q_L=157.8kW$,$Q_R=175kW$ $N=11kW(380V)$水侧阻力为 47.8kPa	台	1	地下二层	方展厅走廊	
K1-6	空调机组	$L=18000m^3/h$ $H=450Pa$ 加湿量 35kg/h $Q_L=149.4kW$,$Q_R=163kW$ $N=11kW(380V)$水侧阻力为 50kPa	台	1	地下二层	礼仪大厅	
K1-7	空调机组	$L=18000m^3/h$ $H=450Pa$ 加湿量 35kg/h $Q_L=149.4kW$,$Q_R=163kW$ $N=11kW(380V)$水侧阻力为 50kPa	台	1	地下二层	礼仪大厅	
K1-8	空调机组	$L=20640m^3/h$ $H=450Pa$ 加湿量 40kg/h $Q_L=157.8kW$,$Q_R=175kW$ $N=11kW(380V)$水侧阻力为 47.8kPa	台	1	一层	展陈设计	
K2-1～4	空调机组	$L=13500m^3/h$ $H=450Pa$ 加湿量 26kg/h $Q_L=96.67kW$,$Q_R=117.4kW$ $N=7.5kW(380V)$水侧阻力为 50kPa	台	4	地下二层	方展厅	
K3-1～4	空调机组	$L=13500m^3/h$ $H=450Pa$ 加湿量 26kg/h $Q_L=96.67kW$,$Q_R=117.4kW$ $N=7.5kW(380V)$水侧阻力为 50kPa	台	4	地下二层	方展厅	
K4-1～4	空调机组	$L=13500m^3/h$ $H=450Pa$ 加湿量 26kg/h $Q_L=96.67kW$,$Q_R=117.4kW$ $N=7.5kW(380V)$水侧阻力为 50kPa	台	4	地下二层	方展厅	
K2-5～K4-5	空调机组	$L=10800m^3/h$ $H=450Pa$ 加湿量 21kg/h $Q_L=74.82kW$,$Q_R=79.7kW$ $N=5.5kW(380V)$水侧阻力为 55.2kPa	台	3	地下三层	圆展厅	
K2-6～K4-6	空调机组	$L=10800m^3/h$ $H=450Pa$ 加湿量 21kg/h $Q_L=74.82kW$,$Q_R=79.7kW$ $N=5.5kW(380V)$水侧阻力为 50kPa	台	3	本层	方展厅走廊	
K5-5	空调机组	$L=21600m^3/h$ $H=450Pa$ 加湿量 42kg/h $Q_L=157.8kW$,$Q_R=175kW$ $N=11kW(380V)$水侧阻力为 47.8kPa	台	1	地下三层	圆展厅	
K5-6	空调机组	$L=18500m^3/h$ $H=75Pa$ 加湿量 3kg/h $Q_L=6.6kW$,$Q_R=5kW$ $N=7kW(380V)$水侧阻力为 23kPa	台	1	五层夹层空调机房	办公区	
K5-7	空调机组	$L=3996m^3/h$ $H=90Pa$ 加湿量 5kg/h $Q_L=11.7kW$,$Q_R=7kW$ $N=10kW(380V)$水侧阻力为 23kPa	台	1	五层夹层空调机房	办公区	
XD2-1	新风机组	$L=10800m^3/h$ $H=450Pa$ 加湿量 95kg/h $Q_L=200.2kW$,$Q_R=210kW$ $N=2\times1.1kW(380V)$水侧阻力为 50kPa	台	1	地下二层	变电新风	
XD2-2	新风机组	$L=7344m^3/h$ $H=450Pa$ 加湿量 65kg/h $Q_L=123.5kW$,$Q_R=136kW$ $N=2\times0.8kW(380V)$水侧阻力为 72.6kPa	台	1	地下二层	水泵房新风	
XD2-3	新风机组	$L=1800m^3/h$ $H=450Pa$ 加湿量 16kg/h $Q_L=25.57kW$,$Q_R=31kW$ $N=0.55kW(380V)$水侧阻力为 13.1kPa	台	1	地下二层	武警食堂新风	
XD2-4	新风机组	$L=2040m^3/h$ $H=450Pa$ 加湿量 18kg/h $Q_L=49.92kW$,$Q_R=55kW$ $N=0.37kW(380V)$水侧阻力为 42.7kPa	台	1	地下二层	工程维修	

续表

设备编号	设备名称	性能规格	单位	数量	安装部位	服务部位	备注
XD2-5	新风机组	L=4890m³/h　H=450Pa　加湿量43kg/h Q_L=85.55kW,Q_R=93.34kW N=2×0.55kW(380V)水侧阻力为44.3kPa	台	1	地下二层	职工食堂新风	
XD2-6,7	新风机组	L=12000m³/h　H=450Pa　加湿量106kg/h Q_L=229.6kW,Q_R=244.6kW N=3×0.8kW(380V)水侧阻力为71.9kPa	台	2	地下二层	厨房排油烟补风	
XD1-1	新风机组	L=1350m³/h　H=450Pa　加湿量12kg/h Q_L=25.57kW,Q_R=31kW N=0.37kW(380V)水侧阻力为13.1kPa	台	1	地下二层	库前操作区新风	
XD1-2	新风机组	L=5660m³/h　H=450Pa　加湿量50kg/h Q_L=85.55kW,Q_R=93.4kW N=2×0.55kW(380V)水侧阻力为50kPa	台	1	地下二层	左办公新风	
XD1-3	新风机组	L=2000m³/h　H=450Pa　加湿量18kg/h Q_L=25.57kW,Q_R=31kW N=0.37kW(380V)水侧阻力为13.1kPa	台	1	地下二层	餐厅包间新风	
XD1-4	新风机组	L=2500m³/h　H=450Pa　加湿量22kg/h Q_L=49.92kW,Q_R=55kW N=0.55kW(380V)水侧阻力为42.7kPa	台	4	地下二层	右办公新风	
X1-1	新风机组	L=5000m³/h　H=450Pa　加湿量44kg/h Q_L=85.55kW,Q_R=93.4kW N=1.8kW(380V)水侧阻力为44.3kPa	台	1	一层	阅览室	
X1-2	新风机组	L=2000m³/h　H=450Pa　加湿量18kg/h Q_L=49.92kW,Q_R=55kW N=0.37kW(380V)水侧阻力为13.1kPa	台	1	一层	对外文化活动中心	
X2-1～X6-1	新风机组	L=2000m³/h　H=450Pa　加湿量18kg/h Q_L=49.92kW,Q_R=55kW N=0.75kW(380V)水侧阻力为13.1kPa	台	5	本层	办公	
X2-2～X6-2	新风机组	L=2000m³/h　H=450Pa　加湿量18kg/h Q_L=49.92kW,Q_R=55kW N=0.75kW(380V)水侧阻力为13.1kPa	台	5	本层	业务办公	
FKD1-1	空调机组	Q_L=18.5kW N=8kW(380V)	台	1	地下一层	消防控制室及安保中心	
FKD1-2	空调机组	Q_L=1.6kW N=2kW	台	1	地下一层	电梯机房	
FKD1-3	空调机组	Q_L=4kW N=3kW	台	1	−3.00m	电梯机房	
YRD2-1	空调机组	L=21600m³/h　H=450Pa Q_L=157.8kW　Q_R=175kW N=11kW(380V)水侧阻力为47.8kPa	台	1	地下三层	新风加热	
PD3-1	轴流风机	L=3000m³/h　H=275Pa N=0.37kW(380V)n=2900rpm	台	1	地下三层	左集水坑排风	
PD3-2	轴流风机	L=3000m³/h　H=275Pa N=0.37kW(380V)n=2900rpm	台	1	地下三层	右集水坑排风	
PD2-1	轴流风机	L=8580m³/h　H=133Pa N=0.75kW(380V)n=1450rpm	台	1	地下二层	热交换排风	
PD2-2	轴流风机	L=16514m³/h　H=145.2Pa N=1.1kW(380V)n=960rpm	台	1	地下二层	冷冻机房排风	

续表

设备编号	设备名称	性能规格	单位	数量	安装部位	服务部位	备注
PD2-3	轴流风机	$L=19626m^3/h$　$H=131.1Pa$ $N=1.1kW(380V)$ $n=960rpm$	台	1	地下二层	变电排风	
PD2-4	轴流风机	$L=10168m^3/h$　$H=162Pa$ $N=0.75kW(380V)$ $n=1450rpm$	台	1	地下二层	水泵房排风	
PD2-5	轴流风机	$L=1340m^3/h$　$H=46.4Pa$ $N=0.04kW(380V)$ $n=1450rpm$	台	1	地下二层	武警食堂厕所淋浴排风	
PD2-6	轴流风机	$L=3418m^3/h$　$H=189.2Pa$ $N=0.37kW(380V)$ $n=2900rpm$	台	1	地下二层	钢瓶间排风	
PD2-7	轴流风机	$L=450m^3/h$　$H=100Pa$ $N=0.37kW(380V)$ $n=960rpm$	台	1	地下二层	冲洗室排风	
PD1-1	轴流风机	$L=10168m^3/h$　$H=162.6Pa$ $N=0.75kW(380V)$ $n=1450rpm$	台	1	地下一层	锅炉房排风	
PD1-2	轴流风机	$L=5375m^3/h$　$H=279Pa$ $N=0.75kW(380V)$ $n=2900rpm$	台	1	地下一层	库前操作区排风	
PD1-3	轴流风机	$L=1944m^3/h$　$H=170Pa$ $N=0.18kW(380V)$ $n=2900rpm$	台	1	地下二层	餐厅包间排风	
P-1	轴流风机	$L=8712m^3/h$　$H=164.6Pa$ $N=0.75kW(380V)$ $n=1450rpm$	台	1	屋顶	方展厅卫生间排风	
P-2	轴流风机	$L=6999m^3/h$　$H=305.1Pa$ $N=0.75kW(380V)$ $n=960rpm$	台	1	工作区屋顶	圆展厅卫生间排风	
P-3,4	轴流风机	$L=5375m^3/h$　$H=279Pa$ $N=0.75kW(380V)$ $n=2900rpm$	台	2	工作区屋顶	工作区卫生间排风	
PKD2-1	轴流风机	$L=12239m^3/h$　$H=206Pa$ $N=1.1kW(380V)$ $n=1450rpm$	台	2	地下二层	库区附属用房	
PKD2-2	轴流风机	$L=19626m^3/h$　$H=131Pa$ $N=1.1kW(380V)$ $n=960rpm$	台	1	地下二层	上库区	
PKD2-3	轴流风机	$L=19626m^3/h$　$H=131Pa$ $N=1.1kW(380V)$ $n=960rpm$	台	1	地下二层	下库区	
PKD2-4	轴流风机	$L=12280m^3/h$　$H=226Pa$ $N=1.5kW(380V)$ $n=1450rpm$	台	1	地下二层	上库区	
PKD2-5	轴流风机	$L=14470m^3/h$　$H=205Pa$ $N=1.5kW(380V)$ $n=1450rpm$	台	1	地下二层	下库区	
PKD2-6	轴流风机	$L=16501m^3/h$　$H=250Pa$ $N=2.2kW(380V)$ $n=1450rpm$	台	1	地下二层	上库区	
PKD2-7	轴流风机	$L=13720m^3/h$　$H=114Pa$ $N=0.75kW(380V)$ $n=960rpm$	台	1	地下二层	下库区	
PKD2-8	轴流风机	$L=207221m^3/h$　$H=261Pa$ $N=3kW(380V)$ $n=1450rpm$	台	1	地下二层	上库区	
PKD2-9	轴流风机	$L=14000m^3/h$　$H=650Pa$ $N=5.5kW(380V)$ $n=1450rpm$	台	1	地下二层	下库区	
PKD1-1,2,3	轴流风机	$L=17567m^3/h$　$H=287Pa$ $N=3kW(380V)$ $n=1450rpm$	台	3	地下二层	临时展厅	

续表

设备编号	设备名称	性能规格	单位	数量	安装部位	服务部位	备注
PKD1-4	轴流风机	L=19626m³/h　H=131Pa N=1.1kW(380V)n=960rpm	台	1	地下三层	多功能厅	
PKD1-5	轴流风机	L=21000m³/h　H=400Pa N=5.5kW(380V)n=1450rpm	台	1	地下二层	文物商店	
PKD1-6	轴流风机	L=23605m³/h　H=318Pa N=4kW(380V)n=1450rpm	台	1	地下二层	左中厅	
PKD1-7	轴流风机	L=23605m³/h　H=318Pa N=4kW(380V)n=1450rpm	台	1	地下二层	右中厅	
PKD1-8	轴流风机	L=175670m³/h　H=287Pa N=4kW(380V)n=1450rpm	台	1	地下二层	咖啡厅	
PK1-1,2,3	轴流风机	L=23605m³/h　H=318Pa N=4kW(380V)n=1450rpm	台	3	地下二层	临时展厅	
PK1-4	轴流风机	L=21444m³/h　H=163Pa N=1.5kW(380V)n=960rpm	台	1	地下三层	开放展厅	
PK1-5	轴流风机	L=21444m³/h　H=163Pa N=1.5kW(380V)n=960rpm	台	1	地下二层	方展厅走廊	
PK1-6	轴流风机	L=17567m³/h　H=287Pa N=3kW(380V)n=1450rpm	台	1	地下二层	礼仪大厅	
PK1-7	轴流风机	L=17567m³/h　H=287Pa N=3kW(380V)n=1450rpm	台	1	地下二层	临时展厅	
PK2-1～4	轴流风机	L=12280m³/h　H=226Pa N=1.5kW(380V)n=1450rpm	台	4	地下二层	方展厅	
PK3-1～4	轴流风机	L=13720m³/h　H=114Pa N=0.75kW(380V)n=960rpm	台	4	地下二层	方展厅	
PK4-1～4	轴流风机	L=13720m³/h　H=114Pa N=0.75kW(380V)n=960rpm	台	4	地下二层	方展厅	
PK2-5～ PK4-5	轴流风机	L=10925m³/h　H=110Pa N=0.75kW(380V)n=960rpm	台	3	地下三层	圆展厅	
PK2-6～ PK4-6	轴流风机	L=10925m³/h　H=110Pa N=0.75kW(380V)n=960rpm	台	3	本层	方展厅走廊	
PK5-5	轴流风机	L=21444m³/h　H=163Pa N=1.5kW(380V)n=960rpm	台	1	地下三层	圆展厅	
JD2-1	轴流风机	L=5951m³/h　H=313.6Pa N=1.1kW(380V)n=2900rpm	台	1	地下二层	热交换进风	
JD2-2	轴流风机	L=11110m³/h　H=182.1Pa N=1.1kW(380V)n=1450rpm	台	1	地下二层	冷冻机房 进风	
JD2-3	轴流风机	L=3941m³/h　H=95.2Pa N=0.18kW(380V)n=1450rpm	台	1	地下二层	武警食堂 排烟补风	
JD2-4	轴流风机	L=10168m³/h　H=162Pa N=1.1kW(380V)n=1450rpm	台	1	地下二层	职工食堂 排烟补风	
JD2-5	轴流风机	L=126000m³/h　H=136Pa N=0.75kW(380V)n=960rpm	台	1	地下二层	摄影室及通 道排烟补风	

续表

设备编号	设备名称	性能规格	单位	数量	安装部位	服务部位	备注
JD2-6	轴流风机	L=3839m³/h H=237Pa N=0.55kW(380V)n=2900rpm	台	1	地下二层	后勤通道走廊排烟补风	
JD2-7	轴流风机	L=10168m³/h H=162.6Pa N=0.75kW(380V)n=1450rpm	台	1	地下一层	左库前区走廊排烟补风	
JD2-8	轴流风机	L=10168m³/h H=162.6Pa N=0.75kW(380V)n=1450rpm	台	1	地下三层	上监视通道补风	
JD2-9	轴流风机	L=11528m³/h H=197.6Pa N=1.1kW(380V)n=1450rpm	台	1	地下三层	下监视通道补风	
JD2-10	轴流风机	L=15627m³/h H=139.6Pa N=1.1kW(380V)n=960rpm	台	1	地下三层	库区主通道走廊排烟补风	
JD1-1	轴流风机	L=7907m³/h H=145.6Pa N=0.55kW(380V)n=1450rpm	台	1	地下一层	锅炉房进风	
JD1-2	轴流风机	L=10168m³/h H=162.6Pa N=0.75kW(380V)n=1450rpm	台	1	地下一层	库前操作区补风	
JY-1	轴流风机	L=24944m³/h H=331Pa N=4kW(380V)n=1450rpm	台	1	地下设备层	前室加压	
JY-2	轴流风机	L=23605m³/h H=318Pa N=4kW(380V)n=1450rpm	台	1	地下设备层	前室加压	
JY-3	轴流风机	L=35682m³/h H=420Pa N=7.5kW(380V)n=1450rpm	台	1	地下设备层	前室加压	
JY-4	轴流风机	L=18650m³/h H=248Pa N=2.2kW(380V)n=960rpm	台	1	地下设备层	前室加压	
JY-5	轴流风机	L=23605m³/h H=371.6Pa N=4kW(380V)n=960rpm	台	1	地下设备层	楼梯间加压	
JY-6	轴流风机	L=24944m³/h H=331Pa N=4kW(380V)n=960rpm	台	1	地下设备层	前室加压	
JY-7	轴流风机	L=23605m³/h H=371.6Pa N=7.5kW(380V)n=960rpm	台	1	地下设备层	楼梯间加压	
JY-8,10	轴流风机	L=18480m³/h H=640Pa N=5.5kW(380V)n=1450rpm	台	2	地下设备层	楼梯间加压	
JY-9	轴流风机	L=24024m³/h H=600Pa N=7.5kW(380V)n=1450rpm	台	1	地下设备层	前室加压	
JY-11	轴流风机	L=14477m³/h H=205Pa N=1.5kW(380V)n=1450rpm	台	1	地下设备层	前室加压	
JY-12	轴流风机	L=19626m³/h H=131Pa N=1.1kW(380V)n=960rpm	台	1	地下设备层	楼梯间加压	
JY-13	轴流风机	L=35682m³/h H=420Pa N=7.5kW(380V)n=1450rpm	台	1	办公区屋顶	前室加压左	
JY-14,15	轴流风机	L=24944m³/h H=331Pa N=4kW(380V)n=1450rpm	台	2	办公区屋顶	前室加压中	
JY-16	轴流风机	L=24944m³/h H=331Pa N=4kW(380V)n=1450rpm	台	2	办公区屋顶	前室加压右	

续表

设备编号	设备名称	性能规格	单位	数量	安装部位	服务部位	备注
JY-17～21	轴流风机	L=16560m³/h H=159.5Pa N=1.8kW(380V)n=960rpm	台	5	地下设备层	楼梯间加压	
JY-22	轴流风机	L=24944m³/h H=331Pa N=4kW(380V)n=1450rpm	台	1	一层室外口	人防消防前室加压	
JY-23	轴流风机	L=14477m³/h H=205Pa N=1.5kW(380V)n=1450rpm	台	1	地下设备层	地下圆空调机房前室加压	
JY-24	轴流风机	L=18480m³/h H=640Pa N=5.5kW(380V)n=1450rpm	台	1	地下设备层	地下圆空调机房前室加压	
JY-25	轴流风机	L=14784m³/h H=510Pa N=4kW(380V)n=1450rpm	台	1	地下设备层	地下圆空调机房前室加压	
JY-26	轴流风机	L=18480m³/h H=640Pa N=5.5kW(380V)n=1450rpm	台	1	地下设备层	地下圆空调机房前室加压	
RF JD2-1	轴流风机	L=24944m³/h H=331Pa N=4kW(380V)n=1450rpm	台	1	地下二层	车库人防	
PYD2-1	轴流风机	L=7780m³/h H=119Pa N=1.4kW(380V)n=1450rpm	台	1	地下二层	职工食堂排烟	
PW13.5-1～17 PW3-1	轴流风机	L=1100m³/h H=294Pa N=0.75kW(380V)n=1450rpm	台	1	屋顶	13.500m夹层三层字画修复室	
PYD2-2	排烟风机	L=7111m³/h H=127Pa N=1.5kW(380V)n=960rpm	台	1	地下二层	热力站通道走廊排烟	
PYD2-3	排烟风机	L=7111m³/h H=127Pa N=1.5kW(380V)n=960rpm	台	1	地下二层	后勤通道走廊排烟	
PYD2-4	排烟风机	L=7685m³/h H=354Pa N=1.5kW(380V)n=2900rpm	台	1	地下二层	左库前区走廊排烟	
PYD2-5	排烟风机	L=19105m³/h H=731Pa N=7.5kW(380V)n=1450rpm	台	1	地下三层	上监视通道排烟	
PYD2-6	排烟风机	L=23185m³/h H=756Pa N=7.5kW(380V)n=960rpm	台	1	地下二层	下监视通道排烟	
PYD2-7	排烟风机	L=31415m³/h H=585Pa N=7.5kW(380V)n=1450rpm	台	1	地下三层	库区主通道走廊排烟	
PYD1-1	排烟风机	L=19105m³/h H=731Pa N=7.5kW(380V)n=1450rpm	台	1	地下一层	库前操作区排烟	
PY1-1	排烟风机	L=65460m³/h H=703Pa N=18.5kW(380V)n=960rpm	台	1	一层展厅	方展厅排烟	
PY2-1～4	排烟风机	L=30465m³/h H=597Pa N=7.5kW(380V)n=1450rpm	台	4	夹层	方展厅排烟	
PY3-1～4	排烟风机	L=30465m³/h H=597Pa N=7.5kW(380V)n=1450rpm	台	4	夹层	方展厅排烟	
PY4-1～4	排烟风机	L=30465m³/h H=597Pa N=7.5kW(380V)n=1450rpm	台	4	夹层	方展厅排烟	
PY-1	排烟风机	L=54186m³/h H=718Pa N=18.5kW(380V)n=960rpm	台	1	屋顶	圆展厅排烟	

续表

设备编号	设备名称	性能规格	单位	数量	安装部位	服务部位	备注
PY-2	排烟风机	L=21498m³/h H=698Pa N=7.5kW(380V)n=960rpm	台	1	屋顶	后勤走廊排烟左	
PY-3	排烟风机	L=36939m³/h H=708Pa N=11kW(380V)n=1450rpm	台	1	屋顶	后勤走廊排烟右	
PPYD2-1	排烟风机	L=25170m³/h H=562Pa N=7.5kW(380V)n=1450rpm	台	1	地下二层	摄影室排风兼排烟	
PPYD1-1,2	排烟风机	L=18517m³/h H=476Pa N=5.9kW(380V)n=2900rpm	台	2	地下一层	汽车库	
RFPPYD2-1	排烟风机	L=29220m³/h H=612Pa N=7.5kW(380V)n=1450rpm	台	1	地下二层	车库人防排风	
RFPPYD2-2	排烟风机	L=20100m³/h H=414Pa N=5.5kW(380V)n=2900rpm	台	1	地下二层	车库人防排风	
PYY-1	离心风机	L=45406m³/h H=934Pa N=18.5kW(380V)n=710rpm	台	1	圆展厅屋顶	厨房排油烟	
PBD2-1	防爆轴流风机	L=3202m³/h H=232Pa N=0.25kW(380V)n=2900rpm	台	1	地下二层煤气表间	地下二层煤气表间	
PBD1-4	防爆轴流风机	L=3202m³/h H=232Pa N=0.25kW(380V)n=2900rpm	台	1	地下二层煤气表间	地下二层煤气表间	
PD1-5	斜流风机	L=2000m³/h H=156Pa N=0.25kW(380V)n=2900rpm	台	1	地下一层	熏蒸室排风	
PD1-4	防爆轴油流风机	L=3202m³/h H=232Pa N=0.25kW(380V)n=2900rpm	台	1	地下一层煤气表间	地下一层煤气表间	
KD1-3	空调机组	L=6000m³/h H=185Pa Q_L=167.73kW Q_R=73.7kW N=0.55×2kW(380V)水侧阻力为54.1kPa	台	1	地下一层	方展厅走廊	

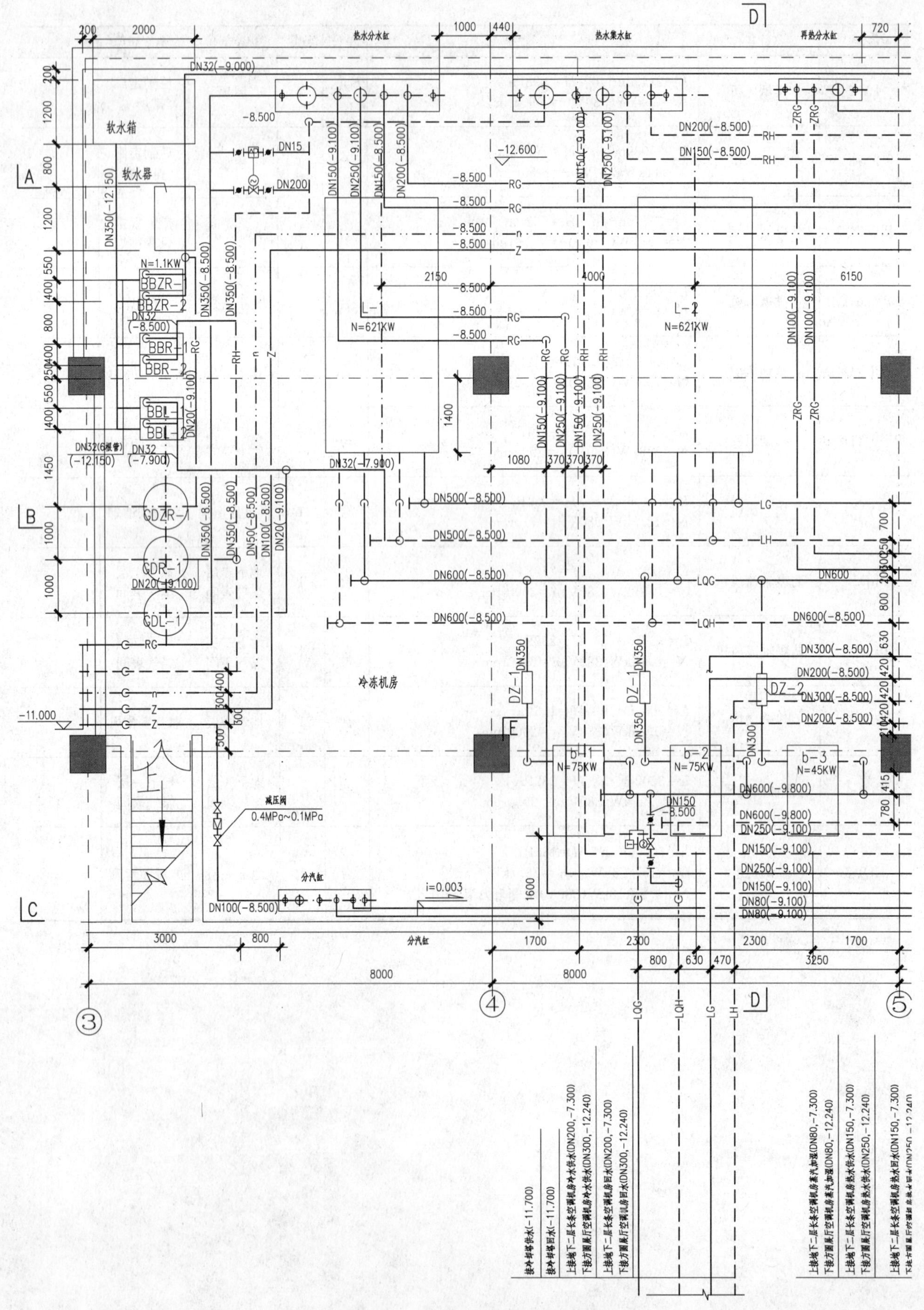

图 4.4-5 −3.500 层空调通风平面图（一）

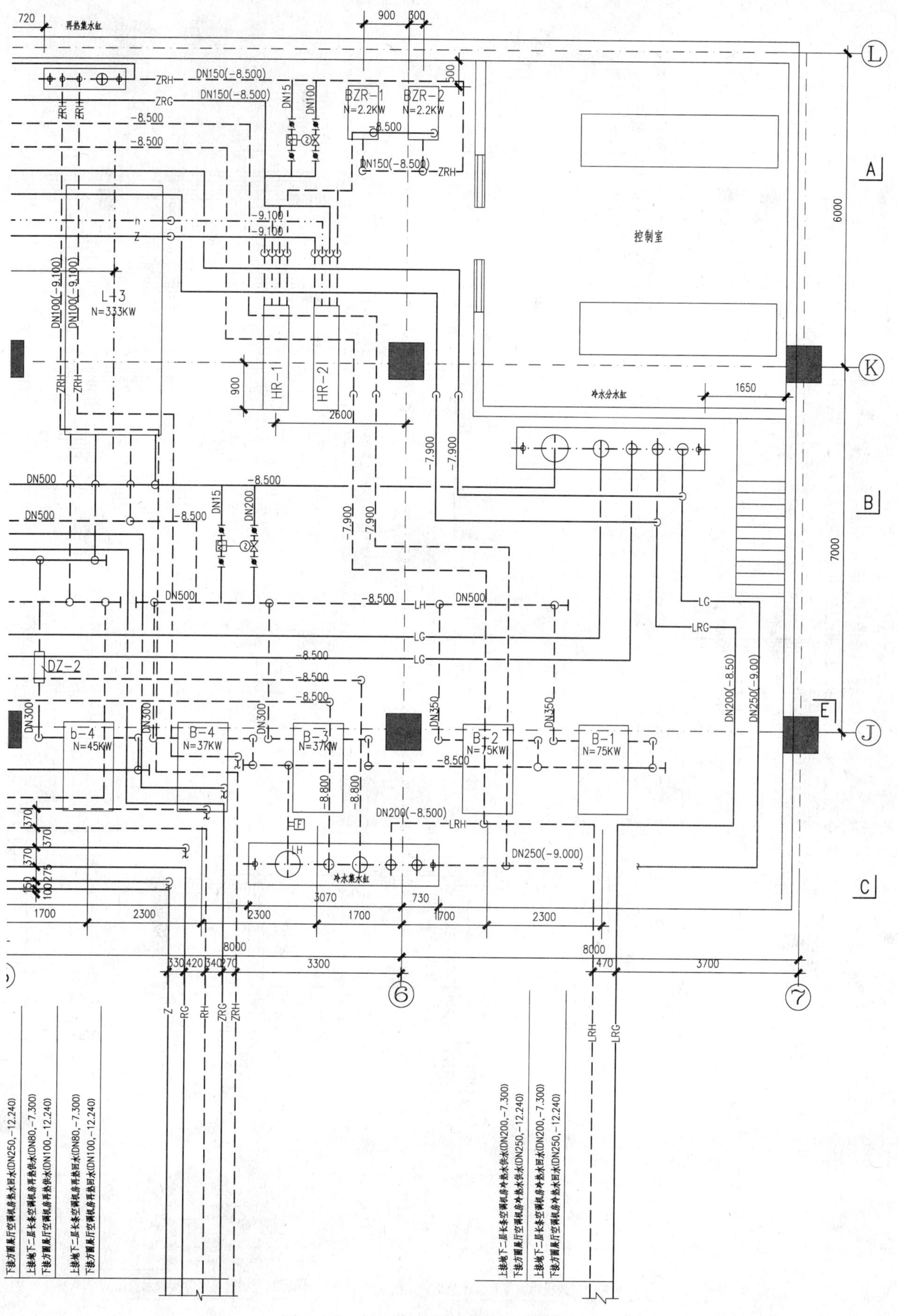

图 4.4-6 －3.500 层空调通风平面图（二）

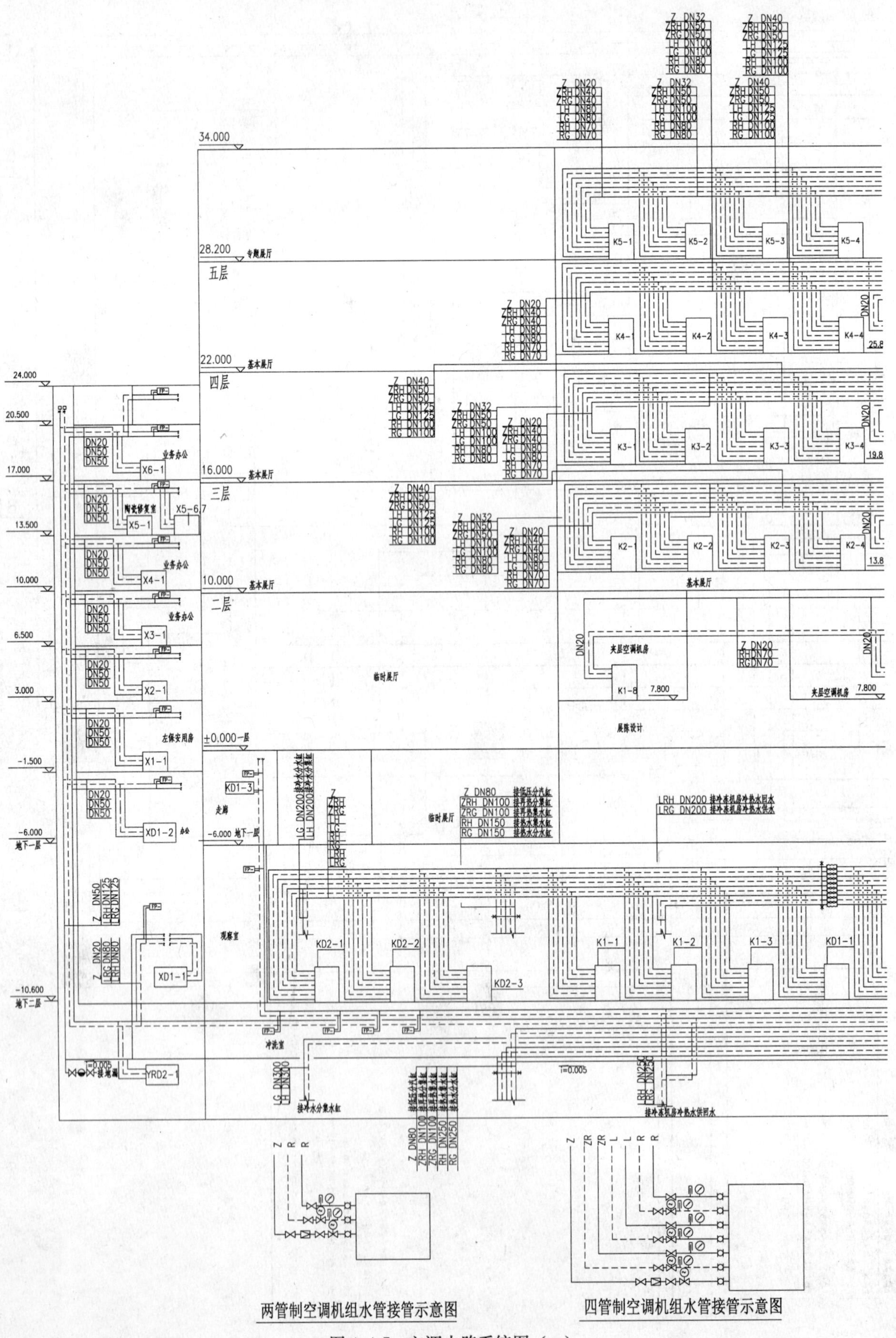

两管制空调机组水管接管示意图　　四管制空调机组水管接管示意图

图 4.4-7　空调水路系统图（一）

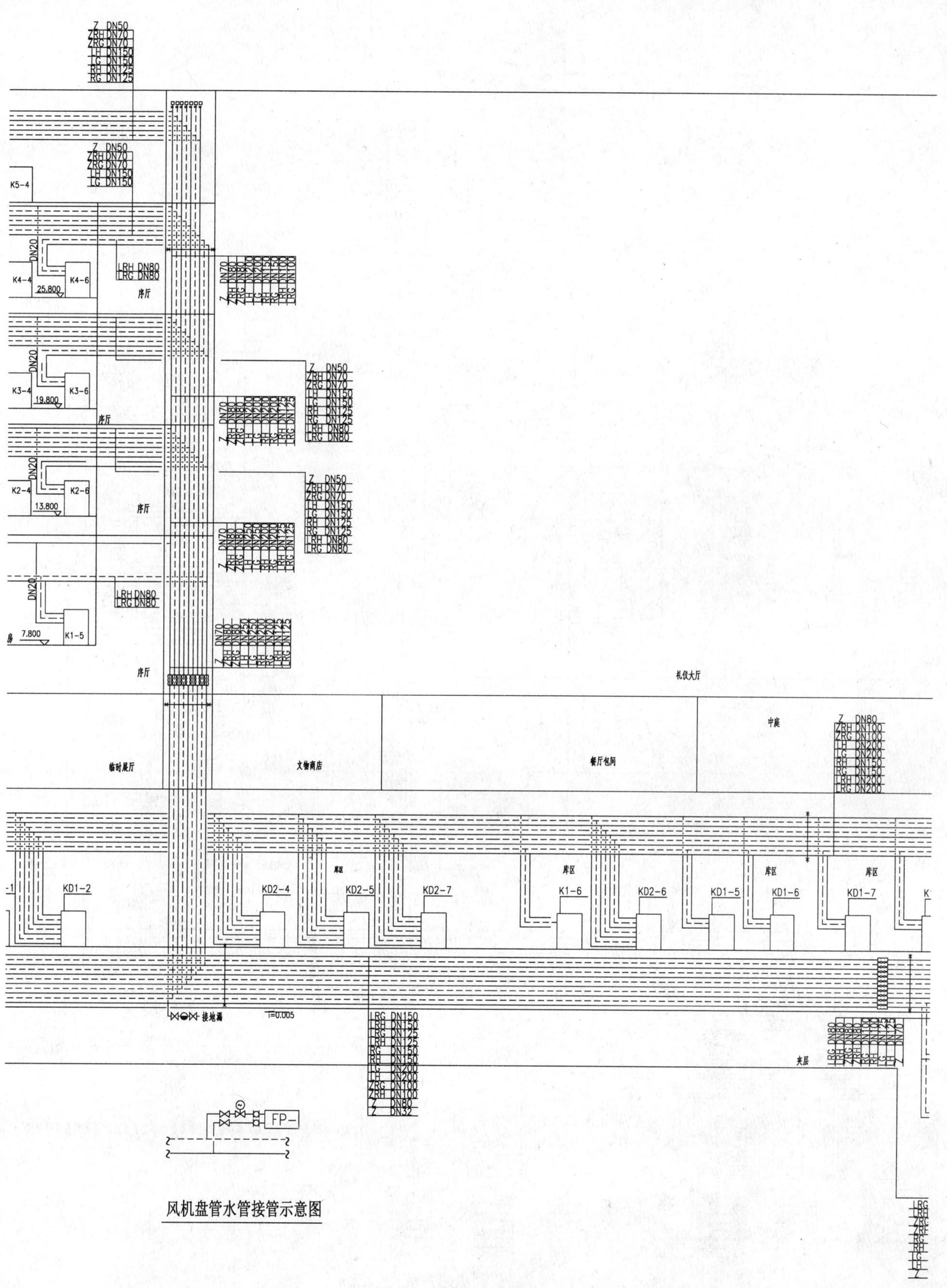

图 4.4-8 空调水路系统图（二）

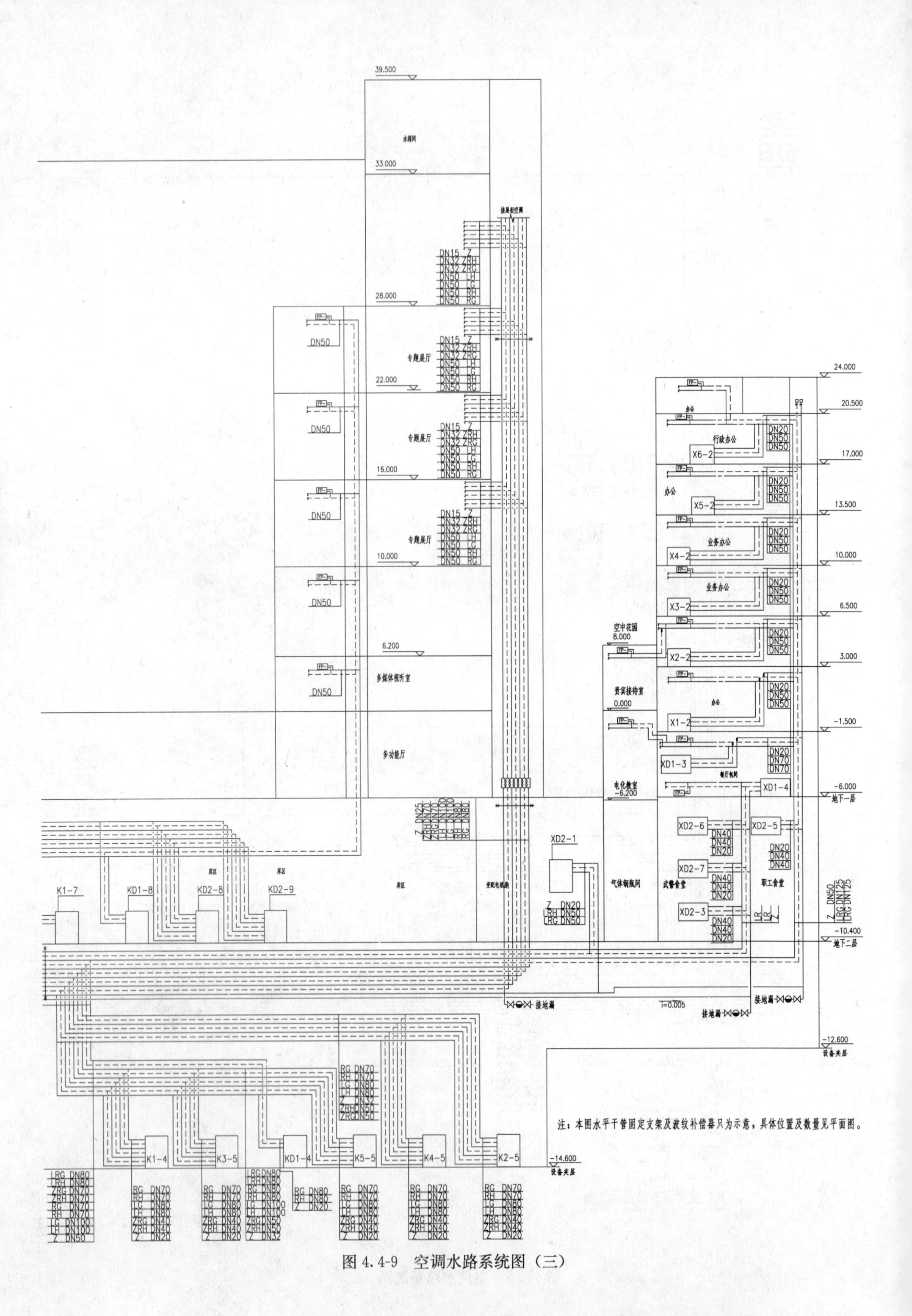

图 4.4-9　空调水路系统图（三）

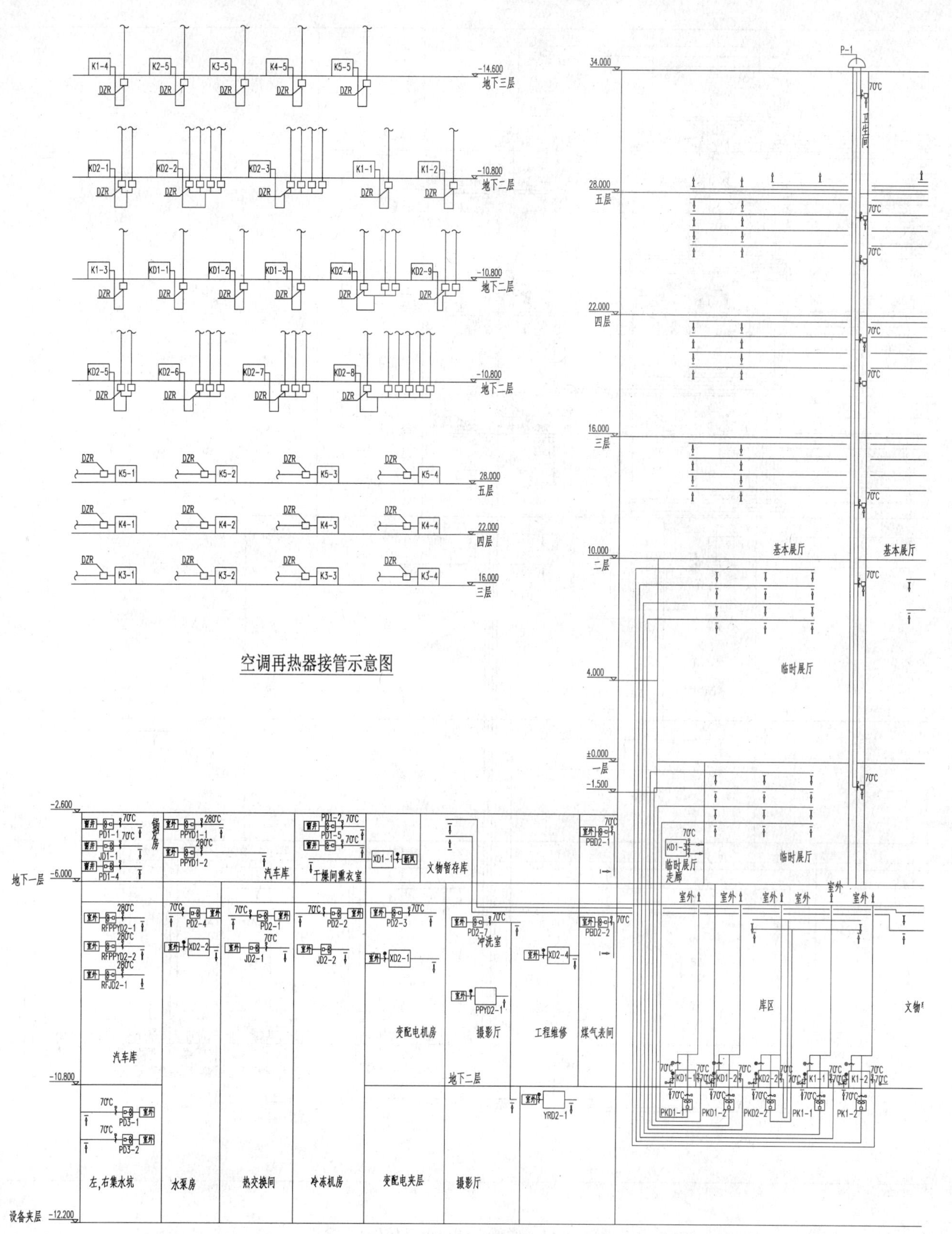

图 4.4-10　通风空调风路系统图（一）

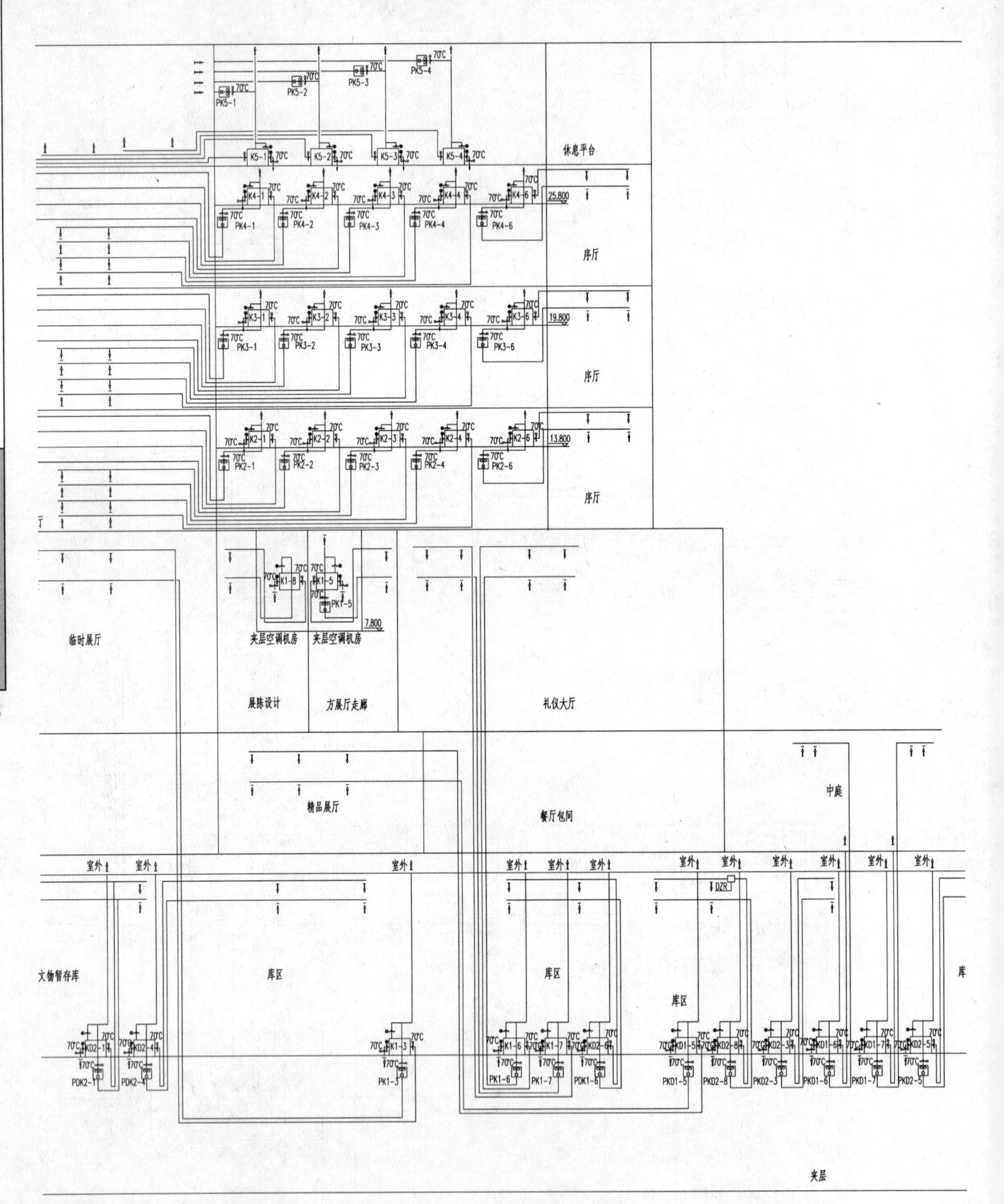

图 4.4-11　通风空调风路系统图（二）

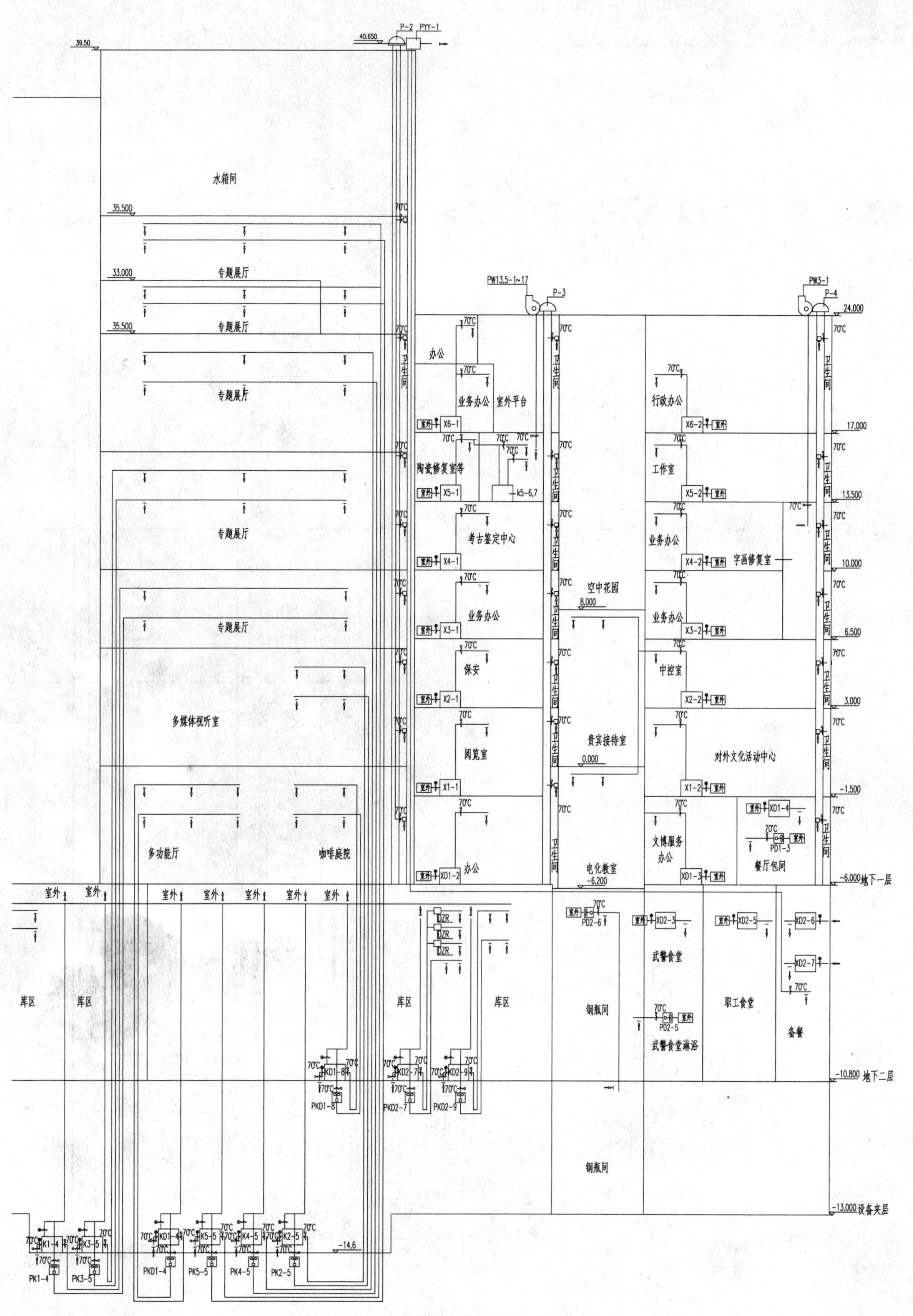

图 4.4-12 通风空调风路系统图（三）

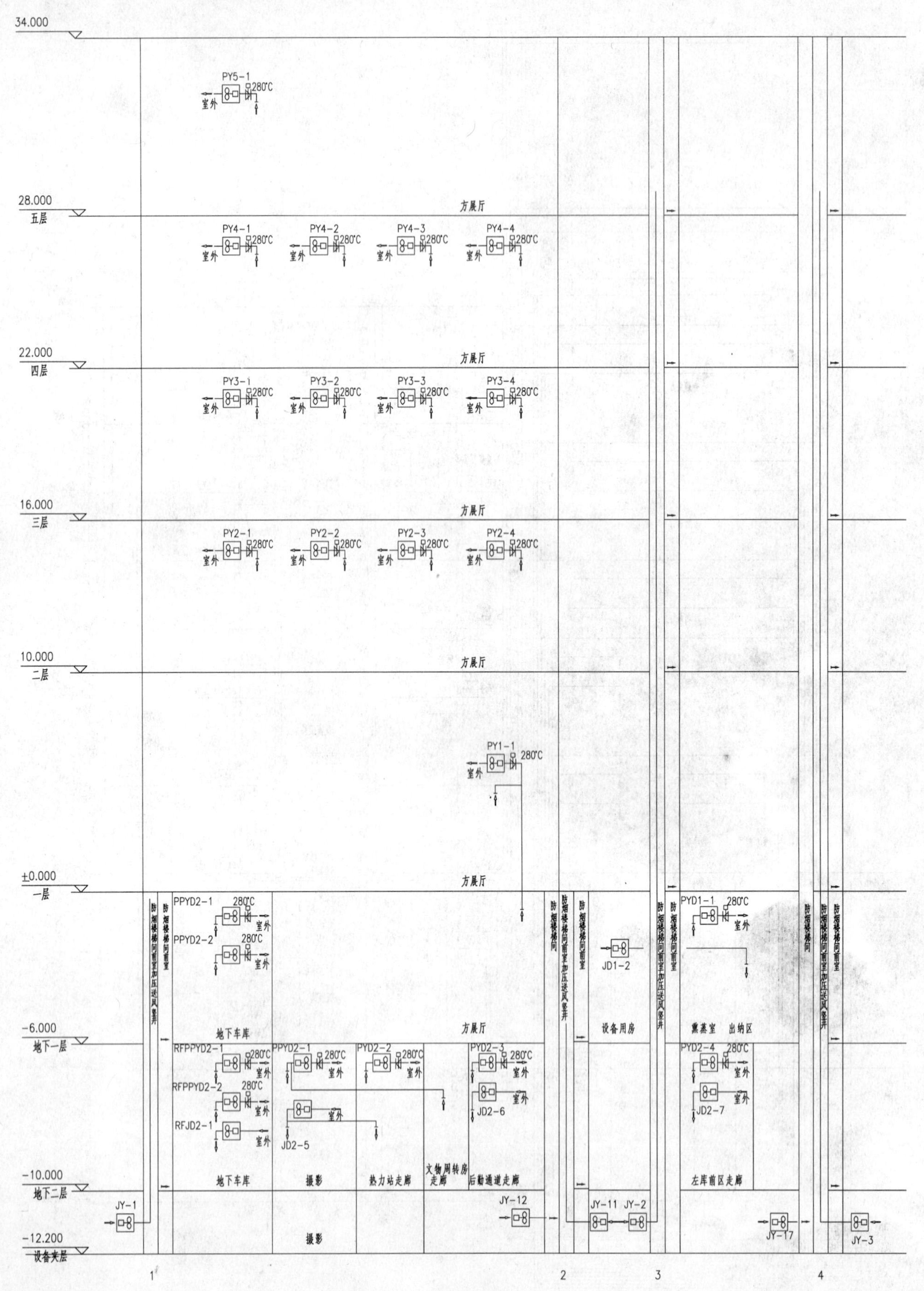

图 4.4-13　防排烟系统图（一）

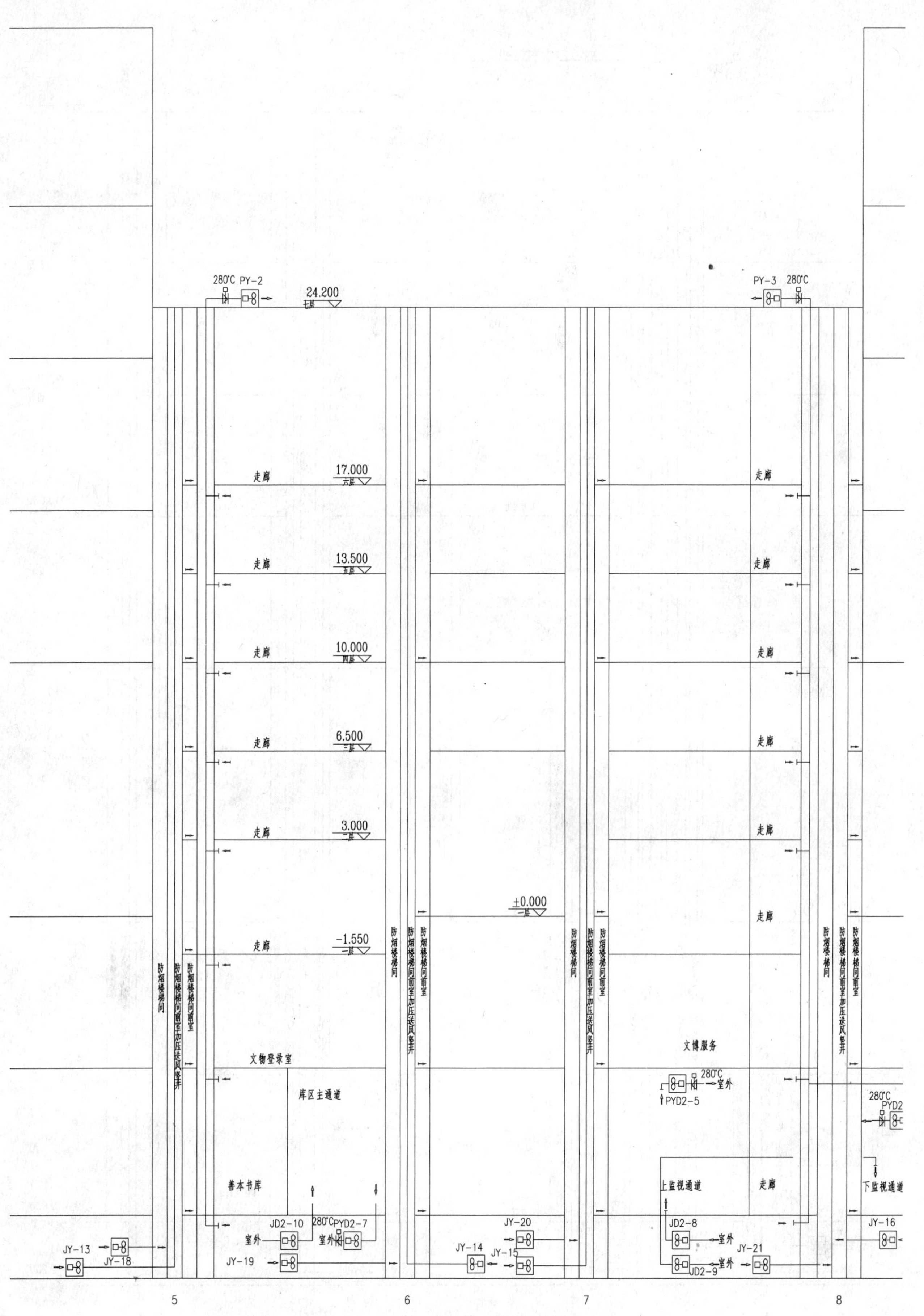

图 4.4-14　防排烟系统图（二）

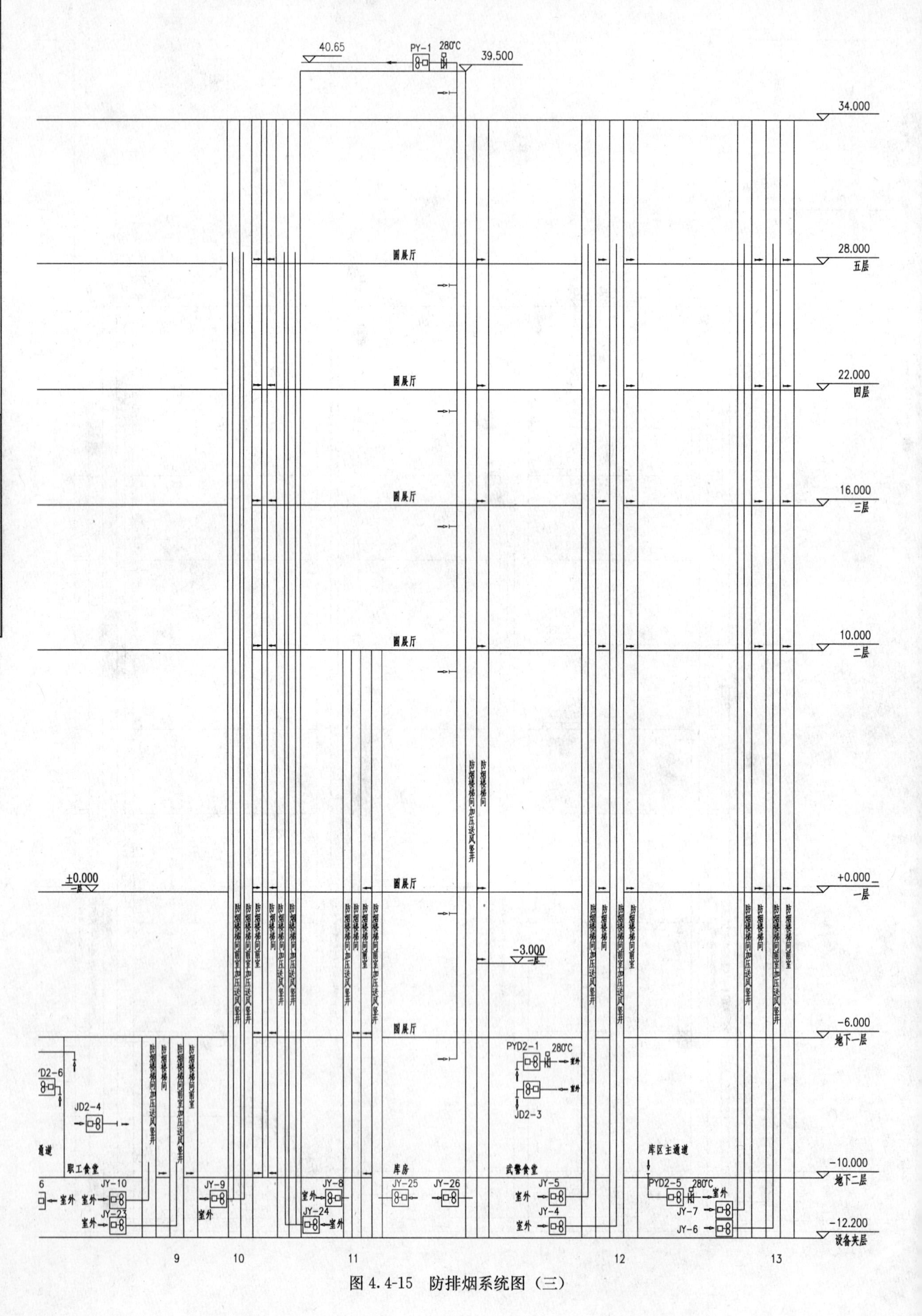

图 4.4-15　防排烟系统图（三）

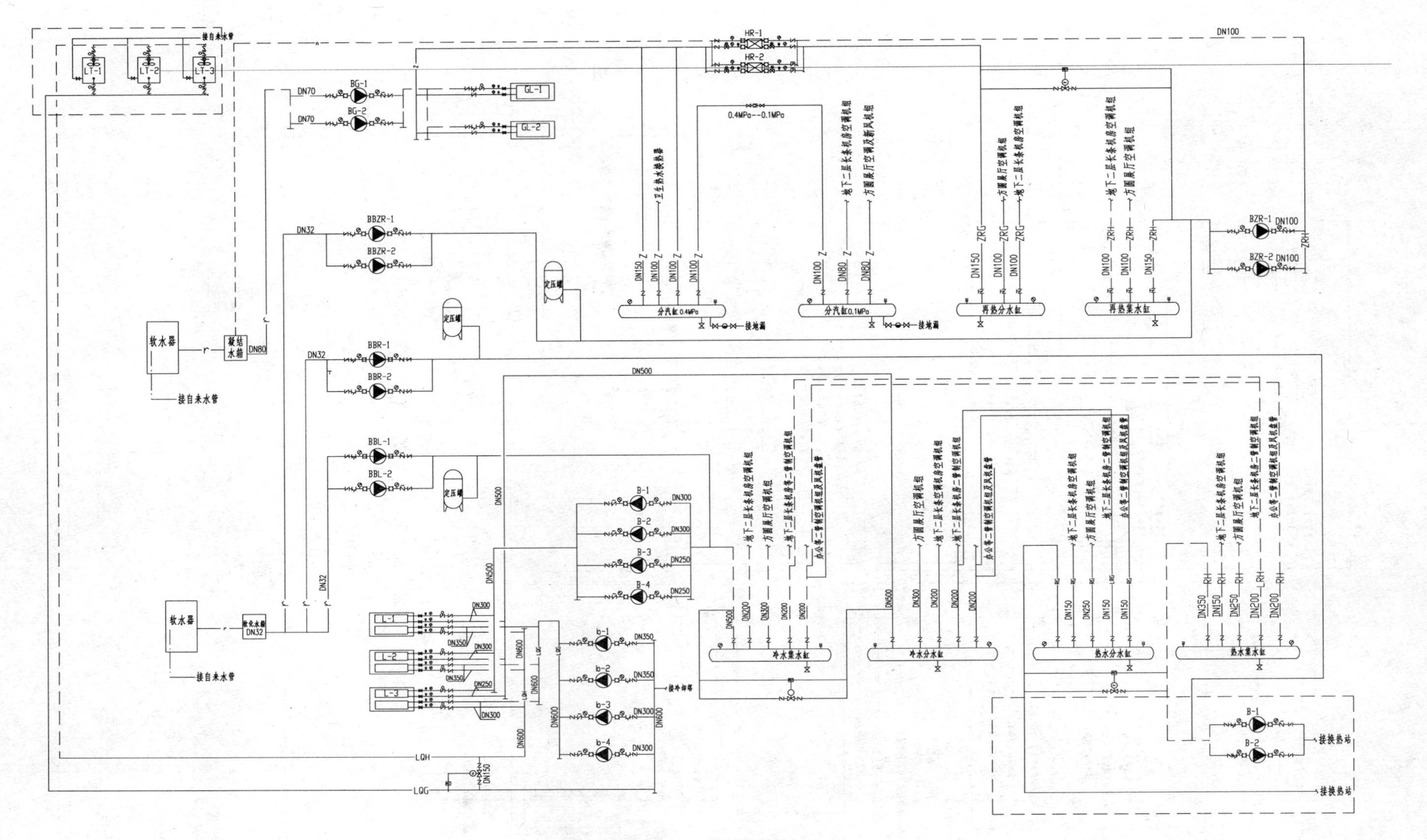

图 4.4-16 冷热源系统图

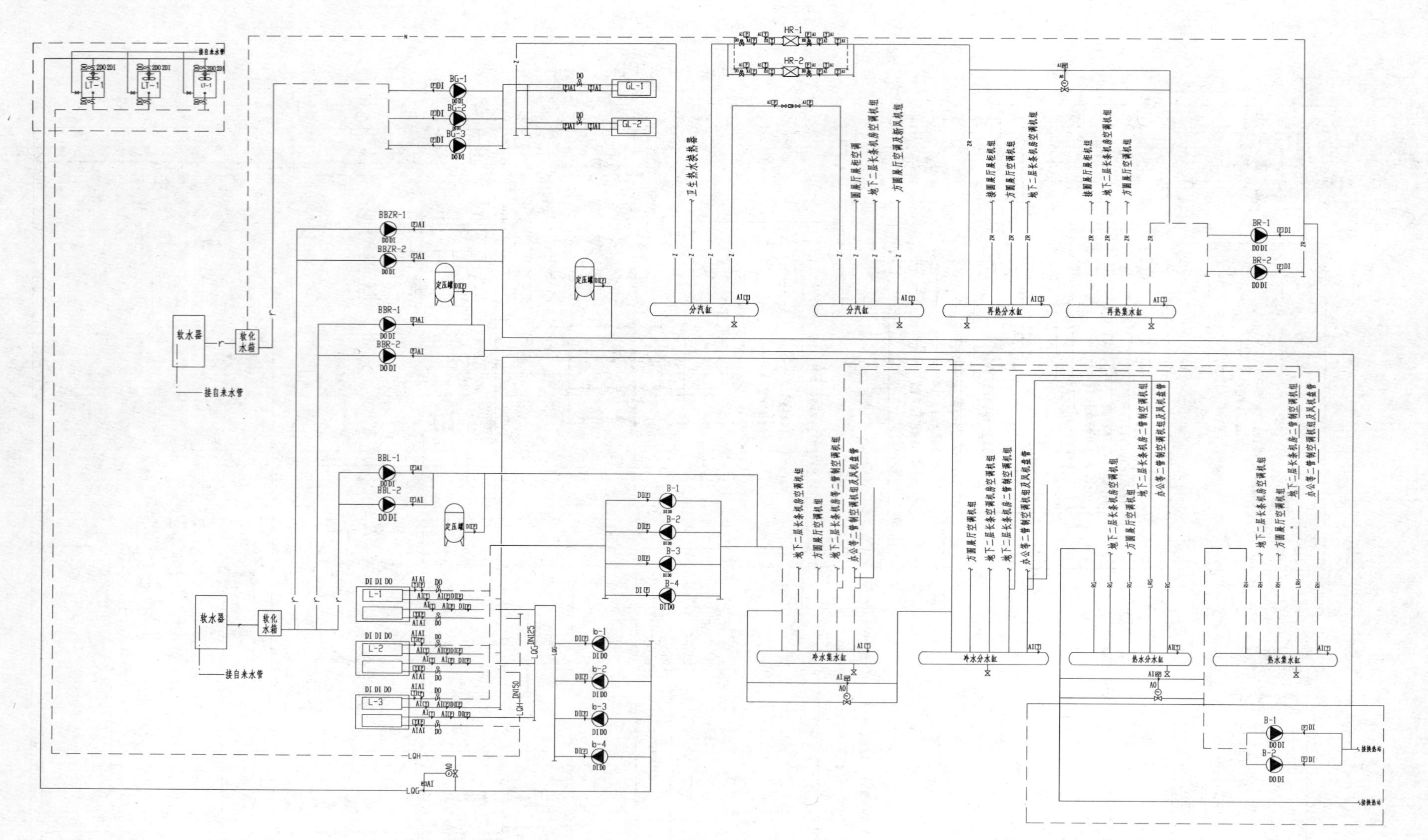

图 4.4-17　冷热源自控原理图

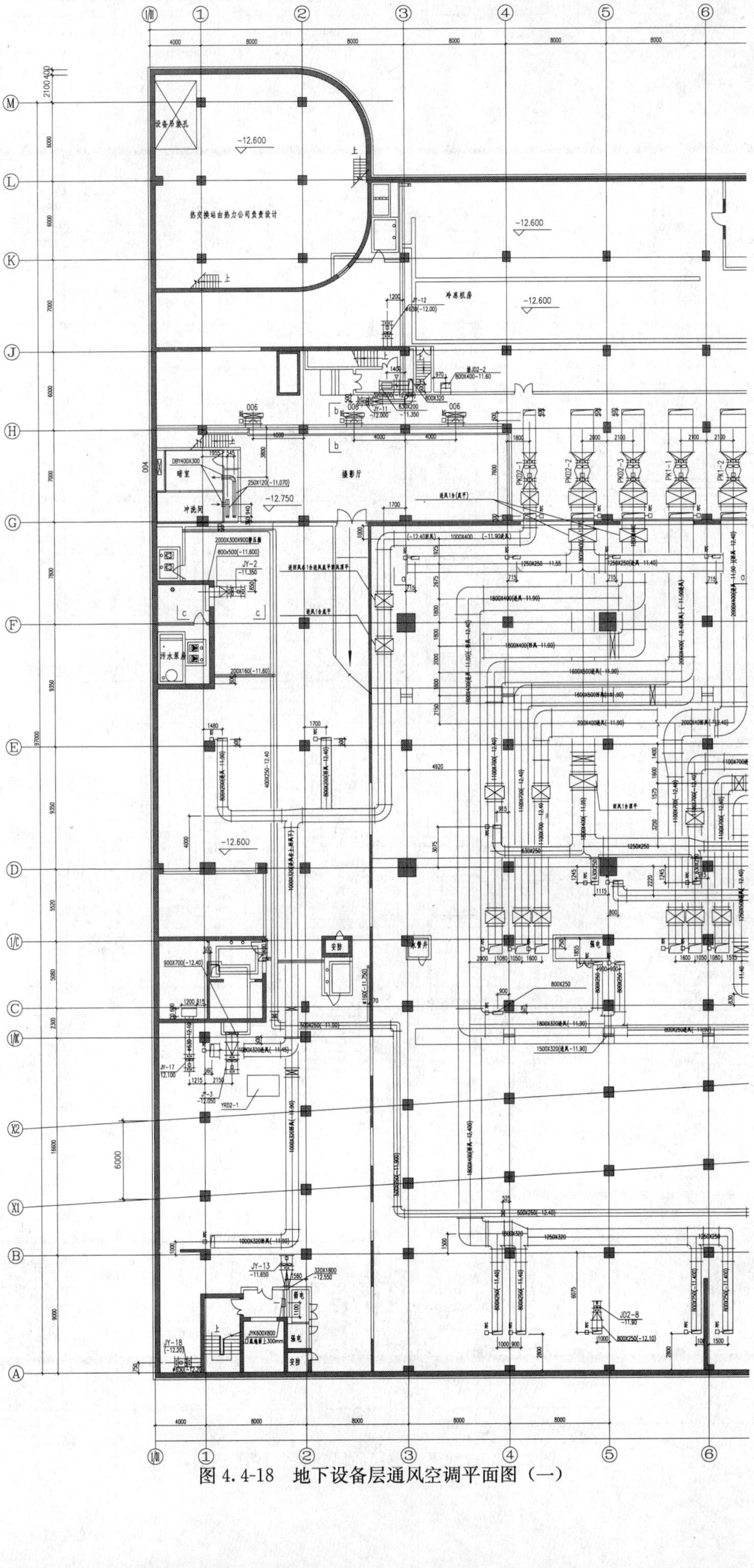

图 4.4-18　地下设备层通风空调平面图（一）

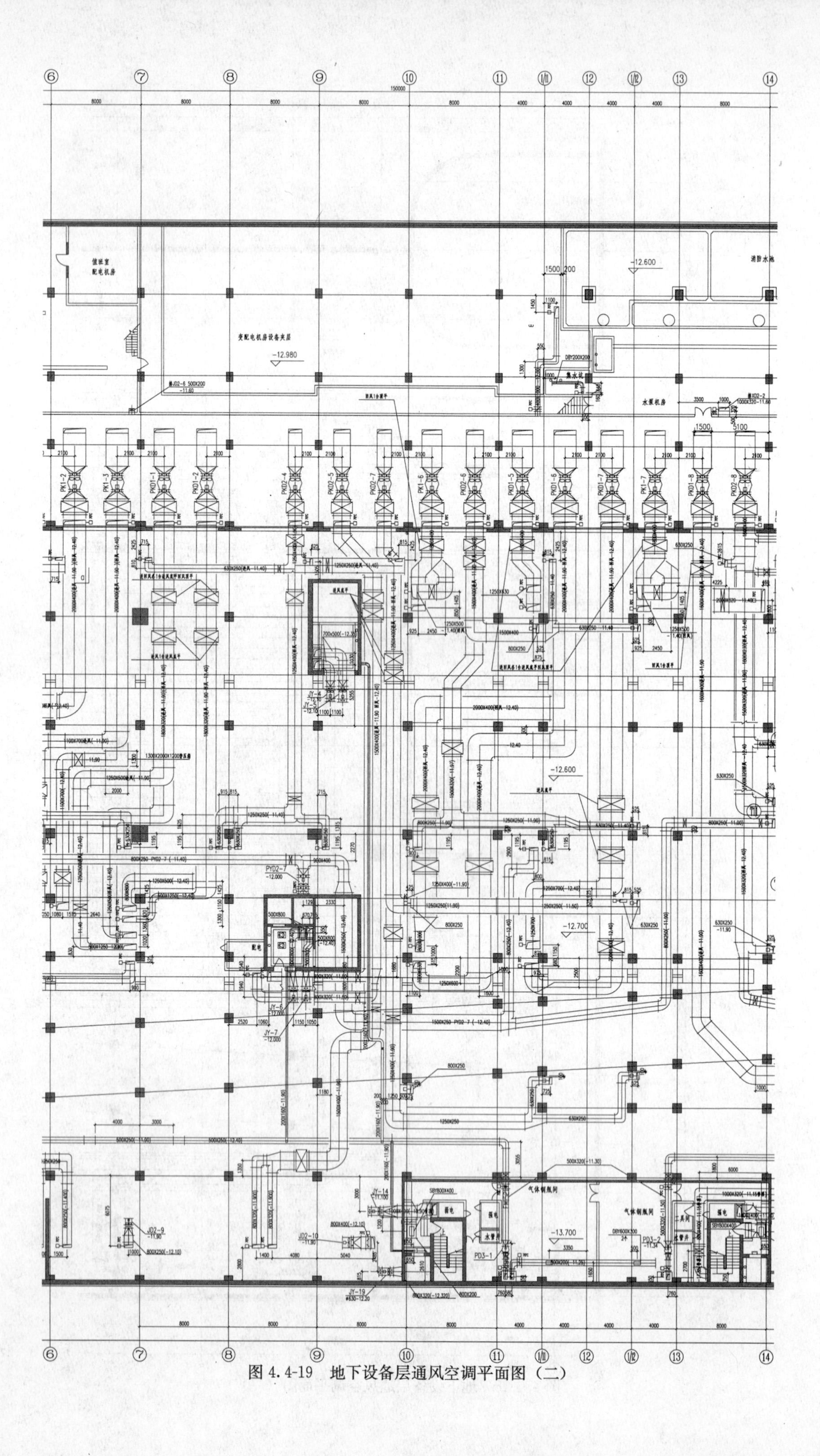

图 4.4-19　地下设备层通风空调平面图（二）

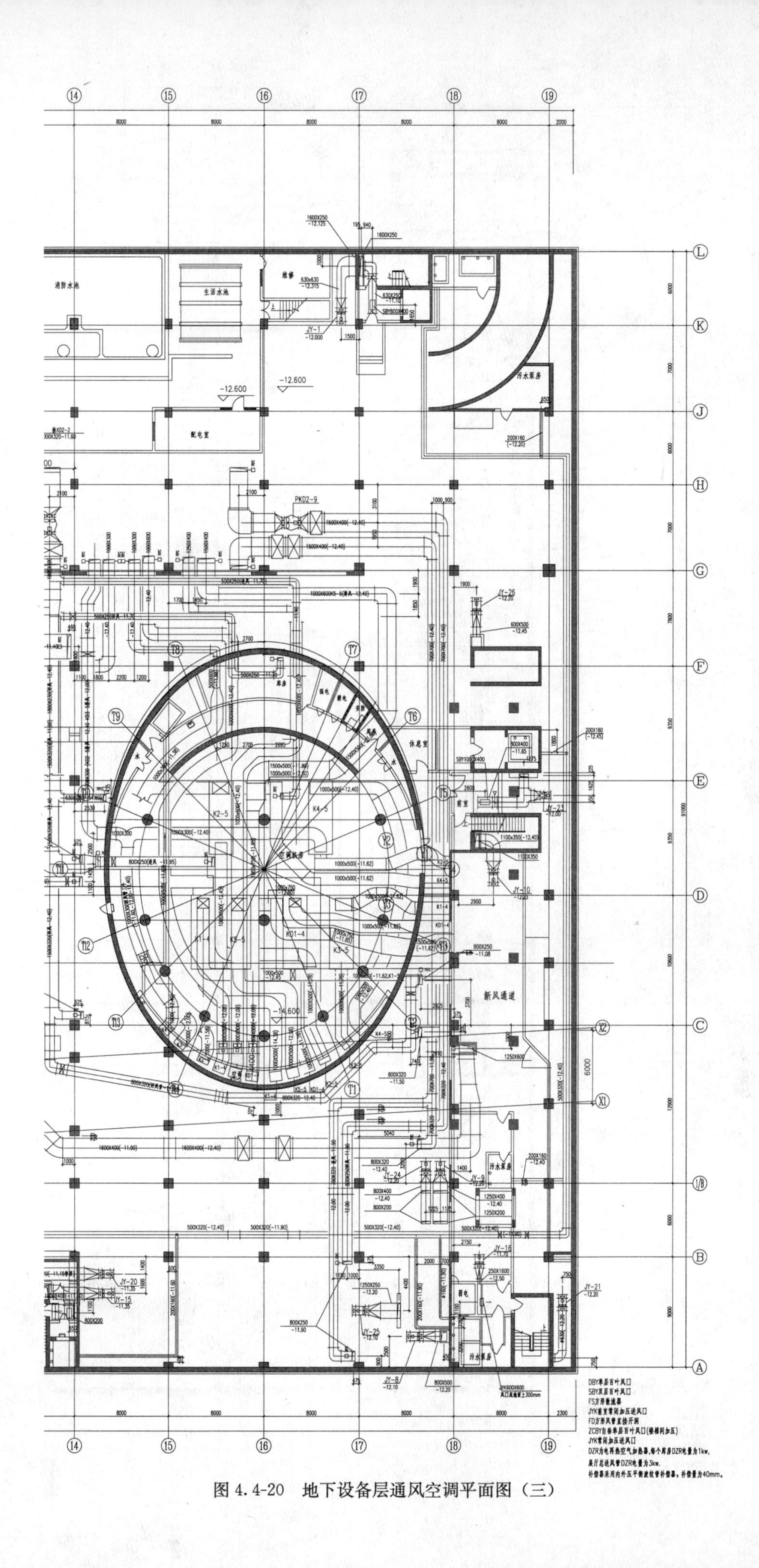

图 4.4-20　地下设备层通风空调平面图（三）

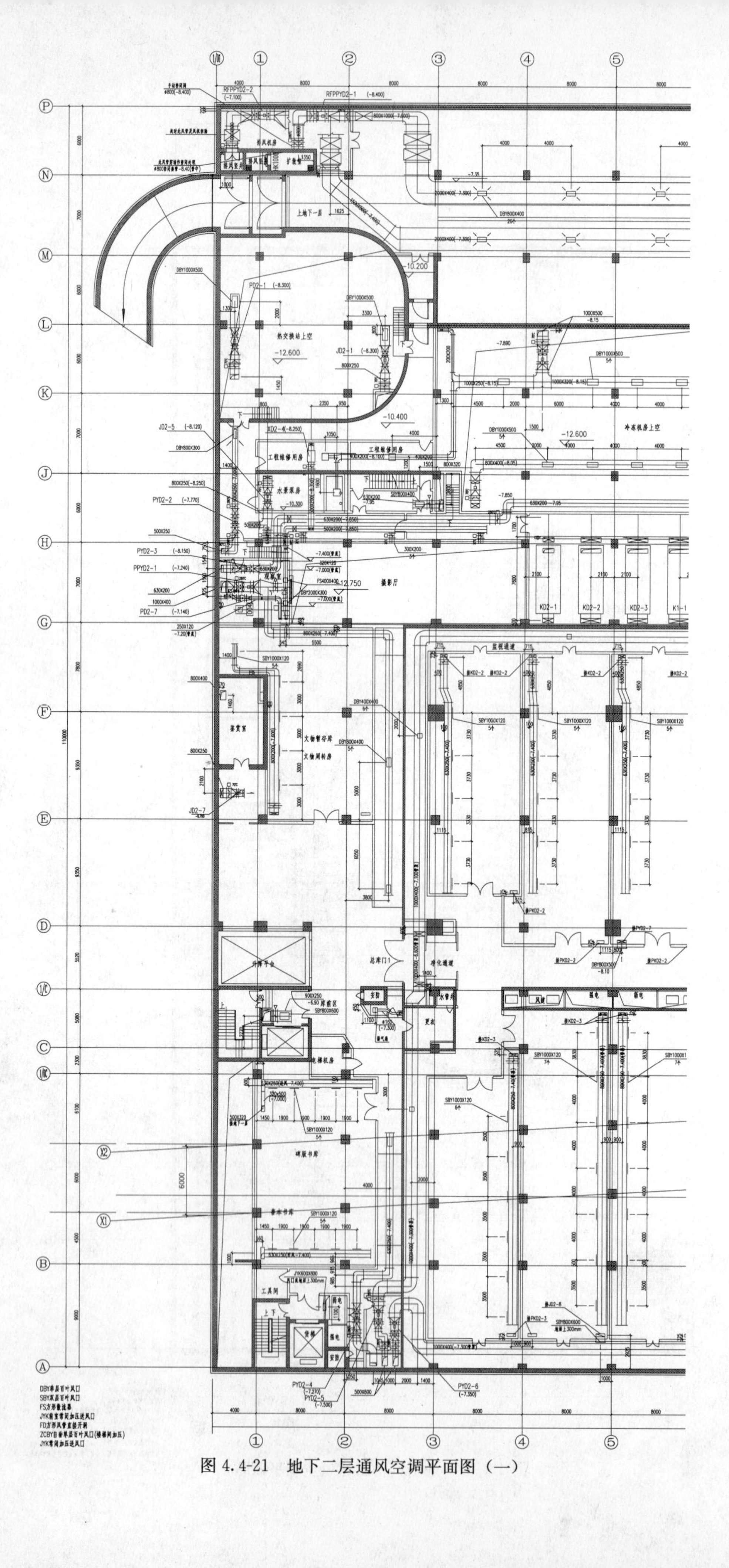

图 4.4-21　地下二层通风空调平面图（一）

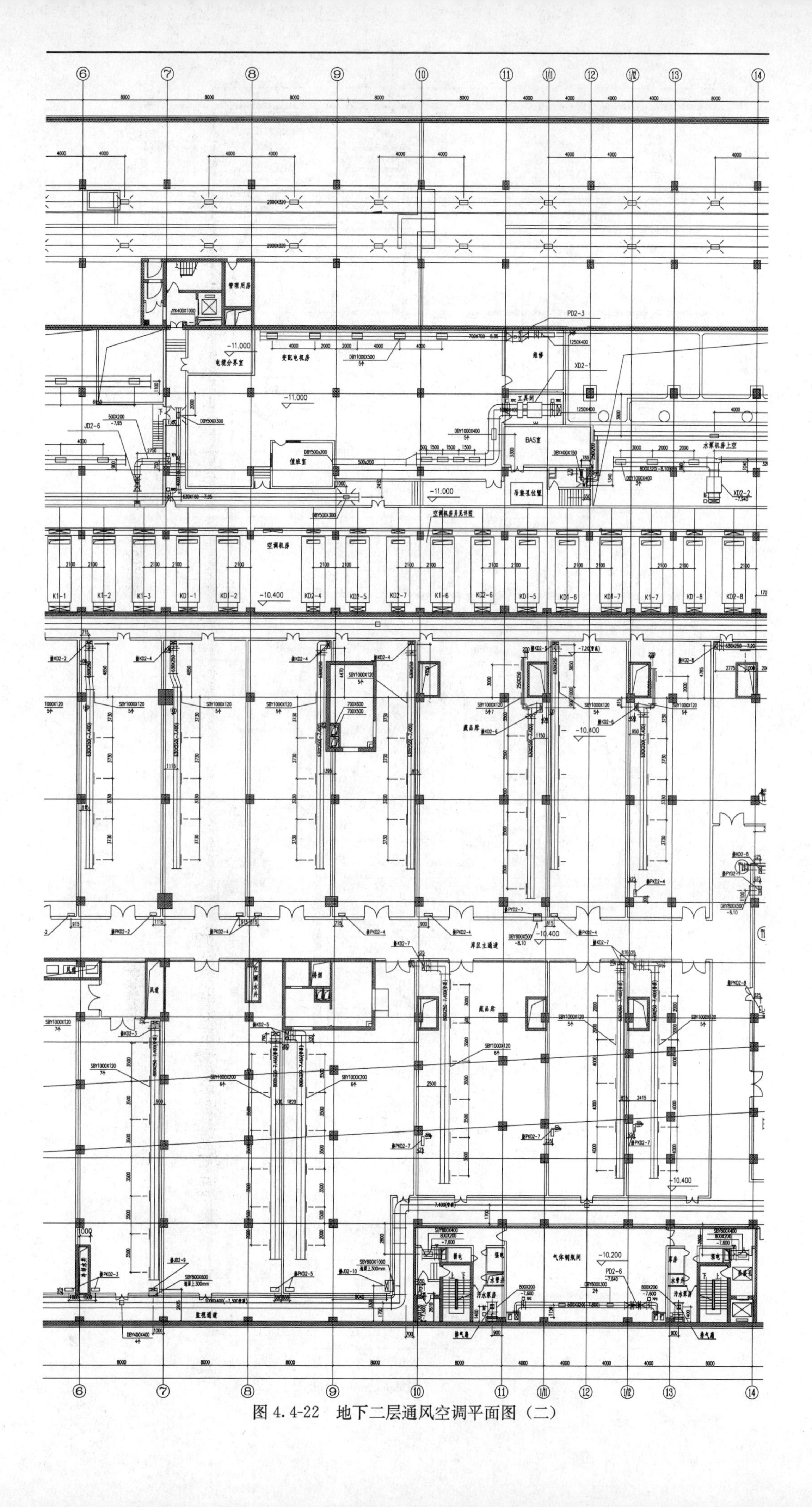

图 4.4-22　地下二层通风空调平面图（二）

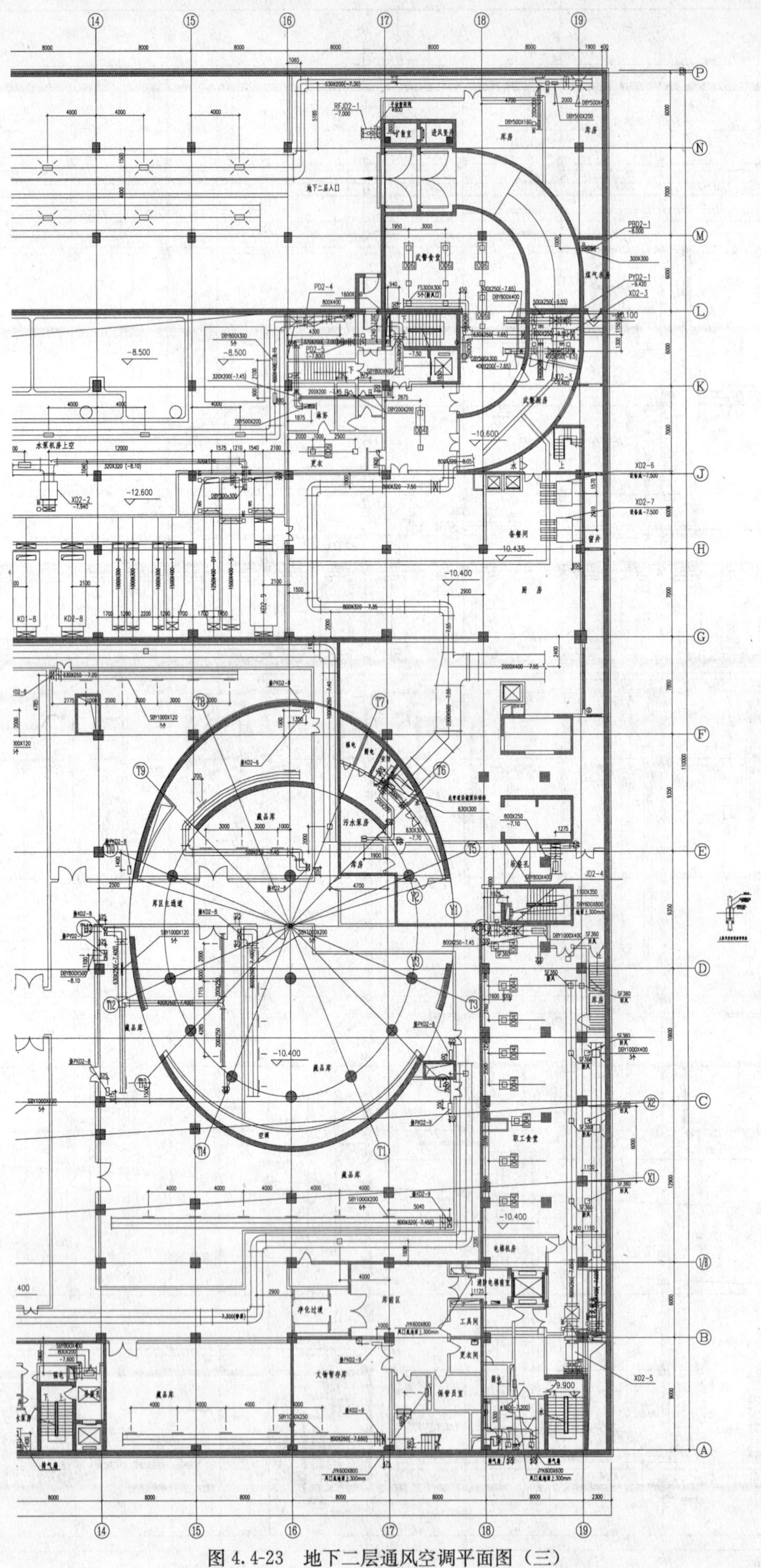

图 4.4-23　地下二层通风空调平面图（三）

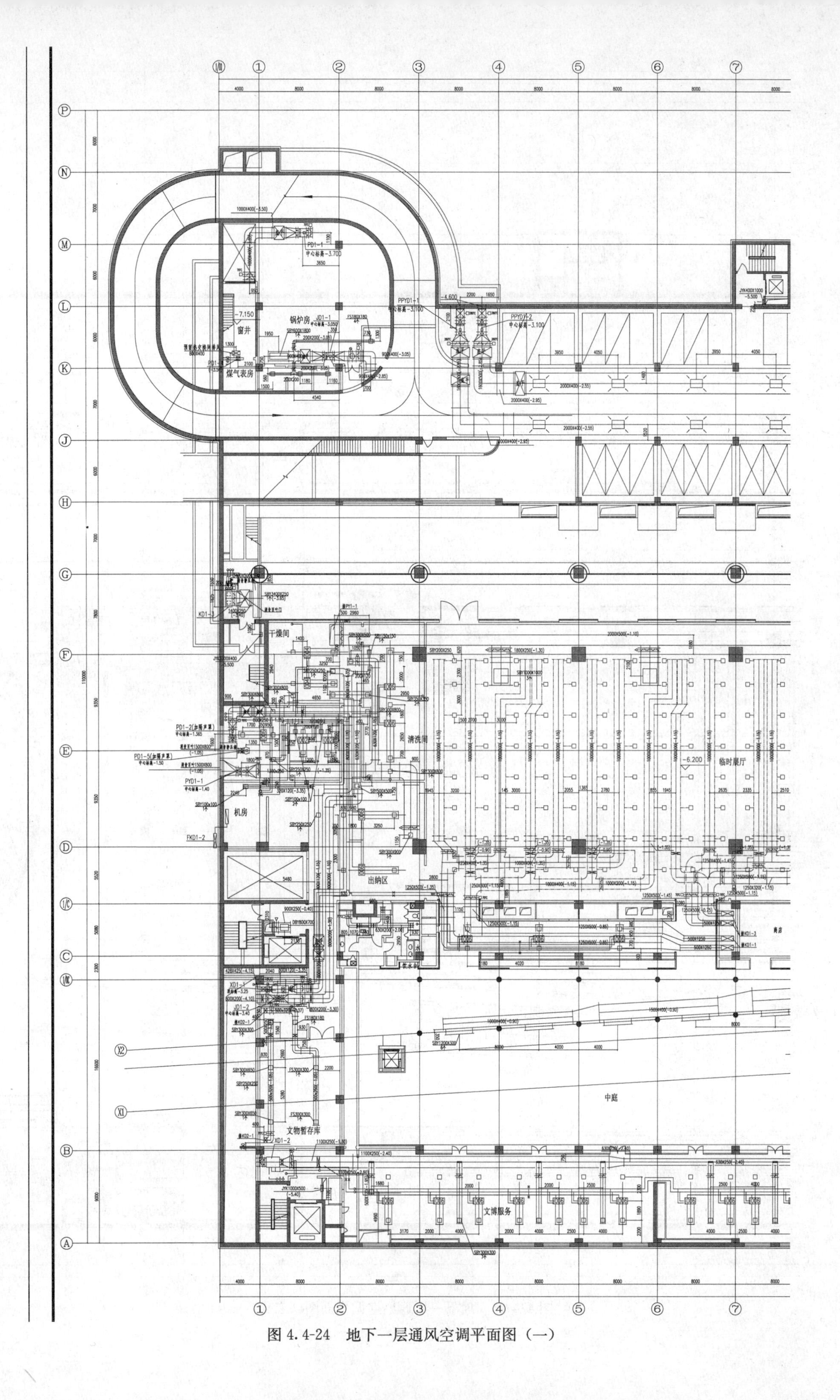

图 4.4-24　地下一层通风空调平面图（一）

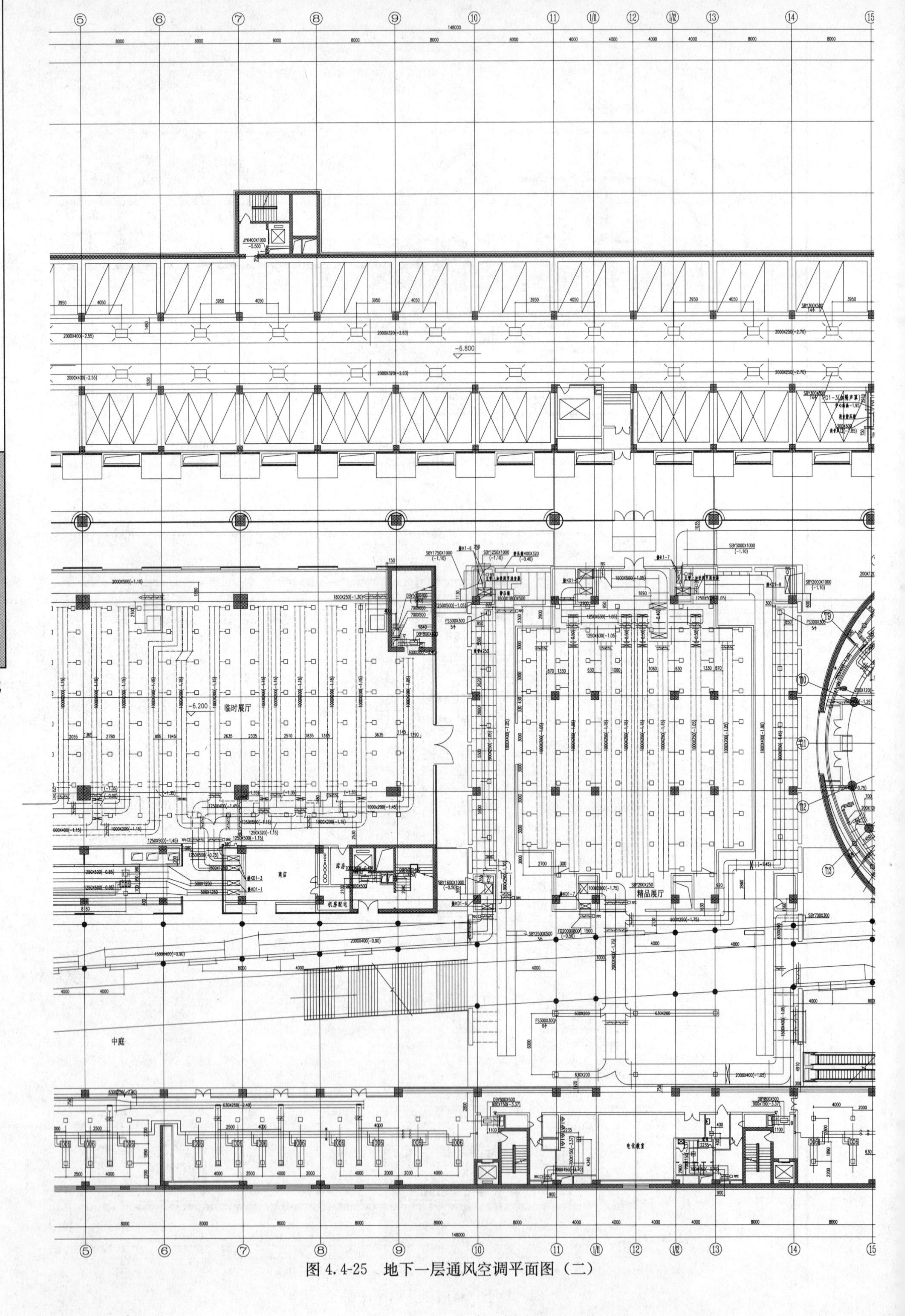

图 4.4-25　地下一层通风空调平面图（二）

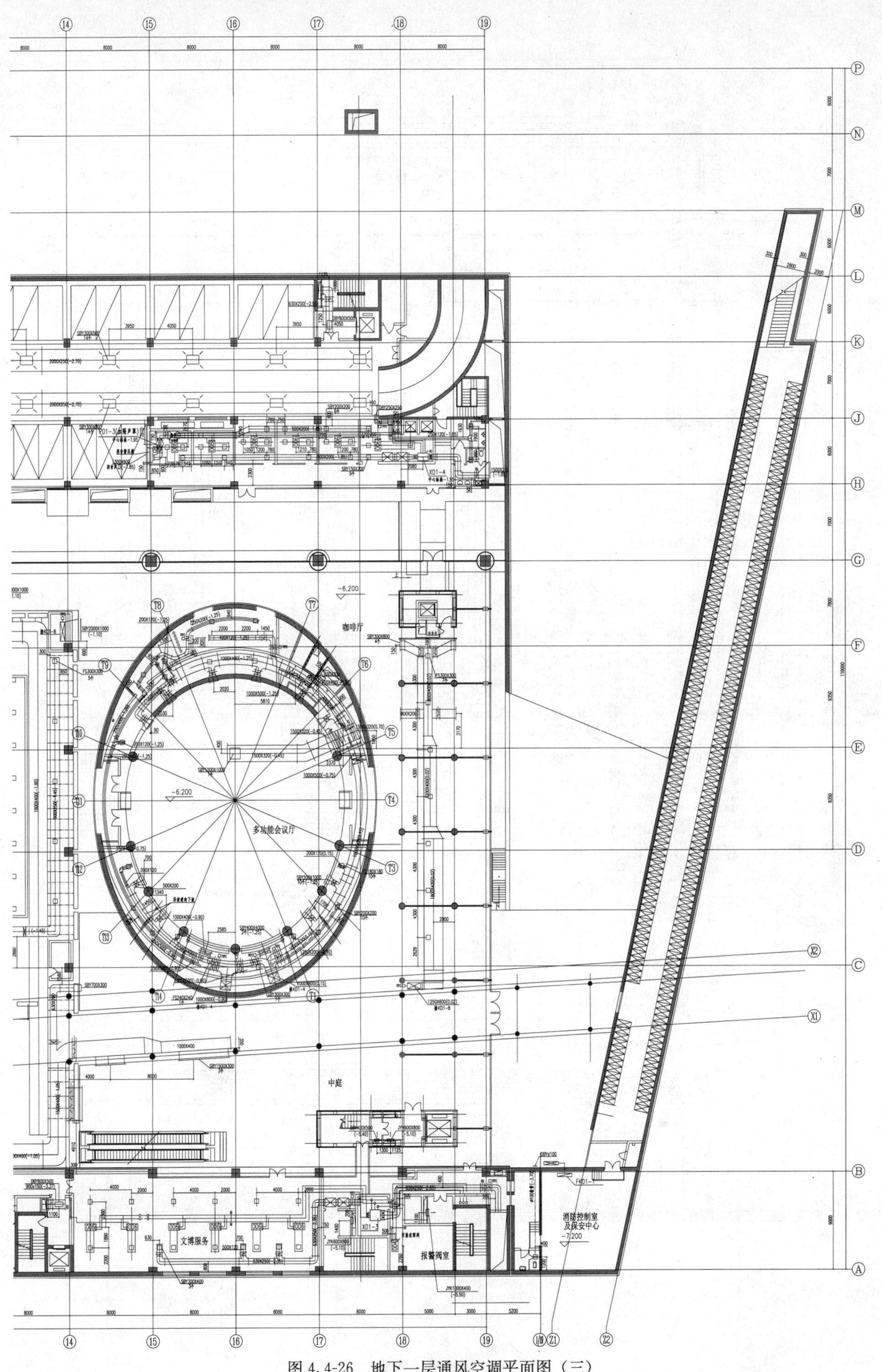

图 4.4-26　地下一层通风空调平面图（三）

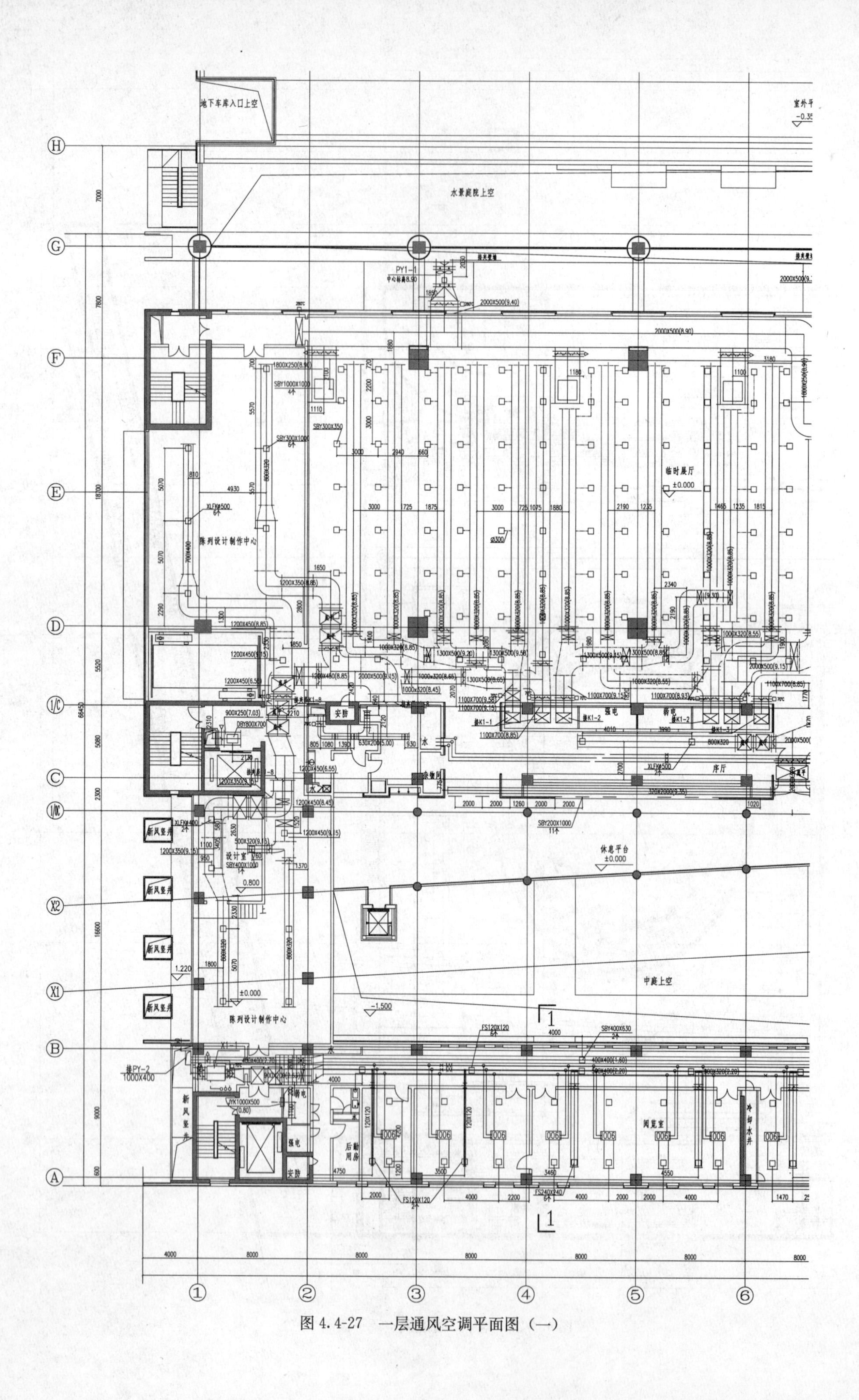

图 4.4-27　一层通风空调平面图（一）

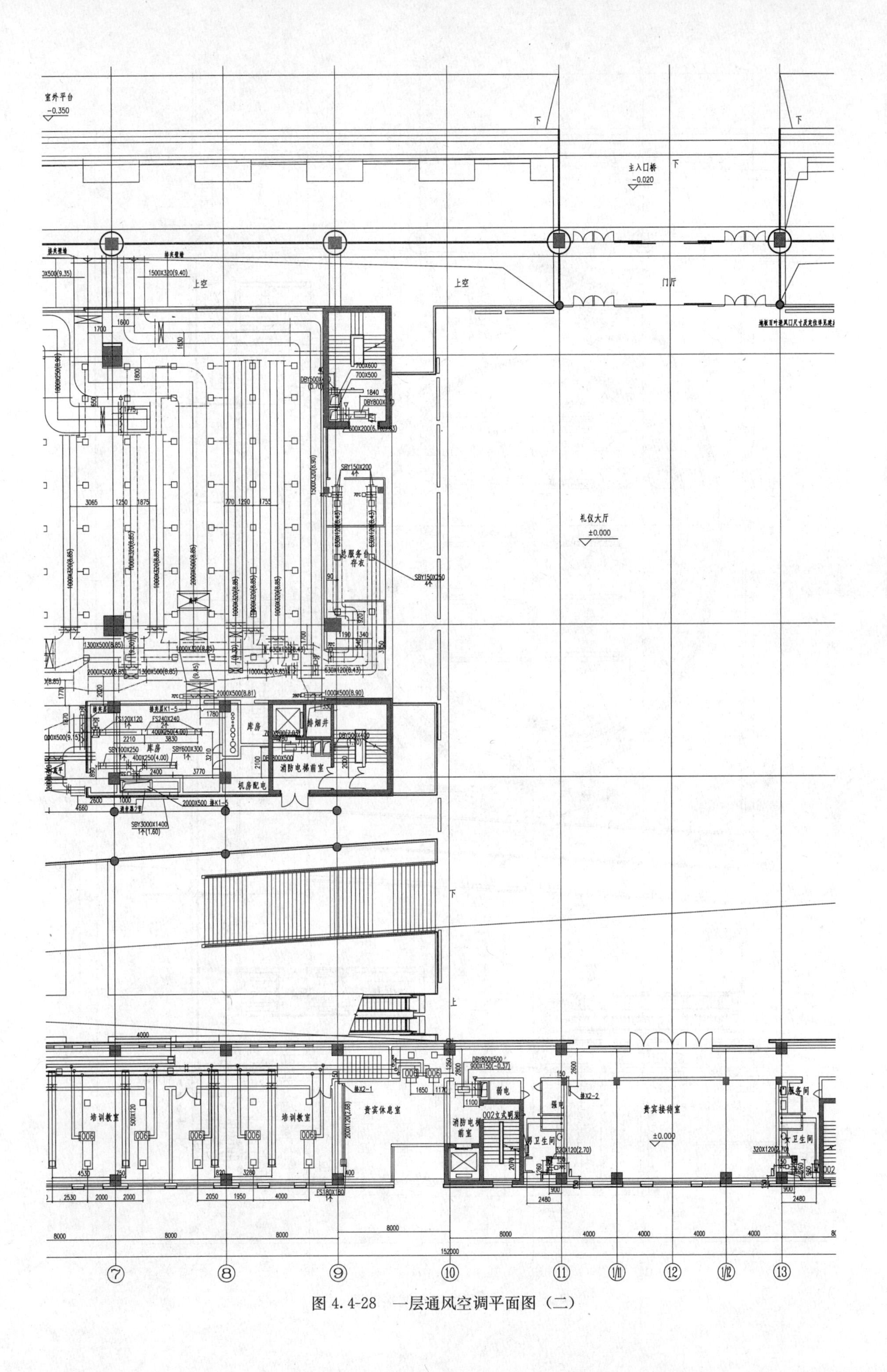

图 4.4-28　一层通风空调平面图（二）

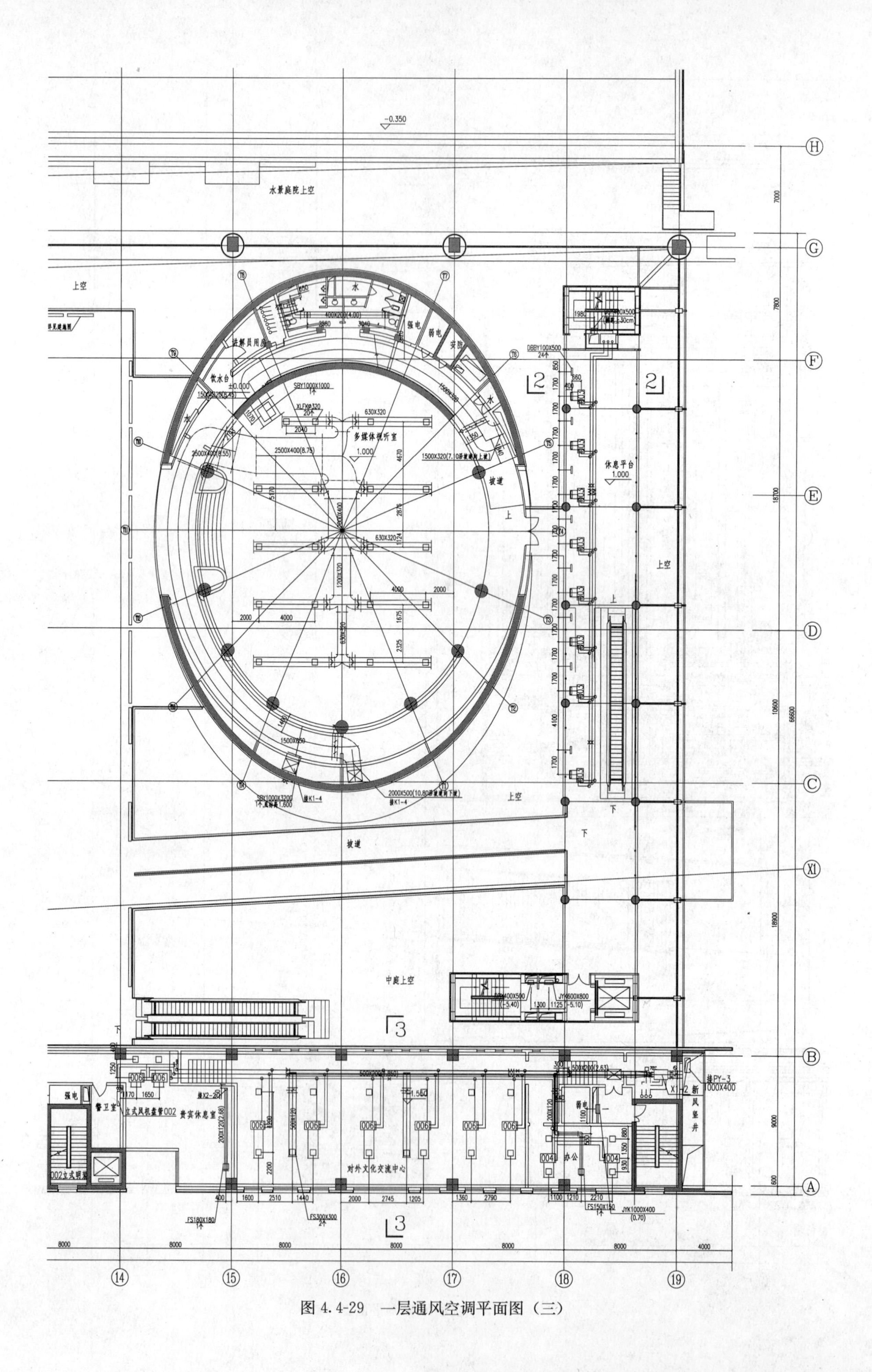

图 4.4-29　一层通风空调平面图（三）

4.5 办公建筑

工程案例：海口市第二办公区（B区）①

1. 绿色理念及工程特点

该工程冷源由A区制冷机房提供，根据办公建筑使用特点，办公区采用风机盘管加新风空调方式。空调新风机组带有转轮式热回收功能段，节约新风能耗。

2. 工程概况

海口市政府第二办公区（B区）的业主是海口市直属机关事务管理局，由海口首创西海岸房地产开发有限公司负责代建，该项目为办公建筑。工程位于A区四套班子用地的西侧，南临60m二号路，北临42m六号路，西侧为42m十号路，东侧为9m小区路。

该工程总用地面积为87596.695m²，总建筑面积为127928.98m²（其中地上建筑面积为86547.67m²，地下建筑面积为41381.31m²），建筑高度为23.85m，容积率为0.99，建筑层数为地上6层，地下1层。

该项目由15号楼、16号楼、17号楼、18号楼四部分组成，其内容包括国土局、司法局、财政国库支付局、人劳局等67家单位。

(1) 空调冷热源

B区办公楼冷源由设在A区地下车库集中制冷站提供。

(2) 空调系统设计

根据海口地区气候特点，空调系统冬季不使用。

(3) 空调水系统

采用两管制变水量系统，空调冷水供/回水温度为5℃/13℃。空调水管道采用异程式布置方式。

(4) 空调风系统设计

空调风系统设计以竖向分层、横向按防火分区设置空调系统为原则，同时根据建筑使用功能，本工程主要采用风机盘管加新风系统。

3. 相关图纸

该工程主要设备材料表如表4.5-1～表4.5-3所示，主要设计图如图4.5-1～图4.5-19所示。

① 工程负责人：韦航，男，中国建筑设计研究院，工程师。

（热回收）新风机组性能表

表 4.5-1

序号	设备编号	设备型式	风机 送风机 新风量 (m^3/h)	送风机 机外余压 (Pa)	送风机 电机容量 (kW)	排风机 排风量 (m^3/h)	排风机 机外余压 (Pa)	排风机 电机容量 (kW)	热回收功能段 夏季新风空气温度(℃) 进口干球/湿球	夏季新风空气温度(℃) 出口干球/湿球	夏季排风空气温度(℃) 进口干球/湿球	夏季排风空气温度(℃) 出口干球/湿球	热回收能量 冷量(kW)	冷却工况 冷量 (kW)	冷水进/出水温 (℃)	空气温度/(℃) 进口干球	进口湿球	出口干球	出口湿球	水流阻力 (kPa)	工作压力 (MPa)	初效过滤器类型	外形尺寸 (L×W×H)	出口噪声 dB(A)	功能段要求	服务范围	数量(台)	备注
1	17F1～5	卧式新风空调机组(带转轮式热回收)	5000	350	1.5	4500	350	1.5	34.5/27.9	27.8/21.3	25/18.6	31.7/25.1	46.7	29.7	5/13	27.8	21.3	17.2	15.8	<40	1.0	板式	3100×1100×1800	<75	新风、初效过滤、热回收、冷却、风机	地上办公、会议	40	机组出口配纳米净化杀菌器 新风入口配电子除尘
2	HR-17F3	吊顶新风空调机组(带热回收)	1500	300	0.37	1350	300	0.37	34.5/27.9	27.8/21.3	25/18.6	31.7/25.1	14.0	8.9	5/13	27.8	21.3	17.2	15.8	<40	1.0	—	1500×1200×540	<60	—	大会议室	7	机组出口配纳米净化杀菌器 新风入口配电子除尘
3	HR-17F2-1	吊顶新风空调机组(带热回收)	2000	300	0.55	1800	300	0.55	34.5/27.9	27.8/21.3	25/18.6	31.7/25.1	18.7	11.9	5/13	27.8	21.3	17.2	15.8	<40	1.0	—	1500×1200×540	<60	—	大会议室	3	机组出口配纳米净化杀菌器 新风入口配电子除尘
4	X-17F2-3	卧式新风空调机组	5000	350	1.5	—	—	—	—	—	—	—	—	76.4	5/13	34.5	27.9	17.2	15.8	<40	1.0	板式	2050×1350×850	<75	新风、初效过滤、冷却、风机	地上办公、会议	3	机组出口配纳米净化杀菌器 新风入口配电子除尘
5	X-17F2-2 X-17F5-2,3	卧式新风空调机组	7000	350	2.2	—	—	—	—	—	—	—	—	106.9	5/13	34.5	27.9	17.2	15.8	<40	1.0	板式	2150×1450×950	<75	新风、初效过滤、冷却、风机	地上办公、会议	6	机组出口配纳米净化杀菌器 新风入口配电子除尘

续表

序号	设备编号	设备型式	风机						热回收功能段				热回收能量	冷却工况								初效过滤器类型	外形尺寸(L×W×H)	出口噪声dB(A)	功能段要求	服务范围	数量(台)	备注
			送风机			排风机			夏季新风空气温度(℃)		夏季排风空气温度(℃)			冷量(kW)	冷水进/出水温(℃)	空气温度/(℃)				水流阻力(kPa)	工作压力(MPa)							
			新风量(m³/h)	机外余压(Pa)	电机容量(kW)	排风量(m³/h)	机外余压(Pa)	电机容量(kW)	进口干球/湿球	出口干球/湿球	进口干球/湿球	出口干球/湿球	冷量(kW)			进口干球	进口湿球	出口干球	出口湿球									
6	17B1,−1,2	吊顶新风空调机组	2000	300	0.55	—	—	—	—	—	—	—	—	30.5	5/13	34.5	27.9	17.2	15.8	<40	1.0	—	900×1000×500	<60	—	地下备用房间	8	机组出口配纳米净化杀菌器 新风入口配电子除尘

其他设备 **表 4.5-2**

序号	设备编号	设备型式	性能参数	备注
1	PQ-40	排风扇	风量:400m³/h,电量:25W,电压:220V,噪声:45dB(A)	配止回阀
2	PQ-15	排风扇	风量:150m³/h,电量:20W,电压:220V,噪声:45dB(A)	配止回阀

风机盘管性能表 **表 4.5-3**

序号	设备编号	设备型式	风量(m³/h)	出口余压(Pa)	电机容量(kW)	冷盘管						噪声dB(A)	冷水管接管管径	热水管接管管径	凝结水管接管管径	出风方形散流器尺寸(接一个出风口)	出风方形散流器尺寸(接两个出风口)	回风口尺寸(接底部回风的回风箱)	数量(台)	备注
						冷量(kW)	冷水进/出水温(℃)	空气进口温度(℃)干球	空气进口温度(℃)湿球	水流阻力(kPa)	工作压力(MPa)									
1	5.0	卧式暗装风机盘管	600	30	<72	2.5	5/13	26	19	<30	1.0	<40	DN20	DN20	DN20	300×300	240×240	700×400	7	1. 表中的数值均中档风量时的数值,且均为两管制三排管风机盘管。 2. 回风箱式纳米光触媒净化杀菌器安装在风机盘管回风箱,采用帆布软连接。 3. 集水盘加长200mm。 4. 单层回风百叶均采用门绞式带过滤网。
2	6.3	卧式暗装风机盘管	730	30	<95	3.2	5/13	26	19	<30	1.0	<40	DN20	DN20	DN20	300×300	240×240	700×400	1165	
3	8.0	卧式暗装风机盘管	820	30	<115	4.0	5/13	26	19	<30	1.0	<40	DN20	DN20	DN20	300×300	240×240	800×400	472	
4	10.0	卧式暗装风机盘管	1230	30	<140	4.9	5/13	26	19	<40	1.0	<40	DN20	DN20	DN20	300×300	240×240	900×400	34	
5	FP-6.3	卡式风机盘管	770	30	<97	3.3	5/13	26	19	<30	1.0	<40	DN20	DN20	DN20	—	—	—	284	
6	FP-8.0	卡式风机盘管	910	30	<135	4.9	5/13	26	19	<30	1.0	<40	DN20	DN20	DN20	—	—	—	299	
7	FP-10.0	卡式风机盘管	1220	30	<197	6.5	5/13	26	19	<40	1.0	<40	DN20	DN20	DN20	—	—	—	369	

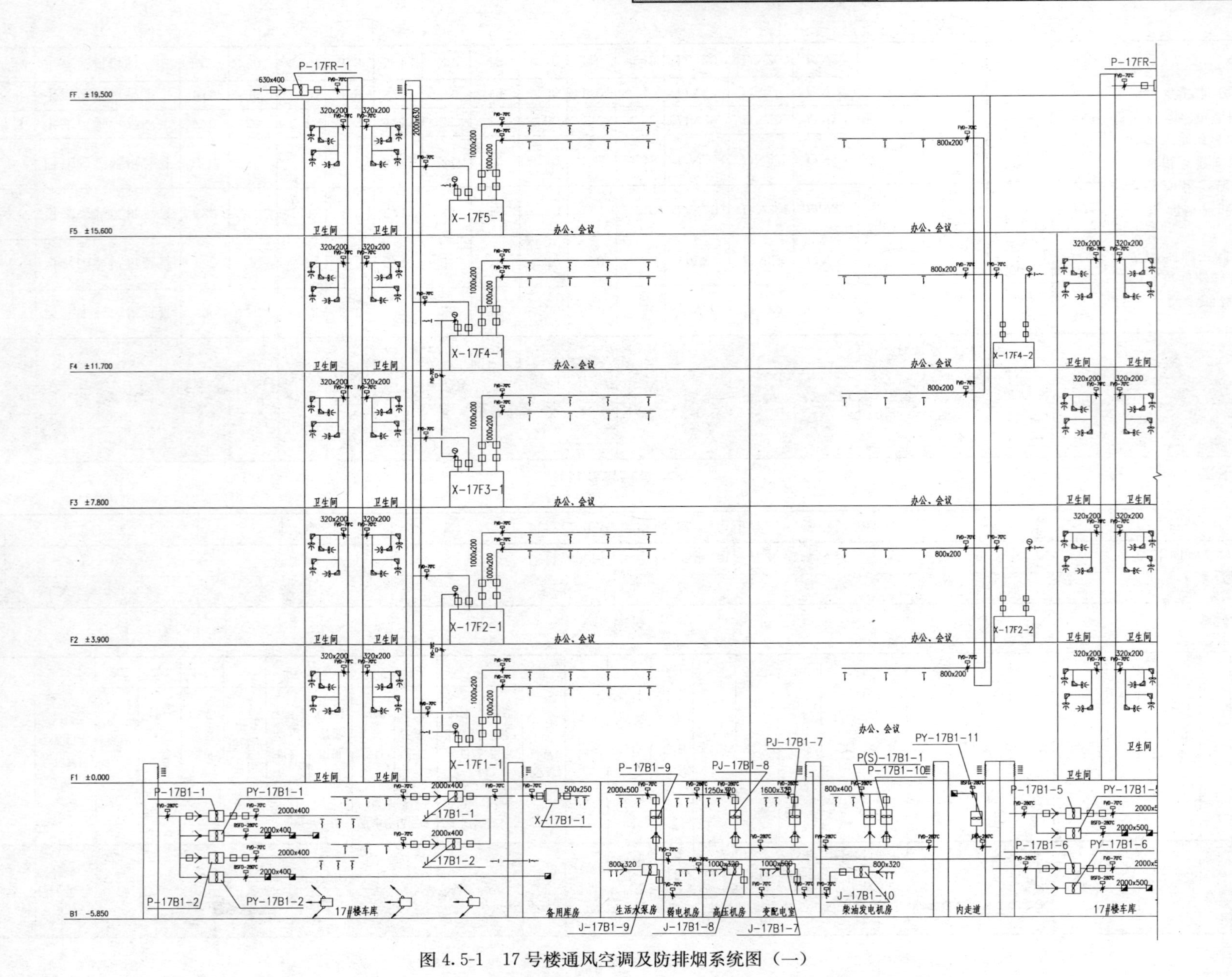

图 4.5-1 17 号楼通风空调及防排烟系统图（一）

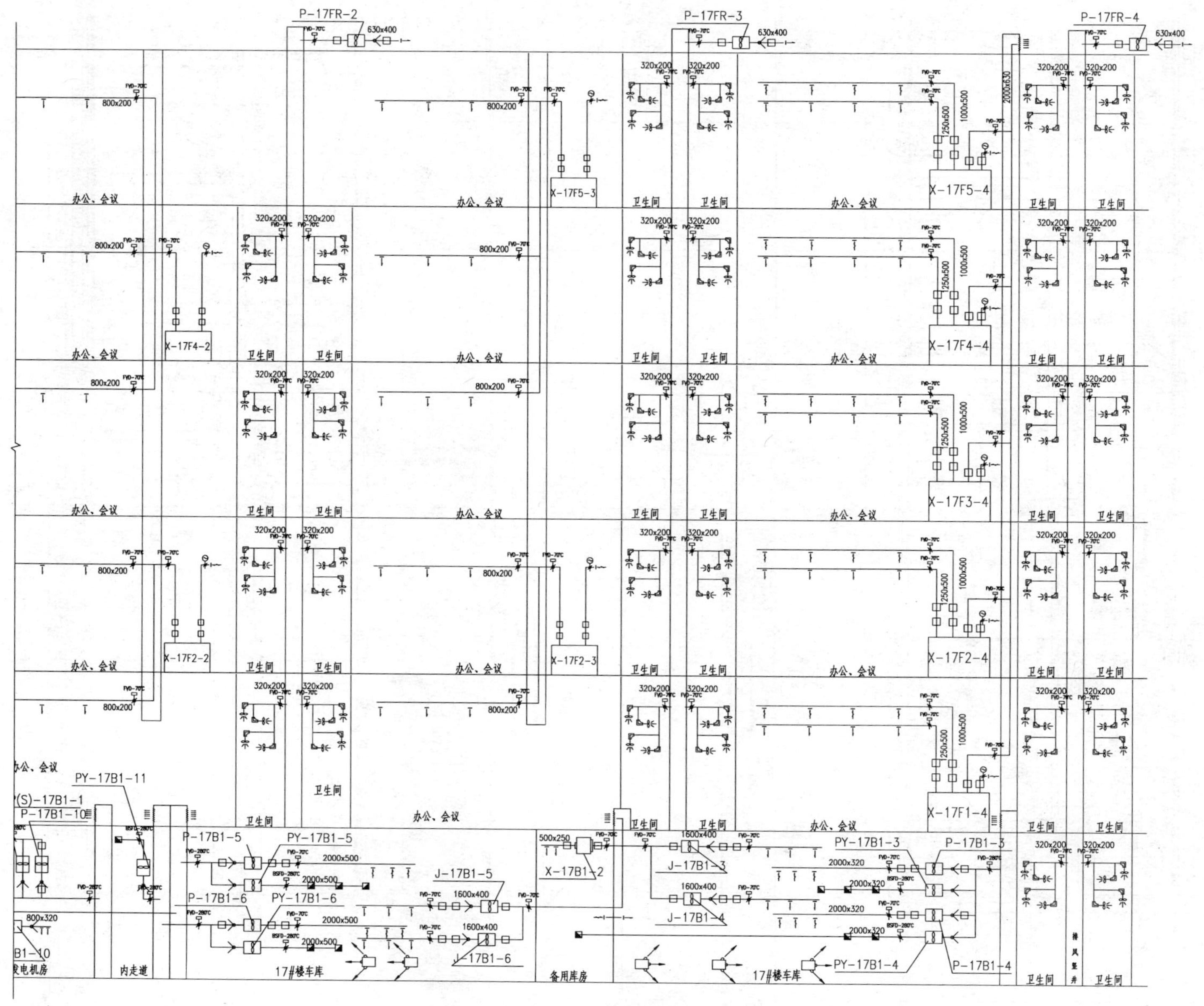

图 4.5-2　17 号楼通风空调及防排烟系统图（二）

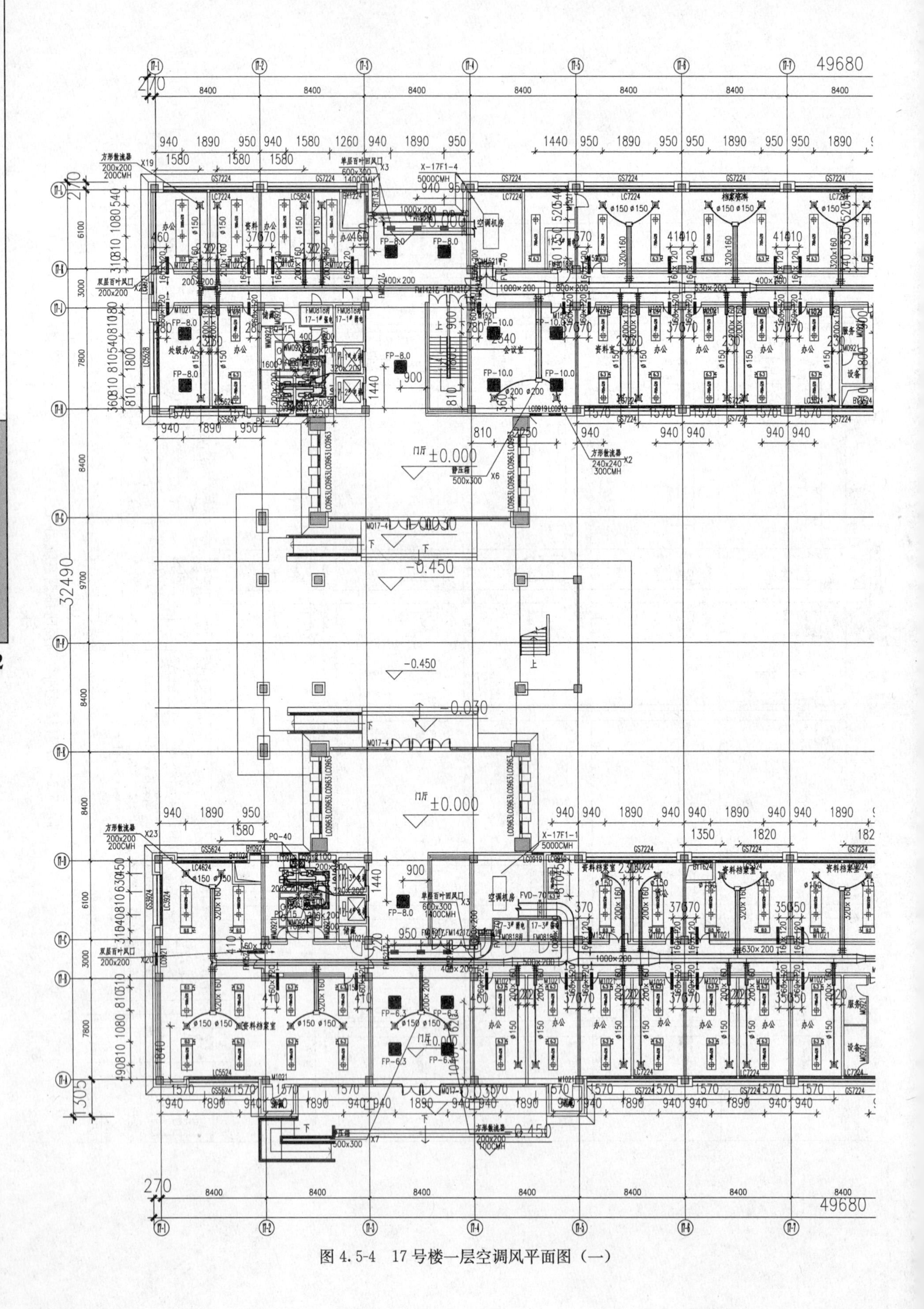

图 4.5-4　17 号楼一层空调风平面图（一）

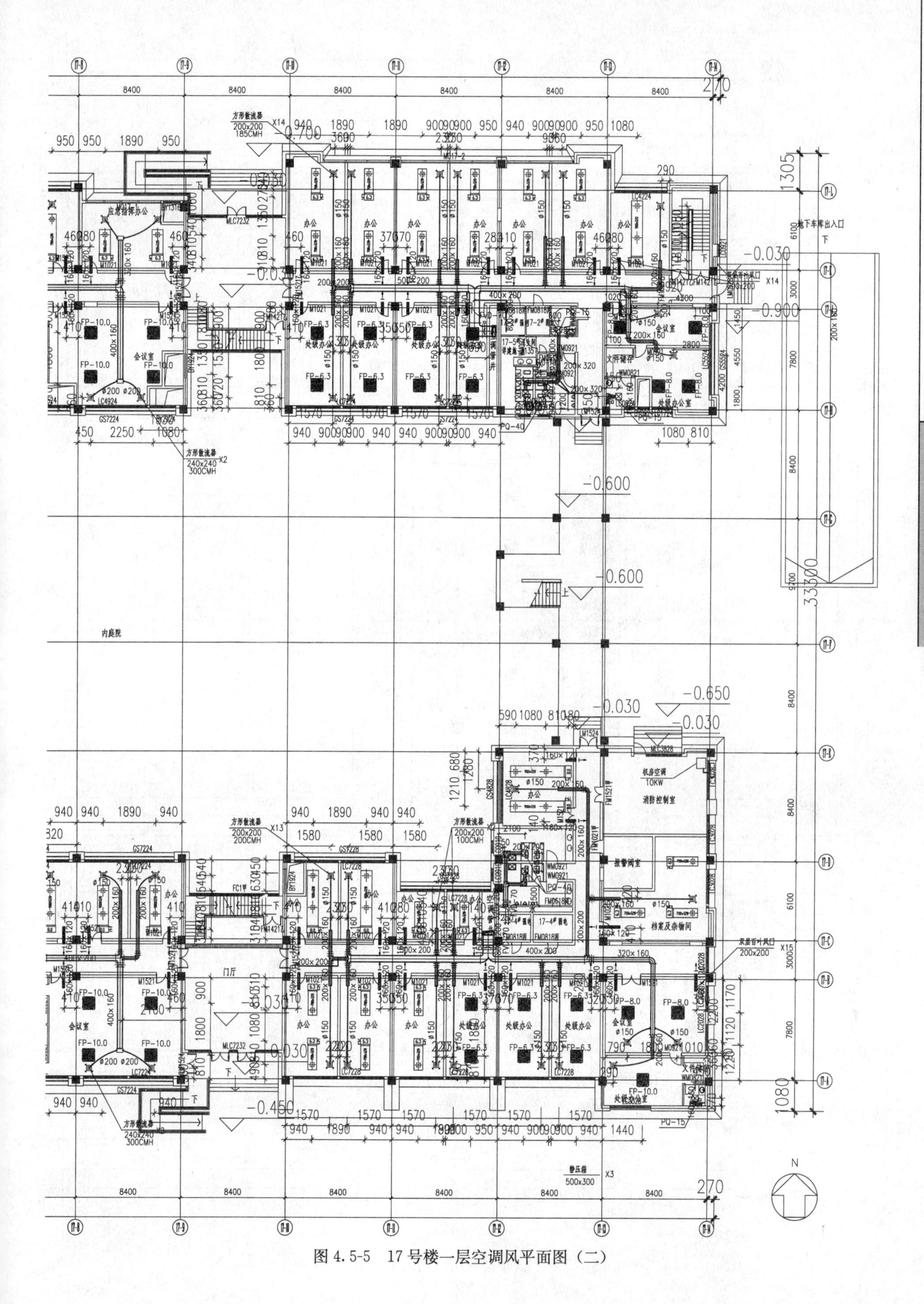

图 4.5-5　17 号楼一层空调风平面图（二）

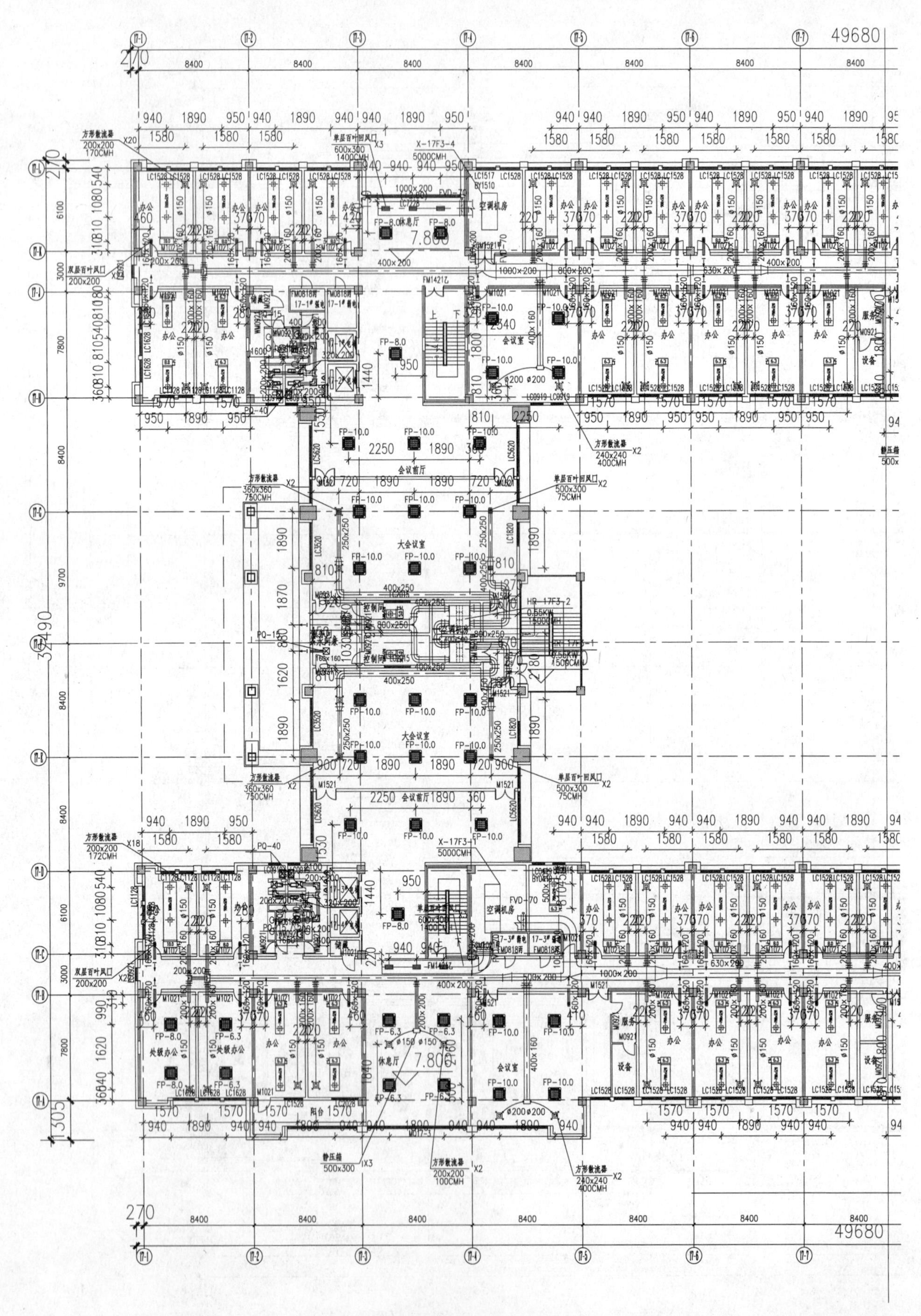

图 4.5-6　17 号楼三层空调风平面图（一）

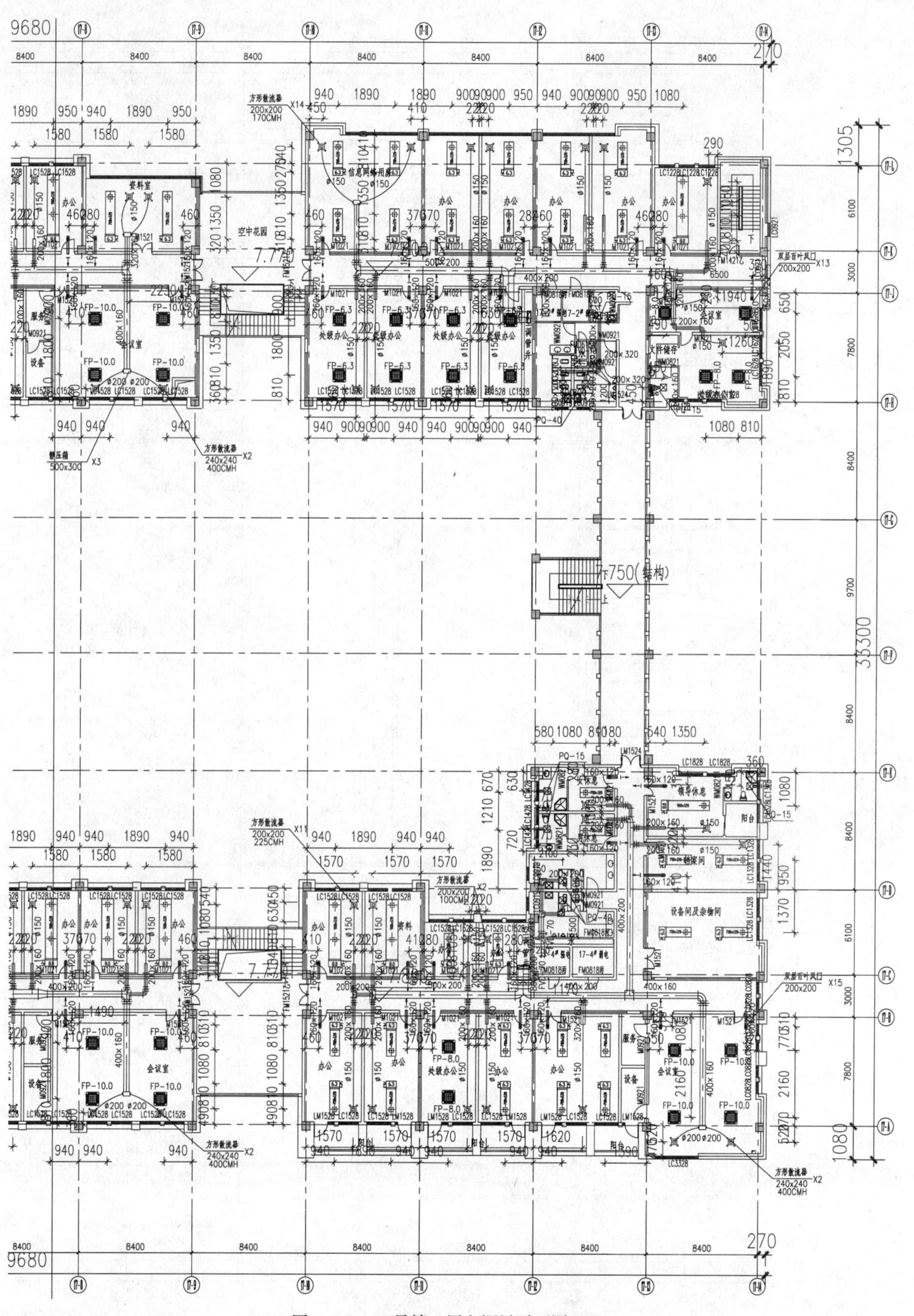

图 4.5-7　17 号楼三层空调风平面图（二）

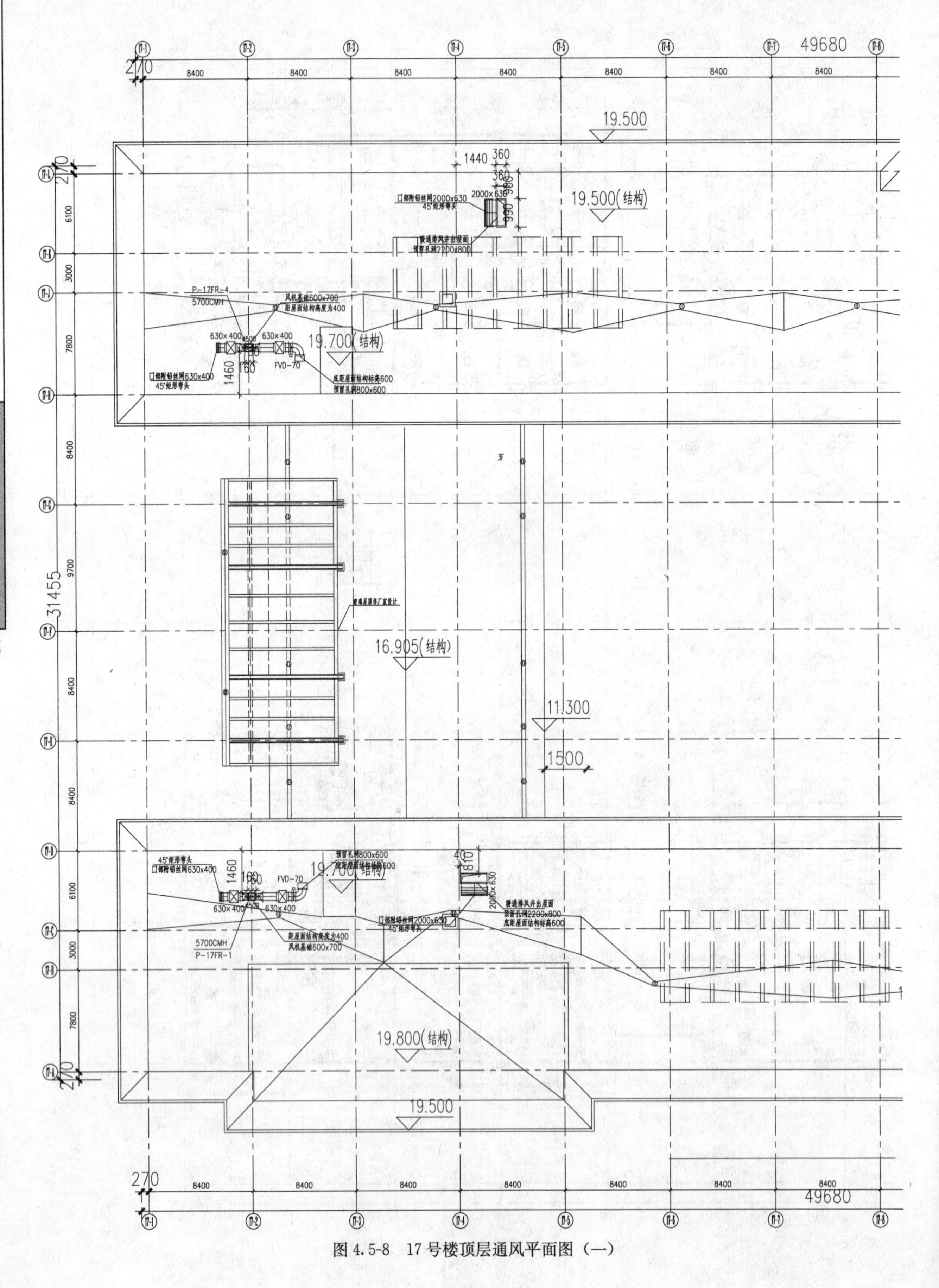

图 4.5-8　17 号楼顶层通风平面图（一）

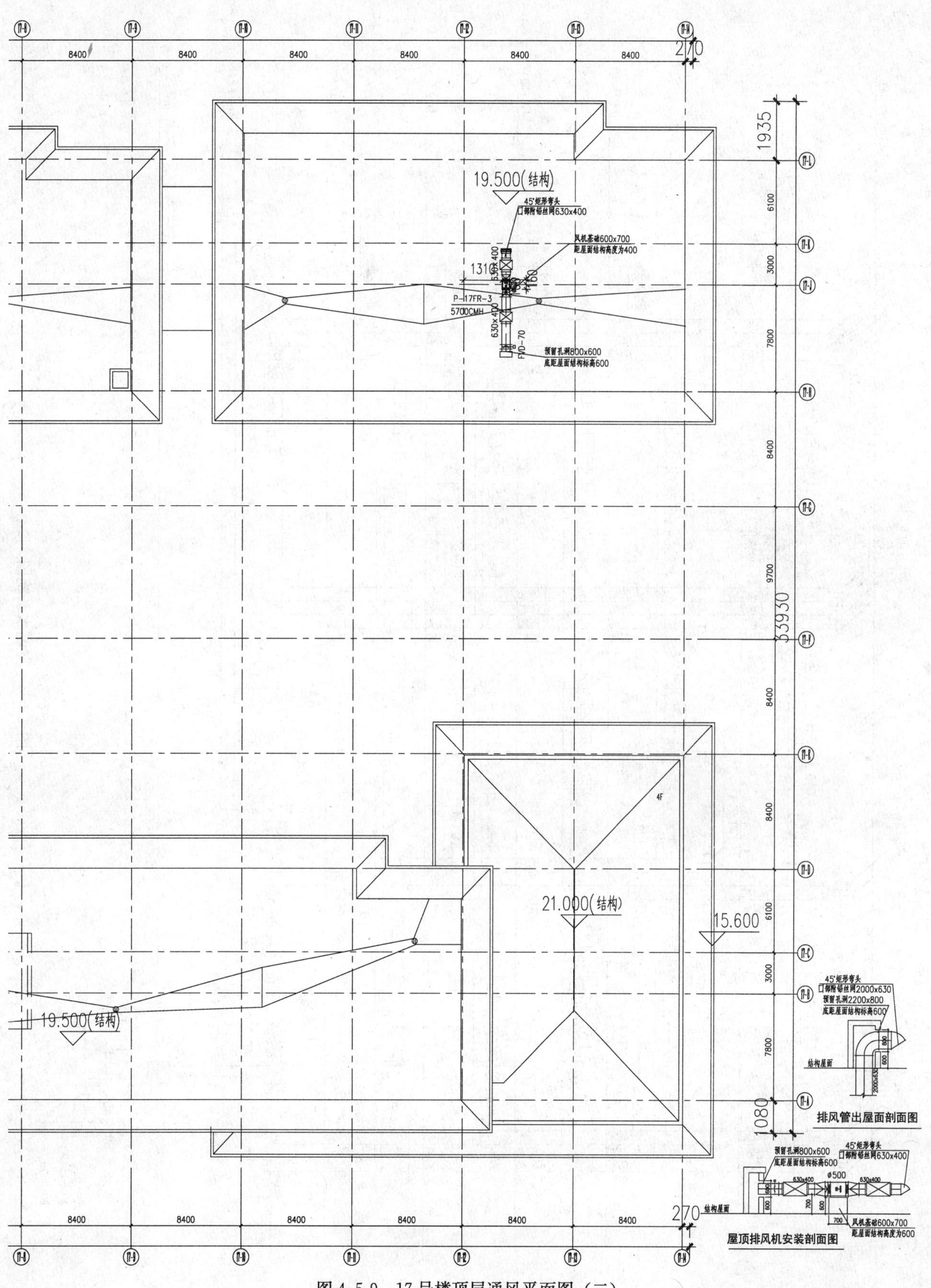

图 4.5-9　17 号楼顶层通风平面图（二）

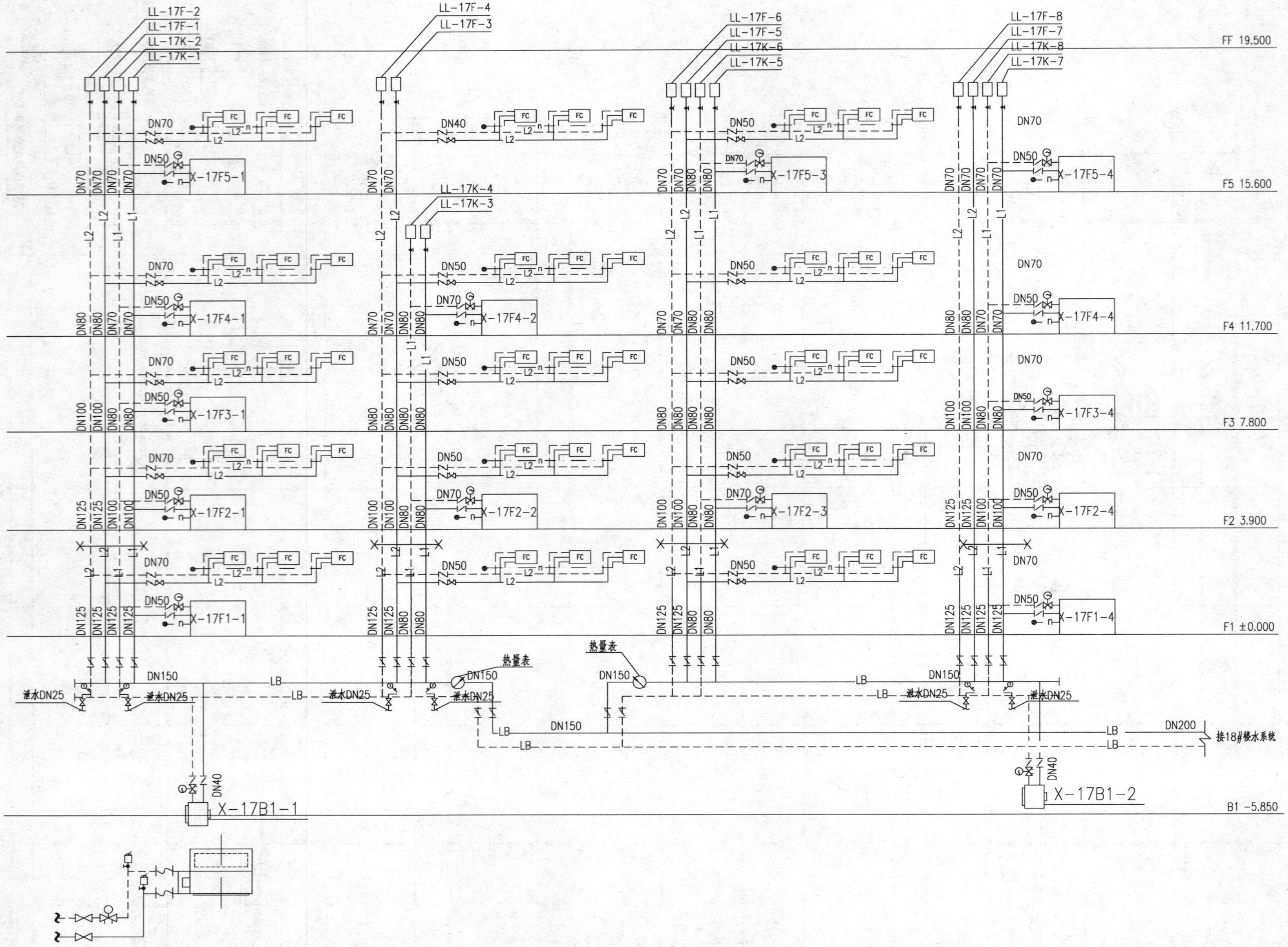
LL-17F-2
LL-17F-1
LL-17K-2
LL-17K-1
LL-17F-4
LL-17F-3
LL-17K-4
LL-17K-3
LL-17F-6
LL-17F-5
LL-17K-6
LL-17K-5
LL-17F-8
LL-17F-7
LL-17K-8
LL-17K-7
FF 19.500
F5 15.600
F4 11.700
F3 7.800
F2 3.900
F1 ±0.000
B1 -5.850
X-17F5-1
X-17F4-1
X-17F3-1
X-17F2-1
X-17F1-1
X-17F4-2
X-17F2-2
X-17F5-3
X-17F2-3
X-17F5-4
X-17F4-4
X-17F3-4
X-17F2-4
X-17F1-4
X-17B1-1
X-17B1-2
热量表
泄水DN25
接18#楼水系统
DN150
DN200
DN40
LB

图 4.5-3　空调水系统图

4.6 酒店建筑

工程案例：丽晶五星酒店①

1. 绿色理念及工程特点

(1) 该工程根据不同区域，水系统采用二次泵变流量系统。

(2) 大堂吧上方挑空高度为17m，因此采用下送下回地板送风，送风沿外围护玻璃设置10个地板风口5000mm×350mm，风速为1.3m/s，送风管设于室外地沟内，空调回风位于送风对面的地面回风口，送回风口设于非人员活动区，但气流充分在人员活动区流动，减少了空调冷热量损失。

2. 工程概况

丽晶五星酒店位于北京金宝街，总建筑用地167676.1m²，功能以酒店、商业为主，辅以设备用房及车库，建筑群依功能位置分为A座（办公楼）、B座（五星酒店）、C座（商务酒店），地下一层为商业，职工食堂及车库，地下二层及三层为车库，地下三层为人防层。

(1) 空调冷热源

冷源：采用4台1000RT冷机和1台400RT冷机，提供7℃/12℃的冷冻水。

热源：市政热力提供的110℃/70℃一次热水，经板式换热器提供60℃/50℃二次热水。

(2) 空调水系统

采用四管制异程式系统，变流量运行，水路系统设置动态平衡阀，系统压力不受流量变化而产生影响。

3. 相关图纸

该工程主要设备材料表如表4.6-1～表4.6-3所示，主要设计图如图4.6-1～图4.6-9所示。

设备性能参数表　　表4.6-1

设备编号	设备名称	性能规格	单位	数量	安装部位	服务部位	备注
L-1～4	冷水机组	制冷量=3868kW(1100RT)　承压1.6MPa N=719kW(380V)　供回水温7～12℃	台	4	地下二层冷冻机组	整个建筑	
L-4	冷水机组	制冷量=1466kW(400RT) N=252kW(380V)	台	1	地下二层冷冻机房	整个建筑	
b-1～4	冷却水循环泵	G=804m³/h　H=35m　效率=78% N=125kW(380V)　r=1450rpm	台	4	地下二层冷冻机房	整个建筑	进口或国产优质低噪屏蔽泵
b-5	冷却水循环泵	G=305m³/h　H=35m　效率=85% N=45kW(380V)　r=1450rpm	台	4	地下二层冷冻机房	整个建筑	进口或国产优质低噪屏蔽泵
b-6	冬季供冷冷却泵	G=173m³/h　H=19m　效率=70% N=18.5kW(380V)　r=1450rpm	台	1	地下二层冷冻机房	整个建筑	进口或国产优质低噪屏蔽泵
B-1～4	冷冻水一次循环泵	G=670m³/h　H=20m　效率=76% N=55kW(380V)　r=1450rpm	台	4	地下二层冷冻机房	整个建筑	进口或国产优质低噪屏蔽泵

① 工程负责人：宋玫，女，中国建筑设计研究院，高级工程师。

续表

设备编号	设备名称	性能规格	单位	数量	安装部位	服务部位	备注
B-5	冷冻水一次循环泵	G=254m³/h　H=20m　效率=81% N=22kW(380V)　r=1450rpm	台	1	地下二层冷冻机房	整个建筑	进口或国产优质低噪屏蔽泵
B-6	冬季供冷冷冻泵	G=145m³/h　H=20m　效率=72% N=15kW(380V)　r=1450rpm	台	1	地下二层冷冻机房	整个建筑	进口或国产优质低噪屏蔽泵
Ba-1,2	A区冷冻水二次循环泵	G=801m³/h　H=20m　效率=81% N=75kW(380V)　r=1450rpm	台	2	地下二层冷冻机房	办公楼	变频
Bb-1～4	B区冷冻水二次循环泵	G=357m³/h　H=20m　效率=81% N=30kW(380V)　r=1450rpm	台	4	地下二层冷冻机房	五星酒店	Bb-1变频
Bc-1,2	C区冷冻水二次循环泵	G=196m³/h　H=20m　效率=78% N=15kW(380V)　r=1450rpm	台	2	地下二层冷冻机房	商务酒店	变频
bd-1,2	冷冻水补水泵	G=5m³/h　H=85m　效率=62% N=3kW(380V)　r=2900rpm	台	2	地下二层冷冻机房	整个建筑	一用一备
HR-1	冬季供冷换热器	换热量1200kW　一次侧温度5～10℃ 二次测温度8～13℃	台	1	地下二层冷冻机房	整个建筑	板式换热器
TQ-1～5	真空脱气机	工作压力³1.0MPa N=3.1kW(380V)	台	5	地下二层冷冻机房	整个建筑	
QC-1～2	全程水处理器	ϕ700	台	2	地下二层冷冻机房	整个建筑	
QC-3	全程水处理器	ϕ650	台	2	地下二层冷冻机房	整个建筑	
DY-1	闭式定压罐	ϕ1400	台	1	地下二层冷冻机房	整个建筑	
	补水箱	6m³	台	1	地下二层冷冻机房	整个建筑	
	波纹管补长器	工作压力1.6MPa　补偿量见图	个				

空气调节箱性能规格表

表 4.6-2

序号	系统编号	单位	数量	风量(m³/h)	全压(Pa)	风机		盘管夏季工作参数					盘管冬季工作参数		冷量(kW)	热量(kW)	加湿量(kg/h)	新风量(m³/h)	空调箱段组合						外形尺寸长×宽×高(mm×mm×mm)	服务对象	安装位置	备注
						电量(kW)	转数(转/分)	空气进口			空气出口		进风温度(℃)	出风温度(℃)					新回风混合段	中效过滤段	加热段	表冷段	加湿段	送风机段				
								干球温度(℃)	含湿量(q/kg)	焓(kJ/kg)	干球温度(℃)	湿球温度(℃)																
1	KB1-1	台	1	16951	600	15		26	11.08	54.53	15.3	29.2	18.6	27.56	92.1	44.4	14.76	2542	√	√	√	√	√	√	4150×1850×1550	五星酒店休息厅	五星酒店一层	
2	KB1-3	台	1	34281	700	30		26.7	11.2	56.76	15.36	13.81	18.7	27.1	292.8	110.6	25.9	4674	√	√	√	√	√	√	4950×2550×2050	五星酒店大堂	地下一层	
3	KB1-4	台	1	34369	700	30		26.2	9.6	56.79	15.36	13.81	18.7	32	292.8	110.6	25.9	5728	√	√	√	√	√	√	4230×1910×1390	五星酒店大堂吧	地下一层	
4	KB3-1	台	1	15000	600	15		24.3	11.04	52.61	10	8.8	18.7	45	106.3	134.9	12.06	19200	√	√	√	√	√	√	3950×1750×1350	五星酒店会议室	五星酒店三层	

新风机组性能规格表

表 4.6-3

序号	系统编号	单位	数量	风量(m³/h)	机外余压(Pa)	风机电量(kW)	盘管夏季工作参数				盘管冬季工作参数				冷量(kW)	热量(kW)	加湿量(kg/h)	服务对象	安装位置	备注
							空气进口		空气出口		空气进口		空气出口							
							干球温度(℃)	湿球温度(℃)	干球温度(℃)	相对湿度(%)	干球温度(℃)	相对湿度(%)	干球温度(℃)	相对湿度(%)						
1	XAN3～11-1 XAN2～11-2	台	19	4000	250	0.80	33.20	26.40	22	55	−12.00	45	23	40	49.48	68.75	30.54	办公楼二至十一层内区新风	二至十一层	
2	XAW3～13-1 XAW2～13-2	台	19	3000	250	0.55	33.20	26.40	22	55	−12.00	45	23	40	37.11	51.56	22.90	办公楼二至十一层外区新风	二至十一层	
3	XA14～17-1	台	4	4000	200	0.80	33.20	26.40	22	55	−12.00	45	23	40	49.48	68.75	30.54	办公楼二至十三层西侧新风	十四至十七层	

续表

序号	系统编号	单位	数量	风量 (m^3/h)	机外余压 (Pa)	风机电量 (kW)	盘管夏季工作参数				盘管冬季工作参数				冷量 (kW)	热量 (kW)	加湿量 (kg/h)	服务对象	安装位置	备注
							空气进口		空气出口		空气进口		空气出口							
							干球温度 (℃)	湿球温度 (℃)	干球温度 (℃)	相对湿度 (%)	干球温度 (℃)	相对湿度 (%)	干球温度 (℃)	相对湿度 (%)						
4	XB1-1	台	1	15000	286	1.1×3	33.20	26.40	22.00	50	−12.00	45	22.00	40	245.76	311.16	94.95	餐厅	五星酒店地上一层	
5	XB1-2	台	1	12000	280	0.8×3	33.20	26.40	29.5	70	−12.00	45	18		135.5	200.3		厨房	五星酒店地上一层	
6	XB1-3	台	1	12000	280	0.8×3	33.20	26.40	22.00	45.6	−12.00	45	22.00	40	196.6	248.9	75.96	商业	五星酒店地上一层	
7	XB5～14-1,2	台	20	4000	280	0.8	33.20	26.40	22.00	45.6	−12.00	45	22.00	40	65.53	82.98	25.32	客房部等	五星酒店地上五～十七层	
8	XC1-1,2	台	2	7500	455	1.8	33.20	26.40	29.00	70	−12.00	45	18.00	—	65.63	104.33	—	商务酒店厨房	商务酒店一层	
9	XC1-3	台	1	3000	185	0.55	33.20	26.40	22	55	−12.00	45	23.00	40	37.11	51.56	22.90	商务酒店一，二层走廊，办公	商务酒店一层	
10	XC2-1,2	台	2	12000	620	4.0	33.20	26.40	29.00	70	−12.00	45	18.00	—	105.00	166.92	—	商务酒店厨房	商务酒店二层	
11	XC3-1	台	1	4000	580	0.8	33.20	26.40	22	55	−12.00	45	23.00	40	49.48	68.75	30.53	商务酒店三层	商务酒店三层	
12	XC4～13-1	台	10	3000	185	0.55	33.20	26.40	22	55	−12.00	45	23.00	40	37.11	51.56	22.90	商务酒店客房	商务酒店本层	

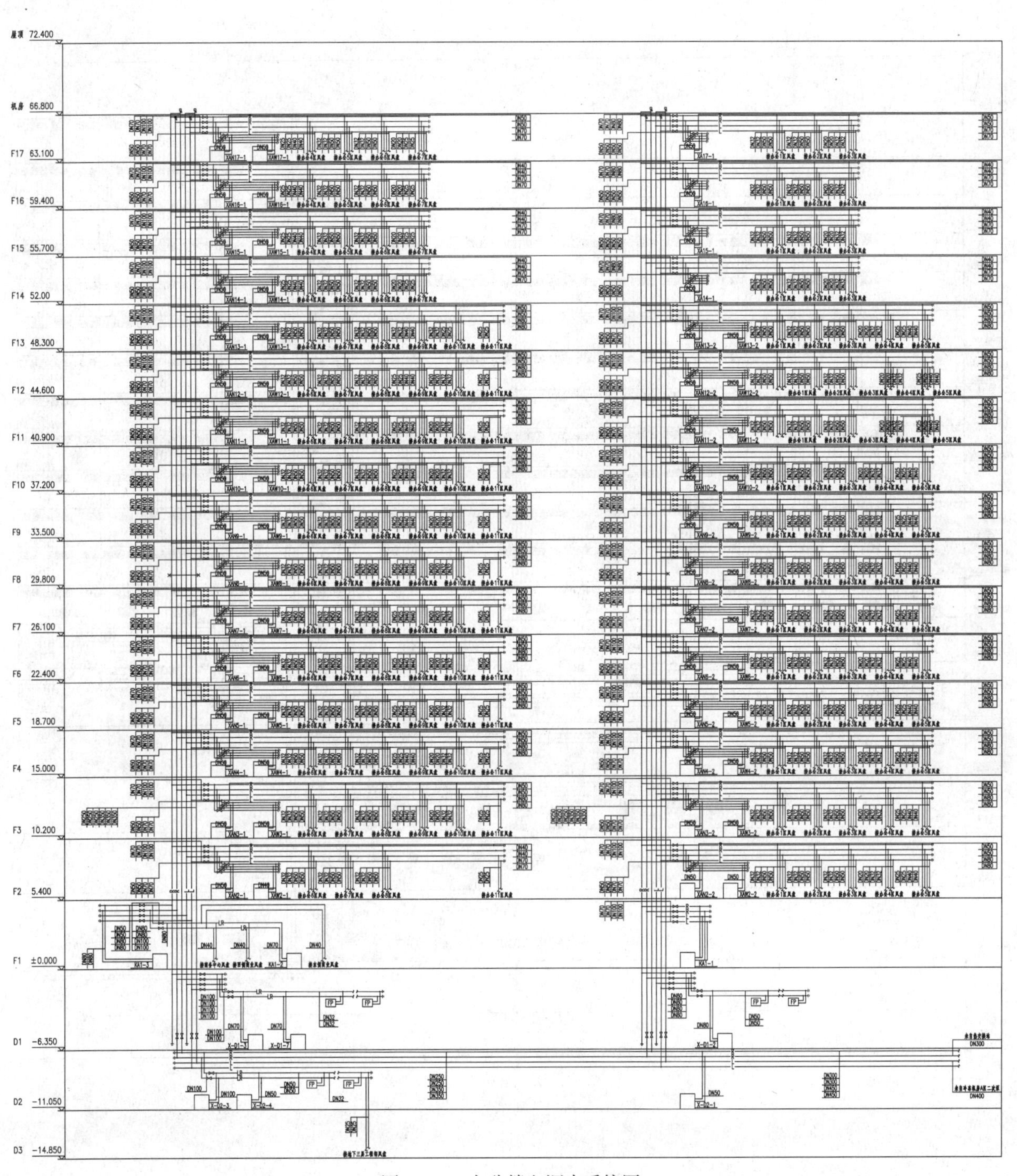

图 4.6-3　办公楼空调水系统图

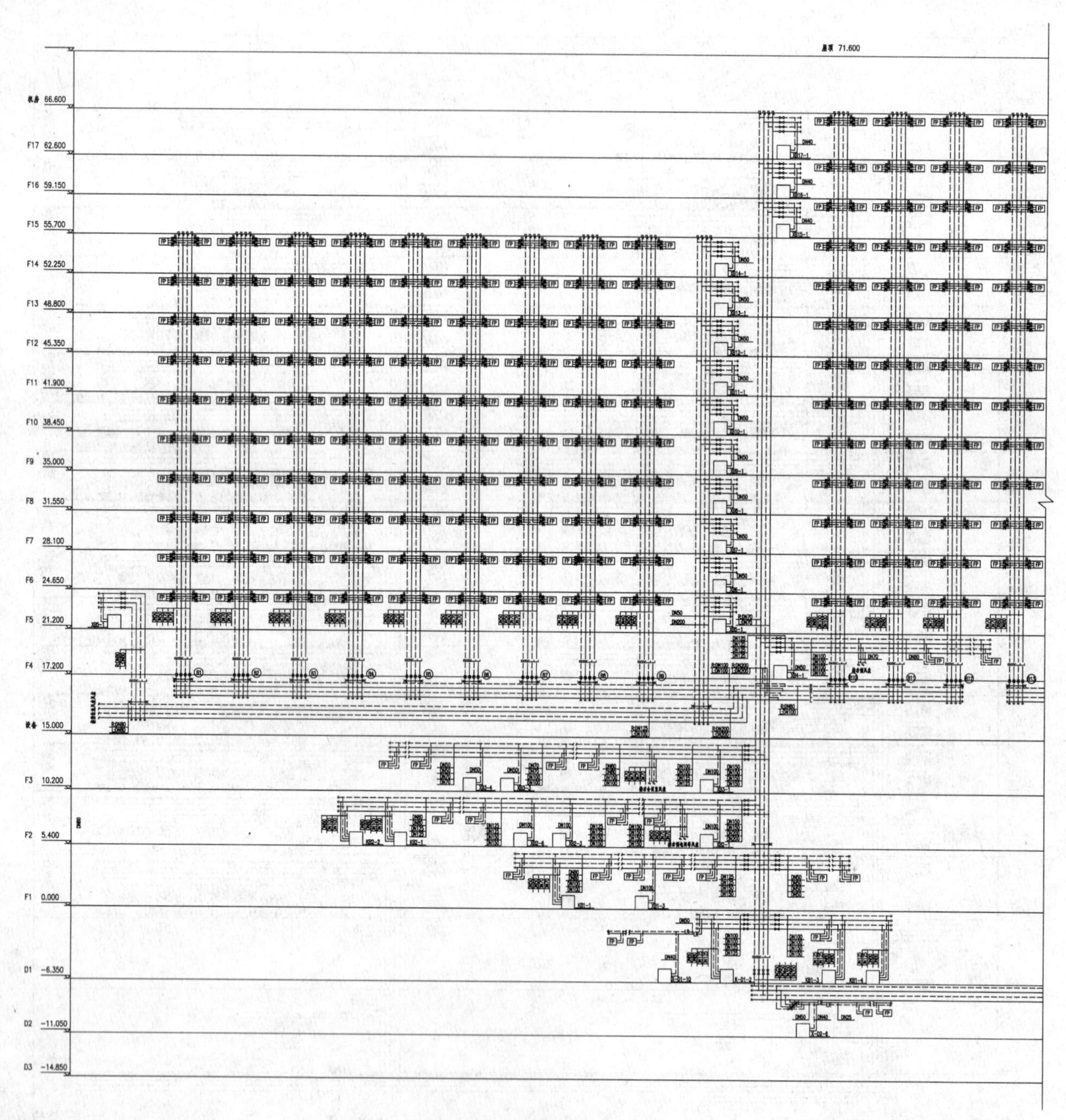

图 4.6-1　空调水系统图（一）

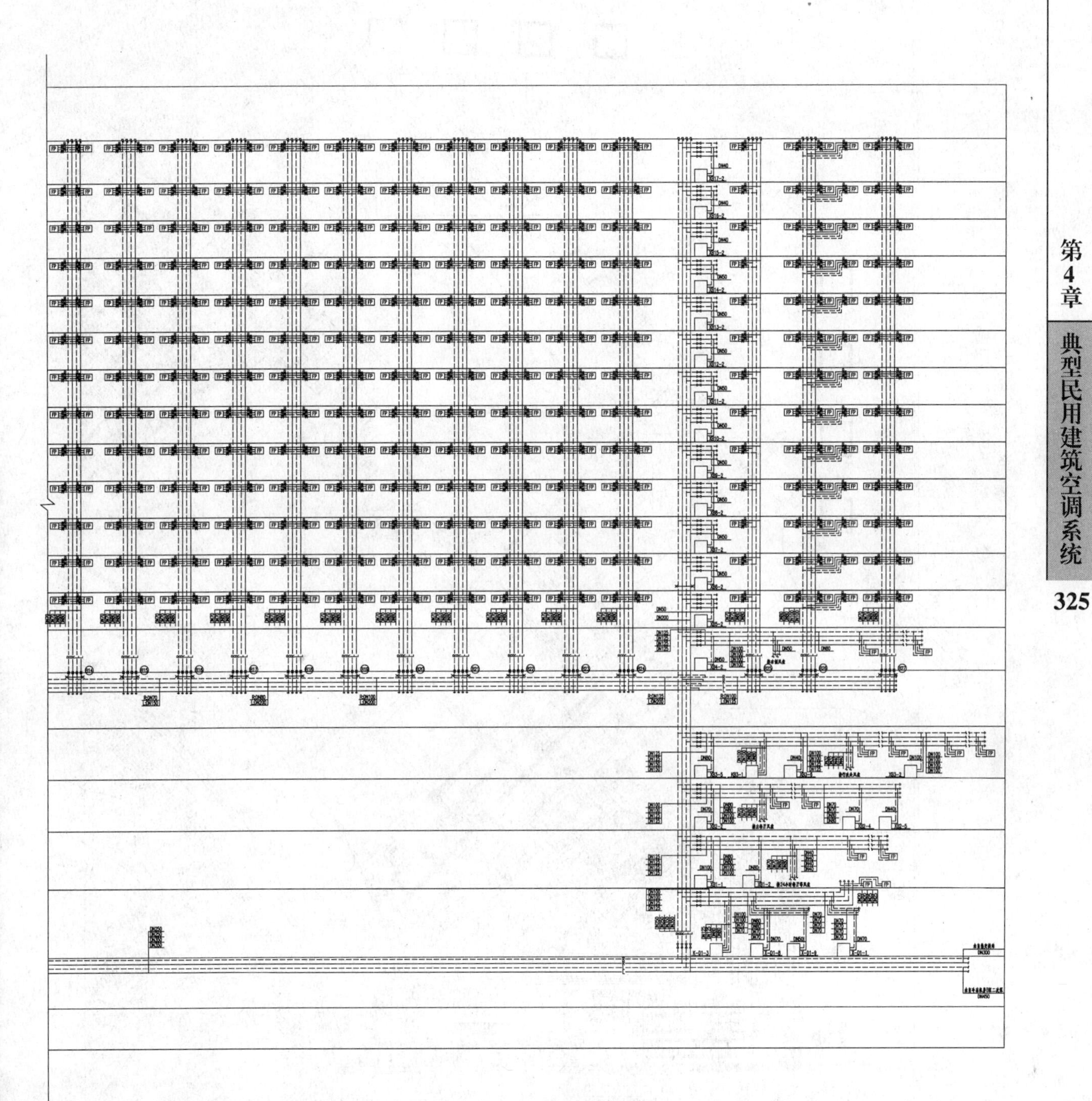

图 4.6-2　空调水系统图（二）

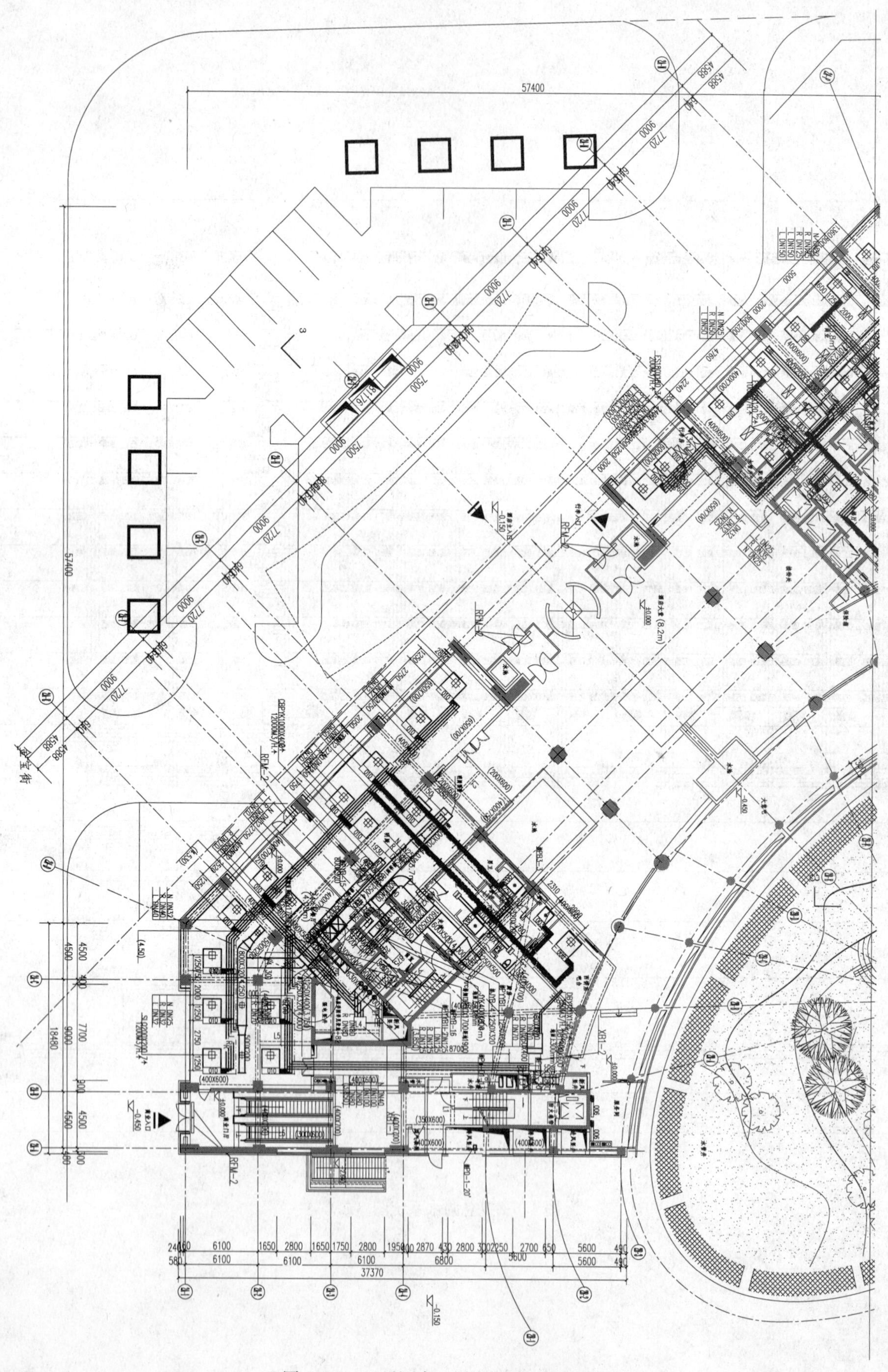

图 4.6-5 五星酒店一层空调平面图（一）

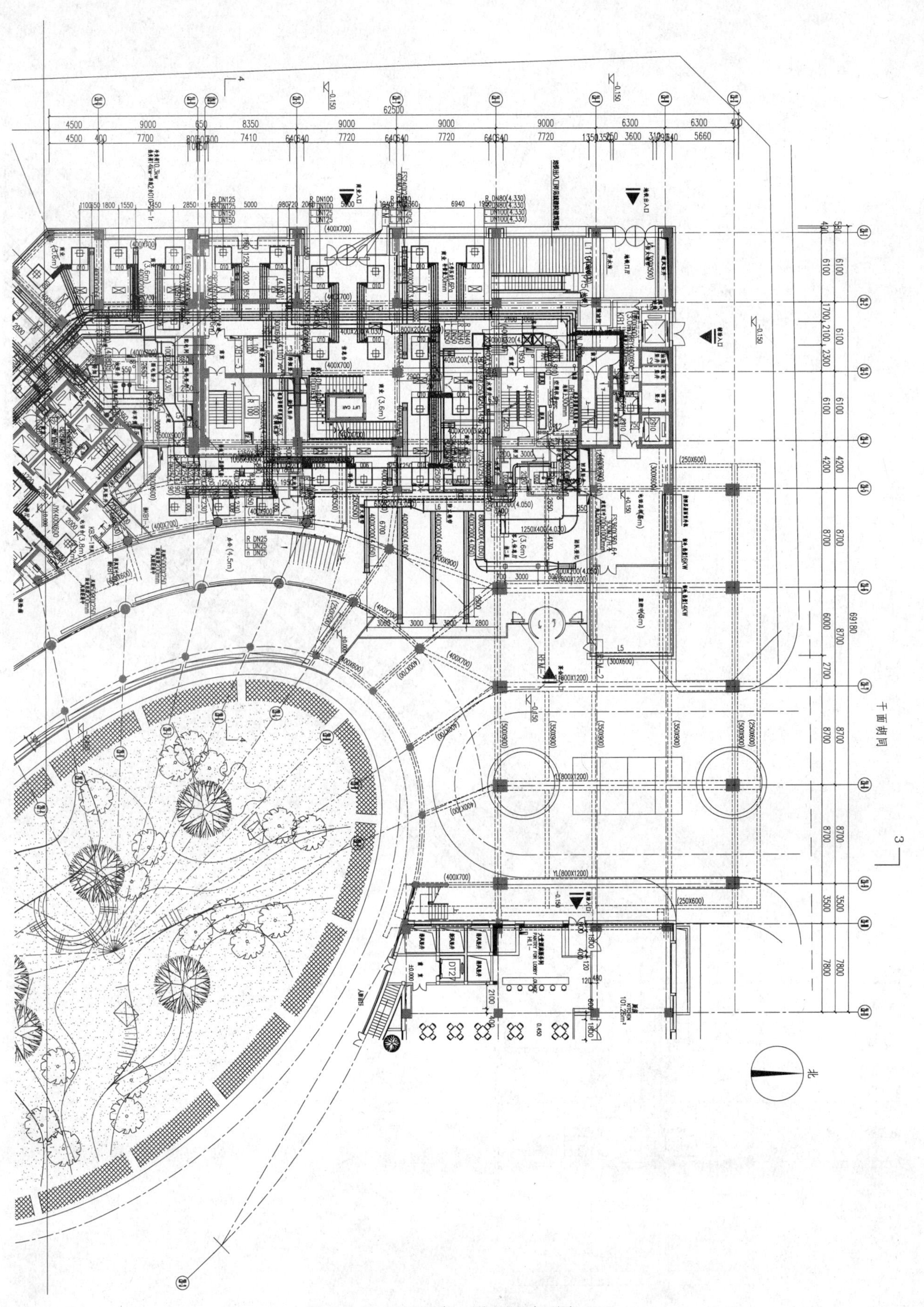

图 4.6-6 五星酒店一层空调平面图（二）

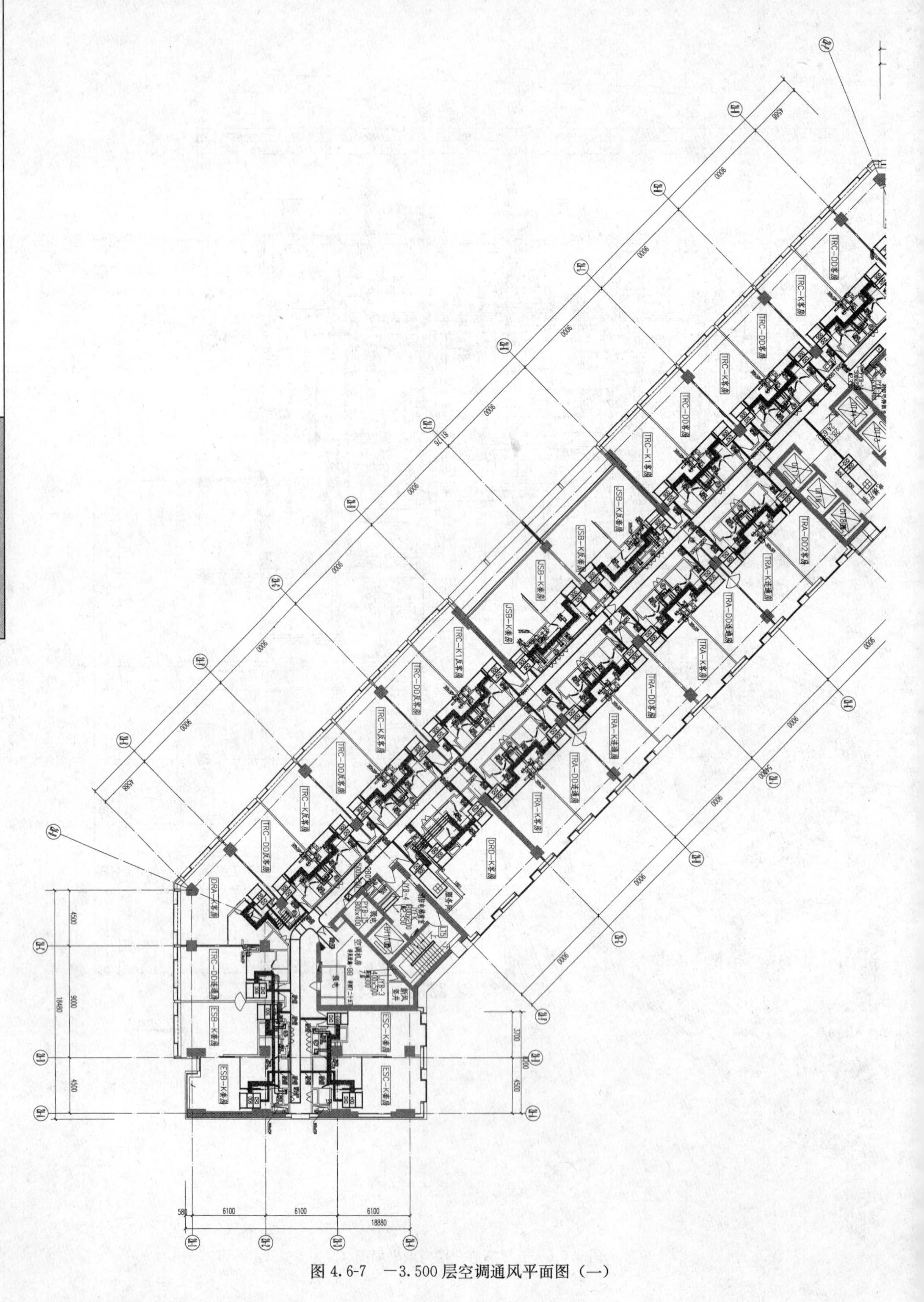

图 4.6-7　－3.500 层空调通风平面图（一）

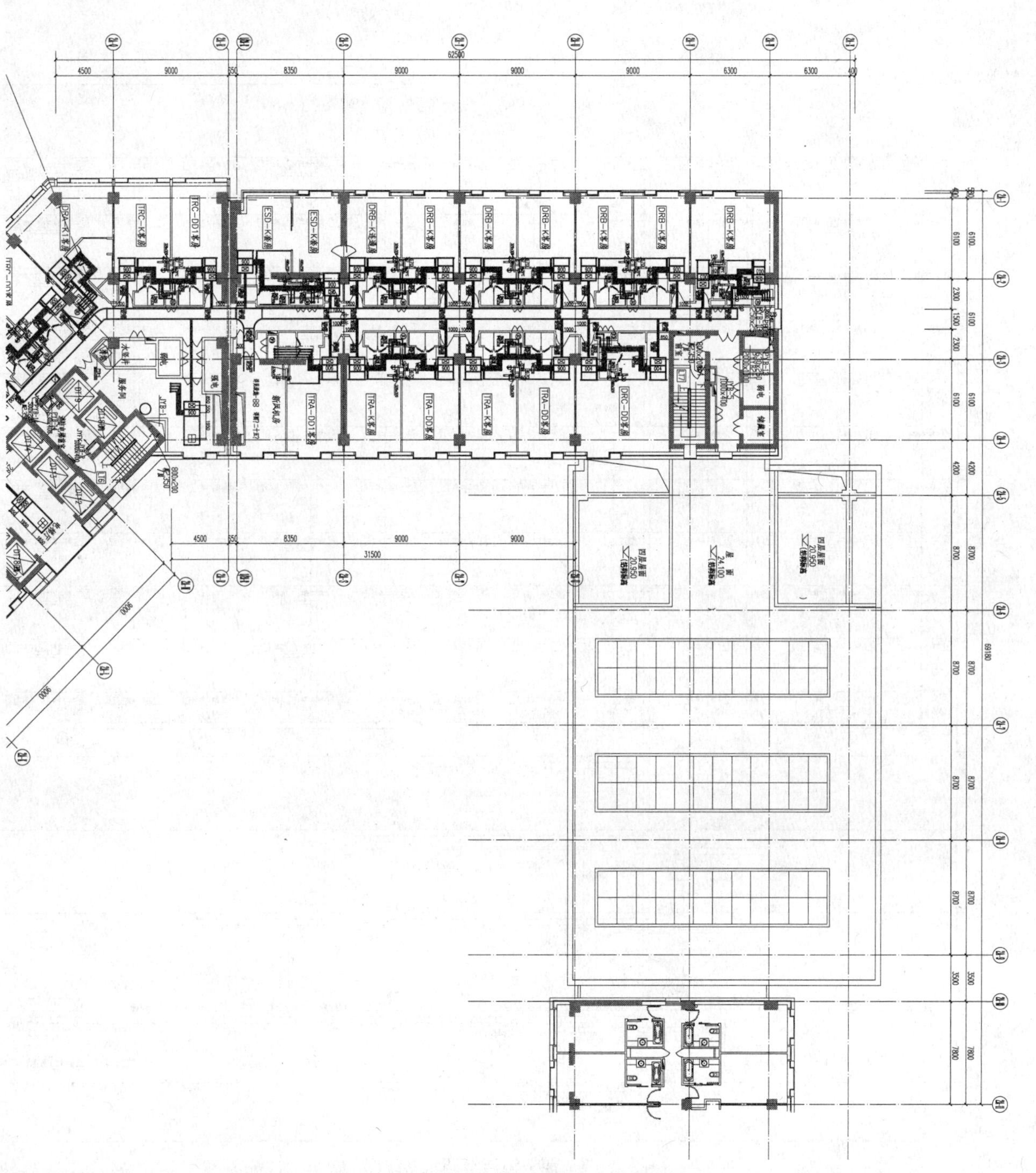

图 4.6-8　－3.500 层空调通风平面图（二）

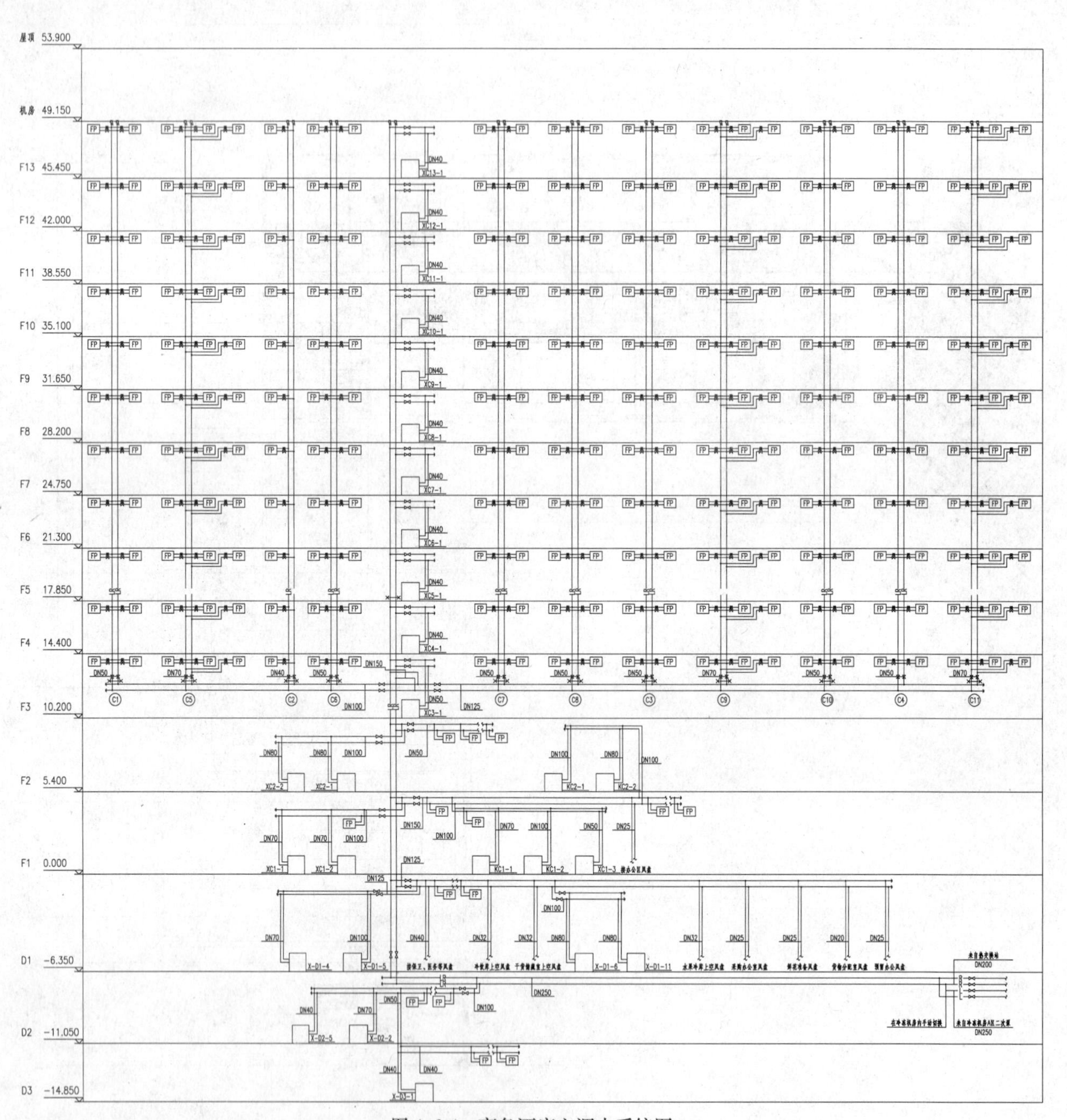

图 4.6-4　商务酒店空调水系统图

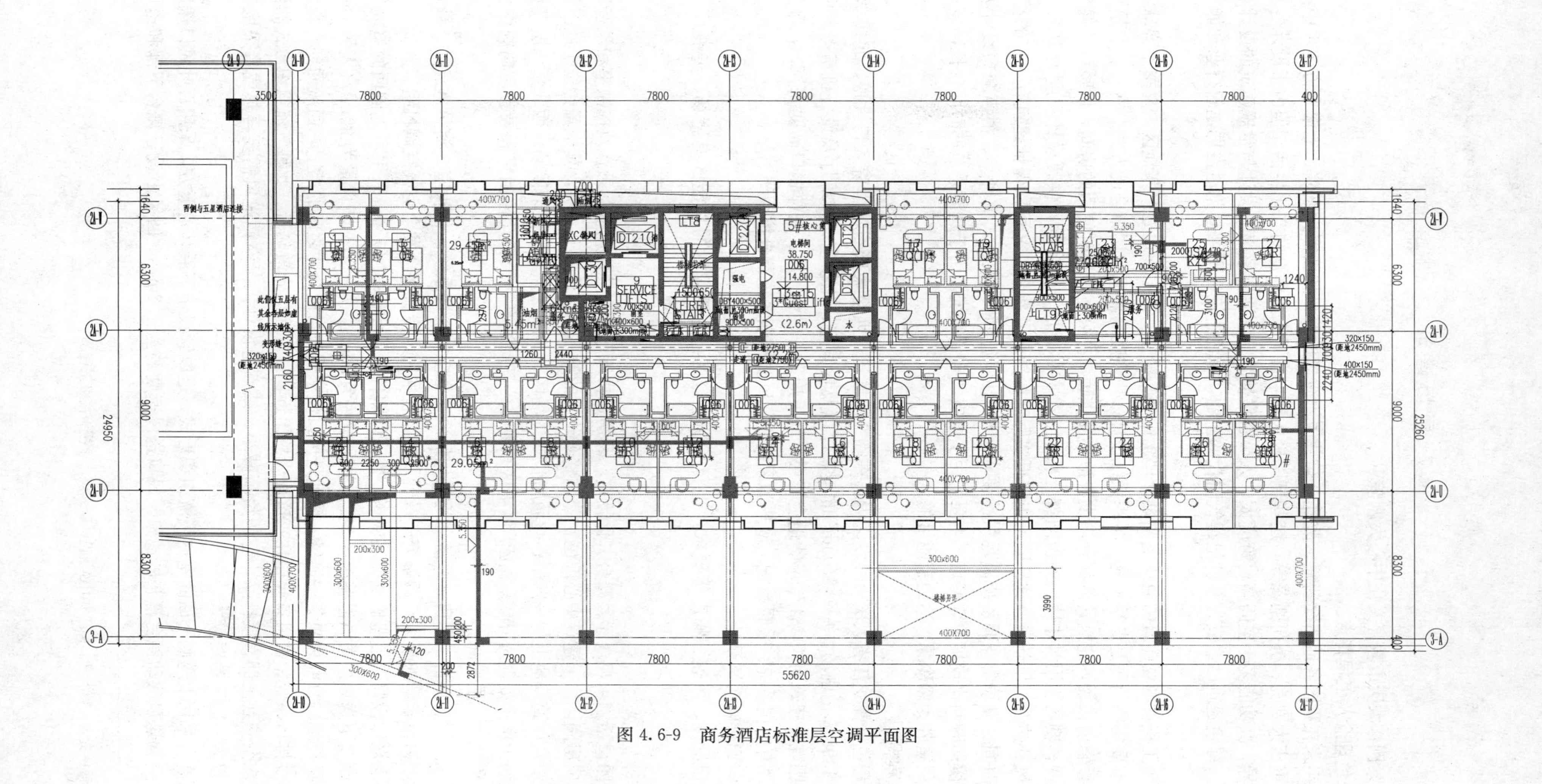

图 4.6-9　商务酒店标准层空调平面图

4.7 剧场建筑

工程案例：大庆市教育文化中心大剧院①

1. 绿色理念及工程特点：

近几年来在我国各地陆续新建、改建、扩建了不少影剧院，如国家大剧院、上海东方艺术中心、湖北剧场、重庆大剧院、杭州剧院等，这些剧院极大地丰富了人民群众的文化生活。但由于设计各具特色且造型各异，其功能多、空间高、跨度大、人员密集使其空调通风系统的设计与常规建筑的设计有很多不同之处。绿色建筑已经成为新世纪建筑时代的主题，绿色建筑将不可避免地占据建筑行业和能源利用的舞台。

结合该工程就剧场建筑的通风空调设计理念做一些简介。该工程地处严寒地区，夏季干湿球温度较低，设计首要解决问题是冬季工况。冬季系统设计采用供暖与热风空调结合的方式。在一、二层城市大厅采用地板辐射供暖，建筑其他部分均设置散热器供暖。办公室等平时使用的房间，供暖设计温度为室内设计温度；剧场使用时才使用的房间如化妆室、公共休息厅、舞台等，供暖设计温度为10℃，使用时采用热风补热及提供新风。这样既可以降低实际运行能耗及费用，又可以保证建筑有一定的蓄热量，减少预热时间。夏季由空调系统满足供冷要求。根据剧场空间高大、人员密集、消声减振设计要求较高、空调使用时间比较集中等特点，主要采用了全空气空调系统，由于过渡季节的时间较长，该系统可以充分利用室外天然冷源，达到节能目的。

2. 工程概况

该工程位于黑龙江省大庆市开发区内，东临301国道，西至大庆石油学院入口大道，北接学府街。包括一个1498座的剧场，一个3500m^2的美展厅以及贵宾室、化妆室、排练厅及设备机房等相关配套设施。大剧院总建筑面积23426m^2。地上4层，地下局部一层至三层。主体檐口高度22.2m，舞台高度39.2m。设有空调系统、采暖系统、冷热源系统、通风防排烟系统及自控系统。

(1) 空调供暖系统设计

根据温湿度、风速、噪声等要求，进行了功能分区，主要设置的功能区有剧场、美展厅、城市大厅。

1) 剧场

本组团包括剧场观众厅、舞台、化妆室、琴房、排练厅、演员休息室、录音及控制室和录音后期制作室等附属房间。位于建筑中心部位，跨越整个建筑的地下3层及地上4层，其中舞台位于地下一～地下三层；观众厅跨越地上一～四层；化妆室位于候场区一、二层；琴房位于候场区西北角二层（位置独立，比较利于消声处理）；排练厅位于候场区东侧二、三层通高；录音及控制室和录音后期制作室位于建筑东南角二、三层通高。

剧场观众厅、舞台、琴房、排练厅均采用低风速全空气空调系统；化妆室、演员休息厅、录音后期制作室采用风机盘管加新风空调系统；录音及控制室采用风冷直接蒸发全空气空调机组。

剧场观众厅设置1层座椅及1层楼座，楼座两侧各设置5～6个包厢，采用下送侧回的室内气流组织形式，座椅下送风，送风温差为3.5℃，送风量约为50m^3/(人·h)，新风量为20m^3/(人·h)；回风由设于后面侧墙的百叶风口集中回风。乐池送风口设于乐池与观众厅之间的墙上，回风回到观众厅。观众厅顶部设排风系统，排风口集中在三道面光桥附近，以排除灯光散热量。此种气流组织形式的优点在于部分室内余热在上部直接排除，空调负荷减小；缺点是设计工况空调送风需要再热或者采用二次回风，投资较大，施工难度较大。

剧场舞台采用上送侧下回的室内气流组织形式，送风管设于下层马道上方，采用百叶风口送风。为了不发生空调送风吹动舞台幕布的现象，风口送风速度约为1.2m/s，回风由设于舞台下部和送风管上

---

① 工程负责人：孙淑萍，女，中国建筑设计研究院，教授级高级工程师。

部的回风管回到空调机房。舞台及观众厅均采用双风机系统，过渡季调节新风比，最大限度地利用天然冷源，达到节能目的。

观众厅、舞台、琴房的室内噪声指标分别为NR25、NR20、NR20，录音室更是高达NR15，故此类房间空调系统设计的主要难点在于噪声控制。噪声分为机外噪声和管道噪声。机外噪声的主要控制手段为：采用噪声及振动较小的空调设备，该工程将空调系统尽量划小，减小单台空调箱送风量，选用优质设备；加强空调机房的隔声及设备的减振，空调箱设置柔性基础，空调机房单独作消声设计；合理布置空调机房的位置，空调机房与被控房间留有一定距离，以便控制振动及设置消声设备。该工程将机房分别设置于距离被控房间不小于20m的区域内，这样既可以有效地控制噪声及振动的传播，又不至于由于输送距离过大而引起输送能耗增加过大。管道噪声的主要控制手段为：采用噪声及振动较小的空调设备；根据空调设备的分频噪声值合理地设置管道消声设备（高中频采用阻抗复合消声器，低频采用微孔板消声器及扩容比较大的静压箱）；合理布置空调机房的位置；根据室内噪声要求合理计算管道风速；采用降噪性能好的送、回风管道材料。

2）美展厅

本组团地上一～三层主要功能为开放式美术展厅，位于建筑西侧，间隔城市大厅与剧场相望。采用全空气低风速空调系统，采用上送上回气流组织形式，根据室外空气比焓调节新回风电动调节阀，过渡季充分利用大庆地区凉爽干燥的室外空气消除室内冷负荷。冬季采用散热器供暖结合空调热风。

3）城市大厅

城市大厅位于建筑中心，将上述两个组团连接起来，为地下一层及一层以上至屋顶通高两个空间。空调、供暖方式同美展厅。

（2）空调冷热源

1）冷源

夏季空调总冷负荷为2011kW（572Rt），选择容量为1511kW的螺杆式冷水机组1台和容量为500kW的螺杆式冷水机组1台，提供7℃/12℃的冷水；冷却水供/回水温度为32℃/37℃，冷却塔设于建筑物外区域换热站内。

2）热源

冬季供热设计总负荷为3196kW，其中空调总热负荷为2360kW，散热器供暖总热负荷为606kW，辐射地板供暖总热负荷为230kW。由设于建筑物外的区域换热站提供95℃/70℃的供暖热水，经换热器换热后提供空调热水（65℃/55℃）及地板辐射供暖热水（55℃/45℃）。

（3）空调水系统

空调水系统采用一次泵两管制变流量系统；空调冷水和热水通过设在制冷机房的冬、夏季节转换阀，实现冷热水的转换。剧场、美展厅及候场区独立设置空调水系统环路，可实现分别使用和独立计量。

（4）空调系统加湿

空调系统采用湿膜加湿器。加湿器设置于空调箱内，全空气空调系统根据回风湿度传感器控制加湿量，新风系统根据室内湿度传感器控制加湿量。

（5）通风系统设计

舞台台仓、设备用房等设置机械通风系统，其中台仓通风冬季设置了加热设备；卫生间设机械排风装置，排风机设于屋面层。

（6）防排烟系统设计

所有无自然排烟条件的消防楼梯间、消防电梯前室均设正压送风系统。地下台仓设排风兼排烟及补风系统。走道设置机械排烟系统。城市大厅、观众厅、舞台、美展厅等无自然排烟条件的空间设置独立的机械排烟系统。

3. 相关图纸

该工程主要设备材料表如表4.7-1～表4.7-9所示，主要设计图如图4.7-1～图4.7-23所示。

冷水机组性能参数表

表 4.7-1

序号	设备编号	设备型式	空调制冷量 kW	蒸发器				冷凝器				电源		使用冷媒	机组最大外形尺寸 长×宽×高 (mm)	质量（运行）(kg)	数量（台）	机组承压 (MPa)	备注
				进/出水温 (℃)	污垢系数 ($m^2 \cdot K$/kW)	水侧工作压力 (MPa)	蒸发器水阻 (kPa)	进/出水温 (℃)	污垢系数 ($m^2 \cdot K$/kW)	水侧工作压力 (MPa)	冷凝器水阻 (kPa)	容量 (kW)	电压 (V)						
1	R-1	螺杆式	1519	7/12	0.0176	0.7	<90	32/37	0.044	0.7	<84	269	380	HCFC-22	4150×1880×2330	9426	1	1.0	
2	R-2	螺杆式	492	7/12	0.0176	0.7	<59	32/37	0.044	0.7	<47	99	380	HCFC-22	3534×1292×1816	4374	1	1.0	

注：1. 机组要求保温后出厂。
2. 机组配带减振基础。
3. 机组为汉化微电脑控制，并有与大楼 BA 自控系统联网的接口。
4. 机组要求配带启动柜，启动方式为星/三角启动。
5. 每台机组要求配带水流开关 2 只。
6. 机组要求冷冻水，冷却水接管均在同侧

水泵性能参数表

表 4.7-2

序号	设备编号	设备名称	设备型式	流量 (m^3/h)	扬程 (mH_2O)	电源		转速 (r/min)	吸入口压力 (MPa)	工作压力 (MPa)	设计点效率 (%)	介质温度 (℃)	数量（台）	设备承压 (MPa)	备注
						容量 (kW)	电压 (V)								
1	B-1,2	冷冻水泵	离心管道泵 FLG200-400(I)C	277	33	45	380	1450	0.3	0.7	76	7	2	1.0	一用一备
2	B-3	冷冻水泵	离心管道泵 FLG100-160	92	33	15	380	1450	0.3	0.7	74	7	1	1.0	
3	b-1,2	冷却水泵	离心管道泵 FLG200-400(I)C	329	30	45	380	1450	0.3	0.7	79	37	2	1.0	一用一备
4	b-3	冷却水泵	离心管道泵 FLG100-160	107	30	15	380	1450	0.3	0.7	77	37	1	1.0	
5	BR-1,2,3	空调热水循环水泵	离心管道泵 FLG300-315B	129	27	22	380	1450	0.3	0.7	76	65	3	1.0	二用一备
6	BR-4,5	地板采暖循环水泵	离心管道泵 FLG65-125	21	20	3.5	380	1450	0.3	0.7	70	55	2	1.0	一用一备

定压补水装置性能参数表

表 4.7-3

序号	设备编号	设备型式	定压值(MPa)	高限压力(MPa)	低限压力(MPa)	总容积(m^3)	调节容积(m^3)	补水泵 流量(m^3/h)	补水泵 扬程(mH_2O)	补水泵 容量(kW)	补水泵 电压(V)	外形尺寸直径×高(mm)	转速(r/min)	质量(kg)	数量(台)	设备承压(MPa)	备注
1	BB-1,2	稳流补水泵 40FL9-12×4						8	45	3	380		1450		2	1.0	一用一备
2	BB-4,5	稳流补水泵 25FL2-12×3						2	35	1.1	380		2900		2	1.0	一用一备
3	GD-1	空调定压罐	0.3	0.35	0.28	0.86	0.26					D800×2336		1260	1	1.0	
4	GD-2	地板采暖定压罐	0.3	0.35	0.28	0.15	0.05					D400×1776		275	1	1.0	

注：所有设备定货前，技术性能需经设计确认。如与本设备表技术性能不符，请通知相关专业。

空调机组性能参数表

表 4.7-4

序号	设备编号	设备型式	送风机 风量(m^3/h)	送风机 机外余压(Pa)	送风机 电量(kW)	冷却盘管 冷量(kW)	冷却盘管 冷水进出水温进水(℃)/出水(℃)	冷却盘管 盘管前空气状态 T_d/T_w	冷却盘管 盘管后空气状态 T_d/T_w	冷却盘管 水阻力(kPa)	冷却盘管 工作压力(MPa)	加热盘管 热量(kW)	加热盘管 热水进出水温进水(℃)/出水(℃)	加湿器 型式	加湿器 水质	加湿器 加湿量(kg/h)	加湿器 加湿介质压力(MPa)	过滤器 类型	水管接 管方向	噪声[dB(A)] 机外	噪声[dB(A)] 出风口	设计新风量(m^3/h)	质量(kg)	安装地点	服务对象	数量台	备注
1	K1-1,2	组合式空调机	18750	500	18.5	85	7/12	27.9/22	18.2/17.1	62	0.5	100	65/55	湿膜加湿	自来水	15	0.15～0.75	中效袋式	一左一右	60	<78	7500	1100	一层观众厅空调机房	大剧院观众厅	2	电预热71kW 电再热量10kW
2	K1-3,4	组合式空调机	18750	500	18.5	85	7/12	27.9/22	18.2/17.1	62	0.5	100	65/55	湿膜加湿	自来水	15	0.15～0.75	中效袋式	一左一右	60	<78	7500	1100	一层观众厅空调机房	大剧院观众厅	2	电预热71kW 电再热量10kW
3	K1-5,6	组合式空调机	30000	400	22	150	7/12	26.3/19.8	16.3/15.3	62	0.5	100	65/55	湿膜加湿	自来水	15	0.15～0.75	中效袋式	一左一右	60	<78	6610	1200	一层空调机房	一二层城市大厅	2	电预热55kW
4	K1-7	吊顶式空调机	6000	185	0.55×2	35	7/12	35	16.3/15.3	15	0.5							初效	右	60	<78		270	一层配电室	一层配电室	1	

续表

序号	设备编号	设备型式	送风机			冷却盘管						加热盘管		加湿器				过滤器	水管接	噪声[dB(A)]		设计新风量(m³/h)	质量(kg)	安装地点	服务对象	数量台	备注
			风量(m³/h)	机外余压(Pa)	电量(kW)	冷量(kW)	冷水进出水温进水(℃)/出水(℃)	盘管前空气状态T_d/T_w	盘管后空气状态T_d/T_w	水阻力(kPa)	工作压力(MPa)	热量(kW)	热水进出水温进水(℃)/出水(℃)	型式	水质	加湿量(kg/h)	加湿介质压力(MPa)	类型	管方向	机外	出风口						
5	K1-8,9	组合式空调机	8175	550	7.5	55	7/12	27/20.5	15/14	62	0.5	70	65/55	湿膜加湿	自来水	10	0.15~0.75	中效袋式	左	60	<78	2750	700	美展厅三层空调机房	一层美展厅	2	电预热23kW
6	K1-10	组合式空调机	2652	480	2.2	16	7/12	28.3/21.6	15.7/14.7	40	0.5	40	65/55	湿膜加湿	自来水	2	0.15~0.75	中效袋式	左	60	<78	1200	400	美展厅二层空调机房	一层贵宾休息	1	电预热10kW
7	K2-1	组合式空调机	18500	450	15	90	7/12	26.1/20.3	16.4/15.3	62	0.5	100	65/55	湿膜加湿	自来水	15	0.15~0.75	中效袋式	右	60	<78	3150	1000	二层空调机房	二层排练厅	1	电预热26kW
8	K2-2,3	组合式空调机	8965	450	7.5	60	7/12	27.4/20.8	14.8/13.8	62	0.5	55	65/55	湿膜加湿	自来水	10	0.15~0.75	中效袋式	一左一右	60	<78	3000	700	美展厅二层空调机房	二层美展厅	2	电预热25kW
9	K2-4	组合式空调机	3000	400	2.2	14	7/12	26.2/19.8	16.1/15.1	62	0.5	19	65/55	湿膜加湿	自来水	1.5	0.15~0.75	中效袋式	左	60	<78	500	400	二层空调机房	二层琴房	1	电预热5kW
10	K3-1,2	组合式空调机	10756	450	11	65	7/12	27/20.5	15.2/14.2	62	0.5	60	65/55	湿膜加湿	自来水	10	0.15~0.75	中效袋式	右	60	<78	3000	850	美展厅三层空调机房	三层美展厅	2	电预热25kW
11	K4-1,2	组合式空调机	30240	500	30	140	7/12	25.6/19.2	16/15	62	0.5	55	65/55	湿膜加湿	自来水	15	0.15~0.75	中效袋式	一左一右	60	<78	3000	1200	舞台旁四层空调机房	舞台	2	电预热25kW K4-2新风入口非标
12	X1-2	组合式新风空调机	2000	340	0.55	12.58	7/12	31.1/23.9	19.2/18.6	62	0.5	27.26	65/55	湿膜加湿	自来水	8	0.15~0.75	中效袋式	右	60	<78		270	一层空调机房	办公、休息	1	电预热17kW

续表

序号	设备编号	设备型式	送风机			冷却盘管						加热盘管		加湿器				过滤器	水管接	噪声[dB(A)]		设计新风量(m^3/h)	质量(kg)	安装地点	服务对象	数量台	备注
			风量(m^3/h)	机外余压(Pa)	电量(kW)	冷量(kW)	冷水进出水温进水(℃)/出水(℃)	盘管前空气状态 T_d/T_w	盘管后空气状态 T_d/T_w	水阻力(kPa)	工作压力(MPa)	热量(kW)	热水进出水温进水(℃)/出水(℃)	型式	水质	加湿量(kg/h)	加湿介质压力(MPa)	类型	管方向	机外	出风口						
13	X1-3,4	组合式新风空调机	5000	500	1.8	31.45	7/12	31.1/23.9	19.2/18.6	62	0.5	68.13	65/55	湿膜加湿	自来水	20	0.15～0.75	中效袋式	一左一右	60	<78		470	一层空调机房	化妆等	2	电预热41kW
14	X2-2	组合式新风空调机	6000	500	2.2	37.74	7/12	31.1/23.9	19.2/18.6	62	0.5	81.75	65/55	湿膜加湿	自来水	24	0.15～0.75	中效袋式	左	60	<78		500	二层空调机房	二层休息	1	电预热50kW
15	X3-2	组合式新风空调机	7000	500	1.8×2	44.03	7/12	31.1/23.9	19.2/18.6	62	0.5	95.38	65/55	湿膜加湿	自来水	28	0.15～0.75	中效袋式	左	60	<78		540	三层空调机房	三层休息	1	电预热57kW
16	X4-2	组合式新风空调机	5000	500	1.8	31.45	7/12	31.1/23.9	19.2/18.6	62	0.5	68.13	65/55	湿膜加湿	自来水	20	0.15～0.75	中效袋式	右	60	<78		470	四层空调机房	四层休息	1	电预热41kW

注：1. 空调机组功能组合：

(1) 新风机组功能段组成见附图 1；

(2) 空调机组功能段组成见附图 2；

(3) 盘管为冷热共用；

(4) 加湿采用湿膜加湿器，空调机组生产厂商请与加湿器生产厂商配合。

2. 空调机组的回风，新风口均配用调节灵活的多叶调节阀。

3. 所有空调机组的风机和电机均设减振装置。

4. 空调机组左右式（水管接向）的判断方法是顺着机组气流方向水管在左侧的为左式，右侧为右式。

5. 空调机组供应厂商向设计院提供空调机组的选型结果。

6. 所有设备定货前，技术性能需经设计确认。如与本设备表技术性能不符，请通知相关专业。

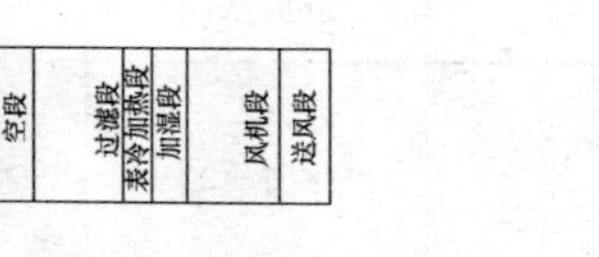
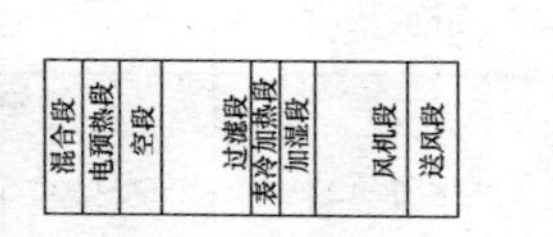

附图 1

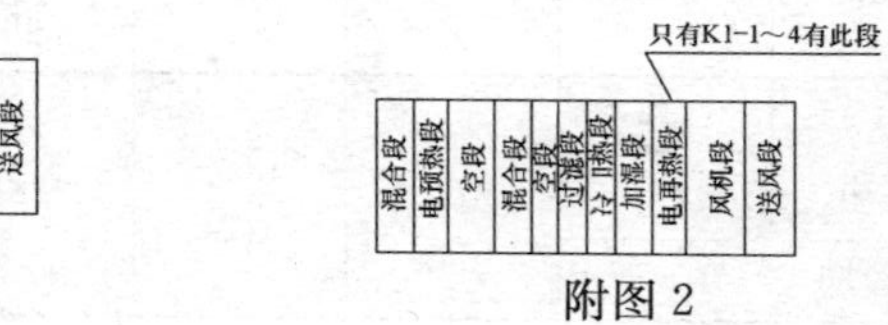

附图 2

风机性能参数表

表 4.7-5

序号	设备编号	设备型式	风量 (m^3/h)	风压 全压 (Pa)	电源		转速 (r/min)	出风口噪声 [dB(A)]	质量 (kg)	数量	安装地点	服务对象	备注
					容量 (kW)	电压 (V)							
1	PB1-1	轴流风机 T35-11-9	20000	200	2.2	380	960	<80	120	1	屋顶	台仓	减振支架，壳体配消音罩
2	P1-1～4	轴流风机 T35-11-4	3500	280	0.55	380	2900	<80	20	4	屋顶	城市大厅	减振支架，壳体配消音罩
3	P1-5	轴流风机 T35-11-5	7200	150	0.55	380	1450	<80	30	1	配电室	配电室排风	减振吊架
4	P1-6	轴流风机 T35-11-5.6	10080	160	0.75	380	1450	<80	40	1	水泵房	水泵房排风	减振吊架
5	P1-7	轴流风机 T35-11-5	7560	160	0.55	380	1450	<80	30	1	冷冻机房	冷冻机房排风	减振吊架
6	P2-1	轴流风机 T35-11-2.8	1000	130	0.12	380	2900	<80	10	1	屋顶	二层淋浴排风	减振吊架，壳体配消音罩
7	P-1,2	轴流风机 T35-11-4	4000	280	0.55	380	2900	<80	20	2	屋顶	耳光及声控、功放排风	减振支架，壳体配消音罩
8	P-3	轴流风机 T35-11-3.55	3000	220	0.37	380	2900	<80	19	1	屋顶	声控、光控室	减振支架，壳体配消音罩
9	P-4	轴流风机 T35-11-3.55	4400	230	0.75	380	2900	<80	19	1	屋顶	美展厅各层公共卫生间	减振支架
10	P-5,6	轴流风机 T35-11-4	7680	350	1.5	380	2900	<80	20	2	屋顶	剧场各层公共卫生间	减振支架，壳体配消音罩
11	P-7,8	轴流风机 T35-11-3.15	1680	195	0.18	380	2900	<80	13	2	屋顶	后台两侧公共卫生间	减振支架，壳体配消音罩
12	P-9	斜流风机 SJG-6.0S	5000	400	1.5	380	960	<80	155	1	屋顶	淋浴、更衣、化妆室卫生间	减振支架，壳体配消音罩

续表

序号	设备编号	设备型式	风量 (m^3/h)	风压全压 (Pa)	电源		转速 (r/min)	出风口噪声 [dB(A)]	质量 (kg)	数量	安装地点	服务对象	备注
					容量 (kW)	电压 (V)							
13	P-10	斜流风机 SJG-6.0S	5000	400	1.5	380	960	<80	155	1	屋顶	化妆室等	减振支架，壳体配消音罩
14	P-11	轴流风机 T35-11-5	6000	123	0.55	380	1450	<80	30	1	屋顶	硅控室排风	减振支架，壳体配消音罩
15	P3-1～2	轴流风机 T35-11-5.6	8500	180	1.1	380	1450	<80	40	2	屋顶	观众厅	减振支架，壳体配消音罩
16	P3-3～4	轴流风机 T35-11-8	22500	180	3	380	960	<80	89	2	屋顶	观众厅	减振支架，壳体配消音罩
17	P4-1	轴流风机 T35-11-3.15	3150	190	0.37	380	2900	<80	13	1	屋顶	排练厅	减振支架，壳体配消音罩
18	P4-1’	轴流风机 T35-11-7.1	14900	130	1.1	380	960	<80	66	1	屋顶	排练厅	减振支架，壳体配消音罩
19	P5-1，2	轴流风机 T35-11-3.15	3000	200	0.37	380	2900	<80	13	2	屋顶	舞台	减振支架，壳体配消音罩
20	P5-1’，2’	轴流风机 T35-11-9	27000	180	2.2	380	960	<80	120	2	屋顶	舞台	减振支架，壳体配消音罩
21	J1-1	斜流风机 T35-11-4.5	6000	126	0.37	380	1450	<80	22	1	屋顶	变配电室补风	减振吊架
22	J1-2	斜流风机 T35-11-5	7560	150	0.55	380	1450	<80	30	1	屋顶	水池水泵房补风	减振吊架
23	J1-3	斜流风机 T35-11-4.5	6300	120	0.37	380	1450	<80	22	1	屋顶	冷冻机房补风	减振吊架
24	J-1	轴流风机 T35-11-5	6000	123	0.55	380	1450	<80	30	1	屋顶	硅控室进风	减振支架，壳体配消音罩
25	J-2	斜流风机 T35-11-7.1	15000	140	1.1	380	960	<80	66	1	屋顶	舞台台仓补风	减振支架，壳体配消音罩

风机盘管参数 表 4.7-6

风机盘管型号	参数			
	电量(W)	风量(m^3/h)	冷量(W)	热量(W)
002	31	410	1920	3260
003	35	550	2790	4650
004	50	750	3840	6400
006	87	1060	5230	8720
008	100	1500	7680	—
	冷量进口空气 DB=27℃,WB=19.5℃ 热量进口空气 DB=21℃			

风机盘管送风口规格 表 4.7-7

风机盘管型号	送风形式及送风口尺寸(mm)		
		一个	两个
002	下送风	180×180	
003	下送风	240×240	
004	下送风	300×300	
006	下送风	360×360	300×300
008	下送风	400×400	360×360
	风机盘管回风口为 550×550 带过滤网 空调系统地百页带过滤网		

防排烟风机性能参数表 表 4.7-8

序号	设备编号	设备型式	风量(m^3/h)	风压全压(Pa)	电源		转速(r/min)	出风口噪声[dB(A)]	质量(kg)	数量	安装地点	服务对象
					容量(kW)	电压(V)						
1	PB1-1	排烟风机 YW60-10	39000	690	11	380	1450	<80	520	1	屋顶	台仓排烟
2	PB1-2	排烟风机 YW60-6.3	20000	600	5.5	380	2900	<80	220	1	屋顶	台仓排烟
3	PB1-3	轴流风机 T35-11-10	30000	210	3.0	380	960	<80	150	1	屋顶	台仓排烟补风
4	PY-1~4	排烟风机 YW60-11	55000	600	18.5	380	1450	<80	600	4	屋顶	观众厅排烟
5	PY-5~8	排烟风机 YW60-11	55000	600	18.5	380	1450	<80	600	4	屋顶	舞台排烟
6	PY-9~12	排烟风机 YW60-8	33600	500	7.5	380	1450	<80	360	4	屋顶	城市大厅排烟
7	PY-13,14	排烟风机 YW60-11	51000	700	18.5	380	1450	<80	600	2	屋顶	美展厅排烟

续表

序号	设备编号	设备型式	风量 (m^3/h)	风压全压 (Pa)	电源		转速 (r/min)	出风口噪声 [dB(A)]	质量 (kg)	数量	安装地点	服务对象
					容量 (kW)	电压 (V)						
8	PY-15,16	排烟风机 YW60-9	29600	860	11	380	1450	<80	450	2	屋顶	后场区排烟
9	PY-17,18	排烟风机 YW60-9	26400	760	7.5	380	1450	<80	330	2	屋顶	弧形休息厅排烟
10	PY-19,20	排烟风机 YW60-7	17820	880	11	380	1450	<80	450	2	屋顶	两侧休息厅排烟
11	PY2-1	排烟风机 YW60-5.5	13200	590	4	380	2900	<80	200	1	屋顶	录音室排烟
12	JY-1,3	排烟风机 YW60-7	18400	700	7.5	380	1450	<80	330	2	屋顶	前室加压风机
13	JY-2,4	排烟风机 YW60-8	20790	800	7.5	380	1450	<80	360	2	屋顶	楼梯间加压风机
14	JY-5,7	排烟风机 YW60-6.3	18400	500	5.5	380	2900	<80	220	2	屋顶	前室加压风机
15	JY-6,8	排烟风机 YW60-7	20790	580	7.5	380	1450	<80	330	2	屋顶	楼梯间加压风机

其他设备性能参数表 **表 4.7-9**

序号	设备编号	设备型式	主要性能	数量	安装地点	服务对象	备注
1	HR-1,2	空调板式换热器	Q=1416kW,一次水 130℃/80℃,二次水 65℃/55℃,设备承压 1.0MP	2	冷冻机房	全楼	
2	HR-3	地板辐射采暖板式换热器	Q=230kW,一次水 130℃/80℃,二次水 55℃/45℃,设备承压 1.0MP	1	冷冻机房	全楼	
3	QR-1	全自动软水器 WD-8B	水处理量 8～10m^3/h,电量 40W	1	冷冻机房	全楼	
4	XR-1	软化水箱	V=5m^2,外形尺寸 2000mm×1500mm×1500mm	1	冷冻机房	全楼	
5		冷热集分水器	D600mm	2	冷冻机房	全楼	
6	RFM	电热风幕	长度=1500mm,电量 12.5kW(380V),风量=2200m^3/h	7	城市大厅入口	全楼	
7	FM	贯流风幕	长度=1500mm,电量 200W(220V),风量=2200m^3/h	9	入口	全楼	
8		排气扇	风量=230m^3/h,电量 50W(220V)	9	卫生间	卫生间	有特殊要求图上注明
9	JR-1	电加热器	风量=14500m^3/h,电量 150kW(380V)	1	屋顶	台仓进风加热	

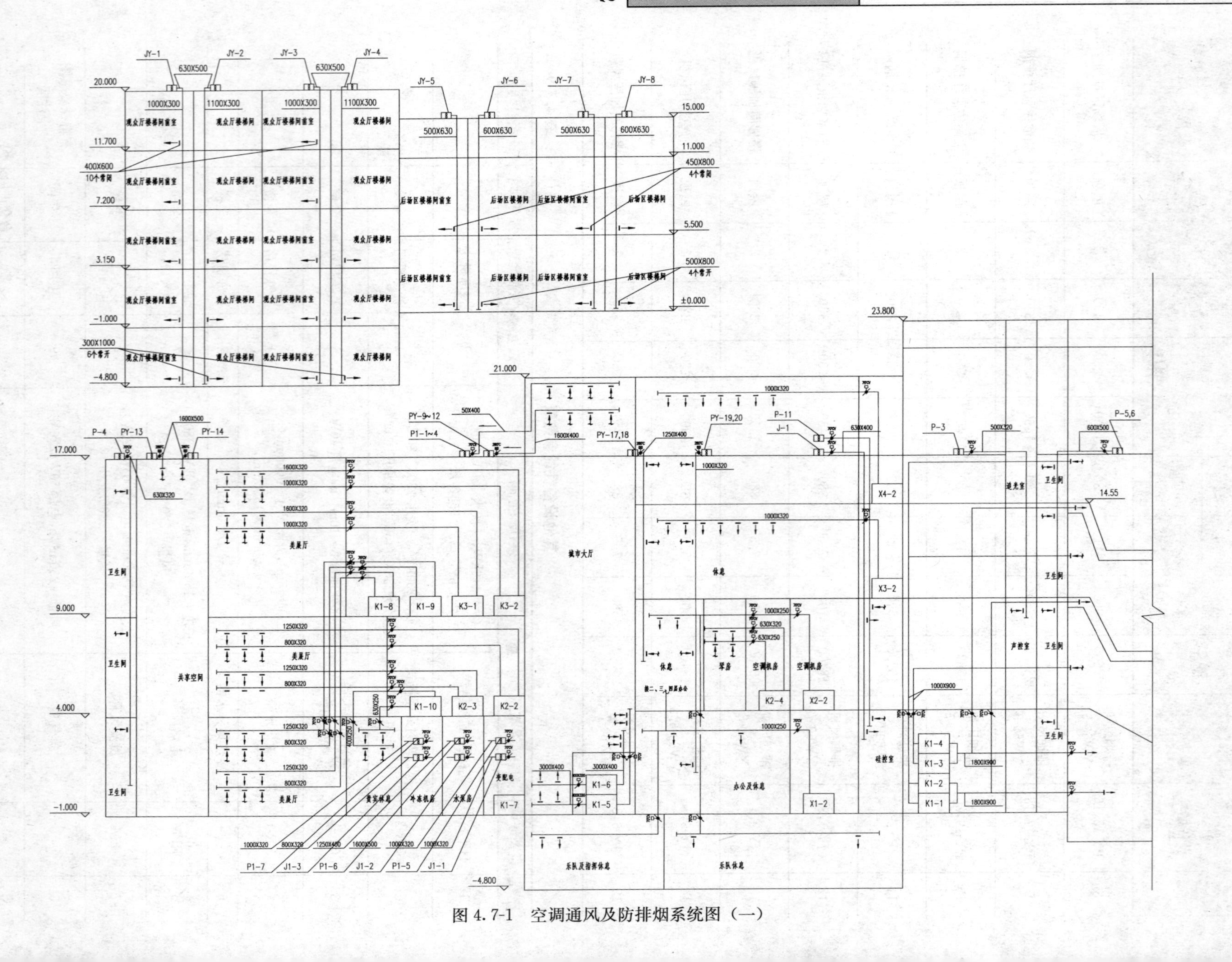

图 4.7-1　空调通风及防排烟系统图（一）

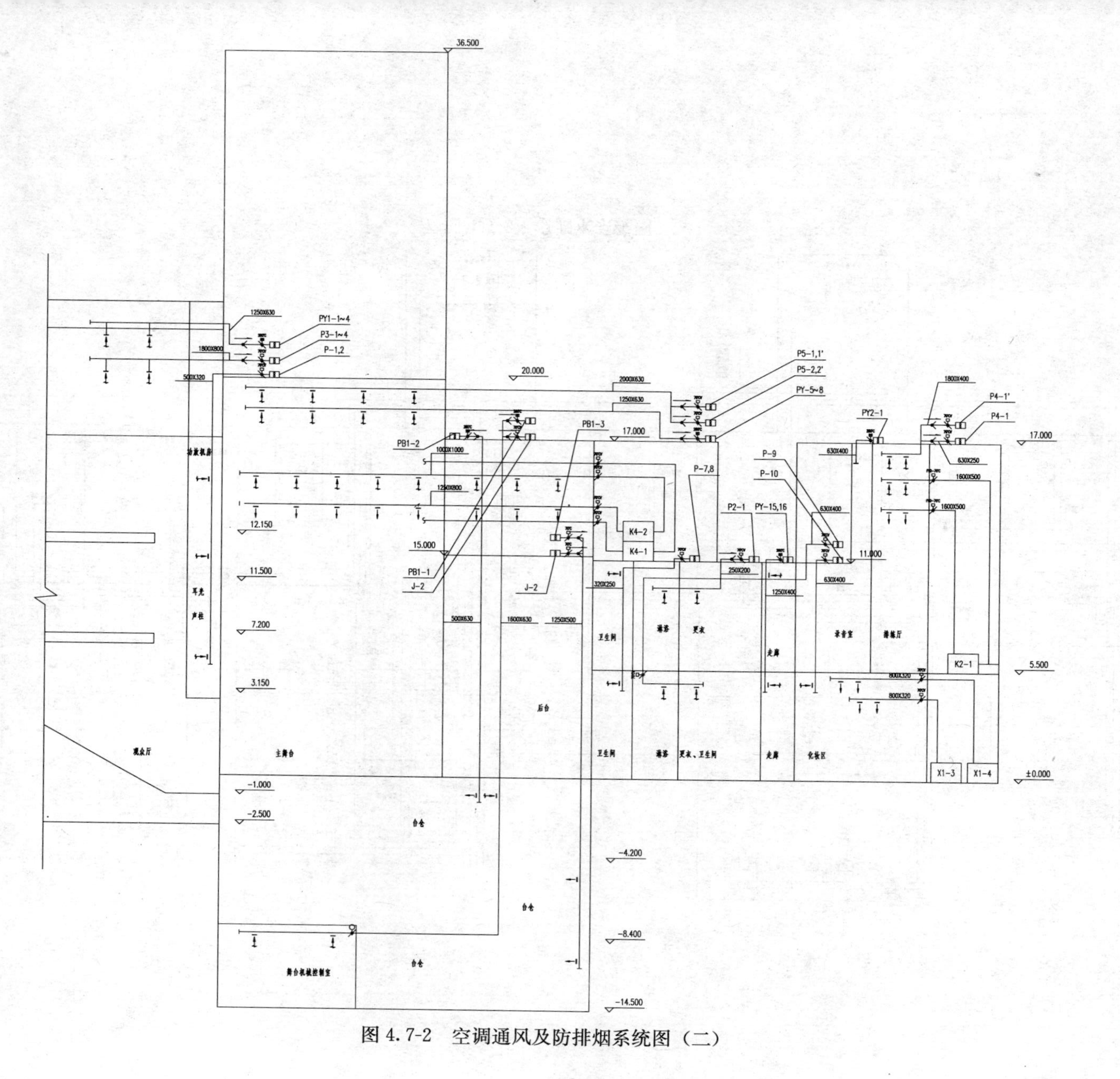

图 4.7-2　空调通风及防排烟系统图（二）

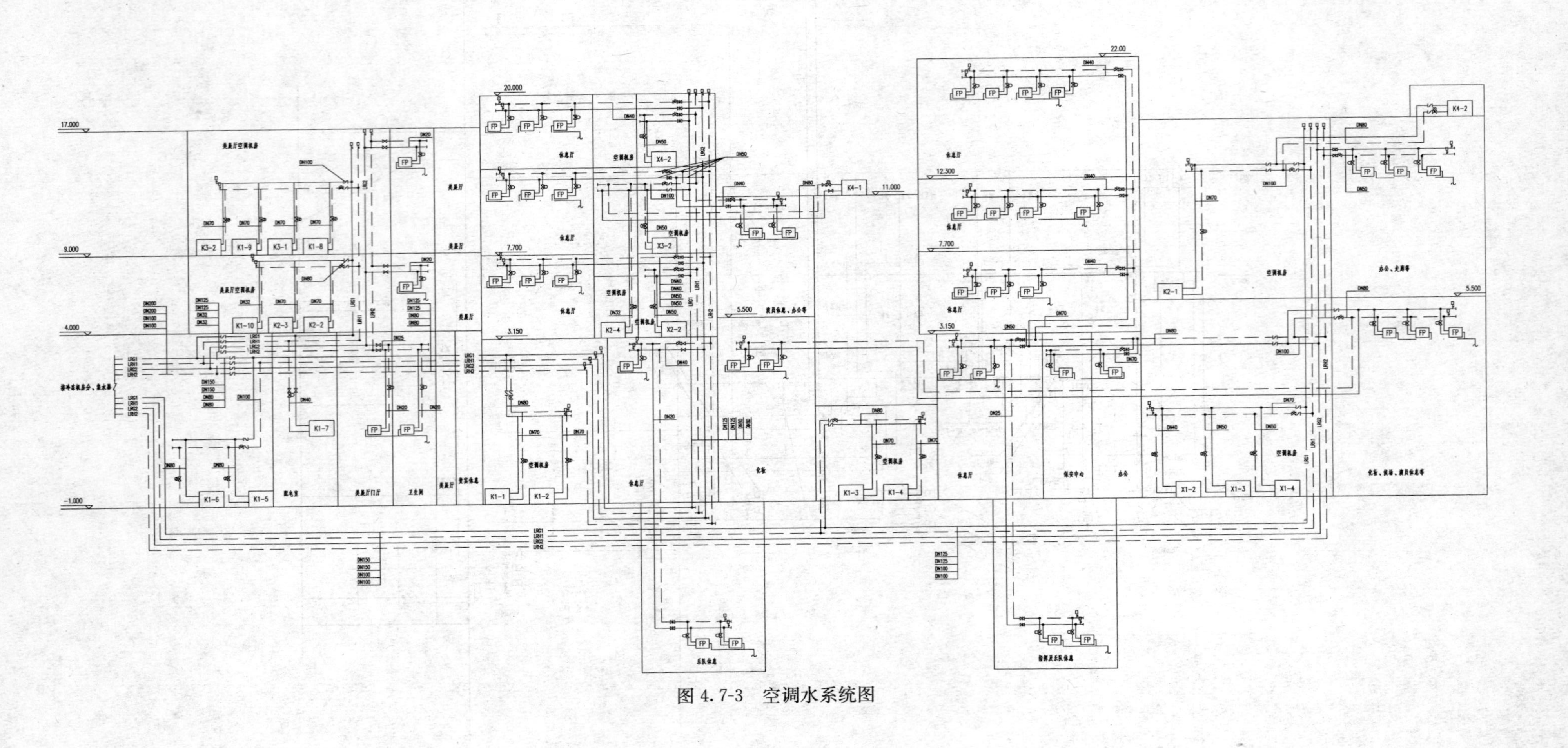
17.000
9.000
4.000
-1.000
20.000
7.700
3.150
22.00
12.300
11.000
5.500
K4-2
K4-1
K2-1
K3-2
X4-2
X3-2
X2-2
K2-4
K1-1
K1-2
K1-3
K1-4
K1-5
K1-6
K1-7
K1-8
K1-9
K1-10
K3-1
K2-2
K2-3
X1-2
X1-3
X1-4
FP

图 4.7-3　空调水系统图

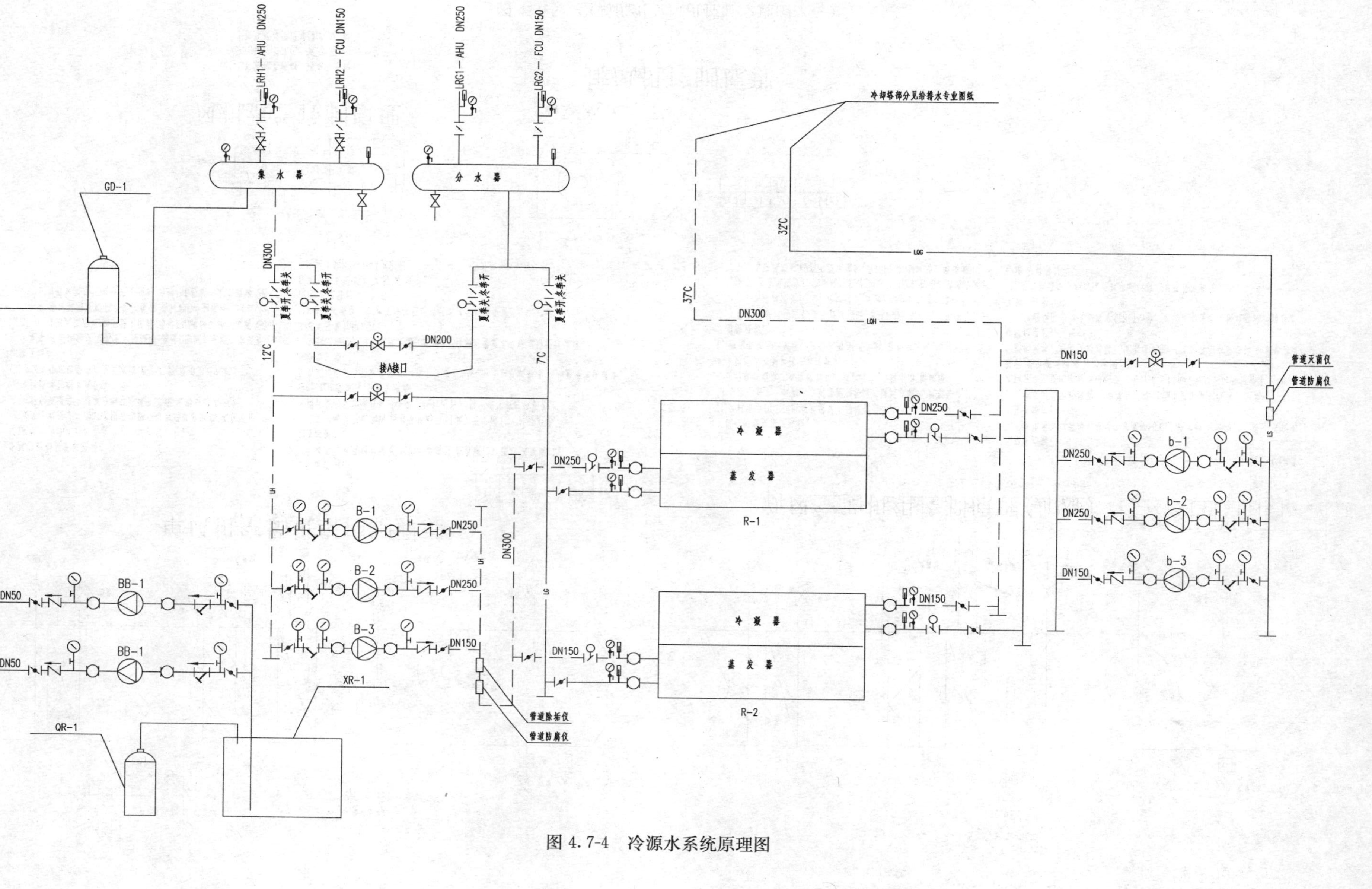

图 4.7-4 冷源水系统原理图

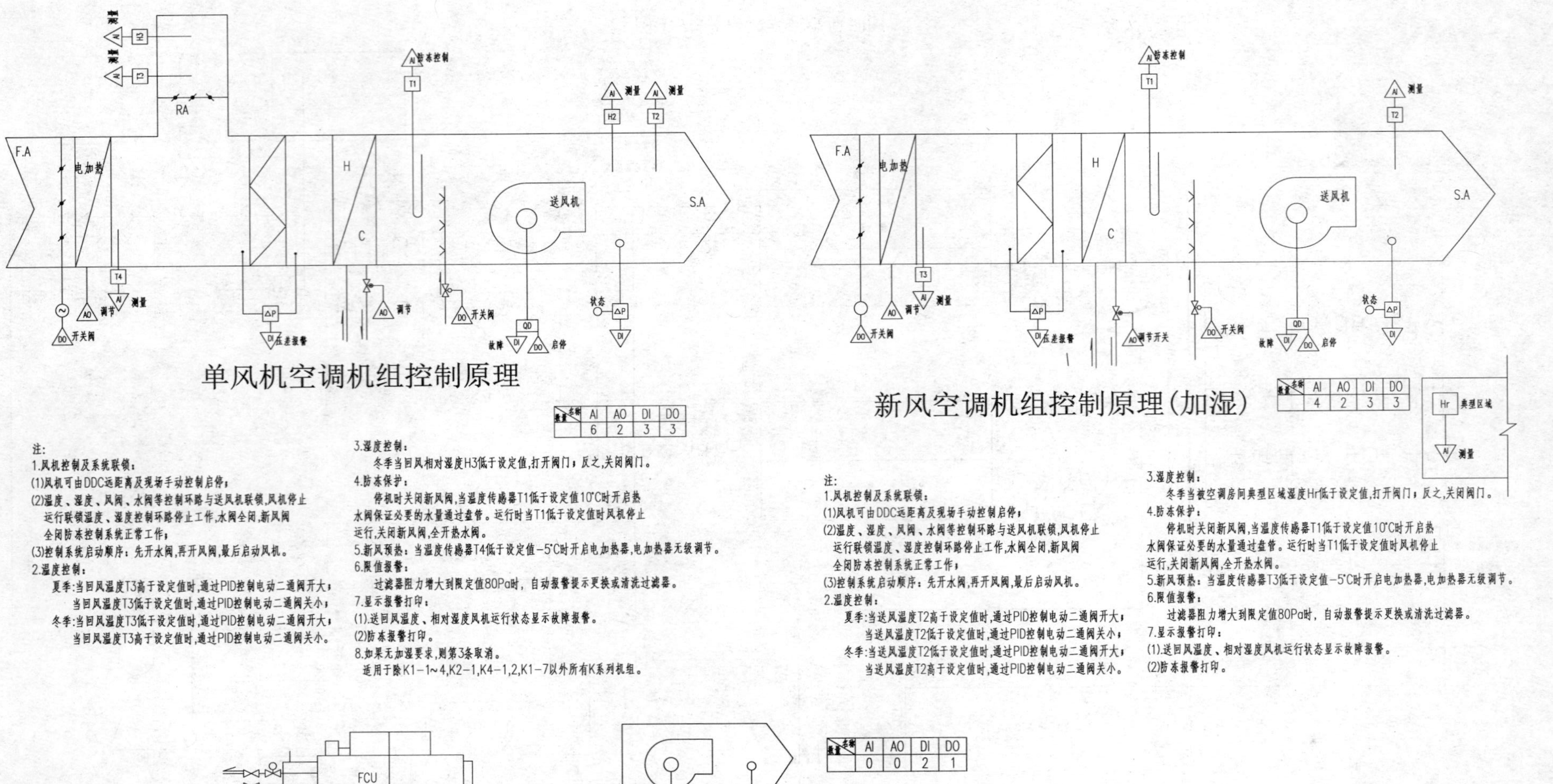

数量\名称	AI	AO	DI	DO
	6	2	3	3

注：
1.风机控制及系统联锁：
(1)风机可由DDC远距离及现场手动控制启停；
(2)温度、湿度、风阀、水阀等控制环路与送风机联锁,风机停止运行联锁温度、湿度控制环路停止工作,水阀全闭,新风阀全闭防冻控制系统正常工作；
(3)控制系统启动顺序：先开水阀,再开风阀,最后启动风机。
2.温度控制：
夏季:当回风温度T3高于设定值时,通过PID控制电动二通阀开大；
当回风温度T3低于设定值时,通过PID控制电动二通阀关小；
冬季:当回风温度T3低于设定值时,通过PID控制电动二通阀开大；
当回风温度T3高于设定值时,通过PID控制电动二通阀关小。
3.湿度控制：
冬季当回风相对湿度H3低于设定值,打开阀门；反之,关闭阀门。
4.防冻保护：
停机时关闭新风阀,当温度传感器T1低于设定值10℃时开启热水阀保证必要的水量通过盘管。运行时当T1低于设定值时风机停止运行,关闭新风阀,全开热水阀。
5.新风预热：当温度传感器T4低于设定值-5℃时开启电加热器,电加热器无级调节。
6.限值报警：
过滤器阻力增大到限定值80Pa时，自动报警提示更换或清洗过滤器。
7.显示报警打印：
(1).送回风温度、相对湿度风机运行状态显示故障报警。
(2)防冻报警打印。
8.如果无加湿要求,则第3条取消。
适用于除K1-1~4,K2-1,K4-1,2,K1-7以外所有K系列机组。

数量\名称	AI	AO	DI	DO
	4	2	3	3

注：
1.风机控制及系统联锁：
(1)风机可由DDC远距离及现场手动控制启停；
(2)温度、湿度、风阀、水阀等控制环路与送风机联锁,风机停止运行联锁温度、湿度控制环路停止工作,水阀全闭,新风阀全闭防冻控制系统正常工作；
(3)控制系统启动顺序：先开水阀,再开风阀,最后启动风机。
2.温度控制：
夏季:当送风温度T2高于设定值时,通过PID控制电动二通阀开大；
当送风温度T2低于设定值时,通过PID控制电动二通阀关小；
冬季:当送风温度T2低于设定值时,通过PID控制电动二通阀开大；
当送风温度T2高于设定值时,通过PID控制电动二通阀关小。
3.湿度控制：
冬季当被空调房间典型区域湿度Hr低于设定值,打开阀门；反之,关闭阀门。
4.防冻保护：
停机时关闭新风阀,当温度传感器T1低于设定值10℃时开启热水阀保证必要的水量通过盘管。运行时当T1低于设定值时风机停止运行,关闭新风阀,全开热水阀。
5.新风预热：当温度传感器T3低于设定值-5℃时开启电加热器,电加热器无级调节。
6.限值报警：
过滤器阻力增大到限定值80Pa时，自动报警提示更换或清洗过滤器。
7.显示报警打印：
(1).送回风温度、相对湿度风机运行状态显示故障报警。
(2)防冻报警打印。

数量\名称	AI	AO	DI	DO
	0	0	2	1

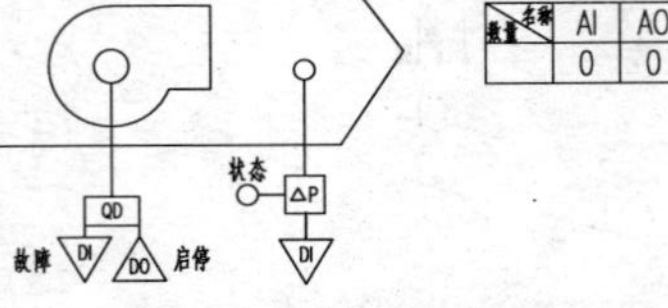
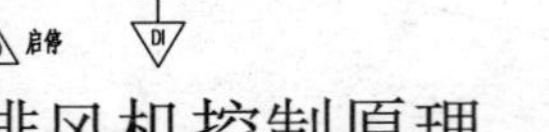

注：1.设温控器控制二通电动水阀；
2.手动控制风机三速,设手动冬夏转换开关。
3.设冬季最低温度(10℃)控制。

图 4.7-5　空调机组及风机控制原理图（一）

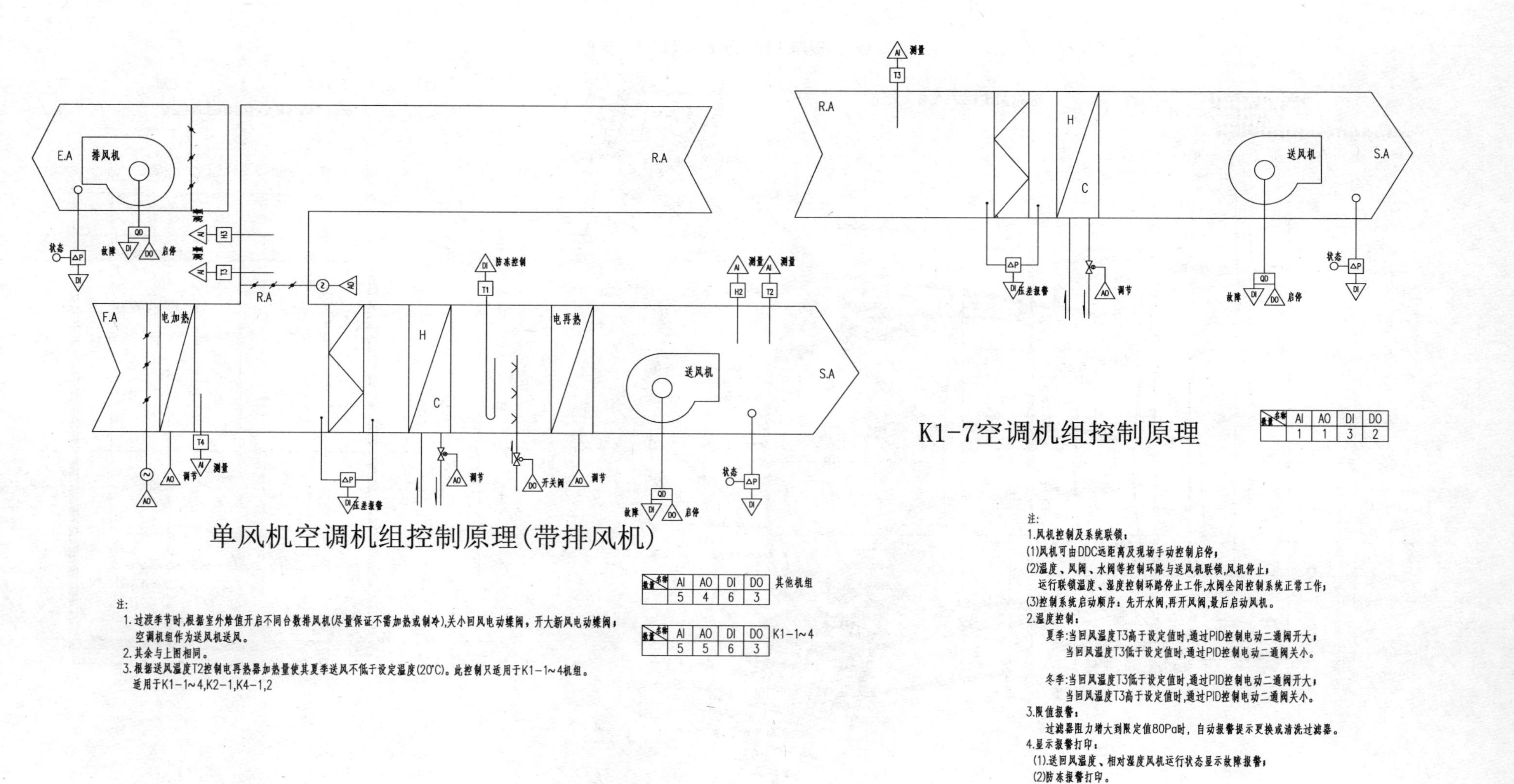

系统 / 数量	AI	AO	DI	DO	
	5	4	6	3	其他机组

系统 / 数量	AI	AO	DI	DO	
	5	5	6	3	K1-1~4

注:
1. 过渡季节时,根据室外焓值开启不同台数排风机(尽量保证不需加热或制冷),关小回风电动蝶阀,开大新风电动蝶阀;空调机组作为送风机送风。
2. 其余与上图相同。
3. 根据送风温度T2控制电再热器加热量使其夏季送风不低于设定温度(20℃)。此控制只适用于K1-1~4机组。适用于K1-1~4,K2-1,K4-1,2

系统 / 数量	AI	AO	DI	DO
	1	1	3	2

注:
1.风机控制及系统联锁:
(1)风机可由DDC远距离及现场手动控制启停;
(2)温度、风阀、水阀等控制环路与送风机联锁,风机停止;
运行联锁温度、湿度控制环路停止工作,水阀全闭控制系统正常工作;
(3)控制系统启动顺序:先开水阀,再开风阀,最后启动风机。
2.温度控制:
夏季:当回风温度T3高于设定值时,通过PID控制电动二通阀开大;
当回风温度T3低于设定值时,通过PID控制电动二通阀关小。
冬季:当回风温度T3低于设定值时,通过PID控制电动二通阀开大;
当回风温度T3高于设定值时,通过PID控制电动二通阀关小。
3.限值报警:
过滤器阻力增大到限定值80Pa时,自动报警提示更换或清洗过滤器。
4.显示报警打印:
(1).送回风温度、相对湿度风机运行状态显示故障报警;
(2)防冻报警打印。

图 4.7-6 空调机组及风机控制原理图(二)

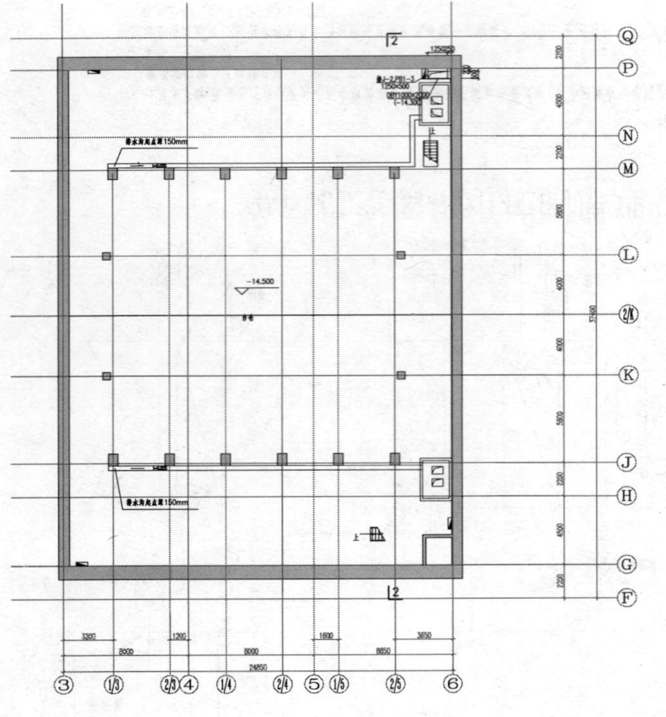

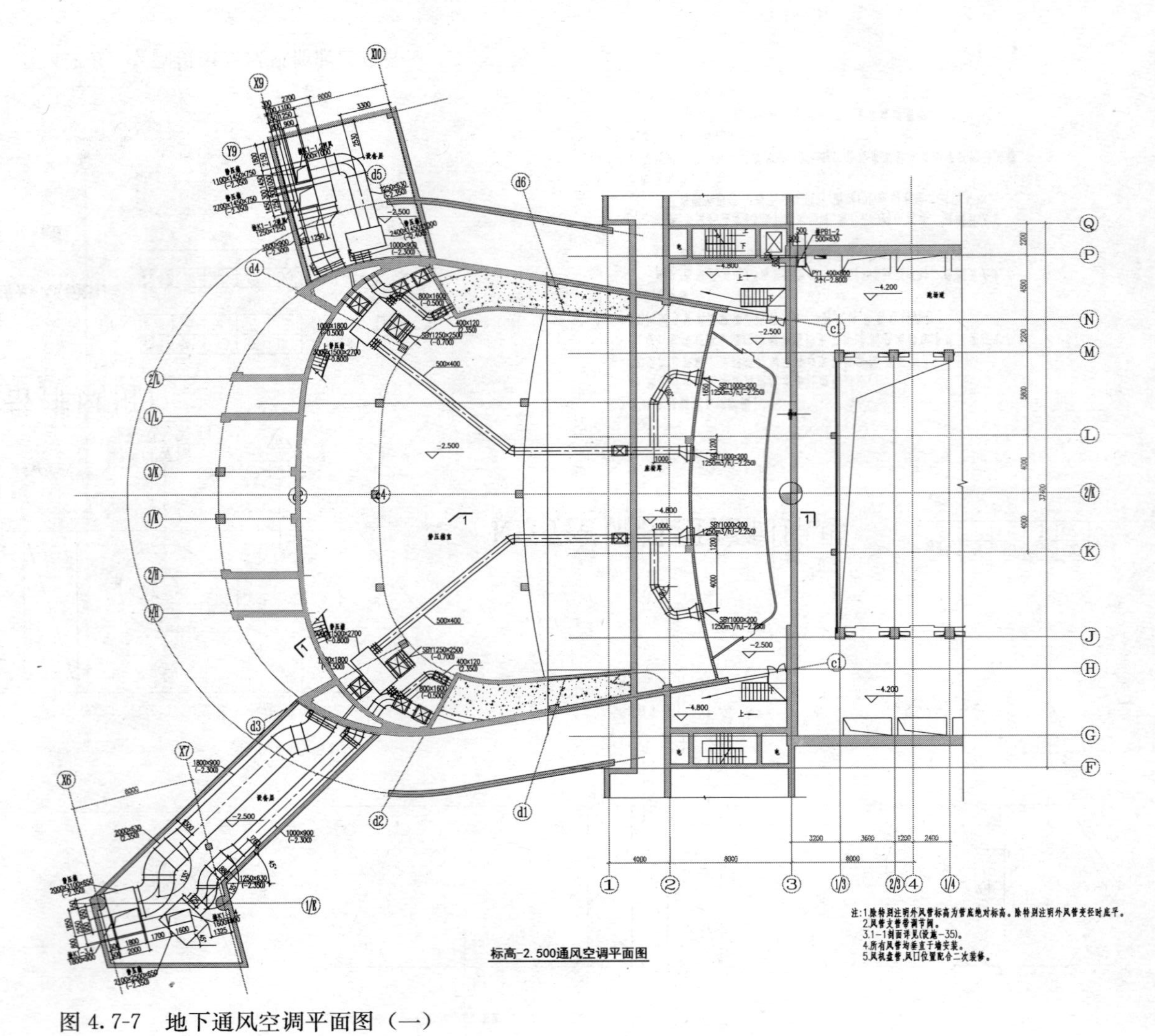

图 4.7-7 地下通风空调平面图（一）

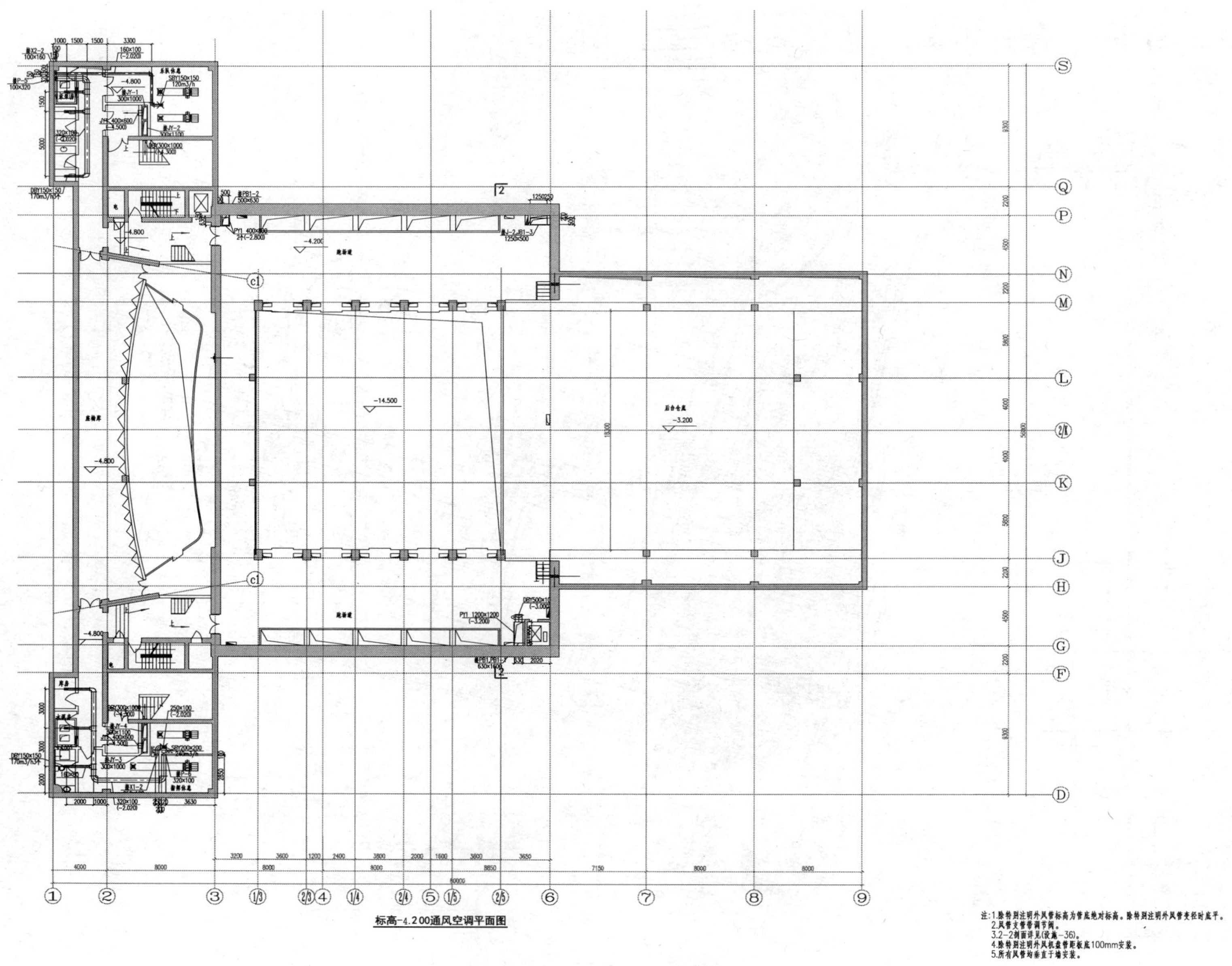

图 4.7-8 地下通风空调平面图（二）

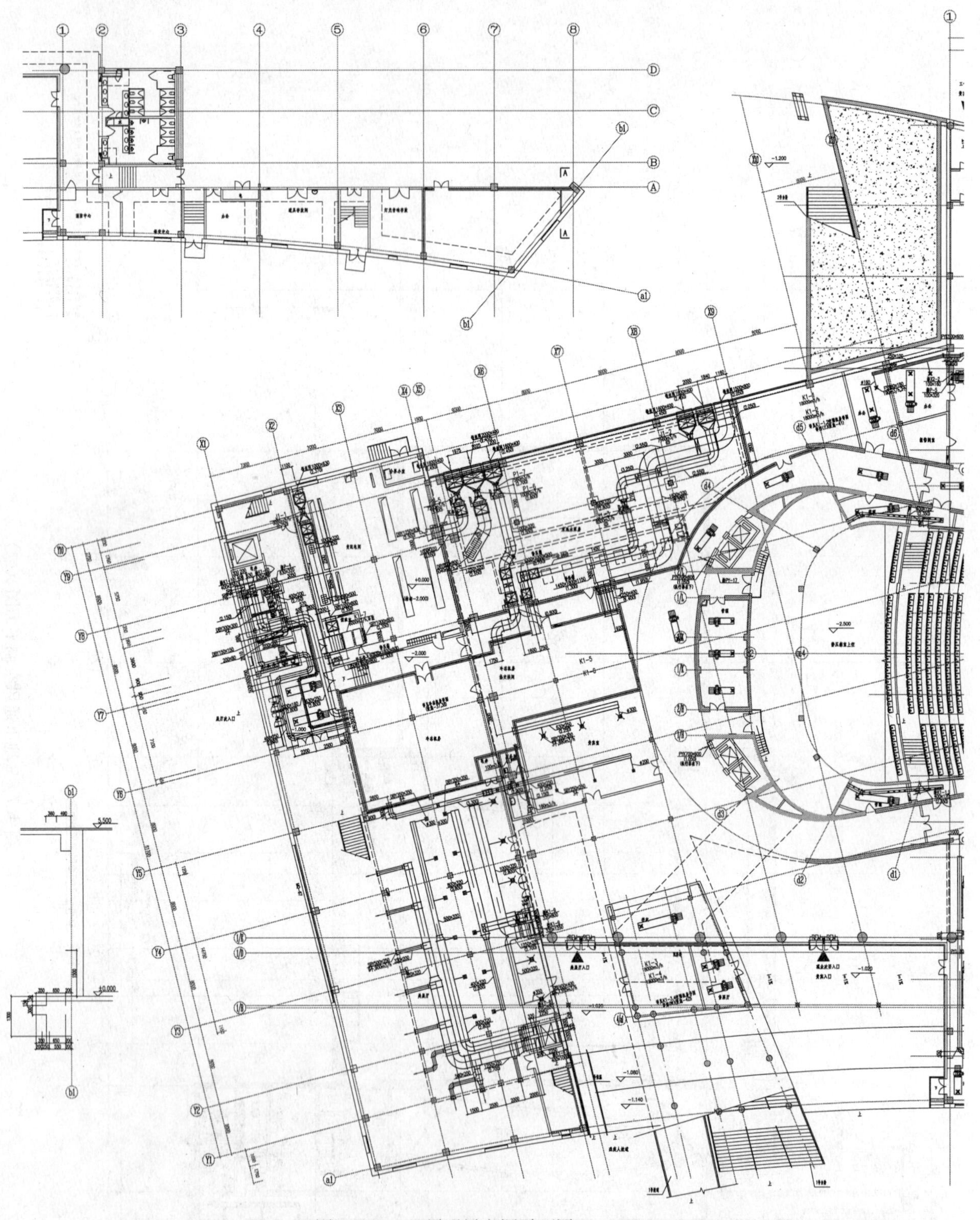

图 4.7-10　一层通风空调平面图（一）(1)

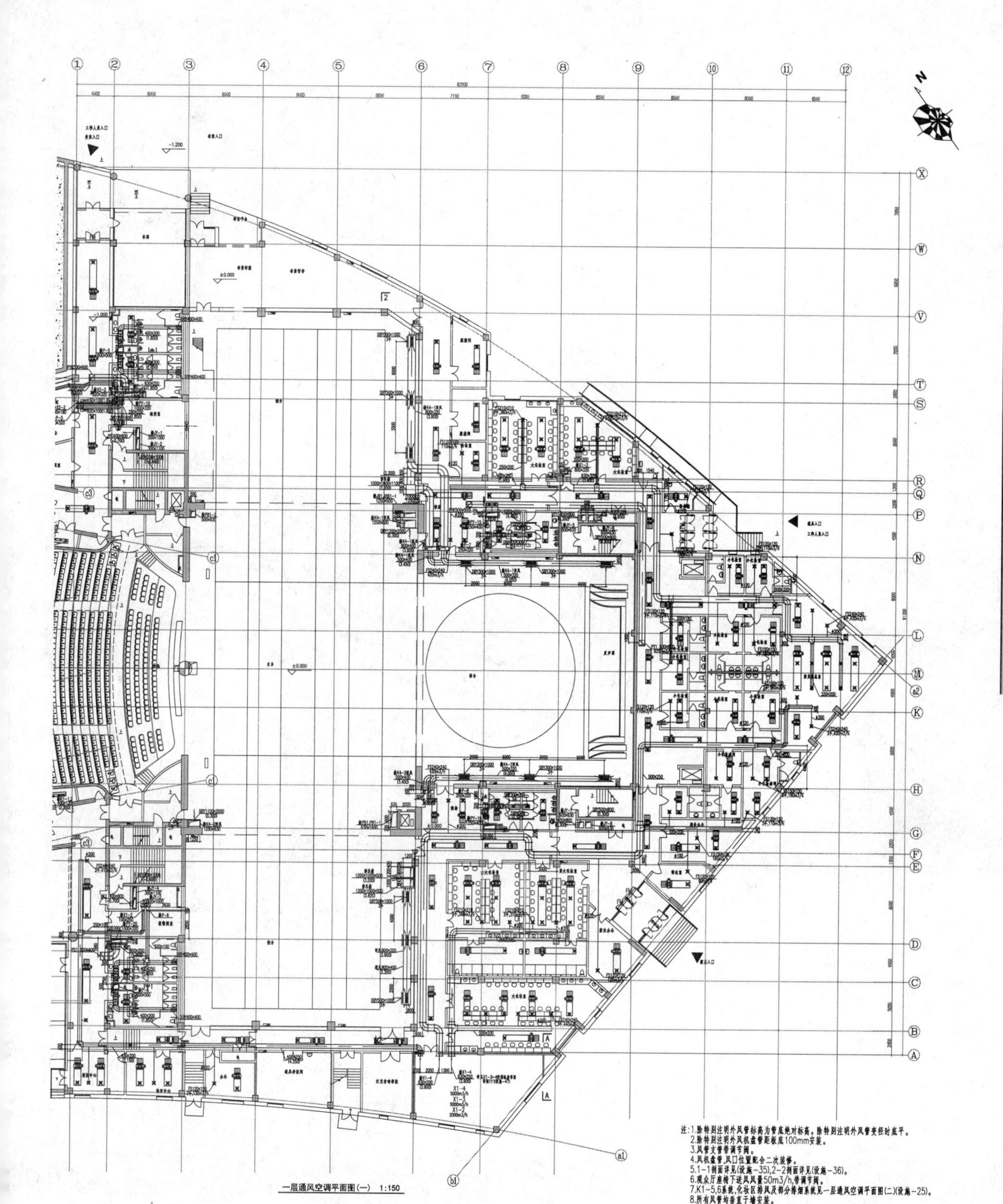

图 4.7-11 一层通风空调平面图（一）(2)

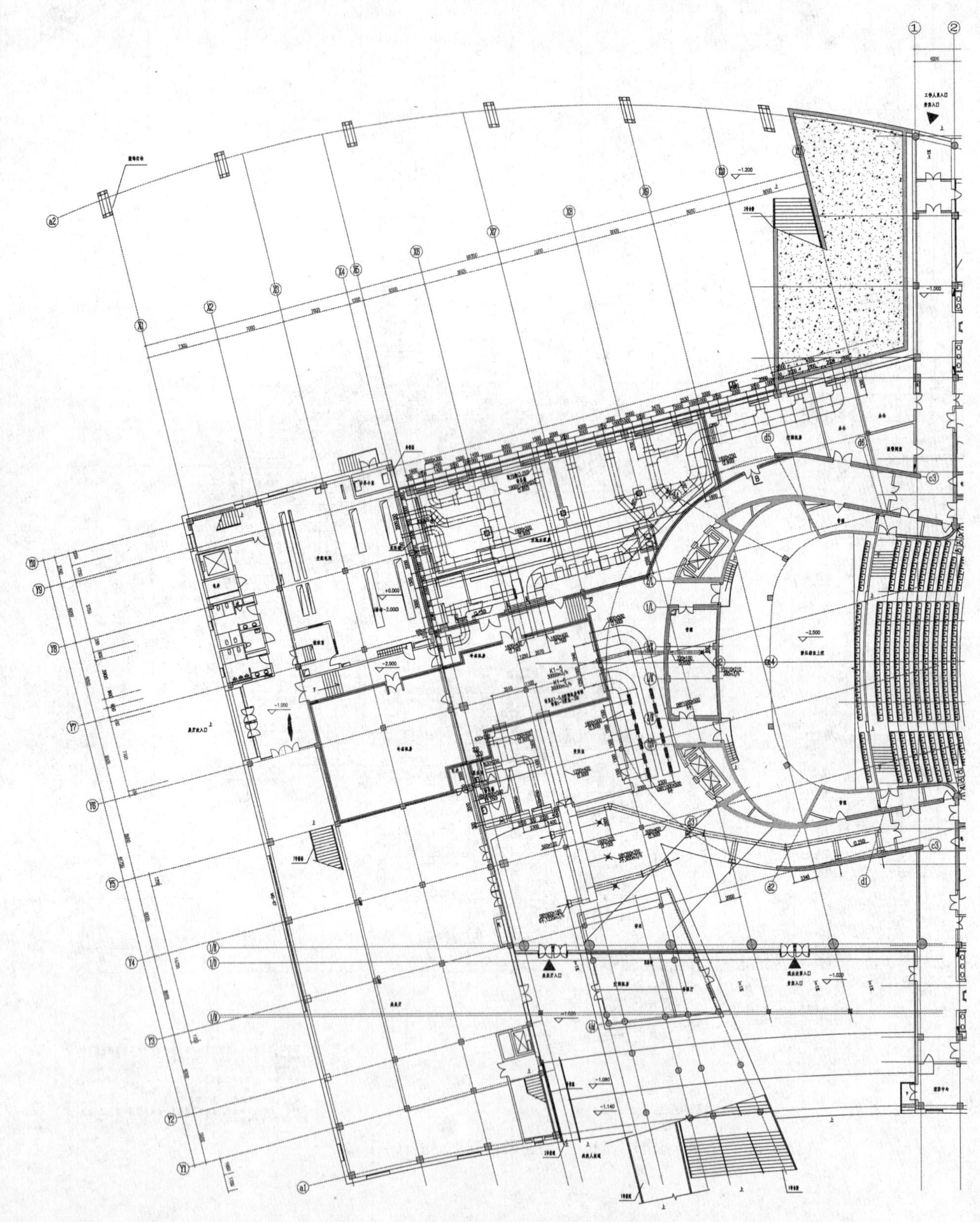

图 4.7-12　一层通风空调平面图（二）(1)

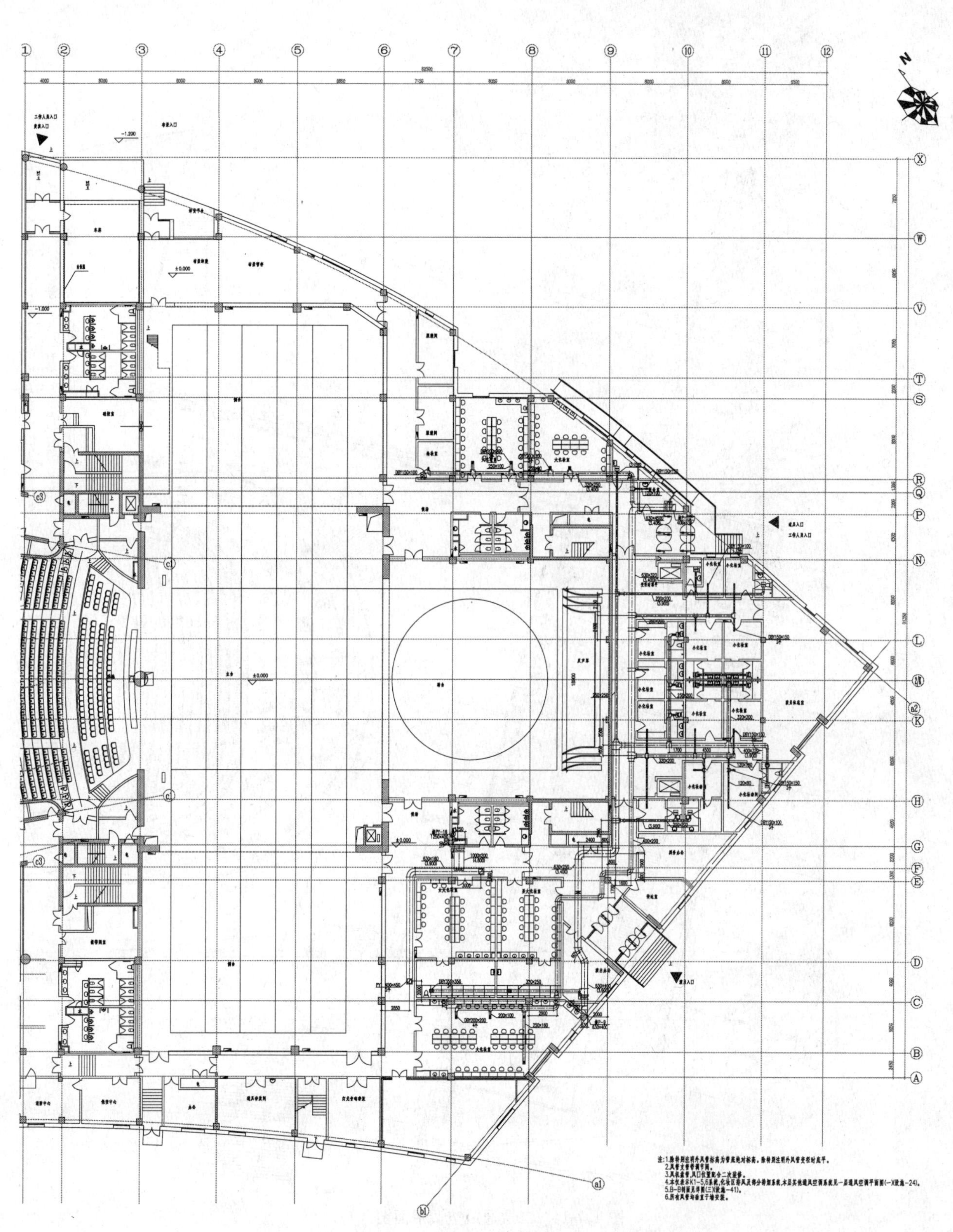

图 4.7-13　一层通风空调平面图（二）(2)

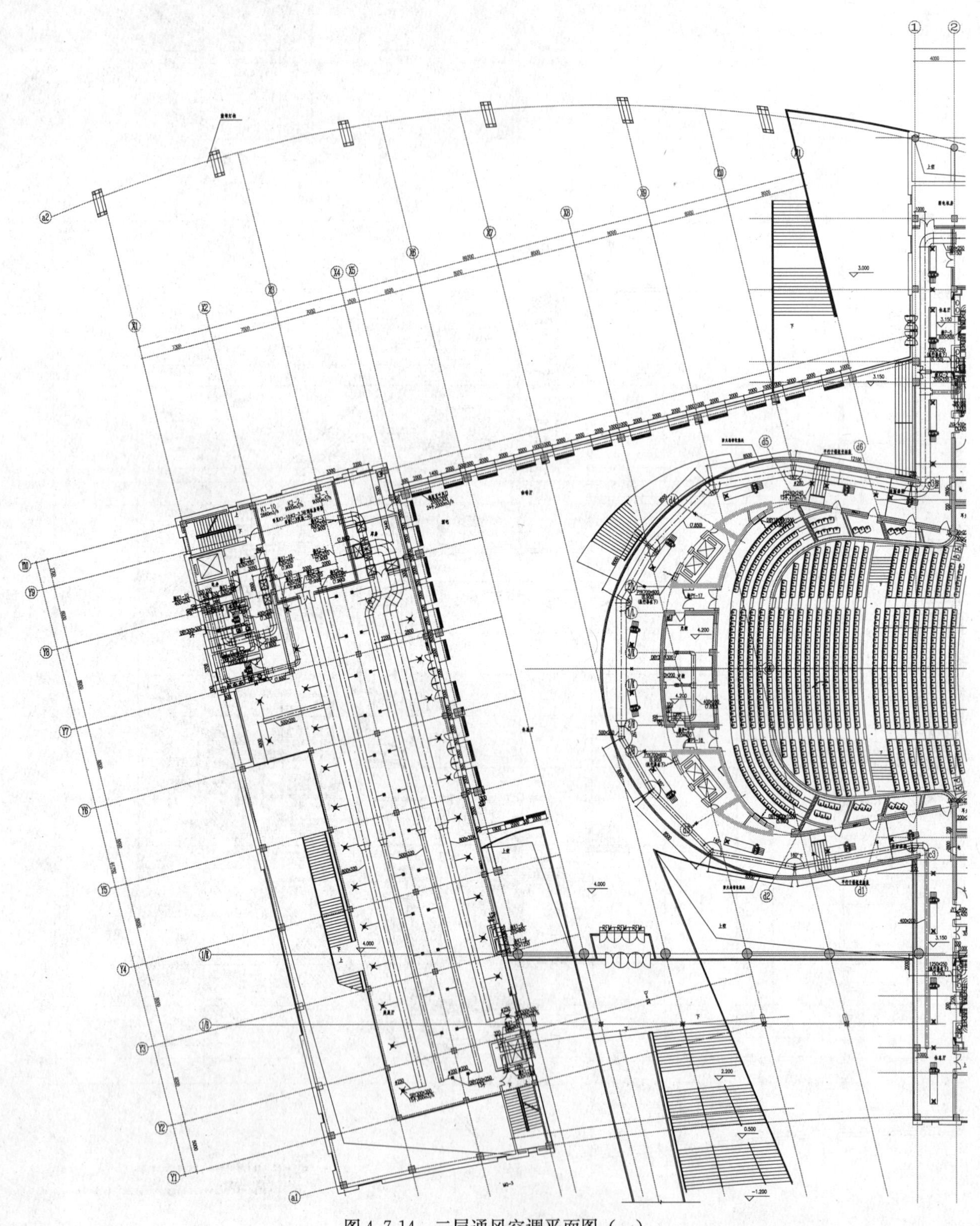

图 4.7-14 二层通风空调平面图（一）

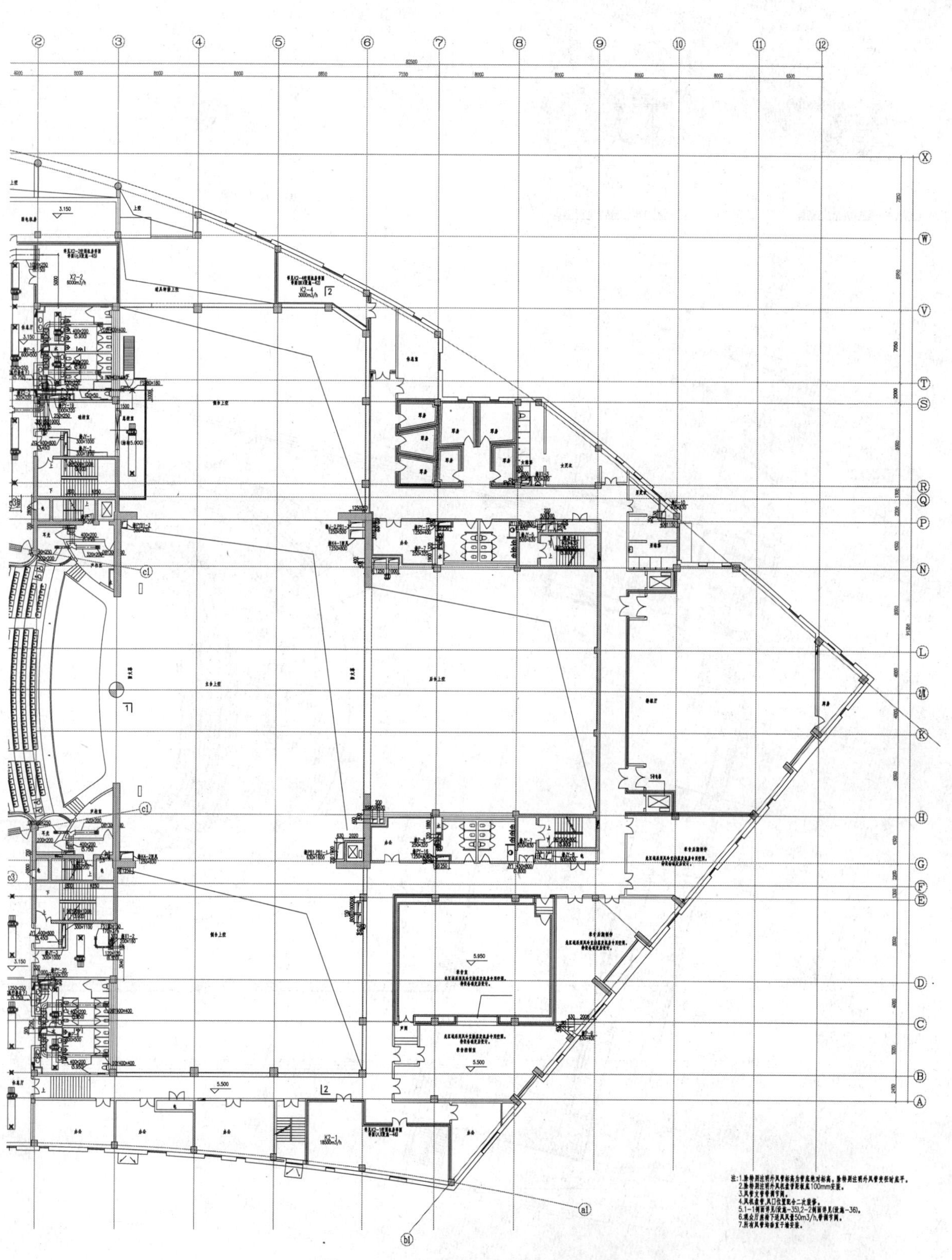

图 4.7-15 二层通风空调平面图（二）

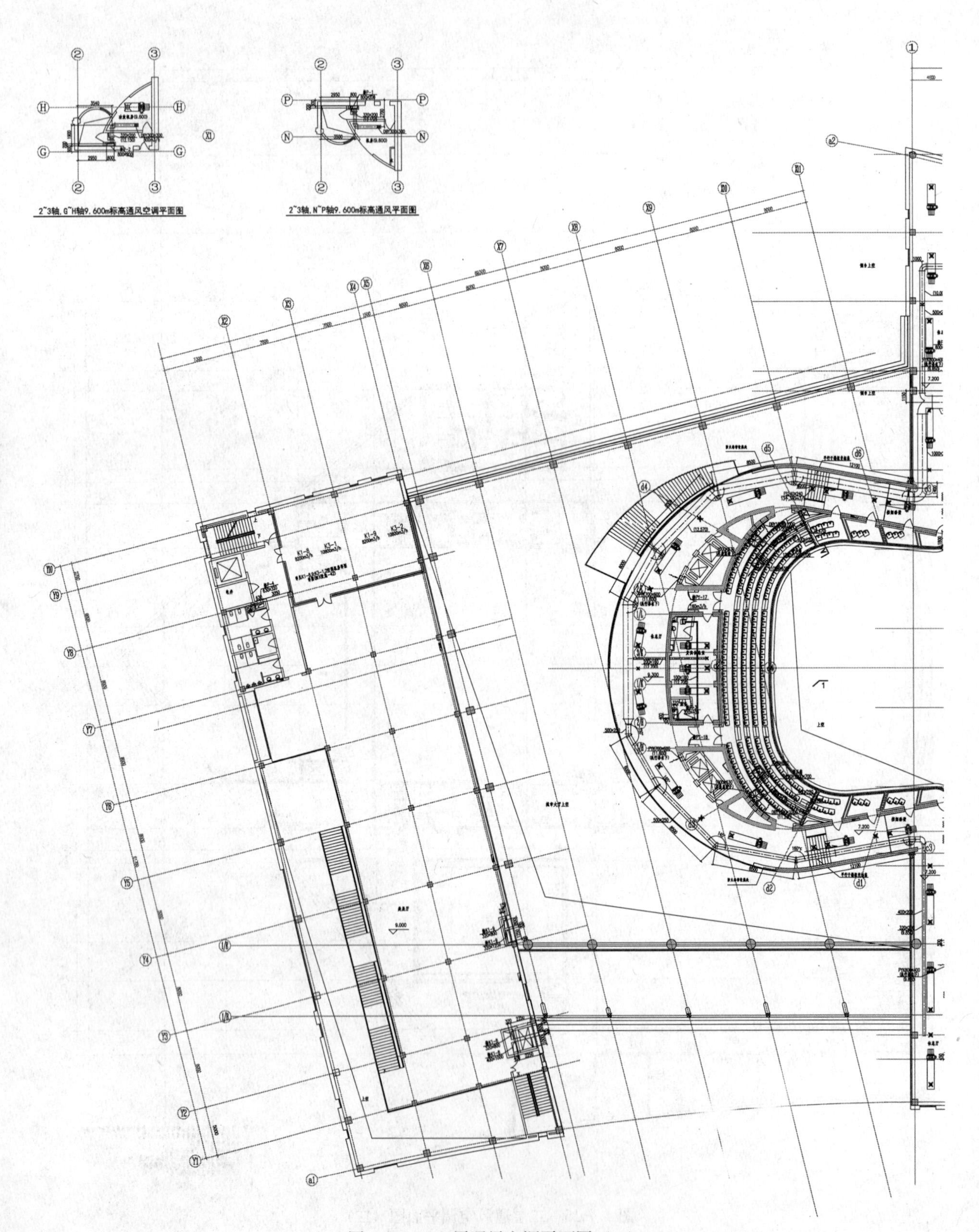

图 4.7-16　三层通风空调平面图（一）

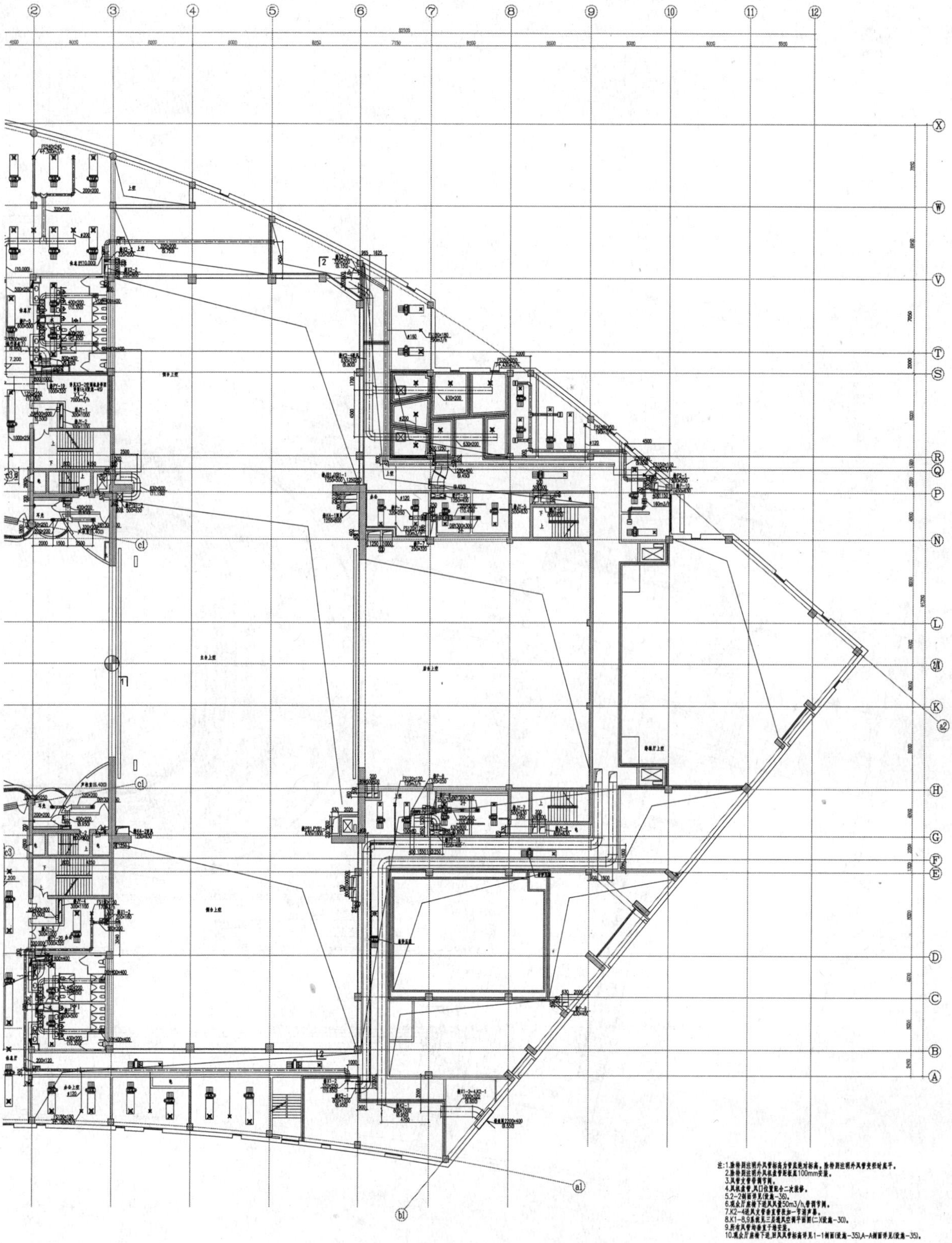

注:1.除特别注明外风管标高为管底绝对标高，除特别注明外风管变径时底平。
2.除特别注明外风机盘管距板底100mm安装。
3.风管支管带调节阀。
4.风机盘管,风口位置配合二次装修。
5.2-2剖面详见(设施-36)。
6.观众厅座椅下送风风量50m3/h,带调节阀。
7.K2-4送风支管垂直管段加一节消声器。
8.K1-8,9系统见三层通风空调平面图(二)(设施-30)。
9.所有风管均垂直于墙安装。
10.观众厅座椅下送,回风风管标高详见1-1剖面(设施-35),A-A剖面详见(设施-35)。

图 4.7-17　三层通风空调平面图（二）

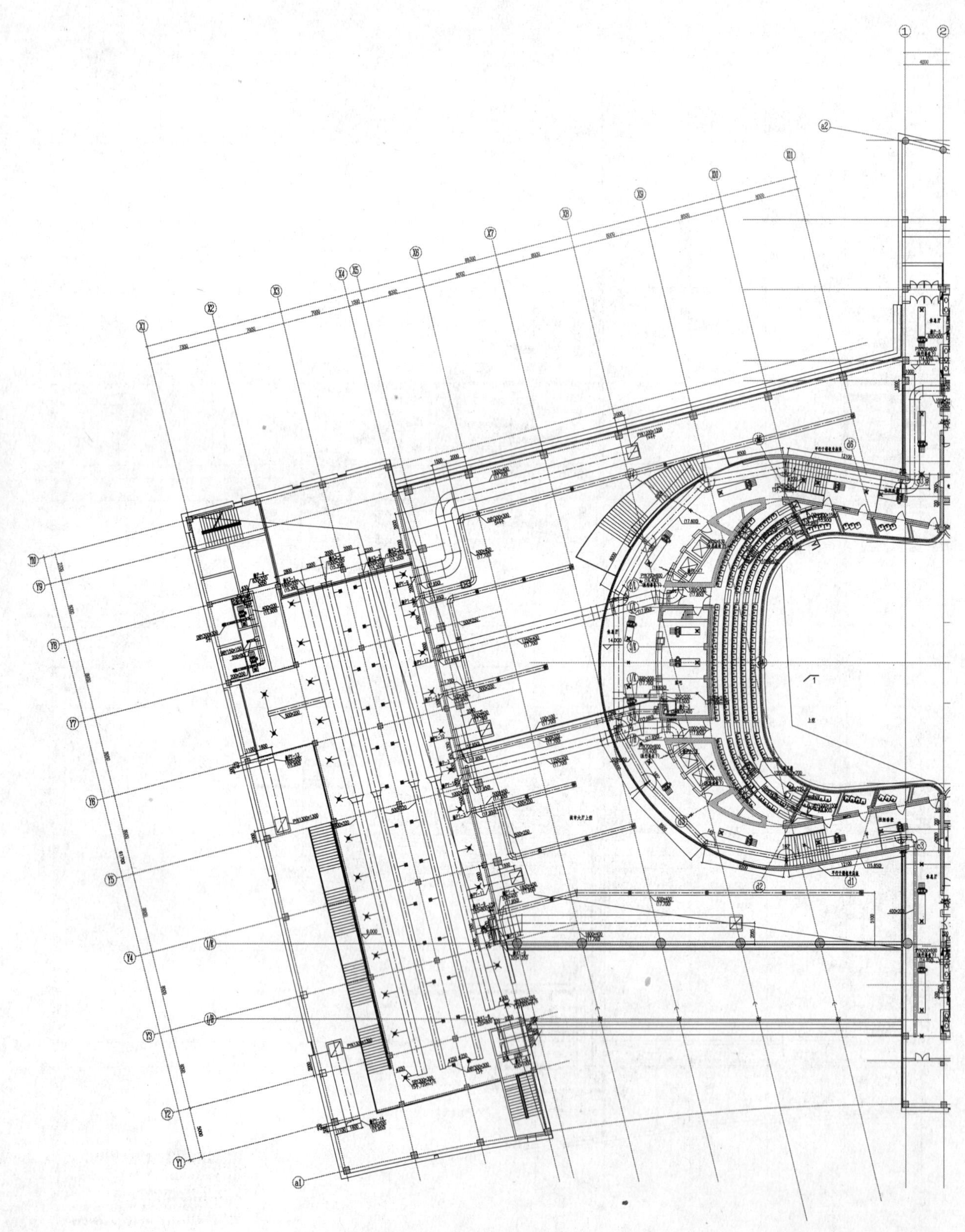

图 4.7-18　四层通风空调平面图（一）

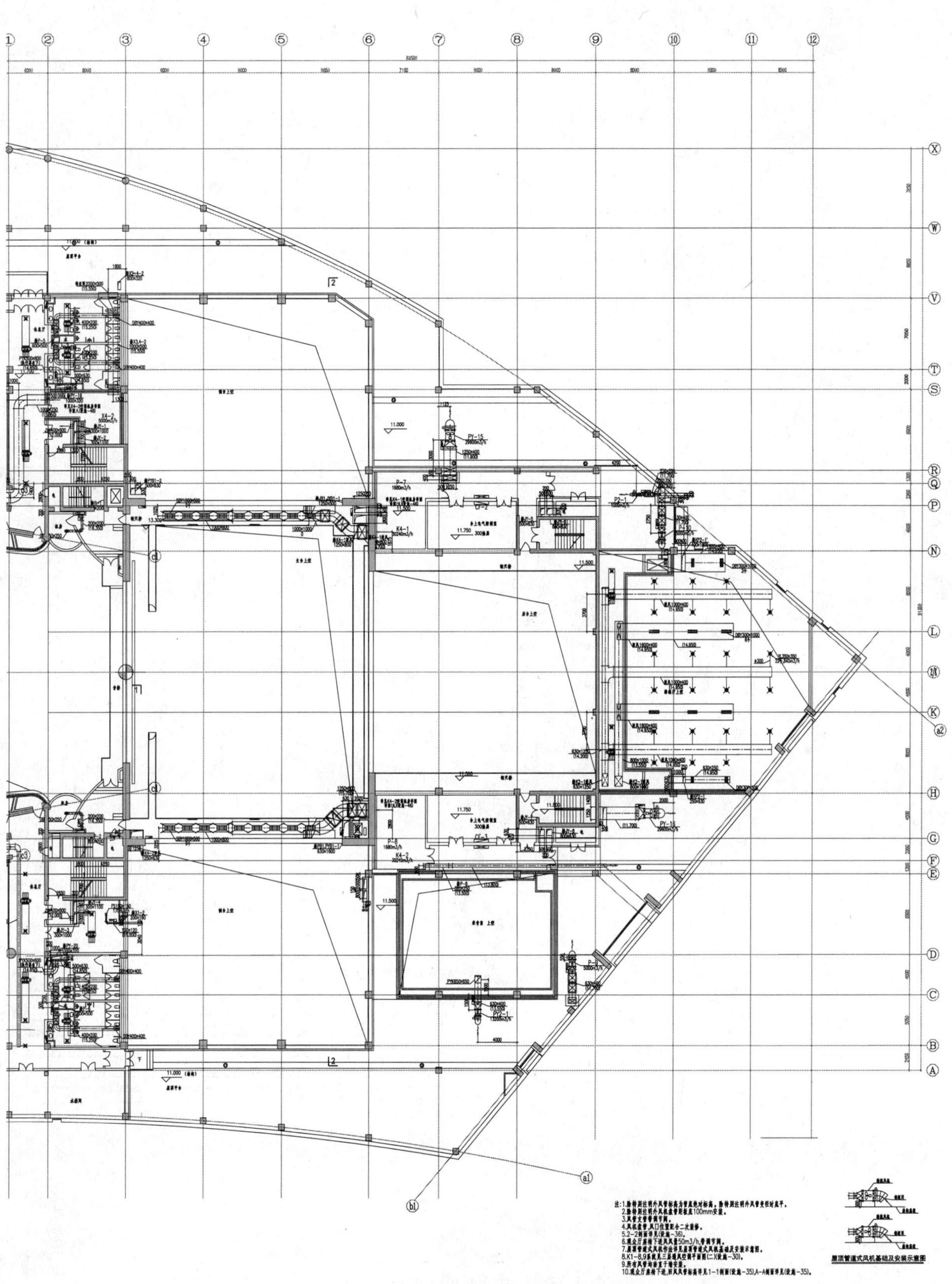

图 4.7-19　四层通风空调平面图（二）

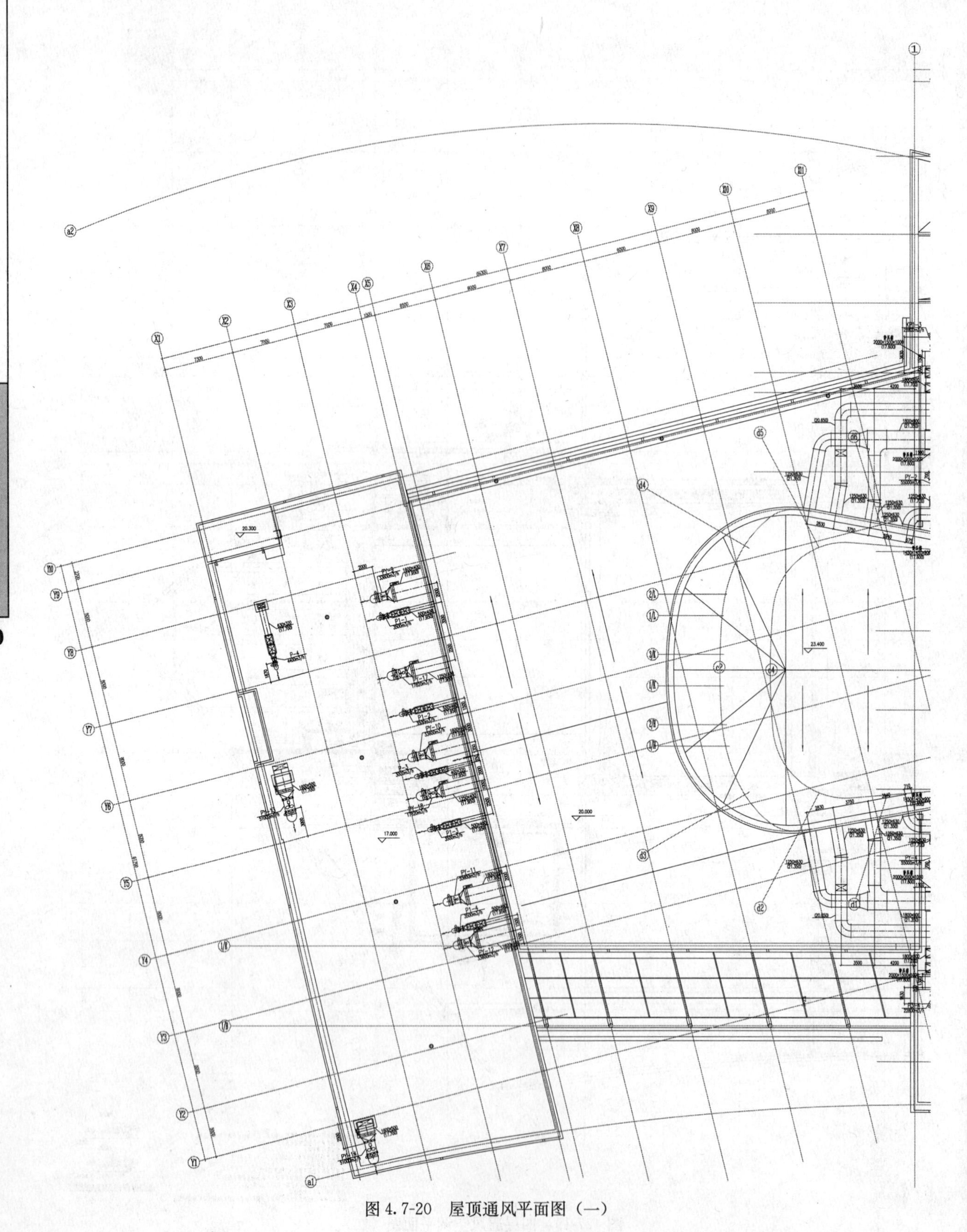

图 4.7-20 屋顶通风平面图（一）

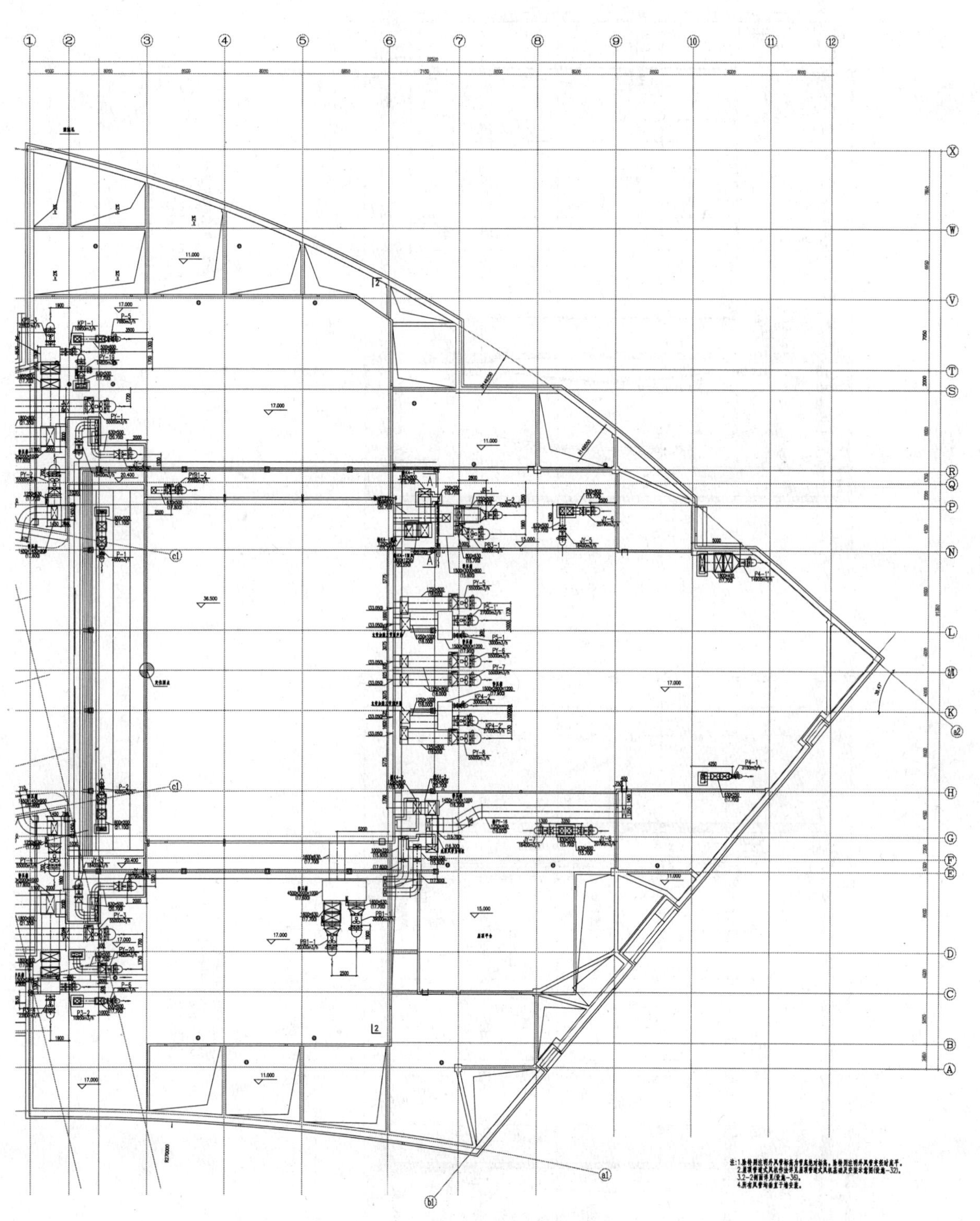

图 4.7-21　屋顶通风平面图（二）

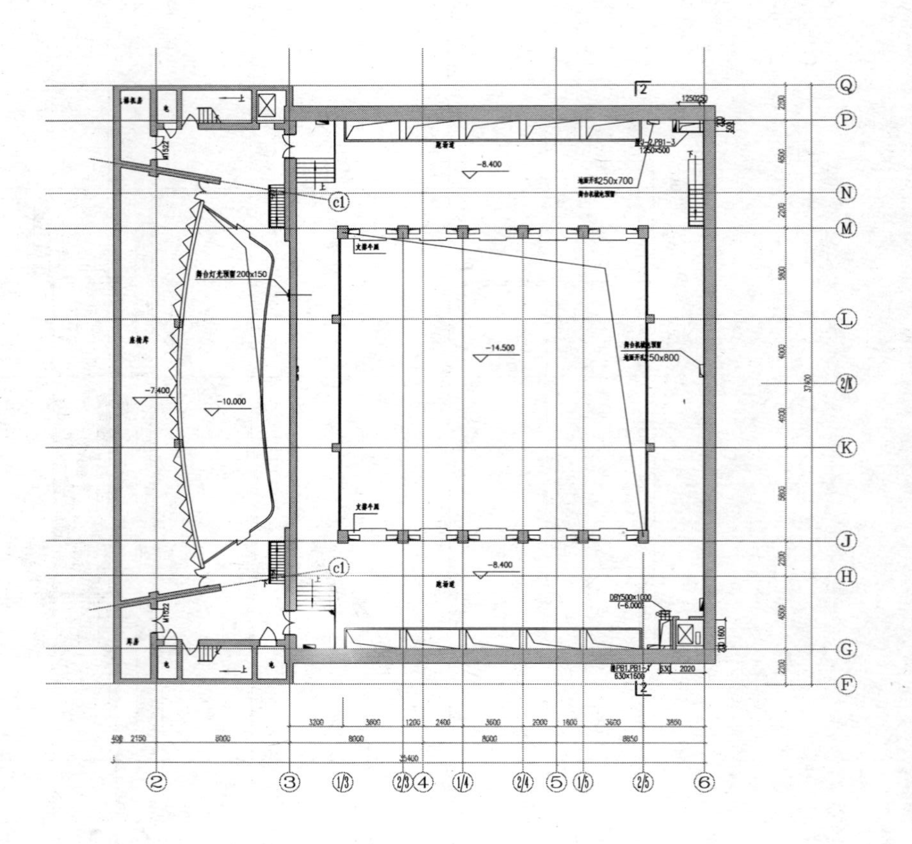

标高-10.000通风平面图

注：1.除特别注明外风管标高为管底绝对标高。除特别注明外风管变径时底平。
2.风管支管带调节阀。
3.2-2剖面详见(设施-36)。
4.所有风管均垂直于墙安装。

标高-8.400通风平面图

注：1.除特别注明外风管标高为管底绝对标高。
2.风管支管带调节阀。
3.2-2剖面详见(设施-36)。
4.所有风管均垂直于墙安装。

图 4.7-9　地下通风空调平面图（三）

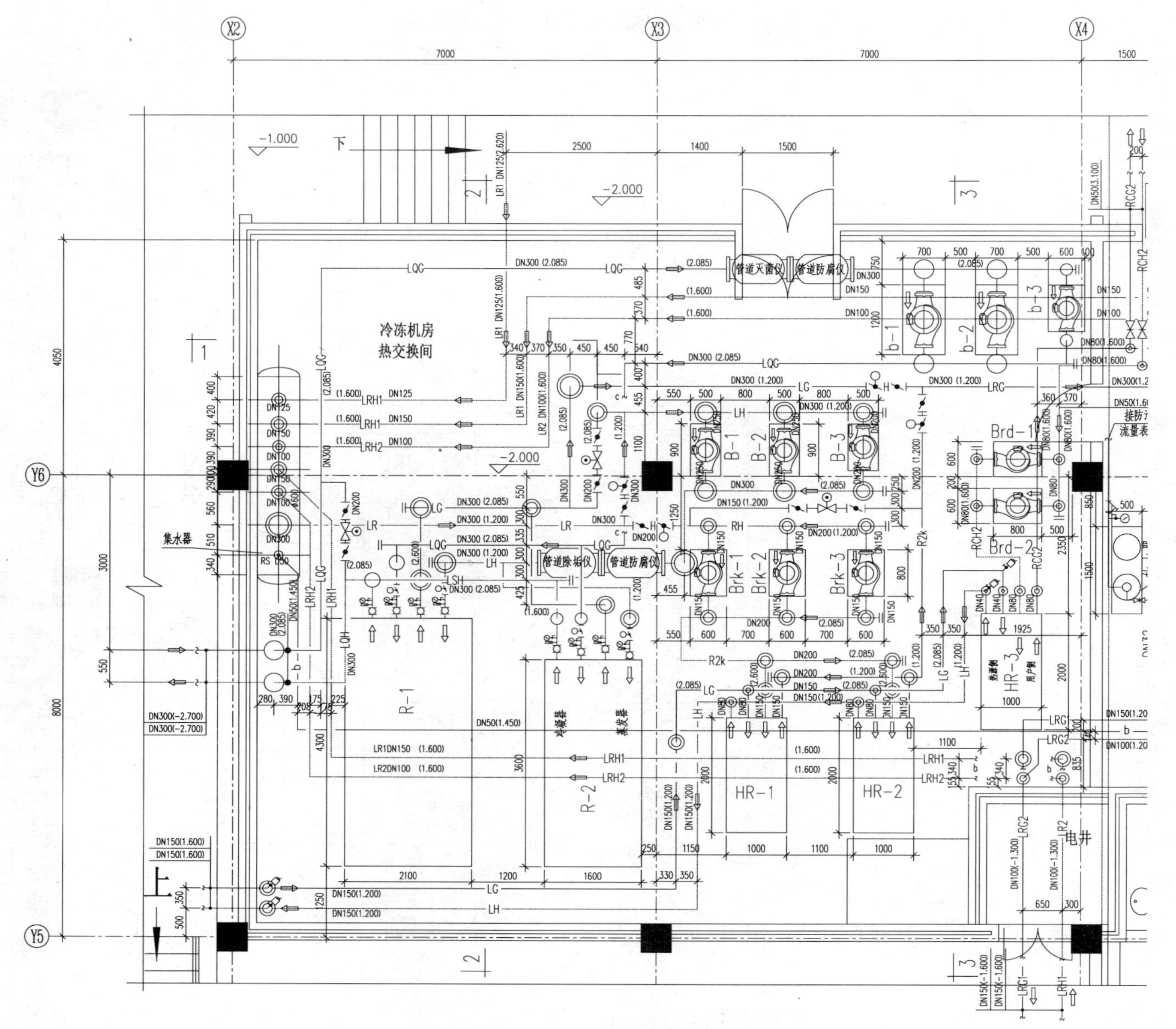

图 4.7-22　冷冻机房热交换间平面图（一）

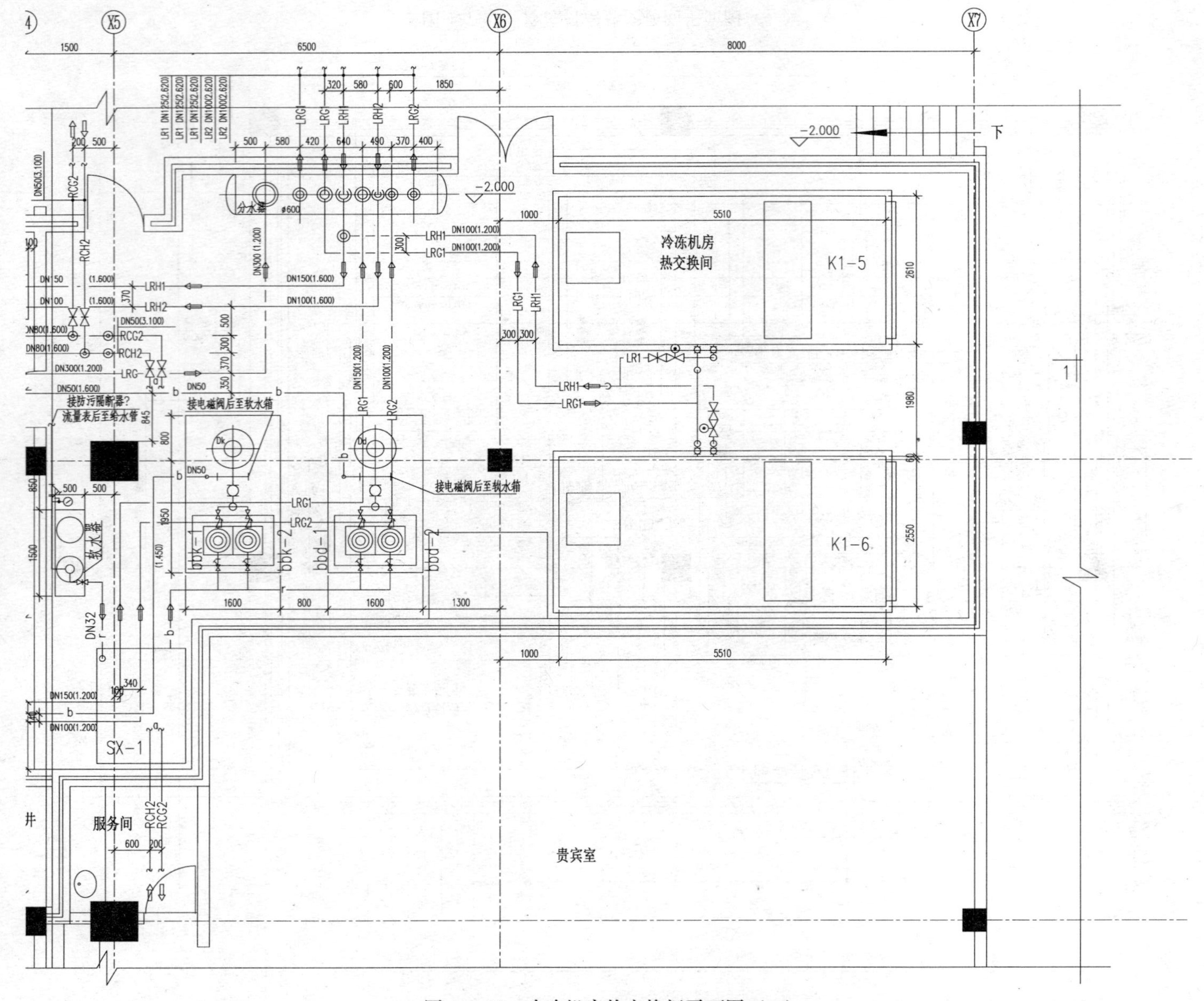

图 4.7-23　冷冻机房热交换间平面图（二）

图例	名称
m	空调冷媒管
RG	空调热水供水管
RH	空调热水回水管
n	冷凝水管
LG	空调冷水供水管
LH	空调冷水回水管
LRG	空调冷热水供水管
LRH	空调冷热水回水管
LQG	冷却水供水管低温
LQH	冷却水回水管高温
YG	乙二醇供液管
YH	乙二醇回液管
Z	蒸汽管
N	蒸汽凝水管
DNxxx	水管管径标注(钢管)
0.003	管道坡度及坡向
	波纹管补偿器
	套筒补偿器
	同心变径管
	偏心变径管
	平衡阀
	流量调节阀
	截止阀
	闸　阀
	手动碟阀
	球阀
	电动两通阀
	电磁阀
	自力式温控阀
	电动三通阀
	自力式定流量阀
	水过滤器
	止回阀
	疏水器
	集气罐
	管端封头
	固定支架
	自动排气阀
	压力表
	温度计
	安全阀
	软接头
	减压阀
	泄水丝堵泄水阀
	冷/热量计量仪表

图例	名称
K-	空调机组编号
X-	新风机组编号
XH-	全热交换机组编号
P-	排风机编号
J-	进风机编号
PY-	排烟风机编号
JY-	加压风机编号
PB-	排烟补风机编号
PPY-	排烟兼排烟风机编号
L-	冷水机组
LR-	热泵机组
LB-	双工况制冷制冰机组
LBR-	三工况机组制冷制冰制热
LRZ-	直燃机组
LRX-	蒸汽吸收机组
LRB-	补燃机组
DR-	燃气发电机组
B-	冷水循环泵
BLR-	冷热水循环泵
BR-	热水循环泵
BY-	乙二醇泵
B2-	二次循环泵
B3-	三次循环泵
b-	冷却泵
BN-	冷凝水回收泵
LT-	冷却塔
HR-	板式换热器
QR-	软化水装置
XR-	软化水箱
BB-	补水泵
GD-	定压罐
TQD-	脱气定压机组
TQ-	脱气机
ZS-	综合水处理器
CSQ-	除沙过滤器

图例	名称
A×B(C)	风管宽×风管高风管距地标高
	风管
	手动多叶调节阀
	开关式电动风阀
	调节式电动风阀
	70°C防火阀70°C熔断
	280°C防火阀280°C熔断
	排烟阀
	止回阀
	软接头
	消声器
	插板阀
	人防通风手动密闭阀
	人防通风电动密闭阀
	单层百叶风口
	双层百叶风口
	方形散流器
	旋流风口
	喷口 可调角度
	喷口 固定角度
	风机盘管
	轴流风机
	离心风机